中 国 国 家 标 准 汇 编

2008 年修订-50

中国标准出版社　编

中 国 标 准 出 版 社

北 京

图书在版编目（CIP）数据

中国国家标准汇编：2008年修订.50/中国标准出版社编.—北京：中国标准出版社，2009

ISBN 978-7-5066-5499-9

Ⅰ.中… Ⅱ.中… Ⅲ.国家标准-汇编-中国-2008 Ⅳ.T-652.1

中国版本图书馆CIP数据核字（2009）第183783号

中国标准出版社出版发行
北京复兴门外三里河北街16号
邮政编码:100045
网址 www.spc.net.cn
电话:68523946 68517548
中国标准出版社秦皇岛印刷厂印刷
各地新华书店经销
*
开本 880×1230 1/16 印张 39 字数 1 173 千字
2009年11月第一版 2009年11月第一次印刷
*
定价 200.00 元

ISBN 978-7-5066-5499-9

出 版 说 明

1.《中国国家标准汇编》是一部大型综合性国家标准全集。自1983年起，按国家标准顺序号以精装本、平装本两种装帧形式陆续分册汇编出版。它在一定程度上反映了我国建国以来标准化事业发展的基本情况和主要成就，是各级标准化管理机构，工矿企事业单位，农林牧副渔系统，科研、设计、教学等部门必不可少的工具书。

2.《中国国家标准汇编》收入我国每年正式发布的全部国家标准，分为“制定”卷和“修订”卷两种编辑版本。

“制定”卷收入上年度我国发布的、新制定的国家标准，顺延前年度标准编号分成若干分册，封面和书脊上注明“20××年制定”字样及分册号，分册号一直连续。各分册中的标准是按照标准编号顺序连续排列的，如有标准顺序号缺号的，除特殊情况注明外，暂为空号。

“修订”卷收入上年度我国发布的、被修订的国家标准，视篇幅分设若干分册，但与“制定”卷分册号无关联，仅在封面和书脊上注明“20××年修订-1，-2，-3，……”字样。“修订”卷各分册中的标准，仍按标准编号顺序排列(但不连续)；如有遗漏的，均在当年最后一分册中补齐。需提请读者注意的是，个别非顺延前年度标准编号的新制定的国家标准没有收入在“制定”卷中，而是收入在“修订”卷中。

读者配套购买《中国国家标准汇编》“制定”卷和“修订”卷则可收齐上一年度我国制定和修订的全部国家标准。

3. 由于读者需求的变化，自1996年起，《中国国家标准汇编》仅出版精装本。

4. 2008年制修订国家标准共5946项。本分册为“2008年修订-50”，收入新制修订的国家标准58项。

中国标准出版社

2009年10月

出版说明

[illegible]

[illegible]

目　录

ICS 67.040
X 04

中华人民共和国国家标准

GB/T 9695.1—2008/ISO 1444:1996
代替 GB/T 9695.1—1988

肉与肉制品　游离脂肪含量测定

Meat and meat products—Determination of free fat content

(ISO 1444:1996,IDT)

2008-08-28 发布　　　　2009-03-01 实施

中华人民共和国国家质量监督检验检疫总局
中国国家标准化管理委员会　发布

前 言

GB/T 9695 由以下部分组成：

——GB/T 9695.1《肉与肉制品 游离脂肪含量测定》；

——GB/T 9695.2《肉与肉制品 脂肪酸测定》；

——GB/T 9695.3《肉与肉制品 铁含量测定》；

——GB/T 9695.4《肉与肉制品 总磷含量测定》；

——GB/T 9695.5《肉与肉制品 pH 测定》；

——GB/T 9695.6《肉制品 胭脂红着色剂测定》；

——GB/T 9695.7《肉与肉制品 总脂肪含量测定》；

——GB/T 9695.8《肉与肉制品 氯化物含量测定》；

——GB/T 9695.9《肉与肉制品 聚磷酸盐测定》；

——GB/T 9695.10《肉与肉制品 六六六、滴滴涕残留量测定》；

——GB/T 9695.11《肉与肉制品 氮含量测定》；

——GB/T 9695.13《肉与肉制品 钙含量测定》；

——GB/T 9695.14《肉制品 淀粉含量测定》；

——GB/T 9695.15《肉与肉制品 水分含量测定》；

——GB/T 9695.17《肉与肉制品 葡萄糖酸-δ-内酯含量的测定》；

——GB/T 9695.18《肉与肉制品 灰分测定》；

——GB/T 9695.19《肉与肉制品 取样方法》；

——GB/T 9695.20《肉与肉制品 锌的测定》；

——GB/T 9695.21《肉与肉制品 镁含量测定》；

——GB/T 9695.22《肉与肉制品 铜含量测定》；

——GB/T 9695.23《肉与肉制品 羟脯氨酸含量测定》；

——GB/T 9695.24《肉与肉制品 胆固醇含量测定》；

——GB/T 9695.25《肉与肉制品 维生素 PP 含量测定》；

——GB/T 9695.26《肉与肉制品 维生素 A 含量测定》；

——GB/T 9695.27《肉与肉制品 维生素 B_1 含量测定》；

——GB/T 9695.28《肉与肉制品 维生素 B_2 含量测定》；

——GB/T 9695.29《肉制品 维生素 C 含量测定》；

——GB/T 9695.30《肉与肉制品 维生素 E 含量测定》；

——GB/T 9695.31《肉制品 总糖含量测定》。

本部分为 GB/T 9695 的第 1 部分。

本部分等同采用国际标准 ISO 1444:1996《肉和肉制品——游离脂肪含量的测定》(英文版)。

为便于使用，本部分作了下列编辑性修改：

——删除 ISO 1444 的前言；

——用“本部分”代替“本国际标准”；

——用小数点“.”代替 ISO 1444 中作为小数点的“,”；

——用 GB/T 9695.15 代替 ISO 1442；

——将 9.2 分为 9.2.1、9.2.2、9.2.3 和 9.2.4 四部分；

——为计算公式增加了编号。

由于国内市售石油醚的沸程为 30 ℃～60 ℃，为便于使用，将 5.1 的石油醚沸程“40 ℃～60 ℃”改为“30 ℃～60 ℃”。石油醚沸程的改变不会影响测试的结果。

本部分代替 GB/T 9695.1—1988《肉与肉制品　游离脂肪含量的测定》。

本部分与 GB/T 9695.1—1988 相比主要修改如下：

——按照 GB/T 1.1—2000《标准化工作导则　第 1 部分：标准的结构和编写规则》和 GB/T 20001.4—2001《标准编写规则　第 4 部分：化学分析方法》进行了结构调整和文字修改；

——增加了“试样制备”一章；

——用第 11 章“精密度”及其内容代替第 9 章“允许差”及其内容；

——增加了“试验报告”一章。

本部分由中国商业联合会提出。

本部分由全国肉禽蛋制品标准化技术委员会归口。

本部分起草单位：中国商业联合会商业标准中心、国家加工食品质量监督检验中心（广州）、广州市产品质量监督检验所。

本部分主要起草人：郭新东、罗海英、覃芳芳、杜志峰、冼燕萍、吴玉銮、靳晓蕾。

本标准所代替标准的历次版本发布情况为：

——GB/T 9695.1—1988。

肉与肉制品　游离脂肪含量测定

1 范围

GB/T 9695 的本部分规定了肉与肉制品中游离脂肪含量的测定方法。

本部分适用于肉与肉制品中游离脂肪含量的测定。

2 规范性引用文件

下列文件中的条款通过 GB/T 9695 的本部分的引用而成为本部分的条款。凡是注日期的引用文件，其随后所有的修改单(不包括勘误的内容)或修订版均不适用于本部分，然而，鼓励根据本部分达成协议的各方研究是否可使用这些文件的最新版本。凡是不注日期的引用文件，其最新版本适用于本部分。

GB/T 9695.15　肉与肉制品　水分含量测定(GB/T 9695.15—2008,ISO 1442:1997,MOD)

3 术语和定义

下列术语和定义适用于 GB/T 9695 的本部分。

3.1

肉与肉制品中游离脂肪的含量　free fat content of meat and meat products

在本部分规定的条件下提取脂肪的质量。游离脂肪的含量以游离脂肪的质量分数表示。

4 原理

用正己烷或石油醚抽提按照 GB/T 9695.15 进行了水分测试后的干燥试样，蒸发除去溶剂，干燥，得到游离脂肪的含量。

5 试剂和材料

5.1 提取剂：正己烷或石油醚(沸程为 30 ℃～60 ℃)，溴值低于 1，挥发残渣小于 20 mg/L。

5.2 沸石。

6 仪器和设备

实验室常规仪器及下列仪器。

6.1 机械设备：用于试样的均质化。包括高速旋转的切割机，或多孔板的孔径不超过 4 mm 的绞肉机。

6.2 滤纸筒：经脱脂。

6.3 脱脂棉。

6.4 提取装置：索氏抽提器。

注：可用能同时抽提多个样品的自动抽提器代替索氏抽提器。

6.5 沙浴或水浴：电热式或相当的其他装置。

6.6 电热干燥箱：可控温于 103 ℃±2 ℃。

6.7 干燥器：内装有效干燥剂，如硅胶。

6.8 分析天平：可准确称重至 0.001 g。

7 取样

7.1 实验室所收到的样品应具有代表性且在运输和储藏过程中无受损或发生变化。

7.2 取样方法参见 GB/T 9695.19。

7.3 取有代表性的样品 200 g。

8 试样制备

8.1 使用适当的机械设备(6.1)将试样均质。注意避免试样的温度超过 25 ℃。若使用绞肉机,试样至少通过该设备两次。

8.2 将试样装入密封的容器里,防止变质和成分变化。试样应在均质化后 24 h 内尽快分析。

9 分析步骤

注:如需检查重复性限是否符合要求,按 9.1 至 9.2 独立测定两次。

9.1 试样

称取 5 g~8 g 试样,准确至 0.001 g(m_0)。按照 GB/T 9695.15 规定的步骤进行干燥。已知水分含量的已干燥试样可直接用于游离脂肪的测定。

试样中脂肪的含量不低于 0.05 g。

9.2 测试

9.2.1 接收瓶的称重

将少量沸石(5.2)放入索氏抽提器(6.4)的接收瓶里,于 103 ℃±2 ℃电热干燥箱(6.6)内烘 1 h。取出,置于干燥器(6.7)内,冷却至室温,准确称重至 0.001 g(m_1)。

9.2.2 抽提脂肪

将烘干的试样(9.1)放入衬有脱脂棉的滤纸筒(6.2)中,用提取剂(5.1)润湿的脱脂棉(6.3)擦净表面皿上遗留的脂肪,放入滤纸筒(6.2)中。将滤纸筒(6.2)放入索氏抽提器的抽提筒内,加入提取剂(5.1)至瓶内容积的三分之二处,连接好抽提装置,根据不同的抽提速度和所使用的抽提设备于沙浴或水浴(6.5)上加热,至少提取 6 h。

当使用自动索氏抽提器或其他相当的设备提取时,加热时间至少为 2 h。

9.2.3 称量

取下接收瓶,在沙浴或水浴(6.5)上回收抽提剂,待瓶中剩余少量抽提剂时,用空气吹干。于 103 ℃±2 ℃电热干燥箱(6.6)内干燥 1 h,置于干燥器(6.7)内,冷却至室温,准确称重至 0.001 g。重复以上烘干、冷却和称重过程,直至相继两次称量结果之差不超过试样质量(m_2)的 0.1%。

9.2.4 第二次抽提

用第二个干燥至恒重的接收瓶,再用新的溶剂抽提 1 h,验证抽提是否完全,增量应不超过 0.1%。

10 计算

试样中游离脂肪的含量按式(1)计算,其数值以%表示。

$$X = \frac{(m_2 - m_1)}{m_0} \times 100 \quad \cdots\cdots(1)$$

式中:

X——试样中游离脂肪的含量,%;

m_2——接收瓶、沸石连同游离脂肪的质量,单位为克(g);

m_1——接收瓶和沸石的质量,单位为克(g);

m_0——试样质量,单位为克(g)。

计算结果保留至小数点后一位。

11 精密度

11.1 联合实验室测试

方法的精密度是根据 ISO 5725[1] 组织的联合实验室测试获得的。联合实验室测试的结果已出版(见参考文献[4])。对于重复性限 r 和再现性限 R,置信度均为95%。

11.2 重复性

同一分析者在同一实验室、采用相同的方法和相同的仪器、在短时间间隔内对同一样品独立测定两次。两次测试结果的绝对差值不超出由式(2)求得的重复性限 r:

$$r = -0.05 + 0.06\overline{X} \qquad \cdots\cdots (2)$$

式中:

r——重复性限,%;

$\overline{X}$——两次测定结果的平均值,%。

11.3 再现性

不同的分析者采用相同的方法、在不同的实验室用不同的仪器、对同一样品独立测定两次。两次测试结果的绝对差值不超出由式(3)求得的再现性限 R:

$$R = 0.04 + 0.06\overline{X} \qquad \cdots\cdots (3)$$

式中:

R——再现性限,%;

$\overline{X}$——两次测试结果的平均值,%。

12 试验报告

试验报告应说明:

——取样方法;

——所采用的方法;

——测试结果;

——如果检验了重复性,列出最终结果。

试验报告也应说明本部分未规定或未列为可选的所有操作,以及可能影响测试结果的其他因素。

试验报告还应包括所有与识别样品有关的必需信息。

---

1) ISO 5725:1986,用于获取精密度数据。现已被 ISO 5725-1:1994 代替。

参 考 文 献

[1] GB/T 9695.19 肉与肉制品 取样方法

[2] GB/T 6379.1—2004 测量方法与结果的准确度(正确度与精密度) 第1部分:总则与定义(ISO 5725-1:1994,Accuracy (trueness and precision) of measurement methods and results—Part 1:General principles and definitions,IDT)

[3] GB/T 6379.2—2004 测量方法与结果的准确度(正确度与精密度) 第2部分:确定标准测量方法重复性与再现性的基本方法(ISO 5725-2:1994,Accuracy (trueness and precision) of measurement methods and results—Part 2:Basic method for the determination of repeatability and reproducibility of a standard measurement method,IDT)

[4] Method No. 23(1991). Moisture and ash:Gravimetric determination in meat and meat products. Nordic Committee on Food Analysis (NMKL),Espoo,Finland (in English and Scandinavian). (UDC 635.7)

[5] KOLAR K. Gravimetric determination of moisture and ash in meat and meat products. NMKL Interlaboratory Study. J. AOAC,1992,75:1016-1022.

ICS 67.040
X 04

GB

中华人民共和国国家标准

GB/T 9695.2—2008
代替 GB/T 9695.2—1988

肉与肉制品　脂肪酸测定

Meat and meat products—Determination of fatty acids

(ISO 5508:1990, Animal and vegetable fats and oils—Analysis by gas chromatography of methyl esters of fatty acids, ISO 5509:2000, Animal and vegetable fats and oils—Preparation of methyl esters of fatty acids, MOD)

2008-08-28 发布　　2009-03-01 实施

中华人民共和国国家质量监督检验检疫总局
中国国家标准化管理委员会　发布

前言

GB/T 9695 由以下部分组成：

——GB/T 9695.1《肉与肉制品　游离脂肪含量测定》；

——GB/T 9695.2《肉与肉制品　脂肪酸测定》；

——GB/T 9695.3《肉与肉制品　铁含量测定》；

——GB/T 9695.4《肉与肉制品　总磷含量测定》；

——GB/T 9695.5《肉与肉制品　pH 测定》；

——GB/T 9695.6《肉制品　胭脂红着色剂测定》；

——GB/T 9695.7《肉与肉制品　总脂肪含量测定》；

——GB/T 9695.8《肉与肉制品　氯化物含量测定》；

——GB/T 9695.9《肉与肉制品　聚磷酸盐测定》；

——GB/T 9695.10《肉与肉制品　六六六、滴滴涕残留量测定》；

——GB/T 9695.11《肉与肉制品　氮含量测定》；

——GB/T 9695.13《肉与肉制品　钙含量测定》；

——GB/T 9695.14《肉制品　淀粉含量测定》；

——GB/T 9695.15《肉与肉制品　水分含量测定》；

——GB/T 9695.17《肉与肉制品　葡萄糖酸-δ-内酯含量的测定》；

——GB/T 9695.18《肉与肉制品　灰分测定》；

——GB/T 9695.19《肉与肉制品　取样方法》；

——GB/T 9695.20《肉与肉制品　锌的测定》；

——GB/T 9695.21《肉与肉制品　镁含量测定》；

——GB/T 9695.22《肉与肉制品　铜含量测定》；

——GB/T 9695.23《肉与肉制品　羟脯氨酸含量测定》；

——GB/T 9695.24《肉与肉制品　胆固醇含量测定》；

——GB/T 9695.25《肉与肉制品　维生素 PP 含量测定》；

——GB/T 9695.26《肉与肉制品　维生素 A 含量测定》；

——GB/T 9695.27《肉与肉制品　维生素 B_1 含量测定》；

——GB/T 9695.28《肉与肉制品　维生素 B_2 含量测定》；

——GB/T 9695.29《肉制品　维生素 C 含量测定》；

——GB/T 9695.30《肉与肉制品　维生素 E 含量测定》；

——GB/T 9695.31《肉制品　总糖含量测定》。

本部分为 GB/T 9695 的第 2 部分。

本部分修改采用 ISO 5508:1990《动植物油脂——脂肪酸甲酯的气相色谱分析法》(英文版)和 ISO 5509:2000《动植物油脂——脂肪酸甲酯的制备》(英文版)。

本部分与 ISO 5508:1990 和 ISO 5509:2000 相比主要技术性修改如下：

——将 ISO 5509:2000 作为本部分脂肪酸甲酯的制备方法，ISO 5508:1990 作为本部分的脂肪酸甲酯的气相色谱分析方法；

——增加规范性引用文件 GB/T 6682—2008；

——试剂中对水的要求修改为“应符合 GB/T 6682—2008 中三级水的要求”；

——删除 ISO 5509:2000 中的 3.6.4,该方法不适用于气相色谱法;

——删除 ISO 5509:2000 第 4 章,该方法不常用,且试剂在国内不方便购买;

——删除 ISO 5509:2000 第 5 章,该方法不适用于游离脂肪酸的测定,适用范围窄;

——对 ISO 5508:1990 中色谱条件进行修改,使之适用于现代仪器。

按照 GB/T 1.1—2000《标准化工作导则 第1部分:标准的结构和编写规则》和 GB/T 20001.4—2001《标准编写规则 第 4 部分:化学分析方法》对 ISO 5508:1990 和 ISO 5509:2000 进行主要编辑性修改如下:

——删除 ISO 5508 和 ISO 5509 的前言;

——用小数点“.”代替 ISO 5508 和 ISO 5509 中作为小数点的“,”;

——用 GB/T 6682—2008 代替 ISO 3696;

——为计算公式增加了编号。

本部分代替 GB/T 9695.2—1988《肉与肉制品 脂肪酸测定》。

本部分与 GB/T 9695.2—1988 相比主要修改如下:

——按照 GB/T 1.1—2000 和 GB/T 20001.4—2001 进行了结构调整和文字修改;

——按照 GB/T 1.1—2000,删除英文名称中的“Method for”;

——第 2 章增加了“GB/T 6682—2008”规范性引用文件;

——第 4 章将“所用试剂均为分析纯,水为蒸馏水或相当纯度的水”修改为“如无特别说明,所用试剂均为分析纯”,增加了部分溶液的配制方法,增加了条款“4.1 水:应符合 GB/T 6682—2008 中三级水的要求”;

——第 4 章用“异辛烷”代替“庚烷”;

——第 5 章删除了“微处理机或积分仪”;

——第 7 章用“称取脂肪适量”代替“称取脂肪约 350 mg”;

——第 7 章用毛细管色谱柱代替填充柱,并对相应的色谱条件进行修改;

——第 7 章增加了“回流速度控制在每 30 s～60 s 一滴”;

——增加了 7.1.2 的注 2 和注 3;

——增加了“试验报告”一章。

本部分由中国商业联合会提出。

本部分由全国肉禽蛋制品标准化技术委员会归口。

本部分起草单位:深圳市计量质量检测研究院、中国商业联合会商业标准中心。

本部分主要起草人:罗美中、李碧芳、郑彦婕、杨万颖、陈素娟、曾泳艇、靳晓蕾。

本部分所代替标准的历次版本发布情况为:

——GB/T 9695.2—1988。

肉与肉制品 脂肪酸测定

1 范围

GB/T 9695 的本部分规定了对按照 GB/T 9695.1 得到的脂类制备脂肪酸甲酯的方法以及脂肪酸甲酯混合物成分用气相色谱进行定性定量测定的方法。

本部分适用于肉和肉制品中脂肪酸的测定。

本部分不适用于测定聚合的脂肪酸。

2 规范性引用文件

下列文件中的条款通过 GB/T 9695 的本部分的引用而成为本部分的条款。凡是注日期的引用文件，其随后所有的修改单(不包括勘误的内容)或修订版均不适用于本部分，然而，鼓励根据本部分达成协议的各方研究是否可使用这些文件的最新版本。凡是不注日期的引用文件，其最新版本适用于本部分。

GB/T 6682—2008 分析实验室用水规格和试验方法(ISO 3696:1987,MOD)

GB/T 9695.1 肉与肉制品 游离脂肪含量测定(GB/T 9695.1—2008,ISO 1444:1996, IDT)

3 原理

游离脂肪在三氟化硼催化下，进行甘油脂的皂化和游离脂肪酸的酯化，然后用气相色谱进行分析，用面积归一化法测定其组成。

4 试剂

如无特别说明，所用试剂均为分析纯。

4.1 水：应符合 GB/T 6682—2008 中三级水的要求。

4.2 氢氧化钠甲醇溶液(0.5 mol/L)：将 2 g 氢氧化钠溶于 100 mL 含水量不超过 0.5%(质量分数)的甲醇中。该溶液存放时间较长时，可能形成少量白色的碳酸钠沉淀，但不会影响甲酯的制备。

4.3 三氟化硼甲醇溶液：12%～15%(质量分数)。

4.4 异辛烷(2,2,4-三甲基戊烷)：色谱纯。

注：异辛烷易燃易爆，在空气中的爆炸极限为 1.1%～6.0%(体积分数)。吸入有毒，使用时应采用防护措施以防吸入。

4.5 无水硫酸钠。

4.6 饱和氯化钠溶液。

4.7 氢气：纯度不小于 99.9%，无有机杂质。

4.8 氮气：完全干燥，纯度不小于 99.999%。

4.9 空气：无有机杂质。

4.10 参照标准物：纯脂肪酸甲酯的混合物或已知油脂组成的甲酯，其组成与待分析脂类相似。

注：各种试剂和溶剂在进行气相色谱分析时不得产生干扰脂肪酸甲酯峰的信号。在进行色谱分析时，一些反应物可能会在谱图上产生一些干扰峰，特别是在长期的储存中，三氟化硼甲醇溶液可能会在色谱图的 $C_{20\sim22}$ 脂肪酸区域内产生干扰峰。因此，每批新试剂或溶剂都应制备纯油酸甲酯并进行色谱分析。如有额外峰出现，则该试剂应当弃之。

5 仪器和设备

5.1 实验室常用设备。

5.2 气相色谱仪,配备 FID 检测器。

6 试样

按 GB/T 9695.1 的规定,制备试样。

7 分析步骤

7.1 脂肪酸甲酯的制备

三氟化硼有毒,下列操作应在通风橱里进行,玻璃仪器用后,应立即用水冲洗。

7.1.1 试样称取

称取脂肪适量。根据称取脂肪量的多少按表 1 选择烧瓶及试剂。

表 1

脂肪量/mg	烧瓶/mL	氢氧化钠甲醇溶液/mL	三氟化硼甲醇溶液/mL	异辛烷/mL
100～250	50	4	5	1～3
250～500	50	6	7	2～5
500～750	100	8	9	4～8
750～1 000	100	10	12	7～10

7.1.2 皂化

将样品置于烧瓶中,加入适量氢氧化钠甲醇溶液(4.2)及脱脂沸石。将冷凝管固定于烧瓶上,水浴回流,至油滴消失。回流速度控制在每 30 s～60 s 一滴,通常需 5 min～10 min。采用移液管或自动加液器从冷凝管上部加入适量的三氟化硼甲醇溶液(4.3)于沸腾的溶液中。

注 1:在含有两个以上双键的脂肪酸存在时,建议在回流前导入氮气数分钟,排掉烧瓶中的空气。

注 2:当油类(如蓖麻油)可溶解于甲醇中,将观察不到油滴。因此溶液透明并不表示反应已完成。

注 3:如果不皂化物数量较大,可能会影响以后的分析。此时,可用蒸馏水稀释皂化液,并用乙醚、己烷或石油醚萃取除去不皂化物,然后将溶液酸化并分离脂肪酸。

7.1.3 甲酯异辛烷溶液的制备

接 7.1.2 继续煮沸 3 min。含有长链脂肪酸的油脂(例如鱼油),继续煮沸 30 min。经冷凝管上部加入适量的异辛烷(4.4)停止加热,移去冷凝管。不等烧瓶冷却,立即加入 20 mL 饱和氯化钠溶液(4.6)。盖上瓶盖,用力振摇至少 15 s 继续加入饱和氯化钠溶液(4.6)至烧瓶颈部。吸取上层异辛烷溶液 1 mL～2 mL 于试管中,加适量无水硫酸钠(4.5)脱水,可直接取一定量注入气相色谱仪中。

7.1.4 脂肪酸甲酯的贮存

制备样品应尽快分析。不能尽快分析时,可将脂肪酯的异辛烷溶液在惰性气体保护下短期冷藏贮存在冰箱中。

较长时间贮存时,可加入一定浓度而不影响分析的抗氧化剂防止甲酯的自动氧化。例如:0.05 g/L 的 2,6-二叔丁基对甲酚(BHT)溶液。

含丁酸的甲酯只能贮存于密封的安瓿瓶里,应采取特殊的保护措施,以避免灌装和密封安瓿瓶期间的蒸发损耗。

7.2 色谱条件

7.2.1 色谱柱:innowax 弹性石英毛细管柱(30 m×0.25 mm×0.25 μm),或相当者。

7.2.2 载气(4.8):恒流 1.0 mL/min。

7.2.3 柱温：程序升温，应将所有组分洗脱。

7.2.4 进样口温度：200 ℃。

7.2.5 检测器温度：等于或高于柱温。

7.2.6 进样量：0.1 μL～1 μL，如果检测痕量组分试样量可以增大(至10倍)。

7.2.7 空气流速(4.9)：350 mL/min。

7.2.8 氢气流速(4.7)：30 mL/min。

7.3 定性分析

相同的操作条件下，以保留时间定性。

7.4 定量分析

面积归一化法。

8 分析结果的计算

8.1 计算

通过测定相应峰面积对所有成分峰面积总和的百分数来计算给定组分 i 的含量，用甲酯的质量分数表示，公式见式(1)：

$$X_1 = \frac{A_i}{\sum A_i} \times 100 \quad \cdots\cdots(1)$$

式中：

X_1——甲酯的质量分数，%；

A_i——成分 i 的峰面积；

$\sum A_i$——全部成分峰面积之和。

注：一般情况下，由峰面积比计算的结果可以被认为代表质量分数。当该假设不成立时，参阅8.2。

8.2 校正因子计算

在某些情况下，特别是存在碳原子数少于8的脂肪酸或有二级基团的脂肪酸，或者需要高精确度时，应使用校正因子将峰面积的百分数转换成组分的质量分数。

校正因子是在与试样相同的操作条件下，通过分析已知组成的参照标准物来测定。

对于此种参照标准物，成分 i 的质量分数可由式(2)求出：

$$X_2 = \frac{m_i}{\sum m_i} \times 100 \quad \cdots\cdots(2)$$

式中：

X_2——参照标准物成分 i 的质量分数，%；

m_i——参照标准物中组分 i 的质量；

$\sum m_i$——参照标准物中各组分的总质量。

按式(3)由参照标准物的色谱图计算组分 i 的百分比(面积/面积)：

$$X_3 = \frac{A_i}{\sum A_i} \times 100 \quad \cdots\cdots(3)$$

式中：

X_3——参照标准物成分 i 的面积分数，%；

A_i——成分 i 的峰面积；

$\sum A_i$——全部成分峰面积之和。

则校正因子 K_i 可按(4)进行计算：

$$K_i = \frac{m_i \cdot \sum A_i}{A_i \cdot \sum m_i} \quad \cdots\cdots(4)$$

通常，校正因子是以对棕榈酸的校正因子 K_{c16} 的相对值来表示的，故此相对校正因子 K_i' 可换算为式(5)：

$$K_i' = \frac{K_i}{K_{c16}} \qquad \cdots\cdots(5)$$

因此，试样中每种组分 i 的含量表示为甲酯的质量分数，见式(6)：

$$X_4 = \frac{K_i' \cdot A_i}{\sum(K_i' \cdot A_i)} \times 100 \qquad \cdots\cdots(6)$$

式中：

X_4——甲酯的质量分数，%。

计算结果保留至小数点后一位。

9 精密度

同一分析者用同一仪器对同一试样连续进行两次测定的误差，对于含量大于5%(质量分数)的组分，相对偏差应不大于3%，绝对误差应不超过1%(质量分数)；对于含量小于5%的组分，绝对误差应不大于0.2%(质量分数)。

10 试验报告

试验报告应说明：

——与识别样品有关的必需信息；

——取样方法；

——依据本部分所使用的方法；

——未在本部分规定或被视为可选的所有操作，以及可能影响测试结果的其他事件；

——获得的结果；

——如果检验了重复性，列出最终结果。

ICS 67.040
X 04

GB

中华人民共和国国家标准

GB/T 9695.5—2008/ISO 2917:1999
代替 GB/T 9695.5—1988

肉与肉制品　pH 测定

Meat and meat products—Measurement of pH

(ISO 2917:1999,IDT)

2008-06-25 发布　　　　2009-01-01 实施

中华人民共和国国家质量监督检验检疫总局
中国国家标准化管理委员会　发布

前 言

GB/T 9695 由以下部分组成：

——GB/T 9695.1《肉与肉制品　游离脂肪含量的测定》；
——GB/T 9695.2《肉与肉制品　脂肪酸测定》；
——GB/T 9695.3《肉与肉制品　铁含量测定》；
——GB/T 9695.4《肉与肉制品　总磷含量测定》；
——GB/T 9695.5《肉与肉制品　pH 测定》；
——GB/T 9695.6《肉制品　胭脂红着色剂测定》；
——GB/T 9695.7《肉与肉制品　总脂肪含量测定》；
——GB/T 9695.8《肉与肉制品　氯化物含量测定》；
——GB/T 9695.9《肉与肉制品　聚磷酸盐测定》；
——GB/T 9695.10《肉与肉制品　六六六、滴滴涕残留量测定》；
——GB/T 9695.11《肉与肉制品　氮含量测定》；
——GB/T 9695.13《肉与肉制品　钙含量测定》；
——GB/T 9695.14《肉制品　淀粉含量测定》；
——GB/T 9695.15《肉与肉制品　水分含量测定》；
——GB/T 9695.17《肉与肉制品　葡糖酸-δ-内酯含量的测定》；
——GB/T 9695.18《肉与肉制品　灰分测定》；
——GB/T 9695.19《肉与肉制品　取样方法》；
——GB/T 9695.20《肉与肉制品　锌的测定》；
——GB/T 9695.21《肉与肉制品　镁含量测定》；
——GB/T 9695.22《肉与肉制品　铜含量测定》；
——GB/T 9695.23《肉与肉制品　L(-)-羟脯氨酸含量测定》；
——GB/T 9695.24《肉与肉制品　胆固醇含量测定》；
——GB/T 9695.25《肉与肉制品　维生素 PP 含量测定》；
——GB/T 9695.26《肉与肉制品　维生素 A 含量测定》；
——GB/T 9695.27《肉与肉制品　维生素 B_1 含量测定》；
——GB/T 9695.28《肉与肉制品　维生素 B_2 含量测定》；
——GB/T 9695.29《肉制品　维生素 C 含量测定》；
——GB/T 9695.30《肉与肉制品　维生素 E 含量测定》；
——GB/T 9695.31《肉制品　总糖含量测定》。

本部分为 GB/T 9695 的第 5 部分。

本部分等同采用 ISO 2917:1999《肉和肉制品　pH 的测定　参考方法》(英文版)。

为便于使用，本部分作了下列编辑性修改：

——删除 ISO 2917 的前言；
——用“本部分”代替“本国际标准”；
——用小数点“.”代替 ISO 2917 中作为小数点的“,”；
——用 GB/T 6682 代替 ISO 3696；
——用 GB/T 9695.19 代替 ISO 3100-1；

——为计算公式增加了编号。

本部分代替 GB/T 9695.5—1988《肉与肉制品　pH 测定》。

本部分与 GB/T 9695.5—1988 相比主要变化如下：

——按照 GB/T 1.1—2000《标准化工作导则　第 1 部分：标准的结构和编写规则》和 GB/T 20001.4—2001《标准编写规则　第 4 部分：化学分析方法》进行了结构调整和文字修改；

——增加了规范性引用文件；

——在"试剂"一章中增加了氢氧化钠、氯化钾、标准缓冲溶液三种试剂及蒸馏水使用前的处理方法；

——在"仪器和设备"章中增加了均质器和电磁搅拌器，用复合电极代替玻璃电极和参比电极，并将 pH 计的准确度"0.05"改为"0.01"；

——在"均质化试样的分析步骤"一章中 pH 计的校正用两点校正代替单点校正，测定时读数准确至"0.05"改为"0.01"，分析结果的计算准确至"0.1"改为"0.05"；

——用第 11 章"精密度"及其内容代替 GB/T 9695.5—1988 的 8.5"允许差"及其内容；

——增加了"试验报告"一章。

本部分由全国食品工业标准化技术委员会肉禽蛋制品分技术委员会提出并归口。

本部分起草单位：中国商业联合会商业标准中心、国家加工食品质量监督检验中心（广州）、广州市产品质量监督检验所。

本部分主要起草人：郭新东、罗海英、侯向昶、马爱进、邹树丹、吴玉銮。

本部分所代替标准的历次版本发布情况为：

——GB/T 9695.5—1988。

肉与肉制品　pH 测定

1　范围

GB/T 9695 的本部分规定了肉和肉制品的 pH 的测定方法。

本部分适用于均质化产品的测试以及屠宰后的畜体、胴体和瘦肉的非破坏性测试。

2　规范性引用文件

下列文件中的条款通过 GB/T 9695 的本部分的引用而成为本部分的条款。凡是注日期的引用文件，其随后所有的修改单(不包括勘误的内容)或修订版均不适用于本部分，然而，鼓励根据本部分达成协议的各方研究是否可使用这些文件的最新版本。凡是不注日期的引用文件，其最新版本适用于本部分。

GB/T 6682—1992　分析实验室用水规格和试验方法(neq ISO 3696:1987)

3　术语和定义

下列术语和定义适用于 GB/T 9695 的本部分。

3.1

肉与肉制品的 pH　pH of meat and meat products

在本部分规定的条件下测定的结果。

4　原理

测定浸没在肉或肉制品试样中的玻璃电极和参比电极之间的电位差。

5　试剂

如无特别说明，所用试剂均为分析纯。

5.1　水

符合 GB/T 6682—1992 规定的三级水。

用于配制缓冲溶液的水应新煮沸，或用不含二氧化碳的氮气排除了二氧化碳。

5.2　用于校正 pH 计的缓冲溶液

可选用下列缓冲溶液：

a)　pH 读数准确至 0.01 的有证 pH 缓冲溶液；

b)　由商品化的 pH 缓冲剂配制而得的缓冲溶液；

c)　按 5.2.1～5.2.3 所示方法自行配制的缓冲溶液。

5.2.1　20 ℃ 时，pH=4.00 的缓冲溶液

于 110 ℃～130 ℃将邻苯二甲酸氢钾[$KHC_6H_4(COO)_2$]干燥至恒重，并于干燥器内冷却至室温。称取上述邻苯二甲酸氢钾 10.21 g，加入 800 mL 水溶解，用水定容至 1 000 mL。

该溶液的 pH 在 0 ℃～10 ℃时为 4.00，在 30 ℃时为 4.01。

5.2.2　20 ℃时，pH=6.88 的缓冲溶液

于 110 ℃～130 ℃将无水磷酸二氢钾(KH_2PO_4)和无水磷酸氢二钠(Na_2HPO_4)干燥至恒重，于干燥器内冷却至室温。

称取上述磷酸二氢钾 3.40 g 和磷酸氢二钠 3.55 g，溶于水中，用水定容至 1 000 mL。

该溶液的pH在0℃时为6.98,在10℃时为6.92,在30℃时为6.85。

该溶液于冰箱中可存放不超过3个月。

5.2.3 **20℃时,pH=5.45的缓冲溶液**

称取7.01 g一水柠檬酸($C_6H_8O_7 \cdot H_2O$),加入500 mL水溶解,加入375 mL 1.0 mol/L氢氧化钠溶液(5.3),用水定容至1 000 mL。

5.3 **氢氧化钠溶液[c(NaOH)=1.0 mol/L]**

称取40 g氢氧化钠,溶于水中,用水稀释至1000 mL。

5.4 **氯化钾溶液[c(KCl)=0.1 mol/L]**

称取7.5 g氯化钾于1 000 mL容量瓶中,加水溶解,用水稀释至刻度。

若待测试样处在僵硬前的状态,需加入已用氢氧化钠溶液(5.3)调节pH至7.0的925 mg/L碘乙酸溶液,以阻止糖酵解。

5.5 **清洗液**

5.5.1 乙醚:用水饱和。

5.5.2 乙醇(C_2H_5OH):体积分数为95%。

6 仪器和设备

6.1 机械设备:用于试样的均质化。包括高速旋转的切割机,或多孔板的孔径不超过4 mm的绞肉机。

6.2 pH计:准确度为0.01。

仪器应有温度补偿系统,若无温度补偿系统,应在20℃下使用,并能防止外界感应电流的影响。

6.3 复合电极:由玻璃指示电极和Ag/AgCl或Hg/Hg_2Cl_2参比电极组装而成。

玻璃电极可为球形、圆锥形、圆柱形或针状。

注:为避免油脂样品引起的各种问题,也可以使用带易于复原的液体接界的单体玻璃电极和参比电极。

6.4 均质器:转速可达20 000 r/min。

6.5 磁力搅拌器。

7 取样

本部分不规定取样方法。取样方法参见GB/T 9695.19。

实验室所收到的样品应具有代表性且在运输和储藏过程中没受损或发生变化。

至少取有代表性的样品200 g。

8 试样制备

8.1 **非均质化的试样**

在试样中选取有代表性的pH测试点。按第9章继续操作。

8.2 **均质化的试样**

使用适当的机械设备(6.1)将试样均质。注意避免试样的温度超过25℃。若使用绞肉机,试样至少通过该仪器两次。

将试样装入密封的容器里,防止变质和成分变化。试样应尽快进行分析,均质化后最迟不超过24 h。

9 分析步骤

注:如果需要检查重复性限是否符合要求(见11.2),按9.2~9.4进行两次独立测定。

9.1 **pH计的校正**

用两个接近待测试样pH的标准缓冲溶液,在测定温度下用磁力搅拌器(6.5)搅拌的同时校正pH计(6.2)。

若 pH 计不带温度补偿系统，应保证缓冲溶液的温度在 20 ℃±2 ℃范围内。

对于均质化的试样，按 9.2 继续操作。

对于非均质化的试样，按 9.4 继续操作。

9.2 试样

在均质化试样(见 8.2)中，加入 10 倍于待测试样质量的氯化钾溶液(5.4)，用均质器(6.4)进行均质。

9.3 均质化试样的测定

取一定量能够浸没或埋置电极的试样，将电极插入试样中，将 pH 计的温度补偿系统调至试样的温度。若 pH 计不带温度补偿系统，应保证待测试样的温度在 20 ℃±2 ℃范围内。

采用适合于所用 pH 计的步骤进行测定，于搅拌的同时测试 pH。读数显示稳定以后，直接读数，准确至 0.01。

按 9.5 继续操作。

9.4 非均质化试样的测定

用小刀或大头针在试样上打一个孔，以免复合电极破损。

将 pH 计(6.2)的温度补偿系统调至试样的温度。若 pH 计不带温度补偿系统，应保证待测试样的温度在 20 ℃±2 ℃范围内。

采用适合于所用 pH 计的步骤进行测定，读数显示稳定以后，直接读数，准确至 0.01。

鲜肉通常保存于 0 ℃～5 ℃之间，测定时需用带温度补偿系统的 pH 计。

在同一点重复测定。

必要时可在试样的不同点重复测定，测定点的数目随试样的性质和大小而定。

9.5 电极的清洗

用脱脂棉先后蘸乙醚(5.5.1)和乙醇(5.5.2)擦拭电极，最后用水(5.1)冲洗并按生产商的要求保存电极。

10 分析结果的表述

10.1 非均质化试样的测定

在同一试样上同一点的测定，取两次测定值的算术平均值作为结果。pH 读数准确至 0.05。

在同一试样不同点的测定，描述所有的测定点及各自的 pH。

10.2 均质化试样的测定

结果准确至 0.05。

11 精密度

11.1 联合实验室测试

方法的精密度是根据 ISO 5725 组织的联合实验室测试获得的。

11.2 重复性

同一分析者在同一实验室、采用相同的方法和相同的仪器、在短时间间隔内对同一样品独立测定两次。两次测试结果的绝对差值超出 0.04 的概率不超过 5%。

重复性标准偏差(S_r)约为 0.014。

11.3 再现性

不同的分析者采用相同的方法、在不同的实验室用不同的仪器、对同一样品独立测定两次。两次测试结果的绝对差值超出 0.12 的概率不超过 5%。

再现性标准偏差(S_R)约为 0.042。

12 试验报告

试验报告应说明：

——所有与识别样品有关的必需信息；

——取样方法；

——采用的测试方法，标明是均质化测定或是非均质化测定；

——本部分未规定或未列为可选的所有操作，以及可能影响测试结果的其他因素；

——测试结果；

——如果检验了重复性，列出最终结果。

参 考 文 献

[1] GB/T 9695.19 肉与肉制品 取样方法

[2] ISO 5725:1986 Precision of test methods—Determination of repeatability and reproducibility for a standard test method by inter-laboratory tests

[3] ISO 5725-1:1994 Accuracy(trueness and precision)of measurement methods and results—Part 1:General principles and definitions

[4] ISO 5725-2:1994 Accuracy(trueness and precision)of measurement methods and results—Part 2:Basic method for the determination of repeatability and reproducibility of a standard measurement method

ICS 67.040
X 04

中华人民共和国国家标准

GB/T 9695.6—2008
代替 GB/T 9695.6—1988

肉制品 胭脂红着色剂测定

Meat products—Determination of artificial colour ponceau 4R

2008-06-25 发布 2009-01-01 实施

中华人民共和国国家质量监督检验检疫总局
中国国家标准化管理委员会 发布

前　言

GB/T 9695 由以下部分组成：
——GB/T 9695.1《肉与肉制品　游离脂肪含量的测定》；
——GB/T 9695.2《肉与肉制品　脂肪酸测定》；
——GB/T 9695.3《肉与肉制品　铁含量测定》；
——GB/T 9695.4《肉与肉制品　总磷含量测定》；
——GB/T 9695.5《肉与肉制品　pH 测定》；
——GB/T 9695.6《肉制品　胭脂红着色剂测定》；
——GB/T 9695.7《肉与肉制品　总脂肪含量测定》；
——GB/T 9695.8《肉与肉制品　氯化物含量测定》；
——GB/T 9695.9《肉与肉制品　聚磷酸盐测定》；
——GB/T 9695.10《肉与肉制品　六六六、滴滴涕残留量测定》；
——GB/T 9695.11《肉与肉制品　氮含量测定》；
——GB/T 9695.13《肉与肉制品　钙含量测定》；
——GB/T 9695.14《肉制品　淀粉含量测定》；
——GB/T 9695.15《肉与肉制品　水分含量测定》；
——GB/T 9695.17《肉与肉制品　葡糖酸-δ-内酯含量的测定》；
——GB/T 9695.18《肉与肉制品　灰分测定》；
——GB/T 9695.19《肉与肉制品　取样方法》；
——GB/T 9695.20《肉与肉制品　锌的测定》；
——GB/T 9695.21《肉与肉制品　镁含量测定》；
——GB/T 9695.22《肉与肉制品　铜含量测定》；
——GB/T 9695.23《肉与肉制品　L(-)-羟脯氨酸含量测定》；
——GB/T 9695.24《肉与肉制品　胆固醇含量测定》；
——GB/T 9695.25《肉与肉制品　维生素 PP 含量测定》；
——GB/T 9695.26《肉与肉制品　维生素 A 含量测定》；
——GB/T 9695.27《肉与肉制品　维生素 B_1 含量测定》；
——GB/T 9695.28《肉与肉制品　维生素 B_2 含量测定》；
——GB/T 9695.29《肉制品　维生素 C 含量测定》；
——GB/T 9695.30《肉与肉制品　维生素 E 含量测定》；
——GB/T 9695.31《肉制品　总糖含量测定》。

本部分为 GB/T 9695 的第 6 部分。

本部分代替 GB/T 9695.6—1988《肉制品　胭脂红着色剂测定》。

本部分与 GB/T 9695.6—1988 相比主要变化如下：

——按照 GB/T 1.1—2000《标准化工作导则　第 1 部分：标准的结构和编写规则》和 GB/T 20001.4—2001《标准编写规则　第 4 部分：化学分析方法》进行了结构调整和文字修改；
——增加了规范性引用文件；
——增加了方法的检出限；

——用高效液相色谱法作为第一法、比色法作为第二法测定肉制品中的胭脂红着色剂；试剂、仪器设备、分析步骤、结果计算作相应的改动；
——“纯化”步骤中用无水乙醇＋氨水＋水溶液代替氨溶液作为解吸液；
——用第10章“精密度”及其内容代替GB/T 9695.6—1988的第9章“允许差”及其内容；
——增加了“试验报告”一章；
——增加了资料性附录A。

本部分的附录A为资料性附录。

本部分由全国食品工业标准化技术委员会肉禽蛋制品分技术委员会提出并归口。

本部分起草单位：中国商业联合会商业标准中心、国家加工食品质量监督检验中心(广州)、广州市产品质量监督检验所。

本部分主要起草人：侯向昶、王强、郭新东、罗海英、陈晓珍、黄孟基、吴玉銮。

本部分所代替标准的历次版本发布情况为：
——GB/T 9695.6—1988。

肉制品　胭脂红着色剂测定

1　范围

GB/T 9695 的本部分规定了肉制品中胭脂红着色剂的测定方法。

本部分的第一法适用于肉制品中胭脂红着色剂的测定，第二法适用于仅含胭脂红着色剂的肉制品中胭脂红的测定。

本方法的检出限：高效液相色谱法：0.05 mg/kg；比色法：0.4 mg/kg。

2　规范性引用文件

下列文件中的条款通过 GB/T 9695 的本部分的引用而成为本部分的条款。凡是注日期的引用文件，其随后所有的修改单(不包括勘误的内容)或修订版均不适用于本部分，然而，鼓励根据本部分达成协议的各方研究是否可使用引用文件的最新版本。凡是不注日期的引用文件，其最新版本适用于本部分。

GB/T 6682—1992　分析实验室用水规格和试验方法(neq ISO 3696:1987)

第一法　高效液相色谱法

3　原理

试样中的胭脂红经试样脱脂、碱性溶液提取、沉淀蛋白质、聚酰胺粉吸附、无水乙醇＋氨水＋水解吸后，制成水溶液，过滤后用高效液相色谱仪测定。根据保留时间定性，外标法定量。

4　试剂和材料

如无特别说明，所用试剂均为分析纯。

4.1　水：符合 GB/T 6682—1992 规定的二级水。

4.2　甲醇：色谱纯。

4.3　甲酸。

4.4　石油醚：沸程为 30 ℃～60 ℃。

4.5　无水乙醇。

4.6　钨酸钠。

4.7　柠檬酸。

4.8　乙酸铵。

4.9　海砂：化学纯。先用盐酸溶液(1＋10)煮沸 15 min，用水(4.1)洗至中性，再用 50 g/L 氢氧化钠溶液煮 15 min，用水(4.1)洗至中性，于 105 ℃干燥，贮于具塞瓶中。

4.10　硫酸溶液[1＋9(体积比)]：量取 10 mL 浓硫酸，在搅拌的同时缓慢加入到 90 mL 水中。

4.11　钨酸钠溶液(c=100 g/L)：称取 10 g 钨酸钠，加水溶解，稀释至 100 mL。

4.12　乙酸铵溶液(c=0.02 mol/L)：称取 1.54 g 乙酸铵，加水溶解，稀释至 1 000 mL。经 0.45 μm 滤膜过滤。

4.13　柠檬酸溶液(c=200 g/L)：称取 20 g 柠檬酸($C_6H_8O_7 \cdot H_2O$)，加水溶解，稀释至 100 mL。

4.14　甲醇＋甲酸[3＋2(体积比)]：量取 60 mL 甲醇、40 mL 甲酸，混匀。

4.15　无水乙醇＋氨水＋水[7＋2＋1(体积比)]：量取 70 mL 无水乙醇、20 mL 氨水、10 mL 水，混匀。

4.16 pH=5 的水:取 100 mL 水,用柠檬酸溶液(4.13)调 pH 到 5。

4.17 聚酰胺粉(尼龙 6):过 200 目筛。

4.18 胭脂红标准品:含量≥95%。

4.19 胭脂红标准储备液(c=1 mg/mL):称取按其纯度折算为 100%质量的胭脂红标准品 0.100 g,置于 100 mL 容量瓶中,用 pH=5 的水(4.16)溶解,并稀释至刻度。或使用有证标准溶液用水稀释而成。

4.20 胭脂红标准工作液:临用时将胭脂红标准储备液(4.19)用水稀释至所需浓度,经 0.45 μm 滤膜过滤。

5 仪器和设备

实验室常规仪器及下列仪器。

5.1 机械设备:用于试样的均质化。包括高速旋转的切割机,或多孔板的孔径不超过 4 mm 的绞肉机。

5.2 高效液相色谱仪(配有紫外检测器或二极管阵列检测器)。

5.3 G3 砂芯漏斗。

5.4 恒温水浴锅。

5.5 分析天平:可准确称重至 0.001 g。

6 取样

本部分不规定取样方法。取样方法参见 GB/T 9695.19。

实验室所收到的样品应具有代表性且在运输和储藏过程中没受损或发生变化。

至少取有代表性的样品 200 g。

7 试样制备

使用适当的机械设备(5.1)将试样均质。注意避免试样的温度超过 25 ℃。若使用绞肉机,试样至少通过该仪器两次。

将试样装入密封的容器里,防止变质和成分变化。试样应尽快进行分析,均质化后最迟不超过 24 h。

8 分析步骤

8.1 提取

称取试样 5.0 g~10.0 g,置于研钵中,加海砂(4.9)少许,研磨混匀,吹冷风使试样略为干燥,加入石油醚(4.4)50 mL,搅拌,放置片刻,弃去石油醚,如此重复处理 3 次,除去脂肪,吹干。加入无水乙醇+氨水+水(4.15)溶液提取胭脂红,通过砂芯漏斗(5.3)抽滤提取液,反复多次,至提取液无色为止。收集全部提取液于 250 mL 锥形瓶中。

8.2 沉淀蛋白质

在 70 ℃ 水浴上浓缩提取液至 10 mL 以下,依次加入 1.0 mL 硫酸溶液(4.10)和 1.0 mL 钨酸钠溶液(4.11),混匀,继续 70 ℃ 水浴加热 5 min,沉淀蛋白质。取下锥形瓶,冷却至室温,用滤纸过滤,用少量水洗涤滤纸,滤液收集于 100 mL 烧杯中。

8.3 纯化

将上述滤液加热至 70 ℃,将 1.0 g~1.5 g 聚酰胺粉(4.17)加少许水调成粥状,倒入试样溶液中,使色素完全被吸附。将吸附色素的聚酰胺粉全部转移到漏斗(5.3)中,抽滤,用 70 ℃ 柠檬酸溶液(4.13)洗涤 3 次~5 次,然后用甲醇+甲酸(4.14)洗涤 3 次~5 次,至洗出液无色为止,再用水洗至流出液呈中性。以上洗涤过程要搅拌。用无水乙醇+氨水+水(4.15)解吸 3 次~5 次,每次 5 mL,收集解吸液,蒸发至近干,加水溶解并定容至 10 mL。经 0.45 μm 滤膜过滤,滤液待测。

8.4 测定

8.4.1 液相色谱参考条件

a) 色谱柱：C_{18}柱，150 mm×4.6 mm(内径)，5 μm；

b) 流动相：甲醇和0.02 mol/L乙酸铵溶液，梯度洗脱参数见表1；

c) 流速：1.0 mL/min；

d) 柱温：30 ℃；

e) 检测波长：508 nm；

f) 进样量：20 μL。

表1 液相色谱梯度洗脱条件

时间/min	甲醇/%	0.02 mol/L 乙酸铵溶液/%
0	22	78
5	35	65
20	85	15
21	22	78
25	22	78

8.4.2 液相色谱测定

根据试样溶液中胭脂红的含量情况，选定峰面积相近的标准工作液。分别将待测试样溶液(8.3)和标准工作液用高效液相色谱仪测定。标准工作液和试样溶液中胭脂红的响应值均应在的检测线性范围内，参见附录A。根据保留时间定性，外标法定量。

8.5 平行试验

按以上步骤，对同一试样进行平行试验测定。

8.6 空白试验

除不称取试样外，均按上述步骤进行。

9 计算

按式(1)计算试样中着色剂的含量。

$$w = \frac{c \times A \times V \times 1\,000}{A_S \times m \times 1\,000} \qquad \cdots\cdots(1)$$

式中：

w——试样中胭脂红的含量，单位为毫克每千克(mg/kg)；

c——标准工作液中胭脂红的浓度(8.4.2)，单位为毫克每升(mg/L)；

A——试样溶液中胭脂红的峰面积；

V——试样溶液最终定容的体积(8.3)，单位为毫升(mL)；

A_S——标准工作液中胭脂红的峰面积；

m——试样质量，单位为克(g)。

结果扣除空白值。

结果保留两位有效数字。

10 精密度

同一分析者在同一实验室、采用相同的方法和相同的仪器、在短时间间隔内对同一样品独立测定两次。两次测定结果的绝对差值不得超过算术平均值的10%。

11 试验报告

试验报告应说明：

——所有与识别样品有关的必需信息；

——取样方法；

——依据本部分所采用的方法；

——本部分未规定或未列为可选的所有操作，以及可能影响测试结果的其他因素；

——测试结果；

——如果检验了重复性，列出最终结果。

第二法 比色法

12 原理

试样中的胭脂红经试样脱脂、碱性溶液提取、沉淀蛋白质、聚酰胺粉吸附、无水乙醇＋氨水＋水解吸后，制成水溶液，过滤后用分光光度计测定吸光度，外标法定量。

13 试剂和材料

13.1 胭脂红标准工作液（c＝100 mg/L）：吸取胭脂红标准储备液（4.19）10.00 mL，用水定容至 100 mL。

13.2 其他试剂和材料：同 4.1～4.19。

14 仪器和设备

实验室常规仪器及下列仪器。

14.1 分光光度计。

14.2 其他仪器和设备：同 5.2～5.5。

15 取样

同第 6 章。

16 试样制备

同第 7 章。

17 分析步骤

17.1 提取

同 8.1。

17.2 沉淀蛋白质

同 8.2。

17.3 纯化

同 8.3。

18 测定

吸取 0 mL、2.00 mL、4.00 mL、6.00 mL、8.00 mL、10.00 mL 胭脂红标准工作液（13.1），分别置于 50 mL 容量瓶中，用水定容，配制成浓度分别为 0 mg/L、4 mg/L、8 mg/L、12 mg/L、16 mg/L、20 mg/L

的胭脂红标准工作液。用1 cm比色杯，以标准空白调节零点，于波长510 nm处测定标准工作液的吸光度。以胭脂红标准工作液的浓度为横坐标、相应的吸光度为纵坐标绘制标准曲线。用1 cm比色杯，以试剂空白调节零点，于波长510 nm处测定试样溶液的吸光度。根据试样溶液的吸光度，从标准曲线上查出胭脂红的相应浓度。

19 分析结果的计算

试样中胭脂红的含量按式(2)计算：

$$w = \frac{c \times V \times 1\,000}{m \times 1\,000} \qquad \cdots\cdots(2)$$

式中：

w——试样中胭脂红的含量，单位为毫克每千克(mg/kg)；

c——从标准曲线上查得的试样溶液中胭脂红的浓度，单位为毫克每升(mg/L)；

V——试样溶液最终定容的体积(8.3)，单位为毫升(mL)；

m——试样质量，单位为克(g)。

结果保留两位有效数字。

20 精密度

同第10章。

21 试验报告

同第11章。

附 录 A
（资料性附录）
胭脂红标准溶液的液相色谱图

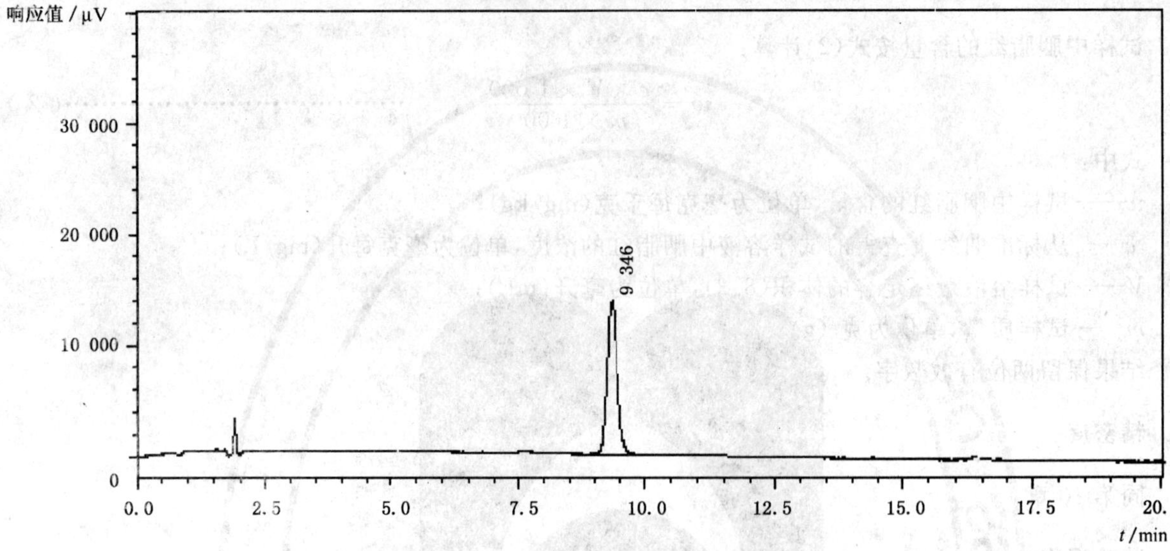

图 A.1 胭脂红标准溶液的液相色谱图

参 考 文 献

[1] GB/T 9695.19 肉与肉制品 取样方法

ICS 67.040
X 04

中华人民共和国国家标准

GB/T 9695.7—2008
代替 GB/T 9695.7—1988

肉与肉制品　总脂肪含量测定

Meat and meat products—Determination of total fat content

2008-06-25 发布　　2009-01-01 实施

中华人民共和国国家质量监督检验检疫总局
中国国家标准化管理委员会　发布

前 言

GB/T 9695 由以下部分组成：
——GB/T 9695.1《肉与肉制品 游离脂肪含量的测定》；
——GB/T 9695.2《肉与肉制品 脂肪酸测定》；
——GB/T 9695.3《肉与肉制品 铁含量测定》；
——GB/T 9695.4《肉与肉制品 总磷含量测定》；
——GB/T 9695.5《肉与肉制品 pH 测定》；
——GB/T 9695.6《肉制品 胭脂红着色剂测定》；
——GB/T 9695.7《肉与肉制品 总脂肪含量测定》；
——GB/T 9695.8《肉与肉制品 氯化物含量测定》；
——GB/T 9695.9《肉与肉制品 聚磷酸盐测定》；
——GB/T 9695.10《肉与肉制品 六六六、滴滴涕残留量测定》；
——GB/T 9695.11《肉与肉制品 氮含量测定》；
——GB/T 9695.13《肉与肉制品 钙含量测定》；
——GB/T 9695.14《肉制品 淀粉含量测定》；
——GB/T 9695.15《肉与肉制品 水分含量测定》；
——GB/T 9695.17《肉与肉制品 葡糖酸-δ-内酯含量的测定》；
——GB/T 9695.18《肉与肉制品 灰分测定》；
——GB/T 9695.19《肉与肉制品 取样方法》；
——GB/T 9695.20《肉与肉制品 锌的测定》；
——GB/T 9695.21《肉与肉制品 镁含量测定》；
——GB/T 9695.22《肉与肉制品 铜含量测定》；
——GB/T 9695.23《肉与肉制品 L(-)-羟脯氨酸含量测定》；
——GB/T 9695.24《肉与肉制品 胆固醇含量测定》；
——GB/T 9695.25《肉与肉制品 维生素 PP 含量测定》；
——GB/T 9695.26《肉与肉制品 维生素 A 含量测定》；
——GB/T 9695.27《肉与肉制品 维生素 B_1 含量测定》；
——GB/T 9695.28《肉与肉制品 维生素 B_2 含量测定》；
——GB/T 9695.29《肉制品 维生素 C 含量测定》；
——GB/T 9695.30《肉与肉制品 维生素 E 含量测定》；
——GB/T 9695.31《肉制品 总糖含量测定》。

本部分为 GB/T 9695 的第 7 部分。

本部分代替 GB/T 9695.7—1988《肉与肉制品 总脂肪含量测定》。

本部分与 GB/T 9695.7—1988 相比主要变化如下：

——按照 GB/T 1.1—2000《标准化工作导则 第 1 部分：标准的结构和编写规则》和 GB/T 20001.4—2001《标准编写规则 第 4 部分：化学分析方法》进行了结构调整和文字修改；
——增加了规范性引用文件；
——为使表达更准确，对原理的表述作了改动；

——增加了“术语和定义”和“试验报告”两章；

——在“试剂和材料”一章中增加了 2 mol/L 盐酸溶液的配制方法、滤纸筒和脱脂棉；

——在“设备”一章中增加了水浴或砂浴、干燥箱、干燥器和分析天平；

——在“分析步骤”一章中增加了接收瓶的恒重操作；

——用第 11 章“精密度”及其内容代替 GB/T 9695.7—1988 的第 9 章“允许差”及其内容。

本部分由全国食品工业标准化技术委员会肉禽蛋制品分技术委员会提出并归口。

本部分起草单位：中国商业联合会商业标准中心、国家加工食品质量监督检验中心(广州)、广州市产品质量监督检验所、广州市番禺质量技术监督检测所。

本部分主要起草人：吴楚森、贺建华、郭新东、罗海英、叶嘉荣、黄金凤、吴玉銮。

本部分所代替标准的历次版本发布情况为：

——GB/T 9695.7—1988。

肉与肉制品　总脂肪含量测定

1　范围

GB/T 9695 的本部分规定了肉和肉制品中总脂肪含量的测定方法。

本部分适用于肉和肉制品中总脂肪含量的测定。

2　规范性引用文件

下列文件中的条款通过 GB/T 9695 的本部分的引用而成为本部分的条款。凡是注日期的引用文件，其随后所有的修改单(不包括勘误的内容)或修订版均不适用于本部分，然而，鼓励根据本部分达成协议的各方研究是否可使用这些文件的最新版本。凡是不注日期的引用文件，其最新版本适用于本部分。

GB/T 6682—1992　分析实验室用水规格和试验方法(neq ISO 3696:1987)

3　术语和定义

下列术语和定义适用于 GB/T 9695 的本部分。

3.1

肉与肉制品的总脂肪　total fat of meat and meat products

在本部分规定的条件下提取得到的脂肪。

总脂肪用质量分数表示。

4　原理

试样经盐酸加热水解，将包含的和结合的油脂释放出来，过滤，留在滤器上的物质经干燥后，用正己烷或石油醚抽提、除去溶剂，得到脂肪总量。

5　试剂和材料

如无特别说明，所用试剂均为分析纯。

5.1　水：符合 GB/T 6682—1992 规定的三级水。

5.2　抽提剂：正己烷或石油醚(30 ℃～60 ℃沸程)，溴值低于 1，挥发残渣小于 20 mg/L。

5.3　盐酸溶液(c=2 mol/L)：量取 50 mL 盐酸($\rho_{20}\approx$1.19 g/mL)，加入 250 mL 水，混匀。

5.4　蓝色石蕊试纸。

5.5　沸石。

5.6　滤纸筒：经脱脂。

5.7　脱脂棉。

6　仪器和设备

实验室常规仪器及下列仪器。

6.1　机械设备：用于试样的均质化。包括高速旋转的切割机，或多孔板的孔径不超过 4 mm 的绞肉机。

6.2　锥形瓶：250 mL。

6.3　表面皿：直径不小于 80 mm。

6.4　索氏抽提器：接收瓶体积为 150 mL。

6.5 水浴或砂浴。

6.6 干燥箱：可控温于 103 ℃±2 ℃。

6.7 干燥器：内装有效干燥剂。

6.8 分析天平：可准确称重至 0.001 g。

7 取样

本部分不规定取样方法。取样方法参见 GB/T 9695.19。

实验室所收到的样品应具有代表性且在运输和储藏过程中没受损或发生变化。

至少取有代表性的样品 200 g。

8 试样制备

使用适当的机械设备(6.1)将试样均质。注意避免试样的温度超过 25 ℃。若使用绞肉机，试样至少通过该仪器两次。

将试样装入密封的容器里，防止变质和成分变化。试样应尽快进行分析，均质化后最迟不超过 24 h。

9 分析步骤

9.1 接收瓶的恒重

往索氏抽提器(6.4)的接收瓶里放入少量沸石(5.5)，于 103 ℃±2 ℃干燥箱(6.6)内烘 1 h。取出，置于干燥器(6.7)内冷却至室温，准确称重至 0.001 g。重复以上烘干、冷却和称重过程，直到相继两次称量结果之差不超过 0.2 mg。

9.2 酸水解

称取 3 g～5 g 试样，准确至 0.001 g，置于 250 mL 锥形瓶(6.2)中，加入 50 mL 2 mol/L 盐酸溶液(5.3)，盖上小表面皿(6.3)，于石棉网上用火加热至微沸，保持 1 h，每 10 min 旋转摇动一次。取下锥形瓶，加入 150 mL 热水，混匀，过滤。锥形瓶和小表面皿用热水洗净，热水一并过滤。沉淀用热水洗至中性[用蓝色石蕊试纸(5.4)检验，中性时试纸不变色]。将沉淀和滤纸置于大表面皿上，连同锥形瓶和小表面皿一起于 103 ℃±2 ℃干燥箱内干燥 1 h，冷却。

9.3 抽提脂肪

将烘干的滤纸放入衬有脱脂棉的滤纸筒(5.7)中，用抽提剂(5.2)润湿的脱脂棉擦净锥形瓶、小表面皿和大表面皿上遗留的脂肪，放入滤纸筒中。将滤纸筒放入索氏抽提器的抽提筒内，连接内装少量沸石(5.5)并已干燥至恒重的接收瓶(9.1)，加入抽提剂至瓶内容积的三分之二 处，于水浴上加热，使抽提剂每 5 min～6 min 回流一次，抽提 6 h～8 h。

9.4 称量

取下接收瓶，回收抽提剂，待瓶中抽提剂剩 1 mL～2 mL 时，在水浴上蒸干，于 103 ℃±2 ℃的干燥箱内干燥 1 h，置于干燥器内冷却至室温，准确称重至 0.001 g。重复以上烘干、冷却和称重过程，直到相继两次称量结果之差不超过试样质量的 0.1%。

9.5 抽提完全程度验证

用第二个内装沸石、已干燥至恒重的接收瓶(9.1)，用新的抽提剂(5.2)继续抽提 1 h，增量不得超过试样质量的 0.1%。

9.6 平行试验

按以上步骤，对同一试样进行平行试验测定。

10 计算

试样中总脂肪的含量按式(1)计算：

$$w = \frac{m_2 - m_1}{m_0} \times 100 \qquad \cdots\cdots (1)$$

式中：

w——试样中总脂肪的含量，%；

m_2——接收瓶、沸石连同脂肪的质量，单位为克(g)；

m_1——接收瓶和沸石的质量，单位为克(g)；

m_0——试样的质量，单位为克(g)。

结果保留至小数点后第一位。

11 精密度

同一分析者在同一实验室、采用相同的方法和相同的仪器、在短时间间隔内对同一样品独立测定两次。两次测定结果的绝对差值不得超过 0.5%。

12 试验报告

试验报告应说明：

——所有与识别样品有关的必需信息；

——取样方法；

——依据本部分所采用的方法；

——本部分未规定或未列为可选的所有操作，以及可能影响测试结果的其他因素；

——测试结果；

——如果检验了重复性，列出最终结果。

参 考 文 献

[1] GB/T 9695.19 肉与肉制品 取样方法

ICS 67.040
X 04

中华人民共和国国家标准

GB/T 9695.8—2008
代替 GB/T 9695.8—1988

肉与肉制品　氯化物含量测定

Meat and meat products—Determination of chloride content

(ISO 1841:1996,MOD)

2008-06-25 发布　　2009-01-01 实施

中华人民共和国国家质量监督检验检疫总局
中国国家标准化管理委员会　发布

前　言

GB/T 9695 由以下部分组成：

——GB/T 9695.1《肉与肉制品　游离脂肪含量的测定》；

——GB/T 9695.2《肉与肉制品　脂肪酸测定》；

——GB/T 9695.3《肉与肉制品　铁含量测定》；

——GB/T 9695.4《肉与肉制品　总磷含量测定》；

——GB/T 9695.5《肉与肉制品　pH 测定》；

——GB/T 9695.6《肉制品　胭脂红着色剂测定》；

——GB/T 9695.7《肉与肉制品　总脂肪含量测定》；

——GB/T 9695.8《肉与肉制品　氯化物含量测定》；

——GB/T 9695.9《肉与肉制品　聚磷酸盐测定》；

——GB/T 9695.10《肉与肉制品　六六六、滴滴涕残留量测定》；

——GB/T 9695.11《肉与肉制品　氮含量测定》；

——GB/T 9695.13《肉与肉制品　钙含量测定》；

——GB/T 9695.14《肉制品　淀粉含量测定》；

——GB/T 9695.15《肉与肉制品　水分含量测定》；

——GB/T 9695.17《肉与肉制品　葡糖酸-δ-内酯含量的测定》；

——GB/T 9695.18《肉与肉制品　灰分测定》；

——GB/T 9695.19《肉与肉制品　取样方法》；

——GB/T 9695.20《肉与肉制品　锌的测定》；

——GB/T 9695.21《肉与肉制品　镁含量测定》；

——GB/T 9695.22《肉与肉制品　铜含量测定》；

——GB/T 9695.23《肉与肉制品　L(-)-羟脯氨酸含量测定》；

——GB/T 9695.24《肉与肉制品　胆固醇含量测定》；

——GB/T 9695.25《肉与肉制品　维生素 PP 含量测定》；

——GB/T 9695.26《肉与肉制品　维生素 A 含量测定》；

——GB/T 9695.27《肉与肉制品　维生素 B_1 含量测定》；

——GB/T 9695.28《肉与肉制品　维生素 B_2 含量测定》；

——GB/T 9695.29《肉制品　维生素 C 含量测定》；

——GB/T 9695.30《肉与肉制品　维生素 E 含量测定》；

——GB/T 9695.31《肉制品　总糖含量测定》。

本部分为 GB/T 9695 的第 8 部分。

本部分修改采用 ISO 1841-1:1996《肉和肉制品　氯化物含量的测定　第 1 部分:佛尔哈德法》(英文版)和 ISO 1841-2:1996《肉和肉制品　氯化物含量的测定　第 2 部分:电位滴定法》(英文版)。为便于使用,将上述两项标准合并在本部分。

考虑到我国国情,本部分做了下列技术性修改:

——在第一法中增加了“5.8　冰乙酸”。

——在第一法中增加了式(1)中“200”与“20”的注解,便于理解。删去原公式中“%”符号,因为原公式中的 $Wc1$ 是以质量分数计。

——在第二法中的“15.2”注明了搅拌机容积，有利配置。

——在第二法中增加了“15.6”自动电位滴定仪，“15.7”分析天平的精度由±0.1 g改为±0.001 g。

——在第二法中“18.3 测定”中增加了“电位滴定参数：滴定方法为动态法；最小加液速度为25 μL/min。”。

——用GB/T 9695.19代替ISO 3100-1。

另外，本部分的结构亦作了适当改动：

——将ISO 1841-1:1996作为本部分的第一法，ISO 1841-2:1996作为本部分的第二法；

——删除了ISO 1841的前言；

——删除了ISO 1841-2:1996中的“范围”和“定义”；

——删除了ISO 1841-2:1996中的“滴定曲线”，因为该内容是操作流程；

——增加了资料性附录A；

——删除了部分参考文献。

本部分代替GB/T 9695.8—1988《肉与肉制品　氯化物含量测定》。

本部分与GB/T 9695.8—1988相比主要变化如下：

——按照GB/T 1.1—2000《标准化工作导则　第1部分：标准的结构和编写规则》和GB/T 20001.4—2001《标准编写规则　第4部分：化学分析方法》进行了结构调整和文字修改；

——用第10章“精密度”及其内容代替GB/T 9695.8—1988的第9章“允许差”及其内容；

——增加了“试验报告”一章；

——增加了“电位法”作为第二法；

——增加了附录A和参考文献。

本部分的附录A为资料性附录。

本部分由全国食品工业标准化技术委员会肉禽蛋制品分技术委员会提出并归口。

本部分起草单位：中国商业联合会商业标准中心、国家加工食品质量监督检验中心(广州)、广州市产品质量监督检验所。

本部分主要起草人：郭新东、罗海英、覃芳芳、马爱进、黄少虹、吴玉銮。

本部分所代替标准的历次版本发布情况为：

——GB/T 9695.8—1988。

肉与肉制品　氯化物含量测定

1　范围

GB/T 9695 的本部分规定了肉和肉制品中氯化物含量的测定方法。

本部分的第一法适用于肉和肉制品中氯化钠含量大于或等于 1.0%(质量分数)的氯化物的测定,第二法适用于肉和肉制品中氯化钠含量小于 1.0%(质量分数)的氯化物的测定。

2　规范性引用文件

下列文件中的条款通过 GB/T 9695 的本部分的引用而成为本部分的条款。凡是注日期的引用文件,其随后所有的修改单(不包括勘误的内容)或修订版均不适用于本部分,然而,鼓励根据本部分达成协议的各方研究是否可使用引用文件的最新版本。凡是不注日期的引用文件,其最新版本适用于本部分。

GB/T 6682—1992　分析实验室用水规格和试验方法(neq ISO 3696:1987)

3　术语和定义

下列术语和定义适用于 GB/T 9695 的本部分。

3.1

肉和肉制品中氯化物的含量　chloride content of meat and meat products

根据本部分规定的方法测定的氯化物含量。以氯化钠的质量分数表示。

第一法　佛尔哈德法

4　原理

用热水提取试样中的氯化物,沉淀蛋白质,过滤后将滤液酸化,加入过量的硝酸银,以硫酸铁铵为指示剂,用硫氰酸钾标准溶液滴定过量的硝酸银。

5　试剂

如无特别说明,所用试剂均为分析纯。

5.1　水:蒸馏水,不含卤素,并应符合 GB/T 6682—1992 的规定。

不含卤素的测试:量取 100 mL 水,加入 1 mL 硝酸银[$c(AgNO_3)=0.1$ mol/L]和 5 mL 硝酸[$c(HNO_3)\approx 4$ mol/L],不应出现轻微混浊或混浊。

5.2　硝基苯或 1-壬醇。

5.3　硝酸[$c(HNO_3)\approx 4$ mol/L]:量取 1 体积浓硝酸($\rho_{20}=1.39$ g/mL～1.42 g/mL)和 3 体积水,混匀。

5.4　蛋白质沉淀剂:

5.4.1　试剂 A:称取 106 g 亚铁氰化钾〔$K_4Fe(CN)_6\cdot 3H_2O$〕,用水溶解,转入 1 000 mL 容量瓶(6.2)中,用水定容。

5.4.2　试剂 B:称取 220 g 二水乙酸锌〔$Zn(CH_3COO)_2\cdot 2H_2O$〕,用水溶解,加入 30 mL 冰乙酸(5.8),转入 1 000 mL 容量瓶(6.2)中,用水定容。

5.5　硝酸银标准溶液[$c(AgNO_3)=0.1$ mol/L]:先将硝酸银在 150℃±2℃温度下干燥 2 h,然后置于干燥器内使其冷却，称取其 16.989 g，用水溶解，转入 1 000 mL 容量瓶(6.2)中，用水定容。

此标准溶液用棕色玻璃容器盛装，避光存放。

5.6 硫氰酸钾标准溶液[c(KSCN)＝0.1 mol/L]：称取约 9.7 g 硫氰酸钾，用水溶解，转入 1 000 mL 容量瓶(6.2)中，用水定容。用硫酸铁(Ⅲ)铵指示剂、硝酸银标准溶液(5.5)标定(参见附录 A)。准确至 0.000 1 mol/L。

5.7 硫酸铁(Ⅲ)铵〔$(NH_4Fe(SO_4)_2) \cdot 12H_2O$〕饱和溶液：称取 50 g 硫酸铁铵，在室温下用水溶解并稀释至 100 mL，如有沉淀应过滤。

5.8 冰乙酸。

6 仪器和设备

实验室常规仪器及下列仪器。

6.1 均质器：用于试样的均质化。包括高速旋转的切割机，或多孔板的孔径不超过 4.5 mm 的绞肉机。

6.2 容量瓶：1 000 mL 和 200 mL。

6.3 锥形瓶：250 mL。

6.4 滴定管：25 mL 或 50 mL。

6.5 单刻度移液管：20 mL。

6.6 水浴锅。

6.7 分析天平：可准确称重至±0.001 g。

7 取样

实验室所收到的样品应具有代表性且在运输和储藏过程中没受损或发生变化。

本部分不规定取样方法。取样方法参见 GB/T 9695.19。

取有代表性的样品 200 g。

8 试样制备

使用均质器(6.1)将试样均质。注意防止试样温度超过 25℃。若使用绞肉机，试样至少通过该仪器两次。

将试样装入密封的容器里，防止变质和成分变化。试样应尽快进行分析，均质化后最迟不超过 24 h。

9 分析步骤

注：如果需要检查重复性是否符合要求，按 9.1～9.4 进行两次独立测定。

9.1 试样

称取 10 g 试样，准确至 0.001 g，移入锥形瓶(6.3)中。

9.2 沉淀蛋白质

往试样(9.1)中加入 100 mL 水(5.1)，置于沸水浴(6.6)中，加热 15 min，不时摇动锥形瓶。

取出锥形瓶，将内容物全部转移入 200 mL 容量瓶(6.2)中，冷却至室温，然后依次加入 2 mL 试剂 A(5.4.1)和 2 mL 试剂 B(5.4.2)，每次加液后都充分摇匀。

室温下静置 30 min，用水稀释至刻度，充分混匀，用定量滤纸过滤。

注：如果此方法用于测定亚硝酸盐和硝酸盐，或样品中抗坏血酸的含量超过 0.1%，则需往试样(9.1)中加入 0.5 g 活性炭。加入试剂 A 和试剂 B 并混匀后，用氢氧化钠溶液调 pH 值至 7.5～8.3。

9.3 测定

用移液管(6.5)吸取 20 mL 滤液于锥形瓶(6.3)中，加入 5 mL 稀硝酸(5.3)和 1 mL 硫酸铁(Ⅲ)铵指示剂(5.7)。

用移液管(6.5)吸取 20 mL 0.1 mol/L 硝酸银标准溶液(5.5)于锥形瓶中,加入 3 mL 硝基苯或1-壬醇,充分混匀,用力摇动以凝结沉淀。用硫氰酸钾标准溶液(5.6)滴定,直至出现稳定的粉红色。记录所用硫氰酸钾标准溶液的体积,准确至 0.05 mL。

9.4 空白试验

按 9.2 和 9.3 所规定的操作,加入等体积的硝酸银标准溶液(5.5),进行空白试验。

10 计算

试样中氯化物的含量按式(1)计算,其以氯化钠的质量分数计:

$$w = 0.058\,44 \times (V_2 - V_1) \times \frac{200}{20} \times \frac{100}{m} \times c$$

$$= 58.44 \times \frac{(V_2 - V_1)}{m} \times c \qquad \cdots\cdots\cdots\cdots (1)$$

式中:

w——试样中氯化物的含量,%;

V_2——空白试验(9.4)消耗硫氰酸钾标准溶液(5.6)的体积,单位为毫升(mL);

V_1——测定中(9.3)试样溶液消耗硫氰酸钾标准溶液(5.6)的体积,单位为毫升(mL);

200——试样溶液的定容体积(9.2),单位为毫升(mL);

20——滴定时吸取滤液的体积(9.3),单位为毫升(mL);

m——试样的质量,单位为克(g);

c——硫氰酸钾标准溶液(5.6)的浓度,单位为摩尔每升(mol/L)。

结果报告至约 0.05%。

11 精密度

方法的精密度是根据 ISO 5725 组织的联合实验室测试获得的。对于重复性限 r 和再现性限 R,置信度均为 95%。

11.1 重复性

同一分析者在同一实验室、采用相同的方法和相同的仪器、在短时间间隔内对同一样品独立测定两次。当氯化钠含量在 1.0%和 2.0%之间时,两次测试结果的绝对差值不得超过 0.15%(质量比);当氯化钠含量在 2.0%以上时,两次测试结果的绝对差值不得超过 0.20%(质量比)。

11.2 再现性

不同的分析者采用相同的方法、在不同的实验室用不同的仪器、对同一样品独立测定两次。当氯化钠含量在 1.0%和 2.0%之间时,两次测试结果的绝对差值不得超过 0.20%(质量比);当氯化钠含量在 2.0%以上时,两次测试结果的绝对差值不得超过 0.30%(质量比)。

12 试验报告

试验报告应说明:

——取样方法;

——所采用的方法;

——测试结果;

——如果检验了重复性,列出最终结果。

试验报告也应说明本部分未规定或未列为可选的所有操作,以及可能影响测试结果的其他因素。

试验报告还应包括所有与识别样品有关的必需信息。

第二法　电位滴定法

13　原理

用水匀样试样，取一定体积的悬浮液，酸化，用硝酸银溶液滴定，银电极测定电位的变化。

14　试剂

如无特别说明，所用试剂均为分析纯。

14.1　水

蒸馏水，不含卤素，并应符合 GB/T 6682 的规定。

不含卤素的测试：往 100 mL 水中加入 1 mL 硝酸银[$c(AgNO_3)=0.1$ mol/L]和 5 mL 硝酸[$c(HNO_3)\approx 4$ mol/L]，不应出现轻微混浊或混浊。

14.2　硝酸溶液[1＋49(体积比)]

量取 20 mL 浓硝酸($\rho_{20}=1.40$ g/mL)，用水稀释至 1 000 mL。

14.3　硝酸银标准溶液[$c(AgNO_3)=0.085\ 6$ mol/L]

先将硝酸银在 150℃±2℃ 温度下干燥 2 h，然后置于干燥器内使其冷却，称取其 14.541 g，用水溶解，转入 1 000 mL 容量瓶中，用水定容。

此标准溶液用棕色玻璃容器盛装，避光存放。

15　仪器和设备

实验室常规仪器及以下仪器。

15.1　均质器：能用于试样的均质化。包括高速旋转的切割机，或多孔板的孔径不超过 4.5 mm 的绞肉机。

15.2　实验室用搅拌机：容积为 1 000 mL，可进行低速搅拌和高速搅拌。

15.3　复合银电极或银指示电极与玻璃参比电极：若有必要，第一次使用前和每天使用前，用合适的研磨粉清洗银电极，用水冲洗干净(某些样品需用热水冲洗)。按电极生产厂商的推荐方法清洗电极。为免终点读数漂移，必要时需重洗。在测某些样品时，需定期用水冲洗并用擦拭纸擦干净，以免在电极上积淀成膜。无需用氯化银覆盖银电极。

15.4　磁力搅拌器：可稳速搅拌。

15.5　移液管：50 mL。

15.6　自动电位滴定仪：电位变化精度为 10 mV 或更小。

15.7　分析天平：可准确称重至±0.001 g。

16　取样

实验室所收到的样品具有代表性且在运输和储藏过程中没受损或发生变化。

本部分不规定取样方法。取样方法参见 GB/T 9695.19。

取有代表性的样品 200 g。

17　试样制备

使用均质器(15.1)将试样均质。注意避免试样的温度超过 25℃。若使用绞肉机，试样至少通过该仪器两次。

将试样装入密封的容器里，防止变质和成分变化。试样应尽快进行分析，均质化后最迟不超过 24 h。

18 分析步骤

注：如需检查重复性是否符合要求，按18.1～18.3独立测定两次。

18.1 试样

称取50 g试样，准确至0.1 g，装入1 000 mL搅拌机中。

18.2 匀样

18.2.1 往试样(18.1)中加入450 mL水(14.1)，盖上搅拌机(15.2)，开始时低速搅拌，再高速搅拌1 min～2 min，得到均匀的悬浮液。

18.2.2 搅拌后立即移取50 mL悬浮液，置于250 mL烧杯中，称取悬浮液的质量。

18.3 测定

加入50 mL稀硝酸(14.2)，将电极(15.3)插入溶液中，开始稳速搅拌，搅拌足够剧烈但不溅起水珠。

电位滴定参数：滴定方法为动态法；最小加液速度为25 μL/min。

用硝酸银标准溶液(14.3)滴定至终点，记录到达滴定终点时消耗硝酸银溶液的体积。

18.4 空白试验

按18.2.2～18.3所规定的操作，用水(14.1)代替18.2.2的悬浮液进行试验。

19 计算

试样中氯化物的含量按式(2)计算，其以氯化钠的质量分数计，以%表示：

$$w = \frac{(V_1 - V_2) \times c \times 500 \times 0.058\ 44 \times 100}{m_1 \times m} \quad \cdots\cdots (2)$$

式中：

w——试样中氯化物的含量，%；

V_1——测定中(18.3)试样溶液消耗硝酸银溶液(14.3)的体积，单位为毫升(mL)；

V_2——空白试验(18.4)消耗硝酸银溶液(14.3)的体积，单位为毫升(mL)；

c——硝酸银溶液(14.3)的浓度，单位为摩尔每升(mol/L)；

m_1——试样溶液(18.2.2)的质量，单位为克(g)；

m——试样的质量，单位为克(g)。

结果报告至约0.1%。

20 精密度

方法的精密度是根据ISO 5725组织的联合实验室测试获得的。对于重复性限r和再现性限R，置信度均为95%。

20.1 重复性

同一分析者在同一实验室、采用相同的方法和相同的仪器、在短时间间隔内对同一样品独立测定两次。两次测试结果的绝对差值不得超出由式(3)求得的重复性限r：

$$r = 0.002 + 0.033\overline{w} \quad \cdots\cdots (3)$$

式中：

$\overline{w}$——两次测定结果的平均值，%。

20.2 再现性

不同的分析者采用相同的方法、在不同的实验室用不同的仪器、对同一样品独立测定两次。两次测试结果的绝对差值不得超出由式(4)求得的再现性限R：

$$R = 0.005 + 0.066\overline{w} \quad \cdots\cdots (4)$$

式中：

$\bar{w}$——两次测定结果的平均值，%。

21 试验报告

试验报告应说明：

——取样方法；

——所采用的方法；

——测试结果；

——如果检验了重复性，列出最终结果。

试验报告也应说明本部分未规定或未列为可选的所有操作，以及可能影响测试结果的其他因素。

试验报告还应包括所有与识别样品有关的必需信息。

附 录 A
（资料性附录）
硫氰酸钾标准溶液的标定

A.1 硫氰酸钾标准溶液的标定

吸取 20.00 mL 硝酸银标准溶液（5.5）于锥形瓶中，加入 1 mL 硫酸铁（Ⅲ）铵溶液（5.7）作指示剂，用硫氰酸钾标准溶液（5.6）滴定，记下消耗硫氰酸钾溶液的体积。

按式（A.1）计算硫氰酸钾标准溶液的浓度：

$$c_2 = \frac{c_1 \times V_1}{V_2} \qquad \text{(A.1)}$$

式中：

c_2——硫氰酸钾标准溶液的浓度，单位为摩尔每升（mol/L）；

c_1——硝酸银标准溶液的浓度，单位为摩尔每升（mol/L）；

V_1——滴定消耗硝酸银标准溶液的体积，单位为毫升（mL）；

V_2——标定时用硫氰酸钾标准溶液的体积，单位为毫升（mL）。

参 考 文 献

[1] GB/T 9695.19 肉与肉制品 取样方法

[2] ISO 5725:1986 测试方法的精密度 采用联合实验室测试确定标准测试方法的重复性和可再现性(现已被 ISO 5725:1994 代替,用于获取精密度数据)(Precision of test methods—Determination of repeatability and reproducibility for a standard test method by inter-laboratory tests)

[3] Amtliche Sammlung von Untersuchungsverfahren nach Par. 35 LMBG. Bestimmung des kochsalzgehaltes in Fleisch und Fleischerzeugnissen. L 06. 00-5, September 1980.

[4] BELJAARS, P. R, HORWITZ, W. Comparison of the Volhard and protentiometric method for the determination of chloride in meat products: Collaborative study. J. Assoc. Off. Anal. Chem., 1985, 68: 480-484.

ICS 67.040
X 04

中华人民共和国国家标准

GB/T 9695.10—2008
代替 GB/T 9695.10—1988

肉与肉制品　六六六、滴滴涕残留量测定

Meat and meat products—Determination of BHC and DDT

2008-06-25 发布　　2009-01-01 实施

中华人民共和国国家质量监督检验检疫总局
中国国家标准化管理委员会　发布

前 言

GB/T 9695 由以下部分组成：
——GB/T 9695.1《肉与肉制品 游离脂肪含量的测定》；
——GB/T 9695.2《肉与肉制品 脂肪酸测定》；
——GB/T 9695.3《肉与肉制品 铁含量测定》；
——GB/T 9695.4《肉与肉制品 总磷含量测定》；
——GB/T 9695.5《肉与肉制品 pH 测定》；
——GB/T 9695.6《肉制品 胭脂红着色剂测定》；
——GB/T 9695.7《肉与肉制品 总脂肪含量测定》；
——GB/T 9695.8《肉与肉制品 氯化物含量测定》；
——GB/T 9695.9《肉与肉制品 聚磷酸盐测定》；
——GB/T 9695.10《肉与肉制品 六六六、滴滴涕残留量测定》；
——GB/T 9695.11《肉与肉制品 氮含量测定》；
——GB/T 9695.13《肉与肉制品 钙含量测定》；
——GB/T 9695.14《肉制品 淀粉含量测定》；
——GB/T 9695.15《肉与肉制品 水分含量测定》；
——GB/T 9695.17《肉与肉制品 葡糖酸-δ-内酯含量的测定》；
——GB/T 9695.18《肉与肉制品 灰分测定》；
——GB/T 9695.19《肉与肉制品 取样方法》；
——GB/T 9695.20《肉与肉制品 锌的测定》；
——GB/T 9695.21《肉与肉制品 镁含量测定》；
——GB/T 9695.22《肉与肉制品 铜含量测定》；
——GB/T 9695.23《肉与肉制品 L(-)-羟脯氨酸含量测定》；
——GB/T 9695.24《肉与肉制品 胆固醇含量测定》；
——GB/T 9695.25《肉与肉制品 维生素 PP 含量测定》；
——GB/T 9695.26《肉与肉制品 维生素 A 含量测定》；
——GB/T 9695.27《肉与肉制品 维生素 B_1 含量测定》；
——GB/T 9695.28《肉与肉制品 维生素 B_2 含量测定》；
——GB/T 9695.29《肉制品 维生素 C 含量测定》；
——GB/T 9695.30《肉与肉制品 维生素 E 含量测定》；
——GB/T 9695.31《肉制品 总糖含量测定》。

本部分为 GB/T 9695 的第 10 部分。

本部分代替 GB/T 9695.10—1988《肉与肉制品 六六六、滴滴涕残留量测定》。

本部分与 GB/T 9695.10—1988 相比主要变化如下：

——按照 GB/T 1.1—2000《标准化工作导则 第 1 部分：标准的结构和编写规则》和 GB/T 20001.4—2001《标准编写规则 第 4 部分：化学分析方法》进行了结构调整和文字修改；
——增加了规范性引用文件；
——增加了"术语和定义"、"精密度"和"试验报告"三章；

——修改了六六六和滴滴涕标准工作液的浓度；

——用毛细管色谱柱代替担体和固定液；

——增加了绞肉机、旋转蒸发器和索式提取仪三种仪器；

——修改了净化操作；

——修改了计算公式；

——增加了资料性附录A和附录B。

本部分的附录A和附录B为资料性附录。

本部分由全国食品工业标准化技术委员会肉禽蛋制品分技术委员会提出并归口。

本部分起草单位：中国商业联合会商业标准中心、国家加工食品质量监督检验中心(广州)、广州市产品质量监督检验所。

本部分主要起草人：郭新东、邓鸿铃、罗海英、杜志峰、吴钟玲、郭茂章、吴玉銮。

本部分所代替标准的历次版本发布情况为：

——GB/T 9695.10—1988。

肉与肉制品　六六六、滴滴涕残留量测定

1　范围

GB/T 9695 的本部分规定了肉和肉制品中六六六、滴滴涕残留量的测定方法。

本部分适用于肉和肉制品中六六六、滴滴涕残留量的测定。

2　规范性引用文件

下列文件中的条款通过 GB/T 9695 的本部分的引用而成为本部分的条款。凡是注日期的引用文件，其随后所有的修改单(不包括勘误的内容)或修订版均不适用于本部分，然而，鼓励根据本部分达成协议的各方研究是否可使用引用文件的最新版本。凡是不注日期的引用文件，其最新版本适用于本部分。

GB/T 6682—1992　分析实验室用水规格和试验方法(neq ISO 3696:1987)

3　术语和定义

下列术语和定义适用于 GB/T 9695 的本部分。

3.1

肉和肉制品中六六六、滴滴涕的残留量　BHC and DDT of meat and meat products

在本部分规定的条件下，测定的试样中 *α*-HCH、*β*-HCH、*γ*-HCH、*δ*-HCH 四种六六六异构体和 *p*,*p*′-DDE、*o*,*p*′-DDT、*p*,*p*′-DDD、*p*,*p*′-DDT 四种滴滴涕异构体的含量(参见附录 A)。

4　原理

试样中的六六六、滴滴涕经提取、净化、浓缩后，用带电子捕获检测器的气相色谱仪(参见附录 B)检测。根据保留时间定性，标准曲线法定量。

5　试剂和材料

除无特别说明，本部分所用试剂应适用于农药残留量分析。所用溶剂应依照试样的测定程序做空白试验以检查其纯度，溶剂色谱图的基线上不应出现会影响测定的峰。

5.1　水：符合 GB/T 6682—1992 规定的一级水。

5.2　石油醚：沸程 60 ℃～90 ℃，重蒸馏(6.4)。

5.3　正己烷：重蒸馏(6.4)并验证。

5.4　苯：重蒸馏(6.4)并验证。

5.5　无水硫酸钠：分析纯。650 ℃灼烧 4 h，贮于干燥器中。

5.6　硫酸钠溶液[$c(Na_2SO_4)$=20 g/L]：称取 20 g 无水硫酸钠(5.5)，用水溶解并稀释至 1 000 mL。

5.7　浓硫酸：优级纯。

5.8　高氯酸：优级纯。

5.9　冰乙酸。

5.10　高氯酸＋冰乙酸混合液[1＋1(体积比)]：量取 50 mL 高氯酸(5.8)、50 mL 冰乙酸(5.9)，混匀。

5.11　农药标准品：*α*-HCH、*β*-HCH、*γ*-HCH、*δ*-HCH、*p*,*p*′-DDE、*o*,*p*′-DDT、*p*,*p*′-DDD、*p*,*p*′-DDT 的纯度均大于 95%。

5.12　单一标准储备液：由国家认可的标准物质销售单位提供，或按下述方法配制：称取各种农药标准

品(5.11)25 mg(准确至 0.1 mg),分别置于 250 mL 容量瓶中,用正己烷(5.3)定容。配制成浓度约为 100 μg/mL 的单一标准储备液。

乙体-六六六在正己烷中溶解度低,先用少量苯(5.4)溶解,再用正己烷(5.3)定容。

贮存于 4 ℃冰箱中,可稳定一年。

5.13 混合储备液 A:吸取各种农药单一标准储备液(5.12)5.00 mL 于 100 mL 容量瓶中,用正己烷(5.3)定容,得到各种农药浓度约为 5 μg/mL 的混合储备液 A 。贮存于 4 ℃冰箱中,可稳定半年。

5.14 混合储备液 B:吸取混合储备液 A(5.13)1.00 mL 于 10 mL 容量瓶中,用正己烷(5.3)定容,得到各种农药浓度约为 0.5 μg/mL 的混合储备液 B。

5.15 混合标准工作液:吸取 10.00 mL、5.00 mL、1.00 mL 混合储备液 A(5.13),分别置于三个 100 mL容量瓶中,用正己烷(5.3)定容。分别吸取 1.00 mL 混合储备液 B(5.14)于 100 mL 容量瓶和 200 mL 容量瓶中,用正己烷(5.3)定容。配制成各种农药浓度约为 500 ng/mL、250 ng/mL、50 ng/mL、5 ng/mL、2.5 ng/mL 的混合标准工作液。

6 仪器和设备

玻璃器具使用前应洗涤,避免使用塑料容器和密封油脂,以免给溶剂引入杂质。

实验室常规仪器及下列仪器。

6.1 机械设备:用于试样的均质化。包括高速旋转的切割机,或多孔板的孔径不超过 4 mm 的绞肉机。

6.2 气相色谱仪:配备电子捕获检测器(ECD)。

6.3 旋转蒸发器。

6.4 全玻璃系统重蒸馏装置。

6.5 分析天平:可准确称重至 0.1 mg。

7 取样

本部分不规定取样方法。取样方法参见 GB/T 9695.19。

实验室所收到的样品应具有代表性且在运输和储藏过程中没受损或发生变化。

至少取有代表性的样品 200 g。

8 试样制备

使用适当的机械设备(6.1)将试样均质。注意避免试样的温度超过 25 ℃。若使用绞肉机,试样至少通过该仪器两次。

将试样装入密封的容器里,防止变质和成分变化。试样应尽快进行分析,均质化后最迟不超过 24 h。

9 分析步骤

9.1 提取

称取约 5 g(准确至 0.01 g)试样,置于具塞三角瓶中,加入 20 mL 高氯酸+冰乙酸混合液(1+1)(5.10),置于 80 ℃水浴上,至试样消化完全(为防止产生炭粒,开始时要连续摇动几分钟),取下,冷却至室温。将消化液转移至 250 mL 分液漏斗中,用 25 mL 水洗涤三角瓶,洗液并入分液漏斗中。用 50 mL、30 mL、20 mL 石油醚(5.2)[或正己烷(5.3)] 分 3 次从消化液中提取农药。合并石油醚(或正己烷)提取液。

9.2 净化

向石油醚(或正己烷)提取液(9.1)中加入 10 mL 浓硫酸 (5.7),轻轻振摇 1 次~2 次,静置分层,弃去下层溶液。重复以上操作 1 次~3 次,至下层溶液呈无色或淡黄色。加入 100 mL 20 g/L 硫酸钠溶液(5.6)，振摇后静置分层，弃去下层溶液，用滤纸吸除分液漏斗颈内外的水。提取液流经盛有约15 g无水硫酸钠(5.5)的漏斗，用石油醚(5.2)洗涤漏斗数次。合并滤液和洗液，旋转蒸发(6.3)浓缩至近干，用正己烷(5.3)定容至1 mL，待测。

9.3 色谱参考条件

a) 色谱柱：毛细管柱，30 m×0.32 mm，膜厚0.25 μm；

b) 载气：高纯氮，纯度≥99.999%；恒流1.0 mL/min；

c) 柱温(程序升温)：初始温度为70 ℃，以15 ℃/min升至280 ℃，于280 ℃保持8 min；

d) 进样口温度：270 ℃；

e) 检测器温度：300 ℃；

f) 进样量为1 μL，不分流进样，进样1 min后开阀。

9.4 测定

分别将待测试样溶液(9.2)和混合标准工作液(5.15)用气相色谱仪测定。以保留时间定性。以标准工作液被测组分的浓度为横坐标、相应的峰面积为纵坐标，绘制标准曲线。根据试样溶液中被测组分的峰面积，从标准曲线上查出相应的浓度。

9.5 空白试验

除不称取试样外，均按上述步骤进行。

10 计算

试样中六六六和滴滴涕单一异构体的含量按式(1)计算：

$$w = \frac{c \times V \times f \times 1\,000}{m \times 1\,000} \qquad \cdots\cdots(1)$$

式中：

w——试样中六六六和滴滴涕单一异构体的含量，单位为微克每千克(μg/kg)；

c——从标准曲线上查得的试样溶液中被测组分的浓度，单位为纳克每毫升(ng/mL)；

f——试样溶液的稀释倍数；

V——试样溶液最初定容的体积，单位为毫升(mL)；

m——试样质量，单位为克(g)。

结果扣除空白值。

11 精密度

同一分析者在同一实验室、采用相同的方法和相同的仪器、在短时间间隔内对同一样品独立测定两次。两次测定结果的绝对差值不得超过算术平均值的15%。

12 试验报告

试验报告应说明：

——所有与识别样品有关的必需信息；

——取样方法；

——依据本部分所采用的方法；

——本部分未规定或未列为可选的所有操作，以及可能影响测试结果的其他因素；

——测试结果；

——如果检验了重复性，列出最终结果。

附 录 A
（资料性附录）
六六六、滴滴涕异构体的名称和检出限

表 A.1 六六六、滴滴涕异构体的名称和检出限

英文名	中文名[a]	检出限/(μg/kg)
α-HCH 或 α-BHC	甲体-六六六	1
β-HCH 或 β-BHC	乙体-六六六	1
γ-HCH 或 γ-BHC	丙体-六六六	1
δ-HCH 或 δ-BHC	丁体-六六六	1
p,p'-DDE	p,p'-滴滴伊	1
o,p'-DDT	o,p'-滴滴涕	2
p,p'-TDE 或 p,p'-DDD	p,p'-滴滴滴	1
p,p'-DDT	p,p'-滴滴涕	3

[a] 中文名出自 GB 4839—1998。

附　录　B
（资料性附录）
六六六和滴滴涕标准气相色谱图

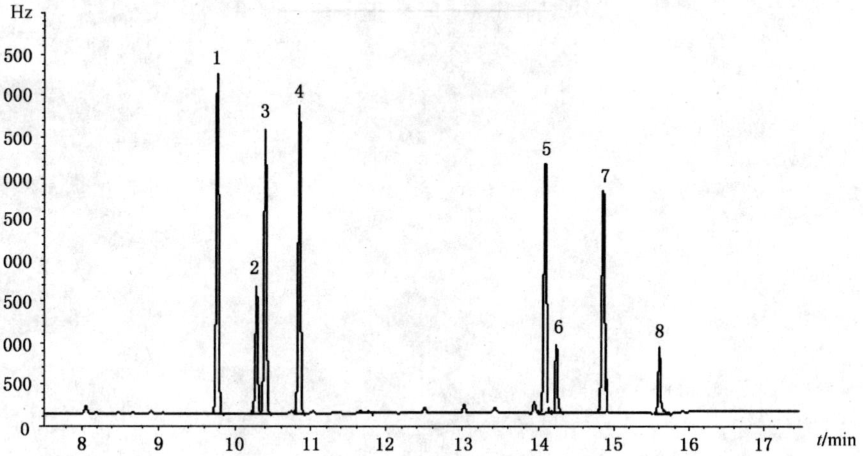

1——α-666；
2——β-666；
3——γ-666；
4——δ-666；
5——p，p'-DDE；
6——o，p'-DDT；
7——p，p'-DDD；
8——p，p'-DDT。

图 B.1　六六六和滴滴涕标准气相色谱图

参 考 文 献

［1］ GB/T 9695.19 肉与肉制品 取样方法

ICS 67.040
X 04

中华人民共和国国家标准

GB/T 9695.11—2008
代替 GB/T 9695.11—1988

肉与肉制品　氮含量测定

Meat and meat products—Determination of nitrogen content

(ISO 937:1978,MOD)

2008-08-28 发布　　2009-03-01 实施

中华人民共和国国家质量监督检验检疫总局
中国国家标准化管理委员会　发布

前　言

GB/T 9695 由以下部分组成：

——GB/T 9695.1《肉与肉制品　游离脂肪含量测定》；

——GB/T 9695.2《肉与肉制品　脂肪酸测定》；

——GB/T 9695.3《肉与肉制品　铁含量测定》；

——GB/T 9695.4《肉与肉制品　总磷含量测定》；

——GB/T 9695.5《肉与肉制品　pH 测定》；

——GB/T 9695.6《肉制品　胭脂红着色剂测定》；

——GB/T 9695.7《肉与肉制品　总脂肪含量测定》；

——GB/T 9695.8《肉与肉制品　氯化物含量测定》；

——GB/T 9695.9《肉与肉制品　聚磷酸盐测定》；

——GB/T 9695.10《肉与肉制品　六六六、滴滴涕残留量测定》；

——GB/T 9695.11《肉与肉制品　氮含量测定》；

——GB/T 9695.13《肉与肉制品　钙含量测定》；

——GB/T 9695.14《肉制品　淀粉含量测定》；

——GB/T 9695.15《肉与肉制品　水分含量测定》；

——GB/T 9695.17《肉与肉制品　葡萄糖酸-δ-内酯含量的测定》；

——GB/T 9695.18《肉与肉制品　灰分测定》；

——GB/T 9695.19《肉与肉制品　取样方法》；

——GB/T 9695.20《肉与肉制品　锌的测定》；

——GB/T 9695.21《肉与肉制品　镁含量测定》；

——GB/T 9695.22《肉与肉制品　铜含量测定》；

——GB/T 9695.23《肉与肉制品　羟脯氨酸含量测定》；

——GB/T 9695.24《肉与肉制品　胆固醇含量测定》；

——GB/T 9695.25《肉与肉制品　维生素 PP 含量测定》；

——GB/T 9695.26《肉与肉制品　维生素 A 含量测定》；

——GB/T 9695.27《肉与肉制品　维生素 B_1 含量测定》；

——GB/T 9695.28《肉与肉制品　维生素 B_2 含量测定》；

——GB/T 9695.29《肉制品　维生素 C 含量测定》；

——GB/T 9695.30《肉与肉制品　维生素 E 含量测定》；

——GB/T 9695.31《肉制品　总糖含量测定》。

本部分为 GB/T 9695 的第 11 部分。

本部分修改采用 ISO 937:1978《肉与肉制品　氮含量测定》(英文版)。

本部分与 ISO 937:1978 相比主要技术性修改如下：

——增加规范性引用文件 GB/T 6682—2008 和 GB/T 601；

——试剂中对水的要求修改为“应符合 GB/T 6682—2008 中三级水的要求。”；

——用 GB/T 9695.19 代替 ISO 3100；

——将公式“$X_1 = 0.014 \times \frac{(V_1 - V_0)}{m} \times 100$”修改为“$X_1 = 0.014 \times \frac{(V_1 - V_0)}{m} \times c \times 100$”。

按照 GB/T 1.1—2000《标准化工作导则　第 1 部分：标准的结构和编写规则》和 GB/T 20001.4—2001《标准编写规则　第 4 部分：化学分析方法》对 ISO 937:1978 进行的主要编辑性修改如下：

——删除 ISO 937:1978 的前言；

——用“本部分”代替“本国际标准”；

——用小数点“.”代替 ISO 937:1978 中作为小数点的“,”；

——为计算公式增加了编号。

本部分代替 GB/T 9695.11—1988《肉与肉制品　氮含量测定》。

本部分与 GB/T 9695.11—1988 相比主要修改如下：

——按照 GB/T 1.1—2000 和 GB/T 20001.4—2001 进行了结构调整和文字修改；

——按照 GB/T 1.1—2000，删除英文名称中的“Method for”；

——第 2 章增加了 GB/T 6682—2008 规范性引用文件；

——第 4 章将“所用试剂均为分析纯，水为蒸馏水或相当纯度的水”修改为“如无特别说明，所用试剂均为分析纯”，增加了部分溶液的配制方法，增加了条款：“4.1　水：应符合 GB/T 6682—2008 中三级水的要求。”；

——用“9　精密度”及其内容代替“9　允许差”及其内容；

——增加了“试验报告”一章。

本部分由全国肉禽蛋制品标准化技术委员会提出并归口。

本部分起草单位：深圳市计量质量检测研究院、中国商业联合会商业标准中心。

本部分主要起草人：杨万颖、罗美中、孟海鸥、张进军、黎永乐、夏奇胜、靳晓蕾。

本部分所代替标准的历次版本发布情况为：

——GB/T 9695.11—1988。

肉与肉制品　氮含量测定

1　范围

GB/T 9695 的本部分规定了肉与肉制品中氮含量的测定方法。

本部分适用于肉与肉制品中氮含量的测定。

2　规范性引用文件

下列文件中的条款通过 GB/T 9695 的本部分的引用而成为本部分的条款。凡是注日期的引用文件，其随后所有的修改单(不包括勘误的内容)或修订版均不适用于本部分，然而，鼓励根据本部分达成协议的各方研究是否可使用这些文件的最新版本。凡是不注日期的引用文件，其最新版本适用于本部分。

GB/T 601　化学试剂　标准滴定溶液的制备

GB/T 6682—2008　分析实验室用水规格和试验方法(ISO 3696:1987,MOD)

GB/T 9695.19　肉与肉制品　取样方法

3　原理

以硫酸铜为催化剂，用硫酸消化试样，使有机氮分解，分解出来的氨与硫酸结合生成硫酸铵。将硫酸铵碱化蒸馏，用过量的硼酸溶液吸收，用盐酸标准溶液滴定硼酸溶液吸收的氨。根据盐酸的消耗量，计算出试样中氮的含量。

4　试剂

如无特别说明，所用试剂均为分析纯。

4.1　水：应符合 GB/T 6682—2008 中三级水的要求。

4.2　五水硫酸铜。

4.3　无水硫酸钾。

4.4　浓硫酸($\rho_{20}\approx1.84$ g/mL)。

4.5　氢氧化钠溶液：称取 500 g 氢氧化钠于 2 L 烧杯中，不断搅拌下用水溶解并稀释至 1 000 mL，转移到塑料瓶中储存。

4.6　硼酸溶液：称取 40 g 硼酸溶于 1 000 mL 水中。

4.7　0.1 mol/L 盐酸标准溶液：按 GB/T 601 制备。

4.8　混合指示剂：称甲基红 0.2 g 和亚甲蓝 0.1 g 溶于 95% 乙醇中，稀释至 100 mL，贮存于棕色瓶中。

5　仪器和设备

5.1　实验室常用设备。

5.2　绞肉机：孔径不超过 4 mm。

5.3　凯氏烧瓶：500 mL。

5.4　定氮蒸馏装置。

6　试样

6.1　按 GB/T 9695.19 取样。

6.2 取有代表性的试样不少于 200 g，用绞肉机绞两次并混匀。

6.3 绞好的试样应尽快分析，若不立即分析，应密封冷藏贮存，防止变质和成分发生变化。贮存的试样在启用时应重新混匀。

7 分析步骤

7.1 消化

称取试样约 2g(精确到 1mg。若脂肪含量高，可称取 1.5 g)，于凯氏烧瓶中，加入无水硫酸钾 15 g(4.3)、五水硫酸铜 0.5 g(4.2)，再加浓硫酸 20 mL(4.4)，轻轻摇动使溶液浸湿试样。把烧瓶倾斜于加热装置上，缓慢加热，待内容物全部炭化，停止起泡后加大火力，保持瓶内液体沸腾，不时转动烧瓶，直到液体变成蓝绿色透明时继续沸腾 90 min，全部消化时间不应少于 2h。消化过程中应避免溶液外溢，同时要防止由于过热引起的大量硫酸损失。消化液冷却到约 40℃，小心地加入约 50 mL 水，使其混合并冷却。

7.2 蒸馏

接收瓶内加入硼酸溶液(4.6)50 mL、指示剂(4.8)4 滴，混合后，将接收瓶置于蒸馏装置的冷凝管下，使出口全部浸入硼酸溶液中。将凯氏烧瓶直接接入蒸馏装置的氮素球下(如果将消化液转移到蒸馏装置中，需用 50 mL 水冲洗烧瓶数次)小心加入氢氧化钠溶液(4.5)100 mL。加热让蒸气通过凯氏烧瓶使消化液煮沸并持续 30 min。收集蒸馏液 150 mL 左右，停止蒸馏时，将接收瓶降低使接口露出液面，再蒸馏 10 min，用少量水冲洗出口，用蒸馏水浸湿的红石蕊试纸检验氨是否蒸馏完全，否则应重新测定。

7.3 滴定

用盐酸标准溶液滴定收集液至溶液变成暗红色时为终点，记下所消耗的盐酸体积。

同一试样进行两次测定并同时做空白实验。

8 计算

试样中氮的含量按式(1)计算：

$$X_1 = 0.014 \times \frac{(V_1 - V_0)}{m} \times c \times 100 \quad \cdots\cdots(1)$$

式中：

X_1——试样中氮的含量，单位为克每百克(g/100 g)；

0.014——1 mol/L 盐酸标准溶液 1 mL 相当于氮的质量，单位为克(g)；

V_1——测定试样所消耗的盐酸标准溶液的体积，单位为毫升(mL)；

V_0——空白试验所消耗的盐酸标准溶液的体积，单位为毫升(mL)；

m——试样的质量，单位为克(g)；

c——盐酸标准溶液的浓度，单位为摩尔每升(mol/L)。

当平行测定符合精密度所规定的要求时，取平行测定的算术平均值作为结果，精确到 0.01%。

9 精密度

在同一实验室由同一操作者在短暂的时间间隔内，用同一设备对同一试样获得的两次独立测定结果的绝对差值不得超过 0.1%。

10 试验报告

试验报告应说明：

——与识别样品有关的必需信息；

——取样方法；
——依据本部分所使用的方法；
——未在本部分规定或被视为可选的所有操作，以及可能影响测试结果的其他事件；
——获得的结果；
——如果检验了重复性，列出最终结果。

ICS 67.040
X 04

中华人民共和国国家标准

GB/T 9695.14—2008
代替 GB/T 9695.14—1988

肉制品 淀粉含量测定

Meat products—Determination of starch content

(ISO 5554:1978,MOD)

2008-08-28 发布 2009-03-01 实施

中华人民共和国国家质量监督检验检疫总局
中国国家标准化管理委员会 发布

前　言

GB/T 9695 由如下部分组成：
——GB/T 9695.1《肉与肉制品　游离脂肪含量测定》；
——GB/T 9695.2《肉与肉制品　脂肪酸测定》；
——GB/T 9695.3《肉与肉制品　铁含量测定》；
——GB/T 9695.4《肉与肉制品　总磷含量测定》；
——GB/T 9695.5《肉与肉制品　pH 测定》；
——GB/T 9695.6《肉制品　胭脂红着色剂测定》；
——GB/T 9695.7《肉与肉制品　总脂肪含量测定》；
——GB/T 9695.8《肉与肉制品　氯化物含量测定》；
——GB/T 9695.9《肉与肉制品　聚磷酸盐测定》；
——GB/T 9695.10《肉与肉制品　六六六、滴滴涕残留量测定》；
——GB/T 9695.11《肉与肉制品　氮含量测定》；
——GB/T 9695.13《肉与肉制品　钙含量测定》；
——GB/T 9695.14《肉制品　淀粉含量测定》；
——GB/T 9695.15《肉与肉制品　水分含量测定》；
——GB/T 9695.17《肉与肉制品　葡萄糖酸-δ-内酯含量的测定》；
——GB/T 9695.18《肉与肉制品　灰分测定》；
——GB/T 9695.19《肉与肉制品　取样方法》；
——GB/T 9695.20《肉与肉制品　锌的测定》；
——GB/T 9695.21《肉与肉制品　镁含量测定》；
——GB/T 9695.22《肉与肉制品　铜含量测定》；
——GB/T 9695.23《肉与肉制品　羟脯氨酸含量测定》；
——GB/T 9695.24《肉与肉制品　胆固醇含量测定》；
——GB/T 9695.25《肉与肉制品　维生素 PP 含量测定》；
——GB/T 9695.26《肉与肉制品　维生素 A 含量测定》；
——GB/T 9695.27《肉与肉制品　维生素 B_1 含量测定》；
——GB/T 9695.28《肉与肉制品　维生素 B_2 含量测定》；
——GB/T 9695.29《肉制品　维生素 C 含量测定》；
——GB/T 9695.30《肉与肉制品　维生素 E 含量测定》；
——GB/T 9695.31《肉制品　总糖含量测定》。

本部分为 GB/T 9695 的第 14 部分。

本部分修改采用 ISO 5554:1978《肉制品　淀粉含量测定》(英文版)。

本部分与 ISO 5554:1978 相比主要技术性修改如下：
——增加规范性引用文件 GB/T 6682—2008 和 GB/T 601；
——试剂中对水的要求修改为“应符合 GB/T 6682—2008 中三级水的要求”；
——将“硫代硫酸钠标准溶液 0.1 N”改为“0.1 mol/L 硫代硫酸钠标准溶液：按 GB/T 601 制备”；
——用 GB/T 9695.19 代替 ISO 3100-1。

按照 GB/T 1.1—2000《标准化工作导则　第 1 部分：标准的结构和编写规则》和 GB/T 20001.4—

2001《标准编写规则　第4部分:化学分析方法》对ISO 1442:1997进行的主要编辑性修改如下:

——删除ISO 5554:1978的前言;

——用“本部分”代替“本国际标准”;

——用小数点“.”代替ISO 5554:1978中作为小数点的“,”;

——为计算公式增加了编号。

本部分代替GB/T 9695.14—1988《肉制品　淀粉含量测定》。

本部分与GB/T 9695.14—1988相比主要修改如下:

——按照GB/T 1.1—2000和GB/T 20001.4—2001进行了结构调整和文字修改;

——第2章增加规范性引用文件GB/T 6682—2008;

——第4章将“所用试剂均为分析纯,水为蒸馏水或相当纯度的水”修改为“如无特别说明,所用试剂均为分析纯”,增加了部分溶液的配制方法,增加了条款“4.1 水:应符合GB/T 6682—2008中三级水的要求”;

——第4章将“硫代硫酸钠(GB 637):0.1 N标准溶液。”修改为“0.1 mol/L硫代硫酸钠标准溶液:按GB/T 601制备。”;

——用“9　精密度”及其内容代替“9　允许差”及其内容;

——增加了“试验报告”一章。

本部分由中国商业联合会提出。

本部分由全国肉禽蛋制品标准化技术委员会归口。

本部分起草单位:深圳市计量质量检测研究院、中国商业联合会商业标准中心。

本部分主要起草人:杨万颖、罗美中、孟海鸥、张进军、黎永乐、颜姜瑜、靳晓蕾。

本部分所代替标准的历次版本发布情况为:

——GB/T 9695.14—1988。

肉制品　淀粉含量测定

1　范围

GB/T 9695 的本部分规定了肉制品中淀粉含量的测定方法。

本部分适用于肉制品中淀粉含量的测定，不适用于还含有经水解也能产生还原糖的其他添加物的淀粉含量测定。

2　规范性引用文件

下列文件中的条款通过 GB/T 9695 的本部分的引用而成为本部分的条款。凡是注日期的引用文件，其随后所有的修改单（不包括勘误的内容）或修订版均不适用于本部分，然而，鼓励根据本部分达成协议的各方研究是否可使用这些文件的最新版本。凡是不注日期的引用文件，其最新版本适用于本部分。

GB/T 601　化学试剂　标准滴定溶液的制备

GB/T 6682—2008　分析实验室用水规格和试验方法（ISO 3696：1987，MOD）

GB/T 9695.19　肉与肉制品　取样方法

3　原理

试样中加入氢氧化钾-乙醇溶液，在沸水浴上加热后，滤去上清液，用热乙醇洗涤沉淀除去脂肪和可溶性糖，沉淀经盐酸水解后，用碘量法测定形成的葡萄糖并计算淀粉含量。

4　试剂

如无特别说明，所用试剂均为分析纯。

4.1　水：应符合 GB/T 6682—2008 中三级水的要求。

4.2　氢氧化钾-乙醇溶液：称取氢氧化钾 50 g，用 95％乙醇溶解并稀释至 1 000 mL。

4.3　80％乙醇溶液：量取 95％乙醇 842 mL，用水稀释至 1 000 mL。

4.4　1.0 mol/L 盐酸溶液：量取盐酸 83 mL，用水稀释至 1 000 mL。

4.5　氢氧化钠溶液：称取固体氢氧化钠 30 g，用水溶解并稀释至 100 mL。

4.6　蛋白沉淀剂：

a）　溶液 A：称取铁氰化钾 106 g，用水溶解并稀释至 1 000 mL。

b）　溶液 B：称取乙酸锌 220 g，用水溶解，加入冰乙酸 30 mL，用水稀释至 1 000 mL。

4.7　碱性铜试剂：

溶液 a：称取硫酸铜 ($CuSO_4 \cdot 5H_2O$) 25 g，溶于 100 mL 水中。

溶液 b：称取碳酸钠 144 g，溶于 300 mL～400 mL 50 ℃的水中。

溶液 c：称取柠檬酸 ($C_6H_8O_7 \cdot H_2O$) 50 g，溶于 50 mL 水中。

将溶液 c 缓慢加入溶液 b 中，边加边搅拌直到气泡停止产生。将溶液 a 加到此混合液中并连续搅拌，冷却至室温后，转移到 1 000 mL 容量瓶中，定容到刻度，混匀。放置 24 h 后使用，若出现沉淀需过滤。

取 1 份此溶液加入 49 份煮沸并冷却的蒸馏水，pH 应为 10.0±0.1。

4.8　碘化钾溶液：称取碘化钾 10 g，用水溶解并稀释至 100 mL。

4.9　盐酸溶液：取盐酸 100 mL，用水稀释到 160 mL。

4.10 0.1 mol/L 硫代硫酸钠标准溶液：按 GB/T 601 制备。

4.11 溴百里酚蓝指示剂：称取溴百里酚蓝 1 g，用 95%乙醇溶解并稀释到 100 mL。

4.12 淀粉指示剂：称取可溶性淀粉 0.5 g，加少许水，调成糊状，倒入盛有 50 mL 沸水中调匀，煮沸，临用时配置。

5 仪器和设备

5.1 实验室常用设备。

5.2 绞肉机：孔径不超过 4 mm。

6 试样

6.1 按 GB/T 9695.19 取样。

6.2 取有代表性的试样不少于 200 g，用绞肉机绞两次并混匀。

6.3 绞好的试样应尽快分析，若不立即分析，应密封冷藏贮存，防止变质和成分发生变化。贮存的试样在启用时应重新混匀。

7 分析步骤

7.1 淀粉分离

称取试样 25 g（精确到 0.01 g，淀粉含量约 1 g）放入 500 mL 烧杯中，加入热氢氧化钾-乙醇溶液（4.2）300 mL，用玻璃棒搅匀，盖上表面皿，在沸水浴上加热 1 h，不时搅拌。然后，将沉淀完全转移到漏斗上过滤，用 80%热乙醇（4.3）洗涤沉淀数次。

7.2 水解

将滤纸钻孔，用 1.0 mol/L 盐酸溶液（4.4）100 mL，将沉淀完全洗入 250 mL 烧杯中，盖上表面皿，在沸水浴中水解 2.5 h，不时搅拌。

溶液冷却到室温，用氢氧化钠溶液（4.5）中和至 pH 值约为 6，注意 pH 值不要超过 6.5。将溶液移入 200 mL 容量瓶中，加入蛋白沉淀剂溶液 A[4.6a)]3 mL，混合后再加入蛋白沉淀剂溶液 B[4.6b)]3 mL，用水定容到刻度，摇匀，经不含淀粉的滤纸过滤。滤液中加入氢氧化钠溶液（4.5）1 滴～2 滴，使之对溴百里酚蓝指示剂（4.11）呈碱性。

7.3 测定

准确取一定量滤液（V_2）稀释到一定体积（V_3），然后取 25.00 mL（最好含葡萄糖 40 mg～50 mg）移入碘量瓶中，加入 25.00 mL 碱性铜试剂（4.7），装上冷凝管，在电炉上 2 min 内煮沸。随后改用温火继续煮沸 10 min，迅速冷却到室温，取下冷凝管，加入碘化钾溶液（4.8）30 mL，小心加入盐酸溶液（4.9）25.0 mL，盖好盖待滴定。

用硫代硫酸钠标准溶液（4.10）滴定上述溶液中释放出来的碘。当溶液变成浅黄色时，加入淀粉指示剂（4.12）1 mL，继续滴定直到蓝色消失，记下消耗硫代硫酸钠标准溶液的体积。

同一试样进行两次测定并做空白试验。

8 计算

8.1 葡萄糖量的计算

按式（1）计算消耗硫代硫酸钠毫摩尔数（X_1）：

$$X_1 = 10 \times (V_0 - V_1)c \qquad \cdots\cdots\cdots\cdots (1)$$

式中：

X_1——消耗硫代硫酸钠毫摩尔数；

V_0——空白试验消耗硫代硫酸钠标准溶液的体积，单位为毫升（mL）；

V_1——试样液消耗硫代硫酸钠标准溶液的体积，单位为毫升(mL)；

c——硫代硫酸钠标准溶液的浓度，单位为摩尔每升(mol/L)。

根据 X_1 从表 1 中查出相应的葡萄糖量(m_1)。

表 1　硫代硫酸钠的毫摩尔数同葡萄糖量(m_1)的换算关系

X_1 [$10(V_0-V_1)c$]	相应的葡萄糖量	
	m_1/mg	Δm_1/mg
1	2.4	2.4
2	4.8	2.4
3	7.2	2.5
4	9.7	2.5
5	12.2	2.5
6	14.7	2.5
7	17.2	2.6
8	19.8	2.6
9	22.4	2.6
10	25.0	2.6
11	27.6	2.7
12	30.3	2.7
13	33.0	2.7
14	35.7	2.8
15	38.5	2.8
16	41.3	2.9
17	44.2	2.9
18	47.1	2.9
19	50.0	3.0
20	53.0	3.0
21	56.0	3.1
22	59.1	3.1
23	62.2	3.1
24	65.3	3.1
25	68.4	

8.2 淀粉含量的计算

按式(2)计算淀粉含量：

$$X_2 = \frac{m_1}{1\,000} \times 0.9 \times \frac{V_3}{25} \times \frac{200}{V_2} \times \frac{100}{m_0} = 0.72 \times \frac{V_3}{V_2} \times \frac{m_1}{m_0} \quad \cdots\cdots\cdots\cdots (2)$$

式中：

X_2——淀粉含量，单位为克每百克(g/100 g)；

m_1——葡萄糖含量，单位为毫克(mg)；

0.9——葡萄糖折算成淀粉的换算系数；

V_3——稀释后的体积，单位为毫升(mL)；

V_2——取原液的体积，单位为毫升(mL)；

m_0——试样的质量，单位为克(g)。

当平行测定符合精密度所规定的要求时，取平行测定的算术平均值作为结果，精确到0.1%。

9 精密度

在同一实验室由同一操作者在短暂的时间间隔内，用同一设备对同一试样获得的两次独立测定结果的绝对差值不得超过0.2%。

10 试验报告

试验报告应说明：

——与识别样品有关的必需信息；

——取样方法；

——依据本部分所使用的方法；

——未在本部分规定或被视为可选的所有操作，以及可能影响测试结果的其他事件；

——获得的结果；

——如果检验了重复性，列出最终结果。

ICS 67.040
X 04

中华人民共和国国家标准

GB/T 9695.15—2008
代替 GB/T 9695.15—1988

肉与肉制品　水分含量测定

Meat and meat products—Determination of moisture content

(ISO 1442:1997,MOD)

2008-08-28 发布　　　　2009-03-01 实施

中华人民共和国国家质量监督检验检疫总局
中国国家标准化管理委员会　发布

前　言

GB/T 9695 由以下部分组成：

——GB/T 9695.1《肉与肉制品　游离脂肪含量测定》；

——GB/T 9695.2《肉与肉制品　脂肪酸测定》；

——GB/T 9695.3《肉与肉制品　铁含量测定》；

——GB/T 9695.4《肉与肉制品　总磷含量测定》；

——GB/T 9695.5《肉与肉制品　pH 测定》；

——GB/T 9695.6《肉制品　胭脂红着色剂测定》；

——GB/T 9695.7《肉与肉制品　总脂肪含量测定》；

——GB/T 9695.8《肉与肉制品　氯化物含量测定》；

——GB/T 9695.9《肉与肉制品　聚磷酸盐测定》；

——GB/T 9695.10《肉与肉制品　六六六、滴滴涕残留量测定》；

——GB/T 9695.11《肉与肉制品　氮含量测定》；

——GB/T 9695.13《肉与肉制品　钙含量测定》；

——GB/T 9695.14《肉制品　淀粉含量测定》；

——GB/T 9695.15《肉与肉制品　水分含量测定》；

——GB/T 9695.17《肉与肉制品　葡萄糖酸-δ-内酯含量的测定》；

——GB/T 9695.18《肉与肉制品　灰分测定》；

——GB/T 9695.19《肉与肉制品　取样方法》；

——GB/T 9695.20《肉与肉制品　锌的测定》；

——GB/T 9695.21《肉与肉制品　镁含量测定》；

——GB/T 9695.22《肉与肉制品　铜含量测定》；

——GB/T 9695.23《肉与肉制品　羟脯氨酸含量测定》；

——GB/T 9695.24《肉与肉制品　胆固醇含量测定》；

——GB/T 9695.25《肉与肉制品　维生素 PP 含量测定》；

——GB/T 9695.26《肉与肉制品　维生素 A 含量测定》；

——GB/T 9695.27《肉与肉制品　维生素 B_1 含量测定》；

——GB/T 9695.28《肉与肉制品　维生素 B_2 含量测定》；

——GB/T 9695.29《肉制品　维生素 C 含量测定》；

——GB/T 9695.30《肉与肉制品　维生素 E 含量测定》；

——GB/T 9695.31《肉制品　总糖含量测定》。

本部分为 GB/T 9695 的第 15 部分。

本部分修改采用国际标准 ISO 1442:1997《肉与肉制品　水分含量测定》(英文版)。

本部分与 ISO 1442:1997 相比主要技术性修改如下：

——增加了“蒸馏法”；

——增加规范性引用文件 GB/T 6682—2008；

——试剂中对水的要求修改为“应符合 GB/T 6682—2008 中三级水的要求”；

——用 GB/T 9695.19 代替 ISO 3100-1；

——对砂粒粒径的要求修改为“砂粒粒径应在 12 目～60 目之间”；

——增加氯试验的操作方法(见 12.2)。

按照 GB/T 1.1—2000《标准化工作导则　第 1 部分:标准的结构和编写规则》和 GB/T 20001.4—2001《标准编写规则　第 4 部分:化学分析方法》对 ISO 1442:1997 进行的主要编辑性修改如下:

——删除 ISO 1442:1997 的前言;

——用"本部分"代替"本国际标准";

——用小数点"."代替 ISO 1442:1997 中作为小数点的",";

——为计算公式增加了编号。

本部分代替 GB/T 9695.15—1988《肉与肉制品　水分含量测定》。

本部分与 GB/T 9695.15—1988 相比主要修改如下:

——按照 GB/T 1.1—2000 和 GB/T 20001.4—2001 进行了结构调整和文字修改;

——按照 GB/T 1.1—2000,删除英文名称中的"Method for";

——第 1 章增加了对第二法适用范围的说明;

——第 1 章删除"香肠水分含量测定方法另订"及"香肠类制品除外"语句;

——第 2 章增加规范性引用文件 GB/T 6682—2008;

——增加了"蒸馏法";

——将第 4 章"所用试剂均为分析纯,水为蒸馏水或相当纯度的水"修改为第 12 章"如无特别说明,所用试剂均为分析纯",增加了部分溶液的配制方法,增加了条款"12.1　水:应符合 GB/T 6682—2008 中三级水的要求";

——将第 8 章中的"x"修改为第 16 章中的"X_2";

——用"17　精密度"及其内容代替"9　允许差"及其内容;

——取样量由原来的"5 g～10 g"改为"5 g～8 g";

——增加了"试验报告"一章。

本部分由全国肉禽蛋制品标准化技术委员会提出并归口。

本部分起草单位:深圳市计量质量检测研究院、中国商业联合会商业标准中心。

本部分主要起草人:陈泽勇、杨万颖、罗美中、孟海鸥、张进军、林长虹、靳晓蕾。

本部分所代替标准的历次版本发布情况为:

——GB/T 9695.15—1988。

肉与肉制品　水分含量测定

1　范围

GB/T 9695 的本部分规定了肉与肉制品中水分含量的测定方法。

本部分中第一法适用于肉与肉制品中水分含量的测定；第二法适用于含其他挥发性物质较少的肉制品中水分含量的测定。

2　规范性引用文件

下列文件中的条款通过 GB/T 9695 的本部分的引用而成为本部分的条款。凡是注日期的引用文件，其随后所有的修改单(不包括勘误的内容)或修订版均不适用于本部分，然而，鼓励根据本部分达成协议的各方研究是否可使用这些文件的最新版本。凡是不注日期的引用文件，其最新版本适用于本部分。

GB/T 6682—2008　分析实验室用水规格和试验方法(ISO 3696:1987,MOD)

GB/T 9695.19　肉与肉制品　取样方法

第一法　蒸馏法

3　原理

样品中的水分与甲苯或二甲苯共同蒸出，收集馏出液于接收管内，根据馏出液体积计算含量。

4　试剂

甲苯或二甲苯：取甲苯或二甲苯，先以水饱和后，分去水层，进行蒸馏，收集馏出液备用。

5　仪器

水分测定器：如图 1 所示(带可调式电炉)。水分接收管容量 5 mL，最小刻度值 0.1 mL，容量误差小于 0.1 mL。

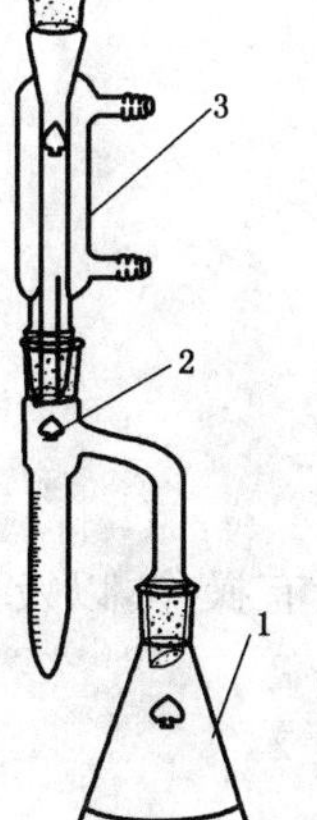

1——250 mL 锥形瓶；
2——水分接收管(有刻度)；
3——冷凝管。

图 1　水分测定器

6 试样

6.1 按 GB/T 9695.19 取样。

6.2 取有代表性的试样不少于 200 g，将样品于绞肉机中绞两次并混匀。

6.3 绞好的试样应尽快分析，若不立即分析，应密封冷藏贮存，防止变质和成分发生变化。贮存的试样在启用时应重新混匀。

7 分析步骤

称取适量样品(精确到 0.001 g，含水 2 mL～4 mL)，放入 250 mL 锥形瓶中，放入新蒸馏的甲苯(或二甲苯)75 mL，连接冷凝管与水分接收管，从冷凝管顶端注入甲苯，装满水分接收管。

加热慢慢蒸馏，使每秒钟得馏出液两滴，待大部分水分蒸出后，加速蒸馏约每秒钟 4 滴，当水分全部蒸出后，接收管内的水分体积不再增加时，从冷凝管顶端加入甲苯冲洗。如冷凝管壁附有水滴，可用附有小橡皮头的铜丝擦下，再蒸馏片刻至接收管上部及冷凝管壁无水滴附着，接收管水平面保持 10 min 不变为蒸馏终点，读取接收管水层的容积。

8 计算

试样中水分的含量按式(1)计算：

$$X_1 = \frac{V}{m} \times 100 \qquad \cdots\cdots (1)$$

式中：

X_1——试样中水分的含量，单位为毫升每百克(mL/100 g)(或按水的 20 ℃密度 0.998 20 g/mL 计算质量)；

V——接收管内水的体积，单位为毫升(mL)；

m——试样的质量，单位为克(g)。

当平行分析结果符合精密度的要求时，则取两次测定的算术平均值作为结果，精确到 0.1%。

9 精密度

在同一实验室由同一操作者在短暂的时间间隔内、用同一设备对同一试样获得的两次独立测定结果的绝对差值不得超过 1%。

10 试验报告

试验报告应说明：

——与识别样品有关的必需信息；

——取样方法；

——依据本部分所使用的方法；

——未在本部分规定或被视为可选的所有操作，以及可能影响测试结果的其他事件；

——获得的结果；

——如果检验了重复性，列出最终结果。

第二法　直接干燥法

11 原理

样品与砂和乙醇充分混合，混合物在水浴上预干，然后在 103 ℃±2 ℃的温度下烘干至恒重，测其质量的损失。

12 试剂

如无特别说明,所用试剂均为分析纯。

12.1 水:应符合 GB/T 6682—2008 中三级水的要求。

12.2 砂:砂粒粒径应在 12 目～60 目之间。

用自来水洗砂后,再用 6 mol/L 盐酸煮沸 30 min,并不断搅拌,倾去酸液,再用 6 mol/L 盐酸重复这一操作,直至煮沸后的酸液不再变黄。用水(12.1)洗砂,至氯试验为阴性[取洗砂后的水 1 mL,加 1 滴浓硝酸、1 mL 20 g/L 的硝酸银($AgNO_3$)溶液,若不混浊,即为阴性]。于 150 ℃～160 ℃将砂烘干,贮存于密封瓶内备用。

12.3 95%乙醇。

13 仪器和设备

13.1 实验室常用设备。

13.2 绞肉机:孔径不超过 4 mm。

13.3 扁形铝制或玻璃制称量瓶:内径 60 mm～70 mm,高 35 mm 以下。

13.4 细玻璃棒:末端扁平,略长于称量瓶直径。

14 试样

同第 6 章。

15 分析步骤

将盛有砂(砂质量为样品质量的 3 倍～4 倍)和玻璃棒的称量瓶置于 103 ℃±2 ℃的干燥箱中,瓶盖斜支于瓶边,加热 30 min～60 min,取出盖好,置于干燥器中,冷却至室温,精确称至 0.000 1 g,并重复干燥至前后两次连续称量结果之差小于 1 mg。

称取试样 5 g～8 g(精确至 0.001 g)于上述恒重的称量瓶中。

根据试样的量加入乙醇(12.3)5 mL～10 mL,用玻璃棒混合后,将称量瓶及内含物置于水浴上,瓶盖斜支于瓶边。为了避免颗粒溅出,调节水浴温度在 60 ℃～80 ℃之间,不断搅拌,蒸干乙醇。

将称量瓶及内含物移入 103 ℃±2 ℃干燥箱中烘干 2 h,取出,放入干燥器中冷却至室温,精确称量,再放入干燥箱中烘干 1 h,并重复上述操作直至前后两次连续称量结果之差小于 1 mg。

16 结果计算

样品中的水分含量按式(2)计算:

$$X_2 = \frac{m_2 - m_3}{m_2 - m_1} \times 100 \qquad \cdots\cdots(2)$$

式中:

X_2——样品中的水分含量,单位为克每百克(g/100 g);

m_2——干燥前试样、称量瓶、玻璃棒和砂的质量,单位为克(g);

m_3——干燥后试样,称量瓶、玻璃棒和砂的质量,单位为克(g);

m_1——称量瓶、玻璃棒和砂的质量,单位为克(g)。

当平行分析结果符合精密度的要求时,则取两次测定的算术平均值作为结果,精确到 0.1%。

17 精密度

在同一实验室由同一操作者在短暂的时间间隔内、用同一设备对同一试样获得的两次独立测定结果的绝对差值不得超过 1%。

18 试验报告

同第 10 章。

ICS 67.040
X 04

中华人民共和国国家标准

GB/T 9695.17—2008
代替 GB/T 9695.17—1988

肉与肉制品 葡萄糖酸-δ-内酯含量的测定

**Meat and meat products—
Determination of glucono-delta-lactone content**

(ISO 4133:1979，MOD)

2008-08-28 发布　　2009-03-01 实施

中华人民共和国国家质量监督检验检疫总局
中国国家标准化管理委员会　发布

前　言

GB/T 9695 由以下部分组成：

——GB/T 9695.1《肉与肉制品　游离脂肪含量测定》；
——GB/T 9695.2《肉与肉制品　脂肪酸测定》；
——GB/T 9695.3《肉与肉制品　铁含量测定》；
——GB/T 9695.4《肉与肉制品　总磷含量测定》；
——GB/T 9695.5《肉与肉制品　pH 测定》；
——GB/T 9695.6《肉制品　胭脂红着色剂测定》；
——GB/T 9695.7《肉与肉制品　总脂肪含量测定》；
——GB/T 9695.8《肉与肉制品　氯化物含量测定》；
——GB/T 9695.9《肉与肉制品　聚磷酸盐测定》；
——GB/T 9695.10《肉与肉制品　六六六、滴滴涕残留量测定》；
——GB/T 9695.11《肉与肉制品　氮含量测定》；
——GB/T 9695.13《肉与肉制品　钙含量测定》；
——GB/T 9695.14《肉制品　淀粉含量测定》；
——GB/T 9695.15《肉与肉制品　水分含量测定》；
——GB/T 9695.17《肉与肉制品　葡萄糖酸-δ-内酯含量的测定》；
——GB/T 9695.18《肉与肉制品　灰分测定》；
——GB/T 9695.19《肉与肉制品　取样方法》；
——GB/T 9695.20《肉与肉制品　锌的测定》；
——GB/T 9695.21《肉与肉制品　镁含量测定》；
——GB/T 9695.22《肉与肉制品　铜含量测定》；
——GB/T 9695.23《肉与肉制品　羟脯氨酸含量测定》；
——GB/T 9695.24《肉与肉制品　胆固醇含量测定》；
——GB/T 9695.25《肉与肉制品　维生素 PP 含量测定》；
——GB/T 9695.26《肉与肉制品　维生素 A 含量测定》；
——GB/T 9695.27《肉与肉制品　维生素 B_1 含量测定》；
——GB/T 9695.28《肉与肉制品　维生素 B_2 含量测定》；
——GB/T 9695.29《肉制品　维生素 C 含量测定》；
——GB/T 9695.30《肉与肉制品　维生素 E 含量测定》；
——GB/T 9695.31《肉制品　总糖含量测定》。

本部分为 GB/T 9695 的第 17 部分。

本部分修改采用 ISO 4133:1979《肉与肉制品——葡糖酸-δ-内酯含量的测定》(英文版)。

本部分与 ISO 4133:1979 相比主要技术性修改如下：

——增加了规范性引用文件 GB/T 6682—2008；
——试剂中对水的要求修改为“应符合 GB/T 6682—2008 中三级水的要求”；
——用 GB/T 9695.19 代替 ISO 3100；
——用 GB/T 9695.15 代替 ISO 1442。

按照 GB/T 1.1—2000《标准化工作导则　第 1 部分：标准的结构和编写规则》和

GB/T 20001.4—2001《标准编写规则　第4部分：化学分析方法》对ISO 4133：1979进行的主要编辑性修改如下：

——删除ISO 4133：1978的前言；

——用“本部分”代替“本国际标准”；

——用小数点“.”代替ISO 4133：1978中作为小数点的“，”；

——为计算公式增加了编号。

本部分代替GB/T 9695.17—1988《肉与肉制品　葡糖酸-δ-内酯含量的测定》。

本部分与GB/T 9695.17—1988相比主要修改如下：

——部分名称由“肉与肉制品　葡糖酸-δ-内酯含量的测定”修改为“肉与肉制品　葡萄糖酸-δ-内酯含量的测定”；

——按照GB/T 1.1—2000、GB/T 20001.4—2001进行了结构调整和文字修改；

——按照GB/T 1.1—2000，删除英文名称中的“Method for”；

——第2章增加了规范性引用文件GB/T 6682—2008；

——第4章将“所用试剂均为分析纯，水为蒸馏水或相当纯度的水”修改为“如无特别说明，所用试剂均为分析纯”，增加了部分溶液的配制方法，增加了条款“4.1 水：应符合GB/T 6682—2008中三级水的要求”；

——将第8章中“ΔA——$(A_2-A_1)-(A_{2B}-B_{1B})$”修改为“$\Delta A$——$(A_2-A_1)-(A_{2B}-A_{1B})$”；

——用“9　精密度”及其内容代替“9　允许差”及其内容；

——增加了“试验报告”一章。

本部分由全国肉禽蛋制品标准化技术委员会提出并归口。

本部分起草单位：深圳市计量质量检测研究院、中国商业联合会商业标准中心。

本部分主要起草人：罗美中、黄小龙、杨万颖、张进军、黎永乐、贾艳玲、靳晓蕾。

本部分所代替标准的历次版本发布情况为：

——GB/T 9695.17—1988。

肉与肉制品 葡萄糖酸-δ-内酯含量的测定

1 范围

GB/T 9695 的本部分规定了肉和肉制品中葡萄糖酸-δ-内酯的测定方法。

本部分适用于肉和肉制品中葡萄糖酸-δ-内酯的测定。

2 规范性引用文件

下列文件中的条款通过 GB/T 9695 的本部分的引用而成为本部分的条款。凡是注日期的引用文件,其随后所有的修改单(不包括勘误的内容)或修订版均不适用于本部分,然而,鼓励根据本部分达成协议的各方研究是否可使用这些文件的最新版本。凡是不注日期的引用文件,其最新版本适用于本部分。

GB/T 6682—2008 分析实验室用水规格和试验方法(ISO 3696:1987,MOD)

GB/T 9695.15 肉与肉制品 水分含量测定(GB/T 9695.15—2008,ISO 1442:1997,MOD)

GB/T 9695.19 肉与肉制品 取样方法

3 原理

用冷高氯酸提取试样中的葡萄糖酸-δ-内酯,离心,倾析并过滤上清液。在氢氧化钾作用下葡萄糖酸-δ-内酯转化成葡萄糖酸酯。葡萄糖酸酯通过葡萄糖酸酯激酶和6-磷酸葡萄糖酸酯脱氢酶的作用,产生5-磷酸核酮糖并使烟酰胺腺嘌呤二核苷酸磷酸盐(NADP)还原。

$$\text{葡萄糖酸酯}+\text{腺嘌呤核苷三磷酸(ATP)}\xrightarrow{\text{葡萄糖酸酯激酶}}\text{6-磷酸葡萄糖酸酯}+\text{ADP}$$

$$\text{6-磷酸葡萄糖酸酯}+\text{NADP}\xrightarrow{\text{葡萄糖酸酯激酶}}\text{5-磷酸核酮糖}+\text{NADPH}+CO_2+H^-$$

用分光光度计测量还原型烟酰胺腺嘌呤二核苷酸磷酸的吸光度,然后计算出葡萄糖酸-δ-内酯的含量。

4 试剂

如无特别说明,所用试剂均为分析纯。

4.1 水:应符合 GB/T 6682—2008 中三级水的要求。

4.2 高氯酸溶液:0.4 mol/L 溶液。

4.3 氢氧化钾溶液:2 mol/L 溶液。

4.4 缓冲液:称取二苷氨酞 2.64 g 和氯化镁 0.284 g 溶于 150 mL 水中,用氢氧化钾溶液调 pH 值至 8.0,定容到 200 mL。可在 4 ℃下保存四星期。

4.5 烟酰胺腺嘌呤二核苷酸磷酸盐(NADP)溶液:称取烟酰胺腺嘌呤二核苷酸磷酸钠盐 50 mg,置于带盖的小瓶中,用 5.0 mL 水溶解。可在 4 ℃下保存四星期。

4.6 腺嘌呤核苷三磷酸(ATP)溶液:称取腺嘌呤核苷三磷酸钠盐 250 mg 和碳酸氢钠 250 mg,置于带盖的小瓶中,加入 5.0 mL 水溶解。可在 4 ℃下保存四星期。

4.7 6-磷酸葡萄糖酸酯脱氢酶(6-PGDH)溶液:每毫升 6-磷酸葡萄糖酸酯脱氢酶(6-PGDH)悬液中含有 6-PGDH 2.0 mg,葡萄糖酸激酶和还原型 NADP 氧化酶不超过 0.05%。可在 4 ℃下保存 6 个月。

4.8 葡萄糖酸激酶(GK)溶液:每毫升葡萄糖酸激酶(GK)悬液中含有 GK 1.0 mg,NADP 氧化酶含量不超过 0.05%。可在 4 ℃下保存 6 个月。

5 仪器和设备

5.1 实验室常用设备。

5.2 绞肉机:孔径不超过 4 mm。

5.3 匀浆器。

5.4 离心机。

5.5 紫外可见分光光度计。

6 试样

6.1 按 GB/T 9695.19 取样。

6.2 取有代表性的试样不少于 200 g,用绞肉机绞两次并混匀。

6.3 绞好的试样应尽快分析,若不立即分析,应密封冷藏贮存,防止变质和成分发生变化。贮存的试样在启用时应重新混匀。

7 分析步骤

7.1 葡萄糖酸酯的制备

称取试样约 50 g(精确至 0.01 g),放入烧杯内,加入 0.4 mol/L 冷高氯酸(4.2)100 mL 于匀浆器中匀浆,转移到离心管中,用 3 000 r/min 离心 10 min,除去上面的脂肪层后,上清液用滤纸过滤到 200 mL 锥形瓶中,弃去最初滤液 10 mL。取滤液 50.00 mL 于 100 mL 烧杯中,用氢氧化钾溶液(4.3)调至溶液 pH 值为 10。然后将烧杯内容物完全转移到 100 mL 容量瓶中用水定容至刻度,置于冰浴中放置20 min 后,用滤纸过滤,弃去最初的滤液 10 mL。取滤液 25.00 mL 或适当体积移入 100 mL 容量瓶中用水定容至刻度。

7.2 测定

取缓冲液(4.4)2.50 mL、NADP 溶液(4.5)0.1 mL 和 ATP 溶液(4.6)0.1 mL,分别置于两个比色皿中,其中一个比色皿加入提取液 0.2 mL 为试验溶液,另一个比色皿中加入水 0.2 mL 为空白溶液,然后再分别加入 6-磷酸葡萄糖酸酯脱氢酶溶液(4.7)0.05 mL,混匀后放置 5 min,以空气为参比在365 nm 或340 nm波长处测吸光度。试验溶液的吸光度值用 A_1 表示,空白溶液的吸光度值用 A_{1B}表示。

取葡萄糖酸酯激酶溶液(4.8)0.01 mL 分别置于上述两个比色皿中,立即混匀。10 s～15 s 内在 365 nm 或 340 nm 波长处测吸光度。之后每隔 2 min 测一次,直到吸光度恒定为止。绘制出吸光度值与时间的关系曲线,并查出吸光度最大值。试验溶液的吸光度最大值用 A_2 表示,空白溶液的吸光度最大值用 A_{2B}表示。

8 计算

试样中葡萄糖酸-δ-内酯的含量按式(1)计算:

$$X = 0.908\Delta A \times \frac{2.96 \times 196.1}{K \times 0.2 \times 1\,000} \times \frac{100}{1\,000} \times \frac{100}{V} \times \frac{\left(100 + \frac{X_1 \times m}{100}\right)}{50} \times \frac{100}{m}$$

$$= 52.705 \times \frac{\Delta A}{K \times V \times m} \times \left(100 + \frac{X_1 \times m}{100}\right) \quad \cdots\cdots (1)$$

式中:

X——试样中葡萄糖酸-δ-内酯的含量,单位为克每百克(g/100 g);

ΔA——$(A_2 - A_1) - (A_{2B} - A_{1B})$;

196.1——D-(+)-葡萄糖酸的相对分子质量;

K——在 365 nm 波长时，$K=3.5\ cm^2/\mu mol$；在 340 nm 波长时，$K=6.23\ cm^2/\mu mol$；

V——取滤液的体积(25.00 mL 或适当体积)；

X_1——根据 GB/T 9695.15 测试所得的试样含水量，%；

m——试样质量，单位为克(g)。

当平行测定符合精密度所规定的要求时，取平行测定的算术平均值作为结果，精确到 0.01%。

9 精密度

在同一实验室由同一操作者在短暂的时间间隔内，用同一设备对同一试样获得的两次独立测定结果的绝对差值不得超过测定结果平均值的 10%。

10 试验报告

试验报告应说明：

——与识别样品有关的必需信息；

——取样方法；

——依据本部分所使用的方法；

——未在本部分规定或被视为可选的所有操作，以及可能影响测试结果的其他事件；

——获得的结果；

——如果检验了重复性，列出最终结果。

ICS 67.040
X 04

中华人民共和国国家标准

GB/T 9695.18—2008/ISO 936:1998
代替 GB/T 9695.18—1988

肉与肉制品 总灰分测定

Meat and meat products—Determination of total ash

(ISO 936:1998,IDT)

2008-06-25 发布

2009-01-01 实施

中华人民共和国国家质量监督检验检疫总局
中国国家标准化管理委员会
发布

前　言

GB/T 9695 由以下部分组成：

——GB/T 9695.1《肉与肉制品　游离脂肪含量的测定》；

——GB/T 9695.2《肉与肉制品　脂肪酸测定》；

——GB/T 9695.3《肉与肉制品　铁含量测定》；

——GB/T 9695.4《肉与肉制品　总磷含量测定》；

——GB/T 9695.5《肉与肉制品　pH 测定》；

——GB/T 9695.6《肉制品　胭脂红着色剂测定》；

——GB/T 9695.7《肉与肉制品　总脂肪含量测定》；

——GB/T 9695.8《肉与肉制品　氯化物含量测定》；

——GB/T 9695.9《肉与肉制品　聚磷酸盐测定》；

——GB/T 9695.10《肉与肉制品　六六六、滴滴涕残留量测定》；

——GB/T 9695.11《肉与肉制品　氮含量测定》；

——GB/T 9695.13《肉与肉制品　钙含量测定》；

——GB/T 9695.14《肉制品　淀粉含量测定》；

——GB/T 9695.15《肉与肉制品　水分含量测定》；

——GB/T 9695.17《肉与肉制品　葡糖酸-δ-内酯含量的测定》；

——GB/T 9695.18《肉与肉制品　灰分测定》；

——GB/T 9695.19《肉与肉制品　取样方法》；

——GB/T 9695.20《肉与肉制品　锌的测定》；

——GB/T 9695.21《肉与肉制品　镁含量测定》；

——GB/T 9695.22《肉与肉制品　铜含量测定》；

——GB/T 9695.23《肉与肉制品　L(-)-羟脯氨酸含量测定》；

——GB/T 9695.24《肉与肉制品　胆固醇含量测定》；

——GB/T 9695.25《肉与肉制品　维生素 PP 含量测定》；

——GB/T 9695.26《肉与肉制品　维生素 A 含量测定》；

——GB/T 9695.27《肉与肉制品　维生素 B_1 含量测定》；

——GB/T 9695.28《肉与肉制品　维生素 B_2 含量测定》；

——GB/T 9695.29《肉制品　维生素 C 含量测定》；

——GB/T 9695.30《肉与肉制品　维生素 E 含量测定》；

——GB/T 9695.31《肉制品　总糖含量测定》。

本部分为 GB/T 9695 的第 18 部分。

本部分等同采用 ISO 936:1998《肉和肉制品　总灰分的测定》(英文版)。

为便于使用，本部分作了下列编辑性修改：

——删除 ISO 936 的前言；

——用小数点“.”代替 ISO 936:1998 中作为小数点的“,”；

——增加了适用范围；

——用 GB/T 6682 代替 ISO 3696:1987；

——用“坩埚”代替“盘”；

——用 GB/T 9695.19 代替 ISO 3100-1；

——为计算公式增加了编号，删除了公式中的括号；

——用“结果报告至小数点后第二位”代替“结果报告至约 0.01%”。

本部分代替 GB/T 9695.18—1988《肉与肉制品　灰分测定》。

本部分与 GB/T 9695.18—1988 相比主要变化如下：

——按照 GB/T 1.1—2000《标准化工作导则　第 1 部分：标准的结构和编写规则》和 GB/T 20001.4—2001《标准编写规则　第 4 部分：化学分析方法》进行了结构调整和文字修改；

——增加了规范性引用文件；

——不使用乙酸镁溶液；

——按马福炉的分类规定了两种测定方法；

——延长了灰化时间；

——用第 11 章“精密度”及其内容代替 GB/T 9695.18—1988 的第 9 章“允许差”及其内容；

——增加了“试验报告”一章。

本部分由全国食品工业标准化技术委员会肉禽蛋制品分技术委员会提出并归口。

本部分起草单位：中国商业联合会商业标准中心、国家加工食品质量监督检验中心（广州）、广州市产品质量监督检验所。

本部分主要起草人：罗海英、郭新东、许丽珠、张玉萍、吴玉銮。

本部分所代替标准的历次版本发布情况为：

——GB/T 9695.18—1988。

肉与肉制品　总灰分测定

1　范围

GB/T 9695 的本部分规定了肉和肉制品中总灰分的测定方法。

本部分适用于肉和肉制品中总灰分的测定。

2　规范性引用文件

下列文件中的条款通过 GB/T 9695 的本部分的引用而成为本部分的条款。凡是注日期的引用文件，其随后所有的修改单(不包括勘误的内容)或修订版均不适用于本部分，然而，鼓励根据本部分达成协议的各方研究是否可使用这些文件的最新版本。凡是不注日期的引用文件，其最新版本适用于本部分。

GB/T 6682—1992　分析实验室用水规格和试验方法(neq ISO 3696:1987)

3　术语和定义

下列术语和定义适用于 GB/T 9695 的本部分。

3.1

肉和肉制品的总灰分　total ash of meat and meat products

在本部分规定的条件下，试样于 550 ℃±25 ℃灰化后所残留的质量与试样质量的比值。

注：灰分的质量分数用百分数表示。

4　原理

试样经干燥、炭化、灰化、冷却后，称量残留物的质量。

5　试剂

5.1　水：符合 GB/T 6682—1992 规定的三级水。

5.2　30%过氧化氢：分析纯。

6　仪器和设备

实验室常规仪器及下列仪器。

6.1　机械设备：用于试样的均质化。包括高速旋转的切割机，或多孔板的孔径不超过 4 mm 的绞肉机。

6.2　坩埚：平底，由瓷、石英、金属(如镍、铂、不锈钢)或不受测试条件影响的其他材料制作而成，坩埚底面积约 15 cm^2，直径至少 60 mm，高至少 25 mm。

6.3　马福炉：电热式，配带时间-温度程序控制器，可控温于 550 ℃±25 ℃。

6.4　干燥器：内装有效干燥剂。

6.5　分析天平：可准确称重至 0.1 mg。

6.6　干燥箱：可保持温度在 103 ℃±2 ℃(如果马福炉不带时间-温度控制器)。

6.7　电热板或电炉(如果马福炉不带时间-温度控制器)。

7　取样

本部分不规定取样方法。取样方法参见 GB/T 9695.19。

实验室所收到的样品应具有代表性且在运输和储藏过程中没受损或发生变化。

至少取有代表性的样品 200 g。储藏过程中避免样品变坏或组成发生变化。

8 试样制备

使用适当的仪器(6.1)将试样均质。注意防止试样温度超过 25 ℃。若使用绞肉机,试样至少通过该仪器两次。

将试样装入密封的容器里,防止变质和成分变化。试样应尽快进行分析,均质化后最迟不超过 24 h。

9 分析步骤

注:如需检查重复性限是否符合要求(见 11.2),按 9.1～9.3 独立测定两次。

9.1 试样

将坩埚(6.2)置于 550 ℃马福炉(6.3)中灼烧 20 min。

将坩埚放入干燥器(6.4)内,冷却至室温,于分析天平(6.5)上准确称重(m_0)至 0.1 mg。

称取 1.5 g～2 g 试样(见第 8 章)于坩埚中。铺放均匀,立即准确称重(m_1)至 0.1 mg。

注:如果分析者认为根据试样的特性可适当增加称样量,则可取不超过 5 g 试样,但应在测试报告中注明。

如果马福炉配带时间-温度控制器,按 9.2 操作;如果马福炉不带时间-温度控制器,按 9.3 操作。

9.2 使用配带时间-温度控制器的马福炉的测定

将坩埚及试样放入冷的马福炉(6.3)中,用 5 h～6 h 逐渐升温至 550 ℃±25 ℃。于 550 ℃±25 ℃灰化,直至灰分呈灰白色。

从马福炉中取出坩埚,放入干燥器(6.4)内,冷却至室温。

注:在将坩埚及灰分从马福炉转到干燥器及从干燥器转到分析天平的过程中,应避免灰分损失。

观察灰分:

如灰分仍呈黑色,加入几滴过氧化氢(5.2)或水(5.1),重复本条上述操作;

如灰分呈灰白色,于分析天平(6.5)上准确称重(m_2)至 0.1 mg。按第 10 章继续操作。

9.3 使用不带时间-温度控制器的马福炉的测定

将坩埚及试样于 103 ℃干燥箱(6.6)内放置 1 h。

从干燥箱中取出坩埚,于电热板或电炉(6.7)上逐渐加热,使试样充分炭化至无烟。在炭化过程中,试样不应燃烧或产生火焰。

将坩埚移入冷的马福炉(6.3)中,升温至 550 ℃±25 ℃。4 h 后从马福炉中取出坩埚及灰分,于干燥器(6.4)中冷却至室温。

注:在将坩埚及灰分从马福炉转到干燥器及从干燥器转到分析天平的过程中,应避免灰分损失。

观察灰分:

如灰分仍呈黑色,加入几滴过氧化氢(5.2)或水(5.1),重复本条上述操作;

如灰分呈灰白色,于分析天平(6.5)上准确称重(m_2)至 0.1 mg。

10 计算

试样中灰分的质量分数按式(1)计算:

$$w_a = \frac{m_2 - m_0}{m_1 - m_0} \times 100 \qquad \cdots\cdots(1)$$

式中:

w_a——试样中灰分的质量分数,%;

m_2——坩埚和灰分的质量,单位为克(g);

m_0——空坩埚的质量，单位为克(g)；

m_1——坩埚和试样的质量，单位为克(g)。

结果报告至小数点第二位。

11 精密度

11.1 联合实验室测试

方法的精密度是根据 ISO 5725[1] 组织的联合实验室测试获得的。

联合实验室测试的结果已出版(参见参考文献[6])。由此联合实验室测试推出的数值可能不适用于其他的含量范围和测试对象。

11.2 重复性

同一分析者在同一实验室、采用相同的方法和相同的仪器、在短时间间隔内对同一样品独立测定两次。两次测试结果的绝对差值超出由式(2)求得的重复性限 r 的概率不超过 5%：

$$r = 0.0990\% + 0.00933\bar{w} \qquad \cdots\cdots(2)$$

式中：

r——重复性限，%；

$\bar{w}$——两次测定结果的平均值，%。

11.3 再现性

不同的分析者采用相同的方法、在不同的实验室用不同的仪器、对同一样品独立测定两次。两次测试结果的绝对差值超出由式(3)求得的再现性限 R 的概率不超过 5%：

$$R = 0.138\% + 0.0046\bar{w} \qquad \cdots\cdots(3)$$

式中：

R——再现性限，%；

$\bar{w}$——两次测定结果的平均值，%。

12 试验报告

试验报告应说明：

——所有与识别样品有关的必需信息；

——取样方法；

——依据本部分所采用的方法；

——本部分未规定或未列为可选的所有操作，以及可能影响测试结果的其他因素；

——测试结果；

——如果检验了重复性，列出最终结果。

1) ISO 5725:1986，用于获取精密度数据。现已被 ISO 5725:1994 代替。

参 考 文 献

[1] GB/T 9695.19 肉与肉制品 取样方法

[2] ISO 5725:1986 Precision of test methods—Determination of repeatability and reproducibility for a standard test method by inter-laboratory tests

[3] ISO 5725-1:1994 Accuracy (trueness and precision) of measurement methods and results—Part 1:General principles and definitions

[4] ISO 5725-2:1994 Accuracy (trueness and precision) of measurement methods and results—Part 2:Basic method for the determination of repeatability and reproducibility of a standard measurement method

[5] Method No 23 (1991). Moisture and ash:Gravimetric determination in meat and meat products. Nordic Committee on Food Analysis (NMKL),Espoo,Finland (in English and Scandinavian) (UDC 635.7).

[6] KOLAR,K. Gravimetric determination of moisture and ash in meat and meat products: NMKL Interlaboratory Study. J. AOAC,1992,75:1016-1022.

ICS 67.040
X 04

中华人民共和国国家标准

GB/T 9695.19—2008
代替 GB/T 9695.19—1988

肉与肉制品　取样方法

Meat and meat products—Sampling

2008-08-28 发布　　2009-03-01 实施

中华人民共和国国家质量监督检验检疫总局
中国国家标准化管理委员会　发布

前　言

GB/T 9695 由以下部分组成：
——GB/T 9695.1《肉与肉制品　游离脂肪含量测定》；
——GB/T 9695.2《肉与肉制品　脂肪酸测定》；
——GB/T 9695.3《肉与肉制品　铁含量测定》；
——GB/T 9695.4《肉与肉制品　总磷含量测定》；
——GB/T 9695.5《肉与肉制品　pH 测定》；
——GB/T 9695.6《肉制品　胭脂红着色剂测定》；
——GB/T 9695.7《肉与肉制品　总脂肪含量测定》；
——GB/T 9695.8《肉与肉制品　氯化物含量测定》；
——GB/T 9695.9《肉与肉制品　聚磷酸盐测定》；
——GB/T 9695.10《肉与肉制品　六六六、滴滴涕残留量测定》；
——GB/T 9695.11《肉与肉制品　氮含量测定》；
——GB/T 9695.13《肉与肉制品　钙含量测定》；
——GB/T 9695.14《肉制品　淀粉含量测定》；
——GB/T 9695.15《肉与肉制品　水分含量测定》；
——GB/T 9695.17《肉与肉制品　葡萄糖酸-δ-内酯含量的测定》；
——GB/T 9695.18《肉与肉制品　灰分测定》；
——GB/T 9695.19《肉与肉制品　取样方法》；
——GB/T 9695.20《肉与肉制品　锌的测定》；
——GB/T 9695.21《肉与肉制品　镁含量测定》；
——GB/T 9695.22《肉与肉制品　铜含量测定》；
——GB/T 9695.23《肉与肉制品　羟脯氨酸含量测定》；
——GB/T 9695.24《肉与肉制品　胆固醇含量测定》；
——GB/T 9695.25《肉与肉制品　维生素 PP 含量测定》；
——GB/T 9695.26《肉与肉制品　维生素 A 含量测定》；
——GB/T 9695.27《肉与肉制品　维生素 B_1 含量测定》；
——GB/T 9695.28《肉与肉制品　维生素 B_2 含量测定》；
——GB/T 9695.29《肉制品　维生素 C 含量测定》；
——GB/T 9695.30《肉与肉制品　维生素 E 含量测定》；
——GB/T 9695.31《肉制品　总糖含量测定》。

本部分为 GB/T 9695 的第 19 部分。

本部分代替 GB/T 9695.19—1988《肉与肉制品　取样方法》。

本部分与 GB/T 9695.19—1988 相比主要修改如下：
——按照 GB/T 1.1—2000《标准化工作导则　第 1 部分：标准的结构和编写规则》进行了结构调整和文字修改；
——增加了“术语和定义”一章；
——删除了食用动物油脂的取样方法。

本部分由全国肉禽蛋制品标准化技术委员会提出并归口。

本部分起草单位：中国商业联合会商业标准中心、国家加工食品质量监督检验中心(广州)、广州市产品质量监督检验所。

本部分主要起草人：侯向昶、蔡依军、冼燕萍、郭新东、罗海英、吴玉銮、靳晓蕾。

本部分所代替标准的历次版本发布情况为：

——GB/T 9695.19—1988。

肉与肉制品　取样方法

1　范围

GB/T 9695 的本部分规定了肉与肉制品的取样方法。

本部分适用于肉与肉制品中理化检验的取样，不适用于以微生物检验为目的的取样。

2　规范性引用文件

下列文件中的条款通过 GB/T 9695 的本部分的引用而成为本部分的条款。凡是注日期的引用文件，其随后所有的修改单(不包括勘误的内容)或修订版均不适用于本部分，然而，鼓励根据本部分达成协议的各方研究是否可使用这些文件的最新版本。凡是不注日期的引用文件，其最新版本适用于本部分。

GB/T 19480　肉与肉制品术语

3　术语和定义

GB/T 19480 中确立的术语和定义适用于 GB/T 9695 的本部分。

4　取样人员

4.1　取样人员应经过技术培训，具有独立工作的能力。

4.2　取样人员应防止样品污染。

5　取样设备和容器

5.1　直接接触样品的容器的材料应防水、防油。

5.2　容器应满足取样量和样品形状的要求。

5.3　取样设备应清洁、干燥，不得影响样品的气味、风味和成分组成。

5.4　使用玻璃器皿要防止破损。

6　取样程序

6.1　一般原则

6.1.1　所取样品应尽可能有代表性。

6.1.2　应抽取同一批次同一规格的产品。

6.1.3　取样量应满足分析的要求，不得少于分析取样、复验和留样备查的总量。

6.2　鲜肉的取样

从 3 片～5 片胴体或同规格的分割肉上取若干小块混为一份样品。每份样品为 500 g～1 500 g。

6.3　冻肉的取样

6.3.1　成堆产品：在堆放空间的四角和中间设采样点，每点从上、中、下三层取若干小块混为一份样品。每份样品为 500 g～1 500 g。

6.3.2　包装冻肉：随机取 3 包～5 包混合，总量不得少于 1 000 g。

6.4　肉制品的取样

6.4.1　每件 500 g 以上的产品：随机从 3 件～5 件上取若干小块混合，共 500 g～1 500 g。

6.4.2　每件 500 g 以下的产品：随机取 3 件～5 件混合，总量不得少于 1 000 g。

6.4.3 小块碎肉：从堆放平面的四角和中间取样混合，共 500 g～1 500 g。

7 样品的包装和标识

7.1 样品的包装

装实验室样品的容器应由取样人员封口并贴上封条。

7.2 样品的标识

取样人员将样品送到实验室前须贴上标签。

标签应至少标注以下信息：

a) 取样人员和取样单位名称；

b) 取样地点和日期；

c) 样品的名称、等级和规格；

d) 样品特性；

e) 样品的商品代码和批号。

8 样品的运输和贮存

取样后尽快将样品送至实验室。

运输过程须保证样品完好加封。

运输过程中须保证样品没受损或发生变化。

样品到实验室后尽快分析处理，易腐易变样品应置冰箱或特殊条件下贮存，保证不影响分析结果。

9 取样报告

取样人员取样时应填写取样报告，内容包括：

a) 实验室样品标签所要求的信息(见 7.2)；

b) 被取样单位名称和负责人姓名；

c) 生产日期；

d) 产品数量；

e) 取样数量；

f) 取样方法；

g) 可能的情况下，还应包括取样目的、会对样品造成影响的气温和空气湿度等包装环境和运输环境，及其他相关事宜。

ICS 67.120.01
X 01

中华人民共和国国家标准

GB/T 9695.20—2008
代替 GB/T 9695.20—1990

肉与肉制品　锌的测定

Meat and meat products—Method for determination of zinc

2008-06-27 发布　　2008-10-01 实施

中华人民共和国国家质量监督检验检疫总局
中国国家标准化管理委员会　发布

前　言

GB/T 9695 由以下部分组成：

——GB/T 9695.1 《肉与肉制品　游离脂肪含量的测定》；

——GB/T 9695.2 《肉与肉制品　脂肪酸测定》；

——GB/T 9695.3 《肉与肉制品　铁含量测定》；

——GB/T 9695.4 《肉与肉制品　总磷含量测定》；

——GB/T 9695.5 《肉与肉制品　pH 测定》；

——GB/T 9695.6 《肉制品　胭脂红着色剂测定》；

——GB/T 9695.7 《肉与肉制品　总脂肪含量测定》；

——GB/T 9695.8 《肉与肉制品　氯化物含量测定》；

——GB/T 9695.9 《肉与肉制品　聚磷酸盐测定》；

——GB/T 9695.10 《肉与肉制品　六六六、滴滴涕残留量测定》；

——GB/T 9695.11 《肉与肉制品　氮含量测定》；

——GB/T 9695.13 《肉与肉制品　钙含量测定》；

——GB/T 9695.14 《肉制品　淀粉含量测定》；

——GB/T 9695.15 《肉与肉制品　水分含量测定》；

——GB/T 9695.17 《肉与肉制品　葡糖酸-δ-内酯含量的测定》；

——GB/T 9695.18 《肉与肉制品　灰分测定》；

——GB/T 9695.19 《肉与肉制品　取样方法》；

——GB/T 9695.20 《肉与肉制品　锌的测定》；

——GB/T 9695.21 《肉与肉制品　镁含量测定》；

——GB/T 9695.22 《肉与肉制品　铜含量测定》；

——GB/T 9695.23 《肉与肉制品　L(-)-羟脯氨酸含量测定》；

——GB/T 9695.24 《肉与肉制品　胆固醇含量测定》；

——GB/T 9695.25 《肉与肉制品　维生素 PP 含量测定》；

——GB/T 9695.26 《肉与肉制品　维生素 A 含量测定》；

——GB/T 9695.27 《肉与肉制品　维生素 B_1 含量测定》；

——GB/T 9695.28 《肉与肉制品　维生素 B_2 含量测定》；

——GB/T 9695.29 《肉制品　维生素 C 含量测定》；

——GB/T 9695.30 《肉与肉制品　维生素 E 含量测定》；

——GB/T 9695.31 《肉制品　总糖含量测定》。

本部分为 GB/T 9695 的第 20 部分，代替 GB/T 9695.20—1990《肉与肉制品　锌含量测定》。

本部分与 GB/T 9695.20—1990 相比主要变化如下：

——修改了标准的中文名称，标准中文名称改为“肉与肉制品　锌的测定”；

——在样品处理方法中，增添了微波消解法；

——调整了测定条件(波长、灯电流、狭缝、空气流量、乙炔流量和燃烧器高度)；

——调整了测定方法；

——按照 GB/T 20001.4—2001《标准编写规则　第 4 部分：化学分析方法》对结构进行了修改。

本部分由中华人民共和国商务部提出并归口。

本部分起草单位：江苏雨润食品产业集团有限公司、国家农副产品质量监督检验中心(南京)、商务部屠宰技术鉴定中心。

本部分主要起草人：樊成艳、闵成军、胡新颖、杨军、徐宝才、徐华、张新玲。

本部分所代替标准的历次版本发布情况为：

——GB/T 9695.20—1990。

肉与肉制品　锌的测定

1　范围

GB/T 9695 的本部分规定了用原子吸收光谱法测定肉与肉制品中锌含量的方法。

本部分适用于肉与肉制品中锌的确证和定量测定。

本部分检出限 0.4 mg/kg。

2　规范性引用文件

下列文件中的条款通过 GB/T 9695 的本部分的引用而成为本部分的条款。凡是注日期的引用文件，其随后所有的修改单(不包括勘误的内容)或修订版均不适用于本部分，然而，鼓励根据本部分达成协议的各方研究是否可使用这些文件的最新版本。凡是不注日期的引用文件，其最新版本适用于本部分。

GB/T 9695.19　肉与肉制品　取样方法

3　原理

试样经处理后，导入原子吸收分光光度计中，原子化以后，吸收 213.8 nm 共振线，在一定范围内，其吸收值与锌含量成正比，与配制的标准系列溶液比较确定锌的含量或计算直线回归方程求出锌的含量。

4　试剂和材料

4.1　总则：本部分中所用试剂均为分析纯或分析纯以上，水均为去离子水或相应纯度的水。

4.2　盐酸溶液(1+1)：量取 50 mL 盐酸，加到适量水中，再稀释至 100 mL。

4.3　盐酸溶液(0.3 mol/L)：量取 27 mL 盐酸，加适量水并稀释至 1 000 mL。

4.4　硝酸。

4.5　双氧水。

4.6　锌标准溶液(1 000 μg/mL)：准确称取 1.000 g 金属锌(99.99%)溶于 10 mL 盐酸溶液(4.2)中，然后在水浴上蒸发至近干，用少量水溶解后移入 1 000 mL 容量瓶中，以水稀释至刻度，贮于聚乙烯瓶，此溶液每毫升相当于 1 000 μg 锌。

4.7　锌标准使用液(100 μg/mL)：准确吸取 10.0 mL 锌标准溶液置于 100 mL 容量瓶中，以盐酸溶液(4.3)稀释至刻度，此溶液每毫升相当于 100 μg 锌。

5　仪器

5.1　马弗炉。

5.2　坩埚：石英质或瓷质，容量 40 mL～50 mL。

5.3　绞肉机：不锈钢质，多孔板孔径不超过 4 mm。

5.4　微波消解仪(配高压消解罐、预消解及赶酸用电子控温板)。

5.5　火焰原子吸收分光光度计。

6　试样制备

6.1　按 GB/T 9695.19 的规定取样。

6.2　样品去除不可食部分，用绞肉机绞 2 次～3 次，混匀。绞好的试样装入带盖的试样盒中备用。

6.3 制备好的试样应立即测定，若不能立即检测应密封冷藏贮存，以防变质或成分变化。冷藏贮存的试样在启用时应重新混匀。

7 分析步骤

7.1 试样前处理及试样溶液的制备

7.1.1 高温灰化法

称取制备好的试样 1 g～5 g，精确至 1 mg，放入坩埚中，小火炭化(防止试样溅出或燃烧)至无烟后移入马弗炉中，500 ℃±25 ℃灰化 4 h。灰化好的试样应为灰白色，若灰分中有黑色颗粒时，应待坩埚冷却至室温后滴加水或盐酸溶液(4.2)润湿残渣，烘干后再灰化处理，直至残渣中无黑色颗粒，灰分呈灰白色。待坩埚稍冷，加 10 mL 盐酸溶液(4.3)，溶解残渣并移入 50 mL 容量瓶中，再用盐酸溶液(4.3)反复洗涤坩埚，并入容量瓶中，混匀备用。同时做试剂空白。

7.1.2 微波消解法

准确称取制备好的试样 0.5 g～1.0 g，精确至 1 mg，放入聚四氟乙烯消解罐内，加入硝酸 6 mL，置于电子控温板(加温 160 ℃～180 ℃)，预消解 30 min，待聚四氟乙烯消解罐稍冷后补充硝酸 2 mL 和双氧水 2 mL，将消解罐装好后放入微波消解仪中，按微波消解仪操作条件进行操作。消解时间一般为 10 min，如样品消解完还呈浑浊状态需补加酸重复消解直至澄清。

将消解完的样品再置于电子控温板(加温 160 ℃～180 ℃)，进行赶酸处理并使样品体积缩减到 1 mL 左右，取下放冷，用盐酸溶液(4.3)反复洗涤消解罐，并入 50 mL 容量瓶中，混匀备用。同时做试剂空白。

7.2 标准系列溶液的制备

吸取 0.00、0.10、0.20、0.40 和 0.80 mL 锌标准使用液，分别置于 50 mL 容量瓶中，以盐酸溶液(4.3)稀释至刻度，混匀(各容量瓶中每毫升分别相当于 0、0.2、0.4、0.8、1.6 μg 锌)。

7.3 测定

将制备好的标准系列溶液、试剂空白液和试样溶液分别导入调至最佳条件的火焰原子吸收分光光度计进行测定。仪器参考条件：灯电流 6.0 mA，波长 213.8 nm，狭缝 0.38 nm，空气流量 10 L/min，乙炔流量 2.3 L/min，灯头高度 3 mm，氘灯背景校正。

以锌含量对应吸光值，绘制标准曲线或计算直线回归方程，试样吸光值与曲线比较或代入方程求出含量。

同一试样应至少进行两次平行测定。

8 结果计算

试样中锌的含量按式(1)进行计算。

$$X = \frac{1\,000(c - c_0)V}{1\,000\,m} \quad \cdots\cdots\cdots\cdots(1)$$

式中：

X——试样中锌的含量，单位为毫克每千克(mg/kg)；

c——测定用试样消化液中锌的浓度，单位为微克每毫升(μg/mL)；

c_0——试剂空白液中锌的浓度，单位为微克每毫升(μg/mL)；

V——试样处理液的总体积，单位为毫升(mL)；

m——试样质量，单位为克(g)。

计算结果保留两位有效数字。

9 精密度

在重复性条件下获得的两次独立测定结果的绝对差值不得超过算术平均值的 10%。

ICS 67.040
X 04

GB

中华人民共和国国家标准

GB/T 9695.21—2008
代替 GB/T 9695.21—1990

肉与肉制品　镁含量测定

Meat and meat products—Determination of magnesium

2008-06-25 发布　　2009-01-01 实施

中华人民共和国国家质量监督检验检疫总局
中国国家标准化管理委员会　发布

前　言

GB/T 9695 由以下部分组成：

——GB/T 9695.1《肉与肉制品　游离脂肪含量的测定》；

——GB/T 9695.2《肉与肉制品　脂肪酸测定》；

——GB/T 9695.3《肉与肉制品　铁含量测定》；

——GB/T 9695.4《肉与肉制品　总磷含量测定》；

——GB/T 9695.5《肉与肉制品　pH 测定》；

——GB/T 9695.6《肉制品　胭脂红着色剂测定》；

——GB/T 9695.7《肉与肉制品　总脂肪含量测定》；

——GB/T 9695.8《肉与肉制品　氯化物含量测定》；

——GB/T 9695.9《肉与肉制品　聚磷酸盐测定》；

——GB/T 9695.10《肉与肉制品　六六六、滴滴涕残留量测定》；

——GB/T 9695.11《肉与肉制品　氮含量测定》；

——GB/T 9695.13《肉与肉制品　钙含量测定》；

——GB/T 9695.14《肉制品　淀粉含量测定》；

——GB/T 9695.15《肉与肉制品　水分含量测定》；

——GB/T 9695.17《肉与肉制品　葡糖酸-δ-内酯含量的测定》；

——GB/T 9695.18《肉与肉制品　灰分测定》；

——GB/T 9695.19《肉与肉制品　取样方法》；

——GB/T 9695.20《肉与肉制品　锌的测定》；

——GB/T 9695.21《肉与肉制品　镁含量测定》；

——GB/T 9695.22《肉与肉制品　铜含量测定》；

——GB/T 9695.23《肉与肉制品　L(-)-羟脯氨酸含量测定》；

——GB/T 9695.24《肉与肉制品　胆固醇含量测定》；

——GB/T 9695.25《肉与肉制品　维生素 PP 含量测定》；

——GB/T 9695.26《肉与肉制品　维生素 A 含量测定》；

——GB/T 9695.27《肉与肉制品　维生素 B_1 含量测定》；

——GB/T 9695.28《肉与肉制品　维生素 B_2 含量测定》；

——GB/T 9695.29《肉制品　维生素 C 含量测定》；

——GB/T 9695.30《肉与肉制品　维生素 E 含量测定》；

——GB/T 9695.31《肉制品　总糖含量测定》。

本部分为 GB/T 9695 的第 21 部分。

本部分代替 GB/T 9695.21—1990《肉与肉制品　镁含量测定》。

本部分与 GB/T 9695.21—1990 相比主要变化如下：

——按照 GB/T 1.1—2000《标准化工作导则　第 1 部分：标准的结构和编写规则》和 GB/T 20001.4—2001《标准编写规则　第 4 部分：化学分析方法》进行了结构调整和文字修改；

——增加了规范性引用文件；

——增加了方法的检出限；

——对原理的表述进行了修改；
——在“试剂”一章中增加了高氯酸、过氧化氢和氧化镁标准品，以及镁标准储备液的获取方式；
——在“仪器和设备”一章中增加了微波消解仪；
——删除5.2中的“800±25 ℃”；
——将“试样制备”一章分为“取样”和“试样制备”两章；
——增加了电热板湿法消解和微波消解两种样品前处理方式；
——增大了标准工作液系列中镁的浓度范围；
——增加了空白试验；
——用字母符号代替原计算公式中的数值，并增加了扣除空白一项；
——用第10章“精密度”及其内容代替GB/T 9695.21—1990的第9章“允许差”及其内容；
——增加了“试验报告”一章；
——增加了电感耦合等离子体-原子发射光谱法(ICP-AES)，作为第二法。

本部分由全国食品工业标准化技术委员会肉禽蛋制品分技术委员会提出并归口。

本部分起草单位：中国商业联合会商业标准中心、国家加工食品质量监督检验中心(广州)、广州市产品质量监督检验所。

本部分主要起草人：郭新东、叶嘉荣、罗海英、苏永祺、李佩斯、吴丽玲、吴玉銮。

本部分所代替标准的历次版本发布情况为：

——GB/T 9695.21—1990。

肉与肉制品　镁含量测定

1　范围

GB/T 9695 的本部分规定了肉和肉制品中镁含量的测定方法。

本部分适用于肉和肉制品中镁含量的测定。

本方法的检出限：第一法的检出限为 2.0 mg/kg，第二法的检出限为 1.0 mg/kg。

2　规范性引用文件

下列文件中的条款通过 GB/T 9695 的本部分的引用而成为本部分的条款。凡是注日期的引用文件，其随后所有的修改单(不包括勘误的内容)或修订版均不适用于本部分，然而，鼓励根据本部分达成协议的各方研究是否可使用引用文件的最新版本。凡是不注日期的引用文件，其最新版本适用于本部分。

GB/T 6682—1992　分析实验室用水规格和试验方法(neq ISO 3696:1987)

第一法　原子吸收分光光度法

3　原理

试样经消解后配制成盐酸溶液，用原子吸收分光光度计进行分析，标准曲线法定量。

4　试剂

如无特别说明，所用试剂均为分析纯。

4.1　水：符合 GB/T 6682—1992 规定的二级水。

4.2　盐酸：$\rho_{20}\approx1.19$ g/mL。

4.3　硝酸：$\rho_{20}\approx1.42$ g/mL。

4.4　高氯酸。

4.5　30%过氧化氢。

4.6　盐酸溶液[1+1(体积比)]：量取 50 mL 盐酸(4.2)、50 mL 水，混匀。

4.7　混合酸[硝酸+高氯酸，5+1(体积比)]：量取 50 mL 硝酸(4.3)、10 mL 高氯酸(4.4)，混匀。

4.8　氧化镁标准品：含量≥99.99%。

4.9　镁标准储备液(c=0.1 mg/mL)：由国家认可的标准物质销售单位提供，或按下述方法配制：称取于 800 ℃±50 ℃灼烧至恒重的氧化镁标准品(4.8)0.165 8 g 于烧杯中，加入 20 mL 水，缓慢加入 20 mL 盐酸，待完全溶解后加热煮沸，冷却，移入 1 000 mL 容量瓶中，用水定容，混匀，备用。

4.10　镁标准使用液(c=10 μg/mL)：吸取镁标准储备液(4.9)5.00 mL，用水定容至 50 mL。

4.11　镁标准工作液的制备：吸取镁标准使用液(4.10)0 mL、0.50 mL、2.50 mL、5.00 mL、10.00 mL，分别置于 50 mL 容量瓶中，各加入 2.5 mL 盐酸溶液(1+1)(4.6)，用水定容，混匀。此标准工作液系列中镁的浓度分别为 0 μg/mL、0.1 μg/mL、0.5 μg/mL、1 μg/mL、2 μg/mL。

5　仪器和设备

注：所用玻璃仪器均用硝酸(1+1)洗液浸泡数小时，用水反复冲洗干净。

实验室常规仪器及下列仪器。

5.1 机械设备:用于试样的均质化。包括高速旋转的切割机,或多孔板的孔径不超过 4 mm 的绞肉机。

5.2 马福炉:可控温于 550 ℃±25 ℃。

5.3 坩埚:石英质或瓷质,容量为 40 mL～50 mL。

5.4 微波消解仪。

5.5 分析天平:可准确称重至 0.1 mg。

5.6 干燥器:内装有效干燥剂。

5.7 干燥箱。

5.8 原子吸收分光光度计。

6 取样

本部分不规定取样方法。取样方法参见 GB/T 9695.19。

实验室所收到的样品应具有代表性且在运输和储藏过程中没受损或发生变化。

至少取有代表性的样品 200 g。

7 试样制备

使用适当的机械设备(5.1)将试样均质。注意避免试样的温度超过 25 ℃。若使用绞肉机,试样至少通过该仪器两次。

将试样装入密封的容器里,防止变质和成分变化。试样应尽快进行分析,均质化后最迟不超过 24 h。

8 分析步骤

8.1 试样处理

注:对于镁含量较高的肉和肉制品可根据情况对试样溶液进行稀释。

8.1.1 干法消解

称取 1 g～3 g(准确至 0.001 g)试样于坩埚中,置于 130 ℃左右的干燥箱内干燥脱水后将坩埚在电炉上缓慢加热,使试样炭化,开始时用小火细心加热,以防试样溅出或燃烧,待大烟冒过之后,提高温度使试样完全炭化,直至不冒烟为止。炭化好的试样放入马福炉中,于 550 ℃±25 ℃灰化 4 h。灰化好的试样应为灰白色,若灰分中有黑色颗粒,应待坩埚冷至室温后滴加水润湿残渣,烘干后再置于 550 ℃±25 ℃的马福炉中继续灰化,直至灰分呈灰白色。在马福炉中冷却至约 200 ℃,取出,置于干燥器中,冷却至室温。用 2.5 mL 盐酸溶液(1+1)(4.6)将灰分溶解,转移至 50 mL 容量瓶中,用水少量多次洗涤坩埚,洗液合并于容量瓶中,用水定容,混匀。

8.1.2 湿法消解

称取 1 g～3 g (准确至 0.001 g)试样于 250 mL 高型烧杯中,加入 20 mL 混合酸(4.7),置于电热板上加热消解。若出现棕黑色,补加适量硝酸,加热至冒白烟、溶液呈无色透明或略带黄色为止。加入 5 mL 水,继续加热至溶液接近 2 mL～3 mL,取下冷却。加入 2.5 mL 盐酸溶液(1+1)(4.6),转移至 50 mL 容量瓶中,用水少量多次洗涤烧杯,洗液合并于容量瓶中,用水定容,混匀待测。

8.1.3 微波消解

称取 0.5 g～1 g(准确至 0.001 g)试样于微波消解罐内,加入 6 mL 硝酸(4.3),2 mL 过氧化氢(4.5)。按下述升温程序进行消化:5 min 由室温升至 120 ℃,保持 3 min 温度不变;8 min 由 120 ℃升至 200 ℃,保持 30 min 温度不变。消解结束后,待消解液自然冷却至室温,转入 50 mL 容量瓶内,用水少量多次洗涤消解罐,洗液合并于容量瓶中,用水定容,混匀待测。

8.2 仪器参考条件

a) 灯电流:7.5 mA;

b) 狭缝:1.3 nm;

c) 空气流量:9.5 L/min;

d) 乙炔流量:2.0 L/min;

e) 燃烧器高度:7.5 mm。

8.3 测定

将制备好的镁标准工作液(4.11)、空白溶液和试样溶液(8.1.3)分别导入空气-乙炔火焰原子吸收分光光度计中,以镁元素空芯阴极灯为光源,在波长 285.2 nm 处调整仪器于最佳工作状态,分别测定各自的吸光度。以标准工作液中镁的浓度为横坐标、吸光度为纵坐标,绘制标准曲线。根据试样溶液的吸光度,从标准曲线上查出对应的镁的浓度。

8.4 平行试验

按以上步骤,对同一试样进行平行试验测定。

8.5 空白试验

除不称取试样外,均按试样处理步骤进行。

9 计算

试样中镁的含量按式(1)计算:

$$w=\frac{(c_1-c_0)\times V\times f\times 1\ 000}{m\times 1\ 000} \qquad \cdots\cdots(1)$$

式中:

w——试样中镁的含量,单位为毫克每千克(mg/kg);

c_1——从标准曲线上查得的试样溶液中镁的浓度,单位为微克每毫升(μg/mL);

c_0——从标准曲线上查得的空白溶液中镁的浓度,单位为微克每毫升(μg/mL);

V——试样溶液第一次定容的体积,单位为毫升(mL);

f——试样溶液稀释的倍数;

m——试样的质量,单位为克(g)。

结果保留至小数点后第一位。

10 精密度

同一分析者在同一实验室、采用相同的方法和相同的仪器、在短时间间隔内对同一样品独立测定两次。两次测定结果的绝对差值不得超过算术平均值的10%。

11 试验报告

试验报告应说明:

——所有与识别样品有关的必需信息;

——取样方法;

——依据本部分所采用的方法;

——本部分未规定或未列为可选的所有操作,以及可能影响测试结果的其他因素;

——测试结果;

——如果检验了重复性,列出最终结果。

第二法 电感耦合等离子体-原子发射光谱法(ICP-AES)

12 原理

试样经消解后用电感耦合等离子体-原子发射光谱仪进行分析,标准曲线法定量。

13 试剂

同第4章。

14 仪器与设备

电感耦合等离子体-原子发射光谱仪,其余仪器同5.1～5.7。

15 取样

同第6章。

16 试样制备

同第7章。

17 分析步骤

17.1 试样处理

同8.1。

17.2 标准工作液系列的制备

吸取镁标准使用液(4.10)0 mL、1.00 mL、4.00 mL、10.00 mL、25.00 mL分别置于50 mL容量瓶中,加入2.5 mL盐酸溶液(1+1)(4.6),用水定容,混匀。此标准工作液系列中镁的浓度分别为0 μg/mL、0.2 μg/mL、0.8 μg/mL、2 μg/mL、5 μg/mL。

17.3 仪器参考条件

a) 镁分析谱线波长:285.213 nm;

b) 射频功率:1.1 kW;

c) 等离子气流量:20.0 L/min;

d) 雾化气流量:30 psi;

e) 辅助气流量:0.3 L/min;

f) 提升量:1.0 mL/min;

g) 积分时间:30 s。

17.4 测定

将制备好的标准工作液、空白溶液和试样溶液分别导入电感耦合等离子体-原子发射光谱仪中,调整仪器于最佳工作状态,分别测定发射光强度。以标准工作液中镁的浓度为横坐标、发射光强度为纵坐标,绘制标准曲线。根据试样溶液的发射光强度,从标准曲线上查出对应的镁的浓度。

17.5 平行试验

按试样处理步骤,对同一试样进行平行试验测定。

17.6 空白试验

除不称取试样外,均按试样处理步骤进行。

18 计算

同第9章。

19 精密度

同第10章。

20 试验报告

同第11章。

参 考 文 献

[1] GB/T 9695.19 肉与肉制品 取样方法

ICS 67.040
X 04

中华人民共和国国家标准

GB/T 9695.23—2008/ISO 3496:1994
代替 GB/T 9695.23—1990

肉与肉制品　羟脯氨酸含量测定

Meat and meat products—Determination of hydroxyproline content

(ISO 3496:1994,IDT)

2008-08-28 发布　　2009-03-01 实施

中华人民共和国国家质量监督检验检疫总局
中国国家标准化管理委员会　发布

前　言

GB/T 9695 由以下部分组成：

——GB/T 9695.1《肉与肉制品　游离脂肪含量测定》；

——GB/T 9695.2《肉与肉制品　脂肪酸测定》；

——GB/T 9695.3《肉与肉制品　铁含量测定》；

——GB/T 9695.4《肉与肉制品　总磷含量测定》；

——GB/T 9695.5《肉与肉制品　pH 测定》；

——GB/T 9695.6《肉制品　胭脂红着色剂测定》；

——GB/T 9695.7《肉与肉制品　总脂肪含量测定》；

——GB/T 9695.8《肉与肉制品　氯化物含量测定》；

——GB/T 9695.9《肉与肉制品　聚磷酸盐测定》；

——GB/T 9695.10《肉与肉制品　六六六、滴滴涕残留量测定》；

——GB/T 9695.11《肉与肉制品　氮含量测定》；

——GB/T 9695.13《肉与肉制品　钙含量测定》；

——GB/T 9695.14《肉制品　淀粉含量测定》；

——GB/T 9695.15《肉与肉制品　水分含量测定》；

——GB/T 9695.17《肉与肉制品　葡萄糖酸-δ-内酯含量的测定》；

——GB/T 9695.18《肉与肉制品　灰分测定》；

——GB/T 9695.19《肉与肉制品　取样方法》；

——GB/T 9695.20《肉与肉制品　锌的测定》；

——GB/T 9695.21《肉与肉制品　镁含量测定》；

——GB/T 9695.22《肉与肉制品　铜含量测定》；

——GB/T 9695.23《肉与肉制品　羟脯氨酸含量测定》；

——GB/T 9695.24《肉与肉制品　胆固醇含量测定》；

——GB/T 9695.25《肉与肉制品　维生素 PP 含量测定》；

——GB/T 9695.26《肉与肉制品　维生素 A 含量测定》；

——GB/T 9695.27《肉与肉制品　维生素 B_1 含量测定》；

——GB/T 9695.28《肉与肉制品　维生素 B_2 含量测定》；

——GB/T 9695.29《肉制品　维生素 C 含量测定》；

——GB/T 9695.30《肉与肉制品　维生素 E 含量测定》；

——GB/T 9695.31《肉制品　总糖含量测定》。

本部分为 GB/T 9695 的第 23 部分。

本部分等同采用国际标准 ISO 3496:1994《肉与肉制品——羟脯氨酸含量测定》(英文版)。

为便于使用，本部分作了下列编辑性修改：

——删除 ISO 3496 的前言；

——用“本部分”代替“本国际标准”；

——用小数点“.”代替 ISO 3496 中作为小数点的“,”；

——为第 4 章“试剂”中标准储备液和标准工作液增加了编号；

——用 GB/T 9695.19 代替 ISO 3100-1；

——为计算公式增加了编号。

本部分代替 GB/T 9695.23—1990《肉与肉制品　L(—)-羟脯氨酸含量测定》。

本部分与 GB/T 9695.23—1990 相比主要修改如下：

——按照 GB/T 1.1—2000《标准化工作导则　第 1 部分：标准的结构和编写规则》和 GB/T 20001.4—2001《标准编写规则　第 4 部分：化学分析方法》进行了结构调整和文字修改；

——用硫酸溶液代替氯化亚锡盐酸溶液水解样品；

——修改了氯胺 T 溶液和显色剂的配制；

——改动了试样前处理和测定操作；

——用第 10 章“精密度”及其内容代替第 9 章“允许差”及其内容；

——增加了“试验报告”一章。

本部分由全国肉禽蛋制品标准化技术委员会提出并归口。

本部分起草单位：中国商业联合会商业标准中心、国家加工食品质量监督检验中心(广州)、广州市产品质量监督检验所。

本部分主要起草人：郭新东、邓穗兴、罗海英、冼燕萍、杜志峰、吴玉銮、靳晓蕾。

本部分所代替标准的历次版本发布情况为：

——GB/T 9695.23—1990。

肉与肉制品　羟脯氨酸含量测定

1　范围

GB/T 9695 的本部分规定了肉与肉制品中羟脯氨酸的测定方法。

本部分适用于肉与肉制品中含量低于 0.5%(质量分数)的羟脯氨酸的测定。

2　术语和定义

下列术语和定义适用于 GB/T 9695 的本部分。

2.1

肉与肉制品羟脯氨酸含量　hydroxyproline content of meat and meat products

在本部分规定的条件下测定的羟脯氨酸的含量。

羟脯氨酸含量用质量分数表示。

3　原理

用硫酸于 105 ℃ 水解试样，过滤、稀释水解产物。羟脯氨酸经氯胺 T 氧化后，与对二甲氨基苯甲醛反应生成红色化合物，在波长 558 nm 处进行比色测定。

4　试剂

如无特别说明，所用试剂均为分析纯。水为蒸馏水或去离子水，或相同纯度的水。

4.1　硫酸溶液[$c(H_2SO_4)\approx 3$ mol/L]

量取 750 mL 水于 2 L 的容量瓶中，在搅拌下缓慢加入 320 mL 浓硫酸($\rho_{20}=1.84$ g/mL)。冷却至室温后用水定容。

4.2　缓冲溶液(pH=6.8)

包括下列组分：

a)　26.0 g 一水柠檬酸($C_6H_8O_7 \cdot H_2O$)；

b)　14.0 g 氢氧化钠；

c)　78.0 g 无水乙酸钠[$Na(CH_3CO_2)$]。

用 500 mL 水溶解上述试剂并转入 1 L 的容量瓶中，加入 250 mL 正丙醇，用水定容。

该溶液于 4 ℃暗处可稳定保存几周。

4.3　氯胺 T 溶液

称取 1.41 g 三水・*N*-氯-对甲苯磺酰胺钠盐(氯胺 T)，用 100 mL 缓冲溶液(4.2)溶解。

临用前配制。

4.4　显色剂

称取 10.0 g 对二甲氨基苯甲醛，用 35 mL 高氯酸溶液[60%(质量分数)]溶解，缓慢加入 65 mL 异丙醇。临用前配制。

若对二甲氨基苯甲醛需纯化(见 8.4 注)，可按如下操作：用 70%(体积分数)热乙醇配制对二甲氨基苯甲醛饱和溶液。依次在室温和冰箱中冷却，12 h 后，用布氏漏斗过滤。用少量 70%(体积分数)乙醇洗涤布氏漏斗中的固体。将固体转移至三角瓶中，用 70%(体积分数)热乙醇重新溶解固体，加入冷水充分搅拌，至有大量乳白色晶体析出，于冰箱中过夜。用布氏漏斗过滤固体，用 50%(体积分数)乙醇洗涤后，在有五氧化二磷干燥剂的条件下进行真空干燥。

4.5 羟脯氨酸标准溶液

4.5.1 标准储备液

称取 50 mg 4-羟基-α-吡咯甲酸(羟脯氨酸)于 100 mL 容量瓶中,用水溶解,加一滴硫酸溶液(4.1),用水定容。该溶液于 4 ℃下可稳定存放 1 个月。

4.5.2 标准工作液

移取 5.00 mL 上述标准储备液至 500 mL 容量瓶中,用水定容。分别吸取该溶液 10.00 mL、20.00 mL、30.00 mL、40.00 mL 于 100 mL 容量瓶中,用水定容,所得标准工作液浓度依次为 0.5 μg/mL、1.0 μg/mL、1.5 μg/mL、2.0 μg/mL。临用前配制。

5 仪器和设备

实验室常规仪器及下列仪器。

5.1 电动绞肉机:带水平刀片,能高速旋转。

5.2 圆底或平底烧瓶:容量约为 200 mL,宽颈。

5.3 干燥箱:可控温于 105 ℃±1 ℃。

5.4 圆形滤纸:直径为 12.5 cm。

5.5 pH 计。

5.6 铝箔或不透明塑料薄膜。

5.7 水浴锅:可控温于 60 ℃±0.5 ℃。

5.8 分光光度计:可用波长 558 nm±2 nm;或使用光电比色计,其中干涉滤波器最大吸收波长为 558 nm±2 nm。

5.9 比色皿:光程为 10 mm。

5.10 分析天平:可准确称重至 0.001 g。

5.11 容量瓶:250 mL。

5.12 表面皿:直径为 5 cm～6 cm。

6 取样

实验室所收到的样品应具有代表性且在运输和储藏过程中没受损或发生变化。

取样方法参见 GB/T 9695.19。

取有代表性的样品 200 g。

7 试样制备

7.1 肉及生肉制品

用刀将肉在冷冻时(0 ℃以下)切成小块(约 0.5 cm^3,边长约为 8 mm)。

将切好的试样装入密封样品盒中,或用耐热塑料袋真空包装,70 ℃以上保温 30 min 后,冷却,按 7.2 继续操作。

在待测试样保存、制备、称重过程中,试样需混合均匀,特别是脂肪和液体要保持均匀。

注:加热软化结缔组织便于切割均匀,但可能导致胶质液体流出。为使测试样品均匀,应注意脂肪的均匀分布。

7.2 熟肉制品

用绞肉机(5.1)将试样均质。将试样装入密封的容器里,防止变质和成分变化。试样应在均质化后 24 h 内尽快分析。

8 分析步骤

8.1 试样

称取 4 g 试样(精确至 0.001 g)于烧瓶(5.2)中,避免试样粘在烧瓶壁上。

8.2 水解

8.2.1 量取 30 mL±1 mL 硫酸溶液(4.1),加入烧瓶中,用表面皿(5.12)盖住,于 105 ℃干燥箱内(5.3)恒温 16 h。

8.2.2 用圆形滤纸趁热将水解产物过滤至 250 mL 容量瓶(5.11)中。用 10 mL 硫酸溶液(4.1)分三次洗涤烧瓶和滤纸,合并至上述容量瓶中。用水定容,摇匀。

8.3 测定

8.3.1 用移液管移取一定体积(*V*)的水解产物(8.2.2)至 250 mL 容量瓶(5.11)中,定容后羟脯氨酸的浓度在 0.5 μg/mL～2 μg/mL 之间。

注:移取体积取决于样品中结缔组织的含量。通常情况下,移取的水解产物体积(*V*)在 5 mL～25 mL 之间。

8.3.2 移取 4.00 mL 上述溶液(8.3.1)于比色管中,加入 2.00 mL 氯胺 T 试剂(4.3),混合后于室温下放置 20 min±1 min。

8.3.3 加入 2.00 mL 显色剂(4.4)于比色管中,充分混合,用铝箔或塑料薄膜(5.6)将比色管封口。

8.3.4 将比色管迅速放入 60 ℃水浴(5.7)中,加热 20 min。

8.3.5 取出比色管,用流动水冷却比色管至少 3 min,在室温下放置 30 min。

8.3.6 用水作参比,于 558 nm±2 nm 处用分光光度计或光电比色计(5.8)测定吸收值。

8.3.7 扣除空白溶液的吸收(8.4),从 8.5 所得标准曲线查得水解产物中羟脯氨酸的含量。

8.4 空白测试

用水代替稀释溶液,重复 8.3.2 至 8.3.7 的操作。

注:若空白溶液的吸收值超过 0.040,则需重新配制显色剂(4.4),如有必要,需纯化对二甲氨基苯甲醛液(见 4.4)。

8.5 标准曲线

8.5.1 用 4.00 mL 羟脯氨酸标准工作液(4.5)依次代替稀释后的水解产物,进行 8.3.2 至 8.3.7 的操作。

8.5.2 以扣除了空白的标准工作液的吸光度为纵坐标,以相应的浓度为横坐标,绘制标准曲线。

再次分析应重新绘制标准曲线。

9 计算

试样中羟脯氨酸的含量按式(1)计算:

$$X = \frac{6.25c}{m \times V} \quad \cdots\cdots (1)$$

式中:

X——试样中羟脯氨酸的含量,%;

c——由标准曲线得到的试样溶液中羟脯氨酸的浓度,单位为微克每毫升(μg/mL);

m——试样质量,单位为克(g);

V——从 250 mL 容量瓶中吸取滤液的体积(见 8.3.1),单位为毫升(mL);

计算结果保留至小数点后两位。

10 精密度

方法的精密度是根据 ISO 5725 组织的联合实验室测试获得的。对于重复性限 *r* 和再现性限 *R*,置信度均为 95%。

10.1 重复性

同一分析者在同一实验室、采用相同的方法和相同的仪器、在短时间间隔内对同一样品独立测定两次。两次测试结果的绝对差值不超出由式(2)求得的重复性限 r：

$$r = 0.0131 + 0.0322\overline{X} \quad \cdots\cdots (2)$$

式中：

r——重复性限，%；

$\overline{X}$——两次测试结果的平均值，%。

如果两次测试结果的绝对差值超过重复性限值，舍弃这两个结果，重新测定两次。

10.2 再现性

不同的分析者采用相同的方法、在不同的实验室用不同的仪器、对同一样品独立测定两次。两次测试结果的绝对差值不超出由式(3)求得的再现性限 R：

$$R = 0.0195 + 0.0529\overline{X} \quad \cdots\cdots (3)$$

式中：

R——再现性限，%；

$\overline{X}$——两次测试结果的平均值，%。

11 试验报告

试验报告应说明：

——取样方法；

——所采用的方法；

——测试结果；

——如果检验了重复性，列出最终结果。

试验报告也应说明本部分未规定或未列为可选的所有操作，以及可能影响测试结果的其他因素。

试验报告还应包括所有与识别样品有关的必需信息。

参 考 文 献

[1] GB/T 9695.19 肉与肉制品 取样方法

[2] GB/T 6379.1—2004 测量方法与结果的准确度(正确度和精密度) 第1部分:总则与定义(ISO 5725-1:1994,Accuracy (trueness and precision) of measurement methods and results—Part 1:General principles and definitions,IDT)

[3] GB/T 6379.1—2004 测量方法与结果的准确度(正确度与精密度) 第2部分:确定标准测量方法重复性与再现性的基本方法(ISO 5725-2:1994,Accuracy (trueness and precision) of measurement methods and results—Part 2:Basic method for the determination of repeatability and reproducibility of a standard measurement method,IDT)

ICS 67.040
X 04

中华人民共和国国家标准

GB/T 9695.24—2008
代替 GB/T 9695.24—1990

肉与肉制品　胆固醇含量测定

Meat and meat products—Determination of cholesterol

2008-08-28 发布　　2009-03-01 实施

中华人民共和国国家质量监督检验检疫总局
中国国家标准化管理委员会　发布

前　言

GB/T 9695 由以下部分组成：

——GB/T 9695.1《肉与肉制品　游离脂肪含量测定》；

——GB/T 9695.2《肉与肉制品　脂肪酸测定》；

——GB/T 9695.3《肉与肉制品　铁含量测定》；

——GB/T 9695.4《肉与肉制品　总磷含量测定》；

——GB/T 9695.5《肉与肉制品　pH 测定》；

——GB/T 9695.6《肉制品　胭脂红着色剂测定》；

——GB/T 9695.7《肉与肉制品　总脂肪含量测定》；

——GB/T 9695.8《肉与肉制品　氯化物含量测定》；

——GB/T 9695.9《肉与肉制品　聚磷酸盐测定》；

——GB/T 9695.10《肉与肉制品　六六六、滴滴涕残留量测定》；

——GB/T 9695.11《肉与肉制品　氮含量测定》；

——GB/T 9695.13《肉与肉制品　钙含量测定》；

——GB/T 9695.14《肉制品　淀粉含量测定》；

——GB/T 9695.15《肉与肉制品　水分含量测定》；

——GB/T 9695.17《肉与肉制品　葡萄糖酸-δ-内酯含量的测定》；

——GB/T 9695.18《肉与肉制品　灰分测定》；

——GB/T 9695.19《肉与肉制品　取样方法》；

——GB/T 9695.20《肉与肉制品　锌的测定》；

——GB/T 9695.21《肉与肉制品　镁含量测定》；

——GB/T 9695.22《肉与肉制品　铜含量测定》；

——GB/T 9695.23《肉与肉制品　羟脯氨酸含量测定》；

——GB/T 9695.24《肉与肉制品　胆固醇含量测定》；

——GB/T 9695.25《肉与肉制品　维生素 PP 含量测定》；

——GB/T 9695.26《肉与肉制品　维生素 A 含量测定》；

——GB/T 9695.27《肉与肉制品　维生素 B_1 含量测定》；

——GB/T 9695.28《肉与肉制品　维生素 B_2 含量测定》；

——GB/T 9695.29《肉制品　维生素 C 含量测定》；

——GB/T 9695.30《肉与肉制品　维生素 E 含量测定》；

——GB/T 9695.31《肉制品　总糖含量测定》。

本部分为 GB/T 9695 的第 24 部分。

本部分代替 GB/T 9695.24—1990《肉与肉制品　胆固醇含量测定》。

本部分与 GB/T 9695.24—1990 相比主要修改如下：

——按照 GB/T 1.1—2000《标准化工作导则　第 1 部分：标准的结构和编写规则》和 GB/T 20001.4—2001《标准编写规则　第 4 部分：化学分析方法》进行了结构调整和文字修改；

——取消了索氏抽提试样中脂肪的步骤，直接将试样进行皂化；

——用外标法代替内标法定量；

——增加了“试样制备”一章；

——在“测定”一章中，用毛细管柱代替填充柱进行分离，增加了“平行试验”和“空白试验”；

——计算公式做了相应的修改；

——用第10章“精密度”及其内容代替第9章“允许差”及其内容；

——增加了“试验报告”一章。

本部分的附录A为资料性附录。

本部分由全国肉禽蛋制品标准化技术委员会提出并归口。

本部分起草单位：中国商业联合会商业标准中心、国家加工食品质量监督检验中心（广州）、广州市产品质量监督检验所、浙江省质量技术监督检测研究院。

本部分主要起草人：郭新东、杜志峰、何乔桑、冼燕萍、罗海英、覃芳芳、吴玉銮。

本部分所代替标准的历次版本发布情况为：

——GB/T 9695.24—1990。

肉与肉制品　胆固醇含量测定

1　范围

GB/T 9695 的本部分规定了肉与肉制品中胆固醇含量的测定方法。

本部分适用于肉与肉制品中胆固醇含量的测定。

2　规范性引用文件

下列文件中的条款通过 GB/T 9695 的本部分的引用而成为本部分的条款。凡是注日期的引用文件，其随后所有的修改单(不包括勘误的内容)或修订版均不适用于本部分，然而，鼓励根据本部分达成协议的各方研究是否可使用这些文件的最新版本。凡是不注日期的引用文件，其最新版本适用于本部分。

GB/T 6682—2008　分析实验室用水规格和试验方法(ISO 3696:1987,MOD)

3　原理

肉与肉制品中的脂类经皂化后，胆固醇作为不皂化物被提取出来，用气相色谱法测定，外标法定量。

4　试剂和材料

如无特别说明，所用试剂均为分析纯。

4.1　水：符合 GB/T 6682—2008 规定的二级水。

4.2　乙醚。

4.3　三氯甲烷。

4.4　无水乙醇。

4.5　无水硫酸钠。

4.6　氢氧化钾溶液(c=1 mol/L)：称取 5.6 g 氢氧化钾，溶于水中，用水稀释至 100 mL。

4.7　胆固醇标准品：纯度≥95%。

4.8　胆固醇标准贮备液(c=1.0 mg/mL)：称取胆固醇标准品(4.7)0.100 0 g，置于 100 mL 容量瓶中，用三氯甲烷溶解并定容。

4.9　胆固醇标准工作液：临用时将胆固醇标准贮备液 (4.8) 用无水乙醇(4.4)稀释至所需浓度。

5　仪器和设备

实验室常规仪器及下列仪器。

5.1　机械设备：用于试样的均质化。包括高速旋转的切割机，或多孔板的孔径不超过 4 mm 的绞肉机。

5.2　气相色谱仪：配毛细管柱和 FID 检测器。

5.3　电子天平：可准确称重至 0.1 mg。

6　取样

实验室所收到的样品应具有代表性且在运输和储藏过程中无受损或发生变化。

取样方法参见 GB/T 9695.19。

取有代表性的样品 200 g。

7 试样制备

使用适当的机械设备(5.1)将试样均质。若使用绞肉机,试样至少通过该设备两次。

将试样装入密封的容器里,防止变质和成分变化。试样应在均质化后 24 h 内尽快分析。

8 分析步骤

8.1 皂化

称取 0.2 g ～1.0 g(准确至 0.001 g)试样,置于 50 mL 具塞试管中。加入 10 mL 氢氧化钾溶液(4.6),10 mL 无水乙醇(4.4),混匀,装上冷凝管,在 85 ℃～95 ℃水浴上缓慢皂化 1 h,至试样溶液清澈,皂化后用流水冷却。

8.2 提取

将皂化后的试样溶液(8.1)移入 50 mL 分液漏斗中。加入 10 mL 乙醚(4.2)于分液漏斗中,轻轻振摇,静置分层,将水层放入上述具塞试管中。加入 10 mL 乙醚(4.2)于具塞试管中,轻轻振摇,静置分层,将乙醚层移入上述分液漏斗中。再加入 10 mL 乙醚(4.2)于具塞试管中,重复提取一次,将乙醚层移入上述分液漏斗中。

用 15 mL 水分三次洗涤分液漏斗中的溶液。分层后弃去水层。用 10 g 无水硫酸钠(4.5)干燥乙醚层,将乙醚层移入另一具塞试管中。通氮气吹干后,加入 1.00 mL 无水乙醇(4.4),混匀。

8.3 气相色谱参考条件

a) 色谱柱:DB-5 弹性石英毛细管柱(30 m×0.32 mm×0.25 μm),或相当者;

b) 载气:高纯氮,纯度≥99.999%;恒流 2.4 mL/min;

c) 柱温(程序升温):初始温度为 200 ℃,保持 1 min,以 30 ℃/min 升至 280 ℃,保持 10 min;

d) 进样口温度:280 ℃;

e) 检测器温度:290 ℃;

f) 进样量:1 μL;

g) 进样方式:不分流进样,进样 1 min 后开阀;

h) 空气流速:350 mL/min;

i) 氢气流速:30 mL/min。

8.4 测定

根据试样溶液中胆固醇的含量情况,选定峰面积相近的标准工作液。标准工作液和试样溶液中胆固醇的响应值均应在仪器检测线性范围内。标准工作液和试样溶液等体积间隔进样测定。根据保留时间定性,外标法定量。标准色谱图参见附录 A。

8.5 平行试验

按 8.1～8.4,对同一试样进行平行试验测定。

8.6 空白试验

除不加入试样外,均按 8.1～8.4 进行测定。

9 计算

按式(1)计算试样中胆固醇的含量。

$$X = \frac{c \times A \times V}{A_S \times m \times 1\,000} \times 100 \qquad \cdots\cdots(1)$$

式中:

X——试样中胆固醇的含量,单位为毫克每百克(mg/100g);

c——标准工作液中胆固醇的浓度,单位为微克每毫升(μg/mL);

A——试样溶液中胆固醇的峰面积；

V——试样溶液最终定容的体积，单位为毫升(mL)；

A_s——标准工作液中胆固醇的峰面积；

m——脂肪的质量，单位为克(g)。

计算结果应扣除空白。结果保留至小数点后一位。

10 精密度

同一分析者在同一实验室、采用相同的方法和相同的仪器、在短时间间隔内对同一样品独立测定两次。两次测试结果的相对差值不得超过10%。

11 试验报告

试验报告应说明：

——所有与识别样品有关的必需信息；

——取样方法；

——依据本部分所采用的方法；

——本部分未规定或未列为可选的所有操作，以及可能影响测试结果的其他因素；

——测试结果；

——如果检验了重复性，列出最终结果。

附 录 A
（资料性附录）
胆固醇标准溶液的气相色谱图

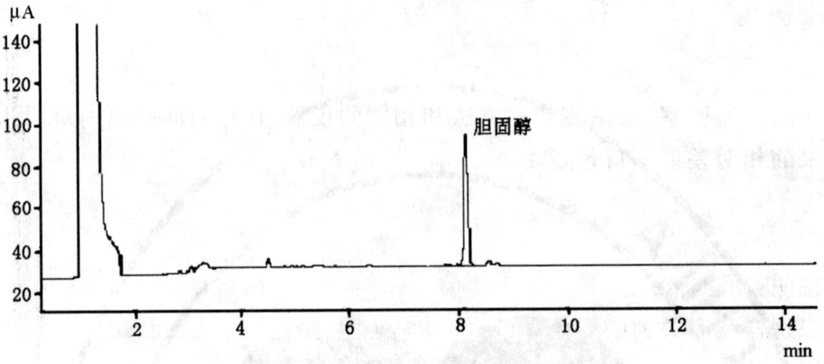

图 A.1 胆固醇标准溶液的气相色谱图

参 考 文 献

[1] GB/T 9695.19 肉与肉制品 取样方法

ICS 67.040
X 04

中华人民共和国国家标准

GB/T 9695.25—2008
代替 GB/T 9695.25—1990

肉与肉制品　维生素 PP 含量测定

Meat and meat products—Determination of vitamin PP content

2008-06-25 发布　　2009-01-01 实施

中华人民共和国国家质量监督检验检疫总局
中国国家标准化管理委员会　发布

前　言

GB/T 9695 由以下部分组成：

——GB/T 9695.1《肉与肉制品　游离脂肪含量的测定》；

——GB/T 9695.2《肉与肉制品　脂肪酸测定》；

——GB/T 9695.3《肉与肉制品　铁含量测定》；

——GB/T 9695.4《肉与肉制品　总磷含量测定》；

——GB/T 9695.5《肉与肉制品　pH 测定》；

——GB/T 9695.6《肉制品　胭脂红着色剂测定》；

——GB/T 9695.7《肉与肉制品　总脂肪含量测定》；

——GB/T 9695.8《肉与肉制品　氯化物含量测定》；

——GB/T 9695.9《肉与肉制品　聚磷酸盐测定》；

——GB/T 9695.10《肉与肉制品　六六六、滴滴涕残留量测定》；

——GB/T 9695.11《肉与肉制品　氮含量测定》；

——GB/T 9695.13《肉与肉制品　钙含量测定》；

——GB/T 9695.14《肉制品　淀粉含量测定》；

——GB/T 9695.15《肉与肉制品　水分含量测定》；

——GB/T 9695.17《肉与肉制品　葡糖酸-δ-内酯含量的测定》；

——GB/T 9695.18《肉与肉制品　灰分测定》；

——GB/T 9695.19《肉与肉制品　取样方法》；

——GB/T 9695.20《肉与肉制品　锌的测定》；

——GB/T 9695.21《肉与肉制品　镁含量测定》；

——GB/T 9695.22《肉与肉制品　铜含量测定》；

——GB/T 9695.23《肉与肉制品　L(-)-羟脯氨酸含量测定》；

——GB/T 9695.24《肉与肉制品　胆固醇含量测定》；

——GB/T 9695.25《肉与肉制品　维生素 PP 含量测定》；

——GB/T 9695.26《肉与肉制品　维生素 A 含量测定》；

——GB/T 9695.27《肉与肉制品　维生素 B_1 含量测定》；

——GB/T 9695.28《肉与肉制品　维生素 B_2 含量测定》；

——GB/T 9695.29《肉制品　维生素 C 含量测定》；

——GB/T 9695.30《肉与肉制品　维生素 E 含量测定》；

——GB/T 9695.31《肉制品　总糖含量测定》。

本部分为 GB/T 9695 的第 25 部分。

本部分代替 GB/T 9695.25—1990《肉与肉制品　维生素 PP 含量测定》。

本部分与 GB/T 9695.25—1990 相比主要变化如下：

——按照 GB/T 1.1—2000《标准化工作导则　第 1 部分：标准的结构和编写规则》和 GB/T 20001.4—2001《标准编写规则　第 4 部分：化学分析方法》进行了结构调整和文字修改；

——增加了规范性引用文件；

——增加了微生物法，作为第一法；分光光度法作为第二法。

本部分由全国食品工业标准化技术委员会肉禽蛋制品分技术委员会提出并归口。

本部分起草单位：中国商业联合会商业标准中心、国家加工食品质量监督检验中心(广州)、广州市产品质量监督检验所。

本部分主要起草人：罗海英、郭新东、罗曼妮、黄金凤、黄宇锋、罗晓茵、吴玉銮。

本部分所代替标准的历次版本发布情况为：

——GB/T 9695.25—1990。

肉与肉制品　维生素 PP 含量测定

1　范围

GB/T 9695 的本部分规定了肉和肉制品中维生素 PP 含量的微生物测定方法。

本部分适用于肉和肉制品中维生素 PP 含量的测定。

2　规范性引用文件

下列文件中的条款通过 GB/T 9695 的本部分的引用而成为本部分的条款。凡是注日期的引用文件,其随后所有的修改单(不包括勘误的内容)或修订版均不适用于本部分,然而,鼓励根据本部分达成协议的各方研究是否可使用引用文件的最新版本。凡是不注日期的引用文件,其最新版本适用于本部分。

GB/T 6682—1992　分析实验室用水规格和试验方法(neq ISO 3696:1987)

3　术语和定义

下列术语和定义适用于 GB/T 9695 的本部分。

3.1

肉与肉制品中维生素 PP 的含量　vitamin PP content of meat and meat products

在本部分规定的条件下,测定的尼克酸(烟酸)和尼克酰胺(烟酰胺)的总量。

第一法　微生物法

4　原理

烟酸是植物乳杆菌(*Lactobacillus plantarum*)生长所必需的维生素。在一定条件下,植物乳杆菌的生长情况及其代谢物与培养基中烟酸的含量成正比。将试样溶液加到只缺少烟酸的培养基里培养,测定培养液对一定波长的光的透光率或吸光度,用烟酸标准溶液得出的微生物生长量与烟酸含量的标准曲线来计算试样中烟酸的含量。

5　试剂和材料

如无特别说明,所用试剂均为分析纯。

注:琼脂培养基和烟酸测定用培养基可购买符合测试要求用的成品。

5.1　水

符合 GB/T 6682—1992 规定的三级水。

5.2　氢氧化钠溶液[$c(NaOH)=0.4\ mol/L$]

称取 3.2 g 氢氧化钠,用水溶解,并稀释至 100 mL。

5.3　盐酸溶液[$c(HCl)=0.2\ mol/L$]

量取 2 mL 盐酸,用水稀释至 120 mL,混匀。

5.4　生理盐水

称取 9 g 氯化钠,溶于 1 000 mL 水中。每次使用时分别倒入 6 支～8 支 10 mL 试管中,每支约加 10 mL,塞好棉塞,于高压蒸汽灭菌器内 121 ℃灭菌 15 min,备用。

5.5 乙醇溶液[1+3(体积比)]

量取 250 mL 乙醇,加入 750 mL 水,混匀。

5.6 菌种

植物乳酸杆菌(*Lactobacillus plantarum*)。

5.7 乳酸杆菌琼脂培养基

光解胨 15 g,葡萄糖 10 g,番茄汁 100 mL,磷酸二氢钾 2 g,聚山梨糖单油酸酯 1 g,琼脂 10 g,加蒸馏水至 1 000 mL,pH 6.8±0.2(25 ℃)。

5.8 乳酸杆菌肉汤培养基

光解胨 15 g,葡萄糖 10 g,番茄汁 100 mL,磷酸二氢钾 2 g,聚山梨糖单油酸酯 1 g,加蒸馏水至 1 000 mL,pH 6.8±0.2(25 ℃)。

5.9 烟酸测定用培养基

维生素测定用 Casamino Acids 12 g,葡萄糖 40 g,乙酸钠 20 g,L-胱氨酸 0.4 g,DL-色氨酸 0.2 g,盐酸腺嘌呤 20 mg,盐酸鸟嘌呤 20 mg,尿嘧啶 20 mg,盐酸硫胺素 200 μg,泛酸钙 200 μg,盐酸吡哆醇 400 μg,核黄素 400 μg,β-氨基苯甲酸 100 μg,生物素 0.8 μg,磷酸氢二钾 1 g,磷酸二氢钾 1 g,硫酸镁 0.4 g,氯化钠 20 mg,硫酸亚铁 20 mg,硫酸锰 20 mg。加蒸馏水至 1 000 mL,pH 6.7±0.2(25 ℃)。

5.10 烟酸标准储备液(c=0.1 mg/mL)

称取 0.05 g(准确至 0.001 g)已干燥恒量并贮存于五氧化二磷干燥器中的烟酸标准品,用乙醇溶液(5.5)溶解并定容至 500 mL,混匀,于冰箱中贮存。此溶液每毫升相当于 100 μg 烟酸。

5.11 烟酸标准中间液(c=1 μg/mL)

吸取 1.00 mL 烟酸标准储备液(5.10),置于 100 mL 容量瓶中,用乙醇溶液(5.5)定容,混匀,于冰箱中贮存。此溶液每毫升相当于 1 μg 烟酸。

5.12 烟酸标准使用液(c=100 ng/mL)

吸取 5.00 mL 烟酸标准中间液(5.11),置于 50 mL 容量瓶中,用水定容,混匀。此溶液每毫升相当于 100 ng 烟酸。

6 仪器和设备

实验室常规仪器及下列仪器。

6.1 机械设备:用于试样的均质化。包括高速旋转的切割机,或多孔板的孔径不超过 4 mm 的绞肉机。

6.2 干燥箱。

6.3 恒温培养箱。

6.4 离心机:转速可达 2 500 r/min。

6.5 pH 计。

6.6 磁力搅拌器。

6.7 旋涡混合器。

6.8 高压蒸汽灭菌器。

6.9 分光光度计。

6.10 分析天平:可准确称重至 0.001 g。

7 取样

本部分不规定取样方法。取样方法参见 GB/T 9695.19。

实验室所收到的样品应具有代表性且在运输和储藏过程中没受损或发生变化。

至少取有代表性的样品 200 g。

8 试样制备

使用适当的机械设备(6.1)将试样均质。注意避免试样的温度超过25 ℃。若使用绞肉机,试样至少通过该仪器两次。

将试样装入密封的容器里,防止变质和成分变化。试样应尽快进行分析,均质化后最迟不超过24 h。

9 分析步骤

9.1 菌种液的制备

将植物乳酸杆菌(5.6)贮备菌种穿刺接种于乳酸杆菌琼脂培养基(5.7)内,于37 ℃培养20 h～24 h。贮存于2 ℃～8 ℃冰箱中。从琼脂培养基移取部分菌种于灭菌的10 mL乳酸杆菌肉汤培养基(5.8)中,于37 ℃培养20 h～24 h。在无菌条件下离心该培养液10 min(2 500 r/min),倾去上清液。加入已灭菌的生理盐水(5.4),于旋涡混合器上快速混合均匀,离心10 min(2 500 r/min),倾去上清液。重复清洗操作两次。加入10 mL已灭菌生理盐水(5.4),于旋涡混合器上快速混合均匀,吸取一定体积的菌液,加至10 mL已灭菌生理盐水(5.4)中,于旋涡混合器上快速混合均匀,使菌种形成混悬液,备用。

9.2 试样处理

称取5 g试样(准确至0.001 g)于250 mL棕色三角瓶中,加入0.2 mol/L盐酸溶液(5.3)100 mL,置于磁力搅拌器(6.8)上搅拌混合样品,于121 ℃灭菌30 min,冷却。充分搅拌,直至颗粒分散。于搅拌的同时用0.4 mol/L氢氧化钠溶液(5.2)调节溶液的pH值为4.4～4.6,转移至250 mL棕色容量瓶中,用水洗涤三角瓶3次,洗液并入容量瓶中,用水定容。过滤,弃去最初的25 mL～30 mL滤液。根据试样中维生素PP的含量,吸取一定量的滤液,用水稀释至适宜的浓度(以不超出标准工作液系列的浓度为宜),混匀,备用。

9.3 试样培养液的制备

按表1依次加入水、试样溶液(9.2)和烟酸测定用培养基(5.9)于试管中。一式三份。

表1 试样培养液的配制

成分	试管号			
	1	2	3	4
蒸馏水/mL	4	3	2	1
试样溶液/mL	1	2	3	4
烟酸测定用培养基/mL	5	5	5	5
注:于测定前配制烟酸测定用培养基,配制后放置不要超过6 h,需避光处理,避免空气污染。				

9.4 标准工作液的制备

按表2依次加入水、烟酸标准使用液(5.12)和烟酸测定用培养基(5.9)于试管中。一式三份。

表2 标准工作液的配制

项目	试管号						
	1	2	3	4	5	6	7
蒸馏水/mL	5.0	5.0	4.0	3.0	2.0	1.0	0.0
标准使用液/mL	0.0	0.0	1.0	2.0	3.0	4.0	5.0
烟酸测定用培养基/mL	5.0	5.0	5.0	5.0	5.0	5.0	5.0
标准工作液的浓度/(μg/mL)	0	0	0.01	0.02	0.03	0.04	0.05

9.5 灭菌

将各试管于 121 ℃ 灭菌 10 min,取出后快速均匀地冷却至室温。

9.6 接种

在无菌条件下接种所有试管,除标准工作液的 1 号试管外,其余试管均滴加适量的菌种液(9.1),使测定时标准工作液 3 号试管内的溶液于 600 nm 处的吸光度约为 0.2。盖上盖,充分振荡混合所有管。

9.7 培养

将所有试管于 37 ℃恒温培养 24 h。

10 测定

培养液(9.7)于 121 ℃ 灭菌 5 min,取出后快速均匀地冷却,于旋涡混合器上混合均匀。

于分光光度计波长 600 nm 处,以未接种空白标准工作液为参比,将已接种空白标准工作液的吸光度调为零,测定其余管内溶液的吸光度。

以标准工作液的浓度为横坐标、相应的吸光度(三次测定的平均值)为纵坐标绘制标准曲线。由测试溶液各水平的吸光度,从标准曲线上查出溶液中维生素 PP 的浓度值。

11 计算

试样中维生素 PP 的含量按式(1)计算:

$$w = \frac{c \times V \times f \times 1\,000}{m \times 1\,000 \times 1\,000} \qquad \cdots\cdots(1)$$

式中:

w——试样中维生素 PP 的含量,单位为毫克每千克(mg/kg);

c——从标准曲线上查得的试样溶液中维生素 PP 的浓度,单位为纳克每毫升(ng/mL);

V——试样溶液第一次定容的体积(9.2),单位为毫升(mL);

f——试样溶液稀释的倍数;

m——试样的质量,单位为克(g)。

结果保留至小数点后第一位。

每一份试样溶液(9.2)均可得到四个水平的测定值,计算所得值的平均值。舍弃超过平均值±15%的数值。重新计算平均值,重新检验是否有超过此平均值±15%的数值,舍弃超过此平均值±15%的数值。如果剩余管数少于所测定的四个水平稀释液的管数的三分之二,用于计算样品浓度的数据是不充分的,应重新进行测定。如果剩余管数不少于所测定的四个水平稀释液的管数的三分之二,则可根据平均值计算其样品中的含量。

12 试验报告

试验报告应说明:

——所有与识别样品有关的必需信息;

——取样方法;

——依据本部分所采用的方法;

——本部分未规定或未列为可选的所有操作,以及可能影响测试结果的其他因素;

——测试结果;

——如果检验了重复性,列出最终结果。

第二法　比色法

13　原理

维生素PP经氢氧化钙溶液提取，与溴化氰结合，在对氨基苯乙酮作用下，生成黄色化合物，在420 nm波长处测定吸光度，标准曲线法定量。

14　试剂和材料

如无特别说明，所用试剂均为分析纯。

14.1　水：符合GB/T 6682—1992规定的三级水。

14.2　乙醇。

14.3　戊醇。

14.4　盐酸溶液[$c(HCl)=6$ mol/L]：量取25 mL盐酸($\rho20\approx1.19$ g/mL)，用水稀释至50 mL。

14.5　硫酸溶液[$c(H_2SO_4)=5$ mol/L]：量取13.5 mL硫酸($\rho20\approx1.84$ g/mL)，用水稀释至50 mL。

14.6　硫酸溶液[$c(H_2SO_4)=1$ mol/L]：量取2.7 mL硫酸($\rho20\approx1.84$ g/mL)，用水稀释至50 mL。

14.7　氢氧化钙溶液[$c[Ca(OH)_2]=1$ mol/L]：称取3.7 g氢氧化钙，用水溶解并稀释至50 mL。

14.8　硫酸锌：饱和溶液。称取12 g硫酸锌，在室温下用水溶解并稀释至20 mL，如有沉淀须过滤。

14.9　氢氧化钠溶液[$c(NaOH)=3$ mol/L]：称取6 g氢氧化钠，用水溶解并稀释至50 mL。

14.10　氢氧化钠溶液[$c(NaOH)=1$ mol/L]：称取2 g氢氧化钠，用水溶解并稀释至50 mL。

14.11　10%溴化氰：称取2 g溴化氰，用水溶解并稀释至20 mL。

注：溴化氰是剧毒试剂，应戴上手套在通风橱里配制。

14.12　2%对氨基苯乙酮：称取对氨基苯乙酮1 g，用少量盐酸溶解，用水稀释至50 mL。

14.13　酚酞指示剂($c=10$ g/mL)：称取0.5 g酚酞，用乙醇(14.2)溶解并稀释至50 mL。

14.14　烟酸标准储备液($c=1$ mg/mL)：称取已干燥恒量并贮存于五氧化二磷干燥器中的烟酸标准品0.1 g(准确至0.001 g)，用5 mol/L硫酸(14.5)1 mL溶解，转移至100 mL容量瓶中，定容。在4 ℃冰箱内保存。

14.15　烟酸标准工作液：吸取烟酸标准储备液(14.14)0.25 mL、0.50 mL、1.00 mL、2.00 mL、2.50 mL，分别置于100 mL容量瓶中，用水定容，混匀。此标准工作液系列中烟酸的浓度分别为2.5 μg/mL、5 μg/mL、10 μg/mL、20 μg/mL、25 μg/mL。

15　仪器和设备

实验室常规仪器及下列仪器。

15.1　机械设备：用于试样的均质化。包括高速旋转的切割机，或多孔板的孔径不超过4 mm的绞肉机。

15.2　恒温水浴锅。

15.3　分光光度计。

15.4　分析天平：可准确称重至0.001 g。

16　取样

同第7章。

17　试样制备

同第8章。

18 分析步骤

18.1 提取

称取试样 2 g(准确至 0.001 g)于三角瓶中,加入 1 mol/L 氢氧化钙溶液(14.7)10 mL,水 40 mL,混匀后,在沸水浴上提取 90 min。取出,冷却后移入 100 mL(V_1)容量瓶中,用水定容。混匀过滤,滤液备用。

18.2 中和

吸取滤液 25.00 mL(V_2)于 50 mL(V_3)容量瓶中,加酚酞指示剂(14.13)两滴,用 6 mol/L 盐酸(14.4)中和至红色刚刚褪去。加入饱和硫酸锌溶液(14.8)2 mL 及几滴戊醇(14.3),用 3 mol/L 氢氧化钠溶液(14.9)和 1 mol/L 氢氧化钠溶液(14.10)调至粉红色。滴加 1 mol/L 硫酸溶液(14.6),使粉红色刚好褪去。用水定容,混匀,放置 10 min 后过滤,滤液备用。

18.3 测定

分别吸取烟酸标准工作液(14.15)1.00 mL(V_4)于具塞试管中,加水 4 mL。吸取试样溶液(18.2)5.00 mL(V_5)于具塞试管中。于上述各试管中加入 10%溴化氰溶液(14.11)2 mL,摇匀。将各试管置于 60 ℃~70 ℃水浴中保温 15 min 后,迅速冷却。加入 2%对氨基苯乙酮溶液(14.12)1 mL,摇匀,在暗处放置 15 min。在 420 nm 波长处测定吸光度。

18.4 标准曲线的绘制

以标准工作液的浓度为横坐标、相应的吸光度为纵坐标绘制标准曲线。

19 计算

试样中维生素 PP 的含量按式(2)计算:

$$w=\frac{c\times V_3\times V_1\times V_4\times 1\,000}{m\times V_2\times V_5\times 1\,000} \quad\cdots\cdots(2)$$

式中:

w——试样中维生素 PP 的含量,单位为毫克每千克(mg/kg);

c——从标准曲线上查得的待测试样溶液中维生素 PP 的浓度,单位为微克每毫升(μg/mL);

V_3——试样溶液第二次定容的体积(18.2),单位为毫升(mL);

V_1——试样溶液第一次定容的体积(18.2),单位为毫升(mL);

V_4——显色用标准工作液的体积(18.3),单位为毫升(mL);

m——试样的质量,单位为克(g);

V_2——中和用试样溶液的体积(18.2),单位为毫升(mL);

V_5——显色用试样溶液的体积(18.3),单位为毫升(mL)。

结果保留至小数点后一位。

20 试验报告

同第 12 章。

参 考 文 献

[1] GB/T 9695.19 肉与肉制品 取样方法

ICS 67.040
X 04

中华人民共和国国家标准

GB/T 9695.26—2008
代替 GB/T 9695.26—1991

肉与肉制品 维生素 A 含量测定

Meat and meat products—Determination of vitamin A content

2008-08-28 发布 2009-03-01 实施

中华人民共和国国家质量监督检验检疫总局
中国国家标准化管理委员会 发布

前　言

GB/T 9695 由以下部分组成：
——GB/T 9695.1《肉与肉制品　游离脂肪含量测定》；
——GB/T 9695.2《肉与肉制品　脂肪酸测定》；
——GB/T 9695.3《肉与肉制品　铁含量测定》；
——GB/T 9695.4《肉与肉制品　总磷含量测定》；
——GB/T 9695.5《肉与肉制品　pH 测定》；
——GB/T 9695.6《肉制品　胭脂红着色剂测定》；
——GB/T 9695.7《肉与肉制品　总脂肪含量测定》；
——GB/T 9695.8《肉与肉制品　氯化物含量测定》；
——GB/T 9695.9《肉与肉制品　聚磷酸盐测定》；
——GB/T 9695.10《肉与肉制品　六六六、滴滴涕残留量测定》；
——GB/T 9695.11《肉与肉制品　氮含量测定》；
——GB/T 9695.13《肉与肉制品　钙含量测定》；
——GB/T 9695.14《肉制品　淀粉含量测定》；
——GB/T 9695.15《肉与肉制品　水分含量测定》；
——GB/T 9695.17《肉与肉制品　葡萄糖酸-δ-内酯含量的测定》；
——GB/T 9695.18《肉与肉制品　灰分测定》；
——GB/T 9695.19《肉与肉制品　取样方法》；
——GB/T 9695.20《肉与肉制品　锌的测定》；
——GB/T 9695.21《肉与肉制品　镁含量测定》；
——GB/T 9695.22《肉与肉制品　铜含量测定》；
——GB/T 9695.23《肉与肉制品　羟脯氨酸含量测定》；
——GB/T 9695.24《肉与肉制品　胆固醇含量测定》；
——GB/T 9695.25《肉与肉制品　维生素 PP 含量测定》；
——GB/T 9695.26《肉与肉制品　维生素 A 含量测定》；
——GB/T 9695.27《肉与肉制品　维生素 B_1 含量测定》；
——GB/T 9695.28《肉与肉制品　维生素 B_2 含量测定》；
——GB/T 9695.29《肉制品　维生素 C 含量测定》；
——GB/T 9695.30《肉与肉制品　维生素 E 含量测定》；
——GB/T 9695.31《肉制品　总糖含量测定》。

本部分为 GB/T 9695 的第 26 部分。

本部分代替 GB/T 9695.26—1991《肉与肉制品　维生素 A 含量测定》。

本部分与 GB/T 9695.26—1991 相比主要修改如下：

——按照 GB/T 1.1—2000《标准化工作导则　第 1 部分：标准的结构和编写规则》和 GB/T 20001.4—2001《标准编写规则　第 4 部分：化学分析方法》进行了结构调整和文字修改；
——增加“标准溶液的标定”；
——增加了“试样制备”一章；

——在“测定”一章中，增加了“柱温”、“平行试验”和“空白试验”；

——在“维生素 A 标准溶液曲线的绘制”中，由系列进样量绘制标准曲线修改为由系列浓度绘制标准曲线，计算公式作了相应的调整；

——用第 10 章“精密度”及其内容代替第 9 章“允许差”及其内容；

——增加了“试验报告”一章；

——增加了资料性附录 A。

本部分的附录 A 为资料性附录。

本部分由全国肉禽蛋制品标准化技术委员会提出并归口。

本部分起草单位：中国商业联合会商业标准中心、国家加工食品质量监督检验中心（广州）、广州市产品质量监督检验所、浙江省质量技术监督检测研究院。

本部分主要起草人：罗海英、侯向昶、杜志峰、何乔桑、郭新东、冼燕萍、吴玉銮。

本部分所代替标准的历次版本发布情况为：

——GB/T 9695.26—1991。

肉与肉制品　维生素 A 含量测定

1　范围

GB/T 9695 的本部分规定了肉与肉制品中维生素 A 含量的测定方法。

本部分适用于肉与肉制品中维生素 A 含量的测定。

2　规范性引用文件

下列文件中的条款通过 GB/T 9695 的本部分的引用而成为本部分的条款。凡是注日期的引用文件，其随后所有的修改单(不包括勘误的内容)或修订版均不适用于本部分，然而，鼓励根据本部分达成协议的各方研究是否可使用这些文件的最新版本。凡是不注日期的引用文件，其最新版本适用于本部分。

GB/T 6682—2008　分析实验室用水规格和试验方法(ISO 3696:1987,MOD)

3　原理

试样经皂化后，用石油醚提取不皂化的维生素 A，浓缩后，用高效液相色谱荧光检测器，于激发波长 340 nm、发射波长 460 nm 处测定维生素 A，用外标法计算试样中维生素 A 的含量。

4　试剂

如无特别说明，所用试剂均为分析纯。

4.1　水：符合 GB/T 6682—2008 规定的一级水。

4.2　无水乙醇。

4.3　无水硫酸钠。

4.4　异丙醇。

4.5　石油醚：沸程为 30 ℃～60 ℃。

4.6　甲醇：色谱纯或重蒸后使用。

4.7　氢氧化钾溶液(c=500 g/L)：称取 50 g 氢氧化钾，溶于水中，用水稀释至 100 mL。

4.8　抗坏血酸溶液(c=100 g/L)：称取 10 g 抗坏血酸(维生素 C)，溶于水中，用水稀释至 100 mL。

4.9　维生素 A 标准物质：视黄醇或视黄醇酯类物质。

4.10　维生素 A 标准溶液。

4.10.1　标准贮备液(c≈1 000 μg/mL)。

4.10.1.1　若标准物质(4.9)为视黄醇，则称取视黄醇 50.0 mg，用异丙醇溶解，定容于 50 mL 棕色容量瓶中。于 4℃保存。

临用前用紫外分光光度计按 4.10.3 标定其浓度。

4.10.1.2　若标准物质(4.9)为视黄醇的酯类物质，则称取标准物质 50.0 mg，按 8.1～8.3 进行皂化、提取、浓缩，用异丙醇溶解，定容于 50 mL 棕色容量瓶中。于 4℃保存。

临用前用紫外分光光度计按 4.10.3 标定其浓度。

4.10.2　标准工作液：用异丙醇将已标定浓度的标准贮备液(4.10.1)稀释成所需的标准工作液。

临用前配制。

4.10.3 标准溶液的标定：移取维生素 A 标准贮备液(4.10.1)10 μL 于 5 mL 具塞刻度试管中，用无水乙醇(4.2)稀释至3.0 mL。于波长 325 nm 处用紫外分光光度计(5.3)测定维生素 A 的吸光值。

按式(1) 计算出维生素 A 标准贮备液(4.10.1)的浓度：

$$c_1 = \frac{A \times 3.0 \times 1\,000}{E_{\mathrm{cm}}^{1\%} \times 100 \times V_1} \qquad \cdots\cdots(1)$$

式中：

c_1——维生素 A 标准贮备液的浓度，单位为克每毫升(g/mL)；

A——维生素 A 的紫外吸光值；

$E_{\mathrm{cm}}^{1\%}$——维生素 A 的 1% 比吸光系数，即溶液浓度为 1%、光路为 1 cm 时的吸收系数，值为 1 835；

V_1——移取维生素 A 标准贮备液的体积，单位为微升(μL)。

5 仪器和设备

实验室常规仪器及下列仪器。

5.1 机械设备：用于试样的均质化。包括高速旋转的切割机，或多孔板的孔径不超过 4 mm 的绞肉机。

5.2 旋转蒸发仪。

5.3 紫外分光光度计。

5.4 液相色谱仪：带荧光检测器。

6 取样

实验室所收到的样品应具有代表性且在运输和储藏过程中无受损或发生变化。

取样方法参见 GB/T 9695.19。

取有代表性的样品 200 g。

7 试样制备

使用适当的机械设备(5.1)将试样均质。注意避免试样的温度超过 25 ℃。若使用绞肉机，试样至少通过该设备两次。

将试样装入密封的容器里，防止变质和成分变化。试样应在均质化后 24 h 内尽快分析。

8 分析步骤

注：维生素 A 对光敏感，应避光操作。

8.1 皂化

称取试样 0.5 g～5 g(准确至 0.001 g)于 150 mL 烧瓶中，加入 5 mL 抗坏血酸溶液(4.8)、15 mL 氢氧化钾溶液(4.7)、30 mL 无水乙醇(4.2)，混匀，于 80 ℃水浴上回流加热 30 min～60 min，至试样溶液澄清，皂化后用流水冷却。

8.2 提取

将皂化后的试样溶液移入 125 mL 分液漏斗中，用 30 mL 石油醚(4.5)分数次洗烧瓶，洗液并入分液漏斗中，塞上塞子，轻摇分液漏斗，避免乳化。静置，分层后，将水层放入第二个分液漏斗中，醚层留在第一个分液漏斗中。于第二个分液漏斗中加入 10 mL 石油醚(4.5)，进行第二次提取，石油醚层并入第一个分液漏斗中。重复提取 3～4 次。石油醚层并入第一个分液漏斗中。

石油醚层反复用水洗涤，至水层呈中性(pH 约为 7)。弃去水层。将分液漏斗中的石油醚层经无水硫酸钠(4.3)脱水后，放入棕色圆底烧瓶中。用少量石油醚(4.5)洗分液漏斗和无水硫酸钠，洗液并入棕色圆底烧瓶中。

8.3 色谱分析用试样溶液的制备

连接盛有石油醚提取液的圆底烧瓶与旋转蒸发仪(5.2),于 40 ℃～60 ℃水浴上减压蒸馏石油醚,至瓶内剩约 1 mL～2 mL 液体时,取下烧瓶,用氮气吹干剩余液体,立即加入 2.0 mL 异丙醇溶液(4.4),塞上塞子,防止溶剂挥发,摇匀,溶解瓶中维生素 A。此为色谱分析用试样溶液。

8.4 测定

8.4.1 色谱分析参考条件

a) 色谱柱:C_{18}柱(150 mm×4.6 mm,5 μm),或相当者;

b) 流动相:甲醇+水=98+2(体积比);

c) 流速:1.0 mL/min;

d) 柱温:30 ℃;

e) 检测波长:激发波长为 340 nm,发射波长为 460 nm;

f) 进样量:20 μL。

8.4.2 标准曲线的绘制

将维生素 A 系列标准工作液(4.10.2)进行高效液相色谱分析,记录峰面积或峰高。以维生素 A 的浓度为横坐标、以相应的峰面积或峰高为纵坐标绘制标准曲线。标准色谱图参见附录 A。

8.4.3 试样溶液的测定

将制备好的试样溶液(8.3)按标准工作液的液相色谱条件进行测定。根据试样溶液的峰面积或峰高,从标准曲线上查出对应的维生素 A 的浓度。

8.5 平行试验

按 8.1～8.4,对同一试样进行平行试验测定。

8.6 空白试验

除不加入试样外,均按 8.1～8.4 进行测定。

9 计算

试样中维生素 A 的含量按式(2)计算:

$$X = \frac{c_2 \times V_2}{m \times 1\,000} \times 100 \qquad \cdots\cdots(2)$$

式中:

X——试样中维生素 A 的含量,单位为毫克每百克(mg/100 g);

c_2——根据试样的峰面积或峰高查标准曲线得到的维生素 A 的浓度,单位为微克每毫升(μg/mL);

V_2——试样溶液最终定容的体积(8.3),单位为毫升(mL);

m——试样质量,单位为克(g)。

计算结果应扣除空白,结果准确至 0.01 mg/100 g。

10 精密度

同一分析者在同一实验室、采用相同的方法和相同的仪器、在短时间间隔内对同一样品独立测定两次。两次测试结果的绝对差值不得超过算术平均值的 30%。

11 试验报告

试验报告应说明:

——所有与识别样品有关的必需信息;

——取样方法；
——依据本部分所采用的方法；
——本部分未规定或未列为可选的所有操作，以及可能影响测试结果的其他因素；
——测试结果；
——如果检验了重复性，列出最终结果。

附 录 A
（资料性附录）
维生素 A 标准溶液的液相色谱图

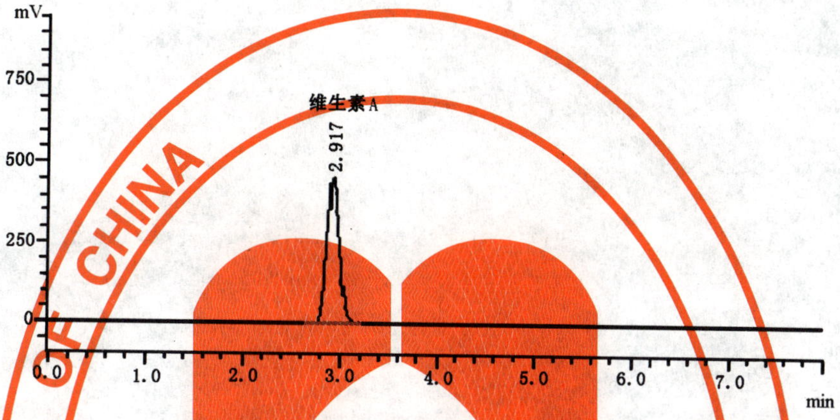

图 A.1 维生素 A 标准溶液的液相色谱图

参 考 文 献

[1] GB/T 9695.19 肉与肉制品 取样方法

ICS 67.040
X 04

中华人民共和国国家标准

GB/T 9695.27—2008
代替 GB/T 9695.27—1991

肉与肉制品　维生素 B_1 含量测定

Meat and meat products—Determination of vitamin B_1 content

2008-08-28 发布　　　　2009-03-01 实施

中华人民共和国国家质量监督检验检疫总局
中国国家标准化管理委员会　发布

前　言

GB/T 9695 由以下部分组成：
——GB/T 9695.1《肉与肉制品　游离脂肪含量测定》；
——GB/T 9695.2《肉与肉制品　脂肪酸测定》；
——GB/T 9695.3《肉与肉制品　铁含量测定》；
——GB/T 9695.4《肉与肉制品　总磷含量测定》；
——GB/T 9695.5《肉与肉制品　pH 测定》；
——GB/T 9695.6《肉制品　胭脂红着色剂测定》；
——GB/T 9695.7《肉与肉制品　总脂肪含量测定》；
——GB/T 9695.8《肉与肉制品　氯化物含量测定》；
——GB/T 9695.9《肉与肉制品　聚磷酸盐测定》；
——GB/T 9695.10《肉与肉制品　六六六、滴滴涕残留量测定》；
——GB/T 9695.11《肉与肉制品　氮含量测定》；
——GB/T 9695.13《肉与肉制品　钙含量测定》；
——GB/T 9695.14《肉制品　淀粉含量测定》；
——GB/T 9695.15《肉与肉制品　水分含量测定》；
——GB/T 9695.17《肉与肉制品　葡萄糖酸-δ-内酯含量的测定》；
——GB/T 9695.18《肉与肉制品　灰分测定》；
——GB/T 9695.19《肉与肉制品　取样方法》；
——GB/T 9695.20《肉与肉制品　锌的测定》；
——GB/T 9695.21《肉与肉制品　镁含量测定》；
——GB/T 9695.22《肉与肉制品　铜含量测定》；
——GB/T 9695.23《肉与肉制品　羟脯氨酸含量测定》；
——GB/T 9695.24《肉与肉制品　胆固醇含量测定》；
——GB/T 9695.25《肉与肉制品　维生素 PP 含量测定》；
——GB/T 9695.26《肉与肉制品　维生素 A 含量测定》；
——GB/T 9695.27《肉与肉制品　维生素 B_1 含量测定》；
——GB/T 9695.28《肉与肉制品　维生素 B_2 含量测定》；
——GB/T 9695.29《肉制品　维生素 C 含量测定》；
——GB/T 9695.30《肉与肉制品　维生素 E 含量测定》；
——GB/T 9695.31《肉制品　总糖含量测定》。

本部分为 GB/T 9695 的第 27 部分。

本部分代替 GB/T 9695.27—1991《肉与肉制品　维生素 B_1 含量测定》。

本部分与 GB/T 9695.27—1991 相比主要修改如下：

——按照 GB/T 1.1—2000《标准化工作导则　第 1 部分：标准的结构和编写规则》和 GB/T 20001.4—2001《标准编写规则　第 4 部分：化学分析方法》进行了结构调整和文字修改；

——用高效液相色谱法作为第一法、比色法作为第二法测定肉与肉制品中维生素 B_1 的含量；试剂、仪器设备、分析步骤、结果计算作相应的改动；

——将“试样”一章分为“取样”和“试样制备”两章；

——用“10　精密度”及其内容代替“9　允许差”及其内容；

——增加了“试验报告”一章。

本部分的附录A为资料性附录。

本部分由全国肉禽蛋制品标准化技术委员会提出并归口。

本部分起草单位：中国商业联合会商业标准中心、国家加工食品质量监督检验中心（广州）、广州市产品质量监督检验所。

本部分主要起草人：蔡依军、郑艳明、杜志峰、郭新东、罗海英、吴玉銮、靳晓蕾。

本部分所代替标准的历次版本发布情况为：

——GB/T 9695.27—1991。

肉与肉制品　维生素 B_1 含量测定

1　范围

GB/T 9695 的本部分规定了肉与肉制品中维生素 B_1 含量的测定方法。

本部分适用于肉与肉制品中维生素 B_1 含量的测定。

2　规范性引用文件

下列文件中的条款通过 GB/T 9695 的本部分的引用而成为本部分的条款。凡是注日期的引用文件，其随后所有的修改单(不包括勘误的内容)或修订版均不适用于本部分，然而，鼓励根据本部分达成协议的各方研究是否可使用这些文件的最新版本。凡是不注日期的引用文件，其最新版本适用于本部分。

GB/T 6682—2008　分析实验室用水规格和试验方法(ISO 3696:1987,MOD)

第一法　高效液相色谱法

3　原理

试样经酸水解、酶解后，游离的维生素 B_1(硫胺素)在碱性铁氰化钾作用下被定量氧化成具有蓝色荧光的噻嘧色素，用异丁醇萃取，过滤后用高效液相色谱仪测定。以保留时间定性，外标法定量。

4　试剂和材料

如无特别说明，所用试剂均为分析纯。

4.1　水：符合 GB/T 6682—2008 规定的一级水。

4.2　冰乙酸。

4.3　异丁醇。

4.4　氯化钾或氯化钠。

4.5　甲醇：色谱纯或经重蒸。

4.6　乙酸钠溶液(c=2 mol/L)：称取 27.2 g 三水乙酸钠，溶于水中，用水稀释至 100 mL。

4.7　盐酸溶液(c=0.1 mol/L)：吸取 2.1 mL 盐酸($\rho_{20}\approx$1.19 g/mL)，用水稀释至 250 mL，混匀。

4.8　高峰氏淀粉酶(Taka-Diastase)溶液(c=100 g/L)：称取 10 g 高峰氏淀粉酶，溶于水中，用水稀释至 100 mL。

临用前配制。

4.9　氢氧化钠溶液(c=150 g/L)：称取 15 g 氢氧化钠，溶于水中，用水稀释至 100 mL。

4.10　铁氰化钾溶液(c=10 g/L)：称取 0.1 g 铁氰化钾，溶于水中，用水稀释至 10 mL。

4.11　氧化剂：10 g/L 铁氰化钾溶液(4.10)1 mL，用氢氧化钠溶液(4.9)稀释至 100 mL。

临用前配制。

4.12　乙醇溶液[1+4(体积比)]：量取 200 mL 乙醇，加入至 800 mL 水中，混匀。

4.13　酸性乙醇：用盐酸溶液(4.7)调节乙醇溶液(4.12)pH 值为 3.4～4.3。

4.14　乙酸钠溶液[c=0.05 mol/L(pH=4.5)]：称取 3.4 g 三水乙酸钠，溶于水中，用水稀释至 500 mL，冰乙酸(4.2)调 pH 值为 4.5。

4.15　精密 pH 试纸：范围 0.5～5.0。

4.16 维生素 B_1 标准溶液

4.16.1 标准贮备液(c=100 μg/mL):称取 50.0 mg 维生素 B_1 标准品于 500 mL 棕色容量瓶中,用酸性乙醇(4.13)溶解并定容,于 4 ℃下保存。

4.16.2 标准工作液(c=10 μg/mL):吸取标准贮备液(4.16.1)10.0 mL,用酸性乙醇(4.13)定容至 100 mL 棕色容量瓶中。

5 仪器和设备

实验室常规仪器及下列仪器。

5.1 机械设备:用于试样的均质化。包括高速旋转的切割机,或多孔板的孔径不超过 4 mm 的绞肉机。

5.2 培养箱或水浴:可控温度于 45 ℃～50 ℃。

5.3 高效液相色谱仪:带荧光检测器。

6 取样

实验室所收到的样品应具有代表性且在运输和储藏过程中无受损或发生变化。

取样方法参见 GB/T 9695.19。

取有代表性的样品 200 g。

7 试样制备

使用适当的均质设备(5.1)将试样均质。注意避免试样的温度超过 25 ℃。若使用绞肉机,试样至少通过该设备两次。

将试样装入密封的容器里,防止变质和成分变化。试样应在均质化后 24 h 内尽快分析。

8 分析步骤

8.1 水解

称取 4 g～6 g 试样(准确至 0.001 g),置于 150 mL 具塞锥形瓶中,加入盐酸溶液(4.7)50 mL,摇匀,于沸水浴中水解 30 min。取出,冷却至室温。

8.2 酶解

用乙酸钠溶液(4.6)调节试样水解液(8.1),使 pH 为 4.0～4.5,用 pH 试纸(4.15)检查。加入高峰氏淀粉酶溶液(4.8)5 mL,混匀,在 45 ℃～50 ℃培养箱或水浴(5.2)中保温 3 h。取出冷却后用盐酸溶液(4.7)调整 pH 约为 3.5,用 pH 试纸(4.15)检查。将溶液全部转移至 100 mL 容量瓶中,用水定容。混匀,用滤纸过滤,取滤液备用。

8.3 氧化

取一支 50 mL 具塞比色管,加入 1.5 g 氯化钾或氯化钠(4.4),再加入 5.00 mL 试样溶液(8.2)。加入 3.00 mL 氧化剂(4.11),立即旋摇试管,混匀,随即加入 10.00 mL 异丁醇(4.3)萃取,塞上塞子振摇 90 s,静置分层。异丁醇层经 0.45 μm 滤膜过滤,滤液待测。

8.4 维生素 B_1 标准工作液的处理

吸取 2.00 mL 维生素 B_1 标准工作液(4.16.2),置于 150 mL 具塞锥形瓶中,按 8.1～8.3 进行水解、酶解、氧化。异丁醇层经 0.45 μm 滤膜过滤,滤液待测。

8.5 测定

8.5.1 液相色谱参考条件

a) 色谱柱:C_{18} 柱(150 mm×4.6 mm,5 μm),或相当者;

b) 流动相:甲醇+0.05 mol/L 乙酸钠溶液(pH=4.5)=35+65(体积比);

c) 流速:1.0 mL/min;

d) 柱温:30 ℃;

e) 检测波长:激发波长为 365 nm,发射波长为 435 nm;

f) 进样量:20 μL。

8.5.2 液相色谱测定

根据试样溶液中维生素 B_1 的含量情况,选定峰面积相近的标准工作液。标准工作液和试样溶液中维生素 B_1 的响应值均应在仪器检测线性范围内。标准工作液和试样溶液等体积间隔进样测定。根据保留时间定性,外标法定量。标准色谱图参见附录 A。

8.6 平行试验

按 8.1～8.5,对同一试样进行平行试验测定。

8.7 空白试验

除不加入试样外,均按 8.1～8.5 进行测定。

9 计算

按式(1)计算试样中维生素 B_1 的含量。

$$X = \frac{c \times A \times V}{A_s \times m \times 1\,000} \times 100 \qquad \cdots\cdots\cdots\cdots (1)$$

式中:

X——试样中维生素 B_1 的含量,单位为毫克每百克(mg/100 g);

c——标准工作液中维生素 B_1 的浓度,单位为微克每毫升(μg/mL);

A——试样中维生素 B_1 的峰面积;

V——吸取维生素 B_1 标准工作液进行前处理的体积,单位为毫升(mL);

A_s——标准工作液中维生素 B_1 的峰面积;

m——试样质量,单位为克(g)。

计算结果应扣除空白,结果准确至 0.01 mg/100 g。

10 精密度

同一分析者在同一实验室、采用相同的方法和相同的仪器、在短时间间隔内对同一样品独立测定两次。两次测试结果的绝对差值不得超过算术平均值的 20%。

11 试验报告

试验报告应说明:

——所有与识别样品有关的必需信息;

——取样方法;

——依据本部分所采用的方法;

——本部分未规定或未列为可选的所有操作,以及可能影响测试结果的其他因素;

——测试结果;

——如果检验了重复性,列出最终结果。

第二法 比色法

12 原理

试样经酸水解、酶解后,游离的维生素 B_1(硫胺素)在碱性铁氰化钾作用下定量氧化成具有蓝色荧光的噻嘧色素。在激发波长 365 nm、发射波长 435 nm 处测定其荧光强度,荧光强度与噻嘧色素含量成正比,以此计算维生素 B_1 的含量。

13 试剂

如无特别标明，所用试剂均为分析纯。

13.1 水：符合 GB/T 6682—2008 规定的三级水。

13.2 无水硫酸钠。

13.3 氯化钾溶液（c=250 g/L）：称取 50 g 氯化钾，溶于水中，用水稀释至 200 mL。

13.4 酸性氯化钾溶液：每升氯化钾溶液（13.3）中加入 8.5 mL 浓盐酸（$\rho_{20}\approx$1.19 g/mL）。

13.5 人造沸石：市售品须经活化处理。

13.5.1 活化方法：将粒度为 40 目～60 目的人造沸石置于烧杯中，加约 5 倍量的热水搅拌，静置后倾出上清液。重复此操作，直至上清液透明。加入 5 倍量的 3% 乙酸溶液搅拌浸泡 10 min，静置后倾去上清液，重复此操作 3 次。加入约 5 倍量热的酸性氯化钾溶液（13.4），在沸水浴中加热 25 min，弃去上清液，加 3% 乙酸溶液洗涤两次后，用水反复洗至无氯离子为止（用硝酸银溶液检查）。将处理好的人造沸石浸没于水中保存，也可于 80 ℃存放备用。

13.5.2 回收率的测定：吸取 2.00 mL 维生素 B_1 标准工作液（4.16.2）于 100 mL 容量瓶中，用水稀释至刻度。吸取 25.00 mL 稀释液两份，其中一份按 17.3～17.5 进行净化、氧化和测定，另一份按 17.4～17.5 进行氧化和测定。净化的回收率应大于 85%。

13.6 其他试剂：同 4.2～4.4、4.6～4.13 和 4.15～4.16。

14 仪器和设备

实验室常规仪器及下列仪器。

14.1 荧光分光光度计。

14.2 人造沸石玻璃层析柱：将脱脂棉置于玻璃层析柱中，倾入悬浮于水中的人造沸石（13.5），高度约为 10 cm（约用 1.5 g 人造沸石），洗下贮液槽壁上的人造沸石颗粒。在吸附过程中液面要始终高于沸石表面，防止柱内有气泡。层析柱可控制流速为 1 mL/min。

14.3 其他仪器和设备：同 5.1～5.2。

15 取样

同第 6 章。

16 试样制备

同第 7 章。

17 分析步骤

17.1 水解

同 8.1。

17.2 酶解

同 8.2。

17.3 净化

吸取酶解滤液 25.00 mL，注入人造沸石玻璃层析柱（14.2），控制层析柱流速约为 1 mL/min，弃去流出液。用 15 mL 近沸热水分 3 次洗涤层析柱，弃去流出液。用 25 mL 60 ℃～80 ℃热的酸性氯化钾溶液（13.4）分 5 次洗脱维生素 B_1，收集于 25 mL 容量瓶中，冷却后用酸性氯化钾溶液（13.4）定容。混匀备用。

17.4 氧化

取两支 50 mL 具塞比色管，各加入 1.5 g 氯化钾或氯化钠(4.4)，加入 5.00 mL 净化后的试样溶液。一支试管中加入 3.0 mL 氧化剂(4.11)，立即旋摇试管，混匀，随即加入 10.00 mL 异丁醇(4.3)萃取，塞上塞子振摇 90 s，静置分层。另一支试管作为空白对照，加入 3.0 mL 氢氧化钠溶液(4.9)，旋摇混匀，随即加入 10.00 mL 异丁醇(4.3)萃取，静置分层。异丁醇层用无水硫酸钠(13.2)脱水。

17.5 测定

调节荧光激发波长为 365 nm，发射波长为 435 nm，狭缝为 5 mm。取异丁醇萃取液(17.4)，置于比色皿中，测定氧化样品管和空白样品管中溶液的荧光强度。

17.6 标准溶液的处理和测定

吸取 2.00 mL 维生素 B_1 标准工作液，于 150 mL 具塞锥形瓶中，按 17.1～17.4 进行水解、酶解、净化、氧化、测定。

18 计算

试样中维生素 B_1 的含量按式(2)计算：

$$X = \frac{I - I_0}{Q - Q_0} \times \frac{20}{m \times 1\ 000} \times 100 \qquad \cdots\cdots(2)$$

式中：

X——试样中维生素 B_1 的含量，单位为毫克每百克(mg/100 g)；

I——氧化样品管中异丁醇溶液的荧光强度；

I_0——空白样品管中异丁醇溶液的荧光强度；

Q——氧化标准管中异丁醇溶液的荧光强度；

Q_0——空白标准管中异丁醇溶液的荧光强度；

20——2.00 mL 10 μg/mL 维生素 B_1 标准工作液含维生素 B_1 的量，单位为微克(μg)；

m——试样质量，单位为克(g)。

计算结果准确至 0.01 mg/100 g。

19 精密度

同第 10 章。

20 试验报告

同第 11 章。

附 录 A
（资料性附录）
维生素 B_1 标准溶液的液相色谱图

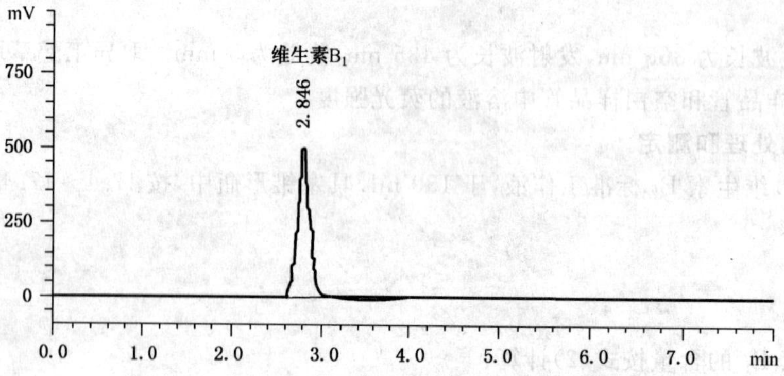

图 A.1 维生素 B_1 标准溶液的液相色谱图

参 考 文 献

[1] GB/T 9695.19 肉与肉制品 取样方法

ICS 67.040
X 04

中华人民共和国国家标准

GB/T 9695.28—2008
代替 GB/T 9695.28—1991

肉与肉制品　维生素 B_2 含量测定

Meat and meat products—Determination of vitamin B_2 content

2008-08-28 发布　　　　2009-03-01 实施

中华人民共和国国家质量监督检验检疫总局
中国国家标准化管理委员会　发布

前　言

GB/T 9695 由以下部分组成：

——GB/T 9695.1《肉与肉制品　游离脂肪含量测定》；

——GB/T 9695.2《肉与肉制品　脂肪酸测定》；

——GB/T 9695.3《肉与肉制品　铁含量测定》；

——GB/T 9695.4《肉与肉制品　总磷含量测定》；

——GB/T 9695.5《肉与肉制品　pH 测定》；

——GB/T 9695.6《肉制品　胭脂红着色剂测定》；

——GB/T 9695.7《肉与肉制品　总脂肪含量测定》；

——GB/T 9695.8《肉与肉制品　氯化物含量测定》；

——GB/T 9695.9《肉与肉制品　聚磷酸盐测定》；

——GB/T 9695.10《肉与肉制品　六六六、滴滴涕残留量测定》；

——GB/T 9695.11《肉与肉制品　氮含量测定》；

——GB/T 9695.13《肉与肉制品　钙含量测定》；

——GB/T 9695.14《肉制品　淀粉含量测定》；

——GB/T 9695.15《肉与肉制品　水分含量测定》；

——GB/T 9695.17《肉与肉制品　葡萄糖酸-δ-内酯含量的测定》；

——GB/T 9695.18《肉与肉制品　灰分测定》；

——GB/T 9695.19《肉与肉制品　取样方法》；

——GB/T 9695.20《肉与肉制品　锌的测定》；

——GB/T 9695.21《肉与肉制品　镁含量测定》；

——GB/T 9695.22《肉与肉制品　铜含量测定》；

——GB/T 9695.23《肉与肉制品　羟脯氨酸含量测定》；

——GB/T 9695.24《肉与肉制品　胆固醇含量测定》；

——GB/T 9695.25《肉与肉制品　维生素 PP 含量测定》；

——GB/T 9695.26《肉与肉制品　维生素 A 含量测定》；

——GB/T 9695.27《肉与肉制品　维生素 B_1 含量测定》；

——GB/T 9695.28《肉与肉制品　维生素 B_2 含量测定》；

——GB/T 9695.29《肉制品　维生素 C 含量测定》；

——GB/T 9695.30《肉与肉制品　维生素 E 含量测定》；

——GB/T 9695.31《肉制品　总糖含量测定》。

本部分为 GB/T 9695 的第 28 部分。

本部分代替 GB/T 9695.28—1991《肉与肉制品　维生素 B_2 含量测定》。

本部分与 GB/T 9695.28—1991 相比主要修改如下：

——按照 GB/T 1.1—2000《标准化工作导则　第 1 部分：标准的结构和编写规则》和 GB/T 20001.4—2001《标准编写规则　第 4 部分：化学分析方法》进行了结构调整和文字修改；

——用高效液相色谱法作为第一法、比色法作为第二法测定肉和肉制品中维生素 B_2 的含量，试剂、仪器设备、分析步骤、结果计算作相应的改动；

——将“试样”一章分为“取样”和“试样制备”两章；

——用“10　精密度”及其内容代替“9　允许差”及其内容；

——增加了“试验报告”一章。

本部分的附录A为资料性附录。

本部分由全国肉禽蛋制品标准化技术委员会提出并归口。

本部分起草单位：中国商业联合会商业标准中心、国家加工食品质量监督检验中心（广州）、广州市产品质量监督检验所。

本部分主要起草人：郑艳明、冼燕萍、杜志峰、郭新东、罗海英、吴玉銮、靳晓蕾。

本部分所代替标准的历次版本发布情况为：

——GB/T 9695.28—1991。

肉与肉制品　维生素 B_2 含量测定

1　范围

GB/T 9695 的本部分规定了肉与肉制品中维生素 B_2 含量的测定方法。

本部分适用于肉与肉制品中维生素 B_2 含量的测定。

2　规范性引用文件

下列文件中的条款通过 GB/T 9695 的本部分的引用而成为本部分的条款。凡是注日期的引用文件，其随后所有的修改单(不包括勘误的内容)或修订版均不适用于本部分，然而，鼓励根据本部分达成协议的各方研究是否可使用这些文件的最新版本。凡是不注日期的引用文件，其最新版本适用于本部分。

GB/T 6682—2008　分析实验室用水规格和试验方法(ISO 3696:1987，MOD)

第一法　高效液相色谱法

3　原理

试样用稀酸经 121 ℃～123 ℃高压釜处理，提取维生素 B_2(核黄素)，过滤后，用高效液相色谱仪测定。以保留时间定性，外标法定量。

4　试剂

如无特别标明，所用试剂均为分析纯。

4.1　水：符合 GB/T 6682—2008 规定的一级水。

4.2　冰乙酸。

4.3　甲醇：色谱纯或经重蒸。

4.4　盐酸溶液(c=0.1 mol/L)：吸取 2.1 mL 盐酸($\rho_{20}\approx$1.19 g/mL)，用水稀释至 250 mL，混匀。

4.5　氢氧化钠溶液(c=1 mol/L)：称取 10 g 氢氧化钠，溶于水中，用水稀释至 250 mL。

4.6　乙酸溶液(c=0.02 mol/L)：吸取 1.14 mL 冰乙酸(4.2)，用水稀释至 1 L。

4.7　乙酸钠溶液[c=0.05 mol/L(pH 为 4.5)]：称取 3.4 g 三水乙酸钠，溶于水中，用水稀释至 500 mL，冰乙酸(4.2)调 pH 为 4.5。

4.8　精密 pH 试纸：范围 3.8～5.4。

4.9　维生素 B_2 标准溶液：

4.9.1　标准贮备液(c=100 μg/mL)：称取 50.0 mg 维生素 B_2 标准品，用乙酸溶液(4.6)溶解，并定容至 500 mL 棕色容量瓶中(可在水浴上加热溶解，冷却后再定容)。

4.9.2　标准工作液(c=0.05 μg/mL)：吸取标准贮备液(4.9.1)1.00 mL 于 100 mL 棕色容量瓶中，用乙酸溶液(4.6)定容，混匀。吸取此溶液 5.00 mL 于 100 mL 棕色容量瓶中，用水定容，混匀。临用时配制。

5　仪器和设备

实验室常规仪器及下列仪器。

5.1　机械设备：用于试样的均质化。包括高速旋转的切割机，或多孔板的孔径不超过 4 mm 的绞肉机。

5.2 高压釜:温度可控制在 121 ℃～123 ℃。

5.3 高效液相色谱仪:带紫外或荧光检测器。

6 取样

实验室所收到的样品应具有代表性且在运输和储藏过程中无受损或发生变化。

取样方法参见 GB/T 9695.19。

取有代表性的样品 200 g。

7 试样制备

使用适当的机械设备(5.1)将试样均质。注意避免试样的温度超过 25 ℃。若使用绞肉机,试样至少通过该设备两次。

将试样装入密封的容器里,防止变质和成分变化。试样应在均质化后 24 h 内尽快分析。

8 分析步骤

8.1 试样处理

称取试样 5 g(准确至 0.001 g)于 250 mL 具塞锥形瓶中,加入盐酸溶液(4.4)10 mL,塞好瓶盖,用力振摇。用盐酸溶液(4.4)冲洗瓶壁,总体积约为 60 mL。将锥形瓶放入 121 ℃～123 ℃高压釜(5.2)中加热 30 min,取出冷却至室温。用氢氧化钠溶液(4.5)调 pH 为 4.0～4.5,使蛋白质沉淀后,转移至 500 mL 棕色容量瓶中,用水定容,混匀,过滤,滤液避光备用。滤液经 0.45 μm 滤膜过滤后待测。

8.2 测定

8.2.1 液相色谱参考条件

a) 色谱柱:C_{18}柱(150 mm×4.6 mm,5 μm),或相当者;

b) 流动相:甲醇+0.05 mol/L 乙酸钠溶液(pH 4.5)=35+65(体积比);

c) 流速:1.0 mL/min;

d) 柱温:30 ℃;

e) 检测波长:激发波长为 440 nm,发射波长为 565 nm;

f) 进样量:20 μL。

8.2.2 测定

根据试样溶液中维生素 B_2 的含量情况,选定峰面积相近的标准工作液。标准工作液和试样溶液中维生素 B_2 的响应值均应在仪器检测线性范围内。标准工作液和试样溶液等体积间隔进样测定。根据保留时间定性,外标法定量。标准色谱图参见附录 A。

8.3 平行试验

按 8.1～8.2,对同一试样进行平行试验测定。

8.4 空白试验

除不加入试样外,均按 8.1～8.2 进行测定。

9 计算

按式(1)计算试样中维生素 B_2 的含量。

$$X = \frac{c \times A \times V}{A_s \times m \times 1\,000} \times 100 \qquad \cdots\cdots(1)$$

式中:

X——试样中维生素 B_2 的含量,单位为毫克每百克(mg/100 g);

c——标准工作液中维生素 B_2 的浓度,单位为微克每毫升(μg/mL);

A——试样中维生素 B_2 的峰面积；

V——试样溶液的最终定容体积，单位为毫升(mL)；

A_s——标准工作液中维生素 B_2 的峰面积；

m——试样质量，单位为克(g)。

计算结果应扣除空白，结果准确至 0.01 mg/100 g。

10 精密度

同一分析者在同一实验室、采用相同的方法和相同的仪器、在短时间间隔内对同一样品独立测定两次。两次测试结果的绝对差值不得超过算术平均值的 20%。

11 试验报告

试验报告应说明：

——所有与识别样品有关的必需信息；

——取样方法；

——依据本部分所采用的方法；

——本部分未规定或未列为可选的所有操作，以及可能影响测试结果的其他因素；

——测试结果；

——如果检验了重复性，列出最终结果。

第二法　比色法

12 原理

试样用稀酸经 121 ℃～123 ℃高压釜处理，提取维生素 B_2(核黄素)，维生素 B_2 在中性或酸性溶液中经照射产生蓝色荧光，荧光强度与维生素 B_2 的浓度成正比，以此测定维生素 B_2 的含量。

13 试剂

如无特别标明，所用试剂均为分析纯。

13.1 水：符合 GB/T 6682 规定的三级水。

13.2 连二亚硫酸钠。

13.3 高锰酸钾溶液(c=40 g/L)：称取 4 g 高锰酸钾，溶于水中，用水稀释至 100 mL。

13.4 3%过氧化氢溶液：取 10 mL 30%过氧化氢，用水稀释至 100 mL。

13.5 其他试剂和材料：同 4.2、4.4～4.6 和 4.8～4.9。

14 仪器和设备

实验室常规仪器及下列仪器。

14.1 荧光分光光度计。

14.2 其他仪器和设备：同 5.1～5.2。

15 取样

同第 6 章。

16 试样制备

同第 7 章。

17 分析步骤

17.1 试样处理

同8.1。

17.2 测定

吸取备用滤液(8.1)和维生素 B_2 标准工作液(4.9.2)各10.00 mL，分别置于两支25 mL棕色试管中，加入冰乙酸(4.2)1.00 mL。在不断摇动下加入高锰酸钾溶液(13.3)4滴，使溶液显紫色，静置2 min。滴加过氧化氢溶液(13.4)两滴，摇匀，使紫色在10 s内褪去。

于激发波长440 nm、发射波长565 nm处，用荧光分光光度计测定其荧光强度 I 和 I'。

在各试管中分别加入连二亚硫酸钠(13.2)20 mg，轻摇，10 s内测其最小荧光强度 Q 和 Q'。

18 计算

试样中维生素 B_2 的含量按式(2)计算：

$$X = \frac{I-Q}{I'-Q'} \times \frac{c \times 500}{m \times 1\,000} \times 100 \qquad \cdots\cdots (2)$$

式中：

X——试样中维生素 B_2 的含量，单位为毫克每百克(mg/100 g)；

I——试样溶液的荧光强度；

Q——试样溶液加连二亚硫酸钠后的荧光强度；

I'——维生素 B_2 标准工作液的荧光强度；

Q'——维生素 B_2 标准工作液加连二亚硫酸钠后的荧光强度；

c——维生素 B_2 标准工作液的浓度，单位为微克每毫升(μg/mL)；

m——试样质量，单位为克(g)。

计算结果准确至0.01 mg/100 g。

19 精密度

同第10章。

20 试验报告

同第11章。

附　录　A
（资料性附录）
维生素 B_2 标准溶液的液相色谱图

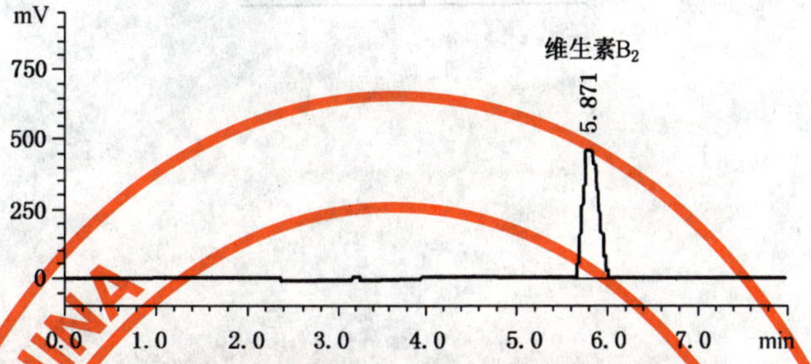

图 A.1　维生素 B_2 标准溶液的液相色谱图

参 考 文 献

［1］ GB/T 9695.19　肉与肉制品　取样方法

ICS 67.040
X 04

中华人民共和国国家标准

GB/T 9695.29—2008
代替 GB/T 9695.29—1991

肉制品　维生素 C 含量测定

Meat products—Determination of vitamin C content

2008-06-25 发布　　2009-01-01 实施

中华人民共和国国家质量监督检验检疫总局
中国国家标准化管理委员会　发布

前　言

GB/T 9695 由以下部分组成：

——GB/T 9695.1《肉与肉制品　游离脂肪含量的测定》；
——GB/T 9695.2《肉与肉制品　脂肪酸测定》；
——GB/T 9695.3《肉与肉制品　铁含量测定》；
——GB/T 9695.4《肉与肉制品　总磷含量测定》；
——GB/T 9695.5《肉与肉制品　pH 测定》；
——GB/T 9695.6《肉制品　胭脂红着色剂测定》；
——GB/T 9695.7《肉与肉制品　总脂肪含量测定》；
——GB/T 9695.8《肉与肉制品　氯化物含量测定》；
——GB/T 9695.9《肉与肉制品　聚磷酸盐测定》；
——GB/T 9695.10《肉与肉制品　六六六、滴滴涕残留量测定》；
——GB/T 9695.11《肉与肉制品　氮含量测定》；
——GB/T 9695.13《肉与肉制品　钙含量测定》；
——GB/T 9695.14《肉制品　淀粉含量测定》；
——GB/T 9695.15《肉与肉制品　水分含量测定》；
——GB/T 9695.17《肉与肉制品　葡糖酸-δ-内酯含量的测定》；
——GB/T 9695.18《肉与肉制品　灰分测定》；
——GB/T 9695.19《肉与肉制品　取样方法》；
——GB/T 9695.20《肉与肉制品　锌的测定》；
——GB/T 9695.21《肉与肉制品　镁含量测定》；
——GB/T 9695.22《肉与肉制品　铜含量测定》；
——GB/T 9695.23《肉与肉制品　L(-)-羟脯氨酸含量测定》；
——GB/T 9695.24《肉与肉制品　胆固醇含量测定》；
——GB/T 9695.25《肉与肉制品　维生素 PP 含量测定》；
——GB/T 9695.26《肉与肉制品　维生素 A 含量测定》；
——GB/T 9695.27《肉与肉制品　维生素 B_1 含量测定》；
——GB/T 9695.28《肉与肉制品　维生素 B_2 含量测定》；
——GB/T 9695.29《肉制品　维生素 C 含量测定》；
——GB/T 9695.30《肉与肉制品　维生素 E 含量测定》；
——GB/T 9695.31《肉制品　总糖含量测定》。

本部分为 GB/T 9695 的第 29 部分。

本部分代替 GB/T 9695.29—1991《肉制品　维生素 C 含量测定》。

本部分与 GB/T 9695.29—1991 相比主要变化如下：

——按照 GB/T 1.1—2000《标准化工作导则　第 1 部分：标准的结构和编写规则》和 GB/T 20001.4—2001《标准编写规则　第 4 部分：化学分析方法》进行了结构调整和文字修改；
——增加了规范性引用文件；
——增加了方法的检出限；

——用标准曲线法代替单点法进行定量；计算公式作了相应的改动；

——用第 10 章“精密度”及其内容代替 GB/T 9695.29—1991 的第 9 章“允许差”及其内容；

——增加了“试验报告”一章。

本部分由全国食品工业标准化技术委员会肉禽蛋制品分技术委员会提出并归口。

本部分起草单位：中国商业联合会商业标准中心、国家加工食品质量监督检验中心(广州)、广州市产品质量监督检验所。

本部分主要起草人：吴玉銮、蔡玮红、郭新东、罗海英、冼燕萍、朱桃玉。

本部分所代替标准的历次版本发布情况为：

——GB/T 9695.29—1991。

肉制品　维生素C含量测定

1　范围

GB/T 9695的本部分规定了肉制品中维生素C(抗坏血酸)含量的测定方法。

本部分适用于肉制品中维生素C含量的测定。

本部分的检出限:2 mg/kg。

2　规范性引用文件

下列文件中的条款通过GB/T 9695的本部分的引用而成为本部分的条款。凡是注日期的引用文件,其随后所有的修改单(不包括勘误的内容)或修订版均不适用于本部分,然而,鼓励根据本部分达成协议的各方研究是否可使用这些文件的最新版本。凡是不注日期的引用文件,其最新版本适用于本部分。

GB/T 6682—1992　分析实验室用水规格和试验方法(neq ISO 3696:1987)

3　原理

试样中的维生素C用偏磷酸提取后,经2,6-二氯靛酚氧化成脱氢维生素C,与邻苯二胺反应,生成具有紫蓝色荧光的喹噁啉衍生物。在激发波长350 nm、发射波长430 nm处测定其荧光强度,标准曲线法定量。

脱氢维生素C与硼酸可形成复合物而不与邻苯二胺反应,以此排除试样中荧光杂质产生的干扰。

4　试剂

如无特别说明,所用试剂均为分析纯。

4.1　水

符合GB/T 6682—1992规定的三级水。

4.2　偏磷酸溶液(c=50 g/L)

称取50 g偏磷酸,用水溶解并稀释至1 L。

4.3　乙酸钠溶液(c=500 g/L)

称取50 g乙酸钠,溶于水中,并用水稀释至100 mL。

4.4　硼酸-乙酸钠溶液

称取3 g硼酸,用乙酸钠溶液(4.3)溶解并稀释至100 mL。

4.5　乙醇溶液[1+1(体积比)]

量取50 mL乙醇,加入50 mL水,混匀。

4.6　硫脲溶液(c=30 g/L)

称取3 g硫脲,用乙醇溶液(4.5)溶解并稀释至100 mL。临用前配制。

4.7　盐酸邻苯二胺溶液(c=200 mg/L)

称取20 mg盐酸邻苯二胺,用水溶解并稀释至100 mL。临用前配制。

4.8　2,6-二氯靛酚溶液(c=2 g/L)

称取0.2 g 2,6-二氯靛酚,用水溶解并稀释至100 mL。

4.9　抗坏血酸标准储备液(c=1 mg/mL)

称取抗坏血酸50 mg(准确至0.1 mg),用偏磷酸溶液(4.2)溶解并定容到50 mL棕色容量瓶中。临用前配制。

4.10 抗坏血酸标准中间液(c=10 mg/L)

吸取1.00 mL抗坏血酸标准储备液(4.9)于100 mL棕色容量瓶中,用偏磷酸溶液(4.2)定容。

4.11 抗坏血酸标准工作液

吸取0.20 mL、1.00 mL、5.00 mL、10.00 mL、25.00 mL抗坏血酸标准中间液(4.10),分别置于一组100 mL容量瓶中,用偏磷酸溶液(4.2)定容。此标准工作液系列中抗坏血酸的浓度依次为0.2 μg/mL、1 μg/mL、5 μg/mL、10 μg/mL、20 μg/mL。

5 仪器和设备

实验室常规仪器及下列仪器。

5.1 机械设备:用于试样的均质化。包括高速旋转的切割机,或多孔板的孔径不超过4 mm的绞肉机。

5.2 荧光分光光度计。

5.3 分析天平:可准确称重至0.1 mg。

6 取样

本部分不规定取样方法。取样方法参见GB/T 9695.19。

实验室所收到的样品应具有代表性且在运输和储藏过程中没受损或发生变化。

至少取有代表性的样品200 g。

7 试样制备

使用适当的机械设备(5.1)将试样均质。注意避免试样的温度超过25 ℃。若使用绞肉机,试样至少通过该仪器两次。

将试样装入密封的容器里,防止变质和成分变化。试样应尽快进行分析,均质化后最迟不超过24 h。

8 分析步骤

8.1 提取

称取试样2 g~5 g(准确至0.001 g)置于烧杯中,加入20 mL偏磷酸溶液(4.2),充分搅拌后,全部移入100 mL棕色容量瓶中,用偏磷酸溶液(4.2)定容。混匀后过滤,滤液备用。

8.2 氧化

8.2.1 分别吸取滤液(8.1)1.00 mL加入两支试管中,分别标为"试样空白"和"试样"。

8.2.2 吸取抗坏血酸标准工作液(4.11)1.00 mL于试管中,不同浓度的标准工作液各取两份,同浓度的标准工作液分别标为"标准"和"标准空白"。

8.2.3 向8.2.1和8.2.2各管中加入2,6-二氯靛酚溶液(4.8)0.10 mL,充分混匀,此时溶液呈微红色。再加入硫脲溶液(4.6)0.10 mL摇匀,使过量的2,6-二氯靛酚还原(粉红色刚刚褪去)。向"试样空白"管和"标准空白"管中加入硼酸-乙酸钠溶液(4.4)1.00 mL;向"试样"管和"标准"管中加入乙酸钠溶液(4.3)1.00 mL。将各试管的混合液摇匀,在室温下放置15 min。

8.3 荧光反应

在暗室迅速向8.2.3中"试样空白"、"试样"、"标准空白"和"标准"各管加入5 mL盐酸邻苯二胺溶液(4.7),振荡混合,在室温下反应35 min。

8.4 测定

用荧光分光光度计于激发波长350 nm、发射波长430 nm处测定8.3中各管内溶液的荧光强度。

8.5 平行试验

按以上处理步骤,对同一试样进行平行试验测定。

8.6 标准曲线的绘制

以扣除了空白的标准工作液的荧光强度为纵坐标、相应的抗坏血酸的浓度为横坐标，绘制标准曲线。

9 计算

试样中维生素 C 的含量按式(1)计算：

$$w = \frac{c \times V \times 100}{m \times 1\ 000} \qquad \cdots\cdots(1)$$

式中：

w——试样中维生素 C 的含量，单位为毫克每百克(mg/100 g)；

c——从标准曲线上查得的试样溶液中维生素 C 的浓度，单位为微克每毫升(μg/mL)；

V——试样溶液第一次定容的体积(8.1)，单位为毫升(mL)；

m——试样质量，单位为克(g)。

结果保留至小数点后第一位。

10 精密度

同一分析者在同一实验室、采用相同的方法和相同的仪器、在短时间间隔内对同一样品独立测定两次。两次测定结果的绝对差值不得超过算术平均值的 20%。

11 试验报告

试验报告应说明：

——所有与识别样品有关的必需信息；

——取样方法；

——依据本部分所采用的方法；

——本部分未规定或未列为可选的所有操作，以及可能影响测试结果的其他因素；

——测试结果；

——如果检验了重复性，列出最终结果。

ICS 67.040
X 04

中华人民共和国国家标准

GB/T 9695.30—2008
代替 GB/T 9695.30—1991

肉与肉制品　维生素 E 含量测定

Meat and meat products—Determination of vitamin E content

2008-08-28 发布　　2009-03-01 实施

中华人民共和国国家质量监督检验检疫总局
中国国家标准化管理委员会　发布

前 言

GB/T 9695 由以下部分组成：

——GB/T 9695.1《肉与肉制品　游离脂肪含量测定》；
——GB/T 9695.2《肉与肉制品　脂肪酸测定》；
——GB/T 9695.3《肉与肉制品　铁含量测定》；
——GB/T 9695.4《肉与肉制品　总磷含量测定》；
——GB/T 9695.5《肉与肉制品　pH 测定》；
——GB/T 9695.6《肉制品　胭脂红着色剂测定》；
——GB/T 9695.7《肉与肉制品　总脂肪含量测定》；
——GB/T 9695.8《肉与肉制品　氯化物含量测定》；
——GB/T 9695.9《肉与肉制品　聚磷酸盐测定》；
——GB/T 9695.10《肉与肉制品　六六六、滴滴涕残留量测定》；
——GB/T 9695.11《肉与肉制品　氮含量测定》；
——GB/T 9695.13《肉与肉制品　钙含量测定》；
——GB/T 9695.14《肉制品　淀粉含量测定》；
——GB/T 9695.15《肉与肉制品　水分含量测定》；
——GB/T 9695.17《肉与肉制品　葡萄糖酸-δ-内酯含量的测定》；
——GB/T 9695.18《肉与肉制品　灰分测定》；
——GB/T 9695.19《肉与肉制品　取样方法》；
——GB/T 9695.20《肉与肉制品　锌的测定》；
——GB/T 9695.21《肉与肉制品　镁含量测定》；
——GB/T 9695.22《肉与肉制品　铜含量测定》；
——GB/T 9695.23《肉与肉制品　羟脯氨酸含量测定》；
——GB/T 9695.24《肉与肉制品　胆固醇含量测定》；
——GB/T 9695.25《肉与肉制品　维生素 PP 含量测定》；
——GB/T 9695.26《肉与肉制品　维生素 A 含量测定》；
——GB/T 9695.27《肉与肉制品　维生素 B_1 含量测定》；
——GB/T 9695.28《肉与肉制品　维生素 B_2 含量测定》；
——GB/T 9695.29《肉制品　维生素 C 含量测定》；
——GB/T 9695.30《肉与肉制品　维生素 E 含量测定》；
——GB/T 9695.31《肉制品　总糖含量测定》。

本部分为 GB/T 9695 的第 30 部分。

本部分代替 GB/T 9695.30—1991《肉与肉制品　维生素 E 含量测定》。

本部分与 GB/T 9695.30—1991 相比主要修改如下：

——按照 GB/T 1.1—2000《标准化工作导则　第 1 部分：标准的结构和编写规则》和 GB/T 20001.4—2001《标准编写规则　第 4 部分：化学分析方法》进行了结构调整和文字修改；
——将“α-维生素 E”改为“α-生育酚”；
——增加了“标准溶液的标定”；

——增加了"试样制备"一章；

——在"测定"一章中，增加了"柱温"、"平行试验"和"空白试验"；

——在"标准曲线的绘制"中，由系列进样量绘制标准曲线修改为由系列浓度绘制标准曲线，计算公式作了相应调整；

——用第10章"精密度"及其内容代替第9章"允许差"及其内容；

——增加了"试验报告"一章。

本部分的附录A为资料性附录。

本部分由全国肉禽蛋制品标准化技术委员会提出并归口。

本部分起草单位：中国商业联合会商业标准中心、国家加工食品质量监督检验中心（广州）、广州市产品质量监督检验所。

本部分主要起草人：邓穗兴、冼燕萍、郭新东、罗海英、杜志峰、吴玉銮、靳晓蕾。

本部分所代替标准的历次版本发布情况为：

——GB/T 9695.30—1991。

肉与肉制品　维生素 E 含量测定

1　范围

GB/T 9695 的本部分规定了肉与肉制品中 α-生育酚含量的测定方法。

本部分适用于肉与肉制品中 α-生育酚含量的测定。

2　规范性引用文件

下列文件中的条款通过 GB/T 9695 的本部分的引用而成为本部分的条款。凡是注日期的引用文件，其随后所有的修改单(不包括勘误的内容)或修订版均不适用于本部分，然而，鼓励根据本部分达成协议的各方研究是否可使用这些文件的最新版本。凡是不注日期的引用文件，其最新版本适用于本部分。

GB/T 6682—2008　分析实验室用水规格和试验方法(ISO 3696:1987,MOD)

3　原理

试样经皂化后，用石油醚提取不皂化的维生素 E，浓缩后，用高效液相色谱仪测定，用外标法计算试样中 α-生育酚的含量。

4　试剂

如无特别说明，所用试剂均为分析纯。

4.1　水：符合 GB/T 6682—2008 规定的一级水。

4.2　无水乙醇。

4.3　石油醚：沸程为 30 ℃～60 ℃。

4.4　无水硫酸钠。

4.5　异丙醇。

4.6　甲醇：色谱纯或重蒸后使用。

4.7　氢氧化钾溶液(c=500 g/L)：称取 50 g 氢氧化钾，溶于水中，用水稀释至 100 mL。

4.8　抗坏血酸溶液(c=100 g/L)：称取 10 g 抗坏血酸(维生素 C)，溶于水中，用水稀释至 100 mL。

4.9　α-生育酚标准物质：DL-α-生育酚或 DL-α-生育酚醋酸酯。

4.10　α-生育酚标准溶液

4.10.1　标准贮备液(c≈1 000 μg/mL)

4.10.1.1　若标准物质(4.9)为 α-生育酚，则称取 50.0 mg，用异丙醇溶解，定容于 50 mL 棕色容量瓶中。于 4 ℃保存。

临用前用紫外分光光度计按 4.10.3 标定其浓度。

4.10.1.2　若标准物质(4.9)为 α-生育酚的酯类物质，则称取 50.0 mg，按 8.1～8.3 进行皂化、提取、浓缩，用异丙醇溶解，定容于 50 mL 棕色容量瓶中。于 4 ℃保存。

临用前用紫外分光光度计按 4.10.3 标定其浓度。

4.10.2　标准工作液

用异丙醇将已标定浓度的标准贮备液(4.10.1)稀释成所需的标准工作液。

临用前配制。

4.10.3 标准溶液的标定

移取α-生育酚标准贮备液(4.10.1)100 μL于5 mL具塞刻度试管中,用无水乙醇(4.2)稀释至3.0 mL。于波长294 nm处用紫外分光光度计(5.3)测定α-生育酚的吸光值。

按式(1)计算出α-生育酚标准贮备液(4.10.1)的浓度:

$$c_1=\frac{A\times 3.0\times 1\,000}{E_{\mathrm{cm}}^{1\%}\times 100\times V_1} \quad\cdots\cdots(1)$$

式中:

c_1——α-生育酚标准贮备液的浓度,单位为克每毫升(g/mL);

A——α-生育酚的紫外吸光值;

$E_{\mathrm{cm}}^{1\%}$——α-生育酚的1%比吸光系数,即溶液浓度为1%、光路为1 cm时的吸收系数,值为71;

V_1——移取α-生育酚标准贮备液的体积,单位为微升(μL)。

5 仪器和设备

实验室常规仪器及下列仪器。

5.1 机械设备:用于试样的均质化。包括高速旋转的切割机,或多孔板的孔径不超过4 mm的绞肉机。

5.2 旋转蒸发仪。

5.3 紫外分光光度计。

5.4 液相色谱仪:带紫外光或荧光检测器。

6 取样

实验室所收到的样品应具有代表性且在运输和储藏过程中无受损或发生变化。

取样方法参见GB/T 9695.19。

取有代表性的样品200 g。

7 试样制备

使用适当的机械设备(5.1)将试样均质。注意避免试样的温度超过25 ℃。若使用绞肉机,试样至少通过该设备两次。

将试样装入密封的容器里,防止变质和成分变化。试样应在均质化后24 h内尽快分析。

8 分析步骤

注:α-生育酚易被氧化,试验应避光或充氮操作,并使用棕色玻璃仪器。

8.1 皂化

称取0.5 g~5 g(准确至0.001 g)试样于150 mL烧瓶中,加入3 mL抗坏血酸溶液(4.8)、5 mL氢氧化钾溶液(4.7)、30 mL无水乙醇(4.2),混匀,于沸水浴上回流15 min~30 min,至试样溶液澄清,皂化后用流水冷却。

8.2 提取

将皂化后的试样溶液移入125 mL分液漏斗中,用30 mL石油醚(4.3)分数次洗皂化瓶,洗液并入分液漏斗中,塞上塞子,轻摇分液漏斗,避免乳化。静置,分层后,将水层放入第二个分液漏斗中,醚层留在第一个分液漏斗中。于第二个分液漏斗中加入10 mL石油醚(4.3),进行第二次提取,石油醚层并入第一个分液漏斗中。重复提取3次~4次。石油醚层并入第一个分液漏斗中。

石油醚层反复用水洗涤,至水层呈中性(pH约为7)。弃去水层。将分液漏斗中的石油醚层经无水硫酸钠(4.4)脱水后,放入棕色圆底烧瓶中。用少量石油醚(4.3)洗分液漏斗和无水硫酸钠,洗液并入棕色圆底烧瓶中。

8.3 分析用试样溶液的制备

连接盛有石油醚提取液的圆底烧瓶与旋转蒸发仪(5.2),于 40 ℃～60 ℃水浴上减压蒸馏石油醚,至瓶内剩约 1 mL～2 mL 液体时,取下烧瓶,用氮气吹干剩余液体,立即加入 2.0 mL 异丙醇(4.5),塞上塞子,防止溶剂挥发,摇匀,溶解瓶中 α-生育酚。此为色谱分析用试样溶液。

8.4 测定

8.4.1 液相色谱参考条件

a) 色谱柱:C_{18}柱(150 mm×4.6 mm,5 μm),或相当者;

b) 流动相:甲醇;

c) 流速:1.0 mL/min;

d) 柱温:30 ℃;

e) 检测器:荧光检测器,激发波长为 298 nm,发射波长为 325 nm;紫外光检测器,波长为 292 nm;

f) 进样量:20 μL。

8.4.2 标准曲线的绘制

将 α-生育酚系列标准工作液(4.10.2)进行高效液相色谱分析,记录峰面积或峰高。以 α-生育酚的浓度为横坐标、以相应的峰面积或峰高为纵坐标绘制标准曲线。标准色谱图参见附录 A。

注:α-生育酚应能与 β-生育酚、γ-生育酚和 δ-生育酚分离。

8.4.3 试样溶液的测定

将制备好的试样溶液(8.3)按标准工作液的液相色谱条件进行测定。根据试样溶液的峰面积或峰高,从标准曲线上查出对应的 α-生育酚的浓度。

8.5 平行试验

按 8.1～8.4,对同一试样进行平行试验测定。

8.6 空白试验

除不加入试样外,均按 8.1～8.4 进行测定。

9 计算

试样中 α-生育酚的含量按式(2)计算:

$$X = \frac{c_2 \times V_2}{m \times 1\ 000} \times 100 \qquad \cdots\cdots(2)$$

式中:

X——试样中 α-生育酚的含量,单位为毫克每百克(mg/100 g);

c_2——根据试样的峰面积或峰高查标准曲线得到的 α-生育酚的浓度,单位为微克每毫升(μg/mL);

V_2——试样溶液最终定容的体积(8.3),单位为毫升(mL);

m——试样质量,单位为克(g)。

计算结果应扣除空白,结果准确至 0.01 mg/100 g。

10 精密度

同一分析者在同一实验室、采用相同的方法和相同的仪器、在短时间间隔内对同一样品独立测定两次。两次测试结果的绝对差值不得超过算术平均值的 30%。

11 试验报告

试验报告应说明:

——所有与识别样品有关的必需信息；

——取样方法；

——依据本部分所采用的方法；

——本部分未规定或未列为可选的所有操作，以及可能影响测试结果的其他因素；

——测试结果；

——如果检验了重复性，列出最终结果。

附　录　A
（资料性附录）
α-生育酚标准溶液的液相色谱图

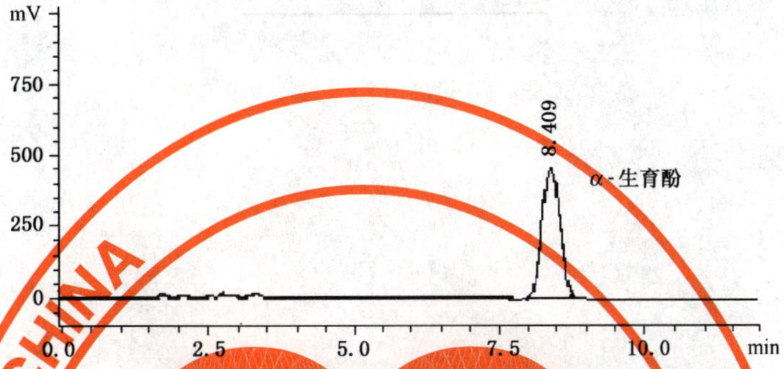

图 A.1　α-生育酚标准溶液的液相色谱图

参 考 文 献

［1］ GB/T 9695.19 肉与肉制品 取样方法

ICS 67.040
X 04

中华人民共和国国家标准

GB/T 9695.31—2008
代替 GB/T 9695.31—1991

肉制品　总糖含量测定

Meat products—Determination of total sugars content

2008-08-28 发布　　2009-03-01 实施

中华人民共和国国家质量监督检验检疫总局
中国国家标准化管理委员会　发布

前　言

GB/T 9695 由以下部分组成：

——GB/T 9695.1《肉与肉制品　游离脂肪含量测定》；

——GB/T 9695.2《肉与肉制品　脂肪酸测定》；

——GB/T 9695.3《肉与肉制品　铁含量测定》；

——GB/T 9695.4《肉与肉制品　总磷含量测定》；

——GB/T 9695.5《肉与肉制品　pH 测定》；

——GB/T 9695.6《肉制品　胭脂红着色剂测定》；

——GB/T 9695.7《肉与肉制品　总脂肪含量测定》；

——GB/T 9695.8《肉与肉制品　氯化物含量测定》；

——GB/T 9695.9《肉与肉制品　聚磷酸盐测定》；

——GB/T 9695.10《肉与肉制品　六六六、滴滴涕残留量测定》；

——GB/T 9695.11《肉与肉制品　氮含量测定》；

——GB/T 9695.13《肉与肉制品　钙含量测定》；

——GB/T 9695.14《肉制品　淀粉含量测定》；

——GB/T 9695.15《肉与肉制品　水分含量测定》；

——GB/T 9695.17《肉与肉制品　葡萄糖酸-δ-内酯含量的测定》；

——GB/T 9695.18《肉与肉制品　灰分测定》；

——GB/T 9695.19《肉与肉制品　取样方法》；

——GB/T 9695.20《肉与肉制品　锌的测定》；

——GB/T 9695.21《肉与肉制品　镁含量测定》；

——GB/T 9695.22《肉与肉制品　铜含量测定》；

——GB/T 9695.23《肉与肉制品　羟脯氨酸含量测定》；

——GB/T 9695.24《肉与肉制品　胆固醇含量测定》；

——GB/T 9695.25《肉与肉制品　维生素 PP 含量测定》；

——GB/T 9695.26《肉与肉制品　维生素 A 含量测定》；

——GB/T 9695.27《肉与肉制品　维生素 B_1 含量测定》；

——GB/T 9695.28《肉与肉制品　维生素 B_2 含量测定》；

——GB/T 9695.29《肉制品　维生素 C 含量测定》；

——GB/T 9695.30《肉与肉制品　维生素 E 含量测定》；

——GB/T 9695.31《肉制品　总糖含量测定》。

本部分为 GB/T 9695 的第 31 部分。

本部分代替 GB/T 9695.31—1991《肉制品　总糖含量测定》。

本部分与 GB/T 9695.31—1991 相比主要修改如下：

——按照 GB/T 1.1—2000《标准化工作导则　第 1 部分：标准的结构和编写规则》和 GB/T 20001.4—2001《标准编写规则　第 4 部分：化学分析方法》进行了结构调整和文字修改；

——按照 GB/T 1.1—2000，删除英文名称中的“Method for”；

——第 1 章增加了对第二法适用范围的说明；

——第 2 章增加规范性引用文件 GB/T 6682—2008；
——第 3 章为表述更准确，在“其吸光度值同糖的浓度呈正比”前增加了“在一定范围内”；
——第 4 章将“所用试剂均为分析纯，水为蒸馏水或相当纯度的水”修改为“如无特别说明，所用试剂均为分析纯”，增加了部分溶液的配制方法，增加了条款“4.1 水：应符合 GB/T 6682—2008 中三级水的要求”；
——第 8 章更改了计算公式的表达方式；
——用“9 精密度”及其内容代替“9 允许差”及其内容；
——增加了“试验报告”一章；
——增加了第二法“直接滴定法”。

本部分由中国商业联合会提出。

本部分由全国肉禽蛋制品标准化技术委员会归口。

本部分起草单位：深圳市计量质量检测研究院、中国商业联合会商业标准中心。

本部分主要起草人：陈泽勇、杨万颖、罗美中、孟海鸥、张进军、林长虹、靳晓蕾。

本部分所代替标准的历次版本发布情况为：

——GB/T 9695.31—1991。

肉制品　总糖含量测定

1　范围

GB/T 9695 的本部分规定了肉制品中总糖含量的测定方法。

本部分中第一法适用于肉制品中总糖含量的测定;第二法适用于不含淀粉的肉制品中总糖含量的测定。

2　规范性引用文件

下列文件中的条款通过 GB/T 9695 的本部分的引用而成为本部分的条款。凡是注日期的引用文件,其随后所有的修改单(不包括勘误的内容)或修订版均不适用于本部分,然而,鼓励根据本部分达成协议的各方研究是否可使用这些文件的最新版本。凡是不注日期的引用文件,其最新版本适用于本部分。

GB/T 6682—2008　分析实验室用水规格和试验方法(ISO 3696:1987,MOD)

GB/T 9695.19　肉与肉制品　取样方法

第一法　分光光度法

3　原理

试样中的糖经热水提取后,用硫酸脱水,生成糠醛或糠醛衍生物。生成物与芳香族酚类化合物缩合生成黄色物质,在 470 nm 处有最大吸收,在一定范围内其吸光度值同糖的浓度呈正比,以此测定糖的含量。

4　试剂

如无特别说明,所用试剂均为分析纯。

4.1　水:应符合 GB/T 6682—2008 中三级水的要求。

4.2　苯酚溶液:称取 5 g 苯酚溶于 100 mL 水中。避光贮存。

4.3　浓硫酸($\rho_{20}\approx 1.84$ g/mL)。

4.4　葡萄糖标准溶液:准确称取 1.000 g 经过 96 ℃±2 ℃干燥 2 h 的纯葡萄糖,加水溶解后加入 5 mL 盐酸,并以水定容至 1 000 mL。此溶液每毫升相当于 1.0 mg 葡萄糖。

4.5　淀粉酶溶液:称取 0.5 g 淀粉酶溶于 100 mL 水中。

4.6　碘-碘化钾溶液:称取碘化钾 3.6 g、碘 1.3 g 溶于水中并稀释至 100 mL。

5　仪器和设备

5.1　实验室常规仪器。

5.2　绞肉机:孔径不超过 4 mm。

5.3　分光光度计。

6　试样

6.1　按 GB/T 9695.19 取样。

6.2　取有代表性的试样不少于 200 g,用绞肉机绞两次并混匀。

6.3　绞好的试样应尽快分析，若不立即分析，应密封冷藏贮存，防止变质和成分发生变化。贮存的试样在启用时应重新混匀。

7　分析步骤

7.1　试样前处理

称取试样约 1 g(精确至 0.001 g)于烧杯中，加入 50 mL 水，在沸水浴上加热 30 min，冷却后用水定容到 500 mL。含淀粉的试样，加热后冷却到 60 ℃左右，加入淀粉酶溶液（4.5）10 mL 混匀，在 55 ℃～60 ℃水浴中保温 1 h。用碘-碘化钾溶液(4.6)检查酶解是否完全。若显蓝色，再加淀粉酶溶液 10 mL 继续保温直到酶解完全。加热至沸，冷却后移入 500 mL 容量瓶中用水定容至刻度。混匀后过滤，滤液备用。

7.2　测定

7.2.1　葡萄糖标准曲线的绘制

分别准确吸取葡萄糖标准溶液(4.4)0 mL、1 mL、2 mL、3 mL、4 mL、5 mL 分别置于 50 mL 容量瓶中用水定容至刻度，摇匀。浓度分别为 0 μg/ mL、20 μg/mL、40 μg/mL、60 μg/mL、80 μg/mL、100 μg/mL。准确吸取上述标准葡萄糖溶液 1 mL(相当于葡萄糖 0 μg 、20 μg、40 μg、60 μg、80 μg、100 μg)，加入 20 mL 比色管中，加入苯酚溶液(4.2)1 mL 充分混合，加入浓硫酸(4.3)5 mL 并立即摇匀。室温下放置 20 min，在 470 nm 波长，以 0 管为参比，测定吸光度值，以葡萄糖含量为横坐标、吸光度值为纵坐标，绘制标准曲线。

7.2.2　试样溶液的测定

准确吸取滤液 1 mL，加入 20 mL 比色管中，按 7.2.1 自“加入苯酚溶液……”起进行操作。

8　计算

试样中总糖的含量(以葡萄糖计)按式(1)计算：

$$X_1 = \frac{m_1 \times V_0 \times 10^{-6}}{m_0 \times V_1} \times 100 \qquad \cdots\cdots(1)$$

式中：

X_1——试样中总糖的含量(以葡萄糖计)，单位为克每百克(g/100 g)；

m_1——从标准曲线上查得葡萄糖含量，单位为微克(μg)；

V_0——试样经前处理后定容的体积，单位为毫升(mL)；

m_0——试样质量，单位为克(g)；

V_1——测定时吸取滤液的体积，单位为毫升(mL)。

当平行测定符合精密度所规定的要求时，取平行测定的算术平均值作为结果，精确到 0.01%。

9　精密度

在同一实验室由同一操作者在短暂的时间间隔内，用同一设备对同一试样获得的两次独立测定结果的绝对差值不得超过 1%。

10　试验报告

试验报告应说明：

——与识别样品有关的必需信息；

——取样方法；

——依据本部分所使用的方法；

——未在本部分规定或被视为可选的所有操作，以及可能影响测试结果的其他事件；

——获得的结果；

——如果检验了重复性，列出最终结果。

第二法　直接滴定法

11　原理

试样先除去蛋白后，经盐酸水解，在加热条件下，以次甲基蓝作指示剂，滴定标定过的斐林试剂（碱性酒石酸铜溶液），根据消耗样品液的量得到试样总糖的含量。

12　试剂

12.1　盐酸溶液（1+1）。

12.2　斐林试剂甲液（碱性酒石酸铜甲液）：称取 15 g 硫酸铜（$CuSO_4 \cdot 5H_2O$）及 0.05 g 次甲基蓝，溶于水中并稀释至 1 000 mL。

12.3　斐林试剂乙液（碱性酒石酸铜乙液）：称取 50 g 酒石酸钾钠、75 g 氢氧化钠，溶于水中，再加入4 g 亚铁氰化钾，完全溶解后，用水稀释至 1 000 mL，贮存于橡胶塞玻璃瓶内。

12.4　乙酸锌溶液：称取 21.9 g 乙酸锌，加 3 mL 冰乙酸，加水溶解并稀释至 100 mL。

12.5　亚铁氰化钾溶液：称取 10.6 g 亚铁氰化钾，加水溶解并稀释至 100 mL。

12.6　甲基红指示剂：称取 0.1 g 甲基红，用少量乙醇（95%）溶解后，并稀释至 100 mL。

12.7　氢氧化钠溶液：称取 200 g 固体氢氧化钠，用水溶解并稀释至 1 000 mL。

12.8　葡萄糖标准溶液：同 4.4。

13　仪器和设备

13.1　酸式滴定管：25 mL。

13.2　可调电炉：带石棉网。

13.3　绞肉机：同 5.2。

14　试样

同第 6 章。

15　分析步骤

15.1　试样处理

称取试样约 5 g～10 g（精确至 0.001 g），置于 250 mL 容量瓶中，加 50 mL 水在 45 ℃±1 ℃水浴中加热 1 h，并时时振摇。慢慢加入 5 mL 乙酸锌溶液（12.4）及 5 mL 亚铁氰化钾溶液（12.5），冷却至室温，加水至刻度，混匀，沉淀，静置 30 min，用干燥滤纸过滤，弃去初滤液，准确吸取 50 mL 滤液于 100 mL 容量瓶中，加 5 mL 盐酸溶液（12.1），在 68 ℃～70 ℃水浴中加热 15 min，冷却后加两滴甲基红指示剂（12.6），用氢氧化钠溶液（12.7）中和至中性，加水至刻度，混匀，作为试样溶液。

15.2　斐林试剂的标定

准确吸取 5.0 mL 斐林试剂甲液（12.2）及 5.0 mL 乙液（12.3），置于 150 mL 锥形瓶中，加水 10 mL，加入玻璃珠两粒，从滴定管预加约 9 mL 葡萄糖标准溶液（4.4），控制在 2 min 内加热至沸，趁热以每两秒 1 滴的速度继续滴加葡萄糖标准溶液，直至溶液蓝色刚好褪去为终点（若滴定体积小于 0.5 mL 或大于 1 mL 则需调整加入葡萄糖标准溶液的量），记录消耗葡萄糖标准溶液的总体积，同时平行操作三份，取其平均值，计算每 10 mL（甲、乙液各 5 mL）斐林试剂相当于葡萄糖的质量（mg）[也可以按上述方法标定 4 mL～20 mL 斐林试剂（甲乙液各半）来适应试样中糖的浓度变化]。

15.3 试样溶液预测

准确吸取 5.0 mL 斐林试剂甲液及 5.0 mL 乙液，置于 150 mL 锥形瓶中，加水 10 mL，加入玻璃珠两粒，控制在 2 min 内加热至沸，趁沸以先快后慢的速度，从滴定管中滴加试样溶液，并保持溶液沸腾状态，待溶液颜色变浅时，以每两秒 1 滴的速度滴定，直至溶液蓝色刚好褪去为终点，记录试样溶液消耗体积。当试样溶液中还原糖浓度过高时应适当稀释，再进行正式测定，使每次滴定消耗试样溶液的体积控制在与标定斐林试剂时所消耗的葡萄糖标准溶液的体积相近，约在 10 mL 左右。当浓度过低时则采取直接加入 10 mL 试样溶液，再用葡萄糖标准溶液滴定至终点，记录消耗的体积与标定时消耗的葡萄糖标准溶液体积之差相当于 10 mL 试样溶液中所含葡萄糖的量。

15.4 试样溶液测定

准确吸取 5.0 mL 斐林试剂甲液及 5.0 mL 乙液，置于 150 mL 锥形瓶中，加水 10 mL，加入玻璃珠两粒，从滴定管预加比预测体积少 1 mL 的试样溶液至锥形瓶中，使在 2 min 内加热至沸，趁沸继续以每两秒 1 滴的速度滴定，直至蓝色刚好褪去为终点，记录试样溶液消耗体积。同法平行操作三份，得出平均消耗体积。

16 计算

试样中总糖的含量(以葡萄糖汁)按式(2)计算：

$$X_2 = \frac{A \times V_0}{m \times V_1 \times 1\ 000} \times 2 \times 100 \qquad \cdots\cdots(2)$$

式中：

X_2——试样中总糖的含量(以葡萄糖计)，单位为克每百克(g/100 g)；

A——斐林试剂(甲、乙液各半)相当于葡萄糖的质量，单位为毫克(mg)；

V_0——试样经前处理后定容的体积，单位为毫升(mL)；

m——试样的质量，单位为克(g)；

V_1——测定时平均消耗试样溶液体积，单位为毫升(mL)；

2——试样水解时稀释倍数。

当平行测定符合精密度所规定的要求时，取平行测定的算术平均值作为结果，精确到 0.1%。

17 精密度

在同一实验室由同一操作者在短暂的时间间隔内、用同一设备对同一试样获得的两次独立测定结果的绝对差值不得超过 1%。

18 试验报告

同第 10 章。

ICS 67.040
X 04

中华人民共和国国家标准

GB/T 9696—2008/ISO 662:1998
代替 GB/T 9696—1988

动植物油脂 水分和挥发物含量测定

**Animal and vegetable fats and oils—
Determination of moisture and volatile matter content**

(ISO 662:1998, IDT)

2008-06-25 发布 2009-01-01 实施

中华人民共和国国家质量监督检验检疫总局
中国国家标准化管理委员会 发布

前　言

本标准等同采用 ISO 662:1998《动植物油脂　水分和挥发物含量测定》(英文版)。

为便于使用,本标准作了下列编辑性修改:

——删除 ISO 662 的前言;

——用“本标准”代替“本国际标准”;

——用小数点“.”代替 ISO 662 中作为小数点的“,”;

——用“GB/T 15687 油脂试样制备”代替“ISO 661:1998,Animal and vegetable fats and oils—Preparation of test sample”;

——增加了第 6 章的注;

——为计算公式增加了编号;

——删除 ISO 662 公式中的“%”,修订其错误。

本标准代替 GB/T 9696—1988《动物油脂　水分和挥发物含量测定》。

本标准与 GB/T 9696—1988 相比主要变化如下:

——按照 GB/T 1.1—2000《标准化工作导则　第 1 部分:标准的结构和编写规则》和 GB/T 20001.4—2001《标准编写规则　第 4 部分:化学分析方法》进行了结构调整和文字修改;

——增加了“术语和定义”和“试验报告”两章;

——用第 10 章“精密度”及其内容代替 GB/T 9696—1988 的第 9 章“允许差”及其内容。

本标准的附录 A 为资料性附录。

本标准由全国食品工业标准化技术委员会肉禽蛋制品分技术委员会提出并归口。

本标准起草单位:中国商业联合会商业标准中心、国家加工食品质量监督检验中心(广州)、广州市产品质量监督检验所。

本标准主要起草人:郭新东、罗海英、李洪燕、杜志峰、吴玉銮。

本标准所代替标准的历次版本发布情况为:

——GB/T 9696—1988。

动植物油脂 水分和挥发物含量测定

1 范围

本标准规定了动植物油脂中水分和挥发物含量的两种测定方法：

——方法 A，使用砂浴或电热板。

——方法 B，使用干燥箱。

本标准的方法 A 适用于所有动植物油脂，方法 B 仅适用于酸值小于 4 的非干燥性动植物油脂。本标准不适用于分析月桂油。

2 规范性引用文件

下列文件中的条款通过本标准的引用而成为本标准的条款。凡是注日期的引用文件，其随后所有的修改单(不包括勘误的内容)或修订版均不适用于本标准，然而，鼓励根据本标准达成协议的各方研究是否可使用这些文件的最新版本。凡是不注日期的引用文件，其最新版本适用于本标准。

GB/T 15687 油脂试样制备(GB/T 15687—1995，neq ISO 661:1989)

3 术语和定义

下列术语和定义适用于本标准。

3.1

水分和挥发物含量 moisture and volatile matter content

在本标准规定的条件下，试样于 103 ℃±2 ℃加热后所失去的质量。

注：水分和挥发物含量用质量百分含量表示。

4 原理

于 103 ℃±2 ℃加热试样，直至水分和挥发物不再排除，测定其质量损失。

5 取样

本标准不规定取样方法。取样方法参见 ISO 5555。

实验室所收到的样品应具有代表性且在运输和储藏过程中没受损或发生变化。

6 试样制备

按照 GB/T 15687 的规定制备试样。

注：液体样品：对于澄清无沉淀物的液体样品，在密闭的容器中摇动，使其均匀。对于有混浊或有沉淀物的液体样品，在密闭的容器中摇动，直至沉淀物完全与容器壁分离，并均匀地分布在油体中。检查是否有沉淀物吸附在容器壁上，如有吸附，应完全清除(必要时打开容器)，使它们完全与油混合。

固体样品：将样品加热至刚变为液体，按液体试样操作，使其充分混匀。

7 方法 A

实验室常规仪器及下列仪器。

7.1 仪器和设备

7.1.1 分析天平：可准确称重至 0.001 g。

7.1.2 平底皿:瓷皿或玻璃皿,直径 80 mm～90 mm,深约 30mm。

7.1.3 温度计:80 ℃～110 ℃ 范围内有刻度,约长 100 mm,具有加固水银球并在上端具有膨胀腔。

7.1.4 砂浴或电热板。

7.1.5 干燥器:内装有效干燥剂。

7.2 分析步骤

7.2.1 试样

将温度计(7.1.3)置于平底皿中(7.1.2),干燥至恒重,准确称重至 0.001 g。加入约 20 g 试样,准确称重至 0.001 g。

7.2.2 测定

将盛有试样的平底皿(7.2.1)置于砂浴或电热板(7.1.4)上加热,以每分钟 10 ℃的速度升至 90 ℃,缓缓地用温度计搅动。

降低加热速度,观察从皿底升起气泡的速度,使温度升至 103 ℃±2 ℃。注意避免加热至 105 ℃以上。继续搅动,刮擦皿底至气泡消失为止。

多次加热至 103 ℃±2 ℃以排除水分,加热间隔中冷却至 95 ℃。将平底皿和温度计置于干燥器(7.1.5)中冷却至室温,准确称重至 0.001 g。重复上述操作,至两次连续称重结果之差不超过 2 mg 为止。

7.2.3 测定次数

测定同一试样(第 6 章)两次。

8 方法 B

8.1 仪器和设备

8.1.1 分析天平:可准确称重至 0.001 g。

8.1.2 玻璃器皿:平底,直径约 50 mm,高约 30 mm。

8.1.3 电热干燥箱:可保持温度于 103 ℃±2 ℃。

8.1.4 干燥器:内装有效干燥剂。

8.2 分析步骤

8.2.1 试样

根据预计的水分和挥发物含量,称取 5 g～10 g(准确至 0.001 g)试样(第 6 章),置于已事先干燥恒重并称重的器皿(8.1.2)中。

8.2.2 测定

将盛有试样的器皿(8.2.1)放入温度为 103 ℃ 的干燥箱(8.1.3)中,加热 1 h。取出,置于干燥器(8.1.4)中,冷却至室温,准确称重至 0.001 g。重复以上加热、冷却和称重操作,至两次连续称重结果之差不超过 2 mg～4 mg 为止,这个过程中在干燥箱内每次加热 30 min。

注:反复加热后,试样质量增加表明脂肪或油发生了氧化。在这种情况下,应取最小的质量读数进行计算,或采用方法 A 测定。

8.2.3 测定次数

测定同一试样(第 6 章)两次。

9 计算方法

水分和挥发物的含量以质量分数 w 计,按式(1)计算:

$$w = \frac{m_1 - m_2}{m_1 - m_0} \times 100 \qquad \cdots\cdots(1)$$

式中：

m_0——平底皿和温度计(见 7.2.1)的质量，或玻璃器皿(见 8.2.1)的质量，单位为克(g)；

m_1——加热前平底皿、温度计和试样的质量(见 7.2.1)，或玻璃器皿和试样的质量(见 8.2.1)，单位为克(g)；

m_2——加热后平底皿、温度计和残留物的质量(见 7.2.2)，或玻璃器皿和残留物的质量(见 8.2.2)，单位为克(g)。

当分析结果符合精密度要求(见 10.2)时，取两次测定的算术平均值作为结果。

结果报告至小数点后第二位。

10 精密度

10.1 联合实验室测试

联合实验室试验数据参见附录 A。由此联合实验室测试推出的数值可能不适用于其他的含量范围和测试对象。

10.2 重复性

同一分析者在同一实验室、采用相同的方法和相同的仪器、在短时间间隔内对同一样品独立测定两次。当水分和挥发物的含量约为 0.3% 时，两次测试结果的绝对差值大于 0.03%的概率应不超过 5%。

10.3 再现性

不同的分析者采用相同的方法、在不同的实验室用不同的仪器、对同一样品独立测定两次。当水分和挥发物的含量约为 0.3%时，两次测试结果的绝对差值大于 0.15%的概率应不超过 5%。

11 试验报告

试验报告应说明：

——所有与识别样品有关的必需信息；

——取样方法；

——依据本标准所采用的方法；

——本标准未规定或未列为可选的所有操作，以及可能影响测试结果的其他因素；

——测试结果；

——如果检验了重复性，列出最终结果。

附 录 A
(资料性附录)
联合实验室的测试结果

表 A.1 和表 A.2 是国际油、油籽和脂肪协会(FOSFA)根据 ISO 5725[1)]组织的测定油脂中水分和挥发物的联合实验室测试的结果。

表 A.1 使用方法 A 测试的结果(见第 7 章)

日期	1993	1993	1992	1991	1991	1997		1988
油或脂的类型	葵花籽油		棕榈油	牛油		椰子油		棕榈油
	样品 a	样品 b		样品 a	样品 b	样品 a	样品 b	
实验室的数目	27	27	33	17	17	21	21	27
可接受的结果的数目	27	27	31	17	16	21	21	21
平均值/%	0.13	0.13	0.017	0.260	0.270	0.233	0.231	0.045
重复性标准偏差 S_r/%	0.01	0.01	0.003	0.01	0.01	0.009	0.011	0.007
重复性变异系数/%	4.68	4.86	15.2	3.99	2.41	3.717	4.593	14.4
再现性标准偏差 S_R/%	0.02	0.02	0.012	0.03	0.03	0.047	0.052	0.024
再现性变异系数/%	15.5	13.3	66.6	12.7	11.7	20.35	22.37	51.4
重复性限 $r(2.8S_r)$/%	0.020	0.020	0.007	0.030	0.020	0.025	0.031	0.020
再现性限 $R(2.8S_R)$/%	0.060	0.050	0.033	0.090	0.090	0.132	0.145	0.070

表 A.2 使用方法 B 测试的结果(见第 8 章)

日期	1995	1995	1993	1993	1991	1991	1989
油或脂的类型	大豆油		葵花籽油		牛油		鱼油
	样品 a	样品 b	样品 a	样品 b	样品 a	样品 b	
实验室的数目	51	51	25	25	25	25	43
可接受的结果的数目	51	51	25	25	24	25	39
平均值/%	0.040	0.094	0.130	0.130	0.250	0.250	0.090
重复性标准偏差 S_r/%	0.004	0.005	0.01	0.01	0.01	0.01	0.006
重复性变异系数/%	10.00	5.32	5.24	4.06	3.97	3.25	6.43
再现性标准偏差 S_R/%	0.16	0.02	0.03	0.03	0.04	0.04	0.03
再现性变异系数/%	40.0	21.28	18.9	19.70	18.20	14.40	34.63
重复性限 $r(2.8S_r)$/%	0.012	0.013	0.020	0.010	0.030	0.020	0.020
再现性限 $R(2.8S_R)$/%	0.046	0.056	0.070	0.070	0.110	0.100	0.090

1) ISO 5725:1986,用于获取精密度数据。现已被 ISO 5725:1994 代替。

参 考 文 献

[1] ISO 5555:1991 动植物油脂 取样(Animal and vegetable fats and oils—Sampling)

[2] ISO 5725:1986 Precision of test methods—Determination of repeatability and reproducibility for a standard test method by inter-laboratory tests

[3] ISO 5725-1:1994 Accuracy (trueness and precision) of measurement methods and results—Part 1:General principles and definitions

[4] ISO 5725-2:1994 Accuracy (trueness and precision) of measurement methods and results—Part 2:Basic method for the determination of repeatability and reproducibility of a standard measurement method

ICS 65.140
B 47

中华人民共和国国家标准

GB 9697—2008
代替 GB/T 9697—2002

蜂 王 浆

Royal jelly

2008-06-27 发布　　　　2009-01-01 实施

中华人民共和国国家质量监督检验检疫总局
中国国家标准化管理委员会　发布

前言

本标准的第4章是强制性的，其余是推荐性的。

本标准代替GB/T 9697—2002《蜂王浆》。

本标准与GB/T 9697—2002相比主要变化如下：

——由推荐性标准改为条文强制性标准；

——增加了术语和定义；

——修改了蜂王浆的定义；

——调整了蛋白质含量的界限值。

本标准的附录A是规范性附录。

本标准由中华全国供销合作总社提出并归口。

本标准起草单位：南京老山药业股份有限公司、中华全国供销合作总社蜜蜂产品标准化技术委员会秘书处、中国蜂产品协会蜂王浆专业委员会。

本标准主要起草人：李子健、管春华、李晓栋、陈明虎、杨寒冰。

本标准所代替标准的历次版本发布情况为：

——GB/T 9697—2002。

蜂 王 浆

1 范围

本标准规定了蜂王浆的定义、等级、品质、试验方法、包装、标志、贮存、运输要求。

本标准适用于蜂王浆的生产和贸易。

2 规范性引用文件

下列文件中的条款通过本标准的引用而成为本标准的条款。凡是注日期的引用文件，其随后所有的修改单(不包括勘误的内容)或修订版均不适用于本标准，然而，鼓励根据本标准达成协议的各方研究是否可使用这些文件的最新版本。凡是不注日期的引用文件，其最新版本适用于本标准。

GB/T 601 化学试剂 标准滴定溶液的制备

GB/T 5009.4—2003 食品中灰分的测定

GB 7718 预包装食品标签通则

3 术语和定义

下列术语和定义适用于本标准。

3.1

蜂王浆 royal jelly

蜂皇浆 royal jelly

工蜂咽下腺和上腭腺分泌的，主要用于饲喂蜂王和蜂幼虫的乳白色、淡黄色或浅橙色浆状物质。

4 要求

4.1 感官要求

4.1.1 色泽

无论是粘浆状态还是冰冻状态，都应是乳白色、淡黄色或浅橙色，有光泽。冰冻状态时还有冰晶的光泽。

4.1.2 气味

粘浆状态时，应有类似花蜜或花粉的香味和辛香味。气味纯正，不得有发酵、酸败气味。

4.1.3 滋味和口感

粘浆状态时，有明显的酸、涩、辛辣和甜味感，上腭和咽喉有刺激感。咽下或吐出后，咽喉刺激感仍会存留一些时间。冰冻状态时，初品尝有颗粒感，逐渐消失，并出现与粘浆状态同样的口感。

4.1.4 状态

常温下或解冻后呈粘浆状，具有流动性。不应有气泡和杂质(如蜡屑等)。

4.2 等级

根据理化品质，蜂王浆分为优等品和合格品两个等级。

4.3 理化要求

产品等级和理化要求见表1。

表 1 产品等级和理化要求

指 标		优 等 品	合 格 品
水分/%	≤	67.5	69.0
10-羟基-2-癸烯酸/%	≥	1.8	1.4
蛋白质/%		11～16	
总糖(以葡萄糖计)/%	≤	15	
灰分/%	≤	1.5	
酸度(1 mol/L NaOH)/(mL/100 g)		30～53	
淀粉		不得检出	

4.4 安全卫生要求

应符合国家法律、法规和政府规章要求，符合国家有关标准规定的安全卫生要求。

4.5 真实性要求

不得添加或取出任何成分。

5 试验方法

如无特别说明，各方法所用试剂均为分析纯试剂，水为蒸馏水。

5.1 样品制备

采用不锈钢棒、管或勺作为取样器。将样品装入样品瓶内，充分搅拌使混合均匀，作为待测样品。每件样品应不少于 20 g。

取样后应立即试验。如不能及时试验，应在－18 ℃冰箱中冰冻保存。

5.2 水分

5.2.1 仪器

a) 减压干燥箱；

b) 称量瓶：高 25 mm，直径 35 mm；

c) 分析天平：感量 0.000 1 g。

5.2.2 试验步骤

取蜂王浆试样约 0.5 g，置于已干燥至恒量的称量瓶中，精密称定，摊平，放入减压干燥箱，在温度 75 ℃，压力－0.095 MPa～－0.10 MPa(－730 mmHg～－760 mmHg)下干燥 4 h 后取出称量瓶，置干燥器中，冷却 30 min 后称量，反复干燥直至前后两次质量差不超过 2 mg，为恒量。

5.2.3 计算

蜂王浆中水分含量按式(1)计算：

$$X_1 = \frac{m_1 - m_2}{m_1 - m_3} \times 100 \qquad \cdots\cdots(1)$$

式中：

X_1——蜂王浆中水分含量，%；

m_1——称量瓶和试样的质量，单位为克(g)；

m_2——称量瓶和试样干燥至恒重后的质量，单位为克(g)；

m_3——称量瓶的质量，单位为克(g)。

5.2.4 平行试验相对偏差

平行试验相对偏差不得超过 0.8%。

5.3 10-羟基-2-癸烯酸

5.3.1 试剂

本试验所用水为重蒸馏水。

a) 甲醇:紫外光谱纯或在检测波长处透光率大于30%的分析纯。

b) 无水乙醇:优级纯。

c) 内标物:对羟基苯甲酸甲酯,含量99.0%。

d) 10-HDA标准品:99.0%以上。使用前应在放有浓硫酸的减压干燥器内减压干燥24 h。

e) 10-HDA标准溶液:取干燥后的10-HDA标准品约25 mg,精密称定,加无水乙醇溶解并移入25 mL容量瓶中,用无水乙醇稀释至刻度,摇匀。此溶液每毫升含10-HDA约1 mg。

f) 内标溶液:取已干燥过的对羟基苯甲酸甲酯约650 mg,精密称定,加无水乙醇溶解并移入1 000 mL容量瓶中,用无水乙醇稀释至刻度,摇匀。此溶液每毫升含内标物约0.65 mg。

g) 盐酸(c=0.03 mol/L):量取0.1 mol/L盐酸100 mL,加入200 mL重蒸馏水中。

h) 流动相 $\phi(CH_3OH+0.03\ mol/L\ HCl+H_2O)=55+10+35$。

5.3.2 仪器

a) 高效液相色谱仪:配置紫外检测器,记录仪或微处理机;

b) 色谱柱:4.6 mm×250 mm不锈钢柱,填充无定形硅胶 C_{18} 键合相,5 μm或10 μm;

c) 超声波清洗仪;

d) 旋涡混匀器;

e) 分析天平:感量0.000 1 g。

5.3.3 试验步骤

5.3.3.1 试样处理

样品解冻至室温后用玻璃棒搅匀,取约0.5 g,置于已称定的50 mL容量瓶中,精密称定,加0.03 mol/L盐酸1 mL和水2 mL,置旋涡混匀器上混合使试样溶解,加无水乙醇30 mL,边加入边轻轻摇动,再精密加入内标溶液10 mL,并用无水乙醇稀释至刻度,摇匀,立即置超声波浴中超声15 min,或置旋涡混匀器上振荡15 min,取出,在3 000 r/min下离心10 min后测定。如不能及时测定,应放置在冰箱中冷藏待测。

5.3.3.2 色谱条件

测定波长:210 nm;柱温度:35 ℃;流动相流速:1 mL/min。

5.3.3.3 校正因子测定

精密吸取10-HDA标准溶液0.5,1,2,3,4,5 mL至10 mL容量瓶中。精密加入内标溶液2 mL,用无水乙醇稀释至刻度,摇匀。分别吸取此溶液2 μL,注入色谱仪,用峰面积比值计算,应呈线性,求出校正因子 F。

5.3.3.4 试样测定

吸取试样溶液4 μL,注入色谱仪,按“内标法”定量。

5.3.4 计算

蜂王浆中10-羟基-2-癸烯酸含量按式(2)计算:

$$X_2 = F \times \frac{A_i}{A_s} \times \frac{m_s}{m_i} \times 100 \quad \cdots\cdots(2)$$

式中:

X_2——蜂王浆中10-羟基-2-癸烯酸含量,%;

F——校正因子;

A_i——试样中被测组分峰面积;

A_s——试样中内标物峰面积;

m_s——内标物质量，单位为克(g)；

m_i——试样质量，单位为克(g)。

5.3.5 平行试验相对偏差

平行试验相对偏差不得超过2.0%。

5.4 蛋白质

5.4.1 试剂

a) 浓硫酸(ω=95%～98%)；

b) 硫酸铜与硫酸钾混合试剂：称取硫酸铜1 g、硫酸钾10 g，置研钵中混合均匀，研细备用；

c) 混合指示剂：量取甲基红乙醇溶液(ρ=1 g/L)2份，溴甲酚绿乙醇溶液(ρ=2 g/L)3份，混匀；

d) 硼酸吸收液(ρ=20 g/L)：称取硼酸2.0 g，置于100 mL具塞量筒中，加乙醇20 mL，并加蒸馏水稀释至刻度，振摇使硼酸溶解，备用；

e) 氢氧化钠溶液(ρ=400 g/L)：称取氢氧化钠40 g，加蒸馏水稀释至100 mL；

f) 稀硫酸：量取浓硫酸5.7 mL，加蒸馏水稀释至100 mL；

g) 盐酸标准溶液(0.1 mol/L)：按GB/T 601配制和标定。使用前准确稀释10倍。

5.4.2 仪器

a) 凯氏定氮法消化装置、50 mL凯氏烧瓶(如使用远红外消解电炉则配用50 mL消解管加曲颈漏斗)；

b) 10 mL酸式滴定管；

c) 分析天平：感量0.000 1 g；

d) 半微量法蒸馏装置(见附录A)。

5.4.3 试验步骤

5.4.3.1 蒸馏装置的清洗

连接蒸馏装置，A瓶中加适量蒸馏水与甲基红指示液数滴，加稀硫酸使成酸性，加玻璃珠或沸石数粒，从D漏斗加蒸馏水约50 mL，关闭G夹，开放冷凝水，煮沸A瓶中蒸馏水。当蒸气从冷凝管尖端冷凝而出时，移去火源，关H夹，使C瓶中的蒸馏水反冲到B瓶中。开G夹，放出B瓶中的蒸馏水，关B瓶及G夹。将冷凝管尖端浸入约50 mL蒸馏水中，使蒸馏水自冷凝管尖端反冲至C瓶，再冲至B瓶，如上法放去蒸馏水。如此将仪器洗涤2次～3次。

5.4.3.2 消化

取蜂王浆试样约1 g置已称定的滤纸上，精密称定后包好，放入凯氏烧瓶或消解管中。加入硫酸铜与硫酸钾混合试剂2 g，再沿瓶壁缓缓加入浓硫酸10 mL，充分混合，在瓶口放一小漏斗，使烧瓶成45°斜置，开始用较低温度缓缓加热，使溶液温度保持在沸点以下，等泡沸停止后，逐步加大电力，待消化溶液沸腾，保持此状态但不使溶液溢出，待溶液成澄明的绿色后，继续加热30 min，冷却后转移至100 mL容量瓶中，用蒸馏水稀释至刻度，摇匀备用。

5.4.3.3 蒸馏

量取20 g/L硼酸溶液10 mL，置100 mL锥形瓶中，加混合指示剂5滴，将冷凝管尖端浸入液面下以后，精密吸取上述消化溶液5 mL，经由D漏斗移入反应管中，再加入400 g/L氢氧化钠溶液10 mL，用少量蒸馏水洗D漏斗数次，关G夹，加数毫升蒸馏水于D漏斗中以封闭管路。加热A瓶(瓶中的蒸馏水应滴加稀硫酸保持酸性)，进行水蒸气蒸馏，从硼酸溶液开始由酒红色变为蓝绿色时起，继续蒸馏10 min后，将冷凝管尖端提出液面，使蒸气继续冲洗1 min，用少量蒸馏水淋洗尖端后，停止蒸馏。

5.4.3.4 滴定

将吸收液用0.01 mol/L盐酸标准溶液滴定至由蓝绿色变为灰紫色为终点。

5.4.4 计算

蜂王浆中蛋白质含量按式(3)计算：

$$X_3 = \frac{(V_1 - V_0) \times c_1 \times 0.014}{m_4 \times \frac{5}{100}} \times 6.25 \times 100 \quad \cdots\cdots\cdots\cdots\cdots (3)$$

式中：

X_3——蜂王浆中蛋白质含量，以质量分数表示，%；

V_1——滴定试样时 0.01 mol/L 盐酸标准溶液消耗的体积，单位为毫升(mL)；

V_0——滴定空白时 0.01 mol/L 盐酸标准溶液消耗的体积，单位为毫升(mL)；

c_1——盐酸标准溶液的浓度，单位为摩尔每升(mol/L)；

0.014——氮的毫摩尔质量，单位为克(g)；

m_4——样品的质量，单位为克(g)；

6.25——氮换算为蛋白质的系数。

5.4.5 平行试验的相对偏差

平行试验相对偏差不得超过 3.0%。

5.5 总糖

5.5.1 试剂

a) 葡萄糖标准溶液：精密称取经 98 ℃～100 ℃干燥至恒重的纯葡萄糖(比旋光度＋52.5°～＋53°)1.000 g，加蒸馏水溶解后加入盐酸 5 mL，并以蒸馏水稀释至 1 000 mL，此溶液每毫升相当于 1 mg 葡萄糖。

b) 碱性酒石酸铜甲液：称取硫酸铜($CuSO_4 \cdot 5H_2O$)15 g 及次甲基蓝 0.05 g，加蒸馏水溶解并稀释至 1 000 mL，贮存于密塞瓶内。

c) 碱性酒石酸铜乙液：称取酒石酸钾钠 50 g 及氢氧化钠 75 g，加蒸馏水溶解，加入亚铁氰化钾 4 g，待其完全溶解后，用蒸馏水稀释至 1 000 mL，贮存于密塞聚乙烯塑料瓶内。

碱性酒石酸铜溶液的标定：精密吸取碱性酒石酸铜甲液和乙液各 5 mL，置于 150 mL 锥形瓶中，加蒸馏水 10 mL，自滴定管加葡萄糖标准溶液约 9 mL，控制在 2 min 内加热至沸，趁沸以每 2 s 一滴的速度继续滴加葡萄糖标准溶液，直到溶液蓝色刚好褪去为终点，记录消耗葡萄糖标准溶液的总体积，同时平行操作三份，取其平均值，计算每 10 mL(甲液、乙液各 5 mL)碱性酒石酸铜溶液相当于葡萄糖的质量(mg)。

d) 乙酸锌溶液(ρ=219 g/L)：称取乙酸锌 21.9 g，加冰乙酸 3 mL，加蒸馏水溶解并稀释至 100 mL。

e) 亚铁氰化钾溶液(ρ=106 g/L)。

f) 浓盐酸(ω=36%～38%)。

g) 盐酸(c=6 mol/L)：量取盐酸 50 mL，加蒸馏水稀释至 100 mL。

h) 氢氧化钠溶液(ρ=200 g/L)。

i) 甲基红指示液(ρ=1 g/L，乙醇溶液)。

5.5.2 仪器

a) 电热恒温水浴锅：温度波动±1 ℃；

b) 分析天平，感量 0.000 1 g，或电子天平，感量 0.001 g。

5.5.3 试验步骤

5.5.3.1 试样处理

精密称取蜂王浆试样约 4 g，置于 100 mL 容量瓶中，加蒸馏水 50 mL，振摇使试样溶解后缓缓加入乙酸锌溶液及亚铁氰化钾溶液各 5 mL，加蒸馏水稀释至刻度，摇匀。静置 30 min 后用干燥滤纸过滤，弃去初滤液数毫升，滤液备用。

精密吸取上款滤液 50 mL，置于 100 mL 容量瓶中，加入盐酸(c=6 mol/L)10 mL，摇匀，置于电热恒温水浴锅中，在 68 ℃～70 ℃下水解 10 min，流水冷却至室温，加甲基红指示液 2 滴，摇匀，用氢氧化钠溶液(ρ=200 g/L)中和至溶液呈黄色，加蒸馏水稀释至刻度，摇匀，作为试样溶液备用。

5.5.3.2 试样溶液滴定

精密吸取碱性酒石酸铜甲液和乙液各 5 mL，置于 150 mL 锥形瓶中，加蒸馏水 10 mL，控制在 2 min 加热至沸，以先快后慢的速度，从滴定管中滴加试样溶液，并保持溶液沸腾状态，待溶液颜色变浅时，以每 2 s 一滴的速度滴定，直至蓝色刚好褪去为终点，记录试样溶液消耗体积。

5.5.4 计算

蜂王浆中总糖含量按式(4)计算：

$$X_4 = \frac{T}{m_5 \times \frac{V_2}{100} \times \frac{1}{2} \times 1\,000} \times 100 \qquad \cdots\cdots(4)$$

式中：

X_4——蜂王浆中总糖(以葡萄糖计)含量，以质量分数表示，%；

T——碱性酒石酸铜溶液滴定度，10 mL 碱性酒石酸铜溶液(甲液、乙液各 5 mL)相当于葡萄糖的质量，单位为毫克(mg)；

m_5——试样质量，单位为克(g)；

V_2——滴定时试样溶液所消耗的体积，单位为毫升(mL)。

5.5.5 平行试验相对偏差

平行试验相对偏差不得超过 3.0%。

5.6 灰分

5.6.1 试剂

浓硫酸(ω=95%～98%)。

5.6.2 仪器

a) 分析天平：感量±0.000 1 g；

b) 石英或瓷坩埚：30 mL；

c) 干燥器：内置硅胶干燥剂；

d) 高温炉。

5.6.3 试验步骤

5.6.3.1 按 GB/T 5009.4—2003 中 4.1 执行。

5.6.3.2 精密称量蜂王浆试样约 1.5 g，置于已灼烧至恒量的坩埚中，先用小火加热使样品充分炭化至无烟。冷却至室温，加入浓硫酸 0.5 mL～1 mL，使样品湿润。低温加热除尽硫酸蒸汽。置高温炉中，在 700 ℃～800 ℃下灼烧至无炭粒，即灰化完全。温度降至 200 ℃以下后取出，放入干燥器中冷却至室温，称量。重复灼烧至前后两次称量相差不超过 0.3 g 为恒量。

5.6.4 计算

蜂王浆中灰分含量按式(5)计算：

$$X_5 = \frac{m_6 - m_7}{m_8 - m_7} \times 100 \qquad \cdots\cdots(5)$$

式中：

X_5——蜂王浆中灰分含量，以质量分数表示，%；

m_6——坩埚和灰分的质量，单位为克(g)；

m_7——坩埚的质量，单位为克(g)；

m_8——坩埚和试样的质量，单位为克(g)。

5.6.5 平行试验相对偏差

平行试验相对偏差不得超过 2.0%。

5.7 酸度

5.7.1 试剂

氢氧化钠溶液(c=0.1 mol/L):按 GB/T 601 标准配制并标定。

5.7.2 仪器

a) 酸度计:pH 值精度为 0.1;

b) 滴定管:10 mL;

c) 分析天平:感量±0.000 1 g 和感量±0.001 g。

5.7.3 试验步骤

称取蜂王浆试样 1.00 g,置于 100 mL 烧杯中,加入新煮沸并已冷却的蒸馏水 75 mL,用氢氧化钠标准溶液(c=0.1 mol/L)滴定,至酸度计指示 pH8.3 为终点。

5.7.4 计算

滴定消耗的氢氧化钠标准溶液的毫升数与浓度值(mol/L)相乘,再乘以 100,即为试样的酸度。

5.7.5 平行试验相对偏差

平行试验相对偏差不得超过 5%。

5.8 淀粉

5.8.1 试剂

碘溶液(ρ=13 g/L):称取碘 1.3 g、碘化钾 3.6 g,置于 200 mL 烧杯中,加蒸馏水 30 mL,再加浓盐酸 1 滴溶解后加蒸馏水至 100 mL,搅匀,置于棕色瓶中,密塞备用。

5.8.2 试验步骤

称取蜂王浆试样约 0.2 g,置于 50 mL 烧杯中,加入蒸馏水 10 mL,搅匀,加热至沸,冷却至室温后加入碘液(ρ=13 g/L)数滴,不得呈蓝色。

6 包装、标志、贮存、运输

6.1 包装

包装容器应符合安全卫生要求,包装严密、牢固。

6.2 标志

产品包装上应标明产品名称、产地、收购单位、检验员姓名、收购日期、净含量/毛重及皮重。

用作预包装食品时,其标签应符合 GB 7718 要求。

运输包装应标明产品名称、数量和运输图示标志。

6.3 贮存

贮存温度应在−18 ℃以下。

不同产地、不同时间生产的蜂王浆要分别存放(装瓶、装箱)。

不得与有异味、有毒、有腐蚀性和可能产生污染的物品同库存放。

6.4 运输

应低温运输,不得与有异味、有毒、有腐蚀性和可能产生污染的物品同装混运。

附 录 A
（规范性附录）
蛋白质含量试验的半微量法蒸馏装置

蜂王浆中蛋白质试验的半微量法蒸馏装置见图 A.1。

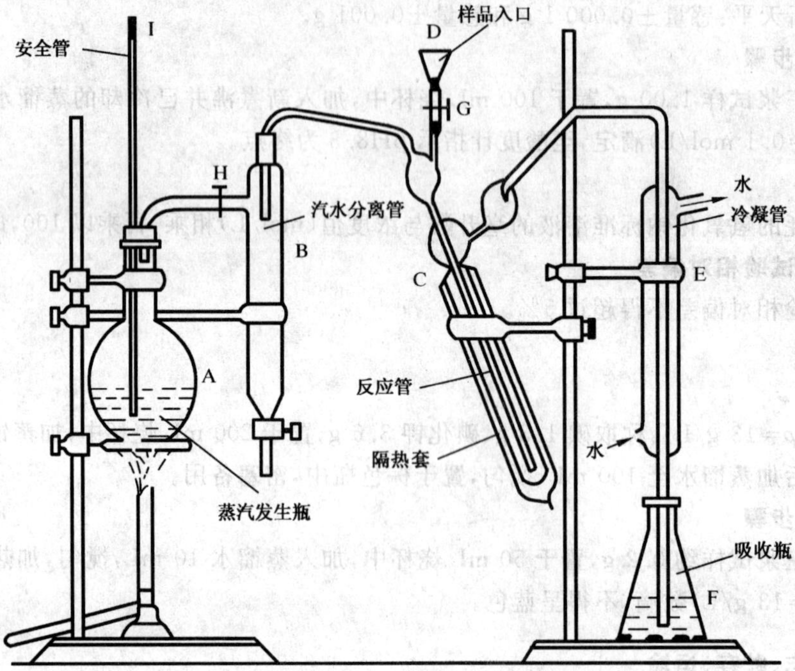

A——1 000 mL 圆底烧瓶；
B——安全瓶；
C——连有氮气球的蒸馏器；
D——漏斗；
E——直形冷凝管；
F——100 mL 锥形瓶；
G、H——橡皮管夹；
I——安全管。

图 A.1 半微量法蒸馏装置

ICS 01.140.20
A 14

中华人民共和国国家标准

GB/T 9705—2008
代替 GB/T 9705—1988

文书档案案卷格式

The filing forms of administrative archives

2008-11-13 发布 2009-05-01 实施

中华人民共和国国家质量监督检验检疫总局
中国国家标准化管理委员会 发布

前言

本标准代替 GB/T 9705—1988《文书档案案卷格式》。

本标准与 GB/T 9705—1988 相比主要变化如下：

——标准的总体编排和结构按 GB/T 1.1—2000 进行了修改；

——增加了前言；

——修改了硬卷皮封面和封底尺寸、软卷皮封皮和封底尺寸、卷盒尺寸和卷内目录用纸尺寸；

——增加“归档号”为硬卷皮卷脊项目；

——调整档号章项目，并增加档号章的填写要求。

本标准的附录 A、附录 B、附录 C、附录 D、附录 E、附录 F、附录 G、附录 H、附录 I、附录 J 是规范性附录。

本标准由国家档案局提出并归口。

本标准起草单位：国家档案局、厦门市档案局。

本标准主要起草人：曹丽、宋扬、朱燕秋、丁德胜。

本标准于 1988 年 9 月 5 日首次发布。

文书档案案卷格式

1 范围

本标准规定了文书档案案卷格式的内容构成和基本方法。

本标准适用于按立卷方法整理档案的我国各级各类档案馆(室)和文书处理部门。

2 术语和定义

下列术语和定义适用于本标准。

2.1

文书档案 administrative archives

反映党务、行政管理等活动的档案。

2.2

案卷 file

由互有联系的若干文件组合成的档案保管单位。

3 案卷卷皮格式

文书档案案卷卷皮分两种,一种是硬卷皮,一种是软卷皮。

3.1 硬卷皮格式

3.1.1 硬卷皮外形尺寸

封面尺寸规格采用 310 mm×220 mm。

封底尺寸同封面尺寸。

封底三边(上、下、翻口处)要另有 70mm 宽的折叠纸舌。

卷脊可根据需要分别设 10 mm、15 mm、20 mm 三种厚度。

用于成卷装订的卷皮,上、下侧装订处要各有 20 mm 宽的装订纸舌(见附录 A)。

本标准推荐使用 250 g 无酸牛皮纸制作案卷硬卷皮。

3.1.2 硬卷皮封面项目

封面项目包括:全宗名称、类目名称、案卷题名、时间、保管期限、件、页数、归档号、档号。各项目具体位置、尺寸见附录 B。

3.1.3 封面项目的填写方法

3.1.3.1 全宗名称

全宗名称相同于立档单位的名称。填写全宗名称必须用全称或通用简称。如“中国共产党中央委员会”简称为“中共中央”;“中华人民共和国外交部”简称为“外交部”;“河北省人民政府人事局”简称为“河北省人事局”。不得简称为“本部”、“本委”、“本省人事局”等。

3.1.3.2 类目名称

类目名称指全宗内分类方案的第一级类目名称。在一个全宗内应按统一的方案分类,并应保持分类体系的稳定性。

3.1.3.3 案卷题名

案卷题名即案卷标题,一般由立卷人拟写。案卷题名应当准确概括本卷文件的主要制发机关、内容、文种。文字应力求简练、明确。

3.1.3.4 时间:卷内文件所属的起止年月。

3.1.3.5　保管期限：立卷时划定的案卷保管期限，一般由立卷人填写。

3.1.3.6　件、页数：装订的案卷要填写总页数，不装订的案卷要填写本卷的总件数。

3.1.3.7　归档号：填写文书处理号，由立卷人填写。

3.1.3.8　档号的编制

封面档号由全宗号、目录号、案卷号组成。

全宗号：档案馆指定给立档单位的编号。

目录号：全宗内案卷所属目录的编号，在同一个全宗内不允许出现重复的案卷目录号。

案卷号：目录内案卷的顺序编号，在同一个案卷目录内不允许出现重复的案卷号。

3.1.4　卷脊项目

卷脊项目包括：全宗号、目录号、年度、案卷号、归档号，其排列格式尺寸见附录C。

3.2　软卷皮格式

使用软卷皮装订的案卷，必须装入卷盒内保存。

3.2.1　软卷皮外形尺寸

软卷皮设封皮和封底，其封皮和封底采用长宽为297 mm×210 mm的规格见附录D。

3.2.2　软卷皮封面项目

软卷皮封面项目及填写方法均同硬卷皮格式。封面项目尺寸、位置见附录D。

3.2.3　软卷皮封二项目

软卷皮封二项目包括：顺序号、文号、责任者、题名、日期、页号、备注。各项目具体位置、尺寸见附录E。

软卷皮封二项目的填写方法同4.4卷内文件目录填写方法。

3.2.4　软卷皮封三项目

软卷皮封三项目包括：本卷情况说明、立卷人、检查人、立卷时间，其尺寸位置见附录J。

软卷皮封三项目的填写方法同5.3卷内备考表填写方法。

3.3　卷盒规格

3.3.1　卷盒外形尺寸

采用310 mm×220 mm(长×宽)，其厚度可根据需要分别设置30 mm、40 mm或50 mm的规格。在盒盖翻口处中部要设置绳带，使盒盖能紧扣住卷盒(见附录F图F.1、图F.2、图F.3)。

3.3.2　卷盒封面和卷脊格式

卷盒封面为空白面。

卷脊项目包括全宗名称、目录号、年度、起止卷号。

其中起止卷号填写××-××卷，其余项目的填写方法同硬卷皮格式。各项目具体位置、尺寸见附录G。

3.4　填写要求

填写案卷封面及卷脊时应使用符合耐久性要求的字迹材料，字迹工整。

4　卷内文件目录格式

4.1　目录用纸幅面尺寸

采用国际标准A4型(即长×宽为297 mm×210 mm)。

4.2　页边与文字区尺寸

卷内目录用纸上白边(天头)宽(20±0.5)mm

卷内目录用纸下白边(地脚)宽(15±0.5)mm

卷内目录用纸左白边(订口)宽(25±0.5)mm

卷内目录用纸右白边(翻口)宽(15±0.5)mm(见附录H)

4.3 卷内文件目录项目

包括:顺序号、文号、责任者、题名、日期、页号、备注。各项目具体位置、尺寸见附录H。

4.4 卷内文件目录填写方法

4.4.1 顺序号:以卷内文件排列先后顺次填写的序号,亦即件号。

4.4.2 文号:文件制发机关的发文字号。

4.4.3 责任者:对档案内容进行创造或负有责任的团体和个人,亦即文件的署名者。

机关团体责任者可著录统一规范的通用简称,不得著录"本市"、"本局"。个人责任者一般只著录姓名,必要时在姓名后著录对档案负有责任的职务、职称或其他身份,并用"( )"表示。联合行文的责任者,应著录列于首位的责任者,立档单位本身是责任者的必须著录,两个责任者之间的间隔用";",被省略的责任者用"[等]"表示。

4.4.4 题名:即文件的标题应照实抄录。没有标题或标题不能说明文件内容的文件,应自拟标题,外加"[ ]"号。

4.4.5 日期:文件的形成时间。填写时可省略"年"、"月"、"日"字。时间以8位数字表示,其中前4位表示年,中间2位表示月,后2位表示日,月日不足两位的,前面补"0"。

4.4.6 页号:填写每件文件首页所对应的页号;最后一件文件,填写该件起止页号。卷内文件页号应从1开始编制通号。

4.4.7 单份装订的案卷应逐件加盖档号章。档号章的位置在每件文件首页上端空白处(见附录I)。

4.4.8 备注:留待对卷内文件变化时作说明之用。

5 卷内备考表格式

5.1 卷内备考表外形尺寸及页边与文字区尺寸

均同卷内目录(见附录J)。

5.2 卷内备考表项目

包括:本卷情况说明、立卷人、检查人、立卷时间。各项目具体位置、尺寸见附录J。

5.3 卷内备考表填写方法

5.3.1 本卷情况说明:填写卷内文件缺损、修改、补充、移出、销毁等情况。立卷后发生或发现的问题由有关的档案管理人员填写并签名、标注时间。

5.3.2 立卷人:由责任立卷者签名。

5.3.3 检查人:由案卷质量审核者签名。

5.3.4 立卷时间:立卷完成的日期。

6 案卷各部分的排列格式

6.1 使用硬卷皮组卷,无论装订与否,其案卷各部分的排列格式均是:

案卷封面—卷内文件目录—文件—备考表—封底。

6.2 使用软卷皮组卷,其案卷各部分按下列格式排列:软卷封面(含卷内文件目录)—文件—封底(含备考表),以案卷号排列次序装入卷盒保存。

附　录　A
（规范性附录）
硬卷皮外形尺寸

单位为毫米

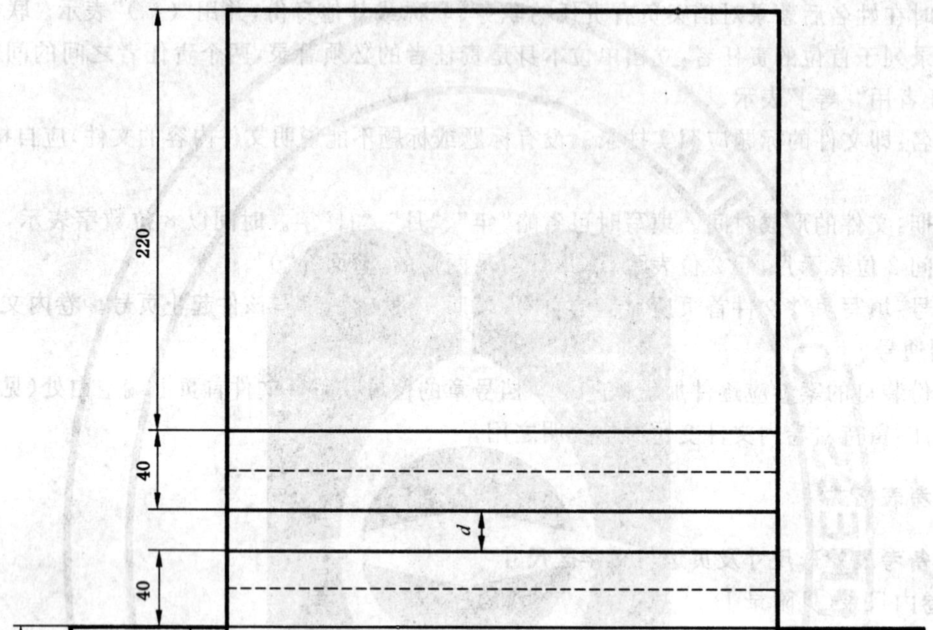

比例：1：2

d=10 mm，15 mm，20 mm。

附 录 B
（规范性附录）
硬卷皮封面项目

单位为毫米

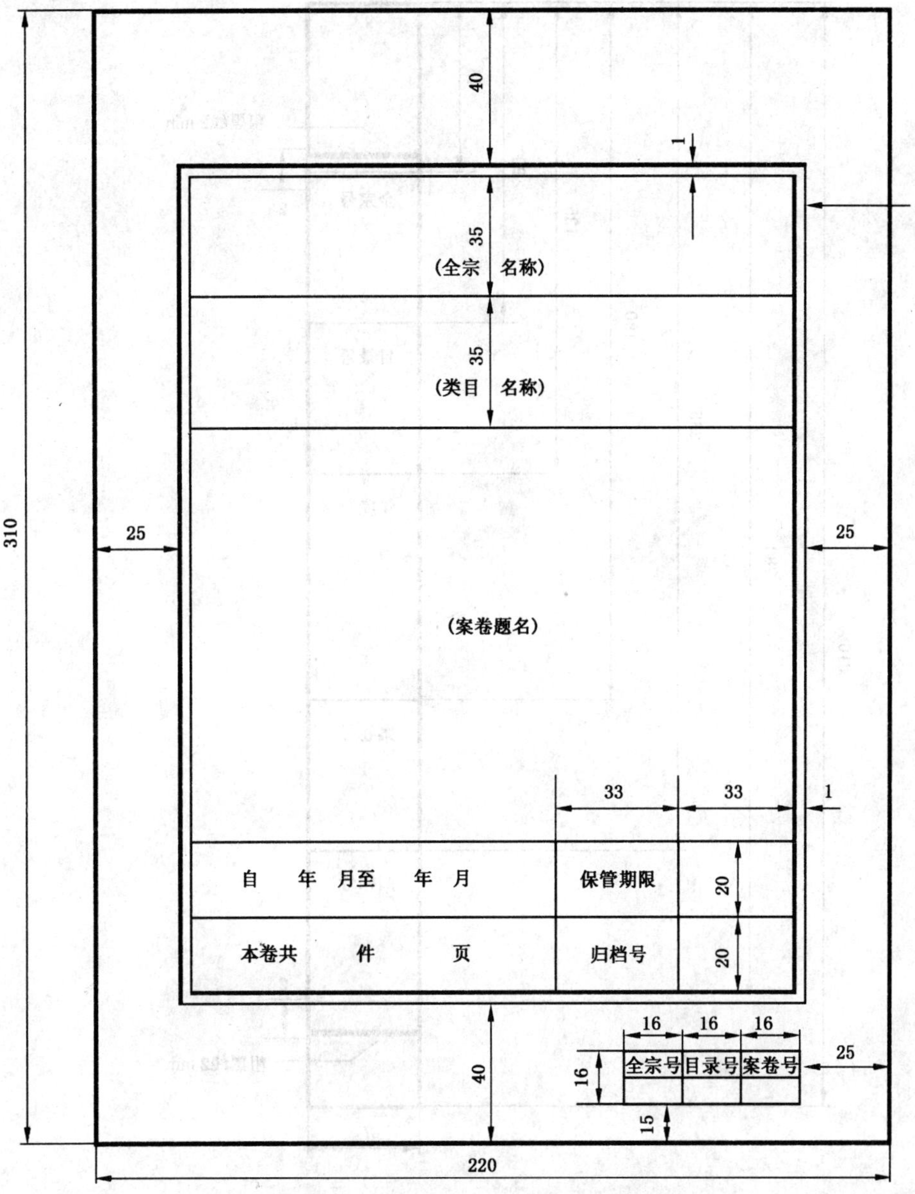

比例：1∶2

附 录 C
（规范性附录）
硬卷皮卷脊项目

单位为毫米

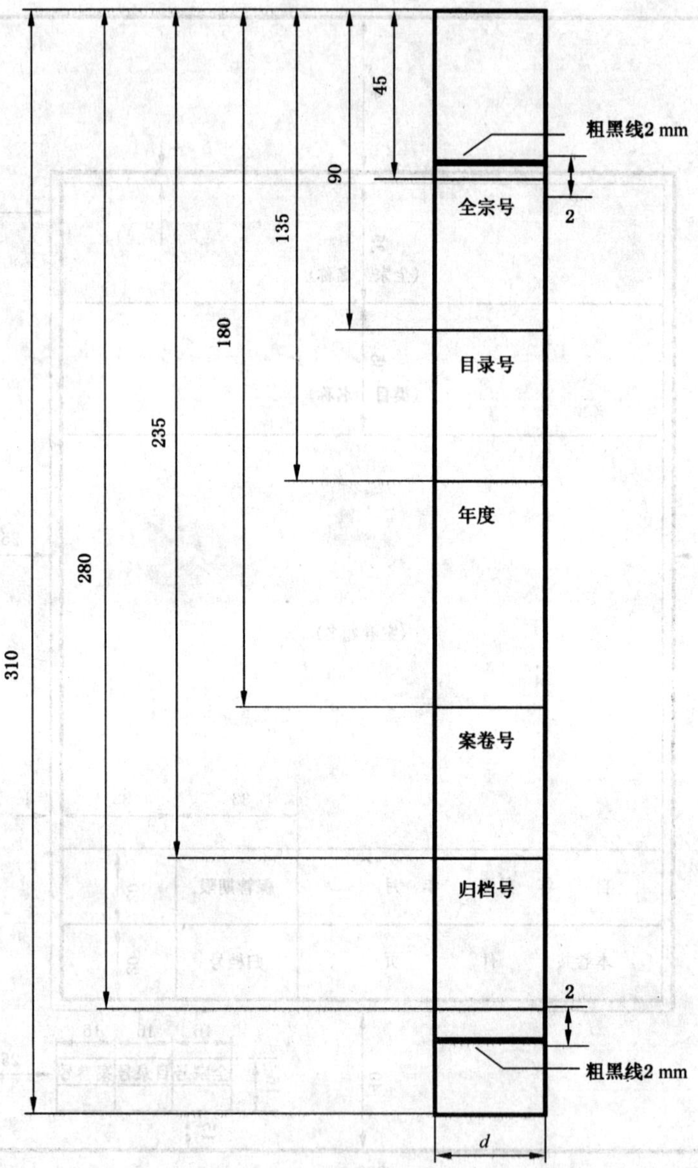

比例：1∶2

d=10 mm，15 mm，20 mm。

附 录 D
（规范性附录）
软卷皮封面项目

单位为毫米

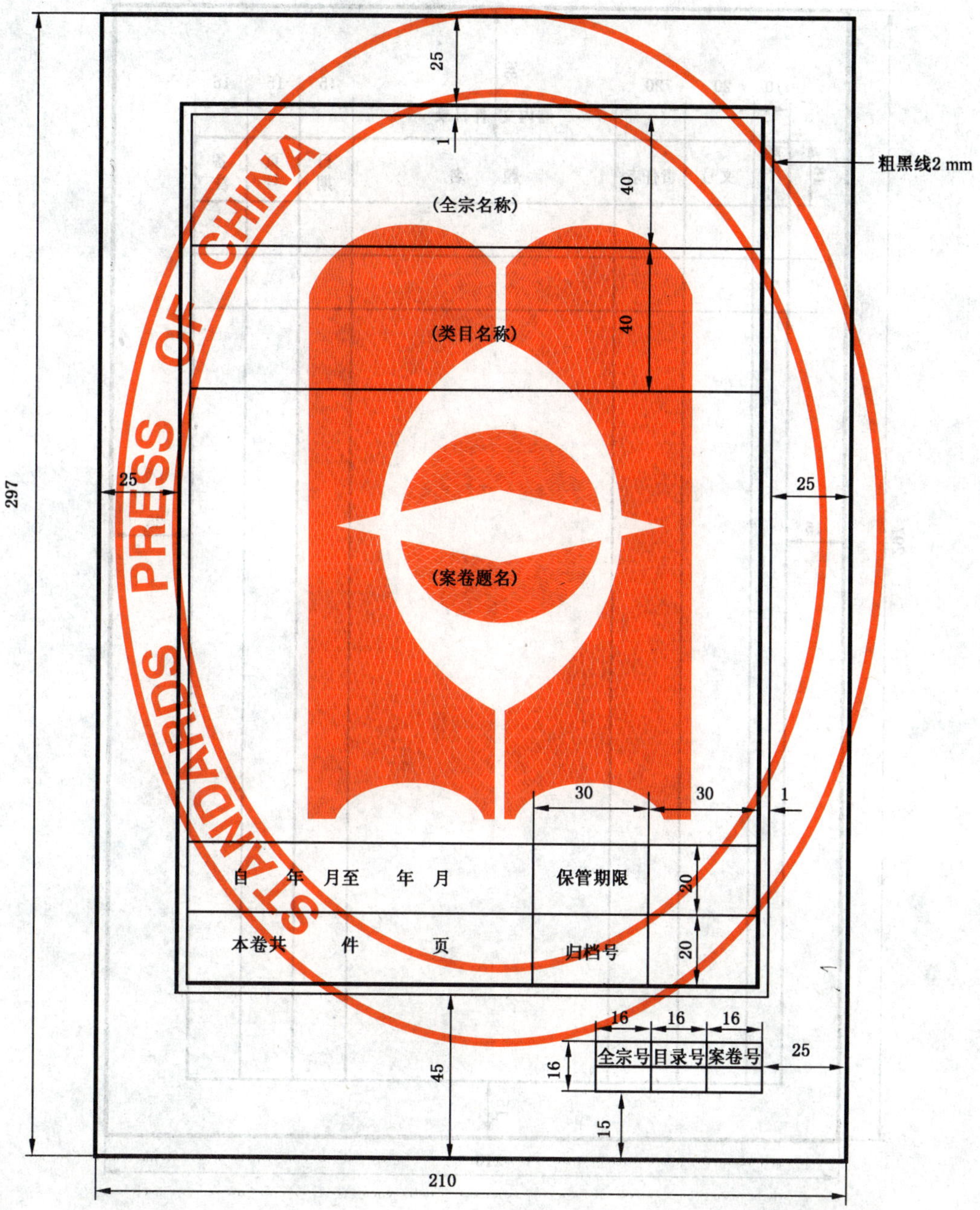

比例：1∶2

附　录　E
（规范性附录）
软卷皮封二项目

单位为毫米

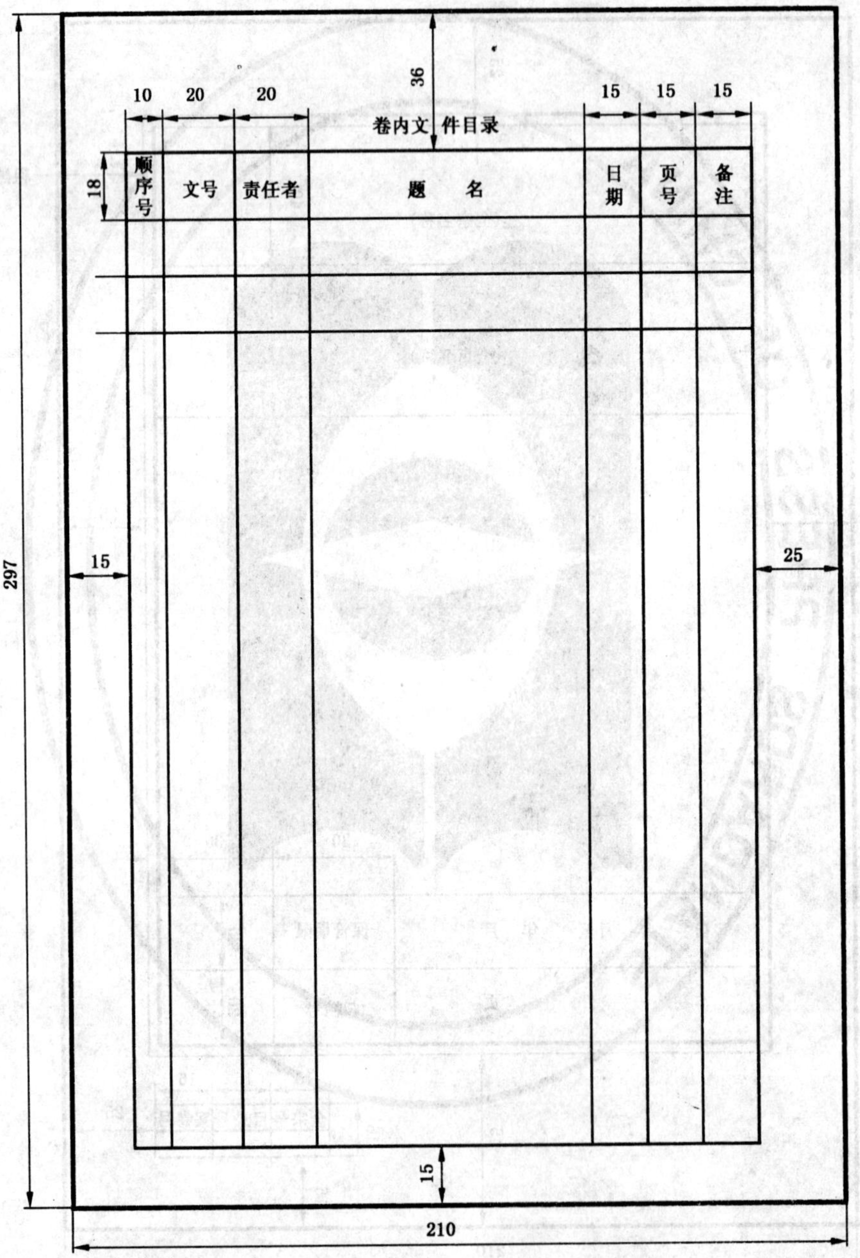

比例：1∶2

附　录　F
（规范性附录）
卷　盒　规　格

单位为毫米

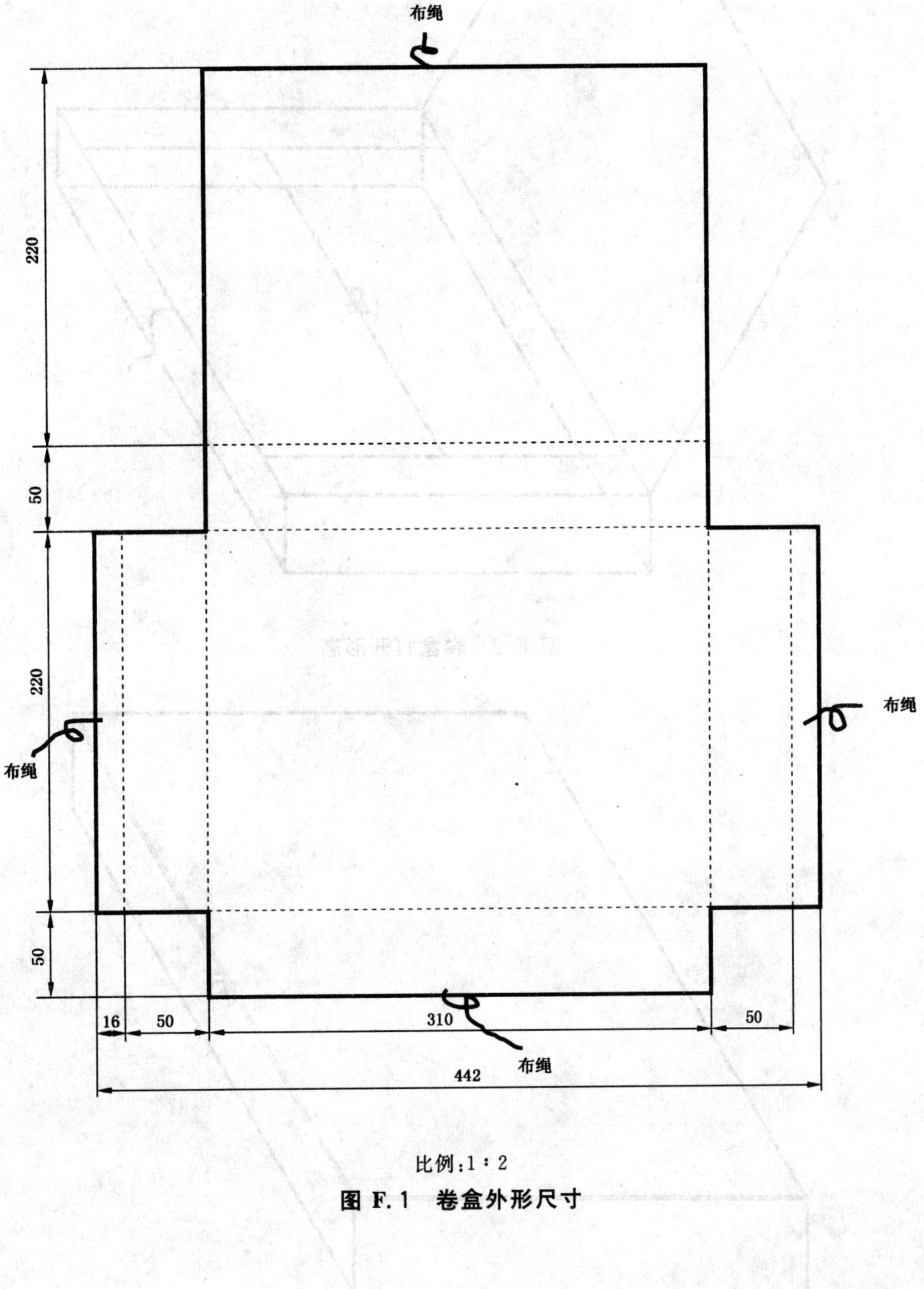

比例：1∶2

图 F.1　卷盒外形尺寸

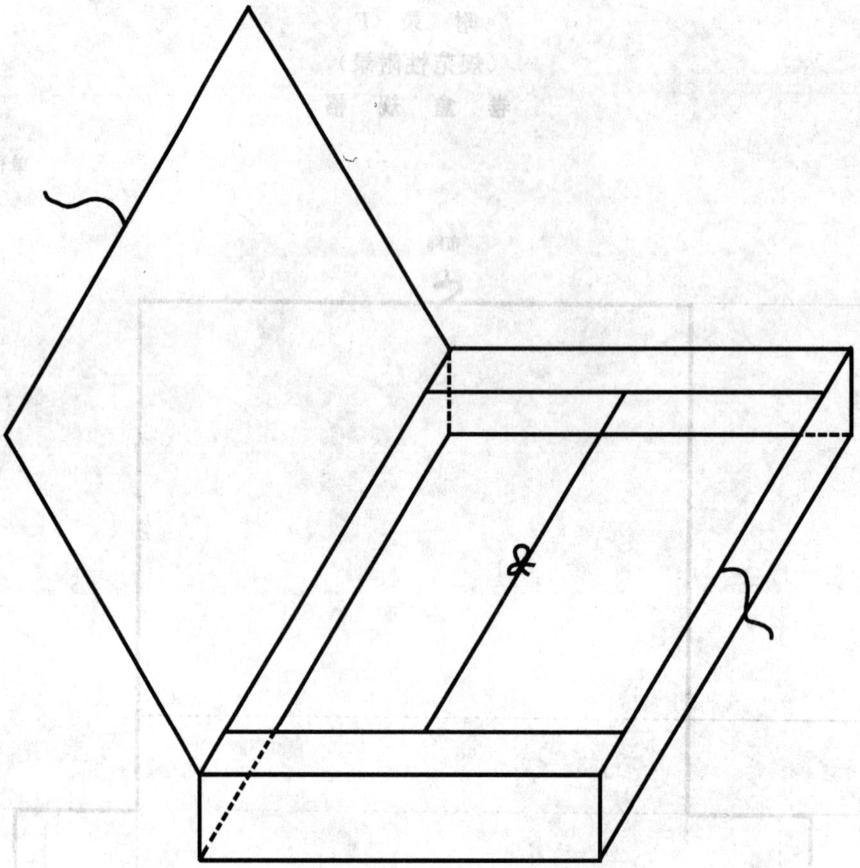

图 F.2 卷盒打开形态

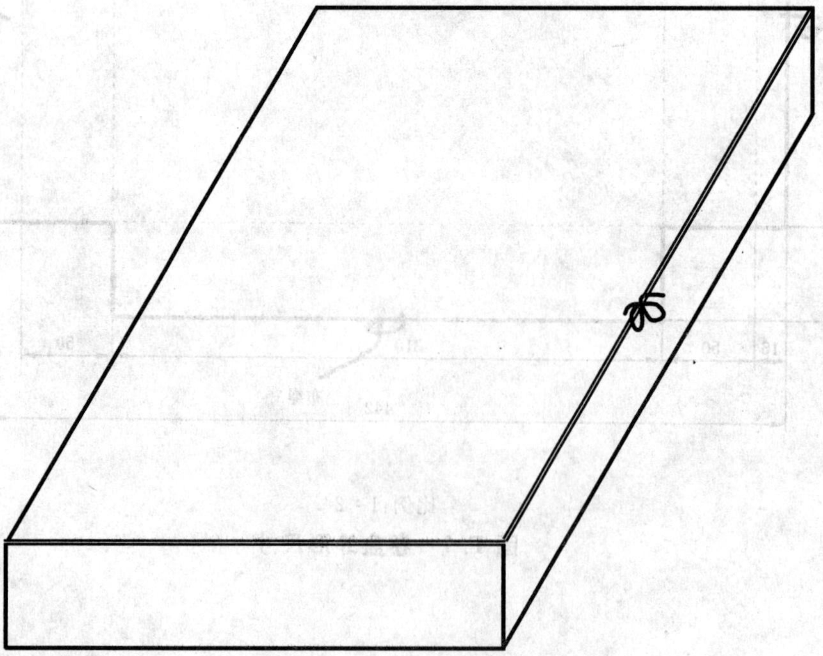

图 F.3 卷盒关闭形态

附　录　G
（规范性附录）
卷盒卷脊格式

单位为毫米

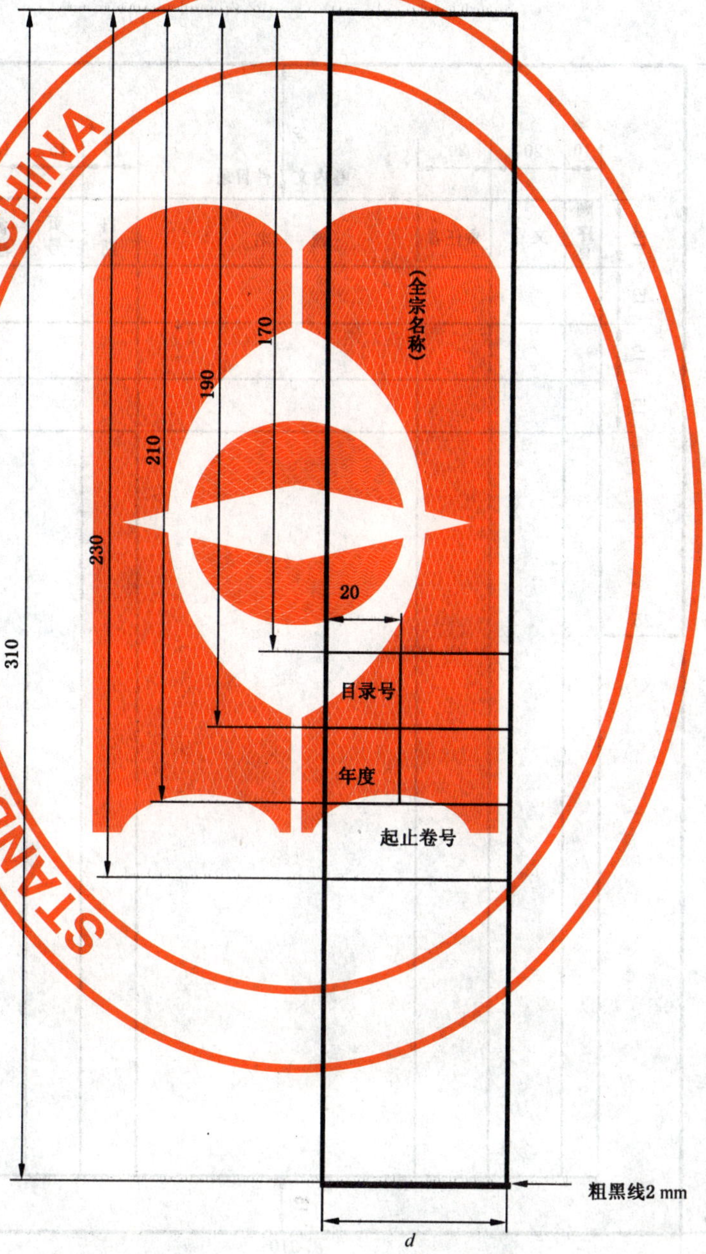

比例：1∶2

d=50 mm，40 mm，30 mm。

附 录 H
（规范性附录）
卷内文件目录格式

单位为毫米

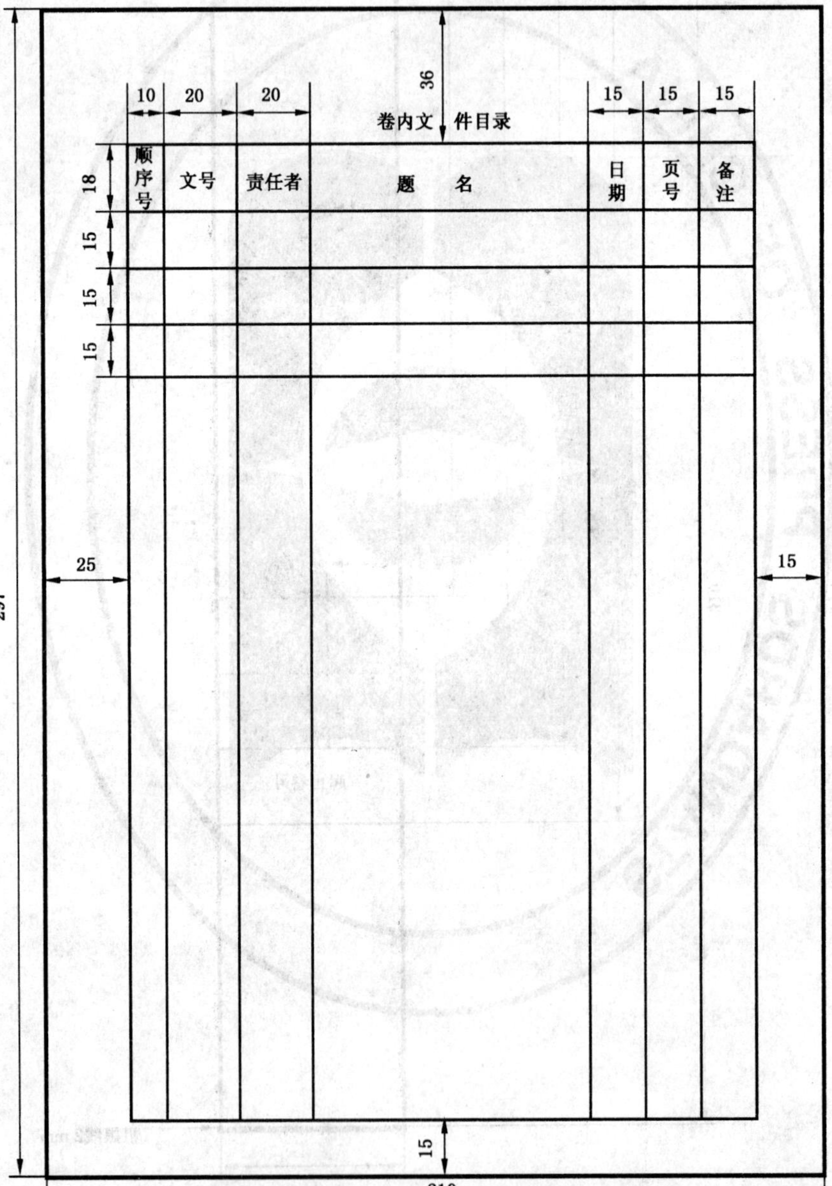

比例:1∶2

附　录　I
（规范性附录）
档号章格式

单位为毫米

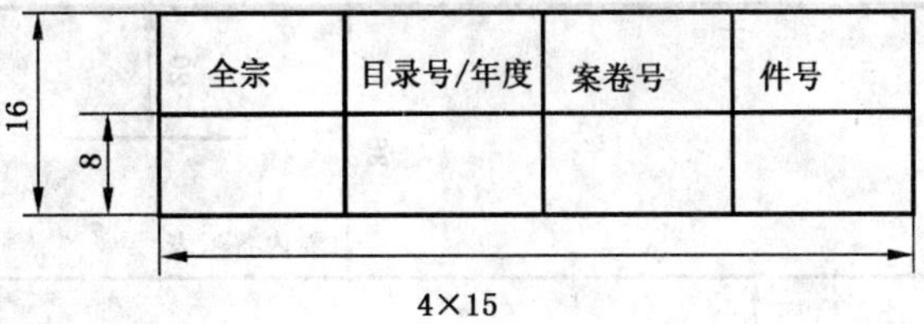

比例:1∶1

附 录 J
(规范性附录)
卷内备考表格式

单位为毫米

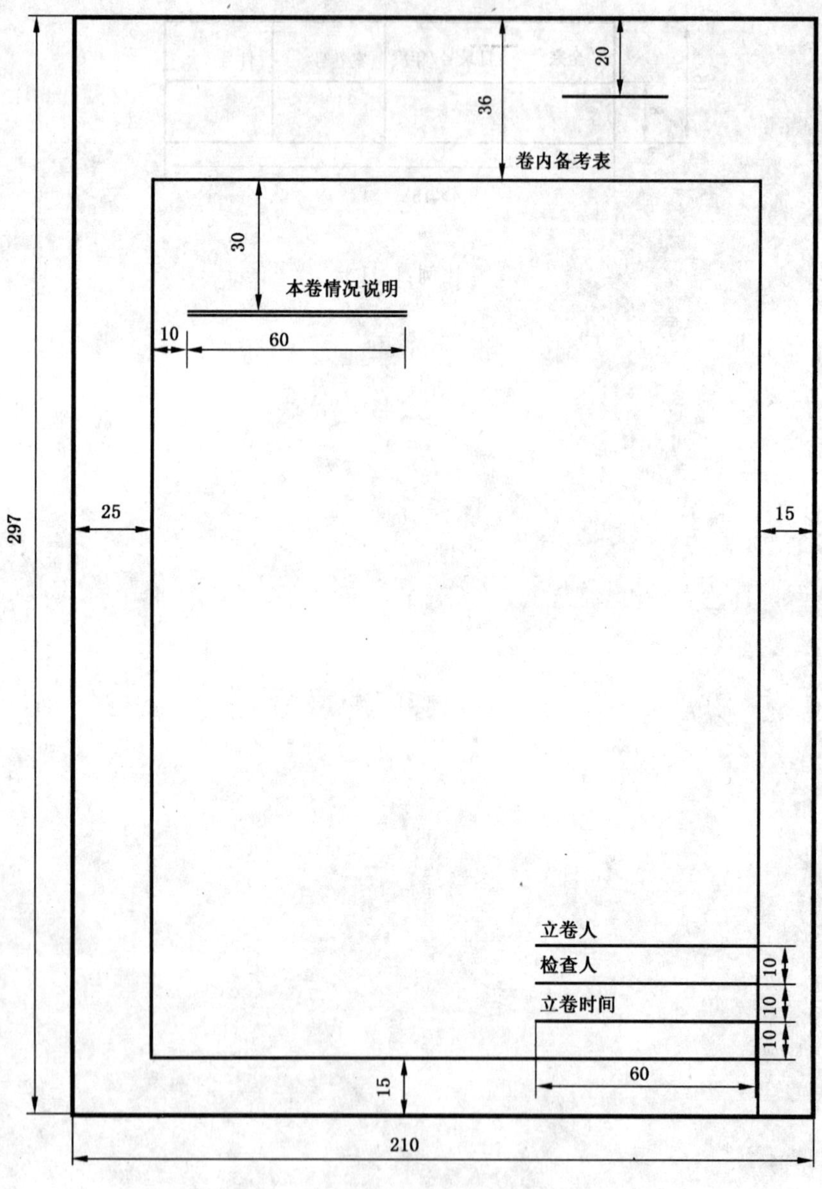

比例:1∶2

ICS 11.040.60
C 43

中华人民共和国国家标准

GB 9706.5—2008/IEC 60601-2-1:1998
代替 GB 9706.5—1992

医用电气设备 第2部分:能量为1 MeV至50 MeV电子加速器 安全专用要求

**Medical electrical equipment—
Part 2-1: particular requirements for the safety of electron accelerators in the range 1 MeV to 50 MeV**

(IEC 60601-2-1:1998,IDT)

2008-12-15 发布　　2010-02-01 实施

中华人民共和国国家质量监督检验检疫总局
中国国家标准化管理委员会 发布

前　言

本部分的全部技术内容为强制性。

《医用电气设备》的安全系列标准由两部分构成：

——第1部分：安全通用要求；

——第2部分：安全专用要求。

本部分为安全专用要求，是GB 9706的第5部分。

本部分等同采用IEC 60601-2-1:1998《医用电气设备　能量为1 MeV～50 MeV医用电子加速器安全专用要求》及其第1号修改单：2002。

为便于使用，本部分做了下列编辑性修改：

——删去IEC 60601-2-1:1998《医用电气设备　能量为1 MeV～50 MeV医用电子加速器安全专用要求》的前言、引言及附录BB，增加了本前言；

——本部分的附录L是规范性附录，其中提及的"通用标准中的附录L"系指GB 9706.1—2007中的附录L。本部分的附录AA是资料性附录；

——对于标准中引用的其他国际标准，若已转化为我国标准，本部分用国家标准号替换相应的国际标准号，并在附录L中注明对应关系。

本部分代替GB 9706.5—1992《医用电气设备　能量为1～50 MeV医用电子加速器专用安全要求》。

本部分与GB 9706.5—1992相比主要变化如下：

——与GB 9706.1—2007合并使用。按照该通用标准的要求，本部分做了相应修改；

——增加了并列标准如IEC 60601-1-4、YY 0505；

——对控制器件和仪表的标记要求做了较多删改，原标准的该部分内容有些已纳入GB/T 18987—2003中；

——增加了对使用说明书的要求；

——对技术说明书要求做了较多删改；

——对运动部件提出了更详细的要求；

——增改了电离辐射安全要求；

——等同采用了IEC 60601-2-1修改单1:2002内容：对总限束系统设置了泄漏限值（详见本部分的29.3.1.1）；

——增加了对非正常运行和故障状态的要求；

——删去对元器件和组件的要求；

——增改了附图；

——增加了附录L（资料性附录）。

本部分的附录L、附录AA为资料性附录。

本部分由国家食品药品监督管理局提出。

本部分由全国医用电器标准化技术委员会放射治疗、核医学和放射剂量学设备标准化分技术委员会（SAC/TC 10/SC 3）归口。

本部分起草单位：北京市医疗器械检验所。

本部分主要起草人：刘毅、孙卓惠、王培臣、宋连有。

本部分于1992年11月首次发布，本次为第一次修订。

引　言

如果设备对患者给出了非所需的剂量或者设备的设计不满足电气和机械的安全标准，则使用电子加速器做放射治疗时就可能伤害患者；如果电子加速器不能充分控制辐射和(或)治疗室的设计有缺陷时，设备还可能伤及附近的人员。

本部分制定了设计、制造用于放射治疗的电子加速器制造商应遵守的要求，但是它并不试图规定加速器的最佳性能要求。本部分的目的是确定当前该类设备安全运行所必需考虑的设计要点，它给出设备性能降低的一些限值，如果设备的性能低于这些限值时，可以认为设备处于某种故障状态，此时应使联锁装置动作，以停止设备继续运行。

应该说明的是，在安装之前，制造商应提供一份与型式试验有关的合格证明书，在随机文件中应包含以现场试验报告的形式表达的报告，供试验此设备的人员在安装时填写。

医用电气设备 第2部分:能量为1 MeV至50 MeV 电子加速器 安全专用要求

第一篇 概 述

除下述内容外,通用标准本篇的章条适用。

1 范围和目的

1.1 范围

补充:

本部分包括型式试验和现场试验,分别适用于电子加速器[1])的制造和某些安装[2])情况:

——旨在用于人类医学实践中的放射治疗,包括能由可编程电子子系统(PESS)自动控制其操作参数的选择与显示的设备;

——在正常条件(NC)下和在正常使用时,该设备输出的X辐射束和/或电子辐射束:

- 标称能量为1 MeV至50 MeV;
- 距辐射源1 m处,最大吸收剂量[3])率在0.001 $Gy \cdot s^{-1}$和1 $Gy \cdot s^{-1}$之间;
- 正常治疗距离(NTDs)距辐射源在0.5 m和2 m之间;

——同时

- 为了正常使用,在获得相应许可人员或合格人员的指导下,由具有特殊医学应用所需技能的操作人员操作,用于特定的临床目的:即固定放射治疗或移动束放射治疗;
- 按使用说明书所推荐的方法维护;
- 由合格人员定期进行质量保证和校准的检验;
- 在技术说明书中规定的环境条件和电源条件下使用。

1.2 目的

补充:

本部分提出的要求旨在保证电子加速器的电离辐射安全,增强其电气与机械方面的安全并规定试验方法,以检验是否符合这些要求。

注:采用本部分有助于确保设备:

- 在设备运动期间和电源发生故障时确保患者安全;
- 输出预选的辐射类型、标称能量和吸收剂量;
- 利用固定放射治疗、移动束放射治疗、辐射束成形装置等,按预选的辐射束相对于患者的关系对患者进行照射;同时保证患者、操作者及其他人员或环境免受不必要的危害。

1.3 专用标准

补充:

1.3.101 与其他标准和文献的关系

注:见附录L标准的规范性引用文件。

---

1) 见ICRP 33 128～134和144～156。

2) 在本部分中,所有涉及的安装是指在用户场所的安装。

3) 在本部分中,所有涉及的吸收剂量是指在水中的吸收剂量。

1.3.102　GB 9706.1 (GB 9706.1—2007,IEC 60601-1:1988,IDT)

本部分的要求优先于所有其他标准。它与 GB 9706.1—2007《医用电气设备　第 1 部分:安全通用要求》(IEC 60601:1988 及其第 1 号修订改单 1991)合并使用,以下称通用标准。与通用标准一样,要求的后面是试验方法。

通用标准中有些篇、章、条,在本部分没有相对应的篇、章、条,也许不相关,此时执行通用标准中的这些篇、章、条,不得修改。如果通用标准中某一部分,也许是相关的,但是不采用,本部分会为此给出一个说明。除非另有说明,通用标准的所有条款均必须采用。"本部分"是指通用标准和本部分。

本部分的篇、章、条的编号与通用标准一致。对于通用标准和并列标准文本的变更,规定使用下列词语:

——"替换",意味着通用标准中的章或条完全由本部分的条文取代;

——"补充",意味着本部分的条文附加到通用标准的要求中;

——"修改",意味着通用标准中的章或条如本部分所说明的那样做了修改。

对于补充到通用标准中的那些条款、图或表从 101 开始编号,补充的附录用字母 AA、BB 等标识,补充的列项用 aa)、bb)等表示。

1.3.103　GB/T 18987《放射治疗设备　坐标系、运动与刻度》(GB/T 18987—2003,IEC 61217:1996,IDT)

GB/T 18987 给出了设备运动的命名、刻度的标识、它们的零位置和运动增加值的方向方面的指导(见 6.3.101)。

1.5　并列标准

补充:

1.5.101　GB 9706.15《医用电气设备　第 1-1 部分:通用安全要求　并列标准:医用电气系统安全要求》(GB 9706.15—1999,idt IEC 60601-1-1:1995)

该并列标准不适用。

1.5.102　YY 0505《医用电气设备　第 1-2 部分:安全通用要求　并列标准:电磁兼容　要求和试验》(YY 0505—2005,IEC 60601-1-2:2001,IDT)

电磁兼容性要求和试验见第 36 章。

注:YY 0505—2005/IEC 60601-1-2:2001 适用于医用电气设备和在医学应用中使用的 ITE(信息技术设备)。电子加速器及其 ITE 组成部分无例外地都要符合 YY 0505—2005;目前尚不能完全确定除了本部分第 36 章内容外,是否还要对这些要求和试验作修改。

1.5.103　GB 9706.12《医用电气设备　第一部分:安全通用要求　三.并列标准　诊断 X 射线设备辐射防护通用要求》(GB 9706.12—1997,idt IEC 60601-1-3:1994)

该并列标准不适用。

1.5.104　IEC 60601-1-4

可编程电子子系统(PESS)　要求和试验见 29.1.15 和 52.1b)。

2　术语和定义

2.1　设备部件、辅助设备和附件

补充:

注:附录 AA 及英文索引按顺序列出定义的术语及其出处。

补充的定义:

2.1.101

控制计时器　controlling timer

用于测量辐照时间并且达到预定时间就使辐照终止的装置。

2.1.102

电子束限束器　electron beam applicator

电子辐射束的限束装置。

2.1.103

机架　gantry

设备中支撑辐射头的部件。

2.1.104

几何辐射野　geometrical radiation field

设想从靶/电子窗前表面的中心所看到的、限束装置的末端在垂直于参考轴的一个平面上的几何投影。此几何辐射野可以在任何距离处定义。这个距离，对X辐射是指到靶的前表面，对电子辐射是指到电子窗。

2.1.105

硬件接线　hard-wired

系统性能只能靠物理移动和重新布线才能改变。

2.1.106

辐照的中断/中断辐照　interruption of irradiation/to interrupt irradiation

暂停辐照和运动，不必重新选择操作条件即可继续辐照 。

2.1.107

移动束放射治疗　moving beam radiotherapy

使辐射野与患者按预定计划作相对移动或使吸收剂量分布按计划改变所进行的放射治疗。

2.1.108

标称能量（以下简称能量）　nominal energy (hereinafter referred to as energy)

a)　对于电子辐射，由制造商给定，用以表征辐射束能量。此能量近似等于测量体模表面上的可获得最可几能量 $E_{p,0}$（参见ICRU 35号报告3.3节；能量 $E_{p,0}$）。

b)　对于X辐射，由制造商给定，用以表征辐射束能量。

2.1.109

正常治疗距离（简称NTD）　normal treatment distance (abbreviation:NTD)

a)　对于电子辐照，规定为沿着参考轴，从电子窗到电子束限束器末端或到某一规定平面的距离；

b)　对于X辐照，规定为沿着参考轴，从靶的前表面到等中心的距离；没有等中心的设备，则是到某一规定平面的距离。

2.1.110

口令（密码）　password

由可编程电子子系统（PESS）控制的设备，使操作者能进入正常使用或复位联锁的一序列击键输入。另一序列击键输入可以进入调整和维修模式。

2.1.111

治疗床　patient support

支撑患者的部件组合。

2.1.112

主/次剂量监测组合　primary/secondary dose monitoring combination

一种双道剂量监测系统的组合。一道作为主剂量监测系统，另一道作为次级剂量监测系统。

2.1.113

合格人员　qualified person

由主管部门认可的、具有必备知识和经过必要训练的、能完成规定职责的人员。

2.1.114

辐射类型　radiation type

构成辐射的波或微粒的性质,无论辐射是 X 辐射或是电子辐射。

2.1.115

冗余剂量监测组合　redundant dose monitoring combination

一种双道剂量监测系统的组合,达到剂量监测计数预选值时,两道剂量监测系统都能终止辐照。

2.1.116

相对表面剂量　relative surface dose

在其表面位于某一个规定距离的体模中,在参考轴上,0.5 mm 深度处的吸收剂量与最大的吸收剂量之比。

2.1.117

现场试验　site test

设备安装后,对某个部件或设备进行的试验,用以确定是否符合规定的标准。

2.1.118

辐照的终止/终止辐照　termination of irradiation/to terminate irradiation

停止辐照和运动,如果不重新选择所有的运行条件(即返回到预置状态),辐照不可能重新开始:

注:下列事件会终止辐照并停止运动:

- 达到预选的剂量监测单位数值;
- 达到预选的时间;
- 一个有意的手动停束操作;
- 一个联锁动作;
- 在移动束放射治疗中,当超过预选的角度或线性尺寸时。

2.1.119

透射探测器　transmission detector

辐射束穿透的辐射探测器。

2.1.120

型式试验　type test

由制造商对仪器或设备的一个专门设计所做的试验,用以确定该设计是否符合规定的标准。

4　试验的通用要求

4.1　试验

补充:

4.1.101　试验分级

本部分的第 29 章规定了三级型式试验和两级现场试验方法,其要求如下:

- A 级型式试验:设备中与辐射安全措施规定有关设计的分析。此分析涉及满足安全要求的工作原理或结构措施,这些设计必须在技术说明书中阐明。
- B 级型式试验/现场试验:对设备直接查看或功能试验或测量。该试验必须采用本专用标准规定的试验方法。其试验过程必须在不改动设备的电路或结构的运行状态(包括故障状态)条件下进行。
- C 级型式试验/现场试验:对设备作功能试验或测量。该试验必须遵照本部分规定的原则,现场试验方法必须包括在技术说明书中。当试验方法要求在改动设备的电路或结构的运行状况下进行时,该试验应该由制造商或其代理或在他们的直接监督下进行。

5 分类

替换：

设备及其应用部分必须按第 6 章中所述做标志和/或识别来分类。这包括：

5.1 按对电击防护的类型分：

——属 I 类设备。

5.2 按对电击防护的程度分：

——属 B 型应用部分。

5.3 按 GB 4208(IEC 60529)[见 6.1 l)]中所详述的对水浸的防护程度分：

——除另有规定外，属 IPX0。

5.4 按照使用说明书推荐的方法消毒或灭菌。

5.5 按有易燃麻醉气与空气的混合或与氧或氧化亚氮的混合气情况下使用时的安全程度分：

——属于不能在有易燃麻醉剂与空气或与氧或氧化亚氮的混合气情况下使用的设备。

5.6 按工作方式分：

——除另有规定外，属于间歇加载连续运行设备。

补充：表 101

表 101 为支持第 29 章的现场试验，在技术说明书中要求的数据信息

符合章条	A 级型式试验有关数据说明	B 级型式试验的结果及其细节	C 级型式试验的结果及其细节	C 级现场试验规定的方法和试验条件
29.1.1.1	b),d),e)		d)	a),b),c)
29.1.1.2	a),b)		b),c)	b)
29.1.1.3	d),e),f)			
29.1.1.4	a),b),c)			b),c)
29.1.1.5	a)			b)
29.1.2	a),b),c)			b),c)
29.1.3	b),c),d),e)			b),c),d),e)
29.1.4	a),b),c),d),e),f),g)			
29.1.5	e)		e)	
29.1.6	e),h)		f),g)	e),f),g),h)
29.1.7.1				d)
29.1.7.2				d)
29.1.7.3.1	*			*
29.1.7.3.2				d)
29.1.9	b)			
29.1.10	e)			
29.1.11	*			
29.1.12	a),c)			
29.1.13	a)			
29.1.14	a),b)			a),b)

表 101（续）

符合章条	A级型式试验有关数据说明	B级型式试验的结果及其细节	C级型式试验的结果及其细节	C级现场试验规定的方法和试验条件
29.1.15	*			*
29.2.1	*			
29.2.2		*		
29.2.3			*	
29.3.1.1		a),b),c),d)		
29.3.1.2	c)	a)1), a)2), b)		c)
29.3.2		*		*
29.3.3		*		
29.3.4	*		* ←或→	*
29.4.1		a),b)		
29.4.2			*	
29.4.3	b)	a)		
29.4.4	*			
29.4.5		*		
注：* 表示没有其他特别规定的要求。				

6 识别、标记和文件

6.1 设备或设备部件外部的标记

d) 设备和可更换部件上标记的最低要求

补充：

在所有可互换的和不可调节的限束装置和电子束限束器的外部，必须清楚地标明在正常治疗距离处的几何辐射野尺寸及末端到正常治疗距离的距离。

每个可手动更换的楔形过滤器必须有清楚的识别标记。

z) 可拆卸的保护装置

补充：

安装时，如果是通过安装的状态来满足本条全部的要求或部分的要求，应该查看安装是否符合要求，结果应该记录在现场试验报告中。

6.2 设备或设备部件的内部标记

补充：

aa) 取下辐射头外罩，必须露出通用标准中表 D.1 第 14 号标记，指出："注意！查阅随机文件"。

6.3 控制器和仪表的标记

补充：

6.3.101 运动部件刻度和指示的规定

必须提供：

a) 每个运动形式有一个刻度尺或数字指示；

b) 光野及其在参考轴位置的指示；

c) 在参考轴上，从辐射源的前表面到患者表皮距离（源皮距）的数字指示或刻度；所有运动的标识增加值的方向和零位必须符合 GB/T 18987（见图 108）要求。

通过查看，检验其是否符合要求。

6.7 指示灯和按钮

a） 指示灯的颜色

补充：

在治疗控制台(TCP)或其他控制板面上，所用指示灯的颜色必须符合下述规定：

- 辐射出束用黄色[4)]；
- 准备状态用绿色[4)]；
- 发生非预期情况，需紧急终止机器运行状态用红色；
- 预置状态用其他颜色。

在下述情况下，发光二极管(LEDs)不作为指示灯考虑：

——在任意一个治疗控制台上，对于不要求特别颜色的所有指示均由同一颜色的发光二极管(LEDs)给出，和

——对于要求有特别颜色的指示是明显可辨别的。

6.8 随机文件

6.8.1 概述

补充：

注：使用说明书和技术说明书构成随机文件的一部分。在技术说明书中除了表 101 所列为进行第 29 章的现场试验必备的数据外，本部分还要求在随机文件、使用说明书和技术说明书中提供信息的章和条列于表 102。

6.8.2 使用说明书

a） 一般内容

补充：

——使用说明书必须包括下述内容：

- 所有联锁装置和其他辐射安全装置功能的说明；
- 检验其正常运行的说明；
- 推荐应该进行这类检验的周期；
- 在设备正常使用时，电离辐射对某些部件的电介质强度和/或机械强度会造成损伤而影响安全性能时，推荐查看或更换这类部件的时间间隔。

j） 环境保护

补充：

注：用户的放射防护顾问通常应是负责鉴别和处置放射性物质的人员。

为协助用户的放射防护顾问，必须提供下列信息：

——下列正常使用时，正常治疗距离处的辐射能量和相应的最大吸收剂量率：

- X 辐射(如果带或不带附加滤过器均能正常使用，则给出这两组数据)；
- 电子辐射。

——对于 X 辐射和电子辐射，在正常治疗距离处的最大几何辐射野标注了尺寸的形状；

——下列部位相对于辐射头上可触及部位的位置：

- 靶的前表面，及；
- 电子窗；

——辐射束可以达到的辐射方向；

——假如使用了辐射束屏蔽，给出它对每种能量 X 辐射的透射率；

——对可能具有放射性的设备或设备部件的识别、操作和处置的指导意见和注意事项。

4） 在治疗室内或其他场所，上述标有“4)”的状态可能要求采取紧急动作或引起注意，因此在这些位置可以使用通用标准中表 3 所规定的不同颜色。

6.8.3 **技术说明书**

a) 概述

补充：

——正常使用时，对环境条件和电源条件的详尽要求。

补充项：

aa) 现场试验用的信息：

技术说明书必须包括：

——A级型式试验结果的说明；

——B级和C级型式试验的详情和结果；

——C级现场试验规定的方法和测试条件；

注1：见表101所列，验证是否符合第29章要求现场试验的条款。

——说明如何生成一个所述的故障状态。如果不能生成，则说明如何生成一个与可能生成的信号来源尽可能接近的试验信号，并用说明证实该试验信号模拟的是特殊故障条件下可能产生的信号。

注：在有些情况下，一个试验信号可以模拟一个以上的故障状态。

——说明在完成现场试验后将设备复位到正常使用状态及如何验证此正常状态。

注2：负责现场试验的人员应该在报告中记录其结果，此报告构成随机文件的一部分；另外，现场试验报告应该至少包括：

- 用户现场的名称和地址；
- 设备的型式标记(型号)和产品序列号；
- 所有参与测试的人员的姓名、职务、服务地址及其参与试验日期；
- 环境条件和供电条件；
- 试验条件、方法或仪器与制造商给出的不同或不能由本部分得到数据时的实际状况。

通过查看技术说明书，检验其是否符合要求。

第二篇　环境条件

除下述内容外，《通用标准》中该篇的章条适用。

10　环境条件

补充：

注：见1.1第三个破折号，第4点以及6.8.3a)补充。

10.2.2 **电源**

a) 设备应适用下列电源：

修改：

将第二个破折号修改为：

——电源内阻要足够低，以保证加载及无载稳定状态之间的电压波动不超过±5%。

第三篇　对电击危险的防护

除下述补充外，《通用标准》中该篇的章条适用。

16　外壳和防护罩

补充：

aa) 当本章的要求全部或部分地由安装状态来满足时，必须在随机文件中规定出试验方法。

安装时应该通过查看和试验，检验是否符合要求，结果应该记录在现场试验报告中，见57.1a)。

补充：

表 102　本部分要求在随机文件、使用说明书和技术说明书中提供信息的章和条

注：以下检验参考旨在帮助检验符合要求文件的有效性。

检验参考	随机文件	使用说明书	技术说明书
1		1.1	
2			1.1
3			4.1.101
4		5.4	
5	6.1d)通过 GB 9706.1 的 6.8.1/6.1d)		
6	6.2aa)		
7	6.8/6.8.1 注		
8		6.8.2a),j)	
9			6.8.3a),aa)
10	16aa)		
11　1,2,4		22.4.1a)1),a)2)	22.4.1a)4)
12		22.4.2d)	
13		22.4.3e)	
14	22.7.101		
15	28.101b)		
16			29(见表 101)
17	29.1.1.1c)注		
18			29.1.1.1d)
19		29.1.2b)	
20　b),c),e)			29.1.3b),c),e)
21			29.1.4f)注
22		29.1.5d)	
23			29.1.7.3.1
24		29.1.10e)	
25　a),c)		29.1.12a),c)	
26		29.1.13a)	
27		29.1.14a)	
28		29.1.15f)	
29			29.4.1b)
30			29.4.3b)
31	36		
32		52.1b)	
33			57.1a)

18 保护接地、功能接地和电位均衡

b) 补充：

每次安装时，设备的保护接地端子与外部保护系统之间的永久性固定安装的保护接地导体应该保证对可能发生的最大故障电流有足够的尺寸，以符合国家规定的要求。

按适用的国家规定，在安装后应该通过查看和试验，检验其是否符合标准。其结果应该包括在现场试验报告中，见18f)并见6.5、57.5b)、58.1、58.2、58.8和58.9。

f) 替换：

符合性试验的第一段由以下内容替换：

用一频率为50 Hz、空载电压不超过6 V的电流源，产生一个25 A的电流或1.5倍适用于设备被测部件的额定电流，取其较小者(±10%)。在5 s～10 s时间内流过保护接地端子和每个可触及的在基本绝缘失效的情况下会带电的金属部件。

19 连续漏电流和患者辅助电流

19.1 通用要求

b) 替换：

在正常工作温度下，用一永久性安装的电源，连续对地漏电流和外壳漏电流的规定值要求适用于下述任何组合：

- 在正常状态(NC)和在规定的单一故障状态(SFC)(见19.2)：
  1) 当设备通电在预置状态并在同时多个驱动运动最不利的可能组合下，和
  2) 当设备运行在最大功率消耗时。

按上述1)和2)要求，在正常状态下的连续对地漏电流和外壳漏电流的测量值，必须不超过19.3中给出的容许值。

19.3 容许值

修改：

对B型应用部分，在正常状态下修改表4的容许值如下：

设备的对地漏电流，按注3)	20
外壳漏电流	0.5

第四篇 对机械危险的防护

除下述内容外，通用标准该篇中的章条适用。

22 运动部件

替换：

22.4 驱动运动(见图108)

对于治疗床系统，当系统空载和当系统以135 kg的重物均布加载时，这些要求必须适用。

注1：“自动地设定”或“自动设定”是指设备部件自动地运动到患者治疗开始所需要的位置。

注2：“预编程运动”是指在患者治疗时，设备部件的运动按预编程序动作，没有操作者干预。这类治疗称作“预编程治疗”。

22.4.1 机架、辐射头和治疗床

a) 概述

注：“驱动运动失效”可理解为驱动运动的电源发生故障。

1) 在正常使用时，当驱动运动失效可能导致患者被夹时，必须提供使患者得以从困境中解脱的措施。这类措施必须在使用说明书中描述。

2) 如果辐射头或其他任何部件带有某些装置，这些装置在正常使用时用来降低该部件与患者的碰撞危险，则必须在使用说明书中描述每个装置的运行和局限性。

3) 设备驱动运动的电源或设备主电源的中断或失效时，必须保证各部件停止在本条的 b)3)和 c)3)部分中给出的极限内。

4) 对于自动设定和在治疗前预编程运动的检验，必须在预期停止角前至少 5°和在预期停止前至少 25 mm 处降低速度；这种降速必须保证过冲旋转位移不超过 2°，直线位移不得超过 5 mm。降速过程必须在技术说明书中详述。

用以下方法检验其符合性：

1)、2) 查看使用说明书和所提供装置；

3) 中断 a)驱动运动的电源，b)设备电源，测量停止的距离。为了排除不同人员反应时间差异的影响，测量必须在人工按动开关使接点开或合的瞬间开始。为确定停止距离，测量应该重复 5 次；运动部件每次都必须停在允许距离以内。

4) 查看和测量以及查看技术说明书。

b) 旋转运动

1) 每种运动的最低转速必须不大于 1°/s。

2) 任一转速必须不大于 7°/s。

3) 当运动部件转速接近但不大于 1°/s 时，停止运动操作那一时刻该部件的位置与最终停止位置之间的角度必须不大于 0.5°；当转速超过 1°/s 时，必须不大于 3°。

例外：上述要求 2)不适用于限束系统(BLS)。

c) 直线运动

1) 辐射野边线位移 20、21、22 和 23，治疗床位移 9、10 和 11 的最低速度必须不大于 10 mm/s。(运动的命名见图 108 及 GB/T 18987)

2) 任一速度必须不大于 100 mm/s。

3) 该部件停止运动操作那一时刻的位置与最终停止位置之间的距离，任何速度大于 25 mm/s 的，必须不超过 10 mm；速度小于 25 mm/s 的，必须不超过 3 mm。

用适当的仪器测量运动部件的速度和它们的停止距离，检验是否符合标准。为了排除不同人员反应时间差异的影响，测量必须从人工按动开关接点开或合的瞬间开始。为了确定停止距离，测量应该重复 5 次；运动部件每次都必须停在允许距离以内[见 22.4.3、22.7.101、27.101 和 29.1.6f)]。

22.4.2 治疗室内操作设备部件的运动

a) 如果设备部件的电动运动可能使患者身体受到伤害，操作这种运动必须由操作者同时持续地人工按动两个开关。每个开关断开时，都必须能中断运动；其中一个开关可以作为所有运动的公用开关。

注：限束系统的直线或旋转调节运动被认为不会使患者受伤。只有限束系统装上附件后没有完整的安全保护或触摸保护时，才考虑会出现安全危害，例如某些型式的电子束限束器。

b) 能够自动设定的设备，没有操作者同时持续地人工按动那个自动设定开关和另一个所有运动的公用开关，就不可能启动或保持相关的运动。

c) 上述 a)和 b)中要求的开关必须紧靠治疗床，以便操作者密切监视，从而避免对患者的伤害。在 a)和 b)中要求的开关中至少有一个必须是硬件接线的。

d) 使用说明书必须给出一个建议：如果治疗处方中有由治疗控制台预期遥控的运动或预先编程的运动，操作者应该在离开治疗室之前，在患者最后的摆位后，检验所有预期的或计划的运动。

通过查看检验是否符合标准。

22.4.3 治疗室外设备部件运动的操作

a) 操作者没有同时持续地人工按动自动置位开关和另一个所有运动的公用开关,就必须不可能启动或保持自动置位的运动。每个开关断开时,必须都能中断运动。两个开关中至少有一个应该是硬件接线的。

b) 设备部件已自动设定和/或预编程后,在预编程治疗完成之前,调节任何运动参数都必须造成辐照终止。

c) 对于未被预编程的设备,在辐照完成之前,调节任何运动参数都必须造成辐照终止。

d) 对于未被预编程的设备,在辐照之前或在终止辐照之后,必须能调节运动参数,但是只有当操作者同时持续地人工按动两个开关才行。每个开关断开时,都必须能停止运动;一个开关必须是硬件接线的,并且它是对所有运动的公用开关。

e) 使用说明书必须有一个建议:在辐照前或辐照时,操作者应该能无障碍地观察患者。

f) 任何辐照的中断或终止,必须能使所有设备部件的运动停止,停止限值在22.4.1中给出。

查看a)、b)、c)、d)、e)和f)及其22.4.1要求的限值,检验是否符合标准。

22.7

补充:

22.7.101 电动机的紧急停止

必须在靠近或在治疗床和治疗控制台上装备一个用以对所有的运动系统的供电应急关断的硬件接线电路,它应该是容易识别并且易触及的。当操作它时,所有的运动必须停止在22.4.1中规定的限值内。靠近或在治疗控制台上的措施也必须能终止辐照。其断开所需时间不得超过100 ms。当有些措施是由用户负责安装在现场时,必须在随机文件中规定其要求和现场试验方法;试验结果应该记录在现场试验报告中。

查看随机文件、直接查看和利用适当的测量仪器测量停止距离和关断时间,以检验是否符合标准。为了排除不同人员的反应时间差异,测量必须从人工按动开关使接点开或合的瞬间开始。

27 气动和液压动力

补充:

27.101 压力的变化

如果为运动提供动力的系统压力变化会导致危险时,则所有的运动必须从任何速度下停止在22.4.1中规定的限值内。

模拟一个故障状态,使保护装置动作并测量停止距离,检验是否符合标准。

28 悬挂物

补充:

28.101 附件连接

a) 由制造商提供的用以悬挂附件的措施,特别是那些对辐射束成形和吸收剂量分布有影响附件的悬挂装置,必须设计得能在正常使用的所有情况下,保持这些附件牢固不动。查看并研究其设计数据及安全系数,验证是否符合标准。

b) 随机文件必须含有维护要求,规定所提供附件的使用条件与限制。应该包括对用户制造或用户委托制造的其他附件设计限值的指导。

查看随机文件进行检验。

第五篇 对不需要的或过量的辐射危险的防护

除下述内容外,通用标准该篇中的章条适用。

29　X射线辐射

替换：

29　电离辐射安全要求

注1：为满足本部分关于辐射的安全要求，设备应该符合第29章和1.1、1.2、4.1.101、6.3.101、6.7a)和6.8要求。

注2：本章中，吸收剂量百分比所用的数据应该由测量中得到。使用剂量监测计数的同一设置和同一参数(除非为了比较应该改变参数外)。

29.1　治疗体积内不正确吸收剂量的防护

29.1.1　吸收剂量的监测和控制

必须提供双道独立的剂量监测系统。

29.1.1.1　剂量监测系统

29.1.1.2规定的辐射探测器必须是双道剂量监测系统的一部分，其输出显示为剂量监测计数，能够用以计算出治疗体积内某一参考点的吸收剂量。

剂量监测系统必须满足以下要求：

a)　一道剂量监测系统发生故障时，必须不影响另一道剂量监测系统的正常工作；

b)　任何一个公用元件失灵会使某一道剂量监测系统的读数变化超过5%时，必须能够终止辐照；

c)　双道系统分别供电时，任何一道电源发生故障都必须能够终止辐照；

注：电源故障包括电压或电流不能保持在随机文件规定的范围内，因而不能使剂量监测系统发挥正常功能。

d)　双道剂量监测系统既可以是冗余剂量监测系统组合，也可以是主-次剂量监测系统组合。在冗余剂量监测系统组合中，这双道剂量监测系统都必须达到技术说明书规定的性能。在主-次剂量监测系统组合中，至少主剂量监测系统必须达到技术说明书规定的性能。无论是哪一种组合，在技术说明书中都必须列出吸收剂量率达到最大剂量率两倍时的性能；

e)　如果剂量监测系统的电路参数随辐射类型或能量而自动改变，则必须做到一道剂量监测系统的改变与另一道的改变无关。

检验方法如下：

a)　C级现场试验——原则：用一道剂量监测系统产生或模拟故障来验证另一道剂量监测系统的功能；

b)　A级现场试验——说明哪些元件是双道系统公用的，每个元件哪种失灵会使辐射终止；

b)　C级现场试验——原则：模拟每个公用元件失灵，验证联锁装置终止辐射的功能；

c)　C级现场试验——原则：通过生成或模拟电源故障，验证联锁装置终止辐射的功能；

d)　C级型式试验——原则：验证剂量监测系统在设备达到规定吸收剂量率两倍时的功能。

也可以把剂量监测系统从设备中取下来，用其他措施验证其功能；

d)　A级型式试验——与所选中剂量监测系统组合的性能相关的说明；

e)　A级型式试验——说明电路参数改变时，剂量监测系统的独立性。

29.1.1.2　辐射探测器

a)　在辐射头内必须安装两个辐射探测器，其中至少有一个必须是透射探测器，它位于均整过滤器和束散射过滤器的患者一侧，其中心在参考轴上。

b)　辐射探测器可以是固定式或移动式的。固定式必须仅能用工具卸下。移动式必须用联锁装置阻止定位错误时的辐照。必须提供每次辐照前试验联锁装置动作的措施。辐照过程中，如果辐射探测器偏离参考轴，就必须能够终止辐照。

c)　密封的辐射探测器必须各自单独密封，所有的辐射探测器都应该附有密封完整性的合格证(包括试验日期)。

注：安装一个备用辐射探测器时，如果有合格证，用户应该记录下其完整性试验的日期。

检验方法如下：

a） A级型式试验——说明中心在参考轴上的剂量监测系统和均整过滤器和束散射过滤器的位置；

b） A级型式试验——说明联锁装置动作以及如何确保每次辐照前已检测过联锁装置动作；

b） C级型式试验——原则：验证

● 每个辐射探测器依次偏离参考轴，阻止辐照发生；

● 辐射探测器定位正确。其中任一个辐射探测器位移，偏离参考轴，各能量的电子辐射和X辐射的辐照都应终止。

b） C级现场检测——原则：制造或模拟故障状态，验证联锁装置的功能；

c） C级型式试验——原则：验证密封完整性。

注：每个辐射探测器(包括备用的)都应该附有密封完整性试验日期的合格证。

29.1.1.3 剂量监测计数的选择和显示

a） 双道剂量监测系统的显示应该设计成相同样式，清晰易读，紧靠在一起并安置在治疗控制台上预选剂量监测计数的显示附近。每个显示必须只有一道刻度并且不得带有倍率系数。

b） 系统中如果用显示终端，则必须使用两个独立的显示终端或者双道剂量监测系统显示在同一个终端上。但是此时必须有一个备用显示终端或一个普通的显示，用来显示至少一道数据。

c） 任何主-次剂量监测组合，必须分别各带清晰易辨的显示。

d） 剂量监测计数必须显示计数的增长，以显示出超剂量的读数和预选的剂量监测计数。辐照中断或终止后，必须保持这两个计数。

e） 必须在显示值复位回零后，才能开始下一个新的辐照。在从治疗控制台确定剂量监测计数之前，不得开始辐照。

f） 电源故障或器件失灵造成辐照中断或终止时，此时刻的剂量监测计数必须以可读的方式存储起来，并至少保持20 min。

检验方法如下：

a)、b)、c） B级现场试验——方法：查看其显示；

d)、e)、f） A级型式试验——说明显示和超剂量的条件；

d） B级现场试验——方法：辐照中断或终止后验证其显示的读数；

e） B级现场试验——方法：对每一种辐照类型的一个能量，开始辐照并查看三种显示。显示不清零时尝试开始辐照；显示清零但不设置剂量监测计数时，再一次尝试开始辐照；

f） B级现场试验——方法：生成一个剂量监测计数的显示，关断电源，验证显示的剂量信息保持20 min。

29.1.1.4 由剂量监测系统终止辐照

a） 每道剂量监测系统必须都能独立地终止辐照。必须提供措施以试验双道系统的正常工作。

b） 双道剂量监测系统构成冗余剂量监测系统组合时，每道都必须能够设置成剂量监测计数达到预置值时终止辐照。

主-次剂量监测系统组合中，主剂量监测系统必须能够设置成剂量监测计数达到预选值时终止辐照；次剂量监测系统必须能够设置成剂量监测计数超过预选值时终止辐照。这里的超过是指：如果用百分比裕度，则不超过10％；如果用固定裕度，则在正常治疗距离处不超过等效值0.25 Gy。如果两种裕度可以任选，就必须用两种裕度中差值较小者。

c） 联锁装置必须保证：在两次辐照之间或辐照前，对没有造成终止辐照的剂量监测系统做试验，以验证其终止辐照的能力。

检验方法如下：

a)、b) A 级型式试验——说明剂量监测系统和裕度(如果用到)；

b) C 级现场试验——原则：在某一个剂量监测系统失灵时，验证另一个系统终止辐照的功能。每一种辐照类型选择一个能量试验；

c) A 级型式试验——说明如何保证非终止系统在两次辐照之间或辐照之前终止辐照的能力得到验证；

c) C 级现场试验——原则：每一种辐照类型选取一个能量，验证联锁装置的功能。

29.1.1.5 对吸收剂量分布的监测

为使吸收剂量分布不会由于固定的附加过滤器、电子控制系统或计算机控制系统的故障产生明显的畸变：

a) 29.1.1.2 中提及的辐射探测器或其他辐射探测器必须能够监测辐射束的不同部分，以便测出剂量分布的对称变化和非对称变化；

b) 必须提供措施，在均整度测量的规定深度上，当吸收剂量分布畸变超过 10%或辐射探测器吸收剂量分布探测信号指示变化大于 10%时，在增加吸收剂量达到 0.25 Gy 之前，该措施使辐照终止。

按以下方法检验是否符合标准：

a) A 级型式试验——说明如何确保辐射探测器监测到辐射束的不同部分；

b) C 级现场试验——原则：用规定措施测得相当于 10%以上的吸收剂量分布畸变时，在规定的测量均整度深度上的辐射野增加 0.25 Gy 吸收剂量之前，验证到一个联锁装置动作会终止辐照。从辐照开始到畸变形成，必须至少容许用 2 s 的时间。此试验应对 X 辐射的所有能量、电子辐射的最大和最小能量进行。

29.1.2 控制计时器

a) 必须在治疗控制台上配置一个控制计时器。它必须：

  1) 是递增式计时器；

  2) 随辐照而启动和停止；

  3) 在辐照中断或终止后保留其读数；

  4) 辐照终止后，在启动下次辐照之前能复位回零；

  5) 为防止剂量监测系统失效，当预选的时间达到时，终止辐照；

  6) 独立于任何其他控制辐照终止的系统或子系统；

b) 必须提供措施，以控制计时器的设定值不超过使用说明书给定的限值，此值不大于在预期的剂量率下辐照达到剂量监测计数预定值所需时间的 120%或附加 0.1 min，两者取其大；

c) 必须采取措施，确保在两次辐照之间或在辐照前试验控制计时器终止辐照的能力；

d) 控制计时器必须以分和分的十分位或以秒刻度，这两种刻度不能混用。

按以下方法检验是否符合标准：

a) A 级型式试验——说明有关 6)：终止辐照的独立性；

a) B 级现场试验——方法：对每一种辐射类型取一个能量，验证控制计时器：

  1) 随辐照而增加计数；

  2) 随辐照而启动和停止；

  3) 在辐照中断或终止时保留其读数；

  4) 辐照终止后，要求复位到零才能启动下次辐照；

  5) 预选时间到后，马上终止辐照；

b) A 级型式试验——说明时间裕度值；

b) C 级现场试验——原则：验证时间设定的限值；

c) A 级型式试验——说明如何确保在两次辐照间或在辐照前试验终止辐照的能力；

c) C级现场试验——原则：验证联锁装置的功能；

d) B级现场试验——方法：查看控制计时器的刻度。

29.1.3 吸收剂量率

a) 必须配置一个剂量率监测系统。必须在治疗控制台上有此系统的读数显示(每秒或每分钟的剂量监测计数)。从该读数能够计算出治疗体积内某一参考点的吸收剂量率。29.1.1.2所述的辐射探测器可以作为此剂量率监测系统的一部分。

b) 在任何故障状态下，如果设备在正常治疗距离处能够产生比技术说明书规定的最大规定值两倍还高的吸收剂量率，则必须提供一个措施，使得当吸收剂量率超出最大规定值又不大于该值两倍时终止辐照。技术说明书必须给出那个能够终止辐照的吸收剂量率值。

c) 在任何故障状态下，如果设备在正常治疗距离处能够产生比技术说明书规定的最大规定值高10倍以上的吸收剂量率，则必须提供一个辐射束监测装置，这个装置的电路必须独立于剂量率监测系统，它必须安装在辐射束分布系统患者一侧，必须将辐射野内任何一点的超剂量值限制在4 Gy以下。技术说明书必须给出超吸收剂量的限值。

注1：在能产生X辐射和电子辐射的设备上，可能需要在下一辐射脉冲产生前终止辐照。

注2：此条的a)和b)只要求一个剂量率监测系统，因此第二个剂量监测系统可以用于满足c)的要求。

d) 防止由于吸收剂量率超出规定的最大值两倍可能产生的超剂量和限制超剂量低于4 Gy的措施[对应上述b)和c)的要求]必须在两次辐照之间或在辐照前试验其功能。

e) 如果在正常治疗距离处任何连续的不大于5 s的时间间隔内，平均吸收剂量率低于预定值乘以技术说明书中给定因子，则必须终止辐照。

注：在辐照最初的10 s内，上述因子可以与其余辐照时间的因子不同。

按照以下方法检验是否符合标准：

a) B级现场试验——方法：对每一种辐射类型的一个能量验证读数的显示；

b) A级型式试验——说明导致终止辐照的最大规定吸收剂量率值和超吸收剂量率值；

b) C级现场试验——原则：验证终止辐照措施的功能；

c) A级型式试验——说明有关辐射束监测装置的设计和导致辐照终止的超吸收剂量值；

c) C级现场试验——原则：通过产生或模拟过量的电子束电流来验证辐射束监测装置的功能；

d) A级型式试验——说明两次辐照之间或辐照前的试验；

d) C级现场试验——原则：当限制吸收剂量率和吸收剂量的措施尚未被试验时，试图开始辐照，验证联锁装置的功能；

e) A级型式试验——说明有关终止辐照；

e) C级现场试验——原则：通过产生或模拟乘以给定因子以使吸收剂量率变化，验证辐照终止。

29.1.4 辐射类型的选择和显示

在既能产生X辐射也能产生电子辐射的设备中：

a) 辐照终止后，在治疗控制台上重新选择好辐射类型之前，必须阻止下一次辐照；

b) 当要求在治疗室内和治疗控制台上均进行选择辐射类型操作时，一处的选择必须不在另一处显示出来，只有等两处都完成选择后才给出显示；

c) 在治疗室内的选择与治疗控制台的选择不一致时，必须阻止辐照；

d) 在辐照期间和在辐照之前，必须在治疗控制台上显示所用辐照类型；

e) 联锁装置必须确保只能进行被选类型的辐照；

f) 联锁装置必须保证，当规定用于电子辐照的附件，例如电子束限束器就位时，不得产生X辐照；当规定用于X辐照的附件，例如楔形过滤器就位时，不得产生电子辐照；

注：当选择电子辐照时，作为一个特殊的方法，或许要给出一个限量的X辐照吸收剂量，用于辐照野的端口成像。若具有此功能，则应该在技术说明书中给出这个相关的方法和限定值。

g) 当规定为电子辐照用的辐射束分布或电流控制装置,例如电子束散射过滤器或电子辐射束扫描装置就位时,必须阻止 X 辐照;当规定为 X 辐照用的辐射束分布或电流控制装置,例如 X 辐射野均整过滤器就位时,必须阻止电子辐照。

按照以下方法检验是否符合标准:

a)～g) A 级型式试验——说明有关用于确保符合要求的措施。

a) B 级现场试验——方法:在未选辐射类型时尝试启动辐照。

b)、d) B 级现场试验——方法:对所有可能的选择验证显示功能。

c)、e) B 级现场试验——方法:验证规定的联锁装置功能。

f)、g) B 级现场试验——方法:当装上错误的辐射束成形附件时,验证规定的联锁装置的功能。

29.1.5 能量的选择和显示

a) 辐照终止后,在治疗控制台上重新选择好能量之前,必须阻止下一次辐照。对于只能产生一个能量辐射束的设备,此条必须不适用。

b) 当要求在治疗室内和治疗控制台上均进行选择能量操作时,一处的选择必须不在另一处显示出来,只有等两处都完成选择后才给出显示。

c) 治疗室内的选择和治疗控制台上的选择不一致时,必须阻止辐照。

d) 能产生不同能量辐射束的设备,在辐照期间和在辐照之前必须在治疗控制台上显示在使用说明书上规定的能量值。

e) 在所选运行模式和能量的正常运行条件下产生的辐射,电子轰击平均能量值为 E_i[5],发生以下任何一种情况,都必须终止辐照。

——在 X 辐射靶上该平均能量值的偏差超过±20%时;

——在电子辐射窗上该平均能量偏差超过±20%或±2 MeV(取其小者)时。

按照以下方法检验是否符合标准:

a) B 级现场试验——方法:在未选能量时,尝试启动辐照。

b)、d) B 级现场试验——方法:选择能量验证显示功能。

c) B 级现场试验——方法:验证所规定联锁装置的功能。

e) A 级型式试验——说明有关的联锁装置的动作。

e) C 级现场试验——原则:在所有可选能量下,用规定的平均能量偏差进行辐照,试验联锁装置的动作。

29.1.6 固定放射治疗和移动束放射治疗的选择和显示

对于既能进行固定放射治疗也能进行移动束放射治疗的设备:

a) 辐照终止后,在治疗控制台上重新选择好固定放射治疗或移动束放射治疗之前,必须阻止下一次辐照。

b) 当要求在治疗室内和治疗控制台上均进行选择运动条件操作时,一处的选择必须不在另一处显示出来,只有等两处都完成选择后才给出显示。

c) 治疗室内做的选择与治疗控制台的选择不一致时,必须阻止辐照。

d) 工作模式和运动方向(在选择移动束放射治疗时)必须显示在治疗控制台上。

e) 固定放射治疗时若发生运动,必须终止辐照。

f) 移动束放射治疗时,若运动部件的实际位置与用实际的剂量监测计数计算出所需的位置,它们在正常治疗距离处相差大于 5°或大于 10 mm 时,必须终止辐照;足以容许继续辐照所需的信息必须至少保留 20 min[仍见 29.1.1.3f)]。

g) 在 f)中涉及的联锁装置必须有两个位置传感器,安排成冗余组合,其中一个失效时必须不影

---

5) 见 ICRU,报告 35:3.3 节(能量)。

响另一个的功能。

h) 对于移动束放射治疗,从一个选定的起始角到一个选定的停止角,若顺时针或逆时针方向转动(例如机架、限束装置或治疗床通过 180°位置的连续旋转)是可选的,则必须在治疗控制台上选择一个旋转方向。当选定顺时针旋转时,如发生逆时针旋转,则必须终止辐照,反之亦然。

按照以下方法检验是否符合标准:

a) B级现场试验——方法:在每种辐射类型的一个能量下,未选择固定或移动束放射治疗时,尝试启动辐照。

b)、d) B级现场试验——方法:对规定的选择,验证显示功能。

c) B级现场试验——方法:对所有的不一致选择验证联锁装置阻止辐照的功能。

e) A级型式试验——说明导致辐照终止的旋转角和直线位移偏差。

e) C级型式试验——原则:验证型式试验数据。

f)、g) C级型式试验——原则:

1) 在每种旋转和位移方向下,以最高速度和最低速度运动。在两个相隔较远的位置制造规定的故障,使两个位置传感器轮流失效,以验证联锁装置的功能(见 22.4.1);

2) 验证在终止辐照以后,使辐照能继续进行的信息保留 20 min。

f)、g) C级现场试验——原则:验证两个位置传感器轮流失效的联锁装置功能,并验证在终止辐照后,足以使辐照继续进行的信息保留 20 min。

h) A级型式试验——说明试图进行与所选方向相反的旋转运动时终止辐照。

h) C级现场试验——原则:在选择移动束放射治疗并试图启动辐照,但是:

- 未选旋转方向;
- 选择顺时针旋转,然后逆时针旋转;
- 选择逆时针旋转,然后顺时针旋转;

验证辐照被阻止。

29.1.7 辐射束的产生和分布系统

29.1.7.1 靶或其他可移动辐射束产生装置的选择和显示

在使用可互换靶或其他可移动的辐射束产生装置(例如能量狭缝)的设备中:

a) 若在某一辐射类型的一个能量下,可以用多个同类型装置时,必须先选择一个规定的装置并且该装置的识别标志在治疗控制台上显示后才能辐照。

b) 当要求在治疗室内和治疗控制台上均进行选择运行条件操作时,一处的选择必须不在另一处显示出来,只有等两处都完成选择后才给出显示。

c) 治疗室内的选择与治疗控制台的选择不一致时,必须阻止辐照。

d) 如果装置的任何部件未正确定位,则必须有两个互相独立的联锁装置阻止或终止辐照。

按照以下方法检验是否符合标准:

a) B级现场试验——方法:在选择规定的装置前,尝试启动辐照,验证显示功能。

b) B级现场试验——方法:对规定的选择,验证显示功能。

c) B级现场试验——方法:对所有不一致的选择,验证联锁装置阻止辐照的功能。

d) C级现场试验——原则:在每一装置错误定位时,使其中一个联锁装置失效并尝试启动辐照。再使另一个联锁装置失效时重复试验。

29.1.7.2 均整过滤器和束散射过滤器的选择和显示

在使用可移动的均整过滤器或束散射过滤器的设备中:

a) 若一种辐射类型的一个能量下可以使用不止一个过滤器,则:

1) 必须在治疗控制台上重新选择了一个规定均整过滤器或一个规定束散射过滤器后,才能辐照；

2）所用过滤器的识别标志必须显示在治疗控制台上。

b）当要求在治疗室内和治疗控制台上均进行选择过滤器操作时，一处的选择必须不在另一处显示出来，只有等两处都完成选择后才给出显示；

c）在治疗室内选择的过滤器与治疗控制台的选择不一致时，必须阻止辐照；

d）若所选过滤器未正确定位，则必须有两个互相独立的联锁装置阻止或终止辐照；

e）任何一个可用手移动的过滤器必须有确定该过滤器身份的清晰标志。

按照以下方法检验是否符合标准：

a）B级现场试验——方法：

1）在未选规定的过滤器时，尝试启动辐照；

2）验证显示功能。

b）B级现场试验——方法：对规定选择，验证显示功能。

c）B级现场试验——方法：对所有的不一致选择，验证联锁装置阻止辐照的功能。

d）C级现场试验——原则：在每一过滤器错误定位时，使其中的一个联锁装置失效，并尝试启动辐照；再使第二个联锁装置失效，重复进行该项试验。

e）B级现场试验——方法：直观查看所有过滤器的标记；并与 a)2)中的显示比较。

29.1.7.3 不采用均整器或束散射过滤器的辐射束分布系统

注：在下文此条中“分布系统”是指“辐射束分布系统”。

下述要求补充到 29.1.7.1 的要求中。

29.1.7.3.1 未采用均整过滤器或束散射过滤器而采用其他措施，例如电子束扫描，获得分布的设备。

必须有两个独立的装置及其相应的联锁装置来监测控制信号。当控制信号值超过技术说明书中规定的限值时，阻止或终止辐照。

按照以下方法检验是否符合标准：

A级型式试验——说明当控制信号超过规定的限值时阻止或终止辐照。

C级现场试验——原则：每种辐射类型取一个能量，验证控制信号监测器和阻止或终止辐照的联锁装置的功能。

29.1.7.3.2 带有可选择分布系统的设备

a）辐照终止后，在治疗控制台上重新选择规定的分布系统之前，必须阻止下一次辐照。

b）当要求在治疗室内和治疗控制台上均进行选择分布系统操作时，一处的选择必须不在另一处显示出来，只有等两处都完成选择后才给出显示。

c）若治疗室内的分布系统选择与治疗控制台的选择不一致时，必须阻止辐照。

d）所选的分布系统未正确定位时，必须有两个独立的联锁装置阻止辐照。

e）正在使用的分布系统的识别标记必须显示在治疗控制台上。

f）可用手拆卸的任何分布系统必须有清楚的识别标记。

按照以下方法检验是否符合标准：

a）B级现场试验——方法：在选择规定的分布系统前，尝试启动辐照。

b）B级现场试验——方法：选择规定分布系统，验证其显示功能。

c）B级现场试验——方法：对所有不一致的选择验证联锁装置阻止辐照的功能。

d）C级现场试验——原则：在每一分布系统错误定位时，使其中的一个联锁装置失灵并尝试启动辐照；再使第二个联锁装置失灵，重复同样的检测。

e）B级现场试验——方法：验证显示功能。

f）B级现场试验——方法：直观查看所有的分布系统的识别标记并与上述 e)中的显示比较。

29.1.8 楔形过滤器的选择和显示

a) 辐照终止后,在治疗控制台上重新选择好一个规定的楔形过滤器或“无楔形过滤器”之前,必须阻止下一次辐照。

b) 当要求在治疗室内和治疗控制台上均进行选择楔形过滤器操作时,一处的选择必须不在另一处显示出来,只有等两处都完成选择后才给出显示。

c) 治疗室内的任何选择与治疗控制台上的选择不一致时,必须阻止辐照。

d) 配有楔形过滤器系统的设备,必须能够在治疗控制台上显示出在用的是哪个楔形过滤器(或“无楔形过滤器”),每个楔形过滤器必须有清晰的识别标记[见 6.1 d)]。

e) 所选的楔形过滤器定位错误时,必须阻止辐照。

f) 在治疗室内必须有一个清晰可见的指示,它表明带楔形过滤器旋转的限束系统在 0°位置时,楔形过滤器薄的那边应该指向机架(见图 108 的轴 4 和 GB 18987—2003 的 2.5 和图 7)。

g) 当楔形过滤器可以不定位在上述 f)中规定的位置时(见 GB 18987—2003 的 2.5 和图 7),则对 a)、b)、c)、d)和 e)要求补充,即必须在治疗室和在治疗控制台上显示:

1) 过滤器相对于 f)中规定的 0°位置的角位移。

2) 楔形过滤器的旋转轴相对于限束系统旋转轴的线性位移。

h) 对于配有只能用工具卸下,自动插入或缩回机构的楔形过滤器,必须显示:

1) 此刻所选楔形过滤器已正确插入;和

2) i) 有楔形过滤器插入时的预选剂量监测计数值[a]和楔形过滤器缩回时的剂量监测计数值[b],也就是显示[a]和[b];或

ii) 有楔形过滤器插入时的预选剂量监测计数值[a]及有楔形过滤器插入时的预选剂量监测计数值与总剂量监测计数值之比[a]/[a+b],也就是显示[a]和[a]/[a+b];或

iii) 预选总剂量监测计数值[a+b]和有楔形过滤器插入时的[a],也就是显示[a+b]和[a]。

按照以下方法检验是否符合标准:

a) B 级现场试验——方法:在未选择规定的楔形过滤器或“无楔形过滤器”前,尝试去启动辐照。

b) B 级现场试验——方法:对所有供使用的选择验证显示功能。

c) B 级现场试验——方法:对所有不一致的选择,尝试辐照。

d) B 级现场试验——方法:查看楔形过滤器上识别标识;验证它与显示一致。

e) B 级现场试验——方法:楔形过滤器错误定位时,尝试辐照。

f) B 级现场试验——方法:验证楔形过滤器薄的那面的指示可以清晰地看到,并且指向正确。

g) B 级现场试验——方法:验证所有插入的角度和三个位置的位移,楔形过滤器的薄端指向的指示和它的位移在两个位置显示。

h) B 级现场试验——方法:验证显示功能。

29.1.9 电子束限束器和辐射束成形装置用托盘

a) 当要求在治疗室内和治疗控制台上均进行选择运行条件操作时,一处的选择必须不在另一处显示出来,只有等两处都完成选择后才给出显示;

b) 下述情况之一发生时,必须阻止辐照:

1) 治疗室内的选择与治疗控制台上的选择不一致;

2) 在治疗控制台上选择好规定的电子束限束器和/或辐射束成形装置用托盘之前;

3) 所选的电子束限束器和/或辐射束成形装置用托盘定位错误。

按照以下方法检验是否符合标准:

a) B 级现场试验——方法:对至少两种供使用的选择验证显示功能。

b) A 级型式试验——说明有关电子束限束器和辐射束成形装置用托盘的识别、选择和编码,以

及提供用以正确显示和当选择错误或定位错误时阻止辐照的有关的联锁装置。

b) B级现场试验——方法：在下述条件下尝试辐照：

1) 对至少两种不一致的选择；

2) 未选一个规定电子束限束器和/或辐射束成形装置用托盘；

3) 电子束限束器或辐射束成形装置用托盘定位错误。

29.1.10 设备使用的控制

注：用可编程电子子系统(PESS)控制时，29.1.15g)允许用指定口令替代钥匙控制。

a) 钥匙控制必须做到：

1) 允许开启并接通设备到待机状态并从待机状态到预置状态。在所有的治疗参数选择完成之后，不用钥匙设备可以达到准备状态。但是，在用一个可以取下来的专用的机械型钥匙使设备可以出束之前，辐照必须被阻止。在治疗控制台上被选择的几种状态必须显示出来(也见29.1.11)；

2) 选择正常使用模式、所有的维修保养模式、所有其他的模式和锁断状态。

b) 外部联锁装置的条件必须显示在治疗控制台上。

c) 必须在治疗室内提供准备状态的声响指示，在其他位置也必须给出准备状态的指示。

d) 在辐照时，除了29.1.4d)要求的辐射类型的显示外，必须在治疗控制台上有正在辐照的显示。必须提供措施，使该显示也能在其他位置给出。在上述c)中要求的在治疗室内准备状态的声响指示和它在别处的声响指示必须在辐照期间持续鸣叫，但声调可以改变。

e) 使用说明书必须包括下述内容：

1) 用来与外部联锁装置连接的机构的细节。该联锁装置从选定的位置阻止、中断或终止辐照，例如治疗室门或其他可进入受控区的入口未关闭或是打开，以及上述d)要求的机构的细节；

2) 建议：1)中要求的外部联锁装置，其复位只应该从该装置保护的控制区内进行，例如用一个延时装置，在确保除了患者外没有其他人呆在控制区后，把门和出口关闭；

3) 只能用可取下的专用机械型钥匙复位的联锁的清单；

注：任何在上面e)3)中提及的专用机械型钥匙是对29.1.10a)1)要求的补充。

4) 为确保下述功能的正确，用户要遵守的条件：

- 外部联锁装置；
- 装在治疗室内在准备状态和辐照时的声响指示；
- 在其他位置用来指示准备状态和电离辐射的显示。

按照以下方法检验是否符合标准：

a) B级现场试验——方法：对1)和2)，验证已提供钥匙控制，在治疗控制台轮流选择各种状态和条件，验证专用机械型钥匙的功能。

b)、c)、d) B级现场试验——方法：验证相对应的光和声的指示。

e) A级型式试验——说明有关联锁装置的连接，用户要遵守的条件，有关外部联锁装置复位的建议和只能由专用机械型钥匙复位的联锁装置的清单。

e) B级现场试验——方法：验证外部联锁装置的功能和复位。

29.1.11 启动条件

注：当控制是用可编程电子子系统进行时，29.1.15g)可用指定口令替代钥匙控制。

当准备状态的指示出现并且已用专用的机械型钥匙打开开关后，操作者必须能够在治疗控制台上启动正常使用时的辐照[见29.1.10a)1)]。

按照以下检测方法验证是否符合标准：

A级型式试验——说明有关在正常使用时只能从治疗控制台启动辐照。

29.1.12　辐照中断

a)　任何时刻，从治疗控制台和从使用说明书中规定的其他位置，必须都能够中断辐照，同时中断设备的运动。

b)　在中断辐照后，只要不改变或不重选中断前那一时刻辐照的任何运行参数，就必须可以重新启动辐照，但是只能从治疗控制台上启动。

c)　若中断辐照期间改变任何运行参数，设备必须：

——变成预置状态；或

——变成终止辐照状态；

——例外：当辐照中断之前存在的条件已被复原，应该能恢复辐照。例如，为了帮助患者或为了试验患者的位置，需要进入治疗室，移动机架、患者或治疗床，然后所有的中断辐照前的条件都复原，无需重选原来的治疗参数就应该可以恢复辐照。此时，除了在 29.1.6f)给出的允许条件和容差外，这个例外的条件和允差应该在使用说明书中给出。

按照以下方法检验是否符合标准：

a)　A 级型式试验——说明有关从其他位置中断辐照和针对某一台设备所建议的特别的现场试验；

a)　B 级现场试验——方法：对每种辐射类型的一个能量：

1)　验证同时中断辐照和运动；中断来自：

- 治疗控制台；
- 任何其他位置。

2)　执行由制造商建议的其他试验；

b)　B 级现场试验——方法：对每种辐射类型的一个能量，验证辐照中断后重新启动辐照。

c)　A 级型式试验——说明有关例外情况下的允许条件。

c)　B 级现场试验——方法：对每种辐射类型的一个能量：

1)　验证转换到预置状态或转换到终止辐照状态；

2)　启动辐照，再中断辐照并改变机架和治疗床位置，恢复它们的原始位置并重新开始辐照；复原所用的容差在 29.1.6f)中给出。

29.1.13　辐照终止

a)　必须在任何时刻均可从治疗控制台和从使用的说明书中规定的其他位置终止辐照和运动。

b)　放射治疗期间，调整任何运行参数都必须导致辐照终止。放射治疗时调整参数只能在辐照开始前由预编程完成，允许的例外已在 29.12c)中给出。

按照以下方法检验是否符合标准：

a)　A 级型式试验——说明有关从其他位置终止辐照；

a)　B 级现场试验——方法：对各种辐射类型的一个能量，验证从治疗控制台和提供的任何其他位置终止辐照和运动；

b)　B 级现场试验——方法：验证在放射治疗过程中，任何一个运行参数被调整时终止辐照。

29.1.14　辐照的非正常终止

注：如果用可编程电子子系统控制，则 29.1.15 允许用口令替代钥匙控制。

若辐照终止不是因剂量监测系统正常动作而是由任何其他措施产生。

a)　必须在治疗控制台上方给出一个特殊的显示，在有可视显示终端的设备上，必须显示每次辐照终止的原因；使用说明书应该包括相关的潜在危险警告的详细内容；

b)　必须在治疗控制台上用一个指定的机械型钥匙去复位造成这个非正常终止辐照的联锁装置，辐照才能继续进行。

注：b)中提到的指定机械型钥匙是对 29.1.10a)1)中讲到的补充。

按照以下方法检验是否符合标准：

a) A级型式试验——说明有关的潜在危险的警告；

a) C级现场试验——原则：验证引起非预期终止辐照的联锁装置动作的显示功能；

b) A级型式试验——说明有关只能用指定的机械钥匙使其复位的联锁装置；

b) C级现场试验——原则：用特殊措施导致辐照终止后，尝试不用指定的机械钥匙启动辐照。

29.1.15 可编程电子子系统

a) 本部分的安全要求必须适用于任何其故障会导致安全危害的可编程电子子系统。

b) 必须保证未经制造商授权，不得访问或修改软件和固件控制程序。

注：未经制造商授权去触动软件或固件可能发生危险，使设备不符合本部分的要求并会给制造商一个拒绝担保的充分的理由。

c) 作为监护、测量或控制装置的一部分，如果可编程电子子系统发生故障，不能维持其安全功能，则必须阻止或终止辐照并停止运动。

d) 辐照的启动只能用手动控制。启动后，允许由可编程电子子系统按预编程序控制辐照和运动。

e) 按照29.1.11、29.1.12和29.1.13的要求，手控启动辐照、手控中断或终止辐照和运动，都必须用硬件接线并独立于任何可编程电子子系统。

f) 可编程电子子系统控制的装置设计为用基于计算机信息文件或其他输入措施所提供的数据来设置或预先定位设备的部件，必须提供措施来比较设备参数的实际设置和所输入的数据。当两者的任何差值超过用户根据使用说明书所规定和预先定义的限值时，必须阻止辐照。

g) 当控制由可编程电子子系统实现时，容许用一个指定的口令，替换钥匙或指定的机械钥匙控制[如29.10、29.11和29.14b)所要求]，使某些功能生效或不生效。

h) 可编程电子子系统的设计、测试和配置控制必须符合IEC 60601-1-4要求。

注：见1.5.104中与此条有关的说明和IEC 60601-1-4的说明。也请见52.1。

检验方法如下：

A级型式试验——说明有关使用可编程电子子系统安全运行的原理和实现。

C级现场试验——原则：验证制造商规定的正确功能。

29.2 辐射野内杂散辐射的防护

29.2.1 电子辐照中的杂散X辐射

在参考轴上，实际电子射程外100 mm的深度处，由于X辐射引起的吸收剂量百分数值必须不超过表103和图101[6]给出的值。

必须在体模中测量，入射表面垂直于参考轴，在正常治疗距离处，其各边比辐射野至少大5 cm；体模的深度至少比测量深度大5 cm。

按照以下方法检验是否符合标准：

A级型式试验——在所有电子束限束器和所有能量的电子辐射时，杂散X辐射百分数的说明；

B级现场试验——方法：在所有的能量下，用最大的方形辐射野，做规定的测量。

表103 电子辐照中杂散X辐射的限制(参见图101)

电子能量/MeV	1	15	35	50
杂散X辐射/%	3	5	10	20

29.2.2 X辐照中的相对表面剂量

用30 cm×30 cm辐射野，或用可能得到的最大矩形辐射野(最大辐射野小于30 cm×30 cm时)，相对表面剂量必须不超过表104和图102给出的值。

测量必须在体模中进行，其尺寸与位置如29.2.1所述。所有不用工具就可取下的辐射束成形装置

6) 见ICRU，报告35：3.3节(能量)；3.3.2.3(测量范围)；9.2.6.1(X线污染)等。

必须从辐射束中移开，所有均整过滤器必须留在其规定位置上。

按照以下方法检验是否符合标准：

B级型式试验——方法：如上所述对各种能量验证相对表面剂量。

表 104　X 辐照时相对表面剂量的限制(见图 102)

电子能量/MeV	1	2	5	8～30	40～50
相对表面剂量/%	80	70	60	50	65

29.2.3　杂散中子辐射

此要求只对电子能量超过 10 MeV 的设备适用。

必须从测量数据中评估中子能量分布和杂散辐射值，这个数据是在一个横截面不超过 800 cm^2 的面积上测量并取平均，或：

- 在参考轴上等中心处测量 10 cm×10 cm 辐射野的中子吸收剂量相对 X 辐射吸收剂量的百分数；或
- 对于所述的 X 辐射吸收剂量率在等中心处最大中子注量率。

按照以下方法检验是否符合标准：

C级型式试验——原则：对 X 辐射的所有能量，如果设备不能给出 X 辐射，则对产生最大吸收剂量或最大杂散中子辐射注量率的电子辐射能量进行测量，以获取所需的数据。必须说明可替换选择方案的方法、条件和结果；必须考虑到辐射的脉冲性能、中子能谱、伴生 X 辐射和从周围结构散射的中子辐射对测量的影响。

29.3　在患者平面上辐射野外的辐射防护

如果提供的设备有一个附加过滤器，运行时可以用也可以不用该附加过滤器，则两种情况都必须满足本条的要求。

图 103 给出适用于本条要求的边界。

29.3.1　透过限束装置的泄漏辐射

注 1：所有泄漏辐射的测量不包括剩余的矩形辐射野的区域。

注 2：设备使用不可调节的初级限束装置，用于屏蔽靶/电子窗与可调节限束装置之间的区域时，M 是该初级限束装置的末端在正常治疗距离处垂直参考轴的平面上的几何投影区域，设想从靶/电子窗的前表面的中心看到的[M_{10} 定义见 29.3.1.2a)]。

注 3：在同一加速器上，电子辐射模式和 X 辐射模式的正常治疗距离可能不相同，由于这个原因和 29.3.1.2a)所述的原因，M 区域可能会不同。

注 4：多元限束装置有规定数量的辐射衰减结构，组装起来并加以控制用来限定辐射野；这样的组件有时称作多叶准直器。辅助的多元限束装置既可以临时也可以永久附加在一个已有的限束装置上。

29.3.1.1　X 辐射

用以下条款替换原条款：

必须对穿过限束装置所有组合的泄漏辐射进行测量。测量时，用至少 2 个十分之一值层的 X 辐射吸收材料[7] 把任何一个剩余孔隙屏蔽。对非重叠式限束装置，必须在最小辐射野尺寸下测量。

必须配备可调节或可互换的限束装置。任何一个限束装置或其组合(包括多元限束装置)可以重叠，下述要求必须适用于每个独立装置或同时一起测量的组合装置：

a)　除适用于 c)款的多元件限束装置外，每个限束装置必须衰减 X 辐射到以下程度：

在 M 区域中任何处，除了剩余的矩形辐射野外，泄漏辐射的吸收剂量不得超过参考轴上正常治疗距离处 10 cm×10 cm 辐射野最大吸收剂量的 2%；

b)　对任何尺寸的辐射野，泄漏辐射穿过限束装置，包括多元限束装置，在 M 区域中的平均吸收剂

7)　见 ICRP 33 (234 et seq.)。

量 D_{LX} 必须不超过参考轴上正常治疗距离处 10 cm×10 cm 辐射野的最大吸收剂量的 0.75%。当正常距离处多元限束装置屏蔽的区域，其面积大于 300 cm^2 时，如果上述限值被超过，则必须在随机文件中说明超过该限值的条件和限值超过的范围；

c) 当一个多元限束装置自身不能满足上述 a)和 b)的要求，因而还要重叠以可调节或可互换的限束装置才能满足要求时，则这些限束装置必须自动调节成最小尺寸的矩形辐射野，包围在多元限束装置限定的辐射野周边；

d) 穿过多元限束装置投射在 c)中自动调节限束装置形成的矩形辐射野的泄漏辐射所引起的吸收剂量必须不超过在参考轴上正常治疗距离处 10 cm×10 cm 辐射野的最大吸收剂量的 5%。

按照以下方法检验是否符合标准：

a) B 级型式试验——方法：

1) 将限束系统设定成最大 FX_{max} 乘最小 FY_{min} 辐射野尺寸时，在 X 辐射的最高能量下，在正常治疗距离处进行直接或间接的射线摄影，用它评估最大泄漏辐射区域的位置。再设定 FX_{min} 乘 FY_{max} 重复进行；

2) 在最大泄漏辐射处用辐射探测器测量，辐射探测器的横截面必须不超过 1 cm^2；必须在体模中最大吸收剂量深度处测量。对所有的 X 辐射能量，重复这一测量。

a) B 级现场试验——方法：如上述 a)2)型式试验描述的那样，在对应 X 辐射最大泄漏辐射发生时的 X 辐射能量，用辐射探测器测量；

b) B 级型式试验——方法：按照 a)2)所述，如图 104 所示，用来产生矩形辐射野的限束装置对称地设定成最大 FX_{max} 乘最小 FY_{min} 辐射野。用辐射探测器测量 24 个点，确定 24 个测量值的平均值 D_{LX}，相对于在参考轴上，正常治疗距离处 10 cm×10 cm 辐射野处最大吸收剂量的百分比值。再对称设定 FX_{min} 乘 FY_{max}，重复之。对所有的 X 辐射能量，重复测量。如果有一个多元限束装置，则打开可调节或可互换的限束装置，以产生一个面积为 300 cm^2 的正方形辐射野。把多元限束装置关闭到与该辐射野协调一致的最小值(例如用一个细的 T 形或十字形野)，用辐射探测器测量多元限束装置屏蔽的区域。从这些测量值中计算出穿过限束装置(包括多元限束装置)的泄漏辐射在 M 区域上的平均吸收剂量 D_{LX}。

b) B 级现场试验——方法：与型式试验相同。

注：用二维阵列辐射探测器可以缩短本项试验的时间。

c) B 级型式试验——方法：用直接或间接射线摄影，演示可调节或可互换限束装置的自动调节能力。

c) B 级现场试验——方法：用直接或间接射线摄影去确认自动调节能力。

d) B 级型式试验——方法：

1) 对称地关闭所有多元组件中相对的元件，以给出最小的孔隙，打开两对离参考轴最远的元件，一对完全张开，另一对部分张开。用直接或间接的射线摄影判断 T 形剩余最小孔隙之外的最大泄漏辐射点的位置。对所有的 X 辐射能量，重复测量。

2) 在上述 a)2)型式试验给出的条件下，用辐射探测器测量。

d) B 级现场试验——方法：在相同条件下，在 a)2)型式试验得出的最大泄漏辐射点，用辐射探测器测量。

29.3.1.2 电子辐射：

a) 必须配备可调节的或可互换的限束装置和/或电子束限束器。每个限束装置和/或电子束限束器，无论是在 M 区域内或在 M_{10} 区域内，都必须衰减所有入射到限束装置、电子束限束器和辐射头的其他部件上的电离辐射(不包括中子辐射)，并限制电子辐射野之外的散射辐射。M_{10} 包括 M 和 M 几何辐射野边界向外扩展 10 cm 的区域。

注：下文，包括 29.3.2，M 代表 M 或 M_{10}，两者都适合。

从而：

1) 在几何辐射野周边外 2 cm 处的线和 *M* 边界之间的区域中，吸收剂量对应参考轴上，正常治疗距离处最大吸收剂量的百分比值最大必须不超过 10%；

2) 在几何辐射野周边外 4 cm 处的线和 *M* 边界之间的区域，泄漏辐射的平均吸收剂量 D_{LE}，必须不超过允许泄漏辐射的限制，对电子能量 10 MeV 以下(包括 10 MeV)，此值为 1%，对电子能量从 35 MeV 到 50 MeV，此值升到 1.8%，如图 105 所示。

泄漏辐射的测量必须是对指向空气的电子束，用一横截面不大于 1 cm^2 的辐射探测器测量，探头对于从辐射探测器下面的物质散射的辐射要有足够的防护。

b) 能够包含任一个电子束限束器本身的体积，从其外表面外推 2 cm，从限束器末端到离外壳 10 cm处，测量的吸收剂量必须不超过参考轴上正常治疗距离处最大吸收剂量的 10%。

c) 当 X 辐照限束装置被用作电子辐照限束系统的一部分时，必须有联锁，当它的实际位置和要求的位置相差超过 10 cm(在正常治疗距离处)时，阻止电子辐照。

按照以下方法检验是否符合标准：

a)1) B 级型式试验——方法：

- 用 10 mm 与组织等效的材料作为建成，对所有尺寸的电子束限束器/限束系统，在对应的最大和最小能量下，在正常治疗距离处做射线摄影。在几何辐射周边外 2 cm 处的线和 *M* 区域边界之间区域中定出最大吸收剂量点的位置；
- 在与射线摄影相同的条件下，在上述点用辐射探测器测量；吸收剂量必须不超过参考轴上正常治疗距离处最大吸收剂量的 10%。

a)2) B 级型式试验——方法：条件与 a)1)相同，在 *M* 中，沿八条分割线(见图 106)以 2 cm 的间隔，从几何辐射野周边外 5 cm 的点(在对角线上是 $5\times\sqrt{2}$ cm)到 *M* 边界内，用辐射探测器测量。对每个电子束限束器/限束系统，确定辐射探测器读数的平均值对应参考轴上正常治疗距离处最大吸收剂量的百分比值 D_{LE}。

a) B 级现场试验——方法：在电子束限束器和在 a)2)型式试验中规定的电子能量所测数据的最不利组合下，做射线摄影和用辐射探测器测量。

b) B 级型式试验——方法：在规定的最大和最小能量下，在距所有电子束限束器表面 2 cm 处测量吸收剂量。

b) B 级现场试验——方法：在从型式试验数据中得出的最大泄漏剂量点上测量。

c) A 级型式试验——说明有关 X 辐射限束装置错误定位，在正常治疗距离处偏差超过 10 mm 时，阻止电子辐照的联锁。

c) C 级现场试验——原则：验证当 X 辐射限束装置错误定位时，阻止电子辐照的联锁功能。

29.3.2 *M* 区域外的泄漏辐射(中子辐射除外)

设备应该提供防护屏蔽，衰减电离辐射，使位于参考轴并与参考轴垂直，直径为 2 m 的平面内(但不包括 *M* 区域外)的泄漏辐射(不包括中子)造成的吸收剂量衰减到以下水平：

a) 最大吸收剂量必须不超过 10 cm×10 cm 辐射野在平面中心测得的吸收剂量的 0.2%；

b) 其平均值必须不超过中心的 0.1%。

为了避免穿过限束装置的泄漏辐射对测量的影响，限束装置应关到最小孔隙。当需要时，在 *M* 区域上用至少 3 个十分之一值层厚、合适的吸收材料防止 X 辐射束。

按照以下方法检验是否符合标准：

B 级型式试验——方法：

a) 轴 1 在 0°、90°或 270°，轴 4 在 0°(见图 108)，在所有的 X 辐射能量和在最高的电子辐射能量下，确定最大泄漏辐射的点，在这些点上用辐射探测器测量，以获得泄漏辐射吸收剂量的最大百分比值。最大泄漏辐射点可以用直接或间接射线摄影或射线胶片确定。

b) 评估从 a)得到的结果,在给出最大泄漏辐射的组合条件下,在图 107 中给出的 24 个点用辐射探测器测量,必须对最大不超过 100 cm^2 的面积取平均值,必须用 24 个测量值的平均值确定泄漏辐射平均吸收剂量的百分比值。

C 级现场试验——原则:在图 107 中给出的 24 处位置上,在 b)型式试验指定的条件下,用辐射探测器测量。

29.3.3 *M* 区域外的泄漏中子辐射

此要求只对轰击靶或轰击电子窗的电子能量超过 10 MeV 的设备适用。

在正常使用条件下,*M* 区域外,在 29.3.2 规定的平面上,中子的吸收剂量最大必须不超过在与参考轴交点上 10 cm×10 cm 辐射野的 X 辐射吸收剂量的 0.05%、平均必须不超过 0.02%。吸收剂量值必须对不超过 800 cm^2 的面积取平均。

按以下方法检验是否符合标准:

B 级型式试验——方法:对 X 辐射的所有能量进行测量。如果不能用 X 辐射,则对产生最大吸收剂量或由于杂散中子辐射产生的最大注量率的电子辐射能量进行测量并记录其方法、条件和结果。计算其平均值并指出超过 0.02%的区域。必须考虑辐射的脉冲特性、中子能谱及伴生 X 辐射和从周围结构散射的中子辐射的效应。中子测量时必须将限束装置完全关闭。

29.3.4 故障状态下的泄漏辐射

必须提供措施,保证当电子束不正确地打在靶上或电子窗上时终止辐照。在 29.3.2 定义的平面上,当 *M* 区域外泄漏辐射吸收剂量率超过 29.3.2 规定的限值 5 倍时,必须终止辐照。泄漏辐射的吸收剂量率必须在不大于 10 s 的时间内取平均。用故障状态下参考轴上的一个 10 cm×10 cm 辐射野上吸收剂量率的百分比值表示。

按照以下方法检验是否符合标准:

C 级型式试验——原则:验证终止辐射措施的功能,或

A 级型式试验——说明如何满足并验证这项要求。

C 级现场试验——原则:验证故障状态下辐照终止。

29.4 患者和其他人员的辐射安全

注:用于本条要求的平面图边界见图 103。

29.4.1 患者平面外的泄漏 X 辐射

a) 除了中心位于等中心,垂直于参考轴,半径为 2 m 的圆面与图 103 正视图给出的测量边界形成的体积,在离电子从电子枪到靶或电子窗的通路 1 m 远处和离参考轴 1 m 远处,泄漏辐射的吸收剂量必须不超过在参考轴上正常治疗距离处,用 10 cm×10 cm 辐射野测量的最大吸收剂量的 0.5%。

b) 上述 a)中讨论的区域

——在辐照时可能会接近患者,且,

——离外壳表面 5 cm 处的泄漏 X 辐射可能超过 0.5%的最大吸收剂量,

必须在技术说明书中说明吸收剂量的相对值和测量的条件。

按照以下方法检验是否符合标准:

a) B 级型式试验——方法:对 X 辐射的所有能量和对电子辐射的最高能量,用射线摄影法找出高 X 辐射泄漏点,用辐射探测器测量这些点,在不超过 100 cm^2 的面积内取平均值。对高泄漏 X 辐射的点测量时,所用辐射探测器的建成应与测量最大吸收剂量时用的等价。可以使用直接或间接的射线摄影或射线胶片。

b) B 级型式试验——方法:根据 a)获得的信息,用辐射探测器测量在离外壳表面 5 cm 处确定的那些点,在不大于 10 cm^2 面积内取平均值。记录超过 0.5%X 辐射泄漏的平均值、它们的位置和有关情况。

a)、b) B级现场试验——方法:利用上述a)和b)的B级型式试验中记录的情况,用辐射探测器测量所选出的最高X辐射泄漏的三个点。

29.4.2 患者平面之外的泄漏中子辐射

本要求只适用于在靶上或电子窗上能量超过10 MeV的设备。

在29.4.1a)中定义的体积除外,在相同的条件下,泄漏中子辐射的吸收剂量必须不超过电子辐射或X辐射的最大吸收剂量的0.05%。

必须在正常使用条件下,限束装置完全关闭时测量,在不超过800 cm^2 的面积内取平均值。

按照以下方法检验是否符合标准:

C级型式试验——原则:测量在最高的X辐射能量下进行,如果设备只用电子辐射,则在产生最大辐射剂量或杂散中子辐射的最大中子注量率的电子辐射能量下进行。必须考虑到辐射的脉冲性、中子能谱及伴生X辐射和从周围结构散射的中子辐射的效应。

29.4.3 在终止辐照后感生放射性的电离辐射发射

本要求只适用于在靶上或电子窗上能量超过10 MeV的设备。

a) 在规定最大吸收剂量率下,进行4 Gy辐照,以间歇10 min的方式连续运行4 h后,在最后一次辐照终止后的10 s开始测量,累积5 min,测得从设备发射的电离辐射引起的环境剂量当量[8)],$H*(d)$,该当量必须不超过下列值:
  - 离外壳表面5 cm任何容易接近处:10 μSv。
  - 离外壳表面1 m处:1 μSv。

  另一种方法:在最后一次辐照终止后10 s,在不超过3 min的时间内,所测量的环境剂量当量率必须不超过下列值:
  - 离外壳表面5 cm任何容易接近处:200 μSv/h。
  - 离外壳表面1 m处:20 μSv/h。

b) 必须在技术说明书[见6.8.2j)]中规定:维修和处置时应该采取的预防措施(例如限制触摸那些可能有放射性的部件的时间和遵守国家的和国际的有关处置和运输带放射性物质的规定)。

按照以下方法检验是否符合标准:

a) B级型式试验——方法:在离外壳表面5 cm处,对不超过10 cm^2 的面积和离外壳表面1 m处测量剂量,对不超过100 cm^2 的面积取平均值,记录其方法、结果和位置:
  - 最高X辐射能量,或如果不用X辐射,则用29.3.3型式试验的电子辐射能量;
  - 辐射野10 cm×10 cm。

b) A级型式试验——说明有关维修和处置时应采取的预防措施[见6.8.2j)]。

29.4.4 可伸缩辐射束屏蔽档块[见6.8.2j)]

任何可伸缩辐射束屏蔽档块必须有辐照时保证位置正确的联锁装置。

按照以下方法检验是否符合标准:

A级型式试验——说明有关阻止错误运行的联锁装置。

B级现场试验——方法:在辐射束屏蔽档块位置错误时,尝试启动辐照。

29.4.5 非预期的电离辐射

注:通用安全标准的第29章已被替换。这是对29.2的替换。

某些设备或设备部件,例如热发射管,作为电子加速器的一部分,它们并不产生用于放射治疗的电离辐射,但是被高于5 kV电压激发时它们会发射电离辐射,所产生的环境剂量当量 $H^*(d)$,在1 h时间内,在离任何可接触表面5 cm处,必须不超过5 μSv。

8) 见ICRU,报告39:3.1.1节等,或ICRU报告51:1.4.3.1.1,和ICRP 60:A.14,A.14.1.(A.27)等。

按照以下方法检验是否符合标准：

B级型式试验——方法：用一个适合于该发射辐射能量范围的辐射探测器，测量剂量并取平均值，记录方法、位置和测量结果。在不超过 10 cm^2 的面积中取平均值，以评估小角度射束产生的剂量。

控制和调整到能获得最大发射 X 辐射的位置，轮流引发造成最不利情况的组件的单一故障。

36 电磁兼容

替换：

YY 0505—2005/IEC 60601-1-2 中的要求和试验和下述 36.201.1，36.202.2 给出的额外要求必须适用于电子加速器及其组成部分——信息技术设备(ITE)。

用于测量的现场必须是典型的通常用于安装电子加速器的场所，可以是在用户处或在制造商处，规定的允许值必须证明合理并包括在随机文件中。

36.201 发射

36.201.1 射频(RF)发射

补充：

aa) 遵守的要求必须采用 GB 4824/CISPR 11 分类为 1 组 A 类、永久性安装设备的要求。

bb) 对射频发射，电磁干扰被外墙以内的结构物衰减，必须看作是设备固有的衰减。测量在距外墙以外一段距离处进行。

按照 YY 0505/IEC 60601-1-2，在安装设备的建筑物的外墙 30 m 处测量，验证是否符合标准。

36.202 抗扰度

补充：

aa) 应作为永久性安装设备，试验是否符合要求。

36.202.2 辐射射频电磁场

补充：

aa) 对射频电磁场的抗扰度，防护电离辐射所需的建筑结构产生的衰减必须考虑为设备固有的衰减。

按照 YY 0505/IEC 60601-1-2 规定进行试验，验证是否符合标准。测量用天线应放置在防护电离辐射的建筑结构外 3 m 处。

第六篇　对易燃麻醉混合气点燃危险的防护

《通用标准》中本篇的章条不适用。

第九篇　不正常的运行和故障状态；环境试验

除以下条款外，《通用标准》中本篇的章条适用。

52 非正常运行和故障状态

52.1 替换：

a) 设备必须设计和制造成即使在单一故障状态下也不存在安全方面的危险。(见 3.1 和第 13 章)

注：假定设备按照正常使用情况运行，除非在下述试验中另外有规定。

若 52.5 描述的任何一个单一故障发生时，每次一个，不会直接引起 52.4 中描述的任何的安全危险，则满足要求。

b) 装有可编程电子子系统的设备的安全必须遵循 IEC 60601-1-4(见附表 L)的要求。

必须在使用说明书中给出所有关于剩余风险的信息。

例外：如果可以证明，设备或某些设备部件，其研制开发的进展超过了某个阶段，以致 IEC 60601-1-4 的详细要求不能适用，此时，IEC 60601-1-4 必须不适用这些设备或设备部件。在设计和生产的过程中 IEC 60601-1-4 必须适用并连续贯穿整个开发寿命周期。虽然不可能用 IEC 60601-1-4 去追溯现有设备和上文提到的超过该阶段的设备，但是适用 IEC 60601-1-4 的设计和过程控制数据还是可以进行实质性验证的；亦请见 IEC 60601-1-4 的 52.211.1。

查看使用说明书和 IEC 60601-1-4 风险管理文件，检验是否符合标准。

第十篇　结构要求

除下述外，《通用标准》中本篇的章条适用。

57　网电源部分、元器件和布线

57.1　与供电网的分断

a）　分断

修改

第 2 个破折号“——”修改如下：

——除了因安全需要保持连接那些电路外，例如：真空泵、室内照明灯和某些安全联锁等，隔离措施必须装在设备上，或是装在外部认为有必要的尽可能多的位置。在安装时如果这些措施全部或部分适用，必须在技术说明书中包括这些要求。

通过查看，检验是否符合标准，当这些隔离措施安装时全部或部分地适用时，检查结果应该包括在现场试验报告中（见 16d）* 和 e）*。

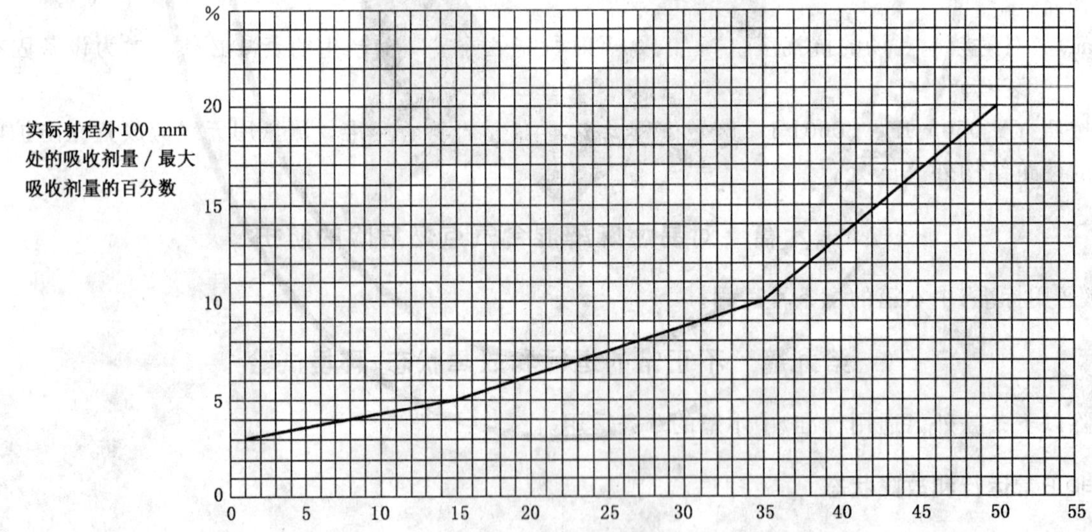

图 101　电子辐照中杂散 X 辐射的限制

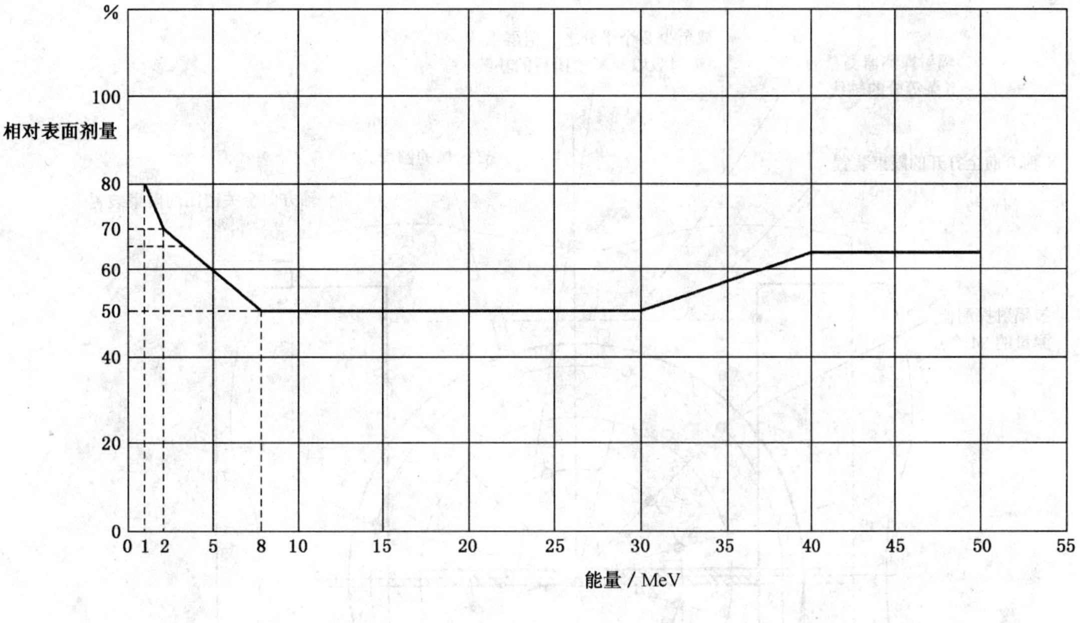

图 102 X辐照中相对表面剂量的限制(29.2.2)

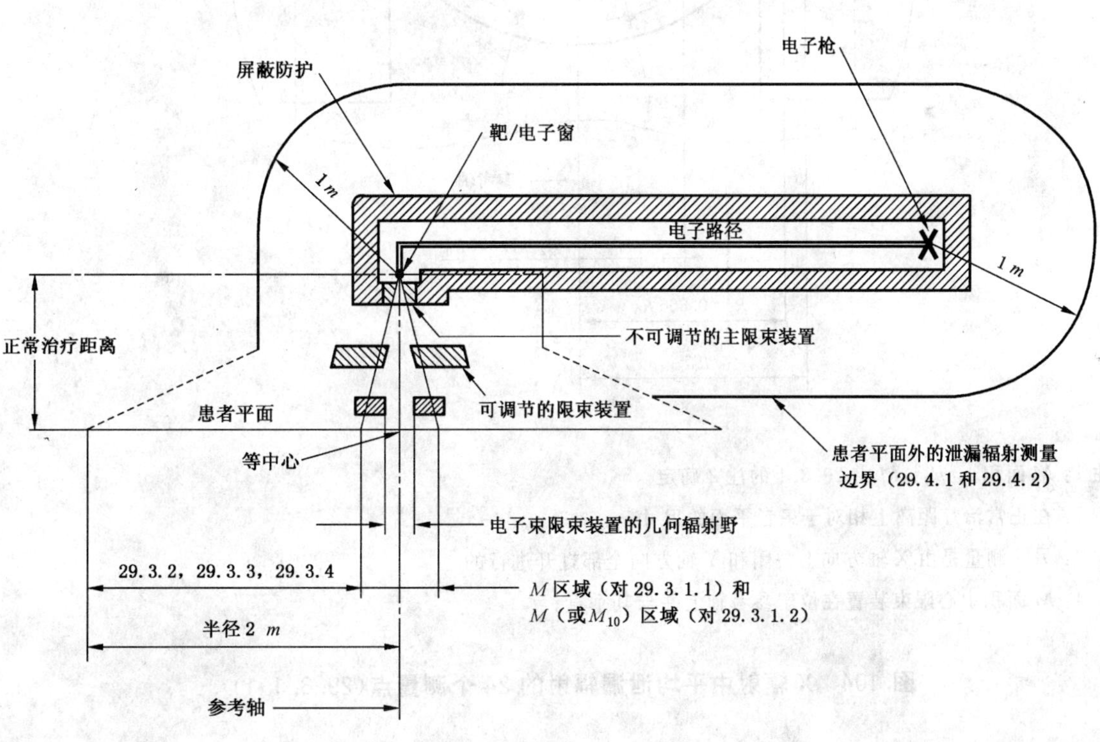

图 103 泄漏辐射要求的剖面图(29.3 和 29.4)

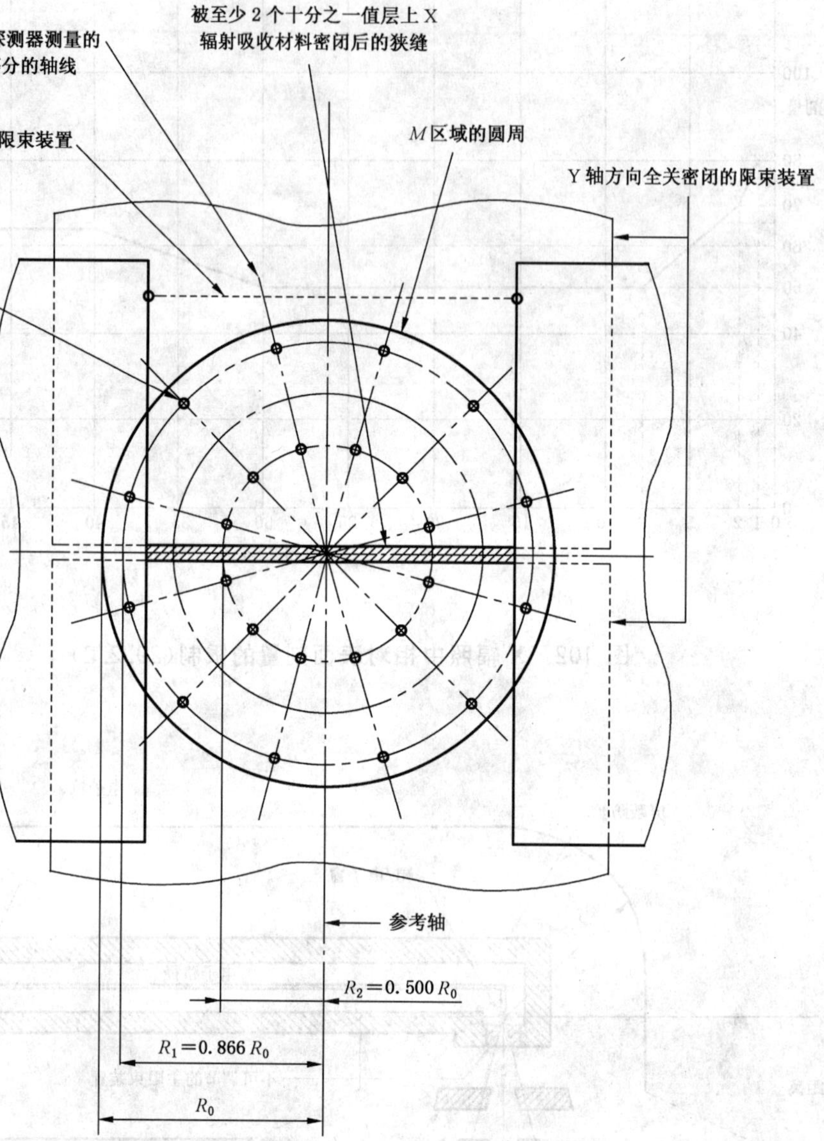

注1：M面积$=\pi R_0{}^2$，M由29.3.1的注2确定。

注2：在正常治疗距离上相对于患者平面的尺寸。

注3：另一测量是由X轴方向上关闭和Y轴方向全部打开进行的。

注4：M面积中心限束装置在位于参考轴上并与其垂直。

图104　X辐射中平均泄漏辐射的24个测量点(29.3.1.1)

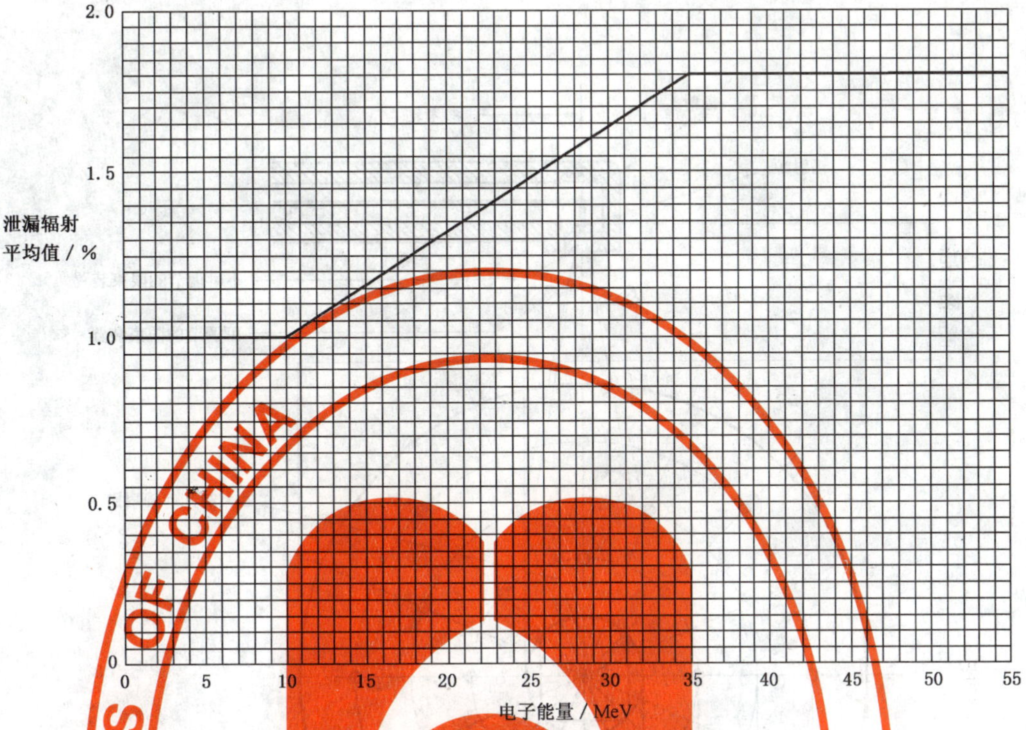

图 105 电子辐照中通过限束装置的泄漏辐射的限制

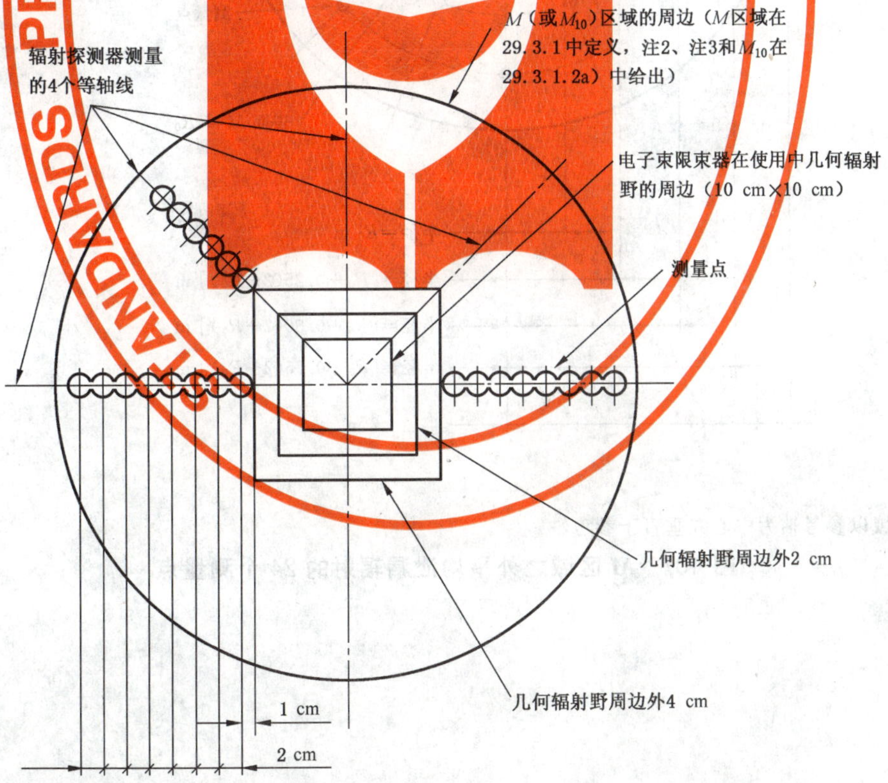

注：为使用电子束时的正常治疗距离处的尺寸。

图 106 电子辐照中平均泄漏辐射的测量点

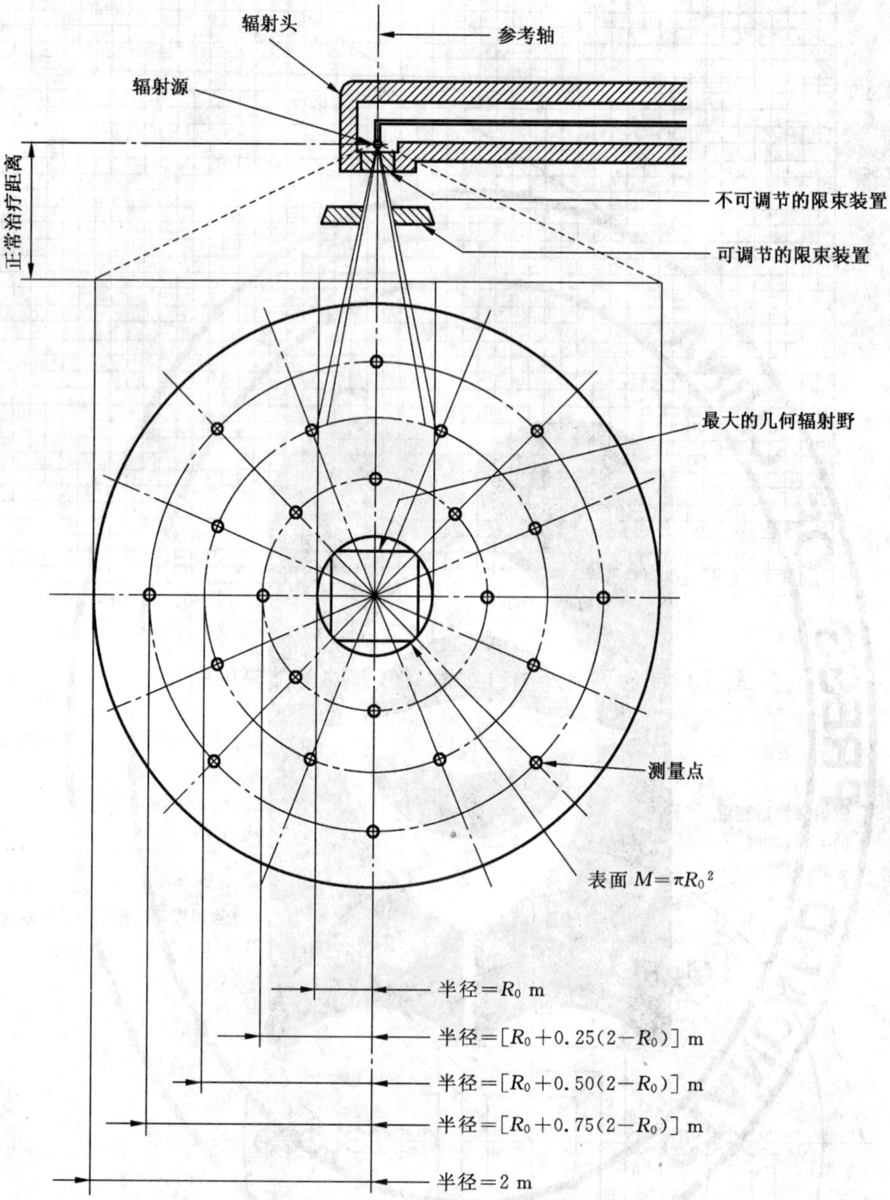

注：M 区域以参考轴为中心并垂直于参考轴。

图 107　M 区域之外平均泄漏辐射的 24 个测量点

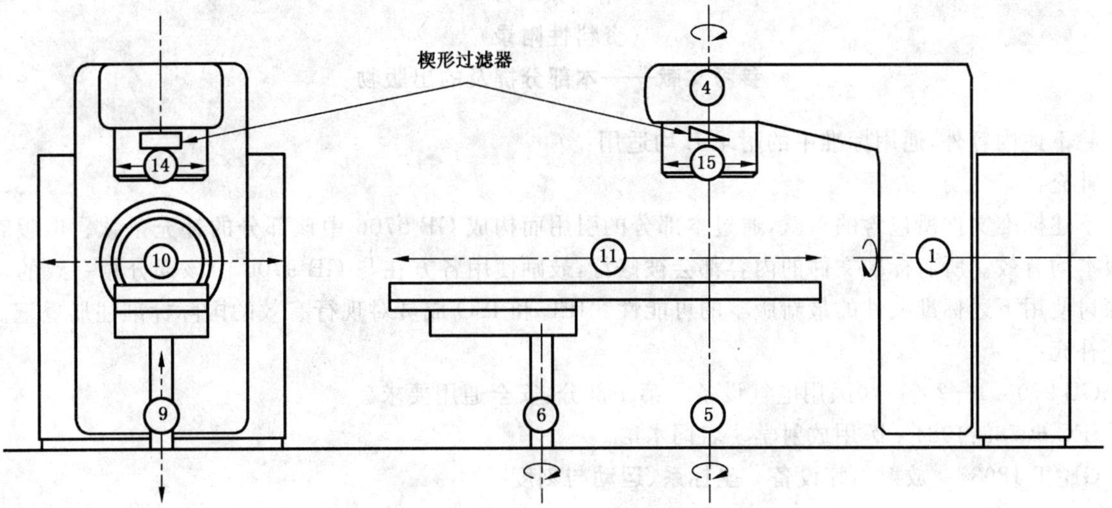

线性移动

9——治疗床的垂直移动；

10——治疗床的横向移动；

11——治疗床的轴向移动；

14——辐射野的尺寸 FX；

15——辐射野的尺寸 FY；

注：更详细的见该图中采用的 GB/T 18987—2003 中的表 1 和图 13a)、13b)和 13c)。

旋转轴

1——机架的旋转；

4——限束系统旋转；

5——治疗床的等中心的旋转；

6——治疗床支架的旋转；

注：除 9 和 11 移动外，所有运动均位于其零位置上。

图 108 设备运动和标尺

附 录 L
（资料性附录）
参考文献——本部分提及的出版物

除下述内容外，通用标准中的附录 L 均适用：

补充：

下述标准文件所包含的条款，通过本部分的引用而构成 GB 9706 中该部分的补充条款。出版时所示版本均有效。所有标准文件的内容都会被修订，鼓励使用各方在与 GB 9706 中该部分相一致的基础上探讨使用下述标准文件的最新版本的可能性。IEC 和 ISO 成员对现行有效的国际标准注册登记。

补充：

GB 9706.1—2007 《医用电气设备　第 1 部分：安全通用要求》

IEC 60788:1984　医用放射学　名词术语

GB/T 18987　放射治疗设备　坐标系、运动与刻度

附 录 AA
（资料性附录）
中文索引

G

J

K

Y

Z

W

其他

英 文 索 引

F

G

H

I

L

S

T

U

W

X

ICS 11.40.60
C 41

中华人民共和国国家标准

GB 9706.7—2008/IEC 60601-2-5:2000
代替 GB 9706.7—1994

医用电气设备　第2-5部分：超声理疗设备安全专用要求

Medical electrical equipment　Part 2-5: Particular requirements for the safety of ultrasonic physiotherapy equipment

（IEC 60601-2-5:2000，IDT）

2008-03-24 发布　　　　2009-01-01 实施

中华人民共和国国家质量监督检验检疫总局
中国国家标准化管理委员会　发布

前言

本标准的全部技术内容为强制性。

本标准等同采用 IEC 60601-2-5:2000(英文版)。

本标准代替 GB 9706.7—1994《医用电气设备　超声治疗设备专用安全要求》。

本标准与 GB 9706.7—1994 相比主要变化如下:

——标准名称与 IEC 60601-2-5:2000 完全一致;

——在"1 适用范围和目的"里细化为"1.1 适用范围"、"1.2 目的",增加了"1.3 专用标准"、"1.4 并列标准"、"1.5 规范性引用文件";

——在"2 术语和定义"中增加了名词术语;

——在"6.1 设备或设备部件的外部标记"中对发生器、治疗头增加了标记要求;

——在"6.8.2 使用说明书"中增加了慎重使用声明、治疗头的信息等要求;

——在"35 声能"中,试验方法删去了图 101,将水听器改为经由耦合剂与治疗头侧壁耦合;

——在"36 电磁兼容性"中,增加了对抗扰度试验 3 V/m 的数值的规定;

——在"42.3"里将图 102 改为图 101,删去原"42.4 补充",将发生器的温升试验改为 42.3 的 9),增加了"除非能证实对一个特定的治疗头进行试验可获得最不利条件下的结果,否则应对制造商提供的每一个治疗头进行试验"的规定;

——在"44.6 进液"里规定了设备的治疗头应符合 IPX7 的要求;

——在"50 工作数据的准确性"中,将"任何功率指示与实际值的偏差应在实际值的±30%范围内"修改为±20%范围内;

——在"50.101 输出控制装置"中,将输出功率降至额定输出功率的 20%以下改为 5%以下;

——在"51.103 定时器"中,将准确度要求修订为按定时范围分别规定;

——在"51.104 辐射场的均匀性"中,将"声强比不得超过 2"改为"制造商提供的任何治疗头或附加头的波束不均匀性系数应不超过 8.0";

——增加了资料性附录 AA,对适当的较重要的要求给出了原理说明。

有原理说明的章和条在其条款号之前有星号 * 标记。

本标准第 2 章和 GB 9706.1 中所定义的术语,在标准文本中出现时用黑体字表示。

本标准的附录 AA 是资料性附录。

本标准由国家食品药品监督管理局提出。

本标准由全国医用超声设备标准化分技术委员会归口。

本标准起草单位:国家武汉医用超声波仪器质量监督检测中心。

本标准主要起草人:忙安石、王志俭。

本标准所代替标准的历次版本发布情况为:

——GB 6386—1986;

——GB 9706.7—1994。

引　　言

本专用标准规定了超声理疗设备的安全要求和试验方法，是对 GB 9706.1—2007(基于 IEC 60601-1:1988＋Am1＋Am2，以下简称通用标准)内容的修订和补充。本专用标准考虑了 YY 0505—2005 和 IEC 61689:1996 的内容。

本专用标准的第一版等同采用 IEC 60601-2-5:1984(基于 IEC 60601-1:1977 并参考了 IEC 60150)。第二版的目的是使本专用标准与上述所引用的出版物和文件保持同步更新。题目的改变是为了更好地反映基于超声理疗应用发展的适用范围，并与上述 IEC 标准的改变保持一致。

考虑到对较重要的要求理由的理解不仅有助于对本专用标准的正确运用，而且随着临床实践的改变和技术的发展，及时地对标准作修订是必要的，在附录 AA 中对这些要求给出了适当的原理说明。但此附录并不是本标准要求的一部分。

医用电气设备　第 2-5 部分：超声理疗设备安全专用要求

第一篇　概述

除下列内容外，通用标准本篇的章和节内容适用。

1　适用范围和目的

1.1　适用范围

增加：

本专用标准规定了 2.1.101 所定义的在医学实践中使用单元换能器的超声理疗设备的安全专用要求。

本专用标准不适用于：

——由超声驱动的用作工具的**设备**（例如用于外科和牙科的**设备**）；

——利用聚焦超声脉冲波粉碎凝聚物诸如肾脏或膀胱结石的**设备**（碎石机）（参见 GB 9706.22—2003）；

——利用聚焦超声波的**超声理疗设备**。

1.2　目的

替代：

本专用标准的目的是制定 2.1.101 所定义的在医学实践中运用的**超声理疗设备**的安全专用要求。

1.3　专用标准

增加：

本专用标准引用 GB 9706.1—2007/IEC 60601-1：1988《医用电气设备　第 1 部分：安全通用要求》为简洁起见，在本专用标准中第一部分称为“通用标准”。

本专用标准中篇、章和条的编号对应于通用标准，对通用标准中内容的变更，规定使用下列措词：

“替代”意味着通用标准中的章和条完全由专用标准的内容代替。

“增加”意味着专用标准的内容增加到通用标准的要求中。

“修正”意味着通用标准中的章和条修订表示为专用标准的内容。

对通用标准增加的条或图，从 101 起编号，增加的附录以字母 AA，BB 等表示，增加的款项以 aa），bb）等表示。

术语“本标准”用来指通用标准和本专用标准的总体。

尽管可能不相关，在专用标准中无对应的篇、章和条的编号时，通用标准的篇、章和条不加修改采用；尽管可能相关，但不准备采用通用标准的任何一部分时，在专用标准中给出有关的声明。

专用标准的要求优先于通用标准和下述并列标准。

1.4　并列标准

增加：

采用下列并列标准

GB 9706.15—1999　医用电气设备　第 1 部分：安全通用要求　1. 并列标准：医用电气系统安全通用要求（idt IEC 60601-1-1：1995）

YY 0505—2005　医用电气设备　第 1-2 部分：安全通用要求　并列标准：电磁兼容　要求和试验

(IEC 60601-1-2:1993,idt)

IEC 60601-1-4:2000 医用电气设备 第1-4部分:安全通用要求 并列标准:可编程医用电气系统

1.5 **规范性引用文件**

下列文件中的条款通过本标准的引用而成为本标准的条款。凡是注日期的引用文件,其随后所有的修改单(不包括勘误的内容)或修订版均不适用于本标准,然而,鼓励根据本标准达成协议的各方研究是否可使用这些文件的最新版本。凡是不注日期的引用文件,其最新版本适用于本标准。

GB 4208—1993 外壳防护等级(IP代码)(eqv IEC 60529:1989)

GB 9706.1—2007 医用电气设备 第1部分:安全通用要求(IEC 60601-1:1988,IDT)

GB 9706.22—2003 医用电气设备 第2部分:体外引发碎石设备安全专用要求(IEC 60601-2-36:1997,MOD)

GB/T 16540—1996 声学 在0.5~15 MHz频率范围内的超声场特性及其测量 水听器法(eqv IEC 61102:1991)

IEC 60050(801) 国际电工词汇 第801章:声学和电声学

IEC 60469-1:1987 脉冲技术和装置 第1部分:脉冲术语和定义

IEC 61161:2006 超声 声功率测量 辐射力天平和性能要求

IEC 61689:1996 超声 物理治疗系统0.5 MHz~15 MHz频率范围内性能要求及试验方法

2 术语和定义

除下列内容外,通用标准中本章适用。

2.1 **设备部件、辅件和附件**

增加定义:

2.1.101

超声理疗设备 ultrasonic physiotherapy equipment(以下简称**设备**)

用于治疗目的,产生**超声**并作用于**患者**的**设备**。

注:**设备**基本上由一个高频电功率发生器和一个将其转化成**超声**的换能器组成。

2.1.102

超声换能器 ultrasonic transducer

在超声频率范围内将电能转化成机械能的装置。

*2.1.103

治疗头 treatment head

由**超声换能器**和将超声局部作用于**患者**的相关部件构成的组件。

注:**治疗头**也称为**作用头**。

2.1.104

附加头 attachment head

为改变超声波束特性而附加在**治疗头**上的附件。

2.12 **其他**

2.12.101

额定输出功率 rated output power

在**额定网电压**下,设备的最大**输出功率**。

[IEC 61689:1996 定义3.32]

2.12.102

超声 ultrasound

频率高于可听声上限频率(高于 16 kHz)的声振荡。(见 IEC 60050(801)的 801-21-04)

[IEC 61689:1996 定义 3.45]

2.12.103

有效辐射面积 effective radiating area

外推到**治疗头**前端面处的波束横截面积,乘以根据 IEC 61689 所定义的无量纲系数。

[IEC 61689:1996 定义 3.20,更改]

注:这可以认为是包含 100%总均方声功率的治疗头端面面积。

2.12.104

有效声强 effective intensity

输出功率与**有效辐射面积**的比值,以瓦每平方厘米为单位表示。

[IEC 61689:1996 定义 3.18,更改]

2.12.105

声工作频率 acoustic working frequency

根据置于声场中的水听器输出,采用过零检测技术分析所观测到的声信号频率。(见 GB/T 16540—1996 的 3.4.1)

[IEC 61689:1996 定义 3.3]

2.12.106

波束不均匀性系数 beam non-uniformity ratio

最大有效值声压平方与有效值声压平方空间平均的比值,在这里在根据 IEC 61689 所确定的**有效辐射面积**内进行空间平均。

[IEC 61689:1996 定义 3.9,更改]

2.12.107

波束类型 beam type

对超声波束说明性的分类有三种:准直型、会聚型、发散型。

[IEC 61689:1996 定义 3.11]

2.12.108

占空比 duty factor

脉冲持续时间与**脉冲重复周期**之比。(见 IEC60469-1 的 5.3.2.4)

[IEC 61689:1996 定义 3.17]

2.12.109

输出功率 output power

设备的**治疗头**在特定条件下,向特定媒质(最好是水)的近似自由场中所辐射的时间平均超声功率。(见 IEC 61161:2006 的 3.5)

[IEC 61689:1996 定义 3.31]

2.12.110

脉冲持续时间 pulse duration

声压幅度首次超过基准值与声压幅度最后回到该基准值以下时,两者之间的时间间隔。基准值等于最小声压幅度与最大和最小声压幅度之差 10%的两者之和。

[IEC 61689:1996 定义 3.35]

注:为考虑不完全调制,IEC 61689:1996 的上述定义与 GB/T 16540—1996 的 3.30 有差异。

2.12.111

脉冲重复周期　pulse repetition

周期性的波形同一特征重复时,两者时间间隔的绝对值。(见 IEC 60469-1:1987 的 5.3.2.1)

[IEC 61689:1996 定义 3.36]

2.12.112

时间最大声强　temporal-maximum intensity

在幅度调制波情况下,等于**时间最大输出功率**与**有效辐射面积**的比值。

[IEC 61689:1996 定义 3.41,更改]

2.12.113

时间最大输出功率　temporal-maximum output power

在幅度调制波情况下,是实际**输出功率**、时间峰值声压和有效值声压的函数,根据 IEC 61689 的规定确定。

[IEC 61689:1996 定义 3.34,更改]

*4　试验的通用要求

除下列内容外,通用标准的本章适用。

*4.1　试验

附加的注释见附录 AA。

5　分类

除下列内容外,通用标准的本章适用。

5.6

修正:

除了"连续运行"之外,删除所有其他条款。

*6　识别、标记和文件

除下列内容外,通用标准的本章适用。

6.1　设备或设备部件的外部标记

p)　输出

替代:

1. 设备的发生器应另外附加下列标记:

——以 MHz 为单位的**声工作频率**(低于 1 MHz 时以 kHz 为单位)

——波形(连续波、幅度调制波或脉冲波)

——若是幅度调制波,针对每一项幅度设置,提供输出波形的描述或图示,及**脉冲持续时间**、**脉冲重复周期**和**占空比**的数值。

2. 发生器应附有永久性的铭牌,并给出唯一性的系列号以便于独立识别。

3. 治疗头应标注以 W 为单位的额定输出功率,以 cm^2 为单位的有效辐射面积,波束不均匀性系数,波束类型,指定与治疗头配套的设备特定高频电发生器[若适用,见 6.8.2aa)9)]和其唯一性系列号。

6.8.2 使用说明书

增加条款:

aa)说明书应包括下列内容:

1)　任何**治疗头**或**附加头**的以 kHz 或以 MHz 为单位的**声工作频率**,和以平方厘米为单位的**有效**

辐射面积。

2） 提示**使用者**对周期性维护需要重视的推荐性意见，尤其是：

——用户进行常规性能试验和校准的间隔；

——对可能造成导电液体渗入的治疗头裂纹的检查；

——治疗头电缆和附加接头的检查。

3） 对安全操作的必要步骤的建议，在**应用部分**是B型时，着重强调不适当的电气安装可能导致的安全危害。

4） 对**设备**可安全连接的电气安装类型，包括任何**等电位导体**连接的建议。

5） 引起**使用者**注意，关于仔细使用**治疗头**，避免粗鲁操作可能对性能特性造成的不可逆后果的建议。

6） **治疗头**异常处置情况一览表。

7） 慎重使用声明。

8） 可选配**治疗头**的信息。

9） 对不可能规定专用发生器的，具备互换能力的**治疗头**，应注明，并应描述实现互换的方法。

7 输入功率

通用标准本章的设备工作条件见第50章的规定。

第二篇 环境条件

通用标准本篇内容适用。

第三篇 对电击危险的防护

除下列内容外，通用标准本篇的内容适用。

*13 概述

增加：

对组合**设备**的情形(即**设备**另外提供了电刺激功能或**应用部件**)，该设备还应符合附加功能专用标准规定的安全要求。

第四篇 对机械危险的防护

除下列内容外，通用标准本篇的内容适用。

21 机械强度

21.5 符合性试验

增加段落：

试验后，**治疗头**应符合本专用标准51.104的规定。

第五篇 对不需要的或过量辐射危险的防护

除下列内容外，通用标准本篇的内容适用。

*35 声能(包括超声)

替代：

在下述条件进行测量时，手持式**治疗头**不需要的**超声**辐射的空间峰值时间平均声强应小于

100 mW/cm²。

通过下列试验来核实是否符合要求。

治疗头的前端面浸入水温为22℃±3℃的脱气水中，设备工作在**治疗头**规定的**额定输出功率**下，已校准的水听器经由耦合剂与治疗头侧壁耦合，扫描(手动)，测量**治疗头**侧壁不需要的**超声**辐射。

注：涉及**输出功率**和声强分布的要求，见第八篇。

*36 电磁兼容性

替代：

除下列内容外，**设备**应符合相关标准 YY 0505 的要求。

36.202.2.1**d**)

增加句子：

对抗扰度试验，规定 3 V/m 的数值。

36.202.2.2**d**)

替代：

试验时，采用下列工作条件：

——**治疗头**浸入水中，**输出功率**设定为最大值和最大值的一半。

——若输出电路能通过控制端进行调谐，应在谐振和失谐条件下进行测量。

第六篇 对易燃麻醉混合气点燃危险的防护

通用标准本篇的内容适用。

第七篇 对超温和其他安全方面危险的防护

除下列内容外，通用标准本篇的内容适用。

42 超温

42.3

*符合性试验

增加条款：

6) 正常手持使用的**治疗头**，浸入起始水温为25℃±1℃，总深度不小于 20 cm，水量为 2 L 的水槽水面下 1 cm 处。设备在该**治疗头**的**额定输出功率**下工作 3 min，然后将**治疗头**离开水面 15 s 后再立即浸入水中，上述过程重复三次(总试验时间 9 min 45 s)(见图 101)。

7) 仅用于水中，而不是预期用于手持装置的**治疗头**，应完全浸入水量不少于 2 L 的水中，在该**治疗头**的**额定输出功率**下工作 15 min 进行试验。

注：为确保温度分布的均匀，可能需要某种形式的机械搅动。(见附录 AA，关于 42.3)

8) 在 6)或 7)试验期间的任意时刻，辐射表面的温度应不超过 41℃。

注1：为避免对温度测量装置的直接加热，在温度测量期间，可能需要对**治疗头**瞬时断电。

注2：为避免由于超声从水槽侧壁和底部的反射造成的附加热效应，宜在水槽侧壁和底部内衬声吸收材料。

9) **治疗头**浸入充满水的容器中，其起始水温为 25℃±1℃，采用**额定输出功率**，在其持续时间遵循通用标准 42.3 符合性试验的条款 3)"持续率"的条件下，进行发生器的温升试验。除非能证实对一个特定的**治疗头**进行试验可获得最不利条件下的结果，否则应对制造商提供的每一个**治疗头**进行试验。

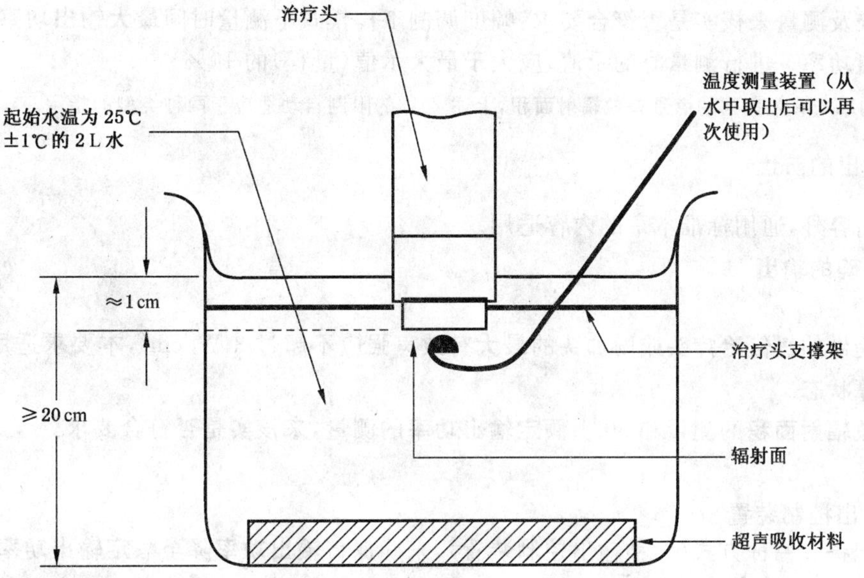

图 101 辐射面温升试验的布置图(见 42.3)

44 溢流、液体泼洒、泄漏、受潮、进液、清洗、消毒、灭菌和相容性

44.6 进液

增加：

101） **设备**的**治疗头**应符合 GB 4208 的 IPX7。

按照 GB 4208 对**治疗头**包括连接电缆线的插口进行试验来核实是否符合要求。

102） 对兼有水压按摩功能的超声**治疗头**，在治疗时应能承受所产生的最大压力。

按上述 44.6 101)进行试验来核实是否符合要求，负载条件是**正常使用条件**下所产生最大压力的 1.3 倍。

第八篇 工作数据的准确性和危险输出的防止

除下列内容外，通用标准本篇的内容适用。

*50 工作数据的准确性

50.1 控制器件和仪表的标记

替代：

50.1.101 应以仪表或校准的控制输出器件的形式，在控制面板上提供定量的指示装置。该指示装置应能直接读数或显示：

a） 在连续波工作模式下，**输出功率**和**有效声强**，和

b） 在幅度调制工作模式下，**时间最大声强**和**时间最大输出功率**。

上述测量应在**随机文件**所规定的预热时间后立即进行，应按照 IEC 61689:1996 的第 8 章进行测量来核实是否符合要求。

50.1.102 在 50.1.101 中所述的任何指示装置具有两个或更多的测量量程时，应提供一个清晰和可靠的量程指示。

通过检查来核实是否符合要求。

50.1.103 在50.1.101中所述的任何功率指示与实际值的偏差，应在实际值的±20%范围内。

通过检查及测量来核实是否符合要求：幅度调制工作模式下测量时间**最大输出功率**，连续波工作模式下测量**输出功率**。进行测量时的示值，应大于最大示值(量程)的10%。

注：**输出功率**与**有效声强**的商是**有效辐射面积**，上述20%的限制自动适应于两种类型的指示。

*51 危险输出的防止

除下列内容外，通用标准本章的内容适用。

*51.5 不正确的输出

替代：

制造商提供的任何**治疗头**或**附加头**的**最大有效声强**应不超过3 W/cm²，本要求适用于**正常状态**和任何**单一故障状态**。

通过**有效辐射面积**的测量和50.1**额定输出功率**的测量，来核实是否符合要求。

增加：

*51.101 输出控制装置

设备应配备有一种方式(一种输出控制装置)，来确保将**输出功率**降至**额定输出功率**的5%以下。

通过50.1**额定输出功率**的测量，来核实是否符合要求。

*51.102 电源波动时的输出稳定性

电网电压波动±10%时，**输出功率**的变化应在±20%范围内。不允许通过对**设备**的再次手动调节来满足该要求。

在90%、100%、110%电网电压条件下，通过50.1**额定输出功率**的测量，来核实是否符合要求。

*51.103 定时器

设备应配备有可调定时器，在预定时间到达后断开输出。定时器的量程应不超过30min，准确度要求如下：

定时器的设定	准确度
小于5 min	±30 s
5 min至10 min	设定值的±10%
大于10 min	±1 min

*51.104 辐射场的均匀性

制造商提供的任何**治疗头**或**附加头**的**波束不均匀性系数**应不超过8.0。

通过根据IEC 61689:1996第8章的测量，来核实是否符合要求。

51.105 输出的时间稳定性

在最大**输出功率**和额定**电网电压**，23℃±3℃水温条件下，连续工作1 h的期间内，**输出功率**应恒定在其初始值±20%的范围内。

*51.106 声工作频率

声工作频率应符合IEC 61689:1996的要求。

第九篇 不正常的运行和故障状态；环境试验

通用标准本篇的内容适用。

第十篇 结构要求

除下列内容外，通用标准本篇的内容适用。

56 元器件和组件

*56.3 连接-概述

增加条款：

aa) **治疗头**的连接电缆在连接**治疗头**和**设备**的接头处，应具备防护过度弯曲的能力，或分别采用恰当的连接插头。

对连接电缆的两端，按通用标准 57.4b)所规定的电源电缆试验方法进行试验，来核实是否符合要求。

除下列内容外，通用标准和附录适用。

附 录 L

增加引用标准

GB 9706.22—2003 医用电气设备 第2部分：体外引发碎石设备安全专用要求(IEC 60601-2-36：1997,MOD)

GB/T 16540—1996 声学 在0.5-15 MHz频率范围内的超声场特性及其测量 水听器法(eqv IEC 61102：1991)

IEC 60050(801)：1994 国际电工词汇 801章：声和电声

IEC 60469-1：1987 脉冲技术和设备 第1部分：脉冲术语和定义

IEC 61161：1992 0.5 MHz至25 MHz频率范围内，在液体中的超声功率测量 修正件1(1998)[1)]

IEC 61689：1996 超声 理疗系统 0.5 MHz至5 MHz频率范围内性能要求和测量方法

1) 已有修订后的1.1版，包括IEC 61161：1992和其修正件1：1998。

附 录 AA
（资料性附录）
总导则和编制说明

本附录对标准中重要的要求给出了简明的编制说明，其目的是针对熟悉本标准主题，但未参与其制定的人员提供帮助。考虑到对主要要求的理解对标准的正确运用是必不可少的，而且随着临床实践和技术的发展，对目前要求的编制说明将有助于标准伴随着这类发展的不断更新。

关于 2.1.103 治疗头

在诊断和温热疗法领域已普遍采用多元换能器，事实上在目前理疗**设备**中的应用还不为人详知。由于该原因，再加上在测定关键的声参数方面缺乏合适的测试方法，故 IEC 61689：1996 的适用范围局限在"单元平面圆形换能器"，在 GB 9706.7 的本修订版中仍维持该限制。

关于 4.1 试验

制造期间的试验（见通用标准 4.1 的编制说明）宜包括：按 50.1 规定的试验方法进行的**额定输出功率**的核实，和按 44.6 规定进行的**治疗头**水密性试验。

由于 50.1 的试验对热点的检测是不充分的，建议制造商在抽样的基础上按照 IEC 61689：1996 第 9 章的规定，进行更深入的试验。

关于 6 识别、标记和文件

最重要的输出特性，对安全使用可能重要的提示，应显示在**设备**上。其他输出参数可在**随机文件**中规定，建议这些参数包括 95％置信度水平下的评估不确定度：

Ⅰ 按 6.1p)3)标示**有效辐射面积**；

Ⅱ 按 6.1p)3)标示**额定输出功率**；

Ⅲ **声工作频率**；

Ⅳ **波束不均匀性系数**；

Ⅴ **脉冲持续时间**；

Ⅵ **脉冲重复周期**；

Ⅶ 按 50.1.101 **输出功率**的定量标示；

Ⅷ 按 50.1.101 **有效声强**的定量标示。

在实践中，预期制造商将按 IEC 61689：1996 第 5 章中 5.1 的要求，公布一系列参数的额定值。

关于 13 概述

对组合式**设备**，本专用标准仅适用于超声部分。

然而，例如在**治疗头**构成电刺激仪一个电极的组合式**设备**中，可能就不允许**治疗头**接地。

关于 35 声能量（包括超声）

与试验条件相比较，在**正常使用**时，由于声耦合至**操作者**手部的低效率，100 mW/cm^2 是一个包含了合理安全系数的限值。若**操作者**的手指是潮湿的或覆有耦合剂，则可能产生几度的温升。在实践中这种情况不大会发生，但对**操作者**而言这仍是一项重要的事项。

本方法的原理和测量布置不能准确地测定声强的数值，但所测的数据给出了治疗头侧面声能的指示。

关于 36 电磁兼容性

在任何实际使用情况下**设备**不允许产生高于一定级别的电磁干扰，及在“正常”电磁环境下其安全和性能不得降低。由于在半输出功率条件下可能产生较高的干扰，需要在该状态下进行试验。

关于 42.3 符合性试验

在治疗期间**治疗头**与**患者**脱离接触是很可能发生的，则可能导致**治疗头**辐射面的温度升高。因此在这里规定了将**治疗头**短时暴露在空气中的试验，规定的试验方法将超声辐射对温度测量装置的加热影响造成的测量误差减至最小。

配备有声耦合感应和自动关断**输出功率**的现代化物理治疗设备，将不存在这种问题。

关于试验方法，对产生 12 W **额定输出功率**典型系统，15 min 将 12 kJ 的能量传递至吸收材料，在材料中可能造成高温升。有两个结果：吸收块可能损坏及造成的热对流可能加热换能器。因此建议采用某种形式的机械搅拌器，来确保温度分布均匀。

关于 44.6 进液

治疗头的水密性不仅对水下治疗是必需的，而且在水浴外治疗时，用来防止**换能器**端面与**患者**皮肤之间耦合用油或油脂的渗透。试验期间浸入的深度与临床实践采用的方法相符。

关于 50 工作数据的准确性

对安全治疗而言，实际的**输出功率**和**有效声强**是最重要的量值，因此认为其直接的指示是必须的。在治疗**患者**时，**操作者**应能以这些指示值为依据。所规定的准确度要考虑到提供一个足够的安全度，同时考虑超声功率测量的固有误差。

关于 51 危险输出的防止

IEC 61689:1996 采用术语“绝对最大/最小”来表示测量值加/减测量不确定度的数值。本标准设定了规定值，且未提及测量不确定度（除指定要求之外）；按照 IEC 导则，将这类不确定度考虑在内，来判断是否符合要求值。

关于 51.5 不正确的输出

考虑了临床实践和综合安全后，所规定的 3 W/cm^2 是一个合理选定的最大值。然而取决于临床实践，对特殊的治疗可能采用更低的数值。

关于 51.101 输出控制装置

所有的**设备**宜适合于低功率下**患者**的治疗。

关于 51.102 电源波动时的输出稳定性

该稳定度的要求是，防止实践中很可能遇到的电源电压波动造成过度的输出变化。

关于 51.103 定时器

从对**输出功率**准确度要求的角度而言，对定时器准确度的要求是适当的。

关于 51.104 辐射场的均匀性

要避免在**超声**强度中过度的局部峰值可能造成**安全危害**，见 IEC 61689:1996 的附录 F。

关于 51.106　声工作频率

本要求中±10%的准确度表述,对治疗运用领域而言是合适的。

关于 56.3　连接-概述

在实际使用中治疗头的连接电缆可能被持续弯曲,故必须对过度弯曲有适当防护。

ICS 11.40.55;17.140.50
C 41

中华人民共和国国家标准

GB 9706.9—2008/IEC 60601-2-37:2001
代替 GB 9706.9—1997

医用电气设备　第 2-37 部分：超声诊断和监护设备安全专用要求

Medical electrical equipment Part 2-37: Particular requirements for the safety of ultrasonic medical diagnostic and monitoring equipment

(IEC 60601-2-37:2001, IDT)

2008-03-24 发布　　2009-01-01 实施

中华人民共和国国家质量监督检验检疫总局
中国国家标准化管理委员会　发布

前言

本标准的全部技术内容为强制性。

本标准等同采用 IEC 60601-2-37:2001《医用电气设备 第 2-37 部分:超声诊断和监护设备安全专用要求》和修订 1:2004、修订 2:2005 两份修订件。

本标准代替 GB 9706.9—1997《医用电气设备 超声诊断和监护设备专用安全要求》。

本标准与 GB 9706.9—1997 相比主要变化如下:

——标准名称与 IEC 60601-2-37:2001 完全一致;

——在第 2 章“术语和定义”中主要增加了涉及超声声学安全的名词术语,增加了符号表;

——在第 3 章“通用要求”中增加了 3.101“基本性能”;

——在第 6 章“识别、标记和文件”中对 6.1“设备或设备部件外部标记”和 6.3“控制器件和仪表的标记”增加或替代了部分内容。在 6.8.3“技术说明书”中增加了对“声输出报告表格”的要求;

——删除了原标准第 17 章“隔离”中对心脏除颤器放电效应的防护的要求;

——第 19 章“连续漏电流和患者辅助电流”和第 20 章“电介质强度”中增加了采用盐溶液进行应用部分试验的内容;

——第 35 章“声能(包括超声)”中增加了对超声发射的标记,声输出数据的准确性,声输出冻结和安全相关参数的风险评估的要求;

——在第 36 章“电磁兼容”中,针对超声诊断设备的特殊性增加了部分内容;

——在第 42 章“超温”中对 42.3 超声换能器表面温度的测量增加或替代了部分内容;

——在第 44 章“溢流、液体泼洒、泄漏、受潮、进液、清洗、消毒和灭菌”中对 44.6“进液”增加或替代了部分内容,原标准中对普通超声换能器 IPX4 的要求修改为 IPX1;

——在第 50 章“工作数据的准确性”中,对声输出数据和经食管超声换能器温度显示的准确性增加了技术要求;

——在第 51 章“危险输出的防止”中,对涉及超声安全的机械指数 *MI*、热指数 *TI* 等的实时显示的条件和内容增加了技术要求;

——增加了 2 个规范性附录,7 个资料性附录,附录的内容对标准的正确理解和全面贯彻是必不可少的。

标准文本中条款号前面加注“*”号表示在附录 BB 中对该条款有进一步的解释说明。

本标准第 2 章和 GB 9706.1 中所定义的术语,在标准文本中出现时用黑体字表示。

本标准的附录 AA 和附录 DD 是规范性附录,附录 BB、附录 CC、附录 EE、附录 FF、附录 GG、附录 HH和附录 II 是资料性附录。

本标准由国家食品药品监督管理局提出。

本标准由全国医用超声设备标准化分技术委员会归口。

本标准起草单位:国家武汉医用超声波仪器质量监督检测中心。

本标准主要起草人:王志俭、忙安石。

本标准所代替标准的历次版本发布情况为:

——GB 6385—1986;

——GB 9706.9—1997。

引　言

在本专用标准中，针对**超声诊断设备**规定了除通用标准之外附加的安全要求。

在下文中给出了对本专用标准要求的指导和原理说明。

对这些要求缘由的理解不仅有助于适当地运用本专用标准，还能加快根据临床实践的变化或技术发展的结果，适时地对标准做任何必要的修订。

总的指导和原理说明

在起草**超声诊断设备**安全的专用标准时采用的方法和思想，与目前应用于其他诊断装置，诸如 X 线设备和核磁共振设备的 IEC 60601-2 系列标准保持一致。

在每一种情况下，安全标准的目的是在诊断的探查领域，随着能量水平的增大，也增加了对输出显示指示器和/或控制器的复杂程度的要求。因此，对所有诸如此类的诊断装置，**操作者**的责任是理解设备输出的危险性，并采取适当的行动，确保在获取必要的诊断信息的同时使**患者**承受的危险性最小。

本标准内容不适用于超声治疗设备。本标准适用于主体结构中采用超声与其他医学手段，用于成像和诊断的设备。

医用电气设备　第2-37部分：超声诊断和监护设备安全专用要求

第一篇　概述

除下列内容外，通用标准中本篇的章和条适用。

1　范围和目的

除下列内容外，通用标准中本章的条款适用。

***1.1　适用范围**

增加：

本专用标准规定了2.1.145所定义的**超声诊断设备**的专用安全要求。

本标准不包括超声治疗设备；然而与治疗装置连接在一起、使用超声对人体组织成像的设备包括在内。

1.2　目的

替代：

本专用标准的目的是规定**超声诊断设备**安全和与安全直接相关各方面的专用要求。

1.3　专用标准

增加：

本专用标准修订和补充的下列一组标准出版物，在下文中简称为"通用标准"。

GB 9706.1—2007　医用电气设备　第1部分：安全通用要求(IEC 60601-1:1988,IDT)

YY 0505—2005　医用电气设备　安全通用要求　第1-2部分：并列标准：电磁兼容　要求和试验(IEC 60601-1-2:2001,IDT)

IEC 60601-1-4:2000　医用电气设备　第1-4部分：安全通用要求　并列标准：可编程医疗电子系统

本专用标准中篇、章和条的编号与通用标准对应，对通用标准中内容的变更，规定使用下列措词：

"替代"意味着通用标准中的章和条完全由专用标准的内容代替。

"增加"意味着专用标准的内容增加到通用标准的要求中。

"修正"意味着通用标准中的章和条修订表示为专用标准的内容。

增加到通用标准的条或图，从101起编号，增加的附录以字母AA、BB等表示，增加的条款以aa)、bb)等表示。

涉及原理说明的章和条加(*)表示，可在资料性附录BB中查阅原理说明，附录BB可用于确定要求的相关内容，但不得用于确定附加的试验要求。

在专用标准中无对应的篇、章和条的编号时，不加修改采用通用标准的篇、章和条。

在通用标准的任何一部分，尽管相关但不准备采用时，在专用标准中给出这样执行的声明。

专用标准的要求代替或更改了通用标准或相关标准的要求，其优先于对应的通用标准要求。

1.3.101　相关国家标准和国际标准

GB 4208—1993　外壳防护等级(IP代码)(eqv IEC 60529:1989)

GB/T 16540—1996　声学　在0.5～15 MHz频率范围内的超声场特性及其测量　水听器法(eqv IEC 61102:1991)

GB/T 16846—2008　医用超声诊断设备声输出公布要求(IEC 61157:1992,IDT)

YY/T 0316—2003　医疗器械　风险管理对医疗器械的应用(ISO 14971:2000,IDT)

IEC 61161:2006　超声　声功率测量　辐射力天平和性能要求

2　术语和定义

除下列内容外,通用标准中本章适用。

增加定义:

2.1.101

声衰减系数　acoustic attenuation coefficient

用于计算声源和特定点之间组织超声衰减的系数。

符号:α

单位:分贝每厘米兆赫($dBcm^{-1}MHz^{-1}$)

注:本标准中的声衰减系数是特指声学名词术语中媒质(组织)的声衰减系数的频率变化率,即对频率变量的斜率。在诊断超声频率范围内,软组织的这一系数近似为常数。

2.1.102

声工作频率　acoustic working frequency

声信号频谱图中,幅度较峰值幅度低 3 dB 处对应最宽的间隔频率 f_1 和 f_2 的算术平均。

[见 GB/T 16540 的 3.4.2,更改]

符号:f_{awf}

单位:兆赫(MHz)

2.1.103

衰减后输出功率　attenuated output power

在考虑衰减之后且距换能器特定距离处,**声输出功率**的数值,由下式给出:

$$P_\alpha = P10^{(-\alpha z f_{awf}/10)}$$

式中:

α——**声衰减系数**,单位为分贝每厘米兆赫($dBcm^{-1}MHz^{-1}$);

z——声源和特定点之间的距离,单位为厘米(cm);

f_{awf}——**声工作频率**,单位为兆赫(MHz);

P_α——**衰减后输出功率**,单位为毫瓦(mW);

P——在水中测量的**输出功率**,单位为毫瓦(mW)。

符号:P_α

单位:毫瓦(mW)

2.1.104

衰减后峰值稀疏声压　attenuated peak-rarefactional acoustic pressure

在考虑衰减之后且在特定点处,**峰值稀疏声压**的数值,由下式给出:

$$p_{ra}(z) = p_r(z)10^{(-\alpha z f_{awf}/20)}$$

式中:

α——**声衰减系数**,单位为分贝每厘米兆赫($dBcm^{-1}MHz^{-1}$);

z——声源和特定点之间的距离,单位为厘米(cm);

f_{awf}——**声工作频率**,单位为兆赫(MHz);

$p_r(z)$——在水中测量的**峰值稀疏声压**(MPa)。

符号:p_{ra}

单位:兆帕(MPa)

2.1.105

衰减后脉冲平均声强　attenuated pulse - average intensity

在考虑衰减之后且在特定点处,声**脉冲平均声强**的数值,由下式给出:

$$I_{pa,\alpha} = I_{pa}(z)10^{(-\alpha z f_{awf}/10)}$$

式中:

α——**声衰减系数**,单位为分贝每厘米兆赫($dBcm^{-1}MHz^{-1}$);

z——声源和特定点之间的距离,单位为厘米(cm);

f_{awf}——**声工作频率**,单位为兆赫(MHz);

$I_{pa}(z)$——在水中测量的**脉冲平均声强**,单位为瓦每平方厘米(Wcm^{-2})。

符号:$I_{pa,\alpha}$

单位:瓦每平方厘米(Wcm^{-2})

2.1.106

衰减后脉冲声强积分　attenuated pulse - average integral

在考虑衰减之后且在特定点处,**脉冲声强积分**的数值,由下式给出:

$$I_{pi,\alpha} = I_{pi}10^{(-\alpha z f_{awf}/10)}$$

式中:

α——**声衰减系数**,单位为分贝每厘米兆赫($dBcm^{-1}MHz^{-1}$);

z——声源和特定点之间的距离,单位为厘米(cm);

f_{awf}——**声工作频率**,单位为兆赫(MHz);

$I_{pi,\alpha}$——**衰减后脉冲声强**积分,单位为毫焦耳每平方厘米($mJcm^{-2}$);

I_{pi}——在水中测量的**脉冲声强积分**,单位为毫焦耳每平方厘米($mJcm^{-2}$)。

符号:$I_{pi,\alpha}$

单位:毫焦耳每平方厘米($mJcm^{-2}$)

2.1.107

衰减后空间峰值时间平均声强　attenuated spatial-peak temporal-average intensity

在考虑衰减之后且在特定距离 z 处,**空间峰值时间平均声强**的数值,由下式给出:

$$I_{zpta,\alpha}(z) = I_{zpta}(z)10^{(-\alpha z f_{awf}/10)}$$

式中:

α——**声衰减系数**,单位为分贝每厘米兆赫($dBcm^{-1}MHz^{-1}$);

z——声源和特定点之间的距离,单位为厘米(cm);

f_{awf}——**声工作频率**,单位为兆赫(MHz);

$I_{zpta}(z)$——在特定距离 z 处的水中测量的**空间峰值时间平均声强**,单位为毫瓦每平方厘米($mWcm^{-2}$)。

符号:$I_{zpta,\alpha}(z)$

单位:毫瓦每平方厘米($mWcm^{-2}$)

2.1.108

衰减后时间平均声强　attenuated temporal-average intensity

在考虑衰减之后且在特定点处,**时间平均声强**的数值,由下式给出:

$$I_{ta,\alpha}(z) = I_{ta}(z)10^{(-\alpha z f_{awf}/10)}$$

式中:

α——**声衰减系数**,单位为分贝每厘米兆赫($dBcm^{-1}MHz^{-1}$);

z——声源和特定点之间的距离,单位为厘米(cm);

f_{awf}——**声工作频率**,单位为兆赫(MHz);

$I_{ta,\alpha}(z)$——**衰减后时间平均声强**,单位为毫瓦每平方厘米($mWcm^{-2}$);

$I_{ta}(z)$——在水中测量的**时间平均声强**,单位为毫瓦每平方厘米($mWcm^{-2}$)。

符号:$I_{ta,\alpha}(z)$

单位:毫瓦每平方厘米($mWcm^{-2}$)

2.1.109

声束面积　beam area

垂直与声束准直轴特定平面的面积,该面积由**脉冲声强积分**大于该平面上**脉冲声强积分**最大值的某一指定系数的点组成。

[见 GB/T 16540—1996 的 3.7,更改]

注:针对测量目的,可认为**脉冲声强积分**与**脉冲声压平方积分**成正比。

2.1.110

声束准直轴　beam alignment axis

连接远场中几个不同的距离处,所测最大**脉冲声强积分**点之间的直线,针对准直目的,可将该线投影至**超声换能器**的端面。

[见 GB/T 16540—1996 的 3.6,更改]

2.1.111

骨热指数　bone thermal index

用于胎儿(六个月至九个月)或新生婴儿头部(经由囟门)等的**热指数**,在这些应用中超声波束穿透软组织,聚焦区域紧靠在骨的附近。

符号:TIB

单位:无

注:骨热指数的确定方法,见 DD.4.2 和 DD.5.2。

2.1.112

有界输出功率　bounded output power

在扫描模式下,换能器敏感面在扫描平面上宽度限定为 1 cm 的区域所发射出的**输出功率**。

符号:P_1

单位:毫瓦(mW)

2.1.113

断点深度　break-point depth

等于**等效孔径直径** 1.5 倍的数值,由下式给出:

$$z_{bp} = 1.5D_{eq}$$

式中:

D_{eq}——**等效孔径直径**。

符号:z_{bp}

单位:厘米(cm)

2.1.114

复合工作模式　combined-operating mode

由一种以上的**单一工作模式**组合而成的**设备**工作模式。

[见 GB/T 16846—2008 的 3.6]

2.1.115

颅骨热指数　cranial-bone thermal index

热指数的应用,诸如对未成年人或成年人颅骨等,在这些应用中超声波束穿透靠近波束进入人体入口处的骨组织。

符号：*TIC*

单位：无

注：颅骨热指数的确定方法，见 DD.4.3。

2.1.116

默认设置　default setting

取决于开机、新患者选择或从非胎儿应用改变至胎儿应用时，**超声诊断设备**将进入的控制端指定状态。

2.1.117

骨热指数的深度　depth for bone thermal index

从确定−12 dB **输出波束尺寸**的平面沿着**声束准直轴**，至**衰减后输出功率**和**衰减后脉冲声强积分**的乘积为最大值的平面之间的距离。

符号：z_b

单位：厘米(cm)

2.1.118

软组织热指数的深度　depth for soft-tissue thermal index

沿着**声束准直轴**，从确定−**12 dB 输出波束尺寸**的平面到一个特定平面之间的距离。在这一平面处，衰减后输出功率和衰减后空间峰值时间平均声强与 1 cm^2 的乘积二者中的小者，在整个大于或等于**等效孔径直径** 1.5 倍的距离范围上取得最大值。

符号：z_s

单位：厘米(cm)

注：在本专用标准中，采用相对于指定平面的，源于 GB/T 16540—1996 的 3.41 的**空间峰值时间平均声强**的限制性定义，在这里，**空间峰值时间平均声强**被**衰减后空间峰值时间平均声强**所替代。

2.1.119

单一工作模式　discrete-operating mode

超声诊断设备中**超声换能器**或**超声换能器**阵元组的激励方式所决定的工作模式只适用于一种诊断方式。

[见 GB/T 16846—2008 的 3.7]

2.1.120

等效孔径直径　equivalent beam diameter

圆的直径，该圆的面积等于−**12 dB 输出声束面积**，由下式给出：

$$D_{eq} \equiv \sqrt{\frac{4}{\pi} A_{aprt}}$$

式中：

A_{aprt}——−**12 dB 输出声束面积**。

符号：D_{eq}

单位：厘米(cm)

注：本公式给出了面积等于−12 dB 输出声束面积的圆的直径，用于计算颅骨热指数和软组织热指数。

2.1.121

等效声束面积　equivalent beam area

用功率和声强表示的，在距离 z 处声束面积的数值，由下式给出：

$$A_{eq}(z) \equiv \frac{P_\alpha}{I_{zpta,\alpha}(z)} = \frac{P}{I_{zpta}(z)}$$

式中：

P_α——在特定距离 z 处的**衰减后输出功率**，单位为毫瓦(mW)；

$I_{zpta,\alpha}(z)$——在特定距离 z 处的**衰减后空间峰值时间平均声强**，单位为毫瓦每平方厘米($mW\ cm^{-2}$)；

P——**输出功率**，单位为毫瓦(mW)；

$I_{zpta}(z)$——在特定距离 z 处的**空间峰值时间平均声强**，单位为毫瓦每平方厘米($mW\ cm^{-2}$)；

z——声源和特定点之间的距离，单位为厘米(cm)。

符号：$A_{eq}(z)$

单位：平方厘米(cm^2)

2.1.122

等效声束直径　equivalent beam diameter

用**等效声束面积**表示的，在距离 z 处声束直径的数值，由下式给出：

$$d_{eq}(z)=\sqrt{\frac{4}{\pi}A_{eq}(z)}$$

式中：

$A_{eq}(z)$——**等效声束面积**；

z——声源和特定点之间的距离。

符号：$d_{eq}(z)$

单位：厘米(cm)

2.1.123

声输出的全软件控制　full software control of acoustic output

设备确定声输出量值的方式，不取决于直接的操作者控制。

2.1.124

机械指数　mechanical index

所显示表示潜在的空化生物效应的参数。

注：确定机械参数的方法见 DD.2.2。

2.1.125

多用途超声设备　multi-purpose ultrasonic equipment

有一种以上临床应用的超声设备。

2.1.126

非扫描模式　non-scanning mode

超声诊断设备的一种工作模式，其一组声脉冲序列激励的超声扫描线位于相同的声学路径上。

[见 GB/T 16846—2008 的 3.12，更改]

2.1.127

－12 dB 输出声束面积　－12 dB output beam area

从**－12 dB 输出声束尺寸**导出的超声声束面积。

[见 GB/T 16846—2008 的 3.13，更改]

符号：A_{aprt}

单位：平方厘米(cm^2)

2.1.128

－12 dB 输出声束尺寸　－12 dB output beam dimensions

在换能器输出端面，并垂直于**声束准直轴**的特定方向上超声声束(－12 dB 脉冲声束宽度)的尺寸。

[见 GB/T 16846—2008 的 3.14，更改]

注 1：针对测量准确性的原因，选择尽可能靠近换能器端面的距离处，若可行在距端面 1 mm 的范围内，导出**－12 dB 输出声束尺寸**。

注 2：针对接触式换能器，可认为该尺寸等于辐射敏感单元的尺寸。

符号:X,Y

单位:厘米(cm)

2.1.129

输出功率　output power

在指定媒质(最好为水)的指定条件下,由超声换能器向近似为自由场中辐射的时间平均功率。

符号:P

单位:毫瓦(mW)

2.1.130

峰值稀疏声压　peak-rarefactional acoustic pressure

在声波重复周期内,负值瞬时声压绝对值的最大值。

[见 GB/T 16846—2008 的 3.34,更改]

符号:p_r

单位:兆帕(MPa)

2.1.131

慎重使用声明　prudent-use statement

在采集必需的临床信息时,建议首先避免高辐照水平,其次避免长辐照时间原则的肯定。

2.1.132

脉冲平均声强

脉冲声强积分 I_{pi}与**脉冲持续时间** t_d 的比值。

符号:I_{pa}

单位:瓦每平方厘米(Wcm^{-2})

2.1.133

脉冲声束宽度　pulse beam-width

在指定表面上,且在通过该表面上最大**脉冲声压平方积分**(p_i)点的指定方向上,**脉冲声压平方积分**等于该表面最大值指定分数的两点之间的距离。

[见 GB/T 16846—2008 的 3.18,更改]

符号:d_{-6}(定义为-6 dB 的**脉冲声束宽度**)

单位:厘米(cm)

2.1.134

脉冲持续时间　pulse duration

声脉冲中声强的时间积分值达到 10%与达到 90%**脉冲声强积分**时,两点之间时间间隔的 1.25 倍。

[见 GB/T 16540—1996 的 3.26,更改]

符号:t_d

单位:秒(s)

2.1.135

脉冲声强积分　pulse-intensity integral

声场中特定点上的瞬时声强在整个声脉冲波形内的时间积分。

[见 GB/T 16540—1996 的 3.27]

符号:I_{pi}

单位:毫焦耳每平方厘米($mJcm^{-2}$)

2.1.136

脉冲声压平方积分　pulse-pressure-squared integral

声场中特定点上的瞬时声压的平方,在整个声脉冲波形内的时间积分。

[见 GB/T 16540 的 3.29]

符号：p_i

单位：帕二次方秒(Pa^2 s)

2.1.137

脉冲重复频率　pulse repetition rate

两个相邻的声脉冲之间时间间隔的倒数。

符号：*prr*

单位：赫(Hz)

2.1.138

扫描模式　scanning mode

超声诊断设备的一种工作模式，其一组声脉冲序列激励的超声扫描线位于不同的声学路径上。

[见 GB/T 16846—2008 的 3.21，更改]

2.1.139

软组织热指数　soft tissue thermal index

用于软组织的**热指数**。

符号：*TIS*

单位：无

注 1：软组织热指数的确定方法，见 DD.5.1。

注 2：在本标准中，软组织包括除骨骼组织之外的、所有的人体组织和体液。

2.1.140

空间峰值时间平均声强　spatial-peak temporal-average intensity

在指定平面中，距换能器指定距离 z 处的**时间平均声强**的最大值。

[见 GB/T 16540—1996 的 3.41，更改]

符号：$I_{zpta}(z)$

单位：毫瓦每平方厘米($mWcm^{-2}$)

注：在本标准中，相对于所采用的指定平面，限制了 GB/T 16540—1996 的 3.41 的定义。

2.1.141

时间平均声强　temporal-average intensity

声场中特定点的瞬时声强的时间平均。

[见 GB/T 16540—1996 的 3.45，更改]

符号：$I_{ta}(z)$

单位：毫瓦每平方厘米($mWcm^{-2}$)

2.1.142

热指数　thermal index

指定点处衰减后输出功率，与在指定组织模型条件下，使该点温度上升 1℃所需要的衰减后输出功率数值的比值。

符号：*TI*

单位：无

2.1.143

换能器组件　transducer assembly

换能器壳体、所有连接的电子电路、壳体中所有的液体及连接换能器探头与超声主机的一体化电缆线。

[见 GB/T 16846—2008 的 3.22]

2.1.144

发射图案　transmit pattern

指定的一组换能器声束成型特征，(由发射孔径大小、变迹形状、横过孔径的相对时序/相序延迟模式，决定了指定的聚焦长度和方向)和指定的一种形状固定但幅度可变的电激励波形的组合。

2.1.145

超声诊断设备　ultrasonic diagnostic equipment

为了进行医学诊断，使用超声对人体监测检查的医用电气设备。

注：见 GB/T 16846—2008 的 3.11 定义，医用诊断超声设备(或系统)：超声设备主机和**换能器组件**的联合体构成一个完整的诊断系统。

2.1.146

超声换能器　ultrasonic transducer

在超声频率范围内，将电能转换成机械能和/或将机械能转换成电能的装置。

2.1.147

基本性能　essential performance

保持残留风险在可接受限值内的必需的性能特征。

[YY 0505—2005，定义 2.210]

注：又见 YY 0505—2005 的 3.201.2。

2.101　符号表

α	声衰减系数
A_{aprt}	−12 dB 输出声束面积
C_{MI}	归一化系数
D_{eq}	等效孔径直径
d_{-6}	脉冲声束宽度
d_{eq}	等效声束直径
f_{awf}	声工作频率
I_{pa}	脉冲平均声强
$I_{pa,\alpha}$	衰减后脉冲平均声强
I_{pi}	脉冲声强积分
$I_{pi,\alpha}$	衰减后脉冲声强积分
$I_{ta}(z)$	时间平均声强
$I_{ta,\alpha}(z)$	衰减后时间平均声强
$I_{zpta}(z)$	空间峰值时间平均声强
$I_{zpta,\alpha}(z)$	衰减后空间峰值时间平均声强
MI	机械指数
P	输出功率
P_{α}	衰减后输出功率
P_{1}	有界输出功率
p_{i}	脉冲声压平方积分
p_{r}	峰值稀疏声压
p_{ra}	衰减后峰值稀疏声压
prr	脉冲重复频率
TI	热指数
TIB	骨热指数

TIC	**颅骨热指数**
TIS	**软组织热指数**
t_d	**脉冲持续时间**
X,*Y*	**−12 dB 输出声束尺寸**
z	**声源至指定点的距离**
z_b	***TIB* 的深度**
z_{bp}	**断点深度**
z_s	***TIS* 深度**

3 通用要求

除下列内容外，通用标准的本章适用。

*3.101 基本性能

注：超声诊断设备的预期定义见 2.1.145。

下列各项是**超声诊断设备**的**基本性能**特征中潜在的危险源：

——波形中的噪声、伪像、图像中的失真或所显示数字值的误差，其不能够归咎于生理效应且可能改变诊断结果；

——与所进行的诊断相关的不准确数字值的显示；

——与安全指示相关的不准确的显示；

——非预期的或过量超声输出的产生；

——非预期的或过量**换能器组件**表面温度的产生；

——预期腔内使用的**换能器组件**，非预期的或不可控制运动的产生。

在某些情况下，需要重复进行超声检查时宜评估潜在的危害，例如，对心脏病患者的腔内探查和应力测试。

6 识别、标记和文件

除下列内容外，通用标准的本章适用。

6.1 设备或设备部件的外部标记

增加：

aa） 对 EMC 要求的符合性

不符合第 36 章电磁兼容要求的腔内**换能器组件**，应在**换能器组件**上采用下列 IEC 符号：通用标准附录 D 中表 D.1 的符号 14。

替代：

*p） 输出

超声诊断设备产生声输出水平的能力属 51.2bb）、cc）或 dd）范畴，且允许**操作者**直接改变声输出水平时，增加或降低声输出水平需采取的动作应向**操作者**清晰表明，标记应是有效的显示状态。

替代：

q） 生理效应，符号和警告性声明

多用途**超声设备**超声输出水平的能力属 51.2bb）、cc）或 dd）范畴时，宜采用通用标准附录 D 中表 D.1 的符号 14，贴在**控制面板**或其他便于观察的位置，本标记的目的是提醒**操作者**在使用**超声诊断设备**前，查阅**使用说明书**。

6.3 控制器件和仪表的标记

增加条款：

aa） 应根据51.2的要求，及6.8.2和50.2所述的准确公布的要求，预期**热指数**和**机械指数**的显示。

bb） 应根据42.3、50.2和51.2的要求，预期经食道使用的**超声换能器**表面温度的显示。

cc） 显示的与超声输出水平(51.2)相关的信息，应在**操作者**的位置清晰可见，包括所显示指数的全称或缩写。

6.8.2 使用说明书

增加条款：

aa） 说明书应包括下列内容：

1） 当**超声诊断设备**的**应用部分**是B型时，安全操作的必要步骤，着重强调不适当的电气安装可能导致的安全危害；

2） **超声诊断设备**可安全连接的电气安装类型，包括任何等电位导体的连接；

3） 内部和外部**换能器组件**的安全使用，尤其是针对其应用领域的**超声诊断设备**的正确类型；针对腔内使用的**换能器组件**，说明书中给出警告，不得在患者体外激励**换能器组件**，若**换能器组件**被激励，其将不符合电磁兼容的要求，可能对环境中的其他设备造成有害的干扰。若制造商声明测试级别的降低，在**使用说明书**中应包括对其他设备干扰的识别和缓解干扰的手段；

4） 在正常使用或性能评估时，对**换能器组件**可浸入水中或其他液体中那一部分的说明；

5） 在与高频手术设备一起使用时，若**超声诊断设备**或部件提供了对患者灼伤防护手段时的提示。若无此类防护手段，应在**随机文件**中给出提示，还应给出在高频手术设备的中性电极连接失效时，与降低灼伤危害相关的**换能器组件**定位和使用方面的建议；

6） 引起**使用者**注意的，对常规检查和定期维护的建议，尤其是：

——允许浸入导电液体中的**换能器组件**裂纹的检查；

——**换能器组件**电缆和其插头的检查；

7） 对**超声诊断设备**的正确使用，避免换能器组件的机械损伤；

8） **多用途超声诊断设备**超声输出水平的能力远大于**超声诊断设备**特定应用领域的典型值时，给出相关指令，避免不必要的声输出控制设置和水平；

9） **超声诊断设备**产生声输出水平的能力属51.2bb)、cc)或dd)范畴时的**慎重使用声明**；

10） **操作者**可以改变**设备**超声输出[见上文8)和9)及6.8.3]操作方面的任何**显示**或手段，在单独的一节中阐述；

11） **操作者**可以改变经食管使用的**超声换能器**表面温度操作方面的任何**显示**或手段的阐述；

12） 若**换能器组件**的表面温度能超过41℃，应公布最高温度；

13） **超声诊断设备**产生声输出水平的能力属51.2bb)、cc)或dd)范畴时，根据附录HH中的原则，向**使用者**提供如何理解所显示超声辐射参数**热指数**(TI)和**机械指数**(MI)的信息；

14） 根据35.4条选择输出极限的公布时，对**多用途超声设备**应针对每个应用领域公布其输出极限。

6.8.3 技术说明书

增加条款：

aa） **操作者**手册中要求关于声输出水平的技术数据。

对每一种模式，提供每一个指数的最大值(同时列出产生最大指数时，操作条件的参数)，哪一个工作模式是最大的(或唯一的)分量。

表 101　声输出报告表格

指数名称			*MI*	*TIS*			*TIB*	*TIC*
				扫描	非扫描		非扫描	
					$A_{aprt}\leqslant 1\ cm^2$	$A_{aprt}>1\ cm^2$		
最大指数数值			×	×	×	×	×	×
相关声参数	p_{ra}		×					
	P			×	×		×	×
	$P_{\alpha}(z_s)$和 $I_{ta,\alpha}(z_s)$最小值					×		
	z_s					×		
	z_{bp}					×		
	z_b						×	
	在最大 $I_{pi,\alpha}$处的 z		×					
	d_{eq}						×	
	f_{awf}		×	×	×	×	×	×
	A_{aprt}的直径	*X*		×	×	×	×	
		Y		×	×	×	×	
其他信息	t_d		×					
	prr		×					
	p_r 在最大 I_{pi}处		×					
	d_{eq}在最大 I_{pi}处						×	
	$I_{pa,\alpha}$在最大 *MI* 处		×					
操作控制条件	控制 1		×	×	×	×	×	×
	控制 2		×	×	×	×	×	×
	控制 3		×	×	×	×	×	×
	…		…	…	…	…	…	…

注 1：对不产生该模式下最大的 *TIS* 数值，不需提供任何 *TIS* 公式信息。

注 2：对任何不用于经颅或新生婴儿头部的换能器组件，不需提供关于 *TIC* 的信息。

注 3：若设备同时满足 51.2aa）和 51.2dd）豁免条款，不需提供 *MI* 和 *TI* 的信息。

第二篇　环境条件

通用标准本篇的内容适用。

第三篇　对电击危险的防护

除下列内容外，通用标准本篇的内容适用。

19　连续漏电流和患者辅助电流

增加：

19.4g）5）　针对**换能器组件**试验，应采用盐溶液，将应用部分浸入其中。

增加：

19.4h)9) 针对**换能器组件**试验，应采用盐溶液，将应用部分浸入其中。

20 电介质强度

增加：

20.4h) 针对**换能器组件**试验，应采用盐溶液，将应用部分浸入其中。

第四篇 对机械危险的防护

通用标准本篇的内容适用。

第五篇 对不需要的或过量辐射危险的防护

除下列内容外，通用标准本篇的内容适用。

*35 声能(包括超声)

替代：

35.1 与超声发射相关的标记、显示和技术阐述方面的规定，其要求和建议见第一篇。

35.2 声输出数据准确度和对危险或不需要输出水平防护方面的规定，其要求和建议见第八篇。

35.3 在具备图像冻结功能时，应能够停止声输出。

35.4 遵循 ISO 14971 采用本标准所定义的与安全相关的参数和其他的相关信息诸如临床经验，声输出应基于**风险评估**和**风险管理**，来加以限制。

注：本标准所定义的与安全相关的参数的关联指南见附录 HH。

在适用时，制造商应在**风险管理**过程中，提出与超声输出相关的风险。

*36 电磁兼容性

增加：

超声诊断设备应符合 YY 0505—2005 和下列修订的要求。

36.201 对无线电服务的保护

替代：

根据 GB 4824—2004 **超声诊断设备**应分类为Ⅰ组 A 类或 B 类设备，分类取决于其预期应用的环境，应由**制造商**在**使用说明书**中声明。根据 GB 4824—2004 分类的导则见本标准的附录 CC。

36.202 抗扰度

*36.202.1 f) 可变增益

增加：

注：对增益调节技术见本标准的附录 BB。

36.202.1 j) 符合判据

用下列内容替代第 8 个至第 11 个破折号后的内容：

——波形中的噪声，图像中的赝像或失真或所显示数字值的误差，其不能够归咎于生理效应且可能改变诊断结果；

——与安全相关显示的误差；

——非预期的或过量的超声输出；

——非预期的或过量的**换能器组件**表面温度；

——预期腔内使用的**换能器组件**，非预期的或不可控的运动。

*36.202.3 辐射射频的电磁场

b) 试验

替代：

3） 根据预期的用途，**超声诊断设备**应采用能产生最不利条件的 2 Hz 或 1 kHz（生理信号模拟频率）调制频率进行试验，在试验报告中应公布所选用的调制频率。

36.202.6 由射频场引入的传导性干扰

b） 试验

替代：

3） 包括**超声换能器**电缆在内的**患者**耦合电缆应采用电流钳进行试验，包括**超声换能器**电缆在内的所有**患者**耦合电缆可以使用一个电流钳同时进行试验。

在下述规定的试验期间，**超声诊断设备**或**系统**应连接**超声换能器**，在所有情况下，注入点和**患者**耦合点之间应不使用特制的退耦装置。

——对于**患者**有传导性接触的**患者**耦合点，RC 单元的 M 端（见 CISPR 16-1-2）应与传导性的**患者**接点直接连接，RC 单元的其他端子应连接到地基准平面。若人造手的 M 端连接到耦合点时，无法核实**超声诊断设备**的正常工作，在人造手的 M 端和**患者**耦合点之间可以使用**患者**模拟器。

——**超声换能器**应采用 CISPR 16-1-2 规定的人造手和 RC 单元来端接，人造手金属箔的尺寸和放置应模拟在**正常使用**时**患者**和**操作者**耦合的近似区域。

——对预期连接到单个**患者**有多个**患者**耦合点的**超声诊断设备**，按照 CISPR 16-1-2 的规定，每一个人造手应连接到单个的公共接点，且该公共接点应连接到 RC 单元的 M 端。

替代：

6） 根据预期的用途，**超声诊断设备**应采用能产生最不利条件的 2 Hz 或 1 kHz（生理信号模拟频率）调制频率进行试验，在试验报告中应公布所选用的调制频率。

36.202.7 网电源输入线上的电压跌落、短路和电压波动

*a） 要求

替代：

1） 在表 210 规定的**抗扰性试验级别**中，**超声诊断设备**应符合 36.202.1j）的要求。假定**超声诊断设备**维持安全，未发生元器件的失效和在操作者的干预下能恢复到试验前的状态，则允许在表 210 规定的**抗扰性试验级别**中，**超声诊断设备**偏离 36.202.1j）的要求。符合性的确认基于进行一系列试验期间和之后超声诊断设备的性能。每相的额定输入电流超过 16 A 的**超声诊断设备**，免予进行表 210 规定的试验。

第六篇 对易燃麻醉混合气点燃危险的防护

通用标准本篇的内容适用。

第七篇 对超温和其他安全方面危险的防护

除下列内容外，通用标准本篇的内容适用。

42 超温

除下列内容外，通用标准本章的内容适用。

42.3

替代：

*42.3 按下列试验条件 a）1）进行测量时，作用于**患者**的**超声换能器**，其表面温度应不超过 43℃。

另外，按下列试验条件 a）2）进行测量时，作用于**患者**的**超声换能器**，其表面温度应不超过 50℃。

是否符合通过下述**超声诊断设备**的操作和温度试验来核实：

a) 试验条件

1) **超声换能器**应模拟实际使用条件进行试验。

模拟的实际使用条件包括：

——**超声换能器**应与模拟软组织、皮肤或骨组织的试验体模进行声学和热学的耦合，使**超声换能器**敏感表面发射的超声进入试验体模；

——**超声换能器**的定位、受热和/或冷却条件，应与**超声换能器**的预期应用领域相对应；

——温度的测量位置应位于**超声换能器**敏感表面处；

——试验体模的热学和声学特性应模拟适当的组织。**超声换能器**预期在体外使用时，试验体模应考虑皮肤层，试验体模应具有注 1 规定的比热、热导率和衰减系数的数值。

注 1：在辐射单位和测量国际委员会的 ICRU 报告 61[28]中给出了适当组织声学特性的通用导则。针对模拟软组织的试验体模，试验体模的材料应具有下列特性：

比热：(3 500±500)$Jkg^{-1}K^{-1}$；

热导率：(0.5±0.1)$Wm^{-1}K^{-1}$；

5 MHz 时的衰减系数：(2.5±1.0)$dBcm^{-1}$。

注 2：在包含皮肤、骨或软组织的组织表面热传递的差异性，在根据**超声换能器**的预期应用领域选择模型时，宜仔细考虑，在附录 BB 和 TNO 报告 PG/TG/2001.246[30]中可查阅附加的指导性原则。

——试验体模应设计成(例如，使用声吸收材料)将导致加热**超声换能器**表面的超声反射减至最小；

——试验体模的最小尺寸宜保证即使再增大尺寸，对**换能器组件**表面温度的影响也可忽略不及；

试验方法：应选择下面规定的试验方法 A)或 B)。

注 3：当**超声诊断设备**采用闭环温度监控系统时，由于试验方法 B)会产生不正确的结果，在这类情况下应采用试验方法 A)。

试验方法 A)：试验判据基于温度测量。

超声诊断设备预期体外使用的情况下，试验体模和换能器界面处的对象材料表面初始温度应不低于 33℃，环境温度应为 23℃±3℃。

为满足要求，在试验期间**换能器组件**辐射表面的温度应不超过 43℃。

试验方法 B)：试验判据基于温升测量。

注 4：在遵循试验方法 B)时，温升定义为试验之前**超声换能器**表面温度与试验期间**超声换能器**表面最高温度两者之间的差值。

试验体模和换能器界面处的对象表面初始温度应与环境温度一致，环境温度应为 23℃±3℃。**超声诊断设备**预期体外使用的情况下，试验期间**超声换能器**的表面温升应不超过 10℃。**超声诊断设备**预期非体外使用的情况下，试验期间**超声换能器**的表面温升应不超过 6℃。

超声诊断设备预期体外使用的情况下，试验条件 42.3a)1)下的表面温度等于 33℃与所测温升之和。**超声诊断设备**预期非体外使用的情况下，试验条件 42.3a)1)下的表面温度等于 37℃与所测温升之和。

为满足本标准的要求，在试验期间用本方法计算的温度应不超过 43℃。

2) 将表面清洁的(无耦合剂)**超声换能器**悬挂在无空气流通或置于**超声换能器**表面空气流通减至最小的环试箱内的固定位置。

试验判据基于温升测量。

环境温度应为 23℃±3℃，且**换能器组件**辐射表面的初始温度应与环境温度一致，在试验期间，**换能器组件**辐射表面的温升应不超过 27℃。

为满足表面温度不超过 50℃的要求，在这些试验条件下测得的表面温升与 23℃之和应作为试验条件 a)2)下的表面温度。

b) 运行设置

超声诊断设备的运行设置在使**超声换能器**产生最高表面温度的条件下，a)1)和 a)2)的试验应在相同的条件下进行。应在试验报告中列出试验激励条件，应在使用说明书中公布最高温度。

c) 负载持续率

在试验持续期间，**超声诊断设备**连续运行。

1) 根据 42.3a)1)条件，试验进行 30 min。

注：当**超声诊断设备**输出自动冻结的时间小于 c)1)的时间间隔，**超声诊断设备**应立即再次启动。

2) 根据 42.3a)2)条件进行试验，在下述两者中取较小值：

A) 30 min；或

B) 在**操作者**无法关闭输出自动冻结能力时，取其时间间隔的两倍。

d) 温度测量

超声换能器温度的测量可采用任何适当的方法，包括辐射法和热电偶法。

在采用热电偶法时，热电偶接头和邻近的热电偶导线要确保与被测材料的表面有良好的热接触，热电偶的定位要确保其对被测区域的温升影响可忽略不计。

应在**超声换能器**表面产生最高表面温度的区域测量温度。

应公布测量的不确定度。

注 1：宜采用 JJF 1059—1999《测量不确定度评定与表示》，来进行不确定度的评估。

注 2：建议选择对直接超声加热(例如：采用薄膜或细线热电偶)不非常敏感类型的温度测量手段，而且其敏感面积的尺寸宜使得任何平均效应减至最小。在评估不确定度时，宜考虑传导损耗、超声加热和空间平均效应。

e) 试验准则

在试验中，**超声换能器**应按上述 c)所规定的负载持续率运行，在试验期间，记录的最高温度应不超过规定的极限值。

表 102 42.3 款试验说明的概述

<table>
<tr><td colspan="2">换能器类型→
进行的试验↓</td><td>体外使用</td><td>非体外使用</td></tr>
<tr><td rowspan="2">a) 1)模拟使用条件试验</td><td>A) 温度</td><td>试验体模温度维持在不低于 33℃。
温度应不超过 43℃。</td><td>试验体模温度维持在不低于 37℃。
温度应不超过 43℃。</td></tr>
<tr><td>B) 温升</td><td>试验体模和换能器界面处的初始温度应与环境温度一致。环境温度应为 23℃±3℃。
温升应不超过 10℃。</td><td>试验体模和换能器界面处的初始温度应与环境温度一致，环境温度应为 23℃±3℃。
温升应不超过 6℃。</td></tr>
<tr><td>a) 2) 无空气流通试验(无耦合计)</td><td>温升</td><td colspan="2">环境温度应为 23℃±3℃。
换能器组件表面的初始温度应与环境温度一致。
温升应不超过 27℃。</td></tr>
</table>

44 溢流、液体泼洒、泄漏、受潮、进液、清洗、消毒和灭菌

除下列内容外，通用标准本章的内容适用。

*44.6 进液

增加条款：

aa) 由**制造商**规定的在**正常使用**时，可能与**操作者**或**患者**接触的**换能器组件**中的那些部件，应满足**防滴设备**(IPX1)的要求，**换能器组件**的插头不应包括在本条要求中。

注：正常使用包括清洗和灭菌。

是否符合通过 GB 4208 中第二位特征数字，数字 1 的试验来核实，将**换能器组件**按**正常使用**条件，包括任何电缆的连接进行试验，但不包括**换能器组件**与超声主机断开的情况。

bb) 由**制造商**规定的在**正常使用**时，预期浸入水中的**换能器组件**的部件，应满足**防浸设备**(IPX7)的要求。

是否符合通过 GB 4208 中第二位特征数字，数字 7 的试验来核实，其 13.2.7a)和 b)除外。

第八篇 工作数据的准确性和危险输出的防止

除下列内容外，通用标准本篇的内容适用。

50 工作数据的准确性

除下列内容外，通用标准本章的内容适用。

50.2 控制器件和仪表的准确性

替代：

aa) 应规定声输出数据和控制器件的准确性，内容如下：

——若提供，任何**显示表明的声输出功率**，见 6.3 和 51.2。

——技术数据，见 6.8.3。

bb) 预期用于经食管使用的**超声换能器**，应规定其表面温度数据和专用控制器件的准确性，若提供，包括任何表面温度的显示，见 6.3 和 51.2。

注：针对不确定度的评估，宜采用 JJF 1059—1999《测量不确定度评定与表示》。

51 危险输出的防止

除下列内容外，通用标准本章的内容适用。

51.2 有关安全的参数的指示

替代：

aa) 若**超声诊断设备**在任何工作模式下，其**软组织热指数**或**骨热指数**不具备超过 1.0 的能力，则不需显示**热指数**[又见附录 BB 所涉及的 6.1p)]。

满足 GB/T 16846 中第 6 章免予公布要求的**超声诊断设备**，预期其**软组织热指数**或**骨热指数**不具备超过 1.0 的能力，且针对所有的工作条件，同时满足 $f_{awf} < 10.5$ MHz，$A_{aprt} < 1.25$ cm^2，则不需显示 TI。

bb) 若**超声诊断设备**，其**软组织热指数**或**骨热指数**具备超过 1.0 的能力，则在启动任何工作模式时，设备应具备向操作者显示软组织热指数(TIS)(在数值超过 0.4 时)或**骨热指数**(TIB)(在数值超过 0.4 时)的能力，但在该模式下，不需同时显示两者。

cc) 若**超声诊断设备**预期仅应用于成人颅骨，则**热指数**的显示，在其等于或超过 1.0 时，仅需包括**颅骨热指数**的显示。

dd) 若**超声诊断设备**在实时 B 模式工作时(其他模式均未启动)，其**机械指数**具备超过 1.0 的能力，则在该模式下，其等于或超过 0.4 时，应显示**机械指数**。

满足 GB/T 16846 中第 6 章免予公布要求的**超声诊断设备**，预期其**机械指数**不具备超过 1.0 的能力，且针对所有的工作条件，满足 $f_{awf} > 1.0$ MHz，则不需显示 MI。

ee) 对不具备实时(B 模式)成像能力的**系统**，**系统**应允许**操作者**选择来显示**热指数**[根据上述 aa)至 cc)的要求]和**机械指数**[根据上述 dd)的要求]，但不需具备同时显示两者的能力。

ff) 若显示[见 aa)至 ee)],则**热指数**显示的增量,在数值小于 2.0 的范围内,应不超过 0.2,在数值大于 2.0 时,应不超过 0.5。

gg) 若显示[见 aa)至 ee)],则**机械指数**显示的增量,在整个显示范围内,应不超过 0.2。

hh) 若**超声诊断设备**预期经食管使用,其表面温度具备超过 41℃的能力,则在表面温度超过 41℃时,应显示表面温度或应向**操作者**提供其他的指示(见 42.3)。

51.4 意外地选成过量的输出

替代:

aa) 针对设计允许**声输出全软件控制**的**超声诊断设备**,在开机、键入新患者身份数据或从非胎儿转成胎儿应用时,**超声诊断设备**应进入适当的**默认设置**状态,这些**默认设置**的数值应由**制造商**确定,但可允许**操作者**重新设置。

bb) 针对设计不允许**声输出全软件控制**的**多用途超声诊断设备**,在开机、键入新患者身份数据或从非胎儿转成胎儿应用时,**超声诊断设备**应提示**操作者**去核查(适当时,重置或更改)所显示的声输出和**机械指数**和/或**热指数**。

第九篇 不正常的运行和故障状态;环境试验

通用标准本篇的章和条款内容适用。

第十篇 结构要求

通用标准本篇的章和条款内容适用。

附 录 AA
（规范性附录）
术语-定义术语索引

附 录 BB
（资料性附录）
特定条款的指导和原理说明

关于 1.1 适用范围

本专用标准的内容确定很大程度上覆盖了超声医用诊断和监护**设备**，包括**超声**回波测距装置（手控和自动扫描）、多普勒回波**设备**和其组合设备。

适用范围保持通用并尽可能包含大部分（非治疗的）医用**超声诊断设备**。例如，某些设备为了覆盖广泛的应用领域，其具备在许多不同类型、额定供电电压和超声换能器频率下操作的能力，在起草本专用标准时，也考虑了这些因素。

预期本专用标准的后续版本，针对与安全相关的技术规范，可以更好地规定不同的或附加的参数，来反映未来对生物物理学的理解和测量技术的发展水平。

关于 6.1p）输出

在某些工作模式下，特定的设备有十个或更多的不同控制器件能影响超声的输出水平，使用**多用途设备**时，操作者不需过于操心输出水平小的变化，但在许多情况下要避免无意中大大增加输出水平（见 6.3c）和通用标准的 51.4）。

在大多数**设备**上，一般提供单个控制器件来改变声输出的幅度，同时使其他参数不变（诸如脉冲长度、工作周期等）。通常，除了与安全相关的方面之外，**操作者**必须在某种程度上理解该控制器件的操作对装置有效使用的作用。该要求强调了需要向操作者有效地指示主要功能是影响超声输出水平的控制器件（或多个控制器件）的状态，和操纵该直接控制器件增大或减小输出需要采取的动作。

由于已假定在所有可能的输出水平上是同等安全的，该要求对不具备产生声输出水平属 51.2bb）或 dd）范畴的**设备**不适用。

关于 6.8.2aa）13）

书面的指令，和预编程的专用应用领域的默认数值，是针对不同临床应用，向**操作者**提示适当超声输出水平的适当方式。

关于 35 声能量（包括超声）

本专用标准未规定声输出允许水平的上限值。

通过要求交互性的声输出实时**显示**，以临床有实际意义的参数，诸如本标准中所包括的**热指数**和**机械指数**形式，来强调可能的过量输出水平。

由于本专用标准未规定声输出允许水平的上限值，所有的**设备**均受限于技术原因、符合当地法规的要求，或源于**制造商风险管理**的原因。一方面**制造商**宜持续追踪诊断超声领域中超声场安全的科学研讨，另一方面**用户**要了解相关的-可能依赖于应用领域-由制造商所选择的其设备的上限值。

35.4 条的符合性可以通过检查**制造商**提供的**风险管理**过程的相关文件，包括相关信息诸如临床经验等来加以核实。

关于 36 电磁兼容性

关于分条款 36.201.1

当**制造商**定义设备的预期使用环境是医院或类似的环境时，**超声诊断设备**属 A 类（按 YY 0505—2005）。预期使用环境扩展到居住环境时，**超声诊断设备**则属 B 类，进一步的细节，参见附录 CC。

关于分条款 36.201.1f）

具有可变增益的**超声诊断设备**应在**用户**使用的典型增益条件下进行试验，这项设置宜通过仿组织材料或血流体模来确定，与应用目的相适应，由**用户**调节增益和其他影像增强调整功能，呈现典型的设置状态。根据 YY 0505—2005 中 36.202，在抗扰性试验之前应将体模移去。

若用**设备**或**系统**的正常软件能够满足该要求，则应采用正常的软件进行试验。若用**设备**或**系统**的正常软件不能够满足该要求，则应提供一种方法来执行该工作模式，可以要求使用特殊的软件。若使用了特殊软件，其不应抑制可能影响试验结果的增益改变。

关于分条款 36.201.1j)

当电磁扰动作用于预期使用配备 2 m 以上电缆的换能器时，要求对采集微伏级信号的**超声诊断设备**不产生任何影响是不合理的，在这一点上已达成了共识。

对该要求的理解是：在 36.202 规定的试验条件下，**超声诊断设备**应能够提供**基本性能**及维持安全。

符合判断原则的实例包括：

- **超声诊断设备**显示的图像可以有扰动所产生的有规律的点或断线或线段，只要其不被识别为生理信号并不影响诊断即可；
- **超声诊断设备**显示的图像可以在多普勒轨迹上产生线段，只要其不被识别为生理信号并不影响诊断即可；
- **超声诊断设备**显示的图像和多普勒轨迹可能被噪声信号所覆盖，只要其不被识别为生理信号并不影响诊断即可。

关于 36.202.3b)3)和 36.202.3b)6)

YY 0505—2005 的表 209 中列出：当装置预期的使用是“控制、监视或测量生理参数”时，采用 2 Hz 的调制频率；当预期的使用是“其他目的”时，采用 1 kHz 的调制频率。超声诊断装置既预期用来分析缓慢的生理参数，如心脏壁的运动，又用于相对较快的生理现象，如血液流速(在 kHz 范围检测多普勒频偏)。

关于 42.3 超温

由于**换能器组件**内部的能量损失和**患者**的超声吸收，产生了**诊断超声换能器**的热量问题。

在通用标准 42.3 中是在无空气流通条件下试验，由于超声向空气辐射的极度低效率(不同于向人体辐射)，基本上所有的电能都转化成**换能器组件**内部的热能。由于耦合剂的使用和通常**超声换能器**表面层的低热容量，可预计将无空气流通条件转变成正常使用条件，表面温度将有极大的下降。对 42.3 进行更改，允许无空气流通条件下，试验的上限值为 50℃，可确保正常使用条件下，温度在 1 min 内降至 43℃(见通用标准 42.1 表 10a)。

这也考虑了预期经食管使用**换能器组件**，尽管其与食管内表面的接触时间延长，但起始换能器温度与单一组织点接触的时间相对较短。而且换能器发热的区域相对较小，提供的热量也少，且在换能器经口腔进入食管过程中，其产生的热量被快速吸收。最终结果是除非在短暂的时刻，组织遭遇的温度不会超过临床扫描的静态温度。在胎儿经阴道使用时，由于对组织和体液构成及针对经食管使用中所讨论的同样瞬态接触的干扰，辐照时间起了一个重要的作用，经阴道探头的表面温度没有直接转换成最终影响胎儿的温度。

针对**超声诊断设备**进行危险分析时，本标准的使用者不得不考虑 IEC 60601-1:2005 中 43℃的温度限制，仅适用于成人健康皮肤的长时间(10 min 以上)接触，针对儿童的应用宜给出特殊的考虑。在风险收益分析中，药品和患者条件的影响因素也宜考虑在内。更进一步而言，换能器(41℃以上)在体内长期使用的不可预知的安全性，目前还未很好地进行研究。标准化委员会设想，针对儿童、体内和可能存在危险的**患者**使用高于 41℃的温度时，也宜是一项临床评估的主题。

由于下列机理导致组织净温升：

——换能器的热传导；

——组织的超声吸收；

——通过将热传导至组织其他部位的冷却；

——通过血液灌注的热传递冷却。

所有**换能器组件**要求的试验条件和准则与装置临床实际使用环境相适应。

超声诊断装置通常在温度受控制的地点使用，针对换能器表面温度的测量，选择环境温度为23℃±3℃。

在**正常使用**中，经食管或其他腔内换能器被组织所包围，其环境温度是患者的内部体温，不同于无空气流通条件下，**换能器组件**的工作条件，此时**换能器组件**的超声能量和热量均有效传递至邻近的组织。**换能器组件**的直接热传导和组织超声吸收导致的热量，经过诸如血液灌注，热传导和辐射等热传输途径将热量带走。

在**正常使用**中，典型的手持式探头不会工作在被组织所包围的条件下，探头组件的主体与周围环境空气接触，同时预期探头只有很小一部分与患者接触，其环境温度由患者的核心体温确定。

关于试验体模设置的解释性说明如下：

——建议采用热学和声学特性类似于人体组织的组织仿真材料（TMM），其最适合于被测**超声换能器**典型使用条件。预期采用TMM即抑制了对流循环的冷却，又模拟了特定组织的声学特性，能够使用下列三种不同类型的模型：

——靠近表面有骨模拟物的模型；

——表面有皮肤模拟物的模型；

——由软组织模拟物构成的模型。

——当预期**超声换能器**在腔内使用时，建议将**换能器组件**插入组织仿真材料（TMM）至某一深度，该深度确保即使再增大深度，其对**换能器组件**表面温度的影响可忽略不计。

——当**超声换能器**的表面是曲面时，建议仔细操作，使整个曲面与模拟预期应用的模型良好接触。

——在结果具有可比性时，可以采用其他的材料，然而最有意义的是：所采用的材料应展现出与预期的模型相称的超声吸收系数和热学特征。

在ICRU报告61：医学超声组织替代物、模块和计算机化模型，1998，ISBN0-913394-60-2中给出了适当组织声学特性的通用导则。

在R. B. Chin，et al，“用于超声过热模块的可重复使用灌注性组织仿真材料”医学物理，Vol. 17，No3，May/June 1990. 中阐述了适当的液态TMM材料的准备和特征描绘指导。

也可采用其他材料，将其结果作为比对，然而最有意义的是，所用材料应展示出与预期模型相适应的超声吸收系数。

关于44.6进液

在正常操作中，假定所有的**换能器组件**都与液体有某种程度的接触，一些**超声换能器**的设计允许其浸入水浴中，在这里水浴提供了至患者的声耦合路径，另一些**超声换能器**用于接触式扫描，仅需在**探头**的敏感表面与某些耦合剂有最少的接触。通过对应用领域的了解与**探头**的设计，预期制造商会规定在**正常使用**中可以浸湿的**探头**部位（见6.8.2）。

考虑到规定的要求和试验要适合于该类**设备**，并避免与通用标准的**防浸**要求相冲突，规定的试验按照GB 4208执行，IPX1表示设备对滴落液体进水有害效应的防护，IPX7表示设备短时浸入液体时，对进水有害效应的防护。

附 录 CC
（资料性附录）
GB 4824—2004 分类指导

GB 4824—2004 中包含了设备分类和分组的原则，本专用标准主题下的**设备**分类为 1 组（按 YY 0505—2005）。由于装置预期必须产生射频能量，并通过屏蔽的外部电缆（在长度上为 2 m 或更长）传递该能量至电缆末端的换能器组件。本附录的目的是提供综合性的信息，将**超声诊断设备**划分至适当的 GB 4824—2004 的类中。

根据条款规定，按下列内容分组：

——1 组 ISM 设备：为设备自身内部功能需要而有意产生和/或使用传导耦合射频能量的所有 ISM 设备；

——2 组 ISM 设备：为材料处理和电火花腐蚀设备而有意产生和/或以电磁辐射形式使用射频能量的所有 ISM 设备。

GB 4824—2004 的 4.2 款

根据条款规定，按下列内容分类：

——A 类设备除了在住宅，和直接连接到住宅建筑物的公共低压供电网之外，适合在所有的设施中使用。

注：尽管 A 类限制在工业和商用设施中，行政当局可允许在增加需要的附加措施后，A 类 ISM 可在住宅设施中安装和使用，或直接连接设施的公共低压供电网中。

——B 类设备适合在所有的设施中使用，包括住宅设施和直接连接到住宅建筑物的公共低压供电网。

附 录 DD
（规范性附录）
确定机械指数和热指数的试验方法

DD.1 介绍

本章定义的方法，用于确定在理论组织等效模型中与温升相关的辐照参数，也用于确定非热效应的辐照参数，这些辐照参数称为指数，与**超声诊断设备**的安全有关。

对指定**超声诊断设备**的单一模式产生的特定超声场，这些指数应根据第 DD.2 章至第 DD.5 章的方法确定，对复合模式，应采用第 DD.6 章规定的步骤。

声输出测量采用的试验方法，应基于根据 GB/T 16540 的水听器法或根据 IEC 61161 的功率测量辐射力天平法，所有的测量应在水中进行。

在确定**有界输出功率**时，限制掩模或等效工具（见附录 FF）应位于产生最大数值的位置。

声衰减系数的数值应为 0.3 $dBcm^{-1}MHz^{-1}$，选择该值作为预期同类模型的适当衰减系数，其等效于临床实际合理最坏情况下的衰减。“合理最坏情况下”的意思源于世界医学生物学超声联合会［14］一文中的“一组组织特性和尺寸，若实际的组织特性或厚度不同于计算中所采用的数据，使少于 2.5% 的患者有更高的计算温升或其他的热终点。”

注：所用的模型不是永远实用的，最新的文献建议在某些时候采用其他的模型[1]。

采用水听器栅状扫描法确定 **−12 dB 输出声束面积**。

DD.2 机械指数的确定

DD.2.1 衰减后峰值稀疏声压的确定

机械指数的计算，要求先确定**衰减后峰值稀疏声压**，应在最大**衰减后脉冲声强积分**位置处确定该值，建议根据 GB/T 16540 中峰值**脉冲声压平方积分**位置的测定步骤，来确定该位置。在所有的测量位置，应将**声衰减系数**作用于**脉冲声压平方积分**。

DD.2.2 机械指数的计算

应按照 2.1.124 的定义的表达式，计算**机械指数**：

$$MI = \frac{p_{ra} f_{awf}^{-1/2}}{C_{MI}}$$

式中：

$C_{MI} = 1$ MPa $MHz^{-1/2}$；

p_{ra}——**衰减后峰值稀疏声压**，单位为兆帕（MPa）；

f_{awf}——**声工作频率**，单位为兆赫（MHz）。

DD.3 热指数的确定——通则

热指数的确定方法取决于是由**扫描模式**或**非扫描模式**形成的声场，在**非扫描模式**中的**软组织热指数**的确定方法取决于 **−12 dB 输出声束面积**，每种确定方法按下列内容进行。

DD.4 非扫描模式中热指数的确定

DD.4.1 非扫描模式中软组织热指数 *TIS* 的确定

当特定发射图案的 **−12 dB 输出声束面积**满足条件 $A_{aprt} \leq 1.0$ cm^2 时，则**软组织热指数**应按照 DD.4.1.3所述的步骤确定，否则**软组织热指数**应根据下述 DD.4.1.1 和 DD.4.1.2 的步骤确定。

DD.4.1.1　非扫描模式中，*TIS* 深度 z_s 的确定

TIS 深度 z_s 数值的确定，应取沿 z 轴，最大 P_α 值和 $z \geqslant 1.5D_{eq}$ 时 $I_{zpta,\alpha}(z) \times 1.0\ cm^2$ 值两者中较小数值所对应的深度，在计算中，P_α 应以毫瓦为单位，$I_{zpta,\alpha}(z)$ 应以毫瓦每平方厘米为单位。

DD.4.1.2　$A_{aprt} > 1.0\ cm^2$ 时，软组织热指数 *TIS* 的确定

应在 *TIS* 深度 z_s 处，按下列公式计算**软组织热指数** *TIS*：

$$TIS = \frac{P_\alpha f_{awf}}{C_{TIS1}}$$

或

$$TIS = \frac{I_{zpta,\alpha}(z_s) f_{awf}}{C_{TIS2}}$$

取两者中较小数值。

式中：

$C_{TIS1} = 210\ mW\ MHz$；

$C_{TIS2} = 210\ mW\ cm^{-2}\ MHz$；

P_α——**衰减后输出功率**，单位为毫瓦(mW)；

f_{awf}——**声工作频率**，单位为兆赫(MHz)。

$I_{zpta,\alpha}(z_s)$——**衰减后空间峰值时间平均声强**，单位为毫瓦每平方厘米($mW\ cm^{-2}$)。

DD.4.1.3　$A_{aprt} \leqslant 1.0\ cm^2$ 时软组织热指数 *TIS* 的确定

若 **−12 dB 输出声束面积**满足条件 $A_{aprt} \leqslant 1.0\ cm^2$，则**软组织热指数**应按下式计算：

$$TIS = \frac{P f_{awf}}{C_{TIS1}}$$

式中：

$C_{TIS1} = 210\ mW\ MHz$；

P——**输出功率**，单位为毫瓦(mW)；

f_{awf}——**声工作频率**，单位为兆赫(MHz)。

DD.4.2　非扫描模式中，骨热指数 *TIB* 的确定

TIB 深度 z_b 数值的位置，应通过确定**衰减后输出功率**与**衰减后脉冲声强积分**的乘积变量来决定，应取该参数最大数值所对应的距离位置为 z_b。

在 *TIB* 深度 z_b 处，应按下式计算**衰减后空间峰值时间平均声强**：

$$I_{zpta,\alpha}(z_b) = I_{pi,\alpha}(z_b)\, prr$$

式中：

$I_{pi,\alpha}(z_b)$——在 *TIB* 深度 z_b 处的**衰减后脉冲声强积分**，单位为毫焦耳每平方厘米($mJ\ cm^{-2}$)；

prr——**脉冲重复频率**，单位为赫兹(Hz)。

对于靠近焦点的被辐照的骨模型，**骨热指数**应按下式计算：

$$TIB = \frac{\sqrt{P_\alpha(z) I_{zpta,\alpha}(z)}}{C_{TIB1}}$$

或

$$TIB = \frac{P_\alpha(z_b)}{C_{TIB2}}$$

取两者中较小数值。

式中：

$C_{TIB1} = 50\ mW\ cm^{-1}$；

$C_{TIB2} = 4.4\ mW$；

$P_{\alpha}(z_b)$——在 TIB 深度 z_b 处的衰减后输出功率，单位为毫瓦(mW)；

$I_{zpta,\alpha}(z_b)$——在 TIB 深度 z_b 处的衰减后空间峰值时间平均声强，单位为毫瓦每平方厘米($mW\ cm^{-2}$)。

DD.4.3 非扫描模式中，颅骨热指数 *TIC* 的确定

颅骨热指数应按下式计算：

$$TIC = \frac{P/D_{eq}}{C_{TIC}}$$

式中：

$C_{TIC} = 40\ mW\ cm^{-1}$；

P——**输出功率**，单位为毫瓦(mW)；

D_{eq}——**等效孔径直径**，单位为厘米(cm)。

DD.5 扫描模式中，热指数的确定

DD.5.1 扫描模式中，软组织热指数 *TIS* 的确定

对**扫描模式**中的每一个**发射图案**，**软组织热指数**应按下式计算：

$$TIS = \frac{P_1 f_{awf}}{C_{TIS1}}$$

式中：

$C_{TIS1} = 210\ mW\ MHz$；

P_1——**有界输出功率**，单位为毫瓦(mW)；

f_{awf}——**声工作频率**，单位为兆赫(MHz)。

DD.5.2 扫描模式中，骨热指数 *TIB* 的确定

扫描模式中**骨热指数**的确定，应与 DD.5.1 所述**扫描模式**中**软组织热指数**的确定相同。

DD.5.3 扫描模式中，颅骨热指数 *TIC* 的确定

扫描模式中针对特定**发射图案**的**颅骨热指数**，应与**非扫描模式**中相同的参数一起计算。

DD.6 复合工作模式的计算

DD.6.1 声工作频率

在扫描期间采用一种以上**发射图案**类型的**复合工作模式**，在计算**热指数**或**机械指数**时，应分别考虑每种不同**发射图案**的**声工作频率**。

DD.6.2 热指数

对**复合工作模式**，其组成中每个单一模式的**热指数**应单独计算，并按表 DD.1 所示，正确叠加独立的数据。**扫描模式**中所有三个类别的 TIS、TIB 和 TIC，其最高温升的位置均靠近**换能器组件**的表面，**非扫描模式**中，对 TIS 当 $A_{aprt} \leqslant 1.0\ cm^2$ 和 TIC，其最高温度位置也靠近表面，对 TIB 和 TIS 当 $A_{aprt} > 1.0\ cm^2$，其位置在更深的位置。表 DD.1 概括了每种热指数类别，组合公式的概要。

表 DD.1 每种热指数类别，组合公式概要

热指数类别	单一模式热指数数据的组合
TIC、TIS 当 $A_{aprt} \leqslant 1.0\ cm^2$	表面的**热指数**＝∑所有模式**热指数**数据
TIB、TIS 当 $A_{aprt} > 1.0\ cm^2$	在表面或某深度处的最大**热指数**，也就是取下列两者的最大值 ∑**扫描模式**的**热指数**数据 或 ∑**非扫描模式**的**热指数**数据

DD.6.3 机械指数

对**复合工作模式**，其**机械指数**应取**单一工作模式**下的最大**机械指数**数值。

DD.7 关于指数确定中,被测量值的概述

针对所定义的安全指数,表 DD.2 给出了所需的声学量值概要,由于通过相关自由场测量值的计算获得衰减后的量值,衰减后和自由场的量值均包括在内。

表 DD.2 关于指数确定所需声学量值的概要

指数	*MI*	*TIS*	*TIS*	*TIS*	*TIB*	*TIB*	*TIC*
模式		扫描	非扫描 $A_{aprt} \leqslant 1.0\ cm^2$	非扫描 $A_{aprt} > 1.0\ cm^2$	扫描	非扫描	
f_{awf}	×	×	×	×	×	×	
P			×	×		×	×
P_1		×			×		
P_α				×		×	
I_{zpta}				×		×	
$I_{zpta,\alpha}$				×		×	
I_{pi}	×					×	
$I_{pi,\alpha}$	×					×	
p_r	×						
$p_{r,\alpha}$	×						
A_{aprt}			×	×			×
D_{eq}				×			×
z_s				×			
z_b						×	
在最大 $I_{pi,\alpha}$ 处的 z	×						

附　录　EE
（资料性附录）
与其他标准的关系

本标准制定的测定方法，预期与美国医学超声协会/国家电气制造商协会“UD-3 Rev. 1:1998 诊断超声设备热和机械声输出指数实时显示标准”的方法，产生相同的结果。

这些测定所依据的模型，及测量和计算的原理说明包含在 UD-3 Rev. 1:1998 和其辅助参考文献中，本标准也引用了该文件（见附录 GG）。

附 录 FF
（资料性附录）
扫描模式下输出功率测量的指导意见

本附录主要涉及**扫描模式**下必须采用的，不同于 GB/T 16540 和 IEC 61161 所制定标准声测量步骤的那部分内容。

FF.1 扫描模式下输出功率 *P* 的测量

本标准要求对发射大多数功率的敏感阵元，测量 1 cm 线性长度上所发射的功率，其定义为**有界输出功率**。

除非在 IEC 61161 中制定了要求和这些要求不适用，**输出功率**的测量执行下列段落中提供的导则。

(a) 在扫描期间采用一种以上**发射图案**类型的**复合工作模式**中，需要进行准确的**输出功率**测量，和表 DD 所示通过适当的组合数据进行热指数的确定时，针对不同的**发射图案**可分别考虑输出功率。这种方式可以，例如，保证在每种计算中采用适当的声工作频率数值，需要注意，确保选定的单一**发射图案**与**复合工作模式**期间所采用的相同。

(b) 在捕获声束扫描的**非扫描模式**下(在可能时)进行这些测量时，建议修正测量的**输出功率**，来补偿任何与输出变化相关的声束形成器的影响，其取决于声束扫描角和/或线性位置。**输出功率**的水听器测量宜在捕获声束，或采用同步系统将发射的声信号与测量系统同步的条件下进行。

对相控阵由于偏轴单元(接收)灵敏度降低，在非正常扫描角度下，**输出功率**通常增大。

(c) 在**扫描模式**下进行这些测量时，辐射力天平靶和声源在整个声束范围中，宜使靶截取有效**声束面积**。调整声束轴，辐射力天平靶的敏感方向和孔径的轴向宜在±10°范围内。测量的相关偏差取决于换能器和辐射力天平靶的特殊几何形状，无法给出总的指导原则。

下面各章阐述了采用 1 cm 宽的缝隙吸收体和 1 cm 宽的辐射力天平靶，或电子掩模手段的开窗技术。

FF.2 采用声吸收材料掩模 1 cm 方位宽度的窗口或 1 cm 宽的辐射力天平靶的制作

当使用辐射力天平靶来限制方位(图像平面)孔径时，建议其几何形状和组成，能直接检测到扫描头前部所有 1 cm 宽带范围向前的发射，不能检测 1 cm 宽带范围之外的发射。

本章中的两种方式有一些不同的误差源，在准确地定义孔径后，对定义孔径两种方法的一致性给出合理的置信度。对机械扇扫探头，或所有**超声换能器**的第三方测试，推荐采用吸收模板或限制宽度的辐射力天平靶法，来进行敏感扫描孔径前端面上 1 cm 线长区域的检测。

FF.2.1 掩模中的 1 cm 孔径

在采用掩模时，建议其几何形状和组成，除了指定的 1 cm 长度敏感区域的发射，能消除其他的发射声功率，允许 1 cm 长度上所有向前的发射通过，并符合本标准的准确性和其他的要求。

如图 FF.1 所示，建议扫描头的前端面与掩模表面共面，该推荐方式与 FF.2.2 中的一致。建议掩模的超声衰减至少为 30 dB，且其窗口内壁的内衬材料的反射率至少为 90%，避免壁的损失，缝隙的长度至少是被测**换能器组件**尺寸的两倍。

建议在两种掩模厚度的条件下进行**有界输出功率**的测量，表明掩模厚度对结果无影响，或影响很小，图 FF.1 呈现了所建议几何形状的草图。推荐的材料要具有最大的衰减系数且与水的阻抗失配程度最小，与水匹配良好(反射系数−30 dB)，在 3.5 MHz 处损耗为 45 dB/cm 的材料已商品化。在两层超声衰减材料之间，通过夹入不锈钢，紧密的泡沫材料或其他高或低阻抗反射体来提供附加的衰减。

对**有界输出功率**的测量，建议掩模的缝隙垂直于被测**换能器组件**和其成像平面，如图 FF.2 所示，对机械扇扫和凸阵横向定位很关键，使用扫描头固定架或夹具是很有益的。可以预料针对本测试而言，**声束准直轴**调整至垂直于掩模平面和靶平面±5°范围内，扫描平面调整至垂直于缝隙侧边±5°范围内即足够(见图 FF.2)。

FF.2.2　1 cm 宽的辐射力天平靶

作为孔径限制掩模的替代方法，有界声功率的测量也可采用 1 cm 宽的辐射力天平靶法。当采用 1 cm宽的辐射力天平(RFB)靶时，建议将其紧贴在扫描头的正前方，其几何形状和组成，能检测所有的，且仅仅包括扫描头 1 cm 宽带上的声发射。

有界声功率测量的准确度和线性度宜符合 IEC 61161 的要求。

有界输出功率测量宜具有 20%的准确度(95%的置信水平)。

为将反射造成的测量误差减至最小，仔细操作确保反射的声能量不反射回靶，而且如图 FF.3 所示，宜将靶的长轴方位垂直于扫描平面。

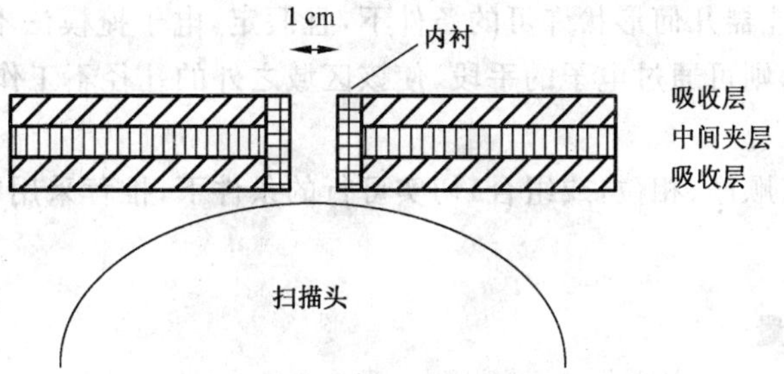

图 FF.1　推荐的 1 cm 宽孔径的掩模

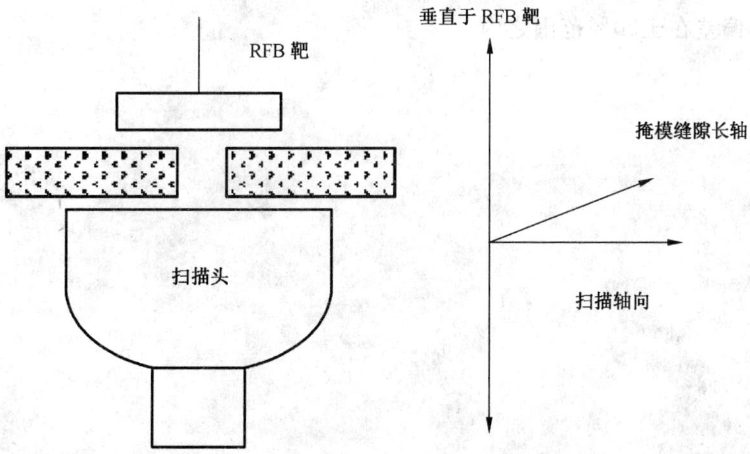

图 FF.2　推荐的探头、掩模缝隙和 RFB 靶的方位

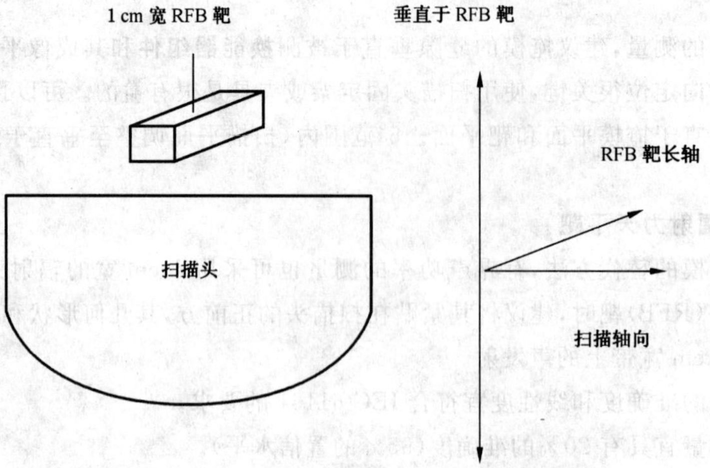

图 FF.3 推荐的探头、掩模缝隙和 1 cm RFB 靶的方位

FF.3 采用电子控制的 1 cm 方位宽度窗口的制作

在**设备**控制配置和换能器几何形状许可的条件下，且假定，电子掩模法不会影响 1 cm 线性长度孔径范围内**输出功率**的发射，则可通过电子的手段，使该区域之外的孔径不工作，用电子手段获得 1 cm 的线性长度孔径。

在电子可控线性阵元(顺序、相位，或组合)切实可行的条件下，推荐采用电子手段获得 1 cm 线性长度敏感孔径。

FF.4 有界输出功率的测量

在采用 FF.2.1 或 FF.2.2 的方法，遮盖除了源于**扫描模式**下 **−12 dB 输出声束面积**的 1 cm 方位线性长度之外的所有**输出功率**时，建议剩余**有界输出功率**的测量根据 IEC 61161 的步骤。

在 FF.2.1 或 FF.2.2 中使用掩模定位 1 cm 的线长度孔径时，建议获得最大的**有界输出功率**。

建议核实从 1 cm 线长度孔径发射的测量准确性，允许从换能器中央的 1 cm 线性长度孔径向前通过的所有声功率，其偏差在±20%范围之内。

附　录　GG
（资料性附录）
指数模型的原理说明和推导

针对本标准中的**机械指数和热指数**，本附录提供了原理说明和公式推导的概要，许多文献追溯至推导公式的出版物，*MI* 和 *TI* 模型的关键部分在很大程度上取决于试验数据，将在下述的推导注意事项中讨论。除了描述相关的试验结果，本附录不想提供更多的信息，为了获得对呈现的推导模型的完整了解，强烈建议彻底阅读有关的论文。

在目前阶段，各种声参数之间的关系（例如，声强，声压，声功率等）对生物效应的最终结果还未很好地理解，超声可能引起的生物效应[3]、[17]，从目前的证据能分成两种基本的机理，热和机械方面的。本标准提供了一种统一的方法，来计算与潜在的生物效应相关的声输出参数，这些计算方法的原理说明有下列两方面：

1. 提供表示与机械和热的生物效应相关的人体内的信息，由于该原因，选择的系数不能表现为与生物效应有直接相关性的绝对数值。

2. 在仍能获得可接受的诊断信息的同时，超声引起的热和声压数量要尽可能维持在较低的水平。

GG.1　本附录规定的定义

若无其他说明，2.1 中给出的定义均适用，作为增补的定义，在本资料性附录采用**功率参数**。

GG.1.1　功率参数

与声束相关的功率数值，在通用**热指数**关系式中用作分子。

$$P_{p} = TI\ P_{deg} \quad \text{(GG.1.1-1)}$$

式中：

TI ——**热指数**；

P_p——**功率参数**，单位为毫瓦(mW)；

P_{deg}——基于附录 DD 所讨论热学模型，使目标组织温升 1℃ 所需的估计功率数值，单位为毫瓦(mW)。

GG.1.2　本附录所采用的增补符号表

I_{sata}　空间平均时间平均声强

K　热传导性

P_p　**功率参数**

GG.2　机械指数(*MI*)

GG.2.1　原理说明

选择**机械指数**作为一个计算的数据，用来表示与机械效应相关的指示值，该指数用来估计潜在的机械生物效应。机械效应的实例包括超声压力波通过组织时，压缩气泡周围的运动(流动)，和瞬态气泡经由空化，崩溃时释放的能量。

在典型的**超声诊断设备**超声输出水平辐照下，目前在人体内还未报告不利的机械生物效应，对**机械指数**的发展，下列几个观测项目起了一定的作用。

——在碎石机中，通过同一距离处超声峰值声压引入的机械生物效应，尽管运用不同的频率，该方式有时在诊断成像中采用。

——在人体外的试验和对低等生物体的观测表明，在某些**超声诊断设备**的超声峰值声压和频率范围内存在空化效应的可能性。

——对老鼠辐照类似于**超声诊断设备**中采用的脉冲超声水平(该现象出现在成年老鼠中，对胎儿还未发现该效应)，造成其肺部出血现象[8]。

对人体辐照诊断级超声的实验室研究还不能得出明确的结论，然而其结果表明要引起足够的关注，**机械指数**的计算将唤起使用者对机械效应的可能性，和其有可能产生的条件有适当的认识。

GG.2.2 推导注意事项

目前影响机械效应可能性的条件还未完全了解，然而一般认为，其可能性随着**峰值稀疏声压**的增大而增加，随着超声频率的增大而降低。更进一步而言，一般相信存在一个阈值效应，除非超过一定的输出水平，才会产生该效应。

尽管现存的有限试验数据[5]得出了一个线性的频率关系，但选择了一个更保守的频率开方关系，**机械指数**定义为：

$$MI = \frac{p_{ra} f_{awf}^{-1/2}}{C_{MI}} \qquad f_{awf} < 4\ \text{MHz} \qquad \cdots\cdots(\text{GG.2.2-1})$$

式中：

$C_{MI} = 1\ \text{MPaMHz}^{-1/2}$；和

$$MI = \frac{p_{ra}}{2C_{MI}} \qquad f_{awf} \geq 4\ \text{MHz} \qquad \cdots\cdots(\text{GG.2.2-2})$$

式中：

$C_{MI} = 1\ \text{MPa}$；

p_{ra}——**衰减后峰值稀疏声压**，单位为兆帕(MPa)；

f_{awf}——**声工作频率**，单位为兆赫(MHz)。

选择 0.3 $\text{dBcm}^{-1}\text{MHz}^{-1}$ 降额系数的均匀组织模型是一种折衷考虑，评估了其他的衰减模型，但舍弃了诸如固定距离模型[11]，和在许多放射线学和心脏成像应用领域更有代表性的 0.5 $\text{dBcm}^{-1}\text{MHz}^{-1}$ 降额系数的均匀组织模型。采用一种以上的衰减模型必定增加**设备**的复杂性，并进一步需要使用者选择适当的衰减方案。

无法意识到额外复杂的衰减模型，会有助于更好地理解产生机械生物效应所要求的条件。故选定折衷的衰减模型，使**机械指数**易于贯彻和使用，更重要的是，其已足够引起使用者的注意，将声输出和任何相应的潜在机械生物效应最小化。

GG.3 热指数(*TI*)

GG.3.1 原理说明

热温升和组织生物效应的关系已很好地确立，许多研究[11]和声输出测量的参数诸如：

P **输出功率**

I_{ta} **时间平均声强**，和

I_{spta} **空间峰值时间平均声强**

均不适合单独用作超声引起温升的指示器或评价者，这些参数的组合，再加上特殊的几何形状信息，能用来计算提供软组织或骨组织中温升估计值的指数。

由于人体内许多可能的超声扫描平面难于预见和确定热学模型，采用了基于一般条件的简化模型。明确定义了三项使用者可选择的热指数(见表 GG.1)类别，对应于成像应用领域遇见的不同软组织和骨组织的解剖学组合。每种类别采用一种或多种 *TI* 模型，基于包括换能器孔径或声束尺寸和成像模式的设备信息来计算。

表 GG.1 热指数类别和模型

热指数类别	热指数模型	
	扫描模式	非扫描模式
TIS(软组织)	A. 表面处软组织	B. 大孔径 C. 小孔径
TIB(焦点处骨组织)	A. 表面处软组织	D. 焦点处骨组织
TIC(表面处骨组织)	E. 表面处骨组织	

软组织热指数(*TIS*)基于三种软组织模型,两种模型覆盖了非扫描模式下小孔径和大孔径的情况,诸如多普勒和M模式,另一种模型覆盖了扫描模式,诸如彩色血流成像和B模式。

骨热指数(*TIB*),在非扫描模式下采用骨位于聚焦区域的模型(可能发生在胎儿六个月至九个月的应用中)。在扫描模式下采用软组织模型,因为表面处温度的增高一般高于或等于焦点处的骨组织。

颅骨热指数(*TIC*)基于骨组织位于表面附近的模型(诸如成人的颅骨应用领域),颅骨模型适用于非扫描模式和扫描模式。

GG.3.2 参数的推导概要

GG.3.2.1 热指数

在本附录中,**热指数**,*TI*,由下式定义

$$TI = \frac{P_{\mathrm{p}}}{P_{\mathrm{deg}}} \quad \cdots\cdots\cdots\cdots (\text{GG.3.2-1})$$

式中:

P_{p}——本附录定义的**功率参数**;

P_{deg}——基于本附录所讨论热学模型,使目标组织温升1℃所需的估计功率数值。

温升评估模型的推导要理解四项关键的概念/参数。

GG.3.2.2 衰减后输出功率和声强

这些参数是未衰减的数值、深度和**声衰减系数**的函数,**衰减后输出功率**和声强用下标α表示,无下标的参数是水中测量的未衰减数值,因此在距离z处的**衰减后输出功率**P_α定义为:

$$P_\alpha(z) = P10^{(-\alpha f_{\mathrm{awf}} z/10)} \quad (\mathrm{mW}) \quad \cdots\cdots\cdots\cdots (\text{GG.3.2-2})$$

式中:

P——**输出功率**,单位为毫瓦(mW);

α——**声衰减系数**,单位为分贝每厘米兆赫($\mathrm{dBcm^{-1}MHz^{-1}}$);

f_{awf}——**声工作频率**,单位为兆赫(MHz);

z——声源至指定平面的距离,单位为厘米(cm)。

衰减后空间峰值时间平均表示为:

$$I_{\mathrm{zpta},\alpha}(z) = I_{\mathrm{zpta}}(z)10^{(-\alpha f_{\mathrm{awf}} z/10)} \quad (\mathrm{mWcm^{-2}}) \quad \cdots\cdots\cdots\cdots (\text{GG.3.2-3})$$

式中:

$I_{\mathrm{zpta}}(z)$——在距离z处的**空间峰值时间平均声强**,单位为毫瓦每平方厘米($\mathrm{mWcm^{-2}}$);

α——**声衰减系数**,单位为分贝每厘米兆赫($\mathrm{dBcm^{-1}MHz^{-1}}$);

f_{awf}——**声工作频率**,单位为兆赫(MHz);

z——声源至指定平面的距离,单位为厘米(cm)。

GG.3.2.3 等效声束面积的推导

等效声束面积,A_{eq}定义为:

$$A_{\mathrm{eq}} = \frac{P_\alpha(z)}{I_{\mathrm{zpta},\alpha}(z)} = \frac{P}{I_{\mathrm{zpta}}(z)} \quad (\mathrm{cm^2}) \quad \cdots\cdots\cdots\cdots (\text{GG.3.2-4})$$

式中：

$P_\alpha(z)$——**衰减后输出功率**,单位为毫瓦(mW);

$I_{zpta,\alpha}(z)$——在距离 z 处的**衰减后空间峰值时间平均声强**,单位为毫瓦每平方厘米($mWcm^{-2}$);

P——**输出功率**,单位为毫瓦(mW);

$I_{zpta}(z)$——在距离 z 处的**空间峰值时间平均声强**,单位为毫瓦每平方厘米($mWcm^{-2}$);

z——声源至指定平面的距离,单位为厘米(cm)。

GG.3.2.4 等效声束尺寸的推导

等效声束尺寸,d_{eq}定义为:

$$d_{eq}=\sqrt{\frac{4}{\pi}A_{eq}(z)}=2.0\sqrt{\frac{P_\alpha}{\pi I_{zpta,\alpha}}}\quad(\mathrm{cm})\quad\cdots\cdots\cdots\cdots\cdots(\mathrm{GG.3.2\text{-}5a})$$

式中:

A_{eq}——**等效声束面积**,单位为平方厘米(cm^2);

P_α——**衰减后输出功率**,单位为毫瓦(mW);

$I_{zpta,\alpha}$——**衰减后空间峰值时间平均声强**,单位为毫瓦每平方厘米($mWcm^{-2}$)。

由于实践中难于将一个细小的声束稳定在一个靶位置上,假定最小的声束宽度为 1 mm(0.1 cm),由此推导出:

$$d_{eq}(z)=\max\left(\sqrt{\frac{4}{\pi}A_{eq}(z)},0.1\right)=\max\left(2.0\sqrt{\frac{P_\alpha}{\pi I_{zpta,\alpha}}},0.1\right)\quad(\mathrm{cm})$$

$$\cdots\cdots\cdots\cdots\cdots(\mathrm{GG.3.2\text{-}5b})$$

在附录中本章的后面将涉及假定最小声束宽度的内容。

GG.3.2.5 最大温升的位置($z_{t,max}$)

该参数取决于成像条件,若超声声束穿透靠近体表的骨组织或超声声束自动扫描,则假定最大温升位置靠近体表。针对骨组织位于聚焦区域的**非扫描模式**,最大温升发生在聚焦区域。对软组织中的**非扫描模式**,最大温升可能发生在体表或更深一点的位置处,声束尺寸和体液灌注的冷却效应之间的相互作用决定了最大温升发生的深度。假定 1 cm 的热灌注长度为低灌注率,转化成**声束面积**小于 1 cm^2 的情况,**声功率**等于相应的**功率参数**,对**声束面积**大于 1 cm^2 的情况,声强乘以 1 cm^2 等于相应的**功率参数**。

GG.3.3 模型

正如 GG.3.1 和表 GG.1 所探讨的,定义了三种热指数,*TIS*、*TIB* 和 *TIC*。依本标准附录 DD 的定义,计算 *TIS* 采用了五种不同的热学评估模型。针对讨论和推导的目的,这五种模型与表 GG.2 涉及的内容相同。

三个体表处的软组织模型(A,B 和 C)基于[9]、[15]的理论和实验论述,因此温升的媒介系数是每单位扫描长度吸收功率,$\mu_0 f[P/X]$,其归一化了频率对温升的效应(在这里 μ_0 是频率指定吸收系数)。对 70 个换能器进行的一系列测量,在皮肤表面产生 1℃温升的每单位扫描长度吸收功率集中在:

$$\mu_0 f_{awf}[P_{deg}/X]=21\ \mathrm{mW/cm^2}\quad\cdots\cdots\cdots\cdots\cdots\cdots\cdots\cdots(\mathrm{GG.3.3\text{-}1})$$

注:对 *TIS* 模型的发展而言,这是一个关键的概念,为确保彻底理解该重要概念,强烈推荐仔细研究 Curley[9]。

对本研究选择声学吸收系数为软组织的典型值 $\mu_0=0.1\ \mathrm{dBcm^{-1}\ MHz^{-1}}$,软组织的平均灌注率估计值为心输出量除以体重,结果对应典型的 1.0 cm 灌注长度,选定单位扫描长度 X,作为灌注长度,结合经验近似式(GG.3.3-1),得出在皮肤表面产生 1℃温升需要的功率值:

$$P_{deg}=\frac{(21\mathrm{mW/cm^2})(1.0\ \mathrm{cm})}{(0.1\ \mathrm{dB/cmMHz})(f_{awf}\mathrm{MHz})}=\frac{210}{f_{awf}}(\mathrm{mW})\quad\cdots\cdots(\mathrm{GG.3.3\text{-}2})$$

三种软组织模型均采用该 P_{deg} 公式,在本标准中 210 mW MHz 数值与常量 C_{TIS1} 和 C_{TIS2} 合并。

GG.3.3.1 体表处软组织[*TIS*(扫描)、*TIB*(扫描)]推导注释

依据 GG.3.3 中的注,温升由扫描方向上的每单位长度功率确定。

$$\frac{P}{X}(\mathrm{mW/cm}) \qquad \text{(GG.3.3.1-1)}$$

若有效孔径的扫描宽度长于假定的 1 cm 热灌注长度，则源功率可通过在扫描方向上开 1 cm 声窗的媒介吸收掩模，或等效的电控声窗，采用辐射力天平测量，测量辐射面或有效孔径 1cm 正中的功率（见图 FF.2）。对有效孔径的扫描宽度小于 1 cm 的情况，不需使用掩模。这类功率测量的结果，指定为**有界输出功率** P_1，是通用 *TI* 公式[式(GG.3.2-1)]中分子上所用的**功率参数**。

将有界输出功率 P_1，和产生 1℃温升需要的功率 P_{deg}（公式 GG.3.3-2）代入通用 *TI* 式(GG.3.2-1)，获得体表处软组织模型。

$$TIS, TIB = \frac{P_1 f_{awf}}{C_{TIS1}} \qquad \text{(GG.3.3.1-2)}$$

式中：

C_{TIS1} = 210 mW MHz。

表 GG.2 热指数公式

名 称	公 式
A 体表处软组织 *TIS*(扫描) *TIB*(扫描) (见 DD.5.1 和 DD.1.5.2)	(GG.3.3.1-2)
B 大孔径(A_{aprt}>1 cm²) *TIS*(非扫描) (见 DD.4.1.2)	(GG.3.3.1-4)
C 小孔径(A_{aprt}≤1 cm²) *TIS*(非扫描) (见 DD.4.1.3)	(GG.3.3.3-1)
D 焦点处骨组织 *TIB*(非扫描) (见 DD.4.2)	(GG.3.3.4-17)
E 体表处骨组织 *TIC* (见 DD.4.3)	(GG.3.3.5-2)

GG.3.3.2 大孔径(A_{aprt}>1 cm²)[*TIS*(非扫描)]推导注释

在确定最大温升位置中灌注假定是关键的(1 cm 热灌注长度)，若**声束面积**小于 1 cm²，源于加热圆柱形理论，提出声束中的功率控制温升[11]。若声束面积大于 1 cm²，声强控制温升。因此对窄声束（**等效声束面积**，A_{eq}=1 cm²），通用公式[式(GG.3.2-1)]中分子上所用的**功率参数** *TI* 是**衰减后输出功率** P_α。对宽声束（A_{eq}>1 cm²），**功率参数是衰减后空间峰值时间平均声强**与 1 cm² 的乘积，$I_{zpta,\alpha}$ × 1 cm²。故对声束轴上任何位置，局部**功率参数**是：

$$\min[(P_\alpha), (I_{zpta,\alpha} \times 1\ \mathrm{cm}^2)](\mathrm{mW}) \qquad \text{(GG.3.3.2-1)}$$

为了避免在声场中的近场测量声强而造成的不准确性，定义**断点深度** z_{bp} 等于**等效孔径尺寸** D_{eq} 的 1.5 倍。

$$z_{bp} = 1.5 D_{eq}(\mathrm{cm}) \qquad \text{(GG.3.3.2-2)}$$

断点深度能从 −12 dB 输出声束面积 A_{aprt} 导出：

$$z_{bp} = 1.5\sqrt{\frac{4}{\pi} A_{aprt}} = 1.69\sqrt{A_{aprt}}(\mathrm{cm}) \qquad \text{(GG.3.3.2-3)}$$

针对本标准，假定最大温升位于或超过**断点深度** z_{bp} 处，使局部**功率参数**式(GG.3.3.2-1)为最大，声束的最终**功率参数**为：

$$\max_{z>1.5D_{eq}}[\min[(P_\alpha),(I_{zpta,\alpha}\times 1\ cm^2)]](mW) \quad \cdots\cdots\cdots\cdots(GG.3.3.2\text{-}4)$$

注：为了整个标准的一致性，在式(GG.3.3.2-4)中采用 $1.5D_{eq}$ 替代 z_{bp}。

结合式(GG.3.3.2-4)中**功率参数**的表达和使温度上升1℃所需的功率 P_{deg} 式(GG.3.3-2)，将其代入 TI 式(GG.3.2-1)，获得大孔径($A_{aprt}>1\ cm^2$)模型：

$$TIS=\max_{z>1.5D_{eq}}\left[\min\left[\frac{P_\alpha f_{awf}}{C_{TIS1}},\frac{I_{zpta,\alpha}f_{awf}}{C_{TIS2}}\right]\right] \quad \cdots\cdots\cdots\cdots(GG.3.3.2\text{-}5)$$

式中：

$C_{TIS1}=210$ mW MHz；

$C_{TIS2}=210$ mWcm^{-2} MHz。

注：针对本注释，C_{TIS2} 将式(GG.3.3.2-4)中1 cm^2 系数结合式(GG.3.3-2)中的210 mW MHz系数，因此 C_{TIS1} 和 C_{TIS2} 之间存在单位的差异。

实例：

大孔径($A_{aprt}>1\ cm^2$)模型描述的换能器，其进入面积大于1 cm^2，图GG.2a)，GG.2b)，GG.2c)和GG.2d)图示了**功率参数**式(GG.3.3.2-4)的可能位置和数值。这些图表明声强($I_{zpta}\times 1\ cm^2$)和功率(P_α)曲线之间的可能关系，未考虑小于**断点深度**($z<z_{bp}$)区域的数值。

等效声束面积 A_{eq} 是 P_α 与 $I_{zpta,\alpha}$ 的比值。在声强曲线低于(小于)功率曲线的区域，**等效声束面积**大于1 cm^2，在声强曲线高于(大于)功率曲线时，等效声束面积小于1 cm^2，在曲线交点处，**等效声束面积**为1 cm^2。

图GG.2a)可用来表示大孔径的聚焦换能器，其所示的聚焦声束，即**等效声束面积**首次小于1 cm^{2}时，曲线在大于**断点深度**(在近场中曲线的焦点忽略)处相交。局部最大**功率参数**在交点处，交点处的功率 P_α 值是**功率参数**，其位置用 z_1 表示。

图GG.2b)可用来表示较小孔径(但仍大于1 cm^2)的聚焦换能器，在**断点深度**，**等效声束面积**已小于1 cm^2，局部最大**功率参数**在**断点深度**处，z_1 是**断点深度**。

图GG.2c)可用来表示刚超出断点深度弱聚焦($A_{eq}>1\ cm^2$)的聚焦换能器，其局部声强最大可以从矩形孔径换能器波面聚焦导出，或可能近场效应超出**断点深度**。在本例中，局部最大**功率参数**的位置 z_1 在弱焦点处，**功率参数**的数值是 $I_{zpta,\alpha}\times 1\ cm^2$。

图GG.2d)表示弱聚焦换能器，**等效声束**直径通常超过1 cm^2，该实例不同于诊断超声的应用，提供该例是为了对模型有全面的理解，局部**功率参数**是声强曲线，**功率参数**是 $I_{zpta,\alpha}$ 的最大值，即 $I_{zpta,\alpha}$ 和 z_1 位于 $I_{zpta,\alpha}$ 的位置处。

注：在该例中，$I_{zpta,\alpha}$ 位于比**断点深度**更深的深度处。

GG.3.3.3 小孔径($A_{aprt}\leqslant 1\ cm^2$=[*TIS*(非扫描)]推导注释

小孔径($A_{aprt}\leqslant 1\ cm^2$)模型描述了孔径面积小于1 cm^2 的换能器，在这种情况下正如GG.3.3.2的讨论，功率控制温升，因此假定最大功率的位置和最大温升位于表面处，声束的**功率参数是输出功率** P。

结合**输出功率** P 和使温度上升1℃所需的功率 P_{deg} 式(GG.3.3-2)，将其代入 TI 式(GG.3.3.2-1)，获得小孔径($A_{aprt}\leqslant 1\ cm^2$)模型：

$$TIS=\frac{Pf_{awf}}{C_{TIS1}} \quad \cdots\cdots\cdots\cdots(GG.3.3.3\text{-}1)$$

式中：

$C_{TIS1}=210$ mW MHz。

GG.3.3.4 焦点处骨组织[*TIS*(非扫描)]推导注释

针对焦点处骨组织的模型，最大温升的位置位于 ***TIB* 深度** z_b 的骨组织表面处，***TIB* 深度** z_b 是表示

TIB 最大处的深度，声束的**功率参数**是**衰减后输出功率** P_α。

注：在此保守的假定是骨组织位于 *TIB* 表达式为最大的位置处。

针对焦点处骨组织的模型，在轴向距离 z_b 处使骨组织温升 1℃所需的功率(P_{deg})有不同的公式。采用不同的公式表示，是由于观察到骨对声能的吸收和消耗不同于软组织，该 P_{deg} 公式表示的理论在许多出版物[3]，[4]，[11]，[13]中有广泛的探讨，下列的讨论涉及这些报告的关键结论。

确定轴向距离 z_b 处使骨组织温升 1℃所需的估计功率，始于[3]，[11] 中恒稳态生物热公式的点源解决方案，其给出了轴向上，由热传导性为 K 的材料环绕很薄的圆盘，其全部吸收引起的温升：

$$T = I_{sata} d_{-6}/4K \qquad \text{(GG.3.3.4-1)}$$

式中：

I_{sata}——空间平均**时间平均声强**；

d_{-6}——−6 dB 声束直径；

K——环绕材料的热传导性。

由于**输出功率**可近似表示为：

$$P = \frac{\pi d_{-6}^2}{4} I_{zpta} \qquad \text{(GG.3.3.4-2)}$$

通过组合式(GG.3.3.4-1)和式(GG.3.3.4-2)，温升等于：

$$T = \frac{P}{\pi K d_{-6}} \qquad \text{(GG.3.3.4-3)}$$

采用[12]的数据并选定 37℃的水作为环绕材料，其热导率 K 等于 6.3 $\mathrm{mWcm^{-1}℃^{-1}}$。将该值代入式(GG.3.3.4-3)，获得近似的温升为：

$$T \approx P/(20\ \mathrm{mWcm^{-1}℃^{-1}} d_{-6}) \qquad \text{(GG.3.3.4-4)}$$

超声辐照人体内骨组织时，对产生的温升很难做出较高准确性的预计，仅能做出温升的合理预期上限值。当声束直径与四分之一的灌注长度在同一级别时-本模型的合理假定，对均匀加热的圆碟，式(GG.3.3.4-3)是简化的温升 T 表达式。对高斯或 Bessinc 和矩形声束有类似的推导(对高斯和 Bessinc 声束在 10%之内，对矩形声束在 30%之内)，在此要强调的是这些声束的 d_{-6} 是−6 dB 声束直径。

随后的经验数据[7]表明，要求对式(GG.3.3.4-3)和式(GG.3.3.4-4)采用修正系数，采用该修正系数的部分原因是由于在相对小面积上的灌注效应，所采用的数据表明温升在人体内测量和理论值之间有近似 0.5 的系数，采用该修正系数得：

$$T = (0.5)P/(20\ \mathrm{mWcm^{-1}℃^{-1}} d_{-6}) = P/(40\ \mathrm{mWcm^{-1}℃^{-1}} d_{-6}) \qquad \text{(GG.3.3.4-5)}$$

因此，温升 1℃所需的功率 P_{deg} 为：

$$P_{deg} = 40\ \mathrm{mWcm^{-1}} d_{-6} \qquad \text{(GG.3.3.4-6)}$$

在此采用 GG.3.2.4 中的最小声束宽度假定，由于**操作者**和**患者**的运动，检查中能维持的最小−6 dB声束直径是 0.1 cm，即 P_{deg} = 4 mW，故温升 1℃所需的功率 P_{deg}，取决于 d_{-6}：

$$P_{deg} = \max(40\ \mathrm{mWcm^{-1}} d_{-6}, 4\ \mathrm{mW}) \qquad \text{(GG.3.3.4-7)}$$

现在需要用**等效声束直径** d_{eq} 的形式来表达诸如高斯或 Bessinc 等典型声束的直径，对均匀的圆盘形声束的公式与**等效声束直径**(GG.3.2-5)相类似，表示为：

$$d = 2.0\sqrt{\frac{P}{\pi I_{zpta}}} \qquad \text{(GG.3.3.4-8)}$$

对高斯声束：

$$P_\alpha = \frac{\pi I_{zpta,\alpha} d_{-6}{}^2}{5.5} \qquad \text{(GG.3.3.4-9)}$$

产生的声束直径为：

$$d_{-6}=2.34\sqrt{\frac{P}{\pi I_{zpta}}} \quad \cdots\cdots(GG.3.3.4\text{-}10)$$

在这里 d_{-6} 是上文中讨论的 −6 dB 声束直径。相类似地对 Bessinc 声束有：

$$P_{\alpha}\approx\frac{\pi I_{zpta,\alpha}d_{-6}^{\,2}}{4.8} \quad \cdots\cdots(GG.3.3.4\text{-}11)$$

产生的声束直径为：

$$d_{-6}=2.19\sqrt{\frac{P}{\pi I_{zpta}}} \quad \cdots\cdots(GG.3.3.4\text{-}12)$$

作为折衷考虑，修正系数选择为：

$$d_{-6}=1.1d_{deg} \quad \cdots\cdots(GG.3.3.4\text{-}13)$$

该修正系数，用 d_{eq} 表示，将其代替式(GG.3.3.4-7)中的 d，获得使温度升高 1℃所需的功率 P_{deg} 为：

$$P_{deg}=\max(44\ \text{mWcm}^{-1}d_{eq},4.4\ \text{mW}) \quad \cdots\cdots(GG.3.3.4\text{-}14)$$

采用式(GG.3.2-4)和式(GG.3.2-5)的 P_{α} 和 $I_{zpta,\alpha}$ 来表示 d_{eq}，得：

$$P_{deg}=\left[44\ \text{mWcm}^{-2}\left(2.0\sqrt{\frac{P_{\alpha}}{\pi I_{zpta,\alpha}}}\right),4.4\ \text{mW}\right] \quad \cdots\cdots(GG.3.3.4\text{-}15)$$

又等同为：

$$P_{deg}=\max\left[50\ \text{mWcm}^{-1}\sqrt{\frac{P_{\alpha}}{I_{zpta,\alpha}}},4.4\ \text{mW}\right] \quad \cdots\cdots(GG.3.3.4\text{-}16)$$

注：将式(GG.3.3.4-15)中的实际计算值 49.6 简化成式(GG.3.3.4-16)中的 50。

结合**衰减后输出功率** P_{α} 和使温度上升 1℃所需的功率 P_{deg} 式(GG.3.3.4-16)，将其代入 *TI* 式(GG.3.2-1)，获得焦点处骨组织模型：

$$TIB=\min\left[\frac{\sqrt{P_{\alpha}I_{zpta,\alpha}}}{C_{TIB1}},\frac{P_{\alpha}}{C_{TIB2}}\right] \quad \cdots\cdots(GG.3.3.4\text{-}17)$$

式中：

$C_{TIS1}=50\ \text{mW cm}^{-1}$；

$C_{TIS2}=4.4\ \text{mW}$。

GG.3.3.5 体表处骨组织[*TIS*(非扫描)]推导注释

与焦点处骨组织模型(GG.3.3.4)相似，体表处骨组织(颅骨)情况下的最大温升位置在骨组织中，由于骨位于体表或声束进入处，不需进行衰减计算，**功率参数**就是**输出功率** *P*。

体表处骨组织的热学模型概念上与焦点处骨组织相同，用体表处等效孔径直径 D_{eq} 替代最小等效声束直径 d_{eq}，因此使温度上升 1℃所需的功率 P_{deg} 为：

$$P_{deg}=40\ \text{mWcm}^{-1}D_{eq} \quad \cdots\cdots(GG.3.3.5\text{-}1)$$

注：对 D_{eq} 不采用声束修正系数，其有固定的孔径尺寸，一般而言等于换能器大小。

结合**输出功率** P_{α} 和使温度上升 1℃所需的功率 P_{deg} 式(GG.3.3.5-1)，将其代入 *TI* 式(GG.3.2-1)，获得体表处骨组织模型：

$$TIC=\frac{P/D_{eq}}{C_{TIC}} \quad \cdots\cdots(GG.3.3.5\text{-}2)$$

式中：

$C_{TIC}=40\ \text{mW cm}^{-1}$。

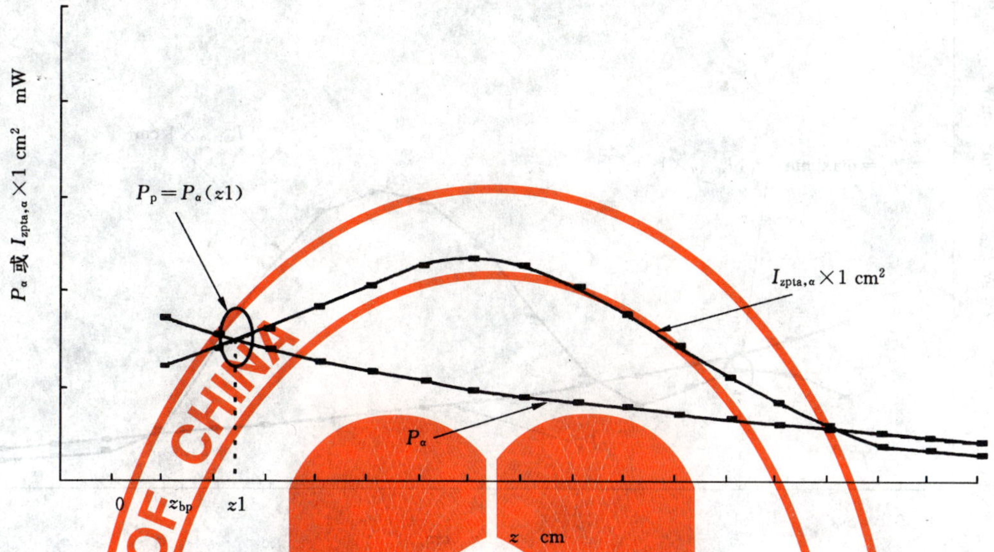

图 GG.2a） 大孔径聚焦换能器

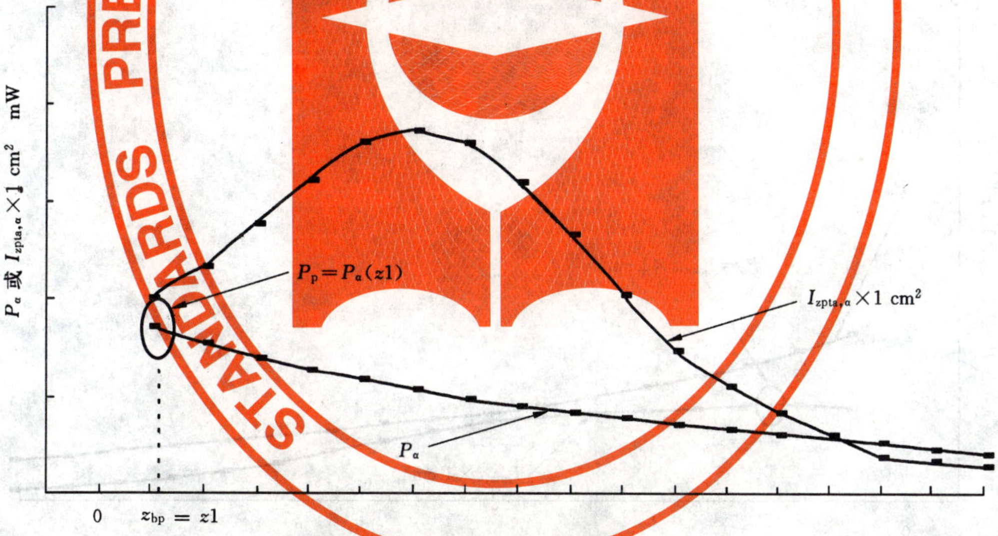

图 GG.2b） 小孔径聚焦换能器（≤1 cm²）

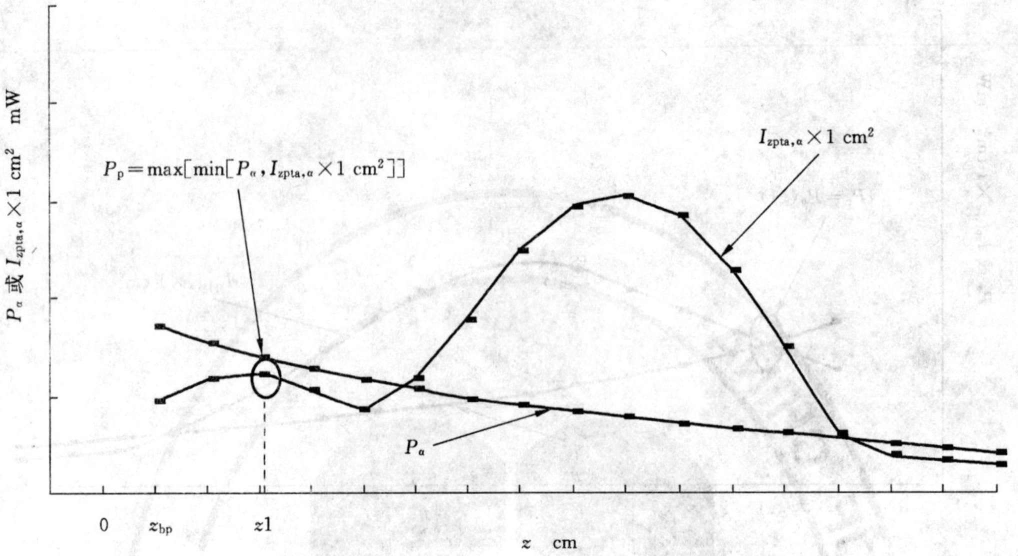

图 GG.2c) 弱聚焦的聚焦换能器(A_{eq}>1 cm^2)

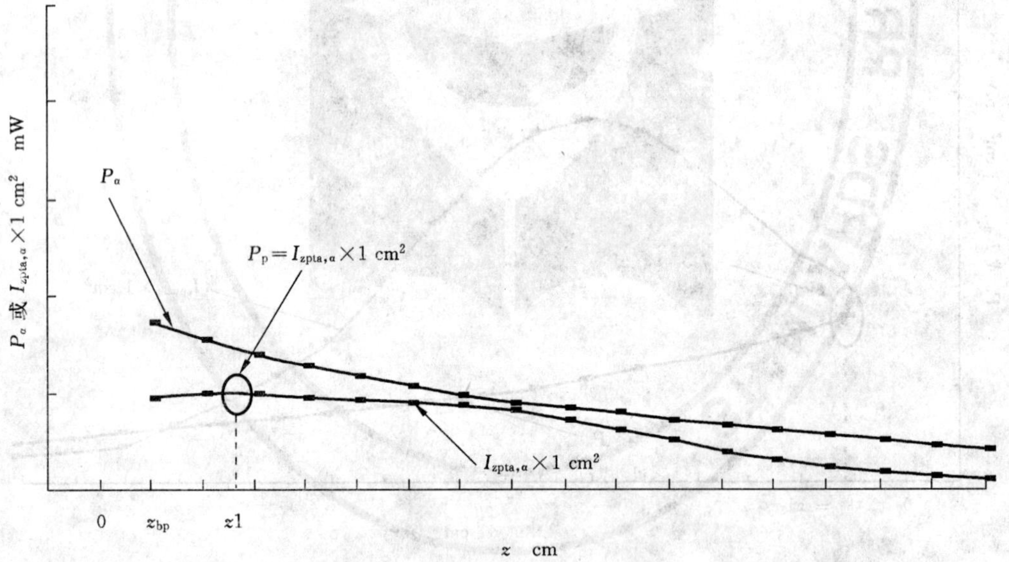

图 GG.2d) 微聚焦换能器

附 录 HH
(资料性附录)
告知操作者提供有关 *TI* 和 *MI* 信息解释的指导

操作者有责任了解设备输出的危险,并采取适当的行动在对患者的危险为最小的情况下获得所需的诊断信息。为了做到这一点,装置的制造商要向用户提供如何理解所显示的超声辐照参数、**热指数**和**机械指数**方面的信息。本附录提供了为符合本标准中 6.8.2 所规定的**慎重使用声明**的原则,所要考虑内容的指导原则,文献[15]、[20]给出的 *MI* 和 *TI* 原理说明和推导的简要回顾。

各种声输出参数(例如,声强,声压等)与最终生物效应的关系,目前还未能全面了解,现在的证据表明在一定条件下,超声可能引起改变或损害组织的生物效应[3]、[5]、[17]、[21]、[22]有两种基本的机理,热和机械方面的。

温升和空化的可能性似乎取决于总的能量输出、模式、超声波束的形状、焦点的位置、中心频率、波形的形状,帧率和工作持续系数。*TI* 和 *MI* 指数的设计考虑了所有这些因素,向用户提供潜在的热和机械生物效应的瞬时信息,由于 *TI* 和 *MI* 指数反应了瞬时的输出条件,其未考虑整个诊断检查期间的累积效应(尤其是热效应)。

考虑到空化,一致认为随着峰值稀疏声压的增高潜在的生物效应的危险增大,对频率与组织中发生空化的关系还未达成一致的意见[5]、[21]、[23]、[25]。然而,一般用 *MI* 来给出潜在机械生物效应诸如空化的相对指示。

TI 给出沿着超声声束特定点处,潜在温升的相对指示。采用术语"相对"的理由是:组织中加热的假定条件很复杂,以致于任何单个的指数或模型,对所用可能的条件和组织类型,预计无法给出实际的温升。因此对特定的声束形状,*TI* 为 2 的表示较 *TI* 为 1 有更高的温升,但不代表温升 2℃。*TI* 的重要性在于使**操作者**意识到组织中特定点可能的温升,为提醒**操作者**,在其下方给出所用指数的上限值。

指数并没用提供安全的限制,基于生物效应的安全限制正在考虑中,将包含在本标准的第一修订版中。安全水平和存在潜在生物效应的水平之间的划分,对**操作者**而言是重要的。WFUMB[25]给出了一些指导原则:体内受精卵和胎儿的温度高于 41℃(高于正常体温 4℃),持续 5 min 或更长的时间,就要考虑潜在的伤害。若预期在出生后婴儿肺部表面承受超过 1 MPa[17]声压,建议进行危险程度分析。指数的作用是,提供的条件指示与其他条件相比,更可能产生热和/或机械效应。

例如,在产科应用时,最好能避免靠近上限值的 *TI* 值(超过 1.0),这种限制与 WFUMB 推荐的温升 4℃持续 5 min 或更长的时间,建议考虑对受精卵和胎儿潜在伤害的水平,有一个合理的安全富余。然而,若在较低输出上无法获得特殊的诊断结果,可增大输出,但要特别注意限制辐照的时间。在母亲发烧时对胎儿的任何热负荷也是不利的,并要再次避免较高的 *TI* 值。

预报 *TI* 的模型假定了某种程度的血液灌注的冷却效应,针对较差灌注效应组织的应用中,*TI* 值可能低估了最不利条件下的温升,此时建议将 *TI* 维持在较低的数值上。相反在扫描灌注效应良好的器官时,诸如肝脏、心脏或血管结构,*TI* 值可能高估了温升。

在诊断应用中,选择 *TIS* 显示在屏幕时,可能告知**操作者**注意 *TIB* 的数值是很有益处的。例如,对乳房扫描可能辐照到肋骨时,及血管靠近骨表面时进行血管研究的情况。

在空气/软组织界面 *MI* 显得更重要,例如,对心脏扫描可能辐照到肺部时。最关键的是,在使用造影剂材料时,建议对限制 *MI* 给予最大的关注。

表 HH.1 归纳了这些要点。

表 HH.1 在各种扫描情况下,维持低辐射指数的相对重要性

在各种扫描情况下,维持低辐射指数的相对重要性		
机械指数	较高的重要性	较低的重要性
	使用造影剂 心脏扫描(肺部辐照) 腹部扫描(肠内气体)	针对无气体的组织 即针对大多数组织的成像
热指数	扫描头三个月胎儿 胎儿头骨和脊骨 患者发烧 对任何较差灌注效应的组织 眼部扫描 若辐照肋骨或骨组织:*TIB*	针对灌注良好的组织,即肝脏、胰脏 心脏扫描 血管扫描

指数的局限性

- 在使用多种模式时,局部受热考虑模式的叠加效应,扫描模式(包括多普勒成像)估计其受热集中在体表,而静止的声束模式(频谱多普勒和 M 模式)估计其受热在某一深度。目前还没有适当的处理方式来考虑叠加扫描和非扫描模式的效应。
- 在软组织**扫描模式**中假定的体表受热通常大于最不利条件下某一深度的骨组织受热,该假定可能不具有普遍正确性,由于该原因,对三至九月的胎儿扫描,必须仔细理解 B 模式和多普勒成像模式中的 *TI* 值。
- 采用的模型没有考虑较长液体路径的情况,超声能量的吸收不如预期的多,后面的组织可能被辐照较高的值,例如,透过充盈的膀胱或羊膜液的扫描可能导致低估指数的数值。
- *TI* 的公式不能用于眼科领域,因此对眼科领域计算 *TI* 值时不适用的,眼科的 *TI* 模型目前正在发展中。
- 已知有限的幅度效应以非线性的方式,改变水中测量的声强和声压。本标准采用的模型是线性的,人体内辐照的水平可能是 *TI* 或 *MI* 指示值的 1.5 倍或 2 倍[26]。若对该效应未采取修正方法,建议告知**操作者**。
- **扫描模式**中的 *TI* 值,由于仅吸收声束的能量,预期加热紧靠换能器表面的组织,换能器自身的受热可能会较大,但在此处未考虑修正。
- 屏幕上的指数表示平均值,建议不能将其解释为实际的温升。如前文所述,*MI* 和 *TI* 模型均存在局限性,这些模型中包含了实用简化方式的组合,和对生物效应相互作用的不完整理解。由于该点,其用途局限在指示相对的生物效应危险,**操作者**要意识到该问题,在许多情况下,实际最不利的温升可能是所显示 *TI* 值的三倍以上[27]。*TIS* 值基于线阵扫描模型,聚焦的能量集中在一条线上。对一点聚焦的圆形换能器,理论计算获得的温升和非扫描 *TIS* 值之间的比值在 0.24 至 109 范围内。

慎重使用

超声对组织的不利生物效应,与 X 射线相反,显现为阈值效应。当超声以一定的间隔,反复辐照组织时,似乎没有累积的生物效应。若超过一定的阈值,可能产生生物效应。对一段相当长的时间而言,温度从 37℃上升至 41℃是可接受的,而温度上升至 45℃则不可接受。对空化效应有同样的考虑,低于一定的水平,无空化不存在生物效应。

每次诊断检查要慎重开始,首先将机器设定为最低的指数设置,从该档上逐步调整,保持追踪 *TI* 和/或 *MI* 值,直至获得满意的图像或多普勒信号。其次,安全指导原则要包括一次诊断检查期间的辐照时间,要尽可能地短。

附　录　II
（资料性附录）
对体外应用的换能器，测量表面温度试验布置的实例

II.1　概述

下文所描述的试验模块布置是基于报告[31]所介绍的测量方法，采用所描述的布置方式，至少针对十种不同的换能器，测量了换能器的表面温度，并与其向人的手臂辐照时的数据进行了比较。

试验布置基本上由仿组织材料（TMM）块，及覆盖在其上并安置（薄膜）热电偶的硅橡胶层组成（见图 II.1），TMM 块放置在一块能吸收所有声能量的材料上。

所用材料的特性如表 II.1。

表 II.1　组织和材料的声学和热学特性

组织/材料	声速 c/ms^{-1}	密度 ρ/kgm^{-3}	衰减系数 α/$dBcm^{-1}MHz^{-1}$	声阻抗 Z/$10^6 kgm^{-2}s^{-1}$	比热 C/$Jkg^{-1}K^{-1}$	热导率 κ/$Wm^{-1}K^{-1}$	热扩散率 D/$10^{-6}m^2s^{-1}$	数据来源
皮肤	1 615	1 090	2.3—4.7 3.5	1.76	3 430	0.335	0.09	ICRU rep. 61 1988[28] Chivers 1978[34]
软组织	1 575	1 055	0.6—2.24[a]	1.66	3 550	0.525	0.150	ICRU rep. 61 1988[28]
软组织脂肪	1 465	985	0.4	1.44	3 000	0.350	0.135	ICRU rep. 61 1988[28]
皮质骨[b]	3 635	1 920	14—22	6.98	1 300	0.3—0.79	0.32	ICRU rep. 61 1988[28]
硅橡胶	1 021	1 243	1.8[c]	1.3		0.25		TNO/Dow Corning
TMM	1 540	1 050	0.5[c]	1.6	3 800	0.58	0.15	TNO（软组织模型）

a　依赖于频率：$f^{1.2}$。

b　在骨骼特性中，已报告有广泛的不确定度—Duck，1990[35]。

c　在 3 MHz 频率处确定。

II.2　仿组织材料的制备（TMM）

根据表 II.2 所列的材料制备混合物。

表 II.2　成分（质量分数）

成　　分	质量分数/%
丙三醇	11.21
水	82.95
杀藻胺	0.47
硅树脂碳化物[SiC(—400 孔)]	0.53

表 II.2（续）

成　　分	质量分数/%
氧化铝[Al_2O_3(0.3 μm)]	0.88
氧化铝[Al_2O_3(3 μm)]	0.94
琼脂	3.02
总和	100.00

仿组织材料(TMM)的制备的处方和布置如下：

(1)　在实验室温度下，混合表中所列的所有成分并除气。

(2)　加热并搅动直至90℃，为避免蒸发造成成分比率的改变，在加工处理期间宜将该物质在覆盖条件下操作。

(3)　冷却该物质并搅动只要粘性允许，直至47℃左右，为避免蒸发造成成分比率的改变，在加工处理期间宜将该物质在覆盖条件下操作。

(4)　快速将该物质灌入模具中，使其进一步冷却，同时覆盖模具。

(5)　现在TMM已制好备用，为准备整个测量布置，TMM上宜用厚度为1.5 mm的硅树脂橡胶层覆盖。小心操作，避免TMM和硅树脂层之间存在空气。（这将获得与使用人的手臂相同的测量结果）。尽管图II.1所示的是针对平坦换能器表面的试验布置，通过切割TMM的曲率可简便地获得曲形的表面。

(6)　(薄膜)热电偶安置在硅树脂橡胶层的顶部。

(7)　最后，用声耦合剂耦合，放置备测换能器。

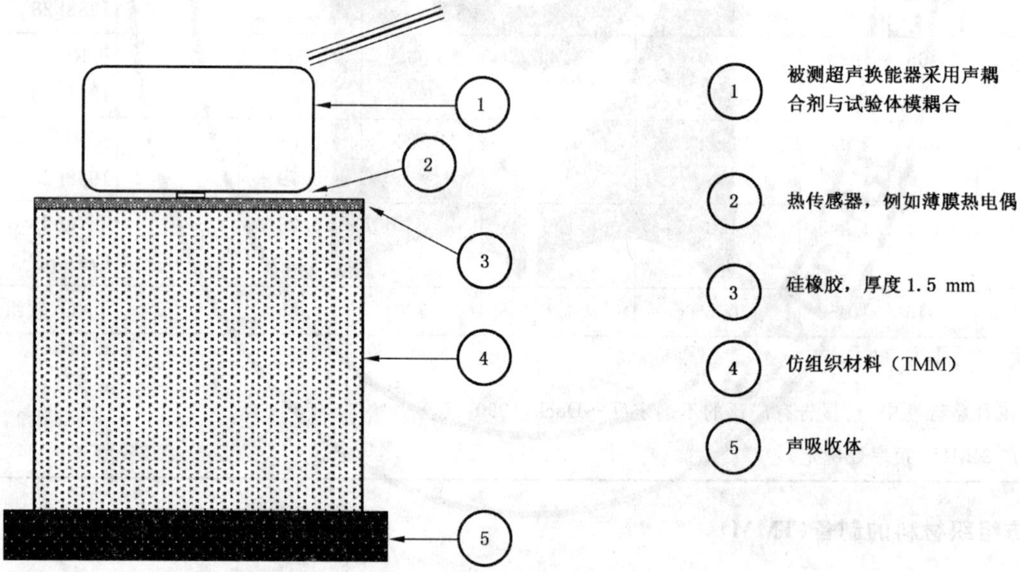

图 II.1　体外应用换能器测量表面温度，试验体模布置的实例

参 考 文 献

[1] O'Brien W. D. and Ellis D. S. ,IEEE Trans Ultrasonics Freq Control 46,no. 6,Nov. 1999,P. 1459-1476.

[2] World Federation for Ultrasound in Medicine and Biology (WFUMB) Symposium on Safety and Standardization in Medical Ultrasound,Synopsis,Ultrasound Med Biol,18,1992,P. 733-737.

[3] AIUM,Bio. effects considerations for the safety of diagnostic ultrasound,J Ultrasound Med 7:supplement,1988.

[4] AIUM,Bio-effects and safety of diagnostic ultrasound,American Institute of Ultrasoundin Medicine,1470 Sweitzer Lane,suite 100,LaureI MD 20707-5906,1993.

[5] Apfel R. E. and Holland C. K. ,Gauging the likelihood of cavitation from short-pulse low-duty cycle diagnostic ultrasound,Ultrasound Med Biol 17,1991,P. 179-185.

[6] Carstensen E. L. ,Child S. Z. ,Crane C. ,Parker K. J. ,Lysis of cells in Elodera leaves by pulsed and continuous wave ultrasound,Ultrasound Med Biol 16,1990,P. 167-173.

[7] Carstensen E. L. ,Child S. Z. ,Norton S. ,Nyborg W. L. ,Ultrasonic heating of the skull,J Acous Soc Am 87,1990,P. 1310-1317.

[8] Child S. Z. ,Hartman C. L. ,McHale L. A. ,Carstense E. L. ,Lung damage from exposure to pulsed ultrasound,Ultrasound Med Biol 16,1990,P. 817-825.

[9] Curley M. G. ,Soft tissue temperature rise caused by scanned,diagnostic ultrasound,IEEE Trans Ultrasonics,Ferroelectrics and Frequency Control 49,1993,P. 59-66.

[10] Holland C. K,Apfel R. E,Thresholds for transient cavitation produced by pulsed ultrasound in a controlled nuclei environment,J Acous Soc Am 88,1989,P. 2059-2069.

[11] NCRP,Exposure criteria for medical diagnostic ultrasound: Ⅰ. Criteria based on thermal mechanisms,NCRP Report No. 113,National Council on Radiation Protection and Measurements,Bethesda MD,1992.

[12] Sekins K. M. ,Emery A. F. ,Thermal science for physical medicine,chapter 3:70-132,in Therapeutic Heat and Cold, Lehmann J. F. editor, Williams&Wilkins, Baltimore MD,1982.

[13] WFUMB,Second world federation of ultrasound in medicine and biology symposium on safety and standardization in medical ultrasound, Ultrasound Med Biol 15: supplement,1989.

[14] WFUMB. WFUMB Symposium on Safety and Standardization in Medical Ultrasound,Synopsis,Ultrasound Med Biol 18,1992,P. 733-737.

[15] Abbott J. G. ,Rational and Derivation of MT and TI—a Review,Ultrasound Med Biol,25,No. 3,1999,P. 431-441.

[16] AIUM Medical Ultrasound Safety, AIUM, 14750 Sweitzer Lane, Suite 100, LaureI MD20707,5906,USA,1994.

[17] WFUMB,Conclusions and Recommendations on Thermal and Non—thermal Mechanisms for Biological Effects of Ultrasound,Report of the 1996 WFUMB Symposium on Safety of Ultrasound in Medicine,Barnett,S. B. (ed) ,Ultrasound Med Biol 24,suppl 1,1998.

[18] ISO Guide to the expression of uncertainty in measurement,ISO,Geneva 1995,ISBN92-67-

10188-9.

[19] UD - 3 Rev. 1, Standard for real-time display of thermal and mechanical acoustic output indices on diagnostic ultrasound equipment, American Institute of Ultrasound in Medicine&National Electrical Manufacturers Association, 1998.

[20] Duck F. A., The meaning of Thermal Index (TI) and Mechanical Index (MI) values, BMUS Bulletin, Nov. 1997, P. 36-40.

[21] AIUM, Mechanical Bioeffects from Diagnostic Ultrasound: AIUM Consensus Statements, J Ultrasound Med. 19, No. 2 or 3, 2000.

[22] Salvesen, K. A. Epidemiological studies of diagnostic ultrasound, Chapter 9, in: The safe use of ultrasound in medical diagnosis, British Medical Ultrasound Society/British Institute of Radiology. Editors Ter Haar G. R. and Duck F. A., 2000, p. 86-93.

[23] Herbertz J. Spontane Kavitation in keimfreien Flossigkeiten (English translation: Spontaneous cavitation in liquids free of nuclei, in Fortschritte der Akustik DAGA 88, DPG-GmbH Bad Honnef, 1988, p. 439-442.

[24] Church C. C. Application of the Theory for Homogeneous Nucleation of Cavitation Nuclei to the Question of Diagnostic Ultrasound Safety, Ultrasound Med Biol.

[25] Barnett S. B., Ter Haar G. R., Ziskin M. C., Rott H-D, Duck F. A, Maeda K., International recommendations and guidelines for the safe use of diagnostic ultrasound in medicine, Ultrasound in Medicine and Biology 26, No. 3, 2000.

[26] Christopher T., Carstense E. L., Finite amplitude distortion and its relationship to linear derating formulae for diagnostic ultrasound systems, Ultrasound Med Biol 22, 1996, p. 1103-1116.

[27] NPL Report CMAM 12 entitled Assessment of the likely thermal index values for pulsed Doppler ultrasonic equipment—Stages Ⅱ and Ⅲ experimental assessment of Scanner/transducer combinations, Shaw A., Pay N. M. and Preston R. C. available from The National Physical Laboratory, Teddington, Middlesex TW11 OLW, UK, 1998.

[28] General guidance for the acoustic properties of appropriate tissue is given in ICRU report 61:1998 Tissue substitutes, phantoms and computational modelling in medical Ultrasound [ISBN 0-913394-60-2].

[29] Directions for preparation and characterization of an appropriate liquid TMM are described by CHIN, RB. et al. A reusable perfusion supporting tissue-mimicking material for ultrasound hyperthermia phantoms, Medical Physics, May/June 1990, Vol. 17, No. 3.

[30] HEKKENBERG, RT. and BEZEMER, RA. Aspects concerning the measurement of surface temperature of ultrasonic diagnostic transducers, TNO report: PG/TG/2001. 246, Leiden, 2002, ISBN 90-5412-078-9.

[31] HEKKENBERG, RT. and Bezemer, RA. Aspects concerning the measurement of surface temperature of ultrasonic diagnostic transducers, Part 2: on a human and artificial tissue, TNO report: PG/TG/2003. 134, Leiden, 2003, ISBN 90-5412-085-1.

[32] HARDY, JD., DUBOIS, EF. Basal metabolism, radiation, convection and vaporization at temperature of 22 to 35℃. J. Nutrition, 1938, 15, p. 477-497.

[33] GAGGE, AP., NISHI, Y, Heat exchange between human skin surface and thermal environment. In: Handbook of physiology, Reactions to environmental agents (ed. D. H. K. Lee), Sect. 9., chapter 5., Am. Physiol. Soc, Bethesda, Md., 1977, p. 69-72.

[34] CHIVERS, RC. and PARRY, RJ., Ultrasonic velocity and attenuation in mammalian tissues. J. Acoust. Soc. Am., 1978, 63, p. 940-953.

[35] DUCK, FA., Physical properties of tissue-a comprehensive reference book. Academic Press, London, 1990, ISBN 0-12-222800-6.

ICS 11.040.60
C 43

中华人民共和国国家标准

GB 9706.13—2008/IEC 60601-2-17:2004
代替 GB 9706.13—1997

医用电气设备 第2部分:自动控制式近距离治疗后装设备安全专用要求

**Medical electrical equipment
Part 2:Particular requirements for the safety of automatically-controlled brachytherapy afterloading equipment**

(IEC 60601-2-17 :2004,IDT)

2008-12-15 发布　　2010-02-01 实施

中华人民共和国国家质量监督检验检疫总局
中国国家标准化管理委员会　发布

前　言

本部分的全部技术内容为强制性。

《医用电气设备》的安全系列标准由两部分构成：

——第 1 部分：安全通用要求；

——第 2 部分：安全专用要求。

本部分为安全专用要求，是 GB 9706 的第 13 部分。

本部分等同采用 IEC 60601-2-17:2004《医用电气设备　第 2 部分：自动控制式近距离治疗后装设备安全专用要求》。

为便于使用，本部分做了下列编辑性修改：文中“本标准”改为“本部分”。

本部分代替 GB 9706.13—1997《医用电气设备　第二部分：遥控自动驱动式 γ 射线后装设备安全专用要求》。

本部分与 GB 9706.13—1997 相比，在如下方面做了修改：

——标准的名称由《遥控自动驱动式 γ 射线后装设备安全专用要求》改为《自动控制式近距离治疗后装设备安全专用要求》；

——本部分比 GB 9706.13—1997 的适用范围广，适用于所有采用后装技术对患者进行近距离治疗的自动控制式设备，包括有且仅使用 β、γ 和中子密封放射源的后装设备；

——本部分的并列标准 GB 9706.15—2008、IEC 60601-1-2 和 IEC 60601-1-4 相对 GB 9706.13—1997 由不适用变为适用。

本部分的附录 L 为规范性附录，附录 AA 为资料性附录。

本部分由国家食品药品监督管理局提出。

本部分由全国医用电器标准化技术委员会放射治疗、核医学和剂量学设备分技术委员会（SAC/TC 10/SC 3）归口。

本部分的起草单位：中国核动力研究设计院设备制造厂、北京市医疗器械检验所。

本部分主要起草人：周建明、宋连有、韩勇、焦春营。

本部分所代替标准的历次版本发布情况为：

——GB 9706.13—1997。

引 言

如果近距离后装治疗设备未能给予患者规定的剂量或设备的设计不满足医用电气设备安全标准的要求，那么使用近距离后装治疗设备可使患者受到损害。如果设备本身未能将放射源充分地屏蔽在贮源器内和(或)治疗室的屏蔽设计不够充分，那么设备也可能会使设备附近的人员受到损害。

本专用标准确定了制造商在设计制造自动控制式近距离治疗的后装设备时应遵照的要求，但不详细说明设备的最佳性能要求，其目的是确定与设备基本安全操作有关的功能部件的设计。本专用标准对降低设备性能设置限制，当超过该限制范围则能认为存在一个故障状态，联锁装置能使放射源返回贮源器内，然后防止设备的继续运行。

医用电气设备
第2部分:自动控制式近距离治疗后装设备安全专用要求

第一篇 概述

除下列修改外,GB 9706.1—2007《医用电气设备 第1部分:安全通用要求》(以下简称《安全通用要求》)的章条适用。

1 适用范围和目的

除下列修改外,《安全通用要求》的该章适用。

1.1 适用范围

补充:

1.1.101 本专用标准规定了用后装技术对患者进行近距离治疗的自动控制式设备的安全要求。

1.1.102 本部分规定了自动控制式后装设备的要求,此设备

——含有且仅使用β、γ和中子密封放射源;

——能自动将密封放射源从贮源器送至施源器内的治疗位置和从治疗位置返回贮源器;

——设计成与患者有接触;

——源驱动机构应按预置程序由控制计时器或定时装置控制,自动地完成放射源的移动。控制计时器或定时装置可以是可编程电子子系统PESS(计算机或微处理器),也可以是不可编程电子系统。

1.1.103 本部分规定要求设备

——在合格人员的监督下使用;

——定期维护;

——由用户定期检修。

本部分对所使用的密封放射源的要求不作规定,对密封放射源要求由其他标准规定(见6.8.3)。

1.1.104 本部分的要求基于下列假设:

——治疗计划是有效的,并给出了恰当的治疗参数值;

——设备使用的放射源源强是已知的。

为确保设备能完成预置的治疗参数,本部分特别要求:

——选用的放射源按选定的组合可在施源器内相对于施源器定位和移动;

——按选定的照射时间,由选定的放射源组合给予辐照;

——设备对操作者或周围其他人员不会造成不必要的危害。

1.2 目的

代替:

本专用标准的目的是制定自动控制式近距离治疗后装设备的安全专用要求及检验的试验规范。本专用标准只提出安全所需的总的功能要求,而不提供其实现的专用技术方法。

1.3 专用标准

补充:

1.3.101 与通用标准的关系

本专用标准的理解要结合 GB 9706.1—2007《医用电气设备　第1部分:安全通用要求》(以下简称为通用标准),本专用标准是通用标准的补充和修改,检验试验中同时要遵循通用标准中的要求。

本专用标准的篇、章、条的编号与《通用标准》的相一致。对于《通用标准》及其并列标准文本的变更,用下列各词表示:

"代替",指《通用标准》中的章或条完全由本专用标准的章或条代替。

"补充",指本专用标准的条文补充到《通用标准》的要求中。

"修改",指《通用标准》中的章或条文如本专用标准条文所表示的那样做了修改。

对于补充到《通用标准》中的条、图或表格从101开始编号,补充的附录用字母AA、BB等标明,补充的项目用aa)、bb)等表示。

术语"本部分"是指必须同时参考通用标准和本专用标准。

本专用标准中没有相应的篇、章或条之处,则《通用标准》中的篇、章或条适用,不做更改。

需要指出的是,《通用标准》中的任何不适用的部分,在本专用标准中已给出了说明,尽管这些部分可能与本专用标准相对应。

本专用标准的要求优先于通用标准的相应要求。

1.3.102 与其他标准和文件的关系

注:见附录L(规范性附录)。

1.5 并列标准

补充:

1.5.101 GB 9706.15—1999

该并列标准的所有条适用。

1.5.102 IEC 60601-1-2

该并列标准的所有条适用。

1.5.103 GB 9706.12—1997

该并列标准不适用。

1.5.104 IEC 60601-1-4

该并列标准的所有条适用。

2 术语和定义

除下列修改外,《安全通用要求》的该章适用。

补充:

在《安全通用要求》及其并列标准中给出的和下列各项术语和定义适用。

注1:本专用标准的术语索引以字母顺序列出了已定义的术语及其原始参考文件。

注2:在本专用标准中,辐照是指在治疗位置和治疗时间内使患者接受治疗的整个过程,放射源的传送时间不属于治疗时间。

注3:在本专用标准中,术语"操作者"表示在治疗期间控制近距离治疗设备的人员;术语"用户"表示对近距离后装治疗设备的使用和维修负责的单位和个人。术语"放射治疗医师"和"放射治疗专家"未被本专用标准使用,表示观测和负责给定患者治疗处方剂量的人员。

2.1 设备部件、辅件和附件

补充定义:

2.1.101

缩写语　abbreviations

在本部分中使用了下列缩写语:

——PESS　可编程电子子系统;

——SFC　单一故障状态;

——TCP 治疗控制台。

2.1.102

β源强度 beta source strength

在水中沿β源中垂线 2 mm 处的吸收剂量率，其单位是 Gy/s。

2.1.103

近距离治疗 brachytherapy

利用一颗或一颗以上的密封放射源作腔内的、组织间的、浅表的和管内的放射治疗。

2.1.104

继续治疗 continuation

放射治疗中，辐照中断后不重新选择运行条件而重新启动治疗。

2.1.105

驻留时间 dwell time

放射源或放射源链在选定治疗位置的停留时间。

2.1.106

γ源强度 gamma source strength

用于近距离治疗的γ源的参考空气比释动能率，用 1 m 处的 Gy/s 表示。

注：允许采用倍数表示法(千分之一、兆等)。

2.1.107

启动辐照 initiation

放射治疗中，当通过完成选择并验证了运行条件而不是由辐照中断达到准备状态时，从准备状态开始辐照。

2.1.108

辐照中断 interruption of irradiation, to interrupt radiation

在辐照终止前停止辐照，这种停止具有不重新选择运行条件而继续治疗的可能性。

2.1.109

管内放射治疗 intraluminal radiotherapy

利用或不利用施源器将一颗或一颗以上的放射源引入人体内腔(如血管、呼吸道、胃肠道等)进行的放射治疗。

2.1.110

中子源强度 neutron source strength

用于近距离治疗的中子源的剂量率，用 1 m 处的 Gy/s 表示。

2.1.111

合格人员 qualified person

由主管部门承认具有从事某种职业的专业人员。

2.1.112

放射源链 radioactive source train

用于后装设备的密封放射源的某种排列，可以由非放射性隔离件隔开，在每次辐照前可以永久性地或选择性地组合在一起。放射源链的选择通常是为了给出一种特定剂量分布。

2.1.113

参考空气比释动能率 reference air kerma rate

在空气中经过衰减及散射校正后，参考距离为 1 m 的空气比释动能率。

注：参考空气比释动能率 K_R 相似于美国所用的空气比释动能强度 S_K，它等于自由空间中的空气比释动能率和沿放射源中垂线从放射源中心到标定点的距离平方的乘积。

2.1.114

源强　source strength

用于指定设备的放射源的γ源强度、β源强度或中子源强度。

2.1.115

辐照终止　termination of irradiation

放射治疗中，停止或防止进一步的辐照(如：返回预备状态)，并且在没有重新选择和重新确认运行条件时，无重新启动辐照的可能性。

2.1.116

传送　transit

放射源由贮源器传送到治疗位置或由治疗位置传送到贮源器的过程。

2.1.117

治疗参数　treatment parameter

在放射治疗期间，说明患者辐照方面的参数，如辐照能量、吸收剂量、治疗时间。

2.1.118

治疗时间　treatment time

治疗包括的所有驻留时间的总和。

3　通用要求

《安全通用要求》的该章适用。

4　试验的通用要求

除下列修改外，《安全通用要求》的该章适用。

4.1　试验

补充：

为安全地完成试验应谨慎小心。例如：若有可能，采用模拟源。在本专用标准中所述的型式试验，也可用于制造者和安装者在制造和安装装配时所进行的常规测试。

5　分类

代替：

设备及其应用部分必须用在第6章中规定的标记和(或)识别标志来分类。这包括：

5.1　按防电击的类型分：

在本部分范围内的设备应是Ⅰ类设备。

5.2　按防电击的程度分：

除非另有规定，在本部分范围内的应用部分应是B型应用部分。

5.3　按对有害进液的防护程度分(见GB 4208)：

除非另有规定，在本部分范围内的设备应是无专门防护的设备(IPX0)。

5.4　按制造厂推荐的消毒、灭菌方法分。

5.5　按有易燃麻醉气与空气的混合气或和氧或氧化亚氮的混合气情况下进行使用的安全程度分：

除非另有规定，在本部分范围内的设备应是不能在有易燃麻醉气与空气的混合气或和氧或氧化亚氮的混合气情况下进行使用的设备。

5.6　按工作制分：

在本部分范围内的设备应是适合连续工作的设备。

6 识别、标记和文件

除下列修改外，《安全通用要求》的该章适用。

6.1 设备或设备部件的外部标记

z) 可拆卸的保护装置

代替：

当设备不适用于可选择的两种以上的应用(即：为了应用某一特殊功能而拆掉某一保护装置)时，应当对设备进行声明。

通过检查随机文件来检验是否符合要求。

补充项目：

aa) 在设备的适当部位应有清晰易认的、永久性固定的标记，以表示出：

1) 为设备设计的每一种放射性核素的最大总源强；

2) 表明可能有放射性危险的电离辐射符号(见 GB 18871—2002 附录 L)；

3) 如果贮源器被规定只能用在限制进入的治疗室内(见 30.1.1)；

4) 如有附加的外部供应(例如压缩空气)。

bb) 对于有多颗放射源的设备，应有一个永久性的附加手段(如 PESS)以方便选择和识别各通道选定的放射源。

cc) 设备应有永久性的附加装置，以指示出存放于贮源器内的放射性核素的名称、源强及标定日期。

dd) 每一个可互换的施源器，在施源器的适当部位或其包装上应有永久性的单独的识别标记。

ee) 具有临床上明显不对称性(例如弯曲型或局部防护)、并能以不同方位插入患者体内的刚性施源器，除在随机文件中推荐采用射线照相或其他适当的检验方法外应有可鉴别其插入后方位的标记。

注：某些管理部门要求近距离治疗源的活度(例如：Ci 或 Bq)也应标出。

6.7 指示灯和按钮

a) 指示灯颜色

代替：

当指示灯用在治疗控制台或其他控制台上时，其灯光颜色应符合下列规定：

要求对意外的运行状态立即采取紧急措施：红色；

放射源处于治疗位置：黄色；

放射源处于传送中：黄色(闪烁)；

准备状态：绿色；

设备电源开关合上，但尚未达到准备状态：白色。

设备的状态应指示，除了颜色外还可以由指示灯的形状或位置或伴随的文字等来指示。

除了在患者附近进行操作的后装设备，在治疗室内而非在控制台上用于指示放射源是处于传送中或治疗位置的指示灯颜色宜为红色。这种颜色要求用户在治疗室内观测到红色指示灯应立即采取紧急措施。

6.8 随机文件

6.8.2 使用说明书

d) 与患者接触部件的清洗、消毒和灭菌

补充：

使用说明书应包含有：在对施源器进行湿态或蒸汽消毒时，施源器内腔有残留液体，随后将残留液体带到系统的其他部件中可能发生危险的警告。这些警告应包括残留液体对密封放射源和源驱动机构的腐蚀性损害的危险。

e) 由网电源供电并带有附加电源的设备

代替：

使用说明书应包含有：对电池及其他内部附加电源进行定期检验、维修和充电的操作方法和推荐周期。

补充项：

aa) 检验联锁装置

使用说明书应包含有：对所有联锁装置进行检验的操作方法和推荐周期。

bb) 检验连接器的安全性

若设备有放射源至源驱动机构以及通道至施源器的连接器，使用说明书中应包含有检验连接器安全性操作程序的说明。

cc) 控制计时器故障后所需的专用程序

使用说明书应包含有：对控制计时器故障后所需的专用程序的说明(见 30.3.2)。

dd) 放射源返回贮源器的故障

使用说明书应包含有：在放射源返回贮源器时出现故障的情况下采取的推荐操作程序和所需应急装置的建议。

ee) 传送剂量

使用说明书应包含有：指定放射源自贮源器传送到治疗位置及其返回途中，在 50.1.4 规定位置上的空气比释动能(或吸收剂量)的资料。

使用说明书应建议确定预期的总的传送剂量，必要时，允许在剂量计算中予以考虑。

使用说明书应包含有警告：若在治疗过程中多次自贮源器送出和收回放射源，则可能影响处方剂量的准确性。

ff) 对通道和施源器的限制

使用说明书应规定：

——正常运行所允许特定内径的施源器及通道的最小弯曲半径；

——不能满足 50.2.1 要求的一致性的通道和施源器的布位状态，应对其与该设备的临床应用间的关系作出说明(见 1.1.104)；

——阻碍放射源或放射源链自由运动的通道和施源器的任何障碍物的特性。

gg) 污染检查

使用说明书应建议对放射源的放射性泄漏进行适当的检查。

hh) 非对称施源器的检查

适当时(见 6.1)，使用说明书应建议对非对称施源器的方位进行射线照相或其他检查。

ii) 功能检验和维护

使用说明书应建议用户对设备，尤其是源驱动机构，进行定期的功能检验和维护，以确保设备连续安全地使用。

必要时，使用说明书应建议采用模拟放射源进行试验。

jj) 放射源传送时间的限制

使用说明书应包含有放射源自贮源器传送到治疗位置及其返回途中传送时间的最大值，若没有限制必须声明。

kk) 放射源强度的检查

使用说明书应建议采用国家推荐的测量方法测定每一个新接收的放射源强度并与在设备内部使用的值进行比对。

6.8.3 技术说明书

a) 概述

补充：

技术说明书应规定：

1） 设备与贮源器是否仅限于在限制进入的治疗室内使用(见 30.1.1)；

2） 设备设计的放射性核素、放射源的最大源强和贮源器的辐射泄漏；

3） 放射源链(若有)允许的组合范围；

4） 是否允许从其他供应商获得设备所用的放射源，若允许应规定放射源包壳的尺寸和公差；

5） 放射源应符合的国际标准及其他特殊要求；

6） 是否允许从其他供应商获得设备所用的施源器，若允许应规定相关尺寸和公差，并建议对施源器是否符合定位和连接的可靠性要求进行试验；

7） 治疗过程中的放射源定位误差、传送时间误差及驻留时间误差。

技术说明书应进一步规定：

8） 在所有故障状态下，本专用标准的要求不能保证指示出放射源在贮源器外的位置；

9） 建议在患者附近使用适合辐照类型的独立的辐照监控器；

10） 若采用独立的辐照监控器，邻近设备的任何一部分的辐照监控器应能给出辐照的可见指示且能在预期的最大辐照剂量水平下正常运行；

11） 网电源出现故障后，辐照监控器能继续运行和给出辐照指示几个小时(例如：备用电池)。

技术说明书应包含有：与远距离中断装置连接有关的详细说明(见 30.1.8)。

技术说明书应包含有：关于表示可能有放射性的设备或设备部件的识别、操作和处理的指导和防范。

技术说明书应给出一个或多个具有临床应用代表性的剂量分布，该剂量分布应考虑施源器的影响。

第二篇　环境条件

10　环境条件

除下列修改外，《安全通用要求》的该章适用。

10.2.1　环境

代替：

a） 环境温度范围：＋15 ℃～＋35 ℃；

b） 相对湿度范围：30％～75％；

c） 大气压力范围：70 kPa～110 kPa；

d） 除非制造商另有规定。

第三篇　对电击危险的防护

《安全通用要求》的该篇的章条适用。

第四篇　对机械危险的防护

《安全通用要求》的该篇的章条适用。

第五篇　对不需要的或过量的辐射危险的防护

29　X 射线辐射

不采用。

30 α、β、γ中子辐射和其他粒子辐射

除下列修改外，《安全通用要求》的该章适用。

代替：

本章的主要要求分为几组。第一组适用于正常使用和正常条件状态，其目的是安全地并能满意地达到规定的治疗参数。第二组是为了给出对非正常使用的防护。第三组适用于单一故障状态，其目的是保护患者和操作者免受危害。

30.1 正常使用和正常条件状态下的防护

本条的要求包括放射源屏蔽贮存及位置指示、治疗计时及治疗方式的选择和移动的控制，但不包括在紧急情况下和设备由某一限制进入的区域移入其他区域时放射源的临时性贮存。

30.1.1 贮源器泄漏辐射的限制

对任一贮源器，按照随机文件的规定正确装入各种组合的放射源后应符合下列a)及b)的要求。

a) 通用贮源器

除在随机文件中规定只能在限制进入的治疗室内安装和使用的贮源器外，应符合本条的要求。

距贮源器表面或永久性固定在贮源器上的任何其他表面50 mm处的任意位置的剂量当量率应不超过0.01 mSv/h。

距贮源器表面或永久性固定在贮源器上的任何其他表面1 m处的任意位置的剂量当量率应不超过0.001 mSv/h。

通过下列试验来检验是否符合要求。

——在50 mm处测量，取面积不大于但接近于10 cm^2 的剂量当量率测量值的平均值；

——在1 m处测量，取面积不大于但接近于100 cm^2 的剂量当量率测量值的平均值；

——用放射源组合进行测量，所用放射源组合应可能在制造商规定的范围之内。这种测量应根据本要求在最不利的条件下进行。

b) 用于限制进入的治疗室内的贮源器

在随机文件中声明只适合在限制进入的治疗室内安装和使用的贮源器，应满足下列要求。

距贮源器表面或永久性固定在贮源器上的任何其他表面50 mm处的任意位置的剂量当量率不应超过0.1 mSv/h。

距贮源器表面或永久性固定在贮源器上的任何其他表面1 m处的任意位置的剂量当量率不应超过0.01 mSv/h。

按30.1.1 a)的规定检验。

30.1.2 放射源的位置指示

本条规定了当放射源不在贮源器内应在贮源器上及遥控位置发出警告的指示；当放射源正在按预置的程序运行时也应向操作者给出指示。

a) 贮源器上的指示

在贮源器上应有符合6.7规定颜色的指示灯或者其他可见指示，这些指示是从贮源器传送出任一放射源开始，一直持续指示到所有放射源返回贮源器为止。

通过检查和操作设备来检验。

b) 远距离警告指示

在适当位置设备应提供远离30.1.7d)所述位置的指示灯装置的接口，此指示灯装置应在30.1.2a)所述的情形下给出指示，并且其灯光颜色符合6.7规定。

通过检查和操作设备来检验。

c) 治疗控制台上对操作者的指示

在治疗控制台上应有符合6.7规定的颜色的指示灯或其他指示方法；假如不在治疗控制台上

操作而在 30.1.7d)所述的其他位置操作时，同样也应有指示灯或其他指示方法。

——当放射源在 50.2.1 规定的限值范围内进行选定的治疗动作或处于选定的治疗位置时，应有指示；

——当所有的放射源准确地就位于贮源器内时，应有指示；

——当放射源在传送中时，应有指示。

通过检查和操作设备来检验。

30.1.3 允许控制计时器的预置和选择、确认及移动放射源的钥匙控制

设备应有可移去的专用工具(可以是钥匙)。只有当专用工具留在操作位置并通过专用工具完成了一定的操作或动作后才可能预置控制计时器(见 30.1.4)、选择和确认(见 30.1.6)以及将放射源从贮源器内送出(见 30.1.7)。

另外，只有通过附加的钥匙完成了一定的操作或动作后才可能预置控制计时器(见 30.1.4)、选择和确认放射源(见 30.1.6)。当采用可编程电子子系统控制时，此附加钥匙可以是一个指定的密码。

通过检查和操作设备来检验。

30.1.4 治疗时间

a) 控制计时器

设备应为每一放射源或放射源链提供一套控制计时器：

——在适当的范围内预置任意驻留时间值；

——在治疗时间之内完成任一规定的放射源运动和定位程序的各部分(假如设备采用这种可执行程序来设计)；

——只能在治疗控制台上预置和确认；

——在辐照中断期间暂时停止计时；

——当达到预置驻留时间值时，能自动停止每一治疗位置的辐照。

关于控制计时器在单一故障状态下的防护要求见 30.3.2。

通过检查和操作设备来检验。

b) 启动辐照前驻留时间的预置及预置值变化的防止

在完成以下操作之前不应启动辐照(见 30.1.6)：

——至少有一驻留时间被预置到大于零；或

——在治疗控制台上完成了一组选择的确认操作(包括驻留时间)，若这些选择是符合 IEC 62083的治疗计划系统生成的治疗计划的一部分；或

——在治疗控制台上完成了每一项选择的确认操作(包括驻留时间)之后，若这些选择不是在治疗控制台所作的或不是由符合 IEC 62083 的治疗计划系统所生成的。

设备应设计成确保在辐照开始后不可能改变预置值，直至达到或导致辐照终止。

通过检查和操作设备来检验。

30.1.5 控制计时器的治疗时间和驻留时间的显示

a) 时间显示

在治疗控制台上应及时显示 30.1.4a)要求的控制计时器测量的时间读数值及预置驻留时间和(或)剩余治疗时间；假如不在治疗控制台上操作，还应在其他操作位置处显示[见 30.1.7d)]。

通过检查和操作设备来检验。

b) 计数方向

按 30.1.5a)显示的控制计时器的时间读数值，既可以从零增加也可以从预置驻留时间值减少。

显示的剩余治疗时间，应从治疗时间的计算值减少；特别是在长时间治疗时，显示剩余治疗时

间是一种重要的防护措施，可以使操作者直接了解还需经过多长的治疗时间。

在控制计时器发生故障时，设备能重新读出任何治疗位置的总的辐照时间(见 30.3.2)。

通过检查和操作设备来检验。

c) 信息的存储和保护

对 30.1.5a)的时间读数值应保留显示：

——任何辐照终止后直到重新置零或重新预置操作[见 30.1.4b)]或中断网电源(见 30.3.1)；

——辐照中断后直到恢复辐照[见 30.1.7a)]。

通过检查和操作设备来检验。

30.1.6 通道、放射源、放射源的位置及移动的选择和确认

设备应设计成：

——从多种操作方式中选择；

——从多个通道中选择；

——从多个单独的放射源中，或从不同源强的放射源中，或从不同放射性核素的放射源中，或从多个放射源链中，选择放射源；

——从放射源的多个位置中选择

——从放射源的固定位置和移动位置选择；或

——从间歇性移动的不同程序中选择。

设备应设计和制造成只有在下列情况下才能启动辐照：

——在治疗控制台上完成了上述选择操作后；或

——在治疗控制台上完成了一组选择的确认操作(包括驻留时间)后，若这些选择是由符合 IEC 62083的治疗计划系统生成的治疗计划的一部分；或

——在治疗控制台上完成了每一项选择的确认操作(包括驻留时间)后，若这些选择不是在治疗控制台所做的或不是由符合 IEC 62083 的治疗计划系统所生成的。

启动辐照后，只有当能够获得实时位置信息时才允许对放射源的位置进行调整(例如：X 线透视)。在这种情况下，应由可编程电子子系统(PESS)保留所有源位的记录。上述操作只有在辐照终止后才有可能进行。

通过检查和操作设备来检验。

30.1.7 启动辐照、继续治疗、辐照中断及终止

a) 设备应设计和制造成只有在 30.1.7d)要求的位置操作，才有可能启动辐照和继续治疗。

通过检查和操作设备来检验。

b) 设备应有在任何时候完成辐照中断的手段，使所有处于贮源器外的放射源自动返回贮源器。

——在 30.1.7d)要求的位置完成某一操作或采用 30.1.8 要求的方法。

使放射源自动返回的手段不应利用可编程电子子系统(PESS)来引起或控制。

通过检查和操作设备来检验。

c) 设备应在控制计时器(见 30.1.4)上附加辐照终止装置。

——只有在辐照中断后才能被触发；

——在完成 30.1.4b)及 30.1.6 要求的进一步的预置和选择操作之前，能防止放射源从贮源器内再次送出。此种辐照终止的手段可是在 30.1.7d)要求的位置上的一个操作。

通过检查和操作设备来检验。

d) 启动辐照、继续治疗、辐照中断及终止的操作位置

设备应设计和制造成按 30.1.7a)、30.1.7b)和 30.1.7c)(除 30.1.8 要求的方法外)对任一通道或规定的通道组的各种操作，只能在下列一个位置上完成。

——在治疗控制台上；或

——在设备的某些单一部件上；

除设计成在患者附近操作的设备外，治疗控制台或某些单一部件上所有与 30.1.7a)、30.1.7b)及 30.1.7c)有关的操作位置，可以远离贮源器。

当设备设计成同时对多个患者进行辐照时，用于某一通道或规定通道组的启动辐照、继续治疗、辐照中断及终止四个操作位置的设备单一部件可与用于其他通道或规定通道组的单一部件不同。

通过检查和操作设备来检验。

e) 如果与 30.1.7a)、30.1.7b)及 30.1.7c)相关的操作不在治疗控制台上进行，则必须且只有在控制台上完成某种操作达到准备好状态后才有可能启动辐照。

通过检查和操作设备来检验。

30.1.8 远距离中断

设备应具有远距离中断装置(如：应急开关)的接口，除非这些装置由操作者在室内操作。这些装置可位于远离 30.1.7d)所述的位置，能使放射源返回贮源器内，并且在完成了进一步的正确操作之前能防止放射源离开贮源器。与该装置的连接有关的技术细节应在随机文件中详细给出。

通过检查和操作设备来检验。

30.1.9 施源器与通道间不正确连接的保护

若通道部分和施源器部分设计成允许操作者拆卸，设备应有校验各部分是否被正确连接的手段。如果连接不正确，应能阻止放射源离开贮源器或者确保放射源不能通过不正确连接点并自动返回贮源器。

应在使用说明书中指出启动辐照和继续治疗的程序。

通过检查和操作设备来检验。

30.1.10 放射源源强的限制

采用的 γ 放射源的总源强应不超过 100 mGy/h(在 1 m 处)；

采用的 β 放射源的总源强应不超过 2 Gy/s(在 2 mm 处)；

采用的中子放射源的总源强应不超过 100 mGy/h(在 1 m 处)；

通过检查技术说明书[见 6.8.3a)]和外部标记[6.1.aa)]来检验。

30.1.11 放射源传送次数的记录

应制定对放射源传送次数进行记录的规定，此数据应能显示或者应是可获取的。

通过检查来检验。

注：若设备提供模拟源来检验治疗前施源器的连接，应制定对模拟源的类似规定。

30.2 对非正常使用的防护

下列要求是用来防止他人擅自使用和干扰的安全措施。

30.2.1 使治疗控制台不工作

设备应具有使治疗控制台不能操作的措施，这些措施可以是 30.1.3 中提到的可移去的工具或钥匙。

通过检查来检验。

30.2.2 放射源的防护

设备应设计成不用工具不可能接触放射源。

通过检查来检验。

30.3 正常使用时单一故障状态下的防护

当设备处于下列任意单一故障状态下时，为了防止不必要的或过量辐照的危害，本条规定了防护要求。

——主能源供给故障(见 30.3.1)；

——控制计时器故障(见 30.3.2);
——放射源在预定位置的故障(见 30.3.3);
——源驱动机构故障[见 30.3.3c)];
——放射源的连接接头故障(见 30.3.4);
——联锁装置故障(见 30.3.5);
——放射源返回贮源器的故障(见 30.3.6)。

在 30.3.9 中规定了单一故障状态的指示。

30.3.1 对主能源供给故障的防护

当设备的主能源供给(如:网电源、压缩空气等等)发生故障时:

——自动终止辐照,应不迟于治疗时间结束和备用能源最小运行时间中任何一个条件的发生。
——在 30.1.2、30.1.7(除启动辐照和继续治疗外)、30.1.8、30.1.9 和 30.3 中的要求应能有效地保持到所有的放射源都返回到贮源器内为止。

应在随机文件中给出符合本条要求的关于电池或其他装置的维护和充电的说明。

应在使用说明书中指出启动辐照和继续治疗的程序。

通过中断主能源检查和操作设备来检验。

30.3.2 控制计时器故障期间的防护

为使患者免受危害并确保用户能确定患者接收的吸收剂量,制定了本条的要求。

a) 辐照限制

设备应设计和制造成:

——应能自动探测出不能在预置驻留时间结束时中止任一个或一组通道的放射源在当前治疗位置辐照的控制计时器故障[见 30.1.4a)]或者控制计时器供电故障;且应在患者相对于 γ 源 10 mm 处吸收 0.25 Gy 的剂量、相对于 β 源 2 mm 处吸收 2 Gy 的剂量或相对于中子源 10 mm 处吸收 0.25 Sv 的剂量当量前自动探测出。
——探测出故障后立即使放射源返回贮源器。

达到这一要求的措施可为一个附加的计时装置。

按照制造商规定引发一个故障,检查设备的运行。

b) 正确功能的检验

设备应提供联锁装置,用以确保在启动辐照前对所有的控制计时器终止辐照的能力进行验证并证明其准确性。

通过检查和操作设备来检验。

30.3.3 对放射源的位置精度及移动和源驱动机构故障的防护

a) 在治疗中放射源的位置精度故障的防护

在治疗中的任何时刻,放射源未能处于预定位置(在制造商规定的限值范围内)时,设备应能:

——探测出这种故障;
——当故障探测出后,立即使放射源自动返回贮源器内。

按制造商的规定引发一个适当的故障,通过检查和操作设备来检验。

b) 在传送中放射源移动故障的防护

在放射源传送中的任何时刻,放射源未能移动到预定位置(在制造商规定的公差范围内)时,设备应能:

——探测出这种故障;
——当故障探测出后,使放射源自动返回贮源器内。

按制造商的规定引发一个适当的故障,通过检查和操作设备来检验。

c) 源驱动机构故障的防护

当源驱动机构的供电、控制或电气元件功能出现故障时，设备应有可选择的防护措施。该措施应

——独立于源驱动机构正常电气部分之外；

——并能使放射源返回贮源器内。

按制造商的规定引发一个适当的故障，通过检查和操作设备来检验。

30.3.4 对放射源连接(若有)故障的防护

如果在放射源与源驱动机构之间有可拆卸的机械连接处，设备应有在连接后启动辐照前自动检测这种机械连接的手段。

源驱动机构自动作用于密封放射源的力应不大于密封放射源及其机械接头许可极限作用力的四分之一。

通过检查设备和制造商的相关信息(试验结果、计算、原材料使用规范及处理规范等)来检验。

30.3.5 对联锁装置故障的防护

设备应具有检查各种辐射安全联锁装置功能是否正确的手段。

通过检查来检验。

30.3.6 对放射源返回贮源器故障的探测

设备应有探测放射源放射性的方法以探测出放射源返回贮源器故障的手段。

按制造商的规定引发一个适当的故障，通过检查和操作设备来检验。

30.3.7 关于继续治疗的资料的有效性

a) 如果发生30.3.1、30.3.2a)、30.3.3a)、30.3.3b)和30.1.9所述的故障，从故障发生起至少10小时或者直到完成永久记录为止，应可获得依据预置参数的继续治疗的资料(见50.2.3)。

按30.3.1、30.3.2a)、30.3.3a)、30.3.3b)和30.1.9相同的方式来检验。

b) 随机文件中应有获得、恢复这些继续治疗的资料的程序的解释说明。

通过检查随机文件来检验。

30.3.8 进一步辐照前的校正

发生30.3.2a)、30.3.3a)和30.3.3b)所述的任何故障后，正常使用下既不可能启动辐照也不可能继续治疗。随机文件中应包含：

——30.3.2a)、30.3.3a)和30.3.3b)所述故障的专用校正方式；

——要执行的专用程序的解释说明。

按30.3.2a)、30.3.3a)和30.3.3b)的方式来检验。

30.3.9 单一故障状态的指示

a) 故障指示

在发生下列任一故障时，设备应有符合6.7规定的指示灯或其他指示方法：

——控制计时器故障(见30.3.2)；

——放射源移动故障[见30.3.3a)]；

——源驱动机构故障[见30.3.3c)]；

——通道和施源器连接故障(见30.1.9)；

——放射源连接故障(见30.3.4)；

——放射源返回贮源器内的故障(见30.3.6)；

——联锁装置故障(当设备有探测辐射安全的联锁装置时)(见30.3.5)；

按制造商的规定引发一个适当的故障，通过检查和操作设备来检验。

b) 放射源移动故障的指示

在放射源开始移动后，如果有任一放射源未能达到其预置位置，则在30.1.7d)所要求位置上的音响报警和可见指示应能立即开始工作并持续到关闭设备为止。

按制造商的规定引发一个适当的故障，通过检查和操作设备来检验。

c) 因单一故障状态使辐射安全联锁装置起作用的指示

在 30.3.2a)、30.3.2b)、30.3.3a)、30.3.3b)和 30.3.4 的故障状态下，当放射源的正常移动被阻碍时，设备应有可见指示。

通过检查来检验。

d) 因单一故障状态防止启动辐照和终止辐照的指示

在 30.3.9 的任一故障状态下，当放射源的移动被阻碍时，设备应有可见指示。

通过检查来检验。

第六篇　对易燃麻醉混合气点燃危险的防护

《安全通用要求》的第 37 章～第 41 章不适用。

第七篇　对超温及其他安全方面危险的防护

《安全通用要求》的第 42 章～第 49 章适用。

第八篇　工作数据的准确性和危险输出的防护

除下列修改外，《安全通用要求》的该篇适用。

50　工作数据的准确性

除下列修改外，《安全通用要求》的该章适用。

代替：

50.1　指示

50.1.1　关于 γ、β 和中子辐照的资料

在随机文件中应给出足够的关于可供选择的工作方式、放射源的选用及其配置的资料，以使用户能够选择恰当的辐照条件和获得估算吸收剂量率所必需的资料。

通过检查来检验。

50.1.2　刻度和单位

除时间显示外，每一个与输出相关的参数值的刻度显示应仅采用一种单位和(或)其十进制单位来刻度。对时间显示采用小时或分钟或秒为单位，不采用十进制分度单位。所有参数值的显示应确定参数的单位。

通过检查来检验。

50.1.3　通道、放射源、放射源位置及放射源移动的指示

当放射源在任何通道中可能以不同的组合和(或)不同的固定位置和(或)移动位置使用时，对每一个通道中所选用放射源的各种组合、位置和移动，均应有指示并在重新选择前其显示保持不变。

通过检查和操作设备来检验。

50.1.4　在放射源传送期间限制辐照所需的资料

在放射源传送期间限制辐照的目的有三个方面。一是在不确定条件下限制给予患者靶区的辐照，二是限制在放射源的正常传送期间正常组织受到的吸收剂量，三是限制设备操作人员受到的剂量当量。

这类传送剂量由传送时间部分地确定，但也由用户选用的放射源的源强和治疗中中断的次数来确定。用户必须有估算传送剂量的资料并给予适当的考虑。

随机文件中给出的传送剂量的资料应与每一个通道的下列情形的测量或计算有关[见 6.8.2ee)]。

——对 γ 放射源，距施源器中心轴 10 mm 处的空气比释动能；

——对 β 放射源，距施源器中心轴 2 mm 处水中吸收剂量；

——对中子放射源,距施源器中心轴 10 mm 处水中吸收剂量;

——对 γ 放射源,距通道中心轴 1 m 处的空气比释动能;

——对 β、中子放射源,距通道中心轴 1 m 处水中自由空间的吸收剂量。

对指定的放射源应给出每种情况的空气比释动能或吸收剂量,且必须根据要求在最不利的位置给出。

不管测量是用于提供资料还是检验是否符合要求,均应:

——在 10 mm 处测量的空气比释动能,应取面积不大于 1 cm^2 上的测量数据的平均值;

——在 2 mm 处测量的水中吸收剂量,应取面积不大于 1 mm^2 上的测量数据的平均值;

——在 1 m 处测量的空气比释动能或水中吸收剂量,应取面积不大于 100 cm^2 上的测量数据的平均值。

50.2 指示值与实际值的一致性

50.2.1 放射源在施源器内的位置

放射源(或放射源链)在设备任一施源器内的位置,在任何时刻、任何方位与选定位置的偏差小于 2 mm 时应给出位置指示[见 30.1.2c)]。

随机文件中应对不能保证上述指示值与实际值一致的施源器、通道的状况予以说明[见 6.8.2 ff)]。

按制造商的设计及说明的方法通过检查来检验。

50.2.2 控制计时器

驻留时间的误差不应超过 1%及 100 ms 中的较大值。

通过下列方法来检验:

——选择五个预置时间值(不小于最大预置值的 1%)覆盖计时装置允许的范围。

——对每一选择的预置时间,测量十次其在预置位置的实际持续时间和(或)完成预期的运动(如:通过获得放射源到达和离开施源器的电信号来实现)。

每次的测量必须符合要求。

50.2.3 辐照记录

在终止辐照时,设备应得到下列有用的资料:

——患者唯一标识符,最好是患者的姓名和出生日期;

——启动辐照的时间和日期;

——辐照终止的时间;

——任何辐照中断的时间;

——任何辐照继续的时间和日期;

——放射源源强及最近一次校准任一放射源源强的时间和日期;

——每一治疗位置的通道、放射源位置和驻留时间。

这些资料从 30.3.7 中提及的故障发生起至少 10 h 内应是可获得的。

通过检查来检验。

第九篇 不正常的运行和故障状态;环境试验

52 不正常的运行和故障状态

52.1

代替:

a) 设备应设计和制造成即使在单一故障状态下也不存在安全方面的危险(见《安全通用要求》的 3.1 和 13 章)。

注:除非另有规定,在下列试验中假定在正常使用条件下操作设备。

如果一次引发一个《安全通用要求》的 52.5 中所述的单一故障状态，不会直接导致 52.4 所述的安全方面的危险，则表明符合要求。

b) 设备及可编程电子子系统(PESS)的安全性应按并列标准 IEC 60601-1-4 的要求进行评价(见附录 L)。

使用说明书中应有有关其余危险的相关信息。

注 1：当能够表明某项目、产品的开发进程超过 IEC 60601-1-4 标准的详细要求的适用期时，IEC 60601-1-4 标准不适用；在某项目、产品的开发期间和整个开发生命周期内时，IEC 60601-1-4 标准必须采用。

注 2：尽管 IEC 60601-1-4 不可能完全适用于现有产品和那些超过上述指定期限的产品，但对可获取的设计和过程控制数据的检查可进行实质性的验证(见 IEC 60601-1-4 中 52.211.1)。

通过检查使用说明书和 IEC 60601-1-4《危险处理文件》来检验。

第十篇　结构要求

《安全通用要求》的该篇适用。

附 录 L
（规范性附录）
规范性引用文件

除下列修改外，《安全通用要求》的附录L适用。

补充：

下列文件中的条款通过GB 9706本部分的引用而成为本部分的条款。凡是注日期的引用文件，其随后所有的修改单（不包括勘误的内容）或修订版均不适用于本部分，然而，鼓励根据本部分达成协议的各方研究是否可使用这些文件的最新版本。凡是不注日期的引用文件，其最新版本适用于本部分。

补充：

GB/T 17857—1999 医用放射学 术语

GB/T 18987—2003 放射治疗设备 坐标系、运动与刻度(IEC 61217:1996,IDT)

YY 0637—2008 医用电气设备 放射治疗计划系统的安全要求(IEC 62083:2000,IDT)

代替：

GB 9706.1—2007 医用电气设备 第1部分：安全通用要求(GB 9706.1—2007,IEC 60601-1:1988,IDT)

GB 9706.15—2008 医用电气设备 第1-1部分：安全通用要求 并列标准：医用电气系统安全要求(IEC 60601-1-1:2000,IDT)

YY 0505—2005 医用电气设备 第1-2部分：安全通用要求 并列标准：电磁兼容 要求和试验(IEC 60601-1-2:2001,IDT)

IEC 60601-1-4:2000 医用电气设备 第1部分：安全通用要求 并列标准：可编程电子系统

中文索引

英 文 索 引

ICS 11.040
C 30

中华人民共和国国家标准

GB 9706.15—2008/IEC 60601-1-1:2000
代替 GB 9706.15—1999

医用电气设备
第1-1部分:安全通用要求
并列标准:医用电气系统安全要求

Medical electrical equipment—
Part1:General requirements for safety—
1. Collateral standard:
Safety requirements for medical electrical systems

(IEC 60601-1-1:2000,IDT)

2008-12-15 发布　　　　2010-02-01 实施

中华人民共和国国家质量监督检验检疫总局
中国国家标准化管理委员会　发布

前　言

GB 9706 的本部分的全部技术内容为强制性。

《医用电气设备》安全系列标准由两部分构成：

——第 1 部分：安全通用要求；

——第 2 部分：安全专用要求。

其中第 1 部分除本部分外还包括其他标准：

——GB 9706.1　医用电气设备　第 1 部分：安全通用要求；

——YY 0505　医用电气设备　第 1-2 部分：安全通用要求　并列标准：电磁兼容要求和试验；

——GB 9706.12　医用电气设备　第 1-3 部分：安全通用要求　并列标准：诊断 X 射线设备辐射防护通用要求；

本部分为第 15 部分。

本部分等同采用 IEC 60601-1-1:2000《医用电气设备　第 1-1 部分：安全通用要求　并列标准：医用电气系统安全要求》。

本部分与 IEC 60601-1-1 相比主要差异是标准中引用的国际标准若已转化为我国标准的，本部分将引用的国际标准号替换为相应的我国标准号。

本部分代替 GB 9706.15—1999《医用电气设备　第一部分：安全通用要求　1. 并列标准：医用电气系统安全要求》。

本部分与 GB 9706.15—1999 相比主要变化如下：

——术语和定义部分进行了相应调整；

——系统的随机文件(6.8.201)增加了部分要求；

——连续漏电流和患者辅助电流(第 19 章)的内容进行了相应调整；

——连接(56.3.201)增加了部分要求；

——线路的防护(59.201)删除了部分要求；

——附录 BBB 的内容做了调整。

本部分的附录 CCC、附录 EEE 是规范性附录，附录 AAA、附录 BBB、附录 DDD、附录 FFF 是资料性附录。

本部分由国家食品药品监督管理局提出。

本部分由全国医用电器标准化技术委员会(SAC/TC 10)归口。

本部分由上海市医疗器械检测所负责起草。

本部分主要起草人：何骏、黄嘉华、陆锷。

本部分所代替标准的历次版本发布情况为：

——GB 9706.15—1999。

医用电气设备
第 1-1 部分:安全通用要求
并列标准:医用电气系统安全要求

第一篇　概述

1　适用范围和目的

1.201*[1)]　适用范围

本部分适用于**医用电气系统**(见 2.201 的定义)的安全。本部分规定了为保护**患者**、**操作者**及环境所必需提供的安全要求。

2　术语和定义

在本**并列标准**中,以黑体出现的术语,其定义与其在 GB 9706.1 中的定义一致。

标准中的“电压”、“电流”是指交流、直流或复合电压或电流的有效值。

为了本部分的目的下列附加定义适用。

2.201

医用电气系统(以下简称**系统**)　**medical electrical system**

多台设备的组合,其中至少有一台为**医用电气设备**,并通过**功能连接**或使用**可移式多孔插座**互连。

注:当设备与**系统**连接时,医用电气**设备**应被认为包括在系统内。(见附录 BBB 和附录 FFF 举例)

2.202*

患者环境　**patient environment**

患者与**系统**的部件或**患者**与触及**系统**部件的其他人之间可能发生有意或无意接触的任何空间(见图 201)。

2.203*

隔离装置　**separation device**

出于安全原因,以防止**系统**部件之间传输不需要的电压或电流,且带有输入和输出部分的部件或部件组合。

2.204*

可移式多孔插座　**multiple portable socket-outlet**

有两个或两个以上插孔的插座,打算与软电线或电线相连或组成一体,与网电源连接时,可以方便地从一处移到另一处。

注:**可移式多孔插座**可作为独立部分或医用、非医用设备的组成部分。

2.205*

功能连接　**functional connection**

电气或其他连接,包括用来传递信号和/或电能和/或其他物质的连接。

3　通用要求

3.201*　系统的通用要求

系统安装或后续的修改后,不应造成**安全方面危险**。

1)　文中有“*”的条款的说明见附录 AAA“总导则和编制说明”。

一个**系统**应提供：

——在**患者环境**内，达到 GB 9706.1 要求的**医用电气设备**同等安全水平，以及

——在**患者环境**外，达到其他的国家安全标准(或 IEC 或 ISO 安全标准)要求的非医用电气设备相应的安全水平。

如满足了 3.201.1，3.201.2，3.201.3 及 3.201.4 的要求，即可认为是符合要求。在一个**系统**中，其设备或部件使用的材料或结构形式与 3.201.1 和 3.201.2 中提到的不同，如果可证明其具有同等安全水平，应被接受。

3.201.1 医用电气设备

医用电气设备应符合 GB 9706.1 及其相关专用标准的要求。

通过对相应的文件或证书的检查来检验是否符合要求。

3.201.2 非医用电气设备

非医用电气设备应符合与该设备相关的安全标准(国家标准或 IEC 标准、ISO 标准)，参见附录 DDD。

仅以**基本绝缘**来防止电击的设备不应用于**系统**中。

通过对相应的文件或证书的检查来检验是否符合要求。

3.201.3* 特定电源

符合 10.2.2.201 的特定电源应符合 GB 9706.1 要求或证明其具有同等的安全等级。

注：组合或修改**系统**者宜计算**系统**的功耗，以确保**可移式多孔插座**可承受该功耗并记录它。

通过对相应的文件或证书的检查来检验是否符合要求。

3.201.4* 系统

经过安装或后续的修改后，**系统**应符合本**并列标准**的要求。

通过相关的条款中规定的检查，测试或分析来检验是否符合要求。

仅应考虑将多台设备内部联接组成**系统**而造成的危险。

根据相关标准已对**系统**中独立的设备进行的安全测试不应重复进行。

测试应在以下条件下进行：

- 除非本部分另有规定，否则在**正常条件**下，和
- 在**系统**制造商规定的运行条件下。

6 识别、标记和文件

6.8.201* 系统的随机文件

系统(包括修改过的**系统**)应随附有安全和预期用途所必须的全部数据的文件。

这些文件应包括：

a) 每台**医用电气设备**的**随机文件**(见 GB 9706.1—2007 中 6.8)；

b) 每台非医用电气设备的类似**随机文件**；

c) 以下信息：

——若适用，组成**系统**的每台设备的清洗，消毒，灭菌的说明；

——在**系统**安装期间宜实施的附加安全措施；

——**系统**的哪些部件适合在**患者环境**下使用；

——在预防性维护期间宜实施的附加措施；

——**可移式多孔插座**不应放在地上的警告；

——其他附加的**可移式多孔插座**或延长线不应接入**系统**的警告；

——**系统**部件中未规定的组件不应接入**系统**的警告；

——**系统**中使用的任何**可移式多孔插座**的最大允许负载；

——由**系统**提供的**可移式多孔插座**，只能用于向组成**系统**的设备供电的说明；

——说明当组成**系统**的非医用电气设备预期由带隔离变压器的**可移式多孔插座**供电时直接同墙壁插座连接的风险；

——说明将非**系统**组成部分的电气设备接入**可移式多孔插座**的风险；

——任何为保证安全的环境条件限制（见**通用标准**的第十篇）；

——**操作者**不应同时触及16.201提及的部件和**患者**的说明。

d) 建议

——对安装者，要建议**系统**的安装方式以使**用户**取得最佳使用效果，和；

——对**用户**，要执行于此规定的所有清洗、调节、消毒和灭菌程序。

通过检查来检验是否符合要求。

第二篇　环境条件

10　环境条件

10.2.2.201*　供电电源

系统中**设备**的供电电源来自于另外设备的，制造商应规定。

第三篇　对电击危险防护

16　外壳和防护罩

16.201　外壳

患者环境内非医用电气设备的部件，在不使用**工具**将罩盖、连接器等移开后，可能被进行日常保养和校准等工作的**操作者**触及时，该部件的工作电压不应超过交流25 V，直流或峰值60 V，并由按GB 9706.1—2007中17 g)1)～5)中所述的方法之一与**供电网**隔离的电源供电。

通过检查来检验是否符合要求。

17　隔离

17.201*　电气隔离

如果由**系统**内不同设备与其他系统之间的**功能连接**而引起的**漏电流**超过容许值时，例如，紧急呼叫系统或数据处理系统，则应采用带有隔离装置的安全措施。

这类安全措施为设备和/或**系统**和其他系统之间提供合适的电气隔离，该隔离应具备在故障条件下出现在**隔离装置**上最高电压相适应的电介质强度、**爬电距离**和**电气间隙**。

通过下述方式检查：

隔离装置的输入和输出部分之间应经得起GB 9706.1—2007中第20章的基本绝缘的电介质强度试验。

试验中每一部分的端子短接在一起。

试验电压从GB 9706.1—2007的表5中选择。

基准电压（U）为最高**额定**供电电压或对于多相设备为相线对中性线的供电电压。**对于内部电源设备**，基准电压为交流250 V。

19　连续漏电流和患者辅助电流

19.201*　漏电流

19.201.1　外壳漏电流

在**正常状态**下，在**患者环境**中来自**系统**部件或**系统**部件间的**外壳漏电流**不应超过0.1 mA。

注：在本部分中，设备可触及的外表面的**漏电流**均被认为是**外壳漏电流**。

在中断**可移式多孔插座**或设备的非永久性安装的**保护接地导线**或类似导线的情况下，在**患者环境**中来自**系统**部件或**系统**部件间的外壳漏电流不应超过 0.5 mA。

如果整个**系统**或**系统**的部分是由**可移式多孔插座**提供电源，则**可移式多孔插座**的保护接地导线的漏电流不应超过 0.5 mA。

19.201.2 患者漏电流

在**正常状态**下，**B 型**和 **BF 型应用部分**的**患者漏电流**不应超过 0.1 mA，**CF 型应用部分**的**患者漏电流**不应超过 0.01 mA。

通过检查和用 GB 9706.1—2007 中 19.4 e)所述的测量装置来测量**漏电流**，来检验是否符合 19.201.1 和 19.201.2 的要求。

19.201.3 信号输入部分或信号输出部分的连接

若通过规定**医用电气设备**的**信号输入部分**和/或**信号输出部分**只能与**随机文件**中规定的设备相连，来符合 GB 9706.1—2007 中 19.2 b)第一破折号和/或 19.2 c)的要求时，则应将**信号输入部分**和/或**信号输出部分**与规定设备相连。但对于 **I 类设备**而言，如果规定设备未与**系统**的公共保护接地相连，则应使用一**隔离装置**(见表 BBB.201 中情况 3)。

通过检查来检验是否符合要求。

第四篇 对机械危险防护

22 运动部件

22.7.201 防护措施

当**系统**中的运动部件可能导致**安全方面危险**时，**系统**应按 GB 9706.1—2007 中 22.7 要求提供防护措施。例如，紧急制动装置。

通过检查来检验是否符合要求。

第五篇 对不需要的或过量的辐射危险的防护

第六篇 对易燃麻醉混合气点燃危险的防护

注：见 44.7.201。

第七篇 对超温和其他安全方面危险的防护

44 溢流、液体泼洒、泄漏、受潮、进液、清洗、消毒、灭菌和相容性

44.7.201* 清洗、消毒和灭菌

见附录 AAA 信息。

49 供电电源的中断

49.201* 供电电源的中断

系统的设计应确保**系统**中任何**医用电气设备**或非医用设备的供电电源中断和恢复时，除预期功能中断外，不会导致**安全方面危险**。

通过每次对一相关供电电源的中断和恢复来检验是否符合要求。

第八篇　工作数据的准确性和危险输出的防止

第九篇　不正常的运行和故障状态;环境试验

52　不正常的运行和故障状态

52.1.201

注:对于预防可编程医用电气系统功能危险的要求在 IEC 60601-1-4 中有叙述。宜注意诸如远程信息处理的影响。

第十篇　结构要求

56　元器件和组件

56.3.201　连接

电气、液压、气动和气体的连接端及连接器的设计和制造,应能防止可触及的连接器的不正确连接,以及不用**工具**拆卸时所引起的**安全方面危险**。

——连接器应符合通用标准 17 g)的要求;

——除非能证明不会引起**安全方面危险**,否则,**患者电路**导线连接用的插头,应设计成插不进同一**系统**中可能位于**患者环境**内的其他插座上。

通过检查来检验是否符合要求,如有可能,将连接头互换,以证实不存在**安全方面危险**(**漏电流**超过**正常状态**时的值、移动、温度、辐射等)。

57　网电源部分、元器件和布线

57.2　网电源连接器和设备电源输入插口等

注:不必为了防止无意接入其他设备而影响系统安全,而要求固定**网电源连接器**。系统重新布线是非常危险的并超出了该并列标准范围,且 6.8.201 已提出警告。

57.2.201*　可移式多孔插座

应使用**工具**才能将医疗用设备接入**可移式多孔插座**,否则**可移式多孔插座**应由隔离变压器供电。

通过检查来检验是否符合要求。

隔离变压器和**可移式多孔插座**应符合附录 EEE 的要求。

57.10　爬电距离和电气间隙

57.10.201　隔离装置

隔离装置的**爬电距离**和**电气间隙**应符合表 201 的规定。

基准电压(U)为最高**额定**供电电压或对于多相设备为相线对中性线的供电电压。对于**内部电源设备**,基准电压为交流 250 V。

表 201　隔离装置的爬电距离和电气间隙

U/V											
	直流	15	36	75	150	300	450	600	800	900	1 200
	交流	12	30	60	125	250	400	500	660	750	1 000
电气间隙/mm		0.8	1	1.2	1.6	2.5	3.5	4.5	6	6.5	9
爬电距离/mm		1.7	2	2.3	3	4	6	8	10.5	12	16

注:本表引自 GB 9706.1—2007 中表 16 对**基本绝缘**或**辅助绝缘**的要求。

通过检查来检验是否符合要求。

58 保护接地——端子和连接

58.201* 系统保护接地

保护接地连接应做成当**系统**中任意一台设备移去时，不会中断**系统**中任何部分的保护接地，除非同时切断该部分的供电。

所有的**保护接地导线**和**电源软电线**应一起布线。

任何附加**保护接地导线**应与**系统**中非移动部件永久连接并只用**工具**才能拆卸。

通过检查来检验是否符合要求。

59 结构和布线

59.201 线路的防护

连接**系统**中不同设备的导线应具有对机械损伤的防护。

通过检查来检验是否符合要求。

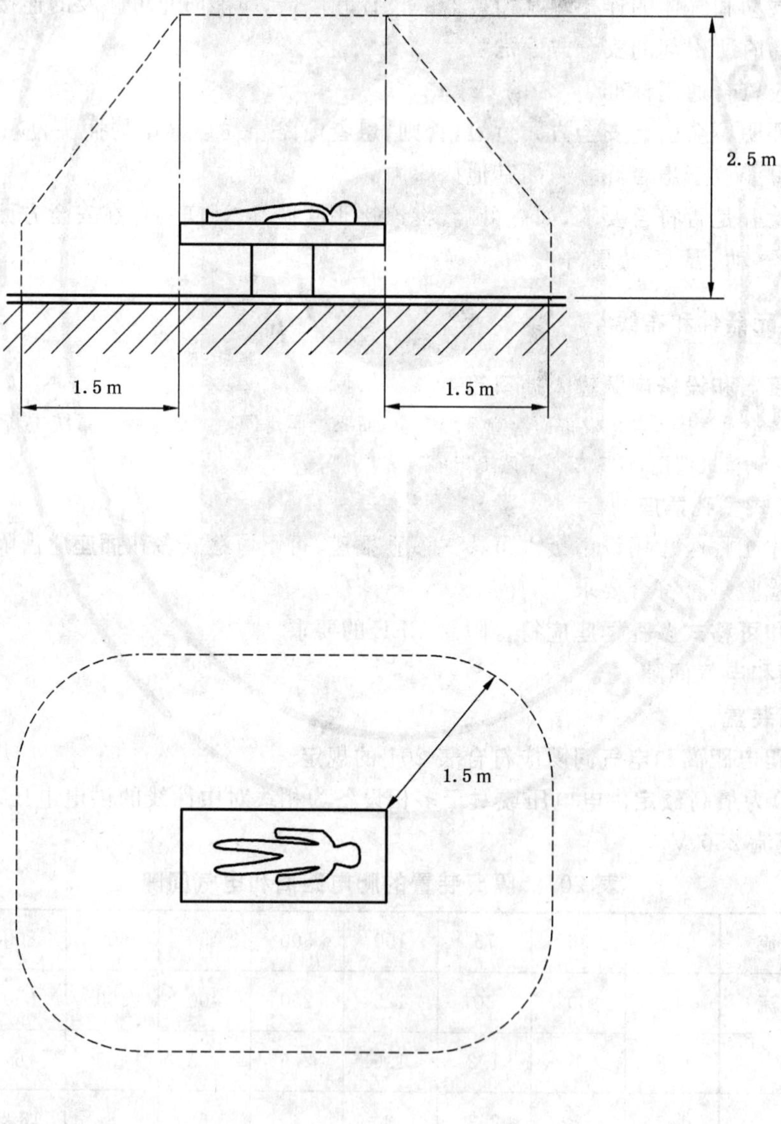

注：图中尺寸非限定。

图 201 患者环境举例

附 录 AAA
（资料性附录）
总导则和编制说明

1.201 范围

本部分是供装配和销售包含一台或多台**医用电气设备**的组合电气设备的制造商使用的。这设备可以是独立的各个部分或是在一个外壳之内或是上述情况的组合。

本部分也供医疗行业科研人员装配医用电气系统时使用。此时，要求有电气设备设计标准方面的工程知识来确保**系统**符合本标准的所有要求。

现代电子技术和生物医学技术在医学实践中的应用和快速发展，使得越来越复杂多样的医用电气**系统**取代单台**医用电气设备**对**患者**进行诊断、治疗和监护。

越来越多的这种**系统**由应用于不同领域（不仅限于医学领域）内的设备直接或间接相连组成。符合GB 9706.1标准的**医用电气设备**可以和其他非医用电气设备连接。每台非医用电气设备可能都符合了其专业领域的安全标准中规定的要求，通常它们并不能符合**医用电气设备**安全标准要求，因而，可能影响整个**系统**的安全。

电气设备既可安置在用于诊断、治疗或监护**患者**的医用房间内，也可安置在不进行医疗实践的非医用房间。医用房间内，电气设备可放在定义为**患者环境**的区域的内部或外部。

在医疗实践中可能有两种情况：

a) 本并列标准不适用情形

同时工作的**医用电气设备**，即不同的**医用电气设备**同时连接在一个**患者**身上，但设备之间并不互连。此类**医用电气设备**可能会相互产生干扰，例如手术室内的高频手术设备可能影响对**患者**进行监护的设备。

注：每台**医用电气设备**的使用说明可能提供帮助。

b) 本并列标准适用情形

由**医用电气设备**、可能还有非医用电气设备为了对**患者**实施诊断或治疗，而永久性或暂时性连接组成的**系统**。例如：用于X射线诊断检查的**系统**、配有摄像头的内窥镜、**患者**监护仪、配有个人电脑的超声设备、CT或核磁共振成像系统。

此类**系统**内的各个部分，可以安置在**患者环境**的内部或外部，但仍在一个医用房间内或安置在一个非医用房间内，例如安置在配电间或有数据处理设备的房间内。

2.201 医用电气系统

系统内允许使用**可移式多孔插座**的基本原则。

为最大限度地不违背GB 9706.1规定的安全水平，**可移式多孔插座**与**供电网**连接须符合某些条件。附加的57.2.201要求**可移式多孔插座**的结构应符合GB 9706.1**医用电气设备**的要求。

2.202 患者环境

很难对诊断、监测和治疗的空间规定唯一的尺寸范围。图201所示的**患者环境**范围在实践中已得到验证。

2.203 隔离装置

将设备组合成**系统**时，可能涉及电源和/或信号传输线路的连接。此类连接具有同样的隔离要求。

2.204 可移式多孔插座

定义来自GB 2099.1。

使用**可移式多孔插座**有时是必要的，但同时有利有弊，对此应仔细斟酌，权衡利弊。

鉴于以下原因，可能需要使用**可移式多孔插座**：

——尽量减少地板上的电源软电线的数量；

——即使**固定的网电源插座**数量不足，但仍可供所有治疗或诊断设备使用；

——提高装有多种设备于同一手推车的机动性；

——降低保护性接地线的电位差，使其低于某些固定装置的电位差。

鉴于以下原因，应尽量避免使用**可移式多孔插座**：

——**对地漏电流**的组合可能导致：

- 在正常状态下对地漏电流过大；
- 在可移式多孔插座的保护接地导线中断而导致外壳漏电流过大。

——**供电网**是否可用取决于单个**固定的网电源插座**的可靠性；

——供电可能完全中断，可能需要较长的时间让整套**系统**重新启动；

——电气设备上只有单一的保护性接地连接；与**系统**中每个设备都直接接地的可靠性相比相对较差；

——保护性接地阻抗增大。

显然，根据有关安装规范，最佳解决办法是安装足够数量的**固定的网电源插座**。

2.205 **功能连接**

在**医用电气系统**的定义中，允许非医用电气设备可通过**功能连接**向**医用电气设备**供电。这种电源受本并列标准要求的限制(见 3.201.3 和 10.2.2.201)。

“其他”这一短语可能包括机械连接，光学连接或者无线连接等多种情况。

3.201 **对系统的通用要求**

有关标准符合性的相关文件可以是制造商的符合性声明，或是测试机构颁发的证书。

3.201.3 **特定电源**

系统装配后的安全问题是通过一项或多项措施实现的，例如：

——**医用电气设备**自身的安全措施，例如相关线路的隔离；

——作为**医用电气设备附件**的**隔离装置**(见 17.201)；

——作为**系统附件**的**隔离装置**；

——隔离变压器；

——附加**保护性接地导线**。

非医用电气设备可按 GB 9706.1—2007 中的 4.7g)、6.8.2h)、19.1c)和图 17 的要求，向**医用电气设备**提供特定的电源。该特定电源须达到 GB 9706.1 的要求，或证明与 GB 9706.1—2007 中 3.4 认可的具有同等的安全程度。参见 IEC 60513 作为指导。

3.201.4 **系统**

系统由其特性决定会被经常修改；本并列标准不包含**系统**内独立部件的修改。

6.8.201 **系统的随机文件**

直接用于心脏的**系统**，其随机文件应提供诸如这样一些方面的信息：

——橡胶手套的使用；

——由绝缘材料制成的旋塞阀的使用；

——**患者**与**系统**的组成设备之间的最小距离(**患者环境**)；

——在典型的医疗应用中，如何使用**医用电气设备**的说明，如导管的使用。

为安全起见，在**患者环境**中，当**患者**体内或体外插有电极或其他身体传感器时(包括直接同心脏连接)，应特别注意可发生的不同程度的危险。

可能与**患者**心脏的连接应与设备保持隔离。

为防止进液和避免机械损坏，要有不要将**可移式多孔插座**放置在地上的警告。

此外，在组合或修改系统时若使用**可移式多孔插座**的话，应采取措施保证其安装恰当，能在**正常使**

用和运输过程中防止进液和机械性损伤。

非医用电气设备的相关安全标准的环境条件要求与 GB 9706.1 安全标准中 10.2 所定义的范围相比要窄。如果在**系统**中此类非医用电气设备在 10.2 规定的较宽范围的环境中使用时，可能会出现**安全问题**。在这种情况下，与 GB 9706.1 相比，对**系统**或**系统**部件的环境条件的限制宜在**系统**的随机文件中加以说明。

10.2.2.201　供电电源

该要求可确保**系统**的整体安全水平符合 GB 9706.1 的安全水平。

17.201　电气隔离

某些**医用电气设备**的安全依赖于这样的前提：即任何**信号输入部分**或**信号输出部分**只能与规定用途的设备连接，否则，流经信号电缆的非预期电流会导致**漏电流**增加。

如果**医用电气设备**的**信号输入部分**或**信号输出部分**可与医用房间外的设备或者与另一建筑物的设备相连并因此与另一个网电源支路相连，可能会出现危险情况。

隔离装置可防止给**患者**或**操作者**带来危险。该装置应尽量地靠近**医用电气设备**放置。此外，使用**隔离装置**可避免非预期电流流经电缆导致设备故障所引起的危险。

是否需用**隔离装置**取决于**系统**的结构。

19.201　漏电流

某些非医用电气设备的**外壳漏电流**的限值可能比本**并列标准**要求宽松；在**患者环境**外这些较宽松的限值要求可以接受。当非医用电气设备用于**患者环境**中时需减少**外壳漏电流**。减少**外壳漏电流**的措施可包括：

——附加的保护接地部件；

——一个隔离变压器；

——一个附加的非导电**外壳**。

内连电缆和接线盒是**外壳**的组成部分，因此，根据 19.201.1 的要求，有关**患者环境**中的漏电流限制是适用的。

如果使用无隔离变压器的**可移式多孔插座**，保护接地导线的中断可使**外壳漏电流**达到各个**对地漏电流**的总和。

44.7.201　清洗、消毒和灭菌

系统的安装应便于**用户**进行必要的清洗。若适用，应按**系统**随机文件的规定要求采取必要的消毒和灭菌措施。国家权威机构可能要求使用某些消毒或灭菌方法和措施，以防易燃麻醉混合气点燃后发生燃烧的危险。

49.201　供电电源的中断

要注意电源中断对不需要的运动、消除压力和把**患者**从危险位置移开有何影响。

57.2.201　可移式多孔插座

防止随意接入其他设备，否则有可能发生过量**外壳漏电流**。

58.201　系统的保护接地

在**患者环境**内，限制**系统**中不同部件间的电位差是很重要的。与保护接地系统的充分连接对限制该电位差可发挥重要作用。因此，防止保护接地与**系统**的任何部件的连接中断的措施是很重要的。

——在**单一故障状态**下，当**外壳漏电流**超过容许限值时，可使用附加保护接地。

——只要符合 GB 9706.1 的规定，**医用电气设备**无需附加保护接地。但是，就非医用电气设备而言，附加的保护接地可防止**外壳漏电流**超过容许值。

——拔下网电源插头是不需要使用**工具**的，因为拔下网电源插头可使网电源和保护接地一同断开。

附 录 BBB
(资料性附录)
医用电气设备与非医用电气设备组合的举例

BBB.1 引言

下文给出了在不同医疗环境中各种不同的设备组合时可能出现的情况概括。为简明起见，每种情况所使用的设备不超过两台(A和B)。

BBB.2 在医疗环境中的场所

可预见以下场所(参见图BBB.201)：

——作为医用房间一部分的**患者环境**；

——医用房间的其余部分，但不包含**患者环境**；

——非医用房间(即不用于医疗的房间，如办公室或贮藏室)。

每个场所可有专用保护接地。

注：在不同场所的保护接地之间可能存在电位差(V)。如果**患者环境**中某一设备的保护接地发生中断，这个电位差就可能出现在设备**外壳**上。若**操作者**同时接触该设备和**患者**，就会对**操作者**或**患者**带来**安全方面的危险**。若设备是**B型的**，则可对**患者**带来**安全方面的危险**。

BBB.3 基本原则

——**患者**只能与符合GB 9706.1的**设备**的**应用部分**相连。其他设备应符合相关国家标准(或IEC标准或ISO标准)；

——在故障状态下，容许的**外壳漏电流值**为0.5 mA；

——若非医用设备符合该设备原意用途的安全标准(文中称为GB ×××××或IEC ×××××)并置于**患者环境**中，如果**外壳漏电流**超出19.201.1所规定的值，则需要采取措施限制外壳漏电流。

BBB.4 举例

两台设备放置在**患者环境**中(见表BBB.201的第1类情况)。

有"1a、1b和1c"如下三种可能性：

1a：A、B两台设备均符合GB 9706.1标准，不存在任何问题；

1b：设备A符合GB 9760.1标准，设备B符合GB ×××××(IEC ×××××)标准：设备B的**外壳漏电流**只有在设备的任一**保护接地导线**或者同等的导线发生中断时才应予以限制。如有必要，可为设备B提供附加保护接地或隔离变压器。

1c：设备A的电源来自设备B的特定电源。设备B需按制造商的要求供给特定电源并符合3.201.3的要求。如有必要，可为设备B提供附加保护接地或隔离变压器。

注：情况2和3来自表BBB.201。

表 BBB.201　医用电气设备与非医用电气设备的联用

情况编号		医用房间 患者环境内	医用房间 患者环境外	非医用房间	可能解决的办法(所有情况参见第 19 章)
1	1a 设备 A 和 B 均在**患者环境内**	A GB 9706.1 —— B GB 9706.1			
	1b 设备 A 和 B 均在**患者环境内**	A GB 9706.1 —— B GB ×××××			设备 B:附加保护接地或隔离变压器
	1c 由设备 B 的特定电源供电的设备 A 在**患者环境内**	A GB 9706.1 B GB ×××××			设备 B:附加保护接地或隔离变压器
2	2a 设备 A 是在**患者环境内**,设备 B 是在医用房间内	A GB 9706.1	B GB 9706.1		
	2b 设备 A 是在**患者环境内**,设备 B 是在医用房间内	A GB 9706.1	B GB ×××××		设备 B:参见 19.201 及其编制说明
3	3a 设备 A 是在**患者环境内**,设备 B 是在非医用房间内	A GB 9706.1 公共保护接地(跨各栏)		B GB 9706.1 或者 GB ×××××	设备 B:参见 19.201 及其编制说明
	3b 设备 A 是在**患者环境内**,设备 B 是在非医用房间内	A GB 9706.1 保护接地(跨患者环境内、外两栏)		B GB 9706.1 或者 GB ××××× 有电位差的保护接地	设备 B:附加保护接地或隔离装置

表格说明:

- 附加保护接地:如有必要,提供永久连接的附加保护接地(参见 58.201)。
  注:可能需对设备进行修改。
- 隔离变压器:如有必要,按附录 EEE,采用附加的隔离变压器来限制**外壳漏电流**。
  注 1:无需对设备进行修改。
  注 2:隔离变压器是一种至少用基本绝缘(IEC 60989)把一组或多组输入线圈与输出线圈隔离的变压器。
- **隔离装置**:如有必要,应采用**隔离装置**。
- GB 9706.1:符合相关国家(或 IEC 60601)安全标准的**医用电气设备**。
- GB ××××× (IEC ×××××):符合相关国家(或 IEC)安全标准的非医用电气设备。

附　录　CCC
（规范性附录）
规范性引用文件

下列文件中的条款通过GB 9706本部分的引用而成为本部分的条款。凡是注日期的引用文件，其随后所有的修改单（不包括勘误的内容）或修订版均不适用于本部分，然而，鼓励根据本部分达成协议的各方研究是否可使用这些文件的最新版本。凡是不注日期的引用文件，其最新版本适用于本部分。

GB 1002—1996　家用和类似用途单相插头插座　型式、基本参数和尺寸

GB 4208—2008　外壳防护等级（IP代码）（IEC 60529:2001,IDT）

GB 9706.1—2007　医用电气设备　第1部分：安全通用要求（IEC 60601-1:1988,IDT）

GB 2099.1—2008　家用和类似用途插头插座　第1部分：通用要求（IEC 60884-1:2006,IDT）

IEC 60989:1991　隔离变压器、自耦变压器、可调变压器和电感器

注1：引用的资料信息，见附录DDD。

注2：对于设备和**系统**来说，在医疗建筑内安装电子设施是应考虑的一个重要方面。在部分国家，要适用特殊要求。

附 录 DDD
（资料性附录）
参 考 文 献

GB 8898 音频、视频及类似电子设备 安全要求(GB 8898—2001,eqv IEC 60065:1998)

GB 4706.1 家用和类似用途电器的安全 第1部分:通用要求(GB 4706.1—2005,IEC 60335-1:2004,IDT)

IEC 60601-1-4 医用电气设备 第1-4部分:安全通用要求 并列标准:可编程医用电气系统

GB 7247.1 激光产品的安全 第1部分:设备分类、要求和用户指南(GB 7247.1—2001,idt IEC 60825-1:1993)

GB 4943 信息技术设备的安全(GB 4943—2001,eqv IEC 60950:1999)

GB 4793.1 测量、控制和实验室用电气设备的安全要求 第1部分:通用要求(GB 4793.1—2007,IEC 61010-1:2001,IDT)

ISO 7767:1997 监护病人呼吸混合气的氧气监护仪 安全要求

ISO 8185:1997 医用湿化器 湿化系统的一般要求

ISO 8359:1996 医用氧浓缩器 安全要求

ISO 9918:1993 病人用二氧化碳监护仪 要求

ISO 10079-1:1991 医用吸引设备 第1部分:电动吸引设备 安全要求

附 录 EEE
（规范性附录）
对可移式多孔插座的要求

EEE.1 带隔离变压器的可移式多孔插座

可移式多孔插座可能是一个独立部件，也可能是**医用电气设备**或非医用电气设备的一个组件。

除最大**额定**输出功率(1 kVA)和防护程度(IPX4)要求外,隔离变压器应符合 IEC 60989 的要求。

注：由于在**单一故障状态**下，**系统**的**外壳漏电流**低于 0.5 mA，因此隔离变压器无须**双重绝缘**或**加强绝缘**(如 GB 13028要求的隔离变压器那样)。

该变压器组件应为Ⅰ类。

注：为连入设备提供保护接地连接,该要求是必须的。

如有必要，该变压器组件应具备像 GB 4208 所详述的具有规定的防进液的防护程度。

IEC 60989 对变压器**额定**输出功率限值为 1 kVA 的要求不适用。

注：IEC 60989 中未说明限值输出功率的原因，且**额定**输出功率还受设施中熔断器和使用的电源线容许功率限定。然而,变压器的参数需结合**系统**的负载电流的变化仔细选择,以确保**系统**内各设备的**供电电压**在 GB 9706.1—2007 中 10.2.2 规定的范围内。

除应符合 IEC 60989 的要求外,变压器组件还应按 GB 9706.1—2007 中 6.1 和 6.2 的要求作标记。

可移式多孔插座应标记最大容许输出功率。

可移式多孔插座应与变压器永久连接，或隔离变压器的插座是不能够接插符合 GB 1002(见附录FFF)的网电源插头的型式。

注：不需要对隔离变压器进行隔离监测。**单一故障状态**可在日常保养中发现,而双重故障状态不必考虑的。允许使用有保护接地的中心抽头次级绕组制造变压器,但不是必须要求。

可移式多孔插座应标记 GB 9706.1—2007 中附录 D 表 D.1 中的规定的符号 14。

通过检查来检验是否符合 GB 9706.1 相关条款的规定。

EEE.2 可移式多孔插座

可移式多孔插座应符合 GB 2099.1 和如下规定：

——**爬电距离**与**电气间隙**应符合 GB 9706.1—2007 中的 57.10 的规定；

——**可移式多孔插座**为Ⅰ类,且**保护接地导线**应与输出插座接地点连接；

——保护接地端子和保护接地连接应符合 GB 9706.1—2007 中第 58 章的规定；

——**外壳**应符合 GB 9706.1—2007(IEC 60601-1)中第 16 章的规定；

——若适用,**网电源接线端子装置**和布线应符合 GB 9706.1—2007 中 57.5 规定；

——元器件的额定值不应与使用条件相悖[见 GB 9706.1—2007 56.1b)]；

——应达到 GB 9706.1—2007 中 56.3 所述的连接要求；

——电源线应达到 GB 9706.1—2007 中 57.3 和 57.4 的要求；

——保护接地应符合 GB 9706.1—2007 中第 18 章的规定。

注：如果满足 GB 9706.1—2007(IEC 60601-1)中 18 g)的要求，**系统**总的保护接地阻抗可为 0.4 Ω 或更高。

——**可移式多孔插座**应标记 GB 9706.1—2007 附录 D 表 D.1 中的符号 14。

通过检查和依据 GB 9706.1 相关条款的描述来检验是否符合规定。

附　录　FFF
（资料性附录）
可移式多孔插座应用举例

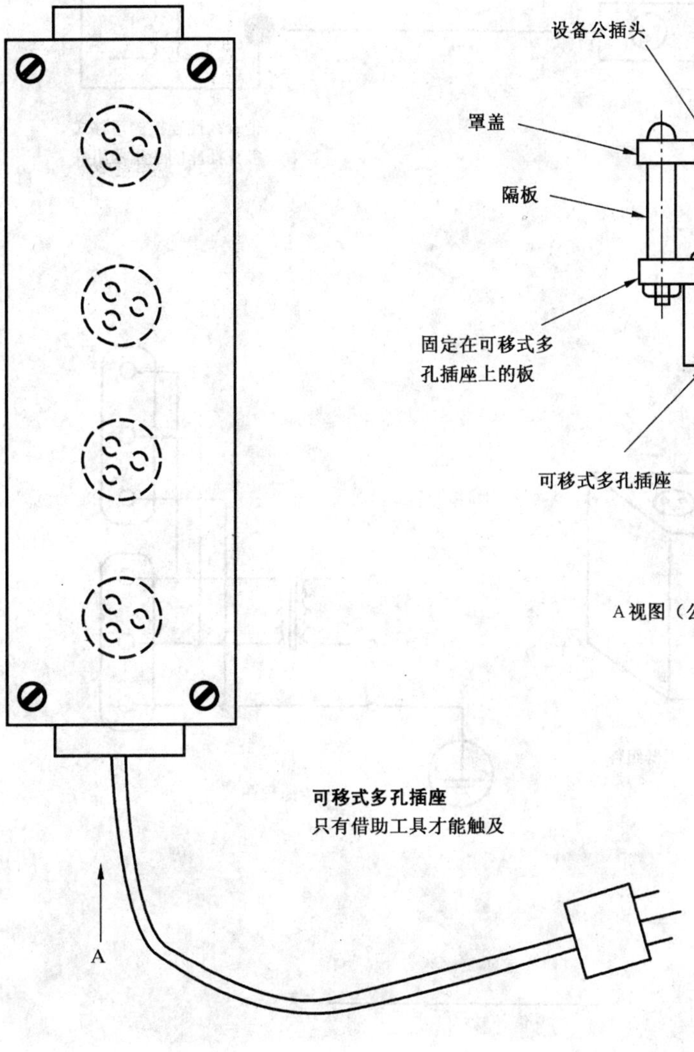

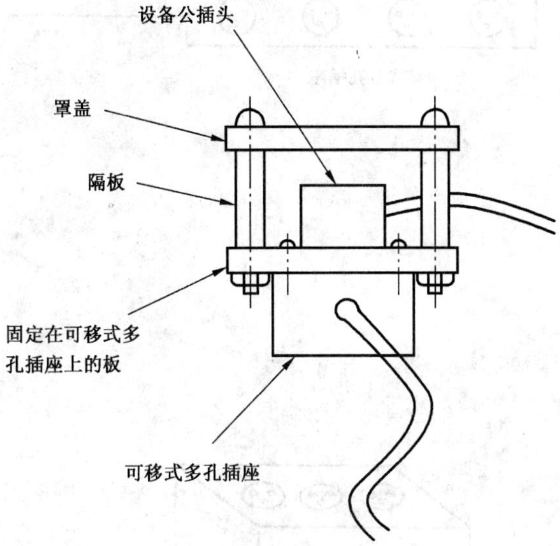

A视图（公插头连通）

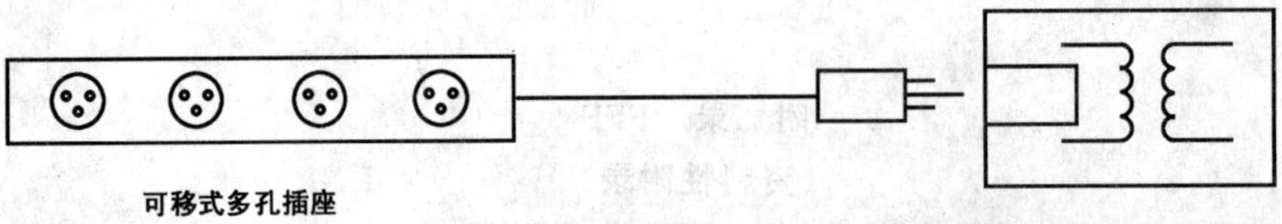

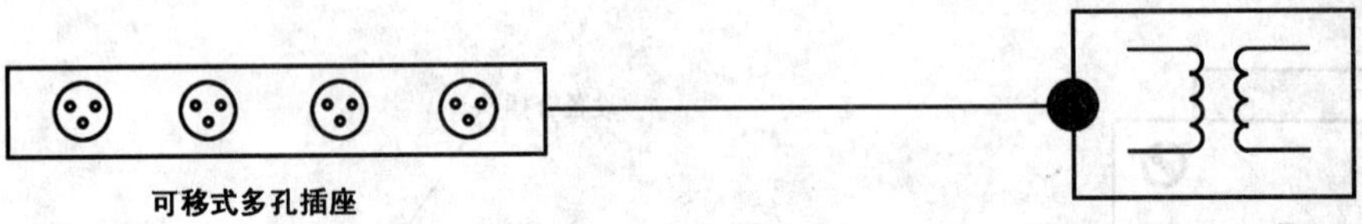

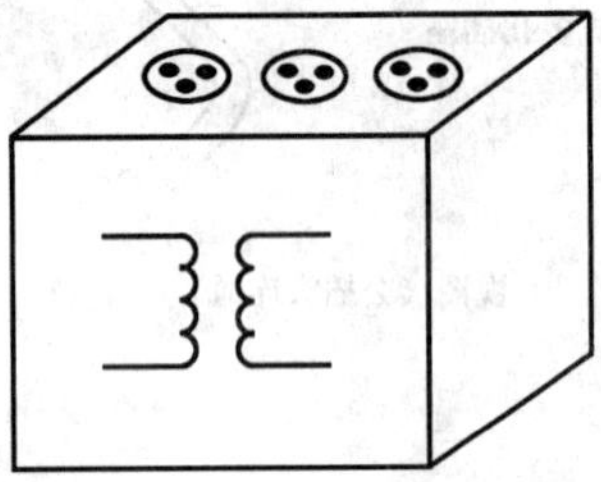

与可移式多孔插座一体的变压器组件

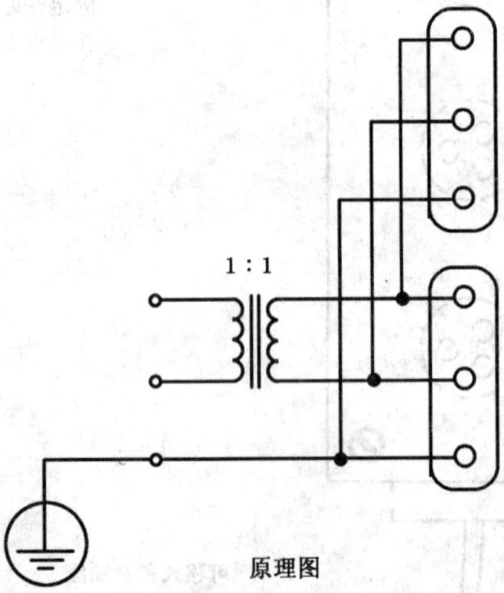

原理图

ICS 11.040.20
C 45

GB

中华人民共和国国家标准

GB 9706.39—2008/IEC 60601-2-39:2003

医用电气设备 第2-39部分:腹膜透析设备的安全专用要求

**Medical electrical equipment—
Part 2-39: Particular requirements for the safety
of peritoneal dialysis equipment**

(IEC 60601-2-39:2003,IDT)

2008-12-31 发布　　　　2010-02-01 实施

中华人民共和国国家质量监督检验检疫总局
中国国家标准化管理委员会　发布

前　言

本标准的全部技术内容为强制性。

《医用电气设备》标准包括两部分：

——第1部分：安全通用要求；

——第2部分：安全专用要求。

本标准是第2-39部分腹膜透析设备的安全专用要求。

本标准等同采用国际标准IEC 60601-2-39:2003《医用电气设备　第2-39部分：腹膜透析设备的安全专用要求》。

为便于使用，对IEC 60601-2-39:2003，本标准做了下列编辑性修改：

——删除IEC 60601-2-39的封面和前言；

——本标准中的助动词的翻译与GB 9706.1保持一致。

本标准由国家食品药品监督管理局提出。

本标准由全国医用电器标准化技术委员会(SAC/TC 10)、全国医用体外循环设备标准化技术委员会(SAC/TC 158)归口。

本标准起草单位：国家食品药品监督管理局广州医疗器械质量监督检验中心、广东省药品审评认证中心、重庆山外山科技有限公司。

本标准主要起草人：陈宇恩、陈嘉晔、颜林、张扬、曾繁丰、杨光、高光勇。

医用电气设备 第2-39部分:腹膜透析设备的安全专用要求

第一篇 概述

除下述内容外,《通用标准》本篇的章条适用。

1 适用范围和目的

除下述内容外,《通用标准》本章适用。

1.1 适用范围

增加:

本专用标准规定了腹膜透析设备(见2.1.102定义,下称设备)的最低安全要求。本标准适用于拟供医务人员使用或在医疗专家监督下使用的设备,包括在医院中使用或在家庭环境下使用由患者操作的设备。

本专用要求不适用于透析液、透析液管路和计划仅用于连续性非卧床式腹膜透析的设备。

1.2 目的

代替:

本专用标准目的是对2.1.102条所定义的设备规定其安全专用要求。

1.3 专用标准

增加:

本专用标准对由GB 9706.1—2007《医用电气设备 第1部分:安全通用要求》(IEC 60601-1:1988,IDT及第1号修改单:1991、第2号修改单:1995);GB 9706.15—2008(IEC 60601-1-1:2000,IDT及第1号修改单:1995);YY 0505—2005(IEC 60601-1-2:2001,IDT)和IEC 60601-1-4:1996构成的一组IEC出版物进行了修改和补充。

在本专用标准中,GB 9706.1—2007/IEC 60601-1:1988被简称为"通用标准"或"通用要求",而GB 9706.15—2008/IEC 60601-1-1:2000、YY 0505—2005/IEC 60601-1-2:2001和IEC 60601-1-4则被称为"并列标准"。

术语"本标准"包括了与通用标准一起使用的本专用标准和其他并列标准。

本专用标准的篇章编号对应于通用标准的篇章编号。对通用标准文字的更改,规定使用下述词语表示:

"代替"——表示通用标准的条款已被本专用标准的文字完全替代。

"增加"——表示本专用标准的文字是对通用标准要求的增添。

"修改"——表示通用标准的条款已作修改,如本专用标准的文字所示。

对通用标准章条或图的增加以数字标示,从101起,增加的附录以AA,BB等标记;增加的列项则以aa),bb)等标记。

若在本专用标准中无对应篇章,则原样采用通用标准的篇章。

若通用标准中一些内容虽然相关,但并不适用,则在本专用标准中加以说明。

本标准代替或修改通用标准中的要求,应优先于最初的有关要求。

2 术语和定义

除下述内容外,《通用标准》本篇的各条适用。

2.1.5

应用部分 applied part

代替:

把透析液从设备引出,输送到患者腹腔,并且随后通向引流袋或排液管的透析液管路,以及所有与之有固定传导性连接的部件,都应看作是应用部分。

增加定义:

2.1.101

腹膜透析 peritoneal dialysis

把透析液引入患者的腹腔,随后再把它排出的过程。

2.1.102

腹膜透析设备 peritoneal dialysis equipment

进行腹膜透析所用的设备。

2.1.103

透析液 dialysing solution

根据相关药典专著制备、与设备一起使用的药物制剂(溶液)。

2.1.104

灌入 inflow

透析液灌入(fill)腹腔的阶段。

注:术语"fill"通常用作"inflow"的同义词。

2.1.105

引流 outflow

腹腔引流出(drain)透析液的阶段。

注:术语"drain"通常用作"outflow"的同义词。

2.1.106

防护系统 protective system

为保护患者免遭可能出现的安全危险而专门设计的能检测出特定参数或结构特性的自动系统。

3 通用要求

除下述内容外,《通用标准》本篇的各条适用。

3.6 增加:

aa) 任何防护系统出现故障。

4 试验的通用要求

除下述内容外,《通用标准》本篇的各条适用。

4.6 其他条件

增加:

若透析液的初始温度会对检测结果产生影响,则试验开始时的透析液温度应低于4 ℃,或者是达到制造商规定的最低温度。

6 识别、标记和文件

除下述内容外,《通用标准》本篇的各条适用。

6.8.1 **概述**

增加：

随机文件还应包括：

——指出为避免在引流通道开放时出现虹吸反流现象，在透析液管路与排液管之间应留有空气间隙的重要性的说明。

6.8.2 **使用说明书**

增加：

aa) 使用说明书还应包括下列内容：

1) 描述用于达到必要的消毒或灭菌程度的方法；
2) 如需要，可提供经过验证的消毒或灭菌有效性的试验程序的声明；
3) 操作人员要注意与患者连接或断开时相关的安全方面危险的说明；
4) 解释说明任何防护系统报警时操作人员应采取的措施；
5) 列出推荐与设备一起使用的透析液及连接管路清单；
6) 声明电磁辐射可能会产生安全方面的危险，从而可能会影响设备的安全运行。该声明应包括列举出有代表性的、可能产生这种辐射的设备的例子，还应考虑到家庭环境中可能存在的情况；
7) 说明当使用Ⅰ类设备时，保护接地的可靠性在安装过程中的重要性；
8) 说明应该使用一种电位均衡的导线；
9) 说明操作人员要注意误装、误接透析液管路可能引起安全方面的危险；
10) 说明用户/操作人员要注意透析液选择不当可能引起安全方面的危险。

通过检查来检验是否符合要求。

6.8.3 **技术说明书**

增加：

aa) 技术说明书还应包括下列内容：

1) 安装或开始使用设备时，要进行的专门测试或需观察的情况，包括待进行的试验类型和次数的指南；
2) 51.101 要求的防护系统的类型和精确度；
3) 51.101 b)要求的声报警可能会被延迟的时间；
4) 声报警的静音周期；
5) 任何可调声报警的声压级范围；
6) 用于把透析液灌入和(或)排出患者腹腔的泵，所能产生的最大正压和(或)负压；
7) 符合 51.103 要求的防护系统所采用的方法和灵敏度；
8) 符合 51.104 要求的防护系统所采用的方法和灵敏度。

通过检查来检验是否符合要求。

第二篇 环境条件

《通用标准》本篇的章条适用。

第三篇 对电击危险的防护

除下述内容外，《通用标准》本篇的章条适用。

19 连续漏电流和患者辅助电流

除下述内容外，《通用标准》的本条适用。

19.4 试验

h) 患者漏电流的测量

增加：

12) 患者漏电流测量点应在透析液管路和腹腔导管的连接处。测试期间，透析液应流过透析液管路。所提供的设备应按照制造商声明的预期使用充分配置。

第四篇 对机械危险的防护

《通用标准》本篇的章条适用。

第五篇 对不需要的或过量的辐射危险的防护

《通用标准》本篇的章条适用。

第六篇 对易燃麻醉混合气点燃危险的防护

《通用标准》本篇的章条适用。

第七篇 对超温和其他安全方面危险的防护

除下述内容外，《通用标准》本篇的章条适用。

44 溢流、液体泼洒、泄漏、受潮、进液、清洗、灭菌、消毒和相容性

除下述内容外，《通用标准》的本条适用。

44.1 概述

增加：

44.2 至 44.4 都应使用透析液。

44.3 液体泼洒

代替：

设备应设计成倘若发生液体泼洒也不会导致安全方面的危险。

通过下述试验来检验是否符合要求：

设备置于正常使用位置，往设备的顶部表面倒 3 L 透析液，持续倾倒液体的时间应大于 15 s。

试验后立即进行的检查应表明，有可能进入到设备内部的透析液并未弄湿可能引起安全方面的危险的部件。若有疑问，应进行《通用标准》第 20 章所规定的电介质强度试验，设备应能正常工作。

44.6 进液

增加：

设备应设计成当其被放置在正常使用位置上，倘若贮液罐或透析液管路发生泄漏，也不会产生安全方面的危险。

通过下述试验来检验是否符合要求：

用吸液管把透析液滴到可能会受到不利影响的各部件上。

试验后立即进行的检查应表明，有可能进入到设备内部的透析液并未弄湿可能引起安全方面的危险的部件。若有疑问，设备应进行《通用标准》第 20 章所规定的电介质强度试验。

第八篇 工作数据的准确性和危险输出的防止

除下述内容外，《通用标准》本篇的章条适用。

51 危险输出的防止

除下述内容外，《通用标准》的本条适用。

增加：

51.101 透析液温度

a） 若设备包括有一个透析液的加热装置，则设备应配备一个独立于任何温度控制系统之外的防护系统，以防止透析液在应用部分患者端测得的温度超过41 ℃。

b） 防护系统的动作应实现下列安全条件：

——停止向患者输送透析液；

——触发声和光的报警。

注：声报警可按制造商的规定适当延迟。

通过测量透析液在应用部分患者端的温度，来检验是否符合要求。该试验应在最不利的输液条件下进行。

51.102 压力

若设备包括有一个专门用于协助把透析液输入患者腹腔的泵，则该泵应能防止产生超过制造商规定的最大正压。

若设备包括有一个专门用于协助患者排出已使用过的透析液的泵，则该泵应能防止产生超过制造商规定的最大负压。

注：过压可能会引起腹膜损伤。

通过查阅随机文件和功能检验来验证是否符合要求。

51.103 空气进入

a） 若设备包括有一个专门用于协助把透析液输入患者腹腔的泵，则设备应配备一个用于防止空气被泵入腹腔而引起安全方面的危险的防护系统。

注：少量的空气，例如透析液中有个别气泡，并不被看作是腹膜透析中存在的安全隐患。

b） 防护系统的动作应能阻止空气进入应用部分，或应实现下列安全条件：

——停止泵运转；

——触发声和光的报警。

通过查阅随机文件和功能检验来验证是否符合要求。

51.104 透析液过量灌注

a） 设备应配备一个防护系统，以防止因把过量液体输入患者腹腔而引起安全方面的危险。

b） 防护系统的动作应实现下列安全条件：

——停止向患者输送透析液；

——触发声和光的报警。

通过查阅随机文件和功能检验来验证是否符合要求。

51.105 防护系统

本专用标准要求的任何防护系统的故障，应在治疗开始就让操作人员显而易见。

通过查阅随机文件和功能检验来验证是否符合要求。

第九篇 不正常的运行和故障状态；环境试验

《通用标准》本篇的章条适用。

第十篇 结构要求

除下述内容外，《通用标准》本篇的章条适用。

59 结构和布线

除下述内容外，《通用标准》的本章适用。

增加：

59.101 透析液管路指南

若透析液管路安装不正确，可能会对患者产生安全方面的危险。应提供方法以确保透析液管路与设备的正确连接。

通过检查来检验是否符合要求。

59.102 引流

应任何时候都可以进行引流。

通过功能试验来检验是否符合要求。

附 录

通用标准的附录 A 至附录 L 适用。

ICS 71.040.30
G 60

中华人民共和国国家标准

GB/T 9733—2008
代替 GB/T 9733—1988

化学试剂
羰基化合物测定通用方法

Chemical reagent—General method for the determination of carbonyl compounds

(ISO 6353-1:1982, Reagents for chemical analysis—Part 1: General test methods, NEQ)

2008-05-15 发布　　　　2008-11-01 实施

中华人民共和国国家质量监督检验检疫总局
中国国家标准化管理委员会　发布

前　言

本标准与 ISO 6353-1:1982《化学分析试剂——第1部分:通用试验方法》的一致性程度为非等效。

本标准代替 GB/T 9733—1988《化学试剂　羰基化合物测定通用方法》,与 GB/T 9733—1988 相比主要变化如下:

——完善了分光光度法的测定(1988年版的第6章,本版的第6章);

——按 GB/T 1.1—2000 的要求进行编辑性修改。

本标准由中国石油和化学工业协会提出。

本标准由全国化学标准化技术委员会化学试剂分会(SAC/TC 63/SC 3)归口。

本标准起草单位:上海化学试剂研究所。

本标准主要起草人:隋琦颖、盛晓华。

本标准于1988年首次发布。

化学试剂
羰基化合物测定通用方法

1 范围

本标准规定了将羰基化合物转变成2,4-二硝基苯腙并用比色法进行测定的通用方法。

本标准适用于有机试剂中微量羰基化合物的测定。分光光度法或目视比色法的检测范围为0.2 μg/mL～1.6 μg/mL(以CO计)。

2 规范性引用文件

下列文件中的条款通过本标准的引用而成为本标准的条款。凡是注日期的引用文件,其随后所有的修改单(不包括勘误的内容)或修订版均不适用于本标准,然而,鼓励根据本标准达成协议的各方研究是否可使用这些文件的最新版本。凡是不注日期的引用文件,其最新版本适用于本标准。

GB/T 602 化学试剂 杂质测定用标准溶液的制备(GB/T 602—2002,ISO 6353-1:1982,NEQ)

GB/T 603 化学试剂 试验方法中所用制剂及制品的制备(GB/T 603—2002,ISO 6353-1:1982,NEQ)

GB/T 6682 分析实验室用水规格和试验方法(GB/T 6682—2008,ISO 3696:1987,MOD)

GB/T 9721 化学试剂 分子吸收分光光度法通则(紫外和可见光部分)

3 方法原理

在酸性介质中,羰基化合物与2,4-二硝基苯肼反应,生成2,4-二硝基苯腙,在碱性溶液中呈暗红色,可用于羰基化合物的分光光度法或目视比色法测定。

4 试剂和材料

本标准中除另有规定外,所用标准溶液、制剂及制品,均按GB/T 602、GB/T 603的规定制备;实验用水应符合GB/T 6682中三级水的规格。

5 仪器和装置

5.1 一般实验室仪器。

5.2 分光光度计:符合GB/T 9721的规定。

5.3 蒸馏装置一套。

6 测定

按产品标准的规定取样并制备试液,置于25 mL磨口比色管中,加1 mL 2,4-二硝基苯肼溶液(1 g/L),盖上比色管,摇匀,静置30 min。加8 mL吡啶、2 mL水、2 mL氢氧化钾-甲醇溶液,摇匀,静置30 min。用无羰基的甲醇稀释至25 mL,摇匀。溶液所呈暗红色与标准比色溶液比较。

标准比色溶液的制备是取含规定量的羰基化合物(CO)标准溶液,与试液同时同样处理。

若用分光光度法测定，应按下述条件：测定波长约为 440 nm（必要时可扫描测定溶液的最大吸收波长，保证在最大吸收波长下测定），1 cm 吸收池，以试剂空白为参比。

标准系列的配制，吸取不同量的羰基化合物（CO）标准溶液，置于盛有少量无羰基的甲醇的25 mL磨口比色管中，与试液同时同样处理。

ICS 71.040.30
G 60

中华人民共和国国家标准

GB/T 9734—2008
代替 GB/T 9734—1988

化学试剂　铝测定通用方法

**Chemical reagent—
General method for the determination of aluminium**

(ISO 6353-1:1982,Reagents for chemical analysis—
Part 1:General test methods,NEQ)

2008-05-15 发布　　2008-11-01 实施

中华人民共和国国家质量监督检验检疫总局
中国国家标准化管理委员会　发布

前 言

本标准与 ISO 6353-1:1982《化学分析试剂——第 1 部分:通用试验方法》的一致性程度为非等效。

本标准代替 GB/T 9734—1988《化学试剂　铝测定通用方法》,与 GB/T 9734—1988 相比主要变化如下:

——增加了铬天青 S 测定铝的方法(本版的第 1 章、3.2)。

本标准由中国石油和化学工业协会提出。

本标准由全国化学标准化技术委员会化学试剂分会(SAC/TC 63/SC 3)归口。

本标准起草单位:广州化学试剂厂。

本标准主要起草人:喻小琦、傅琼莲、刘昭元。

本标准于 1988 年首次发布。

化学试剂　铝测定通用方法

1　范围

本标准规定了用玫红三羧酸铵(铝试剂)和铬天青S比色测定铝的通用方法。玫红三羧酸铵(铝试剂)分光光度法的检测范围为0.4 μg/mL～2 μg/mL(以Al计),目视比色法的检测范围为0.2 μg/mL～2 μg/mL(以Al计);铬天青S分光光度法的检测范围为0.01 μg/mL～0.2 μg/mL(以Al计),目视比色法的检测范围为0.008 μg/mL～0.2 μg/mL(以Al计)。

2　规范性引用文件

下列文件中的条款通过本标准的引用而成为本标准的条款。凡是注日期的引用文件,其随后所有的修改单(不包括勘误的内容)或修订版均不适用于本标准,然而,鼓励根据本标准达成协议的各方研究是否可使用这些文件的最新版本。凡是不注日期的引用文件,其最新版本适用于本标准。

GB/T 602　化学试剂　杂质测定用标准溶液的制备(GB/T 602—2002,ISO 6353-1:1982,NEQ)

GB/T 603　化学试剂　试验方法中所用制剂及制品的制备(GB/T 603—2002,ISO 6353-1:1982,NEQ)

GB/T 6682　分析实验室用水规格和试验方法(GB/T 6682—2008,ISO 3696:1987,MOD)

GB/T 9721　化学试剂　分子吸收分光光度法通则

3　方法原理

3.1　玫红三羧酸铵(铝试剂)比色法

在pH值为4～5的乙酸介质中,铝与玫红三羧酸铵生成微溶的红色螯合物,可用于铝的分光光度法或目视比色法测定。加入保护胶体可使溶液颜色稳定。

3.2　铬天青S比色法

在pH值为6左右的弱酸性介质中,铝与铬天青S及十六烷基三甲基溴化铵生成蓝色络合物,可用于铝的分光光度法或目视比色法测定。

4　试剂和材料

本标准中所用标准溶液、制剂及制品均按GB/T 602、GB/T 603的规定配制,实验用水应符合GB/T 6682中三级水的规格。

5　仪器

5.1　一般实验室仪器。

5.2　分光光度计:符合GB/T 9721的规定。

6　测定

6.1　玫红三羧酸铵(铝试剂)比色法

按产品标准的规定取样并制备试液(必要时应将试液调至中性)。取10 mL试液,加1 mL乙酸溶液(质量分数为30%)、1 mL抗坏血酸溶液(100 g/L),摇匀,加10 mL乙酸-乙酸铵缓冲溶液(pH值4～5),摇匀,加3 mL玫红三羧酸铵溶液(0.5 g/L),稀释至25 mL,摇匀,放置15 min。溶液所呈红色与标准比色溶液比较。

标准比色溶液的制备是取含规定量的铝(Al)标准溶液,稀释至 10 mL,与同体积试液同时同样处理。

若用分光光度法测定,应按下述条件:测定波长为 530 nm,用 1 cm 吸收池,以试剂空白为参比。

标准系列的配置:吸取不同量的铝(Al)标准溶液,稀释至 10 mL,与同体积试液同时同样处理。

6.2 铬天青 S 比色法

按产品标准的规定取样并制备试液(必要时应将试液调至中性)。取 10 mL 试液,加 0.15 mL 盐酸溶液(1 mol/L)、1 mL 抗坏血酸溶液(10 g/L),摇匀,加 5.0 mL 铬天青 S 混合溶液及 2.5 mL 乙酸-乙酸铵缓冲溶液(pH 值≈6.5),稀释至 25 mL,摇匀,放置 15 min。溶液所呈蓝色与标准比色溶液比较。

标准比色溶液的制备是取含规定量的铝(Al)标准溶液,稀释至 10 mL,与同体积试液同时同样处理。

若用分光光度法测定,应按下述条件:测定波长为 620 nm,用 1 cm 吸收池,以试剂空白为参比。

标准系列的配置:吸取不同量的铝(Al)标准溶液,稀释至 10 mL,与同体积试液同时同样处理。

ICS 71.040.30
G 60

中华人民共和国国家标准

GB/T 9735—2008
代替 GB/T 9735—1988

化学试剂　重金属测定通用方法

**Chemical reagent—
General method for the determination of heavy metals**

(ISO 6353-1:1982,Reagents for chemical analysis—
Part 1:General test methods,NEQ)

2008-05-15 发布　　2008-11-01 实施

中华人民共和国国家质量监督检验检疫总局
中国国家标准化管理委员会　发布

前　言

本标准与 ISO 6353-1:1982《化学分析试剂——第 1 部分:通用试验方法》的一致性程度为非等效。

本标准代替 GB/T 9735—1988《化学试剂　重金属测定通用方法》,与 GB/T 9735—1988 相比主要变化如下:

——增加了硫化钠-丙三醇测定重金属的方法(本版的第 1 章、第 5 章)。

本标准由中国石油和化学工业协会提出。

本标准由全国化学标准化技术委员会化学试剂分会(SAC/TC 63/SC 3)归口。

本标准起草单位:广州化学试剂厂。

本标准主要起草人:喻小琦、傅琼莲、刘昭元。

本标准于 1988 年首次发布。

化学试剂　重金属测定通用方法

1　范围

本标准规定了在乙酸介质中将重金属转变成硫化物并用目视比色法进行测定的通用方法。

本标准适用于化学试剂中以铅计的重金属的测定。饱和硫化氢水溶液比色法的检测范围为 0.3 μg/mL～2 μg/mL（以 Pb 计）；硫化钠-丙三醇比色法的检测范围为 0.4 μg/mL～ 3 μg/mL（以Pb 计）。

2　规范性引用文件

下列文件中的条款通过本标准的引用而成为本标准的条款。凡是注日期的引用文件，其随后所有的修改单（不包括勘误的内容）或修订版均不适用于本标准，然而，鼓励根据本标准达成协议的各方研究是否可使用这些文件的最新版本。凡是不注日期的引用文件，其最新版本适用于本标准。

GB/T 602　化学试剂　杂质测定用标准溶液的制备（GB/T 602—2002，ISO 6353-1：1982，NEQ）

GB/T 603　化学试剂　试验方法中所用制剂及制品的制备（GB/T 603—2002，ISO 6353-1：1982，NEQ）

GB/T 6682　分析实验室用水规格和试验方法（GB/T 6682—2008，ISO 3696：1987，MOD）

3　方法原理

重金属离子与负二价硫离子在乙酸介质中生成有色硫化物沉淀。重金属元素含量较低时，形成稳定的暗色悬浮液，可用于重金属的目视比色法测定。

4　试剂

本标准中除另有规定外，所用标准溶液、制剂及制品，均按 GB/T 602、GB/T 603 的规定制备，实验用水应符合 GB/T 6682 中三级水的规格，所用溶液以％表示的均为质量分数。

5　测定

5.1　饱和硫化氢水溶液比色法

按产品标准的规定取样并制备试液（必要时应将试液的 pH 值调至 4），加入 0.2 mL 乙酸溶液（30％），稀释至 25 mL，加入 10 mL 新制备的饱和硫化氢水，摇匀，放置 10 min。溶液所呈暗色与标准比色溶液比较。

标准比色溶液的制备是取含规定量的铅（Pb）标准溶液和适量基体（如果试液中不含基体或基体的存在对测定无影响，则不必加），与同体积试液同时同样处理。

5.2　硫化钠-丙三醇比色法

5.2.1　硫化钠-丙三醇溶液的制备

称取 5 g 硫化钠，溶于 10 mL 水和 30 mL 丙三醇的混合液中，避光密封保存，有效期一个月。

5.2.2　测定方法

按产品标准的规定取样并制备试液（必要时应将试液的 pH 值调至 4），加入 0.2 mL 乙酸溶液（30％），稀释至 25 mL，加入 0.1 mL 硫化钠-丙三醇溶液，摇匀，放置 10 min。溶液所呈暗色与标准比色溶液比较。

标准比色溶液的制备是取含规定量的铅(Pb)标准溶液和适量基体(如果试液中不含基体或基体的存在对测定无影响,则不必加),与同体积试液同时同样处理。

ICS 71.040.30
G 60

中华人民共和国国家标准

GB/T 9736—2008
代替 GB/T 9736—1988

化学试剂 酸度和碱度测定通用方法

Chemical reagent—General method for the determination of acidity and alkalinity

(ISO 6353-1:1982, Reagents for chemical analysis—Part 1: General test methods, NEQ)

2008-05-15 发布

2008-11-01 实施

中华人民共和国国家质量监督检验检疫总局
中国国家标准化管理委员会 发布

前　言

本标准与 ISO 6353-1:1982《化学分析试剂——第 1 部分:通用试验方法》的一致性程度为非等效。

本标准代替 GB/T 9736—1988《化学试剂　酸度和碱度测定通用方法》,与 GB/T 9736—1988 相比主要变化如下:

——完善了水溶性液体样品酸度和碱度的测定方法(1988 年版的 6.1,本版的 6.1.1);

——修改酸度、碱度的计算公式及其单位表示方式(1988 年版的第 7 章,本版的 6.1.2、6.2.2)。

本标准由中国石油和化学工业协会提出。

本标准由全国化学标准化技术委员会化学试剂分会(SAC/TC 63/SC 3)归口。

本标准起草单位:广东光华化学厂有限公司。

本标准主要起草人:张志斌、王身连。

本标准于 1988 年首次发布。

化学试剂 酸度和碱度测定通用方法

1 范围

本标准规定了用滴定分析法测定酸度、碱度的通用方法。

本标准适用于水溶性试剂中酸、碱的测定。非水溶性试剂中可溶于水的酸、碱，在用水萃取之后，也可用本法在水相中测定。

用本标准测定酸度或碱度时，按规格值和取样量计算，所用碱标准滴定溶液或酸标准滴定溶液的滴定体积不得小于 0.1 mL。

2 规范性引用文件

下列文件中的条款通过本标准的引用而成为本标准的条款。凡是注日期的引用文件，其随后所有的修改单（不包括勘误的内容）或修订版均不适用于本标准，然而，鼓励根据本标准达成协议的各方研究是否可使用这些文件的最新版本。凡是不注日期的引用文件，其最新版本适用于本标准。

GB/T 601 化学试剂 标准滴定溶液的制备

GB/T 603 化学试剂 试验方法中所用制剂及制品的制备（GB/T 603—2002，ISO 6353-1:1982，NEQ）

GB/T 6682 分析实验室用水规格和试验方法（GB/T 6682—2008，ISO 3696:1987，MOD）

3 方法原理

样品经过适当处理，使存在于其中的酸或碱转移到水或水与有机溶剂的混合液中，在合适的指示剂存在下，用规定浓度的碱标准滴定溶液或酸标准滴定溶液滴定，就可测出样品的酸度或碱度。

4 试剂

本标准中除另有规定外，所用的标准滴定溶液、制剂及制品，均按 GB/T 601、GB/T 603 的规定制备，实验用水应符合 GB/T 6682 中三级水规格。滴定所用碱标准滴定溶液应用氢氧化钠配制，浓度 [$c(OH^-)$] 不得低于 0.01 mol/L；滴定所用酸标准滴定溶液应用硫酸或盐酸配制，浓度 [$c(H^+)$] 不得低于 0.01 mol/L。

5 测定

5.1 水溶性样品的酸度或碱度

5.1.1 测定步骤

取 100 mL 无二氧化碳的水，加入规定的指示剂，用规定的碱标准滴定溶液或酸标准滴定溶液中和，到达终点后，指示剂终点颜色应至少保持 30 s。加入规定量的样品（液体样品加入量不大于 30 mL），用规定的碱标准滴定溶液或酸标准滴定溶液滴定，到达终点时，指示剂终点颜色应至少保持 30 s。

5.1.2 结果计算

水溶性样品的酸度（以 H^+ 计）或碱度（以 OH^- 计）质量摩尔浓度 b，数值以毫摩尔每克（mmol/g）表示，按式（1）计算：

$$b_{(H^+/OH^-)} = \frac{V \times c}{m} \quad \cdots\cdots (1)$$

式中：

V——碱或酸标准滴定溶液体积的数值，单位为毫升(mL)；

c——碱或酸标准滴定溶液浓度的准确数值，单位为摩尔每升(mol/L)；

m——样品质量的数值，单位为克(g)。

5.2 非水溶性样品的酸度或碱度

5.2.1 测定步骤

取 100 mL 无二氧化碳的水，加入规定的指示剂，用规定的碱标准滴定溶液或酸标准滴定溶液中和，到达终点后，指示剂终点颜色应至少保持 30 s。加入规定量的样品，在分液漏斗中振摇 3 min，静置分层，分出 50 mL 水相，用规定的碱标准滴定溶液或酸标准滴定溶液滴定，到达终点时，指示剂终点颜色应至少保持 30 s。

5.2.2 结果计算

非水溶性样品的酸度(以 H^+ 计)或碱度(以 OH^- 计)质量摩尔浓度 b_1，数值以毫摩尔每克(mmol/g)表示，按式(2)计算：

$$b_{1(H^+/OH^-)} = \frac{2V \times c}{m} \quad \cdots\cdots (2)$$

式中：

V——碱或酸标准滴定溶液体积的数值，单位为毫升(mL)；

c——碱或酸标准滴定溶液浓度的准确数值，单位为摩尔每升(mol/L)；

m——样品质量的数值，单位为克(g)。

ICS 71.040.30
G 60

中华人民共和国国家标准

GB/T 9737—2008
代替 GB/T 9737—1988

化学试剂 易炭化物质测定通则

Chemical reagent—General rules for the determination of readily carbonizable substances

(ISO 6353-1:1982,Reagents for chemical analysis—Part 1:General test methods,NEQ)

2008-05-15 发布 2008-11-01 实施

中华人民共和国国家质量监督检验检疫总局
中国国家标准化管理委员会 发布

前　言

本标准与ISO 6353-1:1982《化学分析试剂——第1部分:通用试验方法》的一致性程度为非等效。

本标准代替GB/T 9737—1988《化学试剂　易炭化物质测定通则》,与GB/T 9737—1988相比主要变化如下:

——增加了氯化钴溶液、硫酸铜溶液、三氯化铁溶液的保存期(本版的4.3、4.4、4.5);

——修改了氯化钴溶液质量浓度标定方法及硫酸铜溶液浓度标定中乙酸溶液的质量分数(1988年版的附录A;本版的附录A);

——取消了附录B(1988年版)。

本标准的附录A为规范性附录。

本标准由中国石油和化学工业协会提出。

本标准由全国化学标准化技术委员会化学试剂分会(SAC/TC 63/SC 3)归口。

本标准起草单位:国药集团化学试剂有限公司。

本标准主要起草人:陈浩云、陈红。

本标准于1988年首次发布。

化学试剂 易炭化物质测定通则

1 范围

本标准规定了20种不同色调的标准色，以及用这些标准色进行易炭化物质测定的通则。

本标准适用于有机化学试剂中易炭化物质的测定。

2 规范性引用文件

下列文件中的条款通过本标准的引用而成为本标准的条款。凡是注日期的引用文件，其随后所有的修改单(不包括勘误的内容)或修订版均不适用于本标准，然而，鼓励根据本标准达成协议的各方研究是否可使用这些文件的最新版本。凡是不注日期的引用文件，其最新版本适用于本标准。

GB/T 601 化学试剂 标准滴定溶液的制备

GB/T 603 化学试剂 试验方法中所用制剂及制品的制备(GB/T 603—2002,ISO 6353-1:1982,NEQ)

GB/T 6682 分析实验室用水规格和试验方法(GB/T 6682—2008,ISO 3696:1987,MOD)

3 方法原理

浓硫酸可以从某些有机化合物中按水的组成夺取氢和氧，将这些有机化合物炭化，从而使浓硫酸或浓硫酸与样品的混合液呈现颜色，可用于易炭化物质的目视比色法测定。

4 试剂和材料

4.1 一般规定

本标准中除另有规定外，所用标准滴定溶液、制剂及制品，均按GB/T 601、GB/T 603的规定制备；实验用水应符合GB/T 6682中三级水规格，所用溶液以%表示的均为质量分数。

4.2 盐酸溶液(1+39)

量取3 900 mL水，加入100 mL盐酸，混匀。

4.3 氯化钴溶液(59.5 mg/mL)

称取60 g六水合氯化钴，溶于900 mL盐酸溶液(1+39)中，并用盐酸溶液(1+39)稀释至1 000 mL。按附录A规定的方法标定，并通过计算加入一定量的盐酸溶液(1+39)，使溶液的最终质量浓度为59.5 mg/mL (以$CoCl_2 \cdot 6H_2O$计)。该溶液于暗处密封包存，有效期为半年。

4.4 硫酸铜溶液(62.4 mg/mL)

称取63 g五水合硫酸铜，溶于900 mL盐酸溶液(1+39)中，并用盐酸溶液(1+39)稀释至1 000 mL。按附录A规定的方法标定，并通过计算加入一定量的盐酸溶液(1+39)，使溶液的最终浓度为62.4 mg/mL (以$CuSO_4 \cdot 5H_2O$计)。该溶液于暗处密封包存，有效期为半年。

4.5 三氯化铁溶液(45.0 mg/mL)

称取46 g三氯化铁($FeCl_3 \cdot 6H_2O$)，溶于900 mL盐酸溶液(1+39)中，并用盐酸溶液(1+39)稀释至1 000 mL。按附录A规定的方法标定，并通过计算加入一定量的盐酸溶液(1+39)，使溶液的最终浓度为45.0 mg/mL (以$FeCl_3 \cdot 6H_2O$计)。该溶液于暗处密封包存，有效期为半年。

4.6 硫酸

优级纯，质量分数为95.0%±0.5%。

5 测定

5.1 标准色的配制

5.1.1 原标准色的配制

原标准色的配制见表1。按表1规定的体积分别配制(A～T)号原标准色。于暗处密封保存，备用。

表1

标准色号	氯化钴溶液(4.3)的体积/mL	硫酸铜溶液(4.4)的体积/mL	三氯化铁溶液(4.5)的体积/mL	水的体积/mL
A	0.1	0.1	0.4	4.4
B	0.3	0.3	0.9	3.5
C	0.1	0.1	0.6	4.2
D	0.3	0.4	0.6	3.7
E	0.4	0.3	1.2	3.1
F	0.3	0.0	1.2	3.5
G	0.5	0.2	1.2	3.1
H	0.2	0.0	1.5	3.3
I	0.4	0.1	2.2	2.3
J	0.4	0.1	3.5	1.0
K	0.5	0.0	4.5	0.0
L	0.8	0.1	3.8	0.3
M	0.1	0.1	2.0	2.8
N	0.0	0.1	4.9	0.0
O	0.1	0.1	4.8	0.0
P	0.2	0.1	0.4	4.3
Q	0.2	0.1	0.3	4.4
R	0.3	0.2	0.4	4.1
S	0.2	0.0	0.1	4.7
T	0.5	0.4	0.5	3.6

5.1.2 稀标准色的配制

用盐酸溶液(1+39)(4.2)稀释(A～T)号原标准色，稀释程度以$\frac{m}{n}$表示。m表示所取原标准色号(A～T)中任意一号，n表示稀释倍数。稀标准色应当天配制。

5.2 测定

按产品标准的规定取样(若为固体样品，应很好粉碎)，在规定的条件下(温度、振摇时间、静置时间等)，按规定的方法(加入硫酸的方式、样品和硫酸的加入顺序、是否振摇等)加入规定量的硫酸进行反应，将规定液层所呈现的颜色与规定的标准色同体积比较。

同种产品允许规定不同的标准色。

附 录 A
（规范性附录）
氯化钴溶液、硫酸铜溶液、三氯化铁溶液质量浓度的标定

A.1 氯化钴溶液的标定

准确量取5.00 mL氯化钴溶液(59.5 mg/mL)(4.3)，置于锥形瓶中，加50 mL水，用乙二胺四乙酸二钠标准滴定溶液[c(EDTA)=0.05 mol/L]滴定至终点前约1 mL时，加10 mL氨-氯化铵缓冲溶液甲(pH≈10)及0.2 g紫脲酸铵指示剂，继续滴定至溶液呈紫红色。

氯化钴溶液的质量浓度ρ_1，数值以毫克每毫升mg/mL表示，按式(A.1)计算：

$$\rho_1 = \frac{V_1 \times c_1 \times M_1}{V_{Y1}} \qquad \text{(A.1)}$$

式中：

V_1——乙二胺四乙酸二钠标准滴定溶液体积的数值，单位为毫升(mL)；

c_1——乙二胺四乙酸二钠标准滴定溶液浓度的准确数值，单位为摩尔每升(mol/L)；

M_1——氯化钴摩尔质量的数值，单位为克每摩尔(g/mol)[$M_1(CoCl_2 \cdot 6H_2O)=237.9$]；

V_{Y1}——量取氯化钴溶液(59.5 mg/mL)体积的数值，单位为毫升(mL)。

A.2 硫酸铜溶液的标定

准确量取10.00 mL硫酸铜溶液(62.4 mg/mL)(4.4)，置于碘量瓶中，加50 mL水、5 mL乙酸溶液(30%)及3 g碘化钾，摇匀，用硫代硫酸钠标准滴定溶液[$c(Na_2S_2O_3)=0.1$ mol/L]滴定，近终点时，加3 mL淀粉指示液(10 g/L)，继续滴定至溶液蓝色消失。

硫酸铜溶液的质量浓度ρ_2，数值以毫克每毫升mg/mL表示，按式(A.2)计算：

$$\rho_2 = \frac{V_2 \times c_2 \times M_2}{V_{Y2}} \qquad \text{(A.2)}$$

式中：

V_2——硫代硫酸钠标准滴定溶液体积的数值，单位为毫升(mL)；

c_2——硫代硫酸钠标准滴定溶液浓度的准确数值，单位为摩尔每升(mol/L)；

M_2——硫酸铜摩尔质量的数值，单位为克每摩尔(g/mol)[$M_2(CuSO_4 \cdot 5H_2O)=249.7$]；

V_{Y2}——量取硫酸铜溶液(62.4 mg/mL)体积的数值，单位为毫升(mL)。

A.3 三氯化铁溶液的标定

准确量取10.00 mL三氯化铁溶液(45.0 mg/mL)(4.5)，置于碘量瓶中，加15 mL水、5 mL盐酸及4 g碘化钾，摇匀，于暗处放置15 min，加100 mL水(温度不超过10℃)，用硫代硫酸钠标准滴定溶液[$c(Na_2S_2O_3)=0.1$ mol/L]滴定，近终点时，加3 mL淀粉指示液(10 g/L)，继续滴定至溶液蓝色消失。

三氯化铁溶液的质量浓度ρ_3，数值以毫克每毫升mg/mL表示，按式(A.3)计算：

$$\rho_3 = \frac{V_3 \times c_3 \times M_3}{V_{Y3}} \qquad \text{(A.3)}$$

式中：

V_3——硫代硫酸钠标准滴定溶液体积的数值，单位为毫升(mL)；

c_3——硫代硫酸钠标准滴定溶液浓度的准确数值，单位为摩尔每升(mol/L)；

M_3——三氯化铁摩尔质量的数值，单位为克每摩尔(g/mol)[$M_3(FeCl_3 \cdot 6H_2O)=270.3$]；

V_{Y3}——量取三氯化铁溶液(45.0 mg/mL)体积的数值，单位为毫升(mL)。

ICS 71.040.30
G 60

中华人民共和国国家标准

GB/T 9738—2008
代替 GB/T 9738—1988

化学试剂 水不溶物测定通用方法

Chemical reagent—General method for the determination of water insoluble matter

(ISO 6353-1:1982, Reagents for chemical analysis—Part 1: General test methods, NEQ)

2008-05-15 发布 2008-11-01 实施

中华人民共和国国家质量监督检验检疫总局
中国国家标准化管理委员会 发布

前　言

本标准与 ISO 6353-1:1982《化学分析试剂——第 1 部分:通用试验方法》的一致性程度为非等效。

本标准代替 GB/T 9738—1988《化学试剂　水不溶物测定通用方法》,与 GB/T 9738—1988 相比主要变化如下:

——取消了附录 A(1988 年版的附录 A)。

本标准由中国石油和化学工业协会提出。

本标准由全国化学标准化技术委员会化学试剂分会(SAC/TC 63/SC 3)归口。

本标准起草单位:北京益利精细化学品有限公司。

本标准主要起草人:赵玉峰。

本标准于 1988 年首次发布。

化学试剂
水不溶物测定通用方法

1 范围

本标准规定了用重量法测定水不溶物的通用方法。

本标准适用于水溶性固体化学试剂中水不溶物的测定。用本标准测定水不溶物时，按取样量和规格值计算所得到的不溶物质量不得小于 1 mg。

本标准不适用于在沸水中不稳定或者腐蚀玻璃滤埚的化学试剂中水不溶物的测定。

2 规范性引用文件

下列文件中的条款通过本标准的引用而成为本标准的条款，凡是注日期的引用文件，其随后所有的修改单（不包括勘误的内容）或修订版均不适用于本标准，然而，鼓励根据本标准达成协议的各方研究是否可使用这些文件的最新版本。凡是不注日期的引用文件，其最新版本适用于本标准。

GB/T 6682 分析实验室用水规格和试验方法（GB/T 6682—2008，ISO 3696:1987，MOD）

3 方法原理

用水溶解样品，将不溶物滤出，用水洗涤滤渣，使之与样品主体完全分离，烘干后可用天平称出不溶物的质量。

4 试剂

实验用水应符合 GB/T 6682 中三级水的规格。

5 仪器

5.1 一般实验室仪器。

5.2 玻璃滤埚：孔径为 5 μm～15 μm。

5.3 减压吸滤装置。

5.4 电烘箱：温度可保持在 105℃±2℃。

5.5 分析天平：感量为 0.1 mg。

6 测定

取规定量的样品，溶解在规定体积的沸水中，冷却至室温，用已在 105℃±2℃ 恒量的玻璃滤埚过滤，用热水洗涤滤渣至吸附在滤渣上的样品主体完全洗去，于 105℃±2℃ 的电烘箱中干燥至恒量。

7 计算

水不溶物的质量分数 w，数值以％表示，按式（1）计算：

$$w = \frac{m_2 - m_1}{m} \times 100 \quad \cdots\cdots(1)$$

式中：

m_2——滤渣和玻璃滤埚质量的数值，单位为克(g)；

m_1——玻璃滤埚质量的数值，单位为克(g)；

m——样品质量的数值，单位为克(g)。

ICS 71.040.30
G 60

中华人民共和国国家标准

GB/T 9740—2008
代替 GB/T 9740—1988

化学试剂 蒸发残渣测定通用方法

Chemical reagent—General method for the determination of dry residue after evaporation

(ISO 6353-1:1982,Reagents for chemical analysis—Part 1:General test methods,NEQ)

2008-05-15 发布　　2008-11-01 实施

中华人民共和国国家质量监督检验检疫总局
中国国家标准化管理委员会　发布

前言

本标准与 ISO 6353-1:1982《化学分析试剂——第 1 部分:通用试验方法》的一致性程度为非等效。

本标准代替 GB/T 9740—1988《化学试剂　蒸发残渣测定通用方法》,与 GB/T 9740—1988 相比主要变化如下:

——修改了测定步骤(1988 年版的第 4 章,本版的第 4 章)。

本标准由中国石油和化学工业协会提出。

本标准由全国化学标准化技术委员会化学试剂分会(SAC/TC 63/SC 3)归口。

本标准起草单位:广州化学试剂厂。

本标准主要起草人:傅琼莲、喻小琦、刘昭元。

本标准于 1988 年首次发布。

化学试剂
蒸发残渣测定通用方法

1 范围

本标准规定了用重量法测定蒸发残渣的通用方法。

本标准适用于在沸水浴温度下可以挥发并除净主体的化学试剂蒸发残渣的测定。用本标准测定蒸发残渣时，按取样量和规格值计算所得到的残渣质量不得小于1 mg。

2 方法原理

利用样品主体与残渣挥发性质的差异，在水浴上将样品蒸干，并在烘箱中干燥至恒量，使样品主体与残渣完全分离，可用天平称出残渣的质量。

3 仪器

3.1 一般实验室仪器。

3.2 蒸发皿：根据样品的性质，材质可选用铂、石英、硼硅玻璃或陶瓷。

3.3 恒温水浴。

3.4 电烘箱：温度可保持在105℃±2℃。

3.5 分析天平：分度值为0.1 mg。

4 测定

取规定量的样品，置于已在105℃±2℃恒量的、规定的蒸发皿中，在低于样品沸点温度的水浴上蒸干，并在105℃±2℃的电烘箱中干燥至恒量。

5 计算

蒸发残渣的质量百分数 w，数值以%表示，按式(1)或式(2)计算：

$$w_1 = \frac{m_2 - m_1}{m} \times 100 \qquad (1)$$

$$w_2 = \frac{m_2 - m_1}{\rho \cdot V} \times 100 \qquad (2)$$

式中：

m_2——残渣和空皿质量的数值，单位为克(g)；

m_1——空皿质量的数值，单位为克(g)；

m——样品质量的数值，单位为克(g)；

ρ——液体样品密度的数值，单位为克每毫升(g/mL)；

V——液体样品体积的数值，单位为毫升(mL)。

ICS 71.040.30
G 60

中华人民共和国国家标准

GB/T 9741—2008
代替 GB/T 9741—1988

化学试剂 灼烧残渣测定通用方法

Chemical reagent—General method for the determination of residue after ignition

(ISO 6353-1:1982, Reagents for chemical analysis—Part 1: General test methods, NEQ)

2008-05-15 发布　　2008-11-01 实施

中华人民共和国国家质量监督检验检疫总局
中国国家标准化管理委员会　发布

前言

本标准与 ISO 6353-1:1982《化学分析试剂——第 1 部分:通用试验方法》的一致性程度为非等效。

本标准代替 GB/T 9741—1988《化学试剂　灼烧残渣测定通用方法》,与 GB/T 9741—1988 相比主要变化如下:

——调整了灼烧温度(1988 年版的第 1 章、3.3,本版的第 1 章、3.3);

——取消了附录 A(1988 年版)。

本标准由中国石油和化学工业协会提出。

本标准由全国化学标准化技术委员会化学试剂分会(SAC/TC 63/SC 3)归口。

本标准起草单位:上海试四赫维化工有限公司。

本标准主要起草人:贾玲。

本标准于 1988 年首次发布。

化 学 试 剂
灼烧残渣测定通用方法

1 范围

本标准规定了用重量法测定灼烧残渣的通用方法。

本标准适用于能够升华或炭化并可在650℃±50℃除净主体的化学试剂灼烧残渣的测定。用本标准测定灼烧残渣时，按取样量和规格值计算所得到的残渣质量不得小于1 mg。

2 方法原理

利用样品主体与形成残渣的物质之间在挥发性、对热、对氧的稳定性等物理、化学性质方面的差异，将样品低温加热挥发、炭化，高温灼烧，使样品主体与残渣完全分离，可用天平称出残渣的质量。

3 仪器

3.1 一般实验室仪器。

3.2 坩埚或蒸发皿：根据样品的性质，材质可选用铂、石英或陶瓷。

3.3 高温炉：温度可保持在650℃±50℃。

3.4 分析天平：分度值为0.1 mg。

4 测定

4.1 测定注意事项

挥发或炭化样品时，如果样品量大，可分几次加入，向液体样品中加入硫酸，应在挥发或炭化之前一次加完，样品若为有机物，应避免燃烧。

如果先加硫酸会给样品的挥发、炭化操作造成困难，也可在主体挥发、炭化之后加入。

4.2 固体样品

取规定量的样品，置于已在650℃±50℃恒量的、规定的坩埚或皿中，缓缓加热，直至样品完全挥发或炭化。冷却，用0.5 mL硫酸湿润残渣。继续加热至硫酸蒸气逸尽，在650℃±50℃的高温炉中灼烧至恒量。

4.3 液体样品

取规定量的样品，置于已在650℃±50℃的恒量的、规定的坩埚或皿中，加入0.25 mL硫酸，在水浴或电炉上加热(勿使沸腾)，直至样品完全挥发或炭化。在电炉上继续加热至硫酸蒸气逸尽，在650℃±50℃的高温炉中灼烧至恒量。

4.4 不必或不能加硫酸的样品

取规定量的样品，置于已在650℃±50℃恒量的、规定的坩埚或皿中，缓缓加热，直至样品完全挥发或炭化。在650℃±50℃的高温炉中灼烧至恒量。

5 计算

灼烧残渣一般以硫酸盐计(特殊情况例外)。灼烧残渣的质量分数w，数值以%表示，按式(1)或式(2)计算：

$$w_1=\frac{m_2-m_1}{m}\times 100 \qquad \cdots\cdots(1)$$

$$w_2 = \frac{m_2 - m_1}{\rho \cdot V} \times 100 \qquad \cdots\cdots(2)$$

式中：

m_2——残渣和空坩埚或残渣和空皿质量的数值，单位为克(g)；

m_1——空坩埚或空皿质量的数值，单位为克(g)；

m——样品质量的数值，单位为克(g)；

ρ——液体样品密度的数值，单位为克每毫升(g/mL)；

V——液体样品体积的数值，单位为毫升(mL)。

ICS 71.040.30
G 60

GB

中华人民共和国国家标准

GB/T 9742—2008
代替 GB/T 9742—1988

化学试剂 硅酸盐测定通用方法

Chemical reagent—General method for the determination of silicate

(ISO 6353-1:1982, Reagents for chemical analysis—Part 1: General test methods, NEQ)

2008-05-15 发布 2008-11-01 实施

中华人民共和国国家质量监督检验检疫总局
中国国家标准化管理委员会 发布

前　言

本标准与 ISO 6353-1：1982《化学分析试剂——第 1 部分：通用试验方法》的一致性程度为非等效。

本标准代替 GB/T 9742—1988《化学试剂　硅酸盐测定通用方法》，与 GB/T 9742—1988 相比主要变化如下：

——完善了分光光度法的测定（1988 年版的第 6 章；本版的 6.2）。

——取消了附录 A（1988 年版的附录 A）。

本标准由中国石油和化学工业协会提出。

本标准由全国化学标准化技术委员会化学试剂分会（SAC/TC 63/SC 3）归口。

本标准起草单位：国药集团化学试剂有限公司。

本标准主要起草人：陈浩云、陈红。

本标准于 1988 年首次发布。

化 学 试 剂
硅酸盐测定通用方法

1 范围

本标准规定了用硅钼蓝比色法测定硅酸盐的通用方法。

本标准适用于化学试剂中微量硅酸盐或氟硅酸盐的测定。分光光度法或目视比色法的检测范围为0.2 μg/mL～3 μg/ mL(以 SiO_3 计)。

2 规范性引用文件

下列文件中的条款通过本标准的引用而成为本标准的条款。凡是注日期的引用文件,其随后所有的修改单(不包括勘误的内容)或修订版均不适用于本标准,然而,鼓励根据本标准达成协议的各方研究是否可使用这些文件的最新版本。凡是不注日期的引用文件,其最新版本适用于本标准。

GB/T 602 化学试剂 杂质测定用标准溶液的制备(GB/T 602—2002,ISO 6353-1:1982,NEQ)

GB/T 603 化学试剂 试验方法中所用制剂及制品的制备(GB/T 603—2002,ISO 6353-1:1982,NEQ)

GB/T 6682 分析实验室用水规格和试验方法(GB/T 6682—2008,ISO 3696:1987,MOD)

GB/T 9721 化学试剂 分子吸收分光光度法通则(紫外和可见光部分)

3 方法原理

在硫酸的浓度 $c(\frac{1}{2}H_2SO_4)$ 不大于0.4 mol/L 硫酸溶液中,硅酸能定量与钼酸铵作用,生成硅钼杂多酸(硅钼黄)。在草酸存在下,加入氯化亚锡盐酸溶液,将硅钼黄还原为硅钼蓝,根据硅钼蓝颜色的深浅,可用目视比色法或分光光度法测定硅酸盐。

草酸可以消除磷酸盐、砷酸盐以及过量钼酸铵对测定的干扰。

4 试剂和材料

本标准中除另有规定外,所用标准溶液、制剂及制品,均按 GB/T 602、GB/T 603 的规定制备;实验用水应符合 GB/T 6682 中三级水规格,所用溶液以“%”表示的均为质量分数。

5 仪器

5.1 一般实验室仪器。

5.2 分光光度计应符合 GB/T 9721 的规定。

6 测定

6.1 目视比色法

按产品标准的规定取样并制备试液(必要时加2滴饱和2,4-二硝基酚指示液,调节溶液的pH值)。取10 mL试液,加4.5 mL硫酸溶液(5%),此时溶液的酸度 $c(H^+)$ 约为0.3 mol/L。加2 mL钼酸铵溶液(100 g/L),放置20 min。加5 mL草酸溶液(50 g/L),放置5 min。加0.2 mL氯化亚锡盐酸溶液(20 g/L),稀释至25 mL,摇匀,放置5 min。溶液所呈蓝色与标准比色溶液比较。

标准比色溶液的制备是取含规定量的硅酸盐(SiO_3)标准溶液,稀释至10 mL,与同体积试液同时同样处理。

6.2 分光光度法

6.2.1 标准比色溶液的配制及测定

按产品标准的规定，配制四至五个浓度成比例的硅酸盐标准溶液，置于 50 mL 聚四氟乙烯容量瓶中，稀释至 10 mL(必要时标准中应加入适量基体)，与 6.1 同体积试液同样处理。溶液用分光光度计在 820 nm 波长处，用 1 cm 吸收池，以试剂空白为参比，进行吸光度的测定。

6.2.2 标准工作曲线的绘制

以硅酸盐标准溶液的质量浓度为横坐标，对应吸光度为纵坐标，绘制标准工作曲线。

6.2.3 样品的测定及计算

按产品标准的规定取样并制备试液(必要时加 2 滴饱和 2,4-二硝基酚指示液，调节溶液的 pH 值)。取 10 mL 试液，操作同 6.2.1。以样品试剂空白为参比，进行吸光度的测定。在绘制的标准工作曲线上查得对应的硅酸盐的质量浓度。

硅酸盐的质量分数以 w 计，数值以%表示，按式(1)计算：

$$w=\frac{\rho\times V\times 10^{-3}}{m}\times 100 \qquad \cdots\cdots(1)$$

式中：

ρ——试液吸光度值在标准工作曲线上所对应的硅酸盐的质量浓度，单位为毫克每毫升(mg/mL)；

V——试液的最终体积，单位为毫升(mL)；

m——样品的质量，单位为克(g)。

ICS 83.160.20
G 41

中华人民共和国国家标准

GB/T 9747—2008

代替 GB/T 9747—2004、GB/T 11191—2004、GB/T 11192—2004、GB/T 11193—1998、GB/T 11194—2004、GB/T 11195—1998、GB/T 11196—2004、GB/T 13653—2004、GB/T 13654—2004、GB/T 13655—2004、GB/T 13656—2004、GB/T 17042—1997、GB/T 17043—1997

航空轮胎试验方法

Test methods for aircraft tyres

(ISO 3324-2:1998,Aircraft tyres and rims—Part 2:Test methods for tyres,NEQ)

2008-06-18 发布 2009-02-01 实施

中华人民共和国国家质量监督检验检疫总局
中国国家标准化管理委员会 发布

前　言

本标准代替 GB/T 9747—2004《航空轮胎动态模拟试验方法》、GB/T 11191—2004《航空轮胎爆破压力试验方法》、GB/T 11192—2004《航空轮胎静负荷性能试验方法》、GB/T 11193—1998《航空轮胎外缘尺寸测量方法》、GB/T 11194—2004《航空无内胎轮胎气密性能试验方法》、GB/T 11195—1998《航空有内胎轮胎胎圈密合压力试验方法》、GB/T 11196—2004《航空轮胎断面分析测量方法》、GB/T 13653—2004《航空轮胎 X 射线检测方法》、GB/T 13654—2004《航空轮胎全息照像检测方法》、GB/T 13655—2004《航空轮胎静平衡差度试验方法》、GB/T 13656—2004《航空轮胎物理性能试验方法》、GB/T 17042—1997《航空轮胎胎圈耐高温试验方法》、GB/T 17043—1997《航空轮胎环境温度试验方法》。

本标准与 ISO 3324-2:1998《航空轮胎和轮辋　第 2 部分　轮胎试验方法》(英文版)的一致性程度为非等效。

本标准是对上述标准进行整合修订，对原标准条款进行了调整，作了编辑性修改。

本标准中的 X 射线检测方法与前一版本 GB/T 13653—2004 的主要差异如下：

——删去资料性附录 A(2004 版附录 A)。

本标准中的全息照像检测方法与前一版本 GB/T 13654—2004 的主要差异如下：

——删去典型条纹示意图(2004 版图 1～图 5)。

本标准中的物理性能试验方法、胎圈耐高温试验方法、环境温度试验方法与前一版本 GB/T 13656—2004、GB/T 17042—1997、GB/T 17043—1997 的主要差异如下：

——标准中凡是提及“扯断伸长率”的术语，均改为“拉断伸长率”，标准中凡是提及“扯断永久变形”的术语，均改为“拉断永久变形”。

本标准由中国石油和化学工业协会提出。

本标准由全国航空轮胎标准化分技术委员会归口。

本标准起草单位：中橡集团曙光橡胶工业研究设计院。

本标准主要起草人：张萍、盛保信。

本标准所代替标准的历次版本发布情况为：

——GB 9747—1988，GB/T 9747—2004；

——GB/T 11191—1989，GB/T 11191—2004；

——GB/T 11192—1989，GB/T 11192—2004；

——GB/T 11193—1989，GB/T 11193—1998；

——GB/T 11194—1989，GB/T 11194—2004；

——GB/T 11195—1989，GB/T 11195—1998；

——GB/T 11196—1989，GB/T 11196—2004；

——GB/T 13653—1992，GB/T 13653—2004；

——GB/T 13654—1992，GB/T 13654—2004；

——GB/T 13655—1992，GB/T 13655—2004；

——GB/T 13656—1992，GB/T 13656—2004；

——GB/T 17042—1997；

——GB/T 17043—1997。

航空轮胎试验方法

1 范围

本标准规定了航空轮胎的动态模拟试验方法、爆破压力试验方法、静负荷性能试验方法、外缘尺寸测量方法、无内胎轮胎气密性能试验方法、有内胎轮胎胎圈密合压力试验方法、断面分析测量方法、X射线检测方法、全息照像检测方法、静平衡差度试验方法、物理性能试验方法、胎圈耐高温试验方法、环境温度试验方法等。

本标准适用于低速、高速航空轮胎。

2 规范性引用文件

下列文件中的条款通过本标准的引用而成为本标准的条款。凡是注日期的引用文件，其随后的所有的修改单(不包括勘误的内容)或修订版均不适用于本标准，然而，鼓励根据本标准达成协议的各方研究是否可使用这些文件的最新版本。凡是不注日期的引用文件，其最新版本适用于本标准。

GB/T 528 硫化橡胶或热塑性橡胶拉伸应力应变性能的测定(GB/T 528—1998,eqv ISO 37:1994)

GB/T 531 橡胶袖珍硬度计压入硬度试验方法(GB/T 531—1999,idt ISO 7619:1986)

GB/T 532 硫化橡胶或热塑性橡胶与织物粘合强度的测定(GB/T 532—1997,idt ISO 36:1993)

GB/T 1682 硫化橡胶低温脆性的测定 单试样法

GB/T 1689 硫化橡胶耐磨性能的测定(用阿克隆磨耗机)

GB/T 2941 橡胶物理试验方法试样制备和调节通用程序(GB/T 2941—2006,ISO 23529:2004,IDT)

GB/T 3512 硫化橡胶或热塑性橡胶 热空气加速老化和耐热试验(GB/T 3512—2001,eqv ISO 188:1998)

GB/T 6326 轮胎术语及其定义(GB/T 6326—2005,ISO 4223-1:2002,Definitions of some terms used in tyre industry—Part 1:Pneumatic tyres,NEQ)

GB/T 8170 数值修约规则

GB 9101 锦纶 66 浸胶帘子布

GB 9102 锦纶 6 轮胎浸胶帘子布

GB/T 9746 航空轮胎系列

GB/T 13652 航空轮胎表面质量

HG/T 2198 硫化橡胶物理试验方法的一般要求

3 术语和定义

GB/T 6326 确立的术语和定义适用于本标准。

4 动态模拟试验

4.1 试样

试验胎应是硫化后按 GB/T 13652 进行表面质量检查合格、在环境温度下停放 24 h 以上，方可进行动态模拟试验。只用同一条轮胎完成本标准规定的动态模拟试验。

4.2 **试验设备**

高速轮胎应在能真实地模拟轮胎在跑道上的各种操作情况的动态模拟试验机上进行试验。

低速轮胎应在动态模拟试验机上或惯性试验机上进行试验。

4.3 **试验条件**

4.3.1 **轮胎试验负荷**

除另有规定外,轮胎的试验负荷应等于或大于 GB/T 9746 中的轮胎最大额定负荷。

4.3.2 **试验充气内压**

轮胎充气后应在试验场的环境温度下停放 12 h 以上,停放后若气压下降应补充充气方可进行动态模拟试验。

4.3.3 **试验充气内压的修正**

为了补偿飞轮曲率的影响,应对轮胎的充气内压加以修正,修正方法按下述方法进行:

a) 轮胎在进行动态模拟试验时的充气内压,应使其下沉量等于轮胎在额定负荷和额定充气内压下压向平板时的下沉量;

b) 由图 1 查得在一定曲率半径的飞轮上轮胎的充气内压校正值,试验轮胎按该值充气后,再按 a)条的规定进一步调整至下沉量符合要求为止。

不得调整试验充气内压来补偿试验期间由于温度升高而引起的充气内压增值。

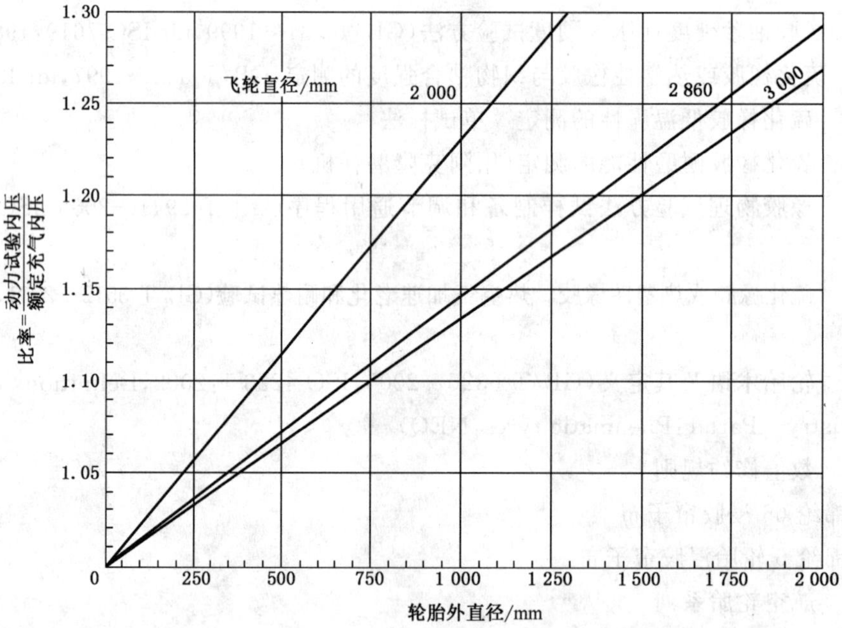

图 1 试验内压修正图

4.3.4 **轮胎试验后冷却**

轮胎在每次试验后应冷却到规定的温度才可开始下一次试验。

4.4 **试验方法**

本方法包括低速轮胎和高速轮胎的试验方法。

4.4.1 **低速轮胎试验方法**

低速轮胎在下列试验温度和动能条件下,用试验方法 A 或试验方法 B,应能在动态模拟试验机上通过 200 次着陆试验,即:100 次低速着陆试验和 100 次高速着陆试验。

4.4.1.1 **试验温度**

除另有规定外，至少应有 90％的试验次数，其试验开始时，轮胎胎腔内气体温度或轮胎胎体最热点的温度不应低于 41 ℃，其余的 10％试验次数不低于 27 ℃。允许轮胎在飞轮上滚动以获得规定的试验起始温度。

4.4.1.2 **动能**

轮胎在试验过程中吸收飞轮的动能(E_K)应按式(1)进行计算：

$$E_K = CWV^2 = 191W \qquad (1)$$

式中：

E_K——动能，单位为焦耳(J)；

W——轮胎额定负荷，单位为千克(kg)；

V——193 km/h；

C——0.005 13。

轮胎在低速着陆试验过程中应吸收上述动能 E_K 的 56％。在高速着陆试验过程中应吸收上述动能 E_K 的 44％。

4.4.1.3 **试验方法 A——可变质量的飞轮**

轮胎在试验过程中应吸收的动能，是由一定质量飞轮的速度衰减来提供的。如果不能采用一定数目的飞轮片数来获得所计算的动能值或所要求的飞轮宽度时，则可适当增加飞轮片数并调节试验机速度以获得需要的动能。

4.4.1.3.1 **低速着陆试验**

轮胎应通过 100 次低速着陆试验，即：在飞轮圆周线速度为 145 km/h 时着陆，在飞轮圆周线速度为零时离陆。

轮胎的着陆速度应调整至轮胎着陆过程所吸收的能量等于 E_K 的 56％，但调整后的着陆速度不得低于 129 km/h。假若调整后的着陆速度低于 129 km/h，则：

a) 以 103 km/h 速度下的飞轮动能 E 加上 E_K 的 28％(即：$E+28\%E_K$)来确定轮胎的着陆速度；

b) 以 103 km/h 速度下的飞轮动能 E 减去 E_K 的 28％(即：$E-28\%E_K$)来确定轮胎的离陆速度。

4.4.1.3.2 **高速着陆试验**

轮胎应通过 100 次高速着陆试验，即：在飞轮圆周线速度为 193 km/h 时着陆，在飞轮圆周线速度为 145 km/h 时离陆。轮胎的着陆速度应调整至轮胎着陆过程所吸收的能量等于 E_K 的 44％。

4.4.1.4 **试验方法 B——固定质量的飞轮**

轮胎在固定质量的飞轮上进行着陆试验时，每次着陆试验应在计算的时间 T_C 内完成。在时间 T_C 内，轮胎应吸收试验所规定的动能 E_K。时间 T_C 用式(2)进行计算：

$$T_C = \frac{E_{KC}}{\dfrac{E_{KW(UL)} - E_{KW(LL)}}{T_{L(UL)} - T_{L(LL)}} - \dfrac{E_{KW(UL)} - E_{KW(LL)}}{T_{W(UL)} - T_{W(LL)}}} \qquad (2)$$

对速度从 145 km/h 衰减至 0 的试验，公式简化为式(3)：

$$T_C = \frac{E_{KC}}{\dfrac{E_{KW(UL)}}{T_{L(UL)}} - \dfrac{E_{KW(UL)}}{T_{W(UL)}}} \qquad (3)$$

式中：

T_C——轮胎吸收规定动能所需时间，单位为秒(s)；

E_{KC}——轮胎在每次着陆试验中应吸收的动能，单位为焦耳(J)；

E_{KW}——在给定速度下飞轮具有的动能，单位为焦耳(J)；

T_L——在轮胎额定负荷作用下飞轮速度的衰减时间，单位为秒(s)；

T_W——无轮胎负荷作用时飞轮速度的衰减时间，单位为秒(s)；

(UL)——速度上限的下标；

(LL)——速度下限的下标。

按下列速度范围把着陆试验的总次数分成相等的两组，每组100次。

4.4.1.4.1 低速着陆试验

第一组的100次低速着陆试验。在每次试验中，轮胎应在飞轮的圆周线速度不低于145 km/h时着陆。轮胎着陆后，飞轮的速度逐渐衰减。在T_C时间内，飞轮速度从145 km/h匀速减速至0。

4.4.1.4.2 高速着陆试验

第二组的100次高速着陆试验。在每次试验中，轮胎应在飞轮的圆周线速度不低于193 km/h时着陆。轮胎着陆后，飞轮的速度逐渐衰减。在T_C时间内，飞轮速度从193 km/h匀速减速至145 km/h。

4.4.1.5 轮胎充气内压的测定

除另有规定外，进行能量吸收试验的轮胎，每5次试验后应测量轮胎充气内压一次。第10次试验后，每10次测量一次。第50次试验后，每50次测量一次。测量后，如发现轮胎内压低于规定值应补充充气。内压高于规定值，可认为是由于温度升高而引起，这种内压增加不可进行调整。

4.4.2 高速轮胎试验方法

除代替试验(见4.4.2.7)的规定外，地面速度大于193 km/h的轮胎应按4.4.2.3的规定进行动态模拟试验。试验曲线应按4.4.2.4的规定加以确定。每次试验开始时的轮胎负荷应等于轮胎的额定负荷。地面速度小于193 km/h的轮胎，可按4.4.2.7所规定的代替试验进行。

4.4.2.1 试验温度

在滑行试验(见4.4.2.6)中，至少有90%的试验次数，在试验开始时，轮胎胎腔内气体温度或轮胎胎体最热点的温度不应低于49 ℃；在超载起飞试验(见4.4.2.5)、起飞试验(见4.4.2.4)和代替试验(见4.4.2.7)中，至少有90%的试验次数，在试验开始时，轮胎胎腔内气体温度或在轮胎胎体最热点的温度不应低于41 ℃。每组试验其余10%试验次数在试验开始时，轮胎胎腔内气体温度或在轮胎胎体最热点的温度不应低于27 ℃。允许轮胎在飞轮上滚动以获得规定的试验起始温度。

4.4.2.2 试验速度

与飞机最大地面速度相对应的动态模拟试验速度见表1。

表1 动态模拟试验速度

飞机最大地面速度/(km/h)		轮胎额定速度/(km/h)	在S_2点的最小动态模拟试验速度/(km/h)
大于	小于或等于		
193	257	257	257
257	306	306	306
306	338	338	338
338	362	362	362
362	378	378	378
378	394	394	394
注：如果地面速度超过394 km/h，必须按轮胎的最苛刻的负荷—速度—时间要求进行试验，并相应标出合适的额定速度值。			

4.4.2.3 试验次数及条件

试验轮胎应通过下述50次起飞试验，1次超载起飞试验，10次滑行试验，试验顺序可任意确定。

4.4.2.4 起飞试验

除另有规定外，轮胎在起飞试验中的负荷、速度和距离关系曲线必须符合图2、图3或图4的规定。

其中：

a) 图 2 规定的试验条件适用于速度为 193 km/h～257 km/h 的航空轮胎；

b) 图 3 规定的试验条件适合于任何航空轮胎；

c) 如果用图 4 作为试验依据时，则应根据轮胎最苛刻的起飞条件选择试验负荷、速度和距离。

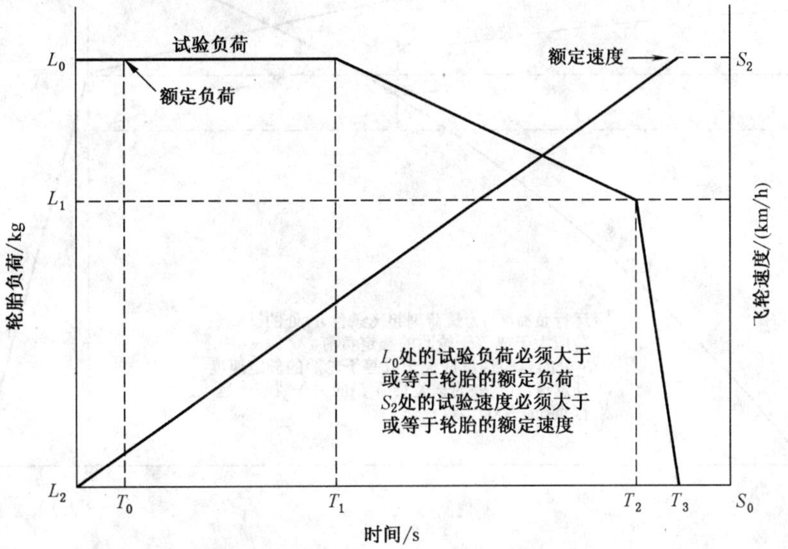

图 2 额定速度为 193 km/h～257 km/h 的航空轮胎试验曲线示图

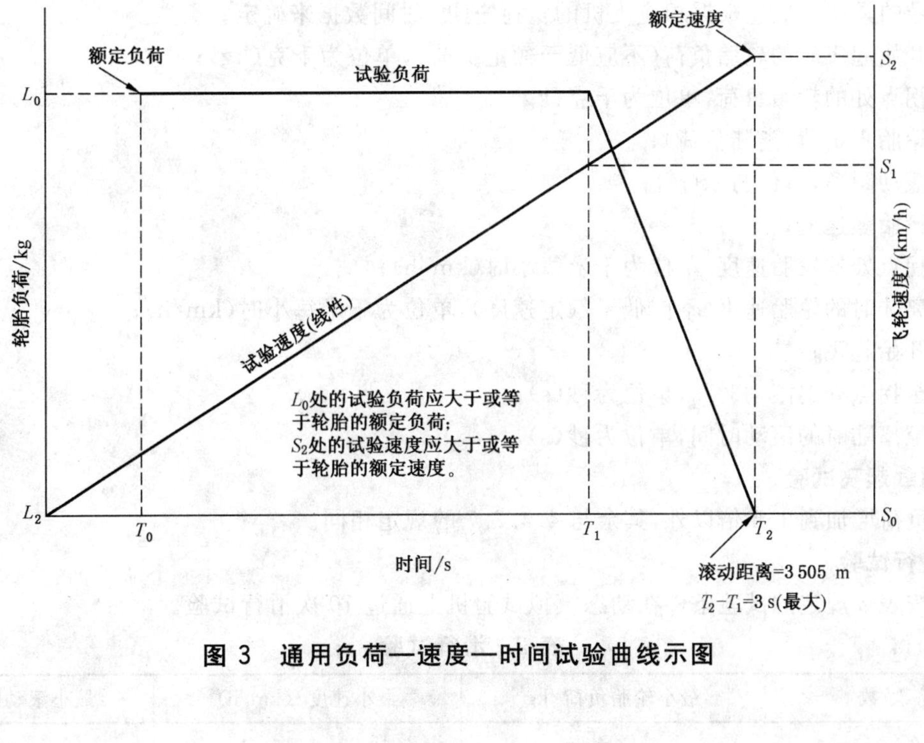

图 3 通用负荷—速度—时间试验曲线示图

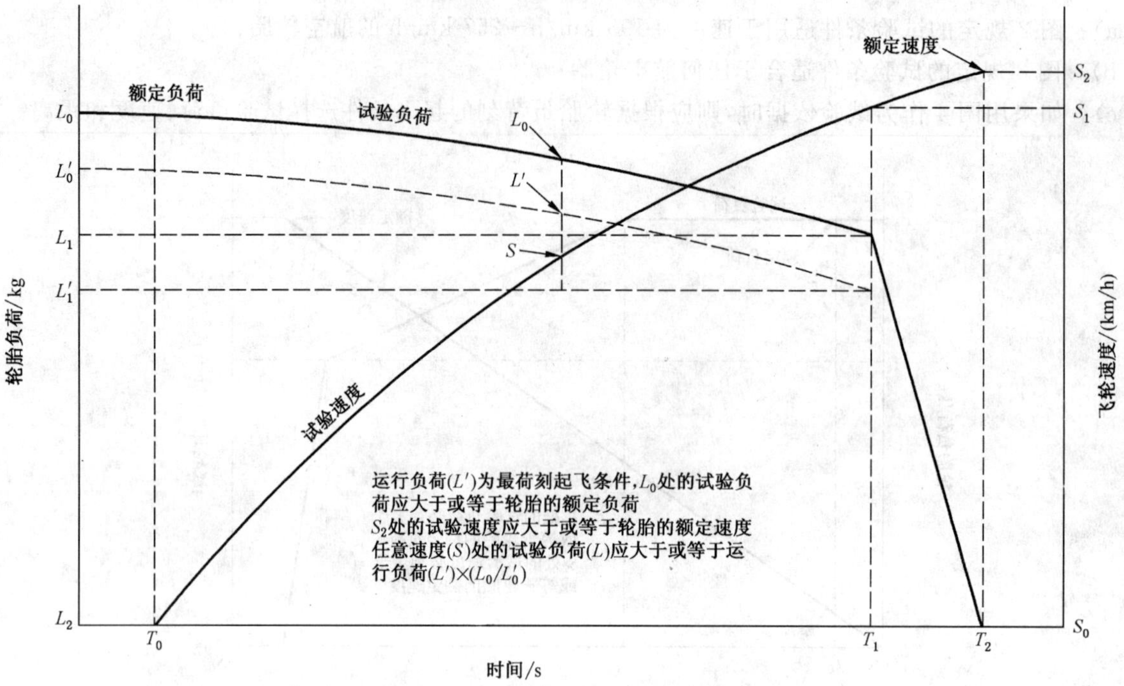

图 4 理论负荷—速度—时间试验曲线示图

图 2、图 3 和图 4 中的符号:

下列符号的具体数值应根据相应飞机的负荷-速度-时间数据来确定。

L_0——开始起飞时的轮胎负荷(不应低于额定负荷),单位为千克(kg);

L_1——拐点处的轮胎负荷,单位为千克(kg);

L_2——轮胎零负荷(离陆负荷);

RD——滚动距离,单位为米(m);

S_0——轮胎零速度;

S_1——拐点处的轮胎速度,单位为千米每小时(km/h);

S_2——离陆时的轮胎速度(不应低于额定速度),单位为千米每小时(km/h);

T_0——开始起飞;

T_1——至拐点处的滚动时间,单位为秒(s);

T_2——至离陆时的滚动时间,单位为秒(s)。

4.4.2.5 超载起飞试验

除试验负荷增加到 1.5 倍以外,其余与 4.4.2.7 的规定相同。

4.4.2.6 滑行试验

轮胎应按表 2 规定的试验条件在动态模拟试验机上通过 10 次滑行试验。

表 2 滑行试验

<table>
<tr><th>试验次数</th><th>最小轮胎负荷/kg</th><th>最小速度/(km/h)</th><th>最小滚动距离/m</th></tr>
<tr><td>8</td><td>额定负荷</td><td rowspan="2">64.4</td><td rowspan="2">10 668</td></tr>
<tr><td>2</td><td>1.2 倍额定负荷</td></tr>
</table>

4.4.2.7 代替试验

额定速度小于 193 km/h 的轮胎,可以用模拟着陆试验代替起飞和超载起飞(见 4.4.2.5)规定的起飞试验。轮胎应在额定负荷下通过 4.4.2.7.1 规定的 100 次试验后,再在额定负荷下通过 4.4.2.7.2

规定的100次试验。

4.4.2.7.1 低速着陆试验

第一组100次着陆试验,其试验程序应符合试验方法A或试验方法B规定的低速着陆试验方法。

4.4.2.7.2 高速着陆试验

第二组100次着陆试验,其试验程序应符合试验方法A或试验方法B规定的高速着陆试验方法。必要时应调整轮胎的离陆速度,使轮胎在着陆过程中吸收的动能等于E_K的44%。

4.4.2.8 轮胎充气内压的测定

除另有规定外,进行动力模拟试验的轮胎,每5次试验后应测量轮胎充气内压一次。第10次试验后,每10次测量一次。测量后,如发现轮胎内压低于规定值应补充充气。内压高于规定值,可认为是由于温度升高而引起,这种内压增加不可进行调整。

4.5 试验结果的判定

按本标准进行动态模拟试验后的轮胎符合下列规定为通过:

4.5.1 除超载起飞试验外,试验后的轮胎不应出现除正常磨损以外的任何结构性损坏现象。

4.5.2 超载起飞试验后,轮胎的气密性能应保持良好。在24 h内的充气内压下降率应不大于试验开始时充气内压的10%。

超载起飞试验后,不要求轮胎胎面完好。

4.5.3 按本标准规定进行动态模拟试验时,在最初5次试验期间,试验轮胎胎圈与轮辋之间不应转动;5次以后的试验这种转动也不应损伤无内胎轮胎的胎圈气密层或有内胎轮胎的内胎或气门嘴。

4.6 试验报告

试验报告应包括下列主要内容:

a) 试验轮胎及其主要特征(规格、胎号、帘布层数、机种和轮位等);
b) 试验方法标准号;
c) 试验项目和试验条件;
d) 试验原始记录(速度、负荷、时间、距离、试验后轮胎的温度、充气内压及轮胎的损坏情况、试验室环境温度和相对湿度等);
e) 试验结论。

5 爆破压力试验方法

5.1 原理

本试验是将压力水充入轮胎胎腔内,以确定其胎体强度及爆破压力值。

5.2 试样

凡进行爆破压力试验的轮胎试样,硫化后必须停放24 h以上。试验前,在试验室环境温度下停放3 h以上才能进行试验。

5.3 试验设备

5.3.1 试验用轮辋:其规格应与试验胎的规格相一致;

5.3.2 电动高压水泵;

5.3.3 水压表:分度不大于200 kPa;水压表应定期进行校正;

5.3.4 安全罩。

5.4 试验程序

将轮胎试样安装在试验轮辋上(可装配同规格内胎),并将其放置在安全罩内,用高压胶管将轮胎与高压水泵连结起来。经检查符合要求后,启动高压水泵,以每分钟增压不大于300 kPa的速度向胎内充水。当试验压力达到不低于四倍轮胎额定内压时,保持3 s。如轮胎在此期间不发生爆破,则放水卸压,若轮胎在充水或保持压力过程中发生爆破,则记下爆破压力值、爆破部位、试验的环境温度和其他需要说明的问题。

若需测量轮胎的实际爆破压力值，则一直充水至轮胎爆破为止。

5.5 安全要求

试验时应注意安全：试验轮胎与轮辋组件必须置于安全罩内，所有人员必须远离试验现场。

5.6 试验结果

凡轮胎试验压力达到四倍额定内压并持压 3 s 且不发生爆破、鼓泡、脱层、钢丝或帘线断裂者，则该轮胎爆破压力性能合格，否则为不合格。

5.7 试验报告

试验报告应包括下列主要内容：

a) 轮胎规格、层级、胎号、制造厂名称；

b) 试验时的环境温度和相对湿度；

c) 轮胎的额定内压值；

d) 试验轮胎的实际测量值、安全倍数及试验结论。

6 静负荷性能试验方法

6.1 原理

本试验是对充以规定内压的轮胎施加规定的连续负荷，从而绘制出轮胎随负荷而变化的变形曲线，同时也可测量出轮胎在负荷下的静负荷半径及下沉量。

本试验将获得轮胎的外直径、断面宽、负荷半径、下沉量、下沉率的数据及负荷—变形曲线。

6.2 试样

6.2.1 轮胎表面质量应符合 GB/T 13652 的要求。

6.2.2 轮胎试样在硫化后须在环境温度下停放 24 h 以上。将轮胎充气至最大额定充气内压，并在试验场环境温度下停放至少 12 h 以上，停放后若气压下降应补充充气到规定内压才能进行试验。

6.2.3 对于子午线轮胎，在做完 50 次起飞试验后再进行静负荷性能试验。

6.3 试验设备

6.3.1 根据试验负荷选择适当的设备和负荷量程。

6.3.2 试验机的测量误差应小于±2%，试验机应配有自动记录绘图装置。

6.3.3 测量轮胎内压需用分度不大于 10 kPa 的压力表。

6.4 试验条件

6.4.1 试验在环境温度下进行。

6.4.2 试验时的压缩速度不要超过下列规定值：

a) 外直径小于或等于 762 mm 的轮胎，最大压缩速度为 7.6 mm/min。

b) 外直径大于 762 mm 的轮胎，最大压缩速度为 25.4 mm/min。

6.4.3 试验内压

每条试验胎一般可进行八种不同内压的试验，得到八条相应的负荷-变形曲线。八种不同内压分别为：

a) 零压；

b) 额定内压的 0.55 倍；

c) 额定内压的 0.70 倍；

d) 额定内压的 0.85 倍；

e) 额定内压；

f) 额定内压的 1.15 倍；

g) 额定内压的 1.30 倍；

h) 额定内压的 1.60 倍。

可根据需要选定其中一种或几种内压进行试验。也可按合同方要求的内压进行。试验时，内压一般由低至高。

6.5 试验程序

6.5.1 按 6.2.2 规定充气和停放后的轮胎安装到试验机的支架上。轮胎应放置在平台的正中位置。

6.5.2 预压缩：对试验胎进行预压缩。预压缩在周向相互间隔为 180°的二个点上进行。每点压缩一次。预压缩的下沉量达到轮胎断面高的 50%。

6.5.3 测量轮胎的外直径、断面宽、负荷半径和下沉量：

a) 预压缩完成后，检查轮胎的内压并调整至额定值，然后停放 20 min。

b) 停放 20 min 后，测量轮胎的外直径和断面宽。

c) 调整平台位置，当轮胎刚接触到下平台时即为零点。测量试验胎处于零点位置的轮胎轴中心点至轮胎接触面之间的垂直距离 d。

d) 启动试验机，以规定的压缩速度给试验胎施加负荷，当达到额定负荷时即停止。测量此时的轮胎轴中心点至轮胎接触面之间的垂直距离 R。R 即为该试验胎的正常负荷半径，而($d-R$)值即为该试验胎在额定条件下的下沉量。

6.5.4 测量试验胎的接地印痕：在下平台上铺上上下重叠的一张复写纸和一张白纸，以测量试验胎的接地印痕。测量接地印痕一般应施加负荷至额定值为止，也可根据需要施加至全压缩负荷为止。最后加荷时间维持一分钟不变。本试验可和 6.5.3 同时进行。

6.5.5 负荷-变形曲线的绘制

6.5.5.1 将试验胎按 6.4.3 的要求调整至所需内压后放置不少于 20 min。

6.5.5.2 将试验胎调整至零点位置，同时将自动记录绘图装置的记录笔调整至记录纸的零点位置上。

6.5.5.3 启动试验机，以规定的压缩速度对轮胎施加负荷直至达到全压缩时为止。然后卸去负荷，按 6.4.3 的要求调整内压，停放 20 min 后进行下次试验。

6.6 试验结果的计算

6.6.1 轮胎在额定条件下的下沉率 f 由式(4)计算：

$$f=\frac{d-R}{H}\times 100 \qquad \cdots\cdots(4)$$

式中：

f——轮胎在额定条件下的下沉率，%；

$d-R$——轮胎在额定条件下的下沉量，单位为毫米(mm)；

H——充气轮胎工作断面高(也称自由断面高)，单位为毫米(mm)。

6.6.2 轮胎印痕面积由求积仪求出。

6.7 试验报告

试验报告应包括下列主要内容：

a) 轮胎规格、层级、胎号、制造厂名称；

b) 轮胎额定负荷和额定内压值以及绘制变形曲线时的其他七种试验内压值；

c) 试验时的环境温度和相对湿度；

d) 试验结果包括：下沉率、印痕图、负荷变形曲线图。

7 外缘尺寸测量方法

7.1 原理

本方法是应用测量工具测量航空轮胎在充气至额定内压条件下的外缘尺寸值。

7.2 **测量工具及要求**

7.2.1 轮辋:试验用轮辋与试验胎相匹配;

7.2.2 轮胎气压表:分度为 10 kPa;

7.2.3 金属卷尺(不带弧度):分度为 1.0 mm;

7.2.4 游标卡尺:精度为 0.1 mm;

7.2.5 卡钳。

7.3 **试样要求**

凡进行外缘尺寸测量的航空轮胎在硫化后必须停放 24 h 以上。测量前,在室温下停放 3 h 以上才能进行测量。

7.4 **测量程序**

7.4.1 将轮胎安装在轮辋上,充气至额定内压,在室温下停放 12 h 以上。

7.4.2 测量放置后的轮胎内压,如内压下降,再补充至额定内压,停放 10 min 后进行外缘尺寸测量。

7.4.3 外直径测量

用金属卷尺沿胎冠中心线绕轮胎一周测量外周长(胎冠中心线处有模缝胶边时,则在紧贴胶边处测量)。允许用游标卡尺直接测量轮胎的外直径,但必须在相互垂直的部位测量两次。测量值取两次测量的算术平均值。

7.4.4 断面宽度的测量

选取没有标志、气沟等凸出物的胎侧部位,用游标卡尺或卡钳在轮胎圆周四等分处测量四点的断面宽度,测量值取四点的算术平均值。

7.4.5 胎肩宽度的测量

以设计规定的轮胎最大胎肩直径为基础,在轮胎外轮廓四等分处分别确定对称于胎面中心线的两点,该两点的连线应平行于轮胎轴线,用游标卡尺或卡钳测量该两点之间的距离,即得轮胎胎肩宽度值。测量值取四点的算术平均值。

7.4.6 胎肩直径的测量

以设计规定的轮胎最大胎肩宽度为基础,在轮胎外轮廓四等分处分别确定对称于胎面中心线的两点,该两点的连线应平行于轮胎轴线,用游标卡尺或卡钳测量该两点与轮胎轴线之间的垂直距离,该垂直距离的两倍即是轮胎的胎肩直径。测量值取四点的算术平均值。

7.5 **测量结果的计算**

轮胎外直径按式(5)进行计算:

$$D = \frac{L}{\pi} \quad \cdots\cdots(5)$$

式中:

D——轮胎充气后外直径,单位为毫米(mm);

L——轮胎充气后外周长,单位为毫米(mm);

π——圆周率,取 3.14。

所有测量结果和计算结果按 GB/T 8170 规定取整数值。

7.6 **测量结果的评定**

凡所测得的外直径、断面宽、胎肩宽度和胎肩直径在设计所规定范围,则该轮胎的充气外缘尺寸合格,否则不合格。

7.7 **试验报告**

试验报告应包括下列主要内容:

a) 轮胎规格、层级、胎号及生产厂名称或商标;

b) 测量结果;

c) 测量结果的评定；

d) 试验日期、试验人。

8 无内胎轮胎气密性能试验方法

8.1 原理

本试验是将压缩空气充入航空无内胎轮胎至额定内压，经过一定时间静置后，测定其胎内压力下降以确定该轮胎的气密性能。

8.2 试样

进行气密性能试验的轮胎在硫化后应在环境温度下停放 24 h 以上。

8.3 试验设备

8.3.1 轮辋：试验用轮辋的规格应与试验胎的规格相一致。

8.3.2 轮胎气压表：分度不大于 10 kPa。

8.4 试验程序

8.4.1 将试验胎安装在试验轮辋上，经检查符合要求后，向胎内充气至额定内压并检查气门芯、轮辋密封圈是否漏气。

8.4.2 将上述充气后的试验胎在试验场环境温度下停放不小于 12 h，使胎体充分膨胀后，如内压下降则补充至额定内压，并记录此时的内压值(P_1)，在室温下再停放 24 h 后测量胎内压力并记录之(P_2)。

8.4.3 检查试验胎是否出现鼓泡、脱层等缺陷并记录之。

8.5 试验结果的计算与判定

8.5.1 试验结果的计算

轮胎内压下降率 K 按式(6)进行计算：

$$K=\frac{P_1-P_2}{P_1}\times 100 \qquad \cdots\cdots(6)$$

式中：

K——轮胎内压下降率，%；

P_1——试验胎补充充气后的实际压力，单位为千帕(kPa)；

P_2——第二次停放后实测的试验胎内压，单位为千帕(kPa)。

8.5.2 试验结果判定

8.5.2.1 凡内压下降率 K 小于或等于 5%时，则气密性能合格；

8.5.2.2 凡内压下降率 K 大于 5%时，则气密性能不合格；

8.5.2.3 试验过程中经检查轮胎发现有鼓泡、脱层等现象时，应终止试验，将该胎列入外观不合格。

8.6 试验报告

试验报告包括下列主要内容：

a) 轮胎规格、层级、胎号、制造厂名称；

b) 轮胎额定内压值以及停放前内压和停放 24 h 后内压值；

c) 试验时的环境温度和相对湿度；

d) 试验结果包括：内压下降率和是否合格结论。

9 有内胎轮胎胎圈密合压力试验方法——复写纸法

9.1 原理

本试验是将压缩空气缓缓地充入试验胎内，直至轮胎胎踵部位与轮辋相密合为止。测量密合时的胎内压力，以确定轮胎胎圈部位的松紧程度是否符合设计要求。

9.2 试样

凡进行胎圈密合压力试验的航空轮胎，硫化后应停放24 h以上。试验前仍应在试验室的室温下停放3 h以上才能进行试验。

9.3 试验设备及要求

9.3.1 轮辋：其规格应与试验胎的规格相匹配；

9.3.2 轮胎气压表：分度不大于10 kPa。

9.4 试验程序

9.4.1 将试验胎配以同规格内胎，安装在轮辋上，经检查符合要求后，在试验胎两侧的胎踵部位与轮辋之间按圆周大约120°的三个等距点插入宽约10 mm、长度适当的条形试验纸(两张白纸中间夹一张与白纸等宽的复写纸)，每侧各三张。

9.4.2 向胎内缓缓地充气，使胎内的压力达到表3规定的最小胎圈密合压力低10 kPa时停止充气。停放10 min，放气卸压，取出试验纸。按9.5.2进行合格评定。

9.4.3 重复9.4.2插放试验纸的操作，然后缓缓地向胎内充气并随时检查试验纸是否已被压紧。当两侧试验纸都被压紧时，停止向胎内充气并停放10 min，然后测量试验胎内的压力并记录之。该压力即为试验胎的胎圈密合压力。放气卸压，取出试验纸按9.5.3进行合格评定。

9.5 试验结果

9.5.1 航空有内胎轮胎胎圈密合压力值应符合表3和表4的规定。

9.5.2 按9.4.2试验时：

a) 如果试验轮辋有防滑齿，试验白纸上不出现完整的防滑齿印痕，即为合格；

b) 如果试验轮辋无防滑齿，试验白纸上不出现完整的轮辋印痕，即为合格。

9.5.3 按9.4.3的规定测量胎圈密合压力时：

a) 如果试验轮辋有防滑齿，则试验白纸上应出现完整的防滑齿印痕，此时测得的胎内压力不得超过表3规定的最大胎圈密合压力值，超过者为不合格；

b) 如果试验轮辋无防滑齿，则试验白纸上应出现完整的轮辋印痕，此时测得的胎内压力不得超过表3规定的最大胎圈密合压力值，超过者为不合格；

c) 与咬合齿轮相匹配的轮胎不做胎圈密合压力试验。

表3 新设计的轮胎胎圈密合压力值

轮胎额定内压/kPa	胎圈密合压力值/kPa	
	最小	最大
小于或等于275	170	280
275～690	170	额定内压
大于690	350	[a]

[a] 最大胎圈密合压力值最应小于或等于轮胎的额定内压。当额定内压超过1 380 kPa时，最大胎圈密合压力应小于或等于1 380 kPa。

表4 已生产轮胎的胎圈密合压力值

轮胎额定内压/kPa	胎圈密合压力值/kPa	
	最小	最大
小于或等于294	100	300
大于294	180	[a]

[a] 最大胎圈密合压力值最应小于或等于轮胎的额定内压。当额定内压超过1 380 kPa时，最大胎圈密合压力应小于或等于1 380 kPa。

9.6 试验报告

试验报告应包括下列主要内容：

a) 轮胎规格、层级、胎号及生产厂或商标；

b) 试验方法标准号；

c) 试验时的环境温度、温度；

d) 试验结果的评定；

e) 试验日期、试验人。

10 断面分析测量方法

10.1 试样

轮胎断面的试样必须通过轮胎中心轴线。

10.2 测量工具

a) 比例尺：分度不大于 1 mm；

b) 1∶1 的轮胎轮廓图样板，分度为 2.5 mm；

c) 分规。

10.3 分析程序

10.3.1 胎面胶厚度测量

用比例尺测量断面胎冠中心线两侧 10 mm 内的胎面胶厚度(含补强层，不含缓冲层)。至少测量三处，其中一处位于胎冠中心线上。

测量取算术平均值，测量结果精确到小数点后一位。

10.3.2 胎侧胶厚度测量

用比例尺测量轮胎断面上胎侧胶最薄处的厚度。测量结果精确到小数点后一位。

10.3.3 检查帘线排列不齐

用目测检查轮胎断面上帘线排列情况，凡有帘线排列成波浪状，波高超过一根帘线者，视为帘线排列不齐。

钢丝圈的反包帘布部分和断面水平轴以下的外正包帘布不作此项检查。

10.3.4 钢丝圈离位值测量

10.3.4.1 用比例尺测量钢丝圈下至着合直径之间的材料厚度。

10.3.4.2 如图 5 所示，钢丝圈离位值按式(7)、式(8)进行计算：

$$\Delta X_1 = | h_1 - X_1 | \quad \cdots\cdots (7)$$

$$\Delta X_2 = | h_2 - X_2 | \quad \cdots\cdots (8)$$

式中：

ΔX_1、ΔX_2——钢丝圈离位值，单位为毫米(mm)；

h_1、h_2——钢丝圈下至着合直径之间实测的材料厚度，单位为毫米(mm)；

X_1、X_2——钢丝圈下至着合直径之间设计规定的材料厚度，单位为毫米(mm)。

X_1、X_2 也可用式(9)、式(10)进行计算：

$$X_1 = R_1 - R_0 \quad \cdots\cdots (9)$$

$$X_2 = R_2 - R_0 \quad \cdots\cdots (10)$$

式中：

R_1、R_2——按设计所确定的左、右两个钢丝圈的半径，单位为毫米(mm)；

R_0——轮胎着合半径，单位为毫米(mm)。

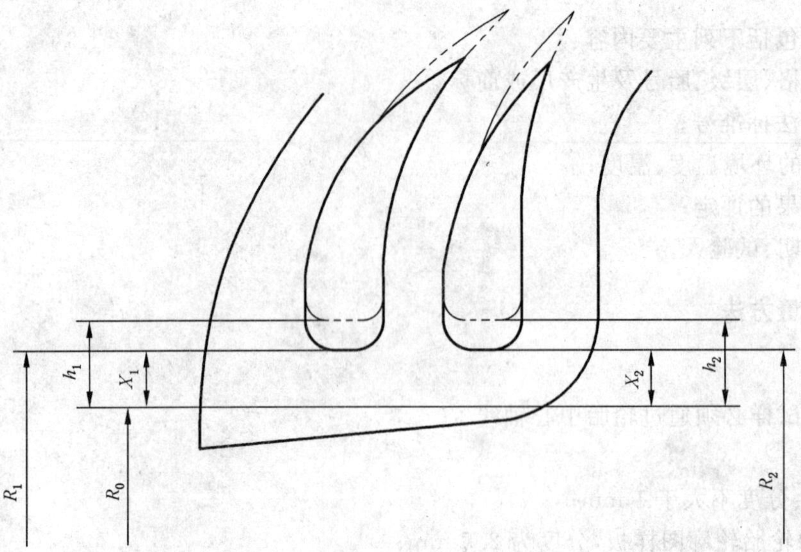

图 5 钢丝圈离位值示意图

10.3.5 钢丝圈歪斜值测量

10.3.5.1 用比例尺测量轮胎断面两胎圈的钢丝圈中心线下的材料厚度。

10.3.5.2 如图 6 所示，钢丝圈的歪斜值按式(11)、式(12)计算：

$$\Delta Y_1 = |Y_1 - Y'_1| \quad \cdots\cdots(11)$$

$$\Delta Y_2 = |Y_2 - Y'_2| \quad \cdots\cdots(12)$$

式中：

ΔY_1、ΔY_2——钢丝圈歪斜值，单位为毫米(mm)；

Y_1、Y_2——左胎圈的钢丝圈中心线下的材料厚度，单位为毫米(mm)；

Y'_1、Y'_2——右胎圈的钢丝圈中心线下的材料厚度，单位为毫米(mm)。

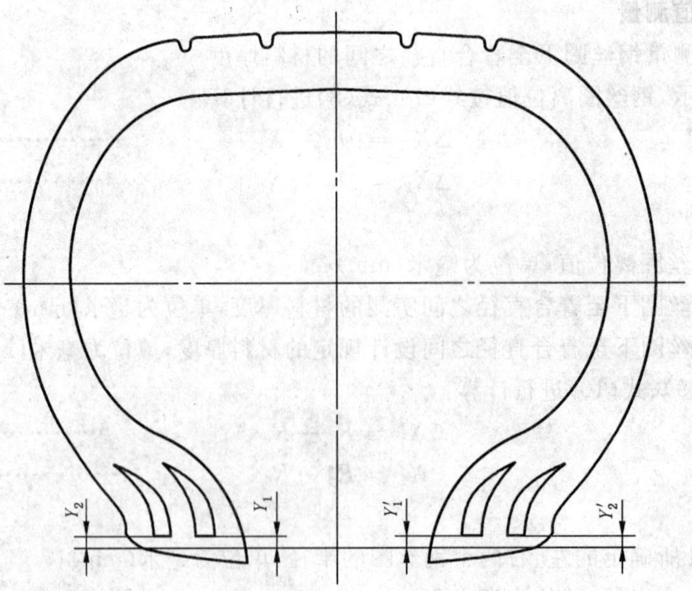

图 6 钢丝圈歪斜值示意图

10.3.6 胎面胶

用比例尺测量中心线两侧胎冠对称部位的胎面胶厚度，其两值之差为胎面胶歪斜值。

10.3.7 缓冲层歪斜值测量

10.3.7.1 用分规测量断面中心线至两侧缓冲层边缘的距离。

10.3.7.2 缓冲层的歪斜值测量按式(13)进行计算：

$$\Delta L = | L_1 - L_2 | \qquad \cdots\cdots (13)$$

式中：

ΔL——缓冲层歪斜值，单位为毫米(mm)；

L_1——断面中心线至左侧缓冲层边缘的距离，单位为毫米(mm)；

L_2——断面中心线至右侧缓冲层边缘的距离，单位为毫米(mm)。

10.3.8 外层帘布层端部离位值测量

用比例尺测量胎趾到最外层帘布层端部之间的距离，将所测距离与设计规定的层帘布层端部距离之差作为端部离位值。

10.3.9 帘、帆布歪斜值测量

用轮胎轮廓图样板(或比例尺)测量轮胎断面两侧同层帘布包钢丝圈的包边高度，两值之差即为帘、帆布歪斜值。歪斜值按式(14)进行计算(见图7)：

$$\Delta S = | S_1 - S_2 | \qquad \cdots\cdots (14)$$

式中：

ΔS——帘、帆布歪斜值，单位为毫米(mm)；

S_1——断面左边包钢丝圈帘布边到轮胎着合径水平线之间的距离，单位为毫米(mm)；

S_2——断面右边包钢丝圈帘布边到轮胎着合径水平线之间的距离，单位为毫米(mm)。

注：用扯条法成型的轮胎，因帘布包边后层次不清，因而只分析包边后帘布最高点的歪斜值。

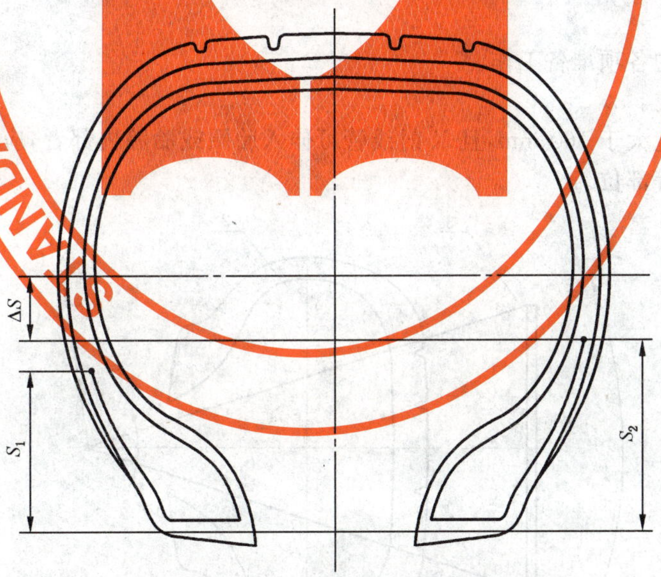

图7 帘、帆布歪斜值示意图

10.3.10 布接头宽度

用目测法检查帘布的接头处，测出帘布接头搭线的根数。

10.3.11 无内胎轮胎密封胶厚度测量

用比例尺测量断面上密封层胶最薄处的厚度(正常帘布搭头处除外)。

11 X射线检测方法

11.1 原理

本方法是利用X射线穿透不同物质时呈现出不同程度的衰减作用，并产生荧光和能使胶片感光的特点，对航空轮胎的各部位进行无损检测。

11.2 试样

试样应为硫化后在自然环境下停放12 h以上、经表面质量检查合格且表面干净的轮胎。

11.3 检测设备

11.3.1 X射线管：金属陶瓷X射线管，焦点不大于0.6 mm，电压0 kV～100 kV，电流0 mA～13 mA，阳极头转动角180°；

11.3.2 摄像装置：荧光屏与高分辨率分流摄像管和电视装置连用，且与X射线管阳极头同步旋转，实现比一侧胎圈到另一侧胎圈的检测；

11.3.3 轮胎操纵装置：可前后、左右移动，并可旋转；

11.3.4 检测灵敏度：指X射线在透照部位能够检测到的轮胎内部最小缺陷尺寸的能力，可用式(15)计算：

$$K = \frac{d}{h} \times 100 \qquad \cdots\cdots(15)$$

式中：

K——检测灵敏度，%；

d——X射线透照部位所能发现的轮胎内部最小缺陷的尺寸，单位为毫米(mm)；

h——X射线检测发现的最小缺陷处的轮胎厚度，mm。

检测灵敏度应不大于2%。检测灵敏度应定期标定。

11.4 环境条件

X射线检测场所应符合国家有关规定，其中，X射线检测场所为环境温度条件。

11.5 检测程序

11.5.1 做好检测前的各项准备工作。

11.5.2 选择检测部位。

11.5.2.1 轮胎断面宽大于160 mm，且X射线管可伸入胎圈或胎腔内部者，应按图8所示方法检测胎冠、胎肩、胎侧和胎圈等部位。

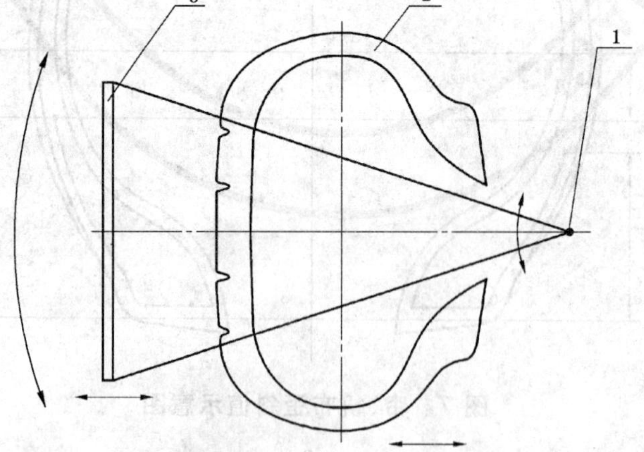

1——X射线源；

2——轮胎；

3——荧光屏。

图8 X射线管伸入胎圈或胎腔内部检测

11.5.2.2 X 射线管不能伸入胎圈者，应按图 9 所示方法在轮胎外部对必要部位进行检测。

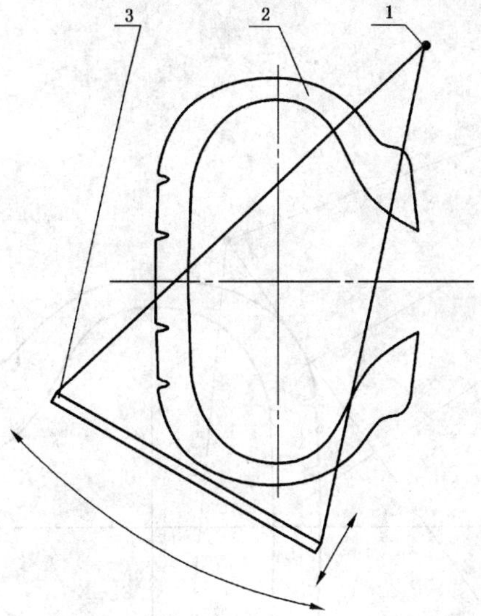

1——X 射线源；
2——轮胎；
3——荧光屏。

图 9 X 射线管在轮胎外部检测

11.5.3 选择合适的射线源

11.5.3.1 一般按照轮胎体各部位不同的厚度选择不同管电压、管电流，以获得最清晰的图像。

11.5.3.2 根据设备的使用条件绘制不同管电压对轮胎厚度和曝光量之间的曝光曲线，供迅速选择曝光条件进行照像用。

11.5.4 对轮胎各部位进行检测，观察是否有异常现象。如有必要，可直接对准电视荧光屏摄像或录像，以备存查。

11.5.5 当需要进一步对缺陷进行分析时，可以进行 X 射线照像。

11.5.5.1 一般情况下可用一次垂直法照像，如图 10a)所示。必要时，可用二次转向投影法照像，如图 10b)所示，以获得更详细的图象。

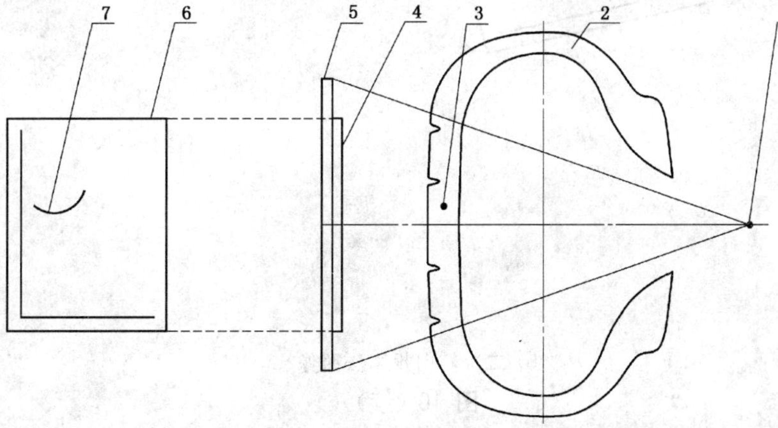

1——X 射线源；
2——轮胎；
3——缺陷；
4——胶片；
5——荧光屏；
6——底片；
7——缺陷影像。

a) 垂直法照像

图 10 X 射线照像

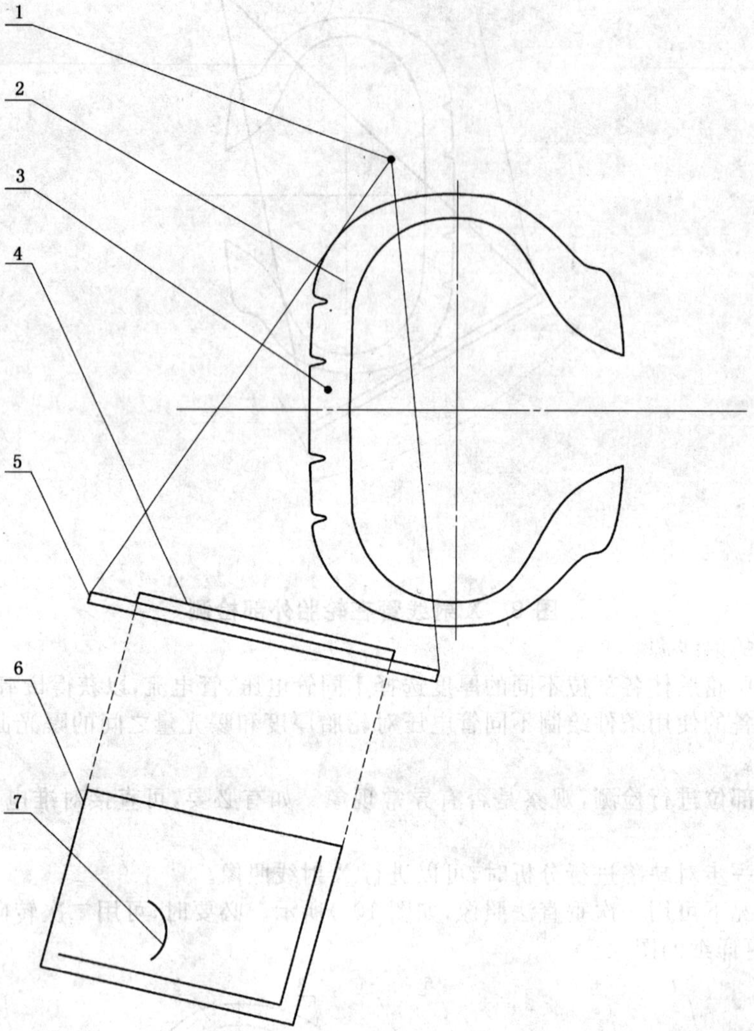

1——X 射线源；
2——轮胎；
3——缺陷；
4——胶片；
5——荧光屏；
6——底片；
7——缺陷影像。

b) 二次转向投影法照像

图 10（续）

11.5.5.2 选用微粒感光胶片，且胶片上应有轮胎规格、生产日期等标志。

11.6 检测结果的判断

11.6.1 缺陷的定性

航空轮胎的内部缺陷分为结构类、气泡类和夹杂物类三类。

11.6.1.1 结构类缺陷的判断

结构类缺陷指轮胎的胎体、胎圈部位出现胎体帘线弯曲、断裂，胎圈钢丝弯曲、断裂等结构异常及胶种、帘布用错等现象，需根据具体情况进行判断。

11.6.1.2 气泡类缺陷的判断

气泡的影像呈现圆形或椭圆形，其亮区呈单个或密集分布。测定气泡时，用正像观察，其边缘与中间的黑度反差不大，用负像观察，则其黑度反差明显，有较清晰的对比度。

气泡在X射线照相底片上的影像呈现黑斑状，照片上则是白色影像。若其边缘清晰、内部均匀而密集，则为海绵体。

11.6.1.3 杂物类缺陷的判断

按正常检测条件检测发现异常影像时，如影像黑度较大，可提高电压，观察其影像黑度的变化。凡黑度变深者为金属类夹杂物，反之为非金属类夹杂物。

11.6.2 缺陷的定量

使用铅丝标尺贴在缺陷部位的轮胎表面处，便可直接读出缺陷的尺寸。

11.6.3 缺陷的定位

在缺陷定量的同时，根据缺陷影像在轮胎部位的特点，采用坐标直读法，可以测出缺陷离轮胎表面的深度，便可决定缺陷在轮胎内部的位置。

11.7 检测报告

11.7.1 根据轮胎缺陷填写检测报告，并在相应的轮胎上加盖检查印章。

11.7.2 报告单、检查记录归档保存。

12 全息照像检测方法

12.1 原理

本方法利用激光全息干涉原理，采用真空加载双曝光内外拍照方法揭示轮胎内部存在的脱层、气泡等缺陷。

12.2 检测设备

轮胎激光全息无损检测仪(其灵敏度应高于或等于3 mm)。扩胎机、再现系统、底片冲洗处理、翻拍、印像、放大等设备。

12.3 试样

试样应为硫化后在自然环境下停放12 h以上、经表面质量检查合格且表面干净的轮胎。

12.4 检测条件

12.4.1 实验室要求清洁干净，相对湿度小于70%。

12.4.2 送检的轮胎必须保证内外表面清洁干燥。

12.4.3 因两胎圈间距过窄致使激光照不亮胎肩部位的航空轮胎，放扩胎机上适当扩口，衬上胎圈扩张器，静置30 min后方可进行检查。

12.4.4 检查时的加载压差，按设备出厂时的技术要求选定。

12.5 检测要求

12.5.1 把待检测的航空轮胎编号排队，并将胎号用白色标记标在胎里上，在检测记录本上，按编号顺序登记轮胎上的胎号。

12.5.2 按设备规定的步骤进行检测。

12.6 检测结果分析及判断方法

12.6.1 缺陷的判别

把拍制好的航空轮胎激光全息干涉图放入再现系统中再现并仔细观察，若在轮胎再现像上附有许多长而粗大、且排列均匀的正常干涉条纹，则说明轮胎内部无缺陷。正常干涉条纹若发生畸变，出现同心环条纹、正常条纹拐弯、或正常条纹发生疏密变化等，则该处轮胎内部存在脱层或气泡缺陷。

12.6.2 缺陷的位置、大小的判别

根据航空轮胎激光全息干涉图中干涉条纹畸变处的坐标和周界，判断脱层或气泡所在的位置和大小。

12.7 **检测报告**

12.7.1 根据轮胎缺陷，按报告内容要求填写检测报告。并根据标准规定在相应的轮胎上加盖检查印章。

12.7.2 报告单、检查记录、航空轮胎激光全息干涉图归档保存。

13 静平衡差度试验方法

13.1 原理

本方法是利用静平衡试验机测量航空轮胎的静不平衡力及其轻点位置，从读取的数值表示该轮胎的静平衡差度。

13.2 试样

试样应为硫化后在自然环境下停放 24 h 以上、经表面质量检查合格且表面干净的轮胎。试样无被挤压变形、胎圈变窄现象。

13.3 试验设备

静平衡试验机及中心支承装置；试验机精度：不大于 10 g。

13.4 试验程序

13.4.1 根据轮胎规格选择相应的中心支承装置。

13.4.2 按试验机规定的操作程序进行试验。

13.4.3 按下式计算出试验轮胎的静不平度：

13.4.3.1 **主轮胎**

主轮胎的最大静平衡差度 M 应不超过式(16)的计算值：

$$M = 0.003\ 83D^2 \quad \cdots\cdots\cdots\cdots (16)$$

13.4.3.2 **其他轮胎**

除主轮胎外的其他轮胎，其最大静平衡差度 M 应不超过式(17)的计算值：

$$M = 0.002\ 74D^2 \quad \cdots\cdots\cdots\cdots (17)$$

式(16)、式(17)中：

M——理论的轮胎静平衡差度值，单位为牛顿厘米(N・cm)；

D——轮胎的最大充气外直径(设计值，含上公差)，单位为厘米(cm)。

13.4.4 从试验机读取测得的该规格轮胎的静不平衡差度值 M(实测)，与式(17)的计算值进行比较，按本标准的 13.5.1 和 13.5.2 进行处理。轮胎试验完毕后，在测出的轻点部位紧靠胎圈上面的胎侧打上平衡标志——红色油漆圆点。

13.5 试验结果的判定

13.5.1 实测的轮胎静不平衡度值小于或等于式(16)或式(17)的计算值，则该轮胎静平衡性能合格。

13.5.2 实测的轮胎静不平衡差度值大于式(16)或式(17)的计算值，则该轮胎静平衡性能不合格，应进行静平衡补片，使之达到合格。

13.6 试验报告

试验报告包括下列主要内容：

a) 轮胎规格、层级、胎号、制造厂名称；

b) 轮胎的试验目的及最大静平衡差度值；

c) 试验时的环境温度和相对湿度；

d) 试验结果包括实际静平衡差度值、处理结果和结论。

14 物理性能试验方法

14.1 一般要求

14.1.1 凡进行物理性能试验的航空轮胎在硫化后必须停放 24 h 以上，其中在标准试验环境下停放不少于 8 h 才能解剖取样。

14.1.2 成品试样的表面不平整或厚度大于标准规定时，应在砂轮上打磨到规定的要求。

14.1.3 成品胶层的厚度小于标准规定时，可按胶层的原有厚度取样，并在试验报告中注明。

14.1.4 试样可先在 30 号砂轮上打磨到接近的规定厚度，再在 60 号砂轮上修整表面到规定的厚度。

14.1.5 打磨后的试样应在标准温度(23±2)℃[或(27±2)℃]下放置 2 h 后再进行裁取。

注：在亚热带地区也可以在(27±2)℃的温度下进行试验，但只能作为内部控制质量用，仲裁鉴定的试验温度必须是(23±2)℃。

14.1.6 试样的制备、试验条件、试验数据的整理应符合 GB/T 2941 和 HG/T 2198 的有关规定。

14.2 试验项目

14.2.1 胎面胶和胎侧胶的拉伸性能

14.2.1.1 试样的制备

14.2.1.1.1 以胎冠中心线为标准，沿着纵方向切取试样，冠部的厚度小于或等于 6 mm 切取一层，大于 6 mm 切取两层。试样不得附有缓冲胶。

14.2.1.1.2 胎侧胶在胎侧中部沿纵方向切取。

14.2.1.1.3 不同部位和不同层次的试样，均不得少于 5 个。

14.2.1.1.4 试样应在砂轮上打磨到(2.0±0.3) mm 厚，表面应平整。

14.2.1.1.5 试样的形状和尺寸应符合 GB/T 528 中规定的 1 型裁刀。

14.2.1.2 试验方法

14.2.1.2.1 试验仪器和试验步骤按 GB/T 528 的规定执行。

14.2.1.2.2 试验结果以 5 个试样的中值表示。

14.2.2 胎面胶老化试验

14.2.2.1 试样的制备

按 14.2.1.1 规定，在胎冠各层各切取 5 个试样进行老化试验。老化后与老化前的试样一起进行拉伸性能测定。

14.2.2.2 试验方法

14.2.2.2.1 老化条件为(70±1)℃×24 h。

14.2.2.2.2 试验仪器、试验步骤按 GB/T 3512 的规定执行。

14.2.2.2.3 试验结果用拉断伸长率的百分变化率表示。

14.2.3 胎面胶硬度的测定

14.2.3.1 试样的制备

14.2.3.1.1 按本标准 14.2.1.1 规定的取样部位，切取长度不小于 35 mm、宽度不小于 15 mm、厚度不小于 6 mm 的试样；也可用(2.0±0.3) mm 的 3～4 个同层试样叠起测定，总厚度不得小于 6 mm。

14.2.3.1.2 试样用 60 号砂轮磨平表面。

14.2.3.2 试验方法

试验仪器、试验步骤及试验结果的表示方法按 GB/T 531 的规定执行。

14.2.4 胎面胶的磨耗试验

14.2.4.1 试样的制备

14.2.4.1.1 在胎冠中心部位沿纵方向割取宽度为 15 mm～20 mm、长度约 250 mm 的胶条 2 个(轮胎外直径在 400 mm 及以下规格者割取 1 个)。

14.2.4.1.2 将割下的胶条切除余胶，打磨到厚度为(3.2±0.3) mm，再切成宽度为(12.7±0.2) mm、长度为(215.0±0.5) mm 的试样。

14.2.4.2 **试验方法**

14.2.4.2.1 试样贴于胶轮上，以圆弧外面作磨面。

14.2.4.2.2 试验仪器、试验步骤及试验结果的表示方法按 GB/T 1689 的规定执行。

14.2.5 **胎面胶脆性温度试验**

14.2.5.1 **试样的制备**

14.2.5.1.1 以胎冠中心线为标准沿纵方向割取试样，将试样打磨到厚度为(2.0±0.3) mm，再切成宽度为(6.0±0.5) mm 、长度为(25.0±0.5) mm 的试样。

14.2.5.1.2 试样的表面应光滑，无杂质及损伤。

14.2.5.2 **试验方法**

试验仪器、试验步骤及试验结果的表示方法按 GB/T 1682 的规定执行。

14.2.6 **帘布层间粘合强度试验**

14.2.6.1 **试样的制备**

14.2.6.1.1 在轮胎周向两等分点上，沿断面方向各割取 3 个宽度为(30.0±0.5) mm、长度为 170 mm～250 mm 的胎冠部位试样(轮胎外直径为 660 mm 及以下规格只取一个部位的试样)。

14.2.6.1.2 附在试样上的胎面胶厚度为 4 mm～6 mm，如胎面胶厚度小于 4 mm，则以原厚度为准。

14.2.6.1.3 试样以每三层为一组，测试第二层与第三层间的粘合强度时，以两层为一组，在试样的一端割开 50 mm～60 mm 的口子，用定长小刀沿剥离层两侧割开深度为 2.5 mm 的口子，严格控制有效宽度为(25.0±0.5) mm。

14.2.6.1.4 在轮胎周向的两等分点上，沿断面最宽点的胎侧部位各割取 1 个宽度为(30.0±0.5) mm、长度不小于 130 mm 的胎侧部位试样(轮胎外直径为 660 mm 及以下规格只取一个部位的试样)。切除多余胶层，只留三层帘布。

14.2.6.1.5 胎面胶与帘布层之间、胎面胶与缓冲层之间及胎侧胶与帘布层之间的剥离层，在试样两侧各切去宽度为 2.5 mm 的胶条，并在试样的一端割开 40 mm～50 mm 的口子，严格控制剥离层有效宽度为(25.0±0.5) mm。

14.2.6.2 **试验方法**

14.2.6.2.1 剥离试验的顺序由内层到外层。

14.2.6.2.2 将制备好的试样夹在拉力试验机上、下夹持器上进行试验。

14.2.6.2.3 试样的有效剥离长度不小于 100 mm，若受产品限制允许低于这个数字，但不得小于 70 mm。剥离面的中心应处于胎冠中心或胎侧中心位置。

14.2.6.2.4 试验时，试样的剥离面应朝向操作人。

14.2.6.2.5 进行胎面胶(或缓冲胶)与帘布层及胎侧胶与帘布层间粘合强度试验时，胶层夹在下夹持器上。在进行第二层与第三层帘布间粘合强度试验时，第一、二层夹在上夹持器上。

14.2.6.2.6 进行帘布层间粘合强度试验时，胶必须附在剥离层下方，并严格控制跳线现象，如发现有跳线和接头等现象时，该处的剥离值不得计入试验结果内。

14.2.6.2.7 试验仪器、试验步骤及试验结果的表示方法按 GB/T 532 的规定执行。

14.2.7 **帘布层角度、帘线密度的测定**

14.2.7.1 **试样的制备**

14.2.7.1.1 在轮胎周向的两等分点的胎冠中心线上，各割取一块边长为(50±1) mm 的正方形试样，试样的中心点应位于胎冠中心位置上。

14.2.7.1.2 试样按每两层为一组用刀分开，并标明其层次。

14.2.7.2　**测定方法**

14.2.7.2.1　**角度的测量**

角度的测量按下列步骤进行：

a)　在试样的中心位置划一条平行于胎冠中心线的直线作为横轴，并在横轴中心附近抽出一根帘线，在该线痕迹与横轴的交叉点处做横轴垂线作为纵轴。

b)　测量角度时，量角器的纵、横轴分别与试样的纵、横轴相重合。测量通过坐标原点的线与纵轴所构成的夹角，作为该层的帘线角度。（量角器的分度为半度）

c)　取同层两个试样的算术平均值作为测量结果（外直径在 600 mm 及以下规格允许只取 1 个试样）。

14.2.7.2.2　**帘线密度的测量**

帘线密度的测量按下列步骤进行：

a)　帘线密度的测量是在测量帘线角度的同一试样上进行。测量时，在试样上作帘线的垂线，并沿垂线标出 50 mm 的宽度。

b)　在 50 mm 宽度的试样内数出帘线的根数，然后换算成 100 mm 宽度内的帘线根数作为测量结果。

c)　测量结果取同层两个试样的算术平均值（外直径在 600 mm 及以下规格的航空轮胎允许只取 1 个试样）。

14.2.8　**帘线拉伸强度试验**

14.2.8.1　**试样的制备**

14.2.8.1.1　取奇数层试样时，在胎冠部位的第一帘布层上以相隔不小于 40 mm 距离，在其两边各抽出 1 根帘线，用刀沿着抽出帘线的线痕切取试样。

14.2.8.1.2　取偶数层试样时，沿偶数层的帘线方向切取宽度不小于 50 mm 的试样。

14.2.8.1.3　在试样的一端按经线层用刀分开 30 mm～40 mm 的口子，然后剥开取线，帘线的长度为 300 mm～350 mm，小规格轮胎帘线允许短于 300 mm。帘线上尽量不附胶。

14.2.8.1.4　取出的帘线应标明层次。

14.2.8.2　**试验方法**

14.2.8.2.1　锦纶帘线试样，在相对湿度为 60%～70%和温度为(23±2)℃的试验室内停放 24 h 后再进行试验。

14.2.8.2.2　试验仪器应符合 GB 9101 和 GB 9102 中的规定。试样夹持距离为 250 mm（小规格轮胎允许使用 200 mm），下夹具下降速度为(300±5) mm/min，断裂强力的读数应在满刻度的 20%～70%范围内，精度为 0.98 N，测伸长标尺的精度为 1 mm。试验机应带有自动记录装置。

14.2.8.2.3　试验预加张力和定负荷按表 5 的规定选择。

表 5　帘线的预张力和定负荷

帘线种类	帘线规格	预加张力/N	定负荷/N
锦纶帘线	930 dtex/2 (840D/2)	0.82	44.1
锦纶帘线	1400 dtex/2 (1260D/2)	1.23	66.6
锦纶帘线	1870 dtex/2 (1680D/2)	1.65	88.2

14.2.8.2.4　试验步骤应按 GB 9101 和 GB 9102 的有关规定执行，并记录断裂强力、断裂伸长率和定负荷伸长率。

14.2.8.2.5　若帘线在夹持器处断裂，该试验结果作废。

14.2.8.3　**试验结果的计算和表示方法**

14.2.8.3.1　帘线的断裂强力直接在试验机刻度盘上读出，用 N/根表示。

14.2.8.3.2　断裂伸长率和定负荷伸长率按式(18)计算：

$$\varepsilon = (L - L_0)/L_0 \qquad \cdots\cdots(18)$$

式中：

ε——帘线断裂伸长率或定负荷伸长率，%；

L——试样达到规定负荷或断裂时的长度，单位为毫米(mm)；

L_0——试样初始长度，单位为毫米(mm)。

14.2.8.3.3　代表每层帘线性能的试样不少于10根，经取舍后不得少于5根。试验结果取算术平均值，每个试验结果对平均值的偏差不得大于±10%。

14.3　试验报告

试验报告应包括下列内容：

a)　生产厂、产品规格、制造日期、试验日期。

b)　批次。

c)　硫化条件。

d)　试验室温度、湿度。

e)　制造号：成型、硫化。

f)　试验项目：

1)　胎重，kg。

2)　胎面胶性能：
拉伸强度，MPa；
拉断伸长率，%；
拉断永久变形，%；
300%定伸应力，MPa；
磨耗量，cm^3；
脆性温度，℃；
老化；
硬度，度(邵尔)。

3)　胎侧胶性能：
拉伸强度，MPa；
拉断伸长率，%；
拉断永久变形，%；
300%定伸应力，MPa；
硬度，度(邵尔)。

4)　胎体及结构材料性能：
帘线角度，度；
帘线密度，根/10 cm；
帘布层间粘合强度，kN/m；
帘线性能：断裂强力，N/根；
断裂伸长率，%；
定负荷伸长率，%。

g)　试验人、审核人。

15　胎圈耐高温试验方法

15.1　原理

将胎圈部胶料试样置于高温常压下的热空气中，按规定的条件进行老化后，测定其拉伸强度及拉断伸长率,用以反映航空轮胎胎圈的耐高温性能。

15.2 试样的制备

15.2.1 航空轮胎胎圈部胶料包括胎圈包布胶及气密层胶(或内衬层胶)。

15.2.2 将胎圈包布胶及气密层胶(或内衬层胶)的半成品胶料分别按 GB/T 528 的要求硫化成试样,然后各裁取五个哑铃状试片,裁刀采用Ⅰ型。

15.3 试验装置

试验装置应符合 GB/T 3512 的规定。

15.4 试验步骤

15.4.1 高温老化步骤按 GB/T 3512 规定的试验步骤进行,老化条件:(150±2)℃×1 h。

15.4.2 高温老化后的试样按 GB/T 528 测定其拉伸强度、拉断伸长率,并按 GB/T 528 的规定取值。

15.5 试验报告

试验报告应包括下列内容:

a) 生产厂、生产规格、试验日期;

b) 配方代号;

c) 半成品胶料硫化条件,℃×h;

d) 试验室温度,℃;

e) 高温老化条件,℃×h;

f) 高温试验后的物理性能:

  1) 拉伸强度,MPa;

  2) 拉断伸长率,%;

g) 试验、校对、审核。

16 耐环境温度试验方法

16.1 原理

本方法是通过航空轮胎胎面胶和胎侧胶分别在不高于−40 ℃和不低于 71 ℃两个极限温度的空气中暴露 24 h 后,在 GB 2941 规定的标准温度下测定其拉伸强度、拉断伸长率等物理指标来反映航空轮胎耐环境温度的性能。

16.2 一般要求

试验方法的一般要求应符合的规定。

16.3 试样的制备

按 14.2.1 的规定执行,其中试样的形状和尺寸应符合 GB/T 528 中Ⅰ型裁刀的规定。

注:配方相同的胎面胶和胎侧胶只取胎面胶试样即可,配方不同则应分别取样;如胎侧胶取样有困难,可用胎侧胶半成品胶料硫化成试样代替。

16.4 高温试验

16.4.1 按 16.3 的规定,胎面胶和胎侧胶各取 5 个试样进行高温处理。

16.4.2 高温处理条件:在不低于 71 ℃的空气中暴露 24 h。

16.4.3 试验装置应符合 GB/T 3512 的规定。

16.4.4 试验步骤按 GB/T 3512 规定的试验步骤进行。

16.4.5 高温处理后的试样按 GB/T 528 的规定测定其拉伸性能。

16.4.6 测定结果的计算和取值方法按 GB/T 528 的规定执行。

16.4.7 试验结果采用拉伸强度和拉断伸长率表示。

16.5 低温试验

16.5.1 按 16.3 的规定,胎里胶和胎侧胶各取 5 个试样进行低温处理。

16.5.2 低温处理条件：在不高于－40 ℃的空气中暴露 24 h。

16.5.3 橡胶试样采用－40 ℃以下的低温装置进行低温处理。

16.5.4 试验步骤

16.5.4.1 在低温处理前测定试样的厚度。

16.5.4.2 将试样放在－40 ℃以下的低温装置中，即开始计算低温处理时间。达到规定的低温处理时间后取出。

16.5.4.3 试样在 GB 2941 规定的标准温度下停放 4 h～96 h，按测定其拉伸性能。

16.5.5 测定结果的计算和取值方法按 GB/T 528 的规定进行。

16.5.6 试验结果采用拉伸强度和拉断伸长率表示。

16.6 试验报告

试验报告应包括下列内容：

a) 生产厂、产品规格、试验日期；

b) 配方代号；

c) 产品（或半成品胶料）硫化条件，℃×h；

d) 试验温度，℃；

e) 高温试验后的物理性能：

  1) 拉伸强度，MPa，

  2) 拉断伸长率，%；

f) 低温试验后的物理性能：

  1) 拉伸强度，MPa，

  2) 拉断伸长率，%；

g) 试验、校对、审核。

ICS 83.160.10
G 41

中华人民共和国国家标准

GB/T 9749—2008

代替 GB/T 9749—1997,GB/T 9762—1997,GB/T 9763—1997

力车轮胎性能试验方法

Performance testing method for cycle tyres

2008-06-18 发布

2009-02-01 实施

中华人民共和国国家质量监督检验检疫总局
中国国家标准化管理委员会 发布

前　言

本标准修改采用日本工业标准 JIS K 6302—1994《自行车用轮胎》。

本标准代替 GB/T 9749—1997《力车轮胎强度性能试验方法》、GB/T 9762—1997《力车轮胎耐久性能试验方法(转鼓法)》和 GB/T 9763—1997《力车轮胎脱圈水压试验方法》。

本标准根据 JIS K 6302—1994 重新起草。附录 A 列出了本标准与 JIS K 6302 的章条编号的对照一览表。本标准与 JIS K 6302 的有关技术性差异用垂直单线标识在它们所涉及条款的页边空白处,并在附录 B 中列出了这些技术性差异及其原因。

本标准与 GB/T 9749—1997、GB/T 9762—1997 和 GB/T 9763—1997 的主要技术性差异如下:

——增加了强度性能试验机加载装置的加载能力应不大于 2 000 kg 的要求(本版的 4.2.2);

——对强度性能试验的充气压力作了调整(GB/T 9749—1997 版的 4.1、4.2;本版的 5.1.1.2、5.1.1.4);

——增加了水压达到规定值后应至少静置 2 min 的要求(本版的 5.3.2.4);

——增加了"判定规则"和"试验报告"(本版的第 6 章、第 7 章)。

本标准的附录 A 和附录 B 均为资料性附录。

本标准由中国石油和化学工业协会提出。

本标准由全国轮胎轮辋标准化技术委员会归口。

本标准委托全国摩托车自行车轮胎轮辋标准化分技术委员会负责解释。

本标准主要起草单位:厦门正新橡胶工业有限公司。

本标准主要起草人:陈健明、杨金城、蔡英裕、罗乃良。

本标准所代替标准的历次版本发布情况为:

——GB/T 9749—1988、GB/T 9749—1997;

——GB/T 9762—1988、GB/T 9762—1997;

——GB/T 9763—1988、GB/T 9763—1997。

力车轮胎性能试验方法

1 范围

本标准规定了检验力车轮胎性能试验用术语和定义、试验设备与精度、试验方法、判定规则和试验报告。本标准包括力车轮胎的强度性能试验方法、耐久性能试验方法(转鼓法)和脱圈水压性能试验方法。

本标准适用于力车充气轮胎及其内胎。

本标准不适用于管式赛车轮胎和非充气轮胎。

2 规范性引用文件

下列文件中的条款通过本标准的引用而成为本标准的条款。凡是注日期的引用文件,其随后所有的修改单(不包括勘误的内容)或修订版均不适用于本标准,然而,鼓励根据本标准达成协议的各方研究是否可使用这些文件的最新版本。凡是不注日期的引用文件,其最新版本适用于本标准。

GB/T 1702 力车轮胎(GB/T 1702—2008,JIS K 6302—1994,MOD)

GB/T 1703 力车内胎(GB/T 1703—2008,JIS K 6304—1994,MOD)

GB/T 6326 轮胎术语及其定义(GB/T 6326—2005,ISO 4223-1:2002,Definitions of some terms used in tyre industry—Part 1:Pneumatic tyres,NEQ)

GB/T 7377 力车轮胎系列(GB/T 7377—2008,ISO 5775-1:1997,Bicycle tyres and rims—Part 1:Tyre designations and dimensions,MOD)

3 术语和定义

GB/T 6326 确立的术语和定义适用于本标准。

4 试验设备与精度

4.1 试验转鼓

4.1.1 试验转鼓直径为 790 mm±10 mm;宽度应大于试验轮胎的充气断面总宽度。

4.1.2 试验转鼓的表面应为光滑的钢质面,其表面粗糙度 Ra 值不大于 6.3 μm。

4.1.3 加载装置的加载能力应满足试验的要求,其精度为满量程的±2%。

4.1.4 试验转鼓的速度能力应满足试验的要求,其精度为±2 km/h。

4.1.5 障碍物:表面粗糙度 Ra 值应不大于 6.3 μm、宽度 10 mm±0.1 mm、高度 5 mm±0.1 mm 的长方形铁块,角曲率半径为 1.0 mm±0.05 mm,数量 2 个。

4.1.6 障碍物以等距、对称安装在转鼓的外周上,并与转鼓轴方向平行,长度与转鼓宽度相等。

4.2 强度试验机

4.2.1 试验机应具备有足够长度的圆柱形钢质棒,其一端为直径 8 mm±0.1 mm 的半球形压头。

4.2.2 试验机加载装置的加载能力应不大于 2 000 kg。

4.2.3 压头位移和压力的显示精度为满量程的±1%。压头移动的速度精度为±2.5 mm/min。

4.3 压力表

压力表显示精度为满量程的±2%。

4.4 导管和水压源

4.4.1 导管为内径 3 mm 以上,长度 4 m 以下的耐压管。

4.4.2 系统水压应保持稳定。

4.5 测试轮辋

4.5.1 测试轮辋采用 GB/T 7377 规定的测量轮辋。

4.5.2 水压测试轮辋也可根据供求双方的协议采用指定的轮辋。

5 试验方法

5.1 强度试验

5.1.1 试验条件和步骤

5.1.1.1 试验轮胎的外观质量应符合 GB/T 1702 和 GB/T 1703 的规定。

5.1.1.2 将试验轮胎安装在 GB/T 7377 规定的测量轮辋上,并充入 GB/T 7377 规定的推荐气压。

5.1.1.3 将试验轮胎与轮辋的组合体在 25 ℃±10 ℃的实验室温度下至少停放 3 h。

5.1.1.4 将停放后的轮胎气压重新调整到表 1 中规定的充气压力。

表 1 强度试验的充气压力

单位为千帕

推荐气压	充气压力
<515	350±10
≥515	500±20

5.1.1.5 将试验轮胎与轮辋组合体安装在试验机的固定架上。

5.1.1.6 沿轮胎周向取大致等距离的 4 个试验点。

5.1.1.7 将压棒的半球形压头尽量靠近胎冠中心线,避开花纹沟,以 50 mm/min±2.5 mm/min 的速度将半球形压头垂直压入胎面。

5.1.1.8 记录轮胎每个试验点破坏前瞬间的压力和压入深度(行程)。

5.1.1.9 使用可自动计算破坏能的装置时,当测试点达到规定的最小破坏能后,可停止压头继续压入轮胎。

5.1.1.10 试验过程中,如果无内胎轮胎无法保持充气压力,可装入内胎进行试验,但应在试验报告中注明。

5.1.2 试验结果表示

5.1.2.1 每个实验点的破坏能按式(1)计算:

$$W=\frac{F\times P}{2\ 000} \qquad \cdots\cdots(1)$$

式中:

W——破坏能,单位为焦耳(J);

F——压力,单位为牛顿(N);

P——压入深度(行程),单位为毫米(mm)。

5.1.2.2 如果压头触及轮辋,轮胎未压穿,且未达到最小破坏能值,则此点应视为达到最小破坏能。

5.1.2.3 轮胎破坏能取所测各试验点破坏能的算术平均值。

5.2 耐久试验

5.2.1 试验条件

5.2.1.1 试验轮胎的外观质量应符合 GB/T 1702 和 GB/T 1703 的规定。

5.2.1.2 将试验轮胎安装在 GB/T 7377 规定的测量轮辋上，并充入 GB/T 7377 规定的推荐气压。

5.2.1.3 将试验轮胎与轮辋的组合体在 25 ℃±10 ℃的实验室温度下至少停放 3 h。

5.2.1.4 试验全过程应保持试验负荷的稳定。

5.2.1.5 试验全过程中，试验温度需保持 25 ℃±10 ℃，温度的测量在离试验轮胎的 1 m 以上位置进行。

5.2.2 试验步骤

5.2.2.1 将停放后的轮胎气压重新调整到 GB/T 7377 规定的推荐气压。

5.2.2.2 将按上述条件准备好的试验轮胎与轮辋组合体安装在试验轴上，使其垂直于试验转鼓外表面并施加 GB/T 7377 规定的推荐负荷。

5.2.2.3 启动转鼓，使其带动轮胎转动，并在 5 min 内达到 40 km/h±2 km/h 的试验速度。

5.2.2.4 试验结束后应立即测量轮胎气压，并检查轮胎外观。

5.3 脱圈水压试验

5.3.1 试验条件

5.3.1.1 试验轮胎的外观质量应符合 GB/T 1702 和 GB/T 1703 的规定。

5.3.1.2 将试验轮胎安装在 4.5 规定的测试轮辋上，充入 GB/T 7377 规定的推荐气压，在 25 ℃±10 ℃ 的实验室温度下至少停放 3 h。

5.3.2 试验步骤

5.3.2.1 将充气停放后的试验轮胎与轮辋组合体装上水压试验用的进水嘴。

5.3.2.2 用导管将进水嘴与水泵相连接，开动水泵，向内胎充入 100 kPa 的水压后，再停机泄压，排除内胎中的空气，并校正试验装置。

5.3.2.3 启动水泵，缓慢向内胎充水，将胎圈部位调正，并使水压达到 GB/T 7377 规定的推荐气压值。之后，按不超过 100 kPa/min 的升压速度加压。

5.3.2.4 水压达到规定标准值后，应至少静置 2 min。

5.3.2.5 胎圈某一部位脱出或轮胎爆破时的内压，即为轮胎脱圈(或爆破)内压。

6 判定规则

6.1 强度试验

试验轮胎破坏能大于或等于 GB/T 1702 规定的最小破坏能值时，判定“通过试验”；试验轮胎破坏能低于 GB/T 1702 规定的最小破坏能值时，判定“未通过试验”。

6.2 耐久试验

试验达到 GB/T 1702 或 GB/T 1703 规定的里程数后，试验轮胎不出现脱圈、爆破、离层、帘线断裂等现象时，判定“通过试验”，否则判定“未通过试验”。

6.3 脱圈水压试验

试验结束后，试验轮胎测试值达到 GB/T 1702 规定值后，判定“通过试验”，否则判定“未通过试验”。

7 试验报告

7.1 强度试验

试验报告至少应包括以下内容：

a) 试验轮胎制造厂名称、商标、规格、生产编号；

b) 试验轮辋型式及规格；

c) 试验温度；

d) 试验气压、轮胎各测试点的压头作用力、行程和破坏能；

e) 无内胎轮胎是否装用内胎；

f) 试验结束时，轮胎各测试点的情况："压穿"或"未压穿"；

g) 试验日期；

h) 结论："通过试验"或"未通过试验"。

7.2 耐久试验

试验报告至少应有以下内容：

a) 试验轮胎制造厂名称、商标、规格、生产编号；

b) 试验轮辋型式及规格；

c) 试验温度；

d) 试验气压、试验负荷和试验速度的变化情况；

e) 试验结束时试验轮胎充气压力；

f) 试验结束时轮胎情况；

g) 试验日期；

h) 结论："通过试验"或"未通过试验"。

7.3 脱圈水压试验

试验报告至少应有以下内容：

a) 试验轮胎制造厂名称、商标、规格、生产编号；

b) 试验轮辋型式及规格；

c) 试验温度；

d) 试验结束时水压最高测试值；

e) 试验结束时轮胎情况；

f) 试验日期；

g) 结论："通过试验"或"未通过试验"。

附　录　A
（资料性附录）
本标准与 JIS K 6302—1994 标准章条编号对照

表 A.1 给出了本标准章条编号与 JIS K 6302—1994 章条编号对照一览表。

表 A.1　本标准章条编号与 JIS K 6302—1994 章条编号对照

本标准章条编号	对应的 JIS K 6302—1994 章条编号
1	1
2	1 的备注
3	2 和 3
—	4,5.1～5.5,5.9 和 6
4.1.1、4.1.2、4.1.4、4.1.5、4.1.6	5.8.1
4.1.3	—
4.2.1、4.2.3	5.6 的第 2 段
4.2.2、4.3	—
4.4	5.7.1 的第 1 段
4.5	5.7.1 的第 2 段
5.1.1.1、5.1.1.2、5.1.1.4、5.1.1.5、5.2.1.1、5.2.1.2	5.6 的第 1 段
5.1.1.3	—
5.1.1.6～5.1.1.8	5.6 的第 3 段
5.1.1.9、5.1.1.10	—
5.1.2	5.6 的第 4 段至该条末
5.2.1.3、5.2.1.4	—
5.2.1.5	5.8.2 的第 2 段
5.2.2	5.8.2 的第 1 段
5.3.1、5.3.2.1～5.3.2.3、5.3.2.5	5.7.2
5.3.2.4、6、7	—
附录 A	—
附录 B	—

附 录 B
（资料性附录）
本标准与 JIS K 6302—1994 的技术性差异及其原因

表 B.1 给出了本标准与 JIS K 6302—1994 技术性差异及原因的一览表。

表 B.1 本标准与 JIS K 6302—1994 的技术性差异及其原因

本标准章条编号	技术性差异	原因
1	范围修改为力车轮胎的强度性能、耐久性能和脱圈水压性能 3 类试验方法。	本标准仅涉及 JIS K 6302—1994 中的其中 3 项性能试验方法，其他技术内容已纳入相应的产品标准 GB/T 1702 中。
2	删除了 JIS K 6302—1994 引用的国际标准 ISO 5775-1:1988《自行车轮胎和轮辋 第 1 部分:轮胎规格和尺寸》和日本工业标准 JIS B 0601《表面粗糙度的定义及表示方法》、JIS D 9111《自行车的分类和尺寸》、JIS D 9112《自行车用轮胎尺寸》、JIS D 9421《自行车用轮辋》、JIS K 6251《硫化橡胶的抗张试验方法》、JIS K 6259《硫化橡胶的臭氧老化试验方法》、JIS L 1017《化纤轮胎帘线试验方法》，本标准直接引用了 GB/T 1702《力车轮胎》、GB/T 1703《力车内胎》、GB/T 6326《轮胎术语及其定义》和 GB/T 7377《力车轮胎系列》。	JIS 标准是按产品标准范围引用相关标准，本标准只宜引用 3 个试验方法所涉及的相关标准。因此，本标准引用的 GB/T 7377 与 ISO 5775-1 相对应(JIS D 9112 亦与该 ISO 标准相对应)；GB/T 6326 与 ISO 4223-1 相对应(与引用的 JIS 标准不相关)；GB/T 1702 与 JIS K 6302—1994 相对应；GB/T 1703 与 JIS K 6304—1994《自行车轮胎内胎》相对应(与引用的 JIS 标准不相关)。其他 JIS 标准因不属于本试验方法所涉及的范围而被删去。
—	删去 4,5.1～5.5,5.9 和第 6 章。	这些章条不属于本标准的试验方法范围，故删去。
4.1.1	试验转鼓外径由“790 mm”代替 JIS K 6302 标准的“760 mm”，并增加“转鼓表面宽度应大于试验轮胎的充气断面总宽度”的要求。	依据国情。
4.1.2 4、1.5	试验转鼓的鼓面及障碍物的表面粗糙度由“不大于 6.3 μm”代替 JIS K 6302 标准的“12.5 S”和“6.3 S”。	采用我国相关的表述方法并适应试验要求。
4.1.3 4.2.2	增加对加载装置精度和“加载能力应不大于 2 000 kg”的要求。	确保相应试验设备的试验精度符合力车轮胎试验要求。
4.3	增加对压力表精度的要求。	确保压力表精度符合试验要求。
4.4.1	导管用长度“4 m 以下”代替 JIS K 6302 标准的“2 m 以下”。	更符合脱圈水压试验的安全操作要求。
5.1.1.3 5.2.1.3 5.3.1.2	增加各项性能试验组合体的停放温度和时间。	统一试验条件，提高试验结果的可比性。

表 B.1（续）

本标准章条编号	技术性差异	原　因
5.1.1.4	强度性能试验的充气压力由 JIS K 6302 标准的 350 kPa 修改为 350 kPa 和 500 kPa 两种充气压力。	与力车轮胎规格、品种、试验设备等发展的现状相适应。
5.1.1.9 5.1.1.10	增加强度性能试验在采用自动计算装置或涉及无内胎轮胎时的规定内容。	与力车轮胎规格、品种、试验设备等发展的现状相适应。
5.2.1.4	增加耐久试验过程负荷稳定性的要求。	统一试验条件，提高试验结果的可比性。
5.3.2.4	增加脱圈水压试验在达到规定值后，应“至少静置 2 min”的要求。	明确达到 GB/T 1702 规定值之后的操作方法，便于统一判定规则。
6、7	增加“判定规则”和“试验报告”2 章。	统一各项试验结果的判定和试验的填报内容，使之规范并便于对比。

ICS 87.040
G 50

中华人民共和国国家标准

GB/T 9751.1—2008/ISO 2884-1:1999
代替 GB/T 9751—1988

色漆和清漆　用旋转黏度计测定黏度 第1部分:以高剪切速率操作的锥板黏度计

Paints and varnishes—Determination of viscosity using rotary viscometers—Part1:Cone-and-plate viscometer operated at a high rate of shear

(ISO 2884-1:1999,IDT)

2008-06-04 发布　　　　2008-12-01 实施

中华人民共和国国家质量监督检验检疫总局
中国国家标准化管理委员会　发布

前　言

GB/T 9751《色漆和清漆　用旋转黏度计测定黏度》分为四个部分：

——第1部分：以高剪切速率操作的锥板黏度计；

——第2部分：以规定的单一速率操作的圆盘形或球形黏度计；

——第3部分：以不同速率操作的圆盘形和纺锤形黏度计；

——第4部分：以规定的单一速率操作的桨式黏度计。

本部分为GB/T 9751的第1部分。

本部分等同采用ISO 2884-1:1999《色漆和清漆　用旋转黏度计测定黏度　第1部分：以高剪切速率操作的锥板黏度计》(英文版)。

为便于使用，对于ISO 2884-1:1999做了下列编辑性修改：

——本部分删除了国际标准的前言和参考文献。

本部分代替GB/T 9751—1988《涂料在高剪切速率下粘度的测定》。

本部分与前版GB/T 9751—1988的主要技术差异为：

——标准改为系列标准，本部分为第1部分，名称改为《色漆和清漆　用旋转黏度计测定黏度　第1部分：以高剪切速率操作的锥板黏度计》；

——缩小了适用的剪切速率范围，即从5 000 s^{-1}～20 000 s^{-1}改为9 000 s^{-1}～12 000 s^{-1}；

——取消了圆筒型黏度计和浸没式黏度计；

——取消了试样测试前要经孔径为125 μm的筛网过滤的要求，但要求试样中不应有外来杂质或结块；

——增加了附录A(资料性附录)。

本部分的附录A为资料性附录。

本部分由中国石油和化学工业协会提出。

本部分由全国涂料和颜料标准化技术委员会归口。

本部分起草单位：中海油常州涂料化工研究院。

本部分主要起草人：周文沛。

本部分于1988年首次发布。

色漆和清漆　用旋转黏度计测定黏度 第1部分:以高剪切速率操作的锥板黏度计

1　范围

本部分是涉及色漆、清漆和相关产品取样和测试的系列标准之一。

本部分是对GB/T 6753.4—1998《色漆和清漆　用流出杯测定流出时间》的补充。

本部分规定了在9 000 s^{-1}～12 000 s^{-1}的剪切速率下测定色漆、清漆和相关产品的动力黏度时应遵循的一般程序。

测定的数值能给出有关材料在刷涂、喷涂、辊涂等施工过程中所产生阻力的有关信息。

本部分描述的方法适用于所有色漆和清漆,而不管其是否具有牛顿性质。材料中如含有大颗粒分散体将会造成结果的不真实。

2　规范性引用文件

下列文件中的条款通过本部分的引用而成为本部分的条款。凡是注日期的引用文件,其随后所有的修改单(不包括勘误的内容)或修订版均不适用于本部分,然而,鼓励根据本部分达成协议的各方研究是否可使用这些文件的最新版本。凡是不注日期的引用文件,其最新版本适用于本部分。

GB/T 3186　色漆、清漆和色漆与清漆用原材料　取样(GB/T 3186—2006,ISO 15528:2000,IDT)

GB/T 20777　色漆和清漆　试样的检查和制备(GB/T 20777—2006,ISO 1513:1992,IDT)

3　仪器

黏度计,带有锥板结构,剪切速率控制在9 000 s^{-1}～12 000 s^{-1}范围内。实际使用的仪器由有关双方协商,并在试验报告中详细注明。在附录A中描述了一种常用的简单仪器。

4　取样

按照GB/T 3186规定选取有代表性的待测试样。再按照GB/T 20777检查和制备试验用试样。如果试样在静置时有沉淀或者分层的倾向,则将其搅拌均匀,注意不要混入气泡。试样中不应有外来杂质或结块。试样的量应足够能充分填充锥板之间的空隙。

注:试样中含有大颗粒将造成结果的异常并且会损坏仪器。对于有截头锥体的锥板黏度计,试样中的大颗粒尺寸应小于锥板间隙的十分之一。

5　仪器的检查

按照厂家建议或根据从仪器使用过程中获得的经验定期对仪器进行检查。根据与以前检查的结果比较,可确定需要的检查频次。按第7章所列的步骤,用具有牛顿性质且已知黏度的标准精炼矿物油对仪器进行检查(使用由有认可资质的实验室确定的黏度在0.05 Pa·s～0.5 Pa·s之间的三种矿物油)。因为锥体会有磨损,应定期进行检查。如果锥体已出现划伤迹象,或对于没有截头的锥体已出现磨平的痕迹则应对锥体予以更换。

如果测得的数据与标准油的已知黏度值相差超过5%,仪器将由专业人员检查或返回厂家调整。

注:最好避免使用硅油。因为它们有污染仪器的倾向且具有在高剪切速率作用下被剪切稀释化的性质。

6 温度控制的检查

为了检查在测定过程中温度是否有变化,可以按第7章所列步骤,用仪器读数指示出的具有最高黏度的标准油进行试验。

让仪器连续测定标准油 5 min 后,读数下降应不超过 10%。如果下降超过了 10%,则认为该仪器不适用于按本部分要求在高剪切速率下测定黏度。

7 步骤

7.1 根据厂家说明书的要求将仪器预热后,对按第4章规定制备的试样立即按下述步骤进行平行测定。

如果需要比较产品的黏度,则应在剪切速率相同的情况下进行。除非另有商定,试验应在(23±0.2)℃ 条件下进行。

7.2 将黏度计的固定部分调节到(23±0.2)℃或其他商定的温度。取适量的受试产品至黏度计的适当部位,加样时应避免带入气泡。将仪器的其他部件调整到正确位置。根据所使用的仪器的要求,放置至规定的时间直至试样达到商定的温度。

7.3 启动转子,当数据显示稳定时,记录读数。如果读数在 15 s 后仍没有稳定,则记录 15 s 时的读数,并在试验报告上注明没有稳定的读数。

7.4 如果读数不能直接表示黏度,则用适当的换算系数乘以该读数或使用适当的校正曲线来求得该黏度。

8 仪器的清洗

每次测定后,使用合适的溶剂仔细清洗定子和转子,其步骤取决于使用的仪器,但务必除去所有的受试材料和清洗用的溶剂。不应使用会损坏该设备的清洗用具,决不能使用金属清洗工具。

9 精密度

由同一操作者在同一实验室中使用同一台仪器,相继取得的两次测定结果之差不应大于其平均值的 5%。

10 试验报告

试验报告至少应包括下列内容:

a) 识别受试产品所必需的全部细节;

b) 注明本部分的编号;

c) 使用仪器的类型,标明锥体的角度和直径;

d) 使用的剪切速率;

e) 使用的温度;

f) 试验结果,以 Pa·s 或 mPa·s 计;

g) 与规定试验步骤的任何差异,不论是否商定;

h) 试验日期。

附　录　A
（资料性附录）
锥板黏度计

A.1　对通常使用的简单的锥板黏度计的描述

锥板黏度计包括了一个以恒定的转动速度传动的电动马达，锥体的顶点与一刚性温度控制板接触。可以用电子装置或机械装置测定扭矩。锥板黏度计是被广泛使用的测定高剪切黏度的仪器。图 A.1 中给出了仪器的几何形状。

单位为毫米

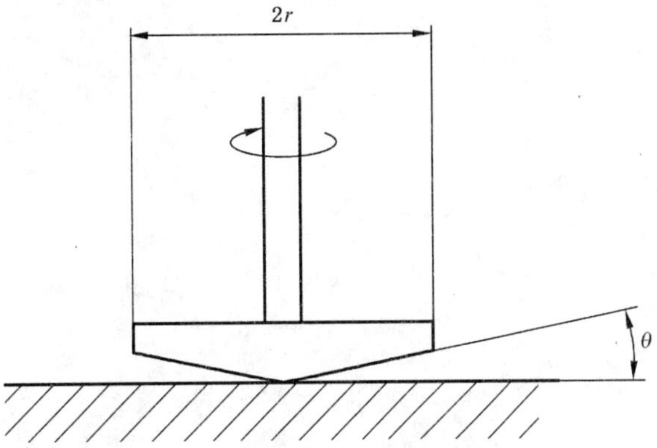

图 A.1　锥板的几何形状

仪器的锥体和马达装置应设计成能被容易地提升，首先是在受试液体被灌注到平板上时以及每次试验后需要彻底清洗时。

在使用中，液体应恰好能填满锥体和平板之间的狭小间隙。

在表 A.1 中描述了黏度计主要参数。

表 A.1　黏度计参数

项　　目	参　　数
黏度范围	(0～1) Pa·s(0～10) P
旋转速率	(750±10)r/min
锥体直径	取决于所选择的速度、角度及转矩(通常为 24 mm)
锥体角度	0.5°±2′(产生 9 000 s^{-1} 的剪切速率)
剪切速率(经计算)	9 000 s^{-1}

A.2　测定黏度的公式

按式(A.1)、式(A.2)计算锥板计的剪切应力和剪切速率：

$$P = \frac{3T}{2\pi r^3} \quad \cdots\cdots\cdots(A.1)$$

$$S = \frac{\omega}{\tan\theta} \quad \cdots\cdots\cdots(A.2)$$

根据剪切应力和剪切速率，按式(A.3)计算黏度：

$$V = \frac{P}{S} = \frac{3T\tan\theta}{2\pi\omega r^3} \quad \cdots\cdots\cdots(A.3)$$

式中：

P——剪切应力，单位为帕(Pa)；

S——剪切速率，单位为每秒(s^{-1})；

V——黏度，单位为帕·秒(Pa·s)；

T——扭矩，单位为牛顿·米(N·m)；

ω——角速度，单位为弧度每秒(rad/s)；

r——锥体的半径，单位为米(m)；

θ——锥体角度，单位为弧度(rad)。

ICS 87.040
G 50

中华人民共和国国家标准

GB/T 9761—2008/ISO 3668:1998
代替 GB/T 9761—1988

色漆和清漆　色漆的目视比色

Paints and varnishes—Visual comparison of the colour of paints

(ISO 3668:1998,IDT)

2008-05-14 发布　　　　2008-10-01 实施

中华人民共和国国家质量监督检验检疫总局
中国国家标准化管理委员会　发布

前 言

本标准等同采用国际标准 ISO 3668:1998《色漆和清漆——色漆的目视比色》(英文版)。

本标准代替 GB/T 9761—1988《色漆和清漆　色漆的目视比色》。

本标准与前版 GB/T 9761—1988 的主要技术差异为:

——1988 版系等效采用 ISO 3668:1976;

——评定人造光源质量的方法不同;

——比色箱内部涂漆所要求的颜色的表示方法不同;

——检查观察者是否有彩色视觉缺陷的方法不同;

——加大了试板的尺寸,且增加了对于较大试板的比色要用灰色遮板形成符合要求的观察区域的内容;

——增加了色差等级的评定和表示方法。

本标准的附录 A、附录 B 为规范性附录,附录 C 为资料性附录。

本标准由中国石油和化学工业协会提出。

本标准由全国涂料和颜料标准化技术委员会归口。

本标准起草单位:中化建常州涂料化工研究院、昆山市世名科技开发有限公司。

本标准主要起草人:郑国娟、石一磊。

本标准于 1988 年首次发布,本次为第一次修订。

色漆和清漆　色漆的目视比色

1　范围

本标准是有关色漆、清漆及相关产品的取样和试验的系列标准之一。

本标准规定了一种色漆及有关产品涂膜颜色的目视比色方法,将试样与标准样品比较,标准样品可采用参照标准板或新制备的标准板,该试验可以在自然日光下或比色箱中的人造光源下进行。

如果没有事先商定照明条件和观察条件,本标准不适用于含有特殊效果颜料如金属颜料的色漆涂膜的颜色比较。

2　规范性引用文件

下列文件中的条款通过本标准的引用而成为本标准的条款。凡是注日期的引用文件,其随后所有的修改单(不包括勘误的内容)或修订版均不适用于本标准,然而,鼓励根据本标准达成协议的各方研究是否可使用这些文件的最新版本。凡是不注日期的引用文件,其最新版本适用于本标准。

GB/T 9271　色漆和清漆　标准试板(GB/T 9271—1988,eqv ISO 1514:1984)

GB/T 9278　涂料试样状态调节和试验的温湿度(GB/T 9278—2008,ISO 3270:1984,Paints and varnishes and their raw materials—Temperatures and humidities for conditioning and testing,IDT)

GB/T 11186.1　涂膜颜色的测量方法　第一部分:原理(GB/T 11186.1—1989,eqv ISO 7724-1:1984,Paints and varnishes—Colorimetry—Part 1:Principles)

GB/T 11186.2　涂膜颜色的测量方法　第二部分:颜色测量(GB/T 11186.2—1989,eqv ISO 7724-2:1984,Paints and varnishes—Colorimetry—Part 2:Colour measurement)

GB/T 11186.3　涂膜颜色的测量方法　第三部分:色差计算(GB/T 11186.3—1989,eqv ISO 7724-3:1984,Paints and varnishes—Colorimetry—Part 3:Calculation of colour)

GB/T 13452.2　色漆和清漆　漆膜厚度的测定(GB/T 13452.2—2008,ISO 2808:2007,IDT)

CIE 51.2:1999　色度学用日光模拟装置质量的评定方法

3　原理

在规定的照明条件和观察条件下观察待比较的色漆涂膜的颜色,可以在自然日光下或人造光源下进行,如果在人造光源下进行比色,则要使用比色箱。对于色差分量(色调,彩度,明度)的表示可以规定一种方法,例如可以采用特定的等级评定方法来描述,也可以考虑条件配色评定方法。

4　需要的补充资料

对于任一特定的应用而言,本标准规定的试验方法需要用补充资料来完善。补充资料的内容在附录A中列出。

5　比色的照明条件

5.1　总则

对于日常的比色,可以采用自然日光或人造光源。自然日光的性质是不稳定的,并且观察者的判断容易受周围彩色物体的影响,因此对于仲裁比色,应使用受严格控制的人造光源,观察者应穿中性色的衣服,在视场中,除试板以外,不允许存在其他彩色物体。

5.2 自然日光照明条件

采用自然日光,最好是北半球多云的北空昼光或南半球多云的南空昼光,并且应没有彩色物体的反射光,如红砖墙或绿树的反射光。放置试板的地方,照明应均匀,照度不小于 2 000 lx。应避免在直接日光照射下观察。

5.3 比色箱中的人造光源照明条件

比色箱应被围起来,不受外界光线的干扰,照明用的光源照在试板上所具有的光谱能量分布,应与 CIE 标准照明体 D65 或 CIE 标准照明体 A 近似。

如果要使用不同光谱分布的光源,应经有关双方同意。

日光模拟装置的质量应按 CIE 51.2:1999 中描述的方法进行评定。光源的光谱分布应属于 CIELAB 中的 BC 类或更好。

比色位置的照度应在 1 000 lx～4 000 lx 之间,对于暗色,照度应取该范围的上限。

一般应在比色箱内部涂上明度值 L^* 在 45～55 的无光中性灰色漆(a^* 和 b^* 的值应小于 1.0)。对于浅色和接近白色漆的比色,比色箱内部涂漆的明度值 L^* 大约为 65 或更高,以使其与被比较颜色之间的亮度反差较小;对于暗色漆的比色,比色箱内部应涂无光黑漆,明度值 L^* 大约为 25。

注:L^*,a^* 和 b^* 参见 CIELAB 色度系统(见 GB/T 11186.1)。

为了保证有适宜的比色环境,比色箱内的台面应覆盖一块中性灰板,其亮度应与被比色的样品接近。

为了避免从试板上产生灯像反射,一般采用漫射屏,光源的光谱分布性质应包括漫射屏的光谱透过率。

人造光源的制造商,应给出产品的有效使用期,在此期间内,产品应符合本标准的要求。

6 观察者

观察者应有正常的彩色视觉并必须经过仔细选择,因为有很多人有彩色视觉缺陷。Ishihara 试验只能查出严重的彩色视觉缺陷,如果要确认观察者是否合适,需要做更多的灵敏试验,例如 Farnsworth 100 色调试验或更加严格的色盲镜试验。如果观察者是戴眼镜来校正他的视力的,则镜片必须在整个可见光谱内有均匀的光谱透过率。由于彩色视觉随年龄变化很大,这就要求 40 岁以上的观察者应使用合适的方法接受视力检查,这种检查要求从颜色的条件配色系列中选择最佳匹配条件。对于比色工作,不仅要有正常的彩色视觉能力,而且识别能力和经验也是重要的。

为了避免眼睛疲劳的影响,在看了强烈的色彩之后,不要立即看淡色或补色。在对明亮的饱和色进行比色时,如果不能迅速作出判定,观察者应在周围的中性灰色上看几秒钟,然后再进行比色。

如果观察者连续工作,目视比色的质量将严重下降。应经常休息几分钟,在休息期间,不再试图比色。

7 试板和参照标准板

7.1 总则

试板和参照标准板都应是平整的,尺寸最好是 150 mm × 100 mm。试板的底材应为符合 GB/T 9271的马口铁板、硬铝板、光滑的纸板、钢板或玻璃板。

试板的尺寸和观察距离应进行选择以使试板表面与视线的夹角约为 10°。如果试板较大,观察者应用灰色遮板形成相当于 10°的观察区域。

表 1 中给出了有代表性的观察距离和在遮板中正方形开口的尺寸。

表 1 观察距离和遮板的开口尺寸

观察距离/cm	开口尺寸/(cm×cm)
30	5.4×5.4
50	8.7×8.7
70	12.3×12.3
90	15.8×15.8

7.2 参照标准板

只有色牢度高的标准板才能作为参照标准板。如有可能，参照标准板应与试板的尺寸相同，并有非常接近的光泽和表面结构。

7.3 试板的处理和涂装

按规定的方法处理试板，如果适用的话，也可按照 GB/T 9271 的规定进行。严格按规定或商定的方法对试板进行涂漆，因为施工方法和漆膜厚度对颜色有很大的影响。

如果试板和标准色漆进行比色，在试板上涂上被测试的色漆或配套体系，在类似的底板上涂上标准的色漆或配套体系。施工方法和施涂的膜厚应尽量一致。

注：为了消除底材的影响，施涂的漆膜厚度应最好能保证可以完全遮住底材。可以用黑白卡纸来检查是否完全遮住底材。

7.4 干燥

将每一块已涂漆的试板在规定的条件下干燥(或烘烤)并放置规定的时间。除非另有规定，试验前试板应在 GB/T 9278 规定的环境条件下至少放置 16 h，空气自然循环，且不受日光直接照射。

7.5 涂层厚度

用 GB/T 13452.2 中规定的一种方法测定涂层的干膜厚度，以 μm 计。

8 比色程序

8.1 总则

8.1.1 对于标准的比色，必须有一个具有正常彩色视觉的观察者，再现性良好的照明条件和观察条件。大多数色漆都要求在日光下比色，但是日光的光谱组成变化很大，所以最好在人造光源下进行比色，因为各种人造光源在短时间内比日光更稳定，能使颜色比较具有较好的重复性。

8.1.2 除非另有规定，本方法采用自然日光或两支人造光源。通常在平均昼光条件下进行比色，这种平均昼光可以是自然日光或人造光源。CIE 标准照明体 D65 能产生人造的平均昼光照明条件，另外用白炽灯照明条件来检查条件配色性。CIE 标准照明体 A 能产生白炽灯照明条件。

如果对结果有疑议，仲裁比较应在人造光源下进行。

8.1.3 使用分量色调、彩度和明度进行色差的目视评定最好按附录 B 中给出的色差的等级来评定。经有关双方商定，也可以使用少于六级的简化的评级方法进行评定，但为了避免混淆，附录 B 中给出的每个等级的含义不能改变。

8.2 常规法

对两块试板的比色或试板与参照标准板的比色可以在自然日光下(按 5.2 规定)或在比色箱中的人造光源下(按 5.3 规定)进行。

将试板并排放置，边与边相互接触，眼睛到试板的距离为 500 mm。将被测试材料的漆膜与参照标准板或标准色漆的漆膜进行比色。为了提高比色的准确性，比色时试板位置要时时交换。

对于光泽差别很大的漆膜的比色，比色方法应经有关双方商定。可以在自然日光下进行比色，也可以在比色箱中观察。

a) 在自然日光下进行观察

在将光泽差别减至最小的角度观察试板，例如以接近于垂直的方向进行观察，这样镜面反射就不会进入眼睛。

观察色差分量色调、彩度和明度，按这些分量的重要性顺序排列。例如，注明试板与标准板比是中等黄，稍暗和彩度基本一致，或者按附录B的规定表示 DH:3ye,DL:-2 和 DC:-1。

注：DH,DL 和 DC 不是色度值，只是用来表示色差分类。

b) 在比色箱中观察

使光线与试板成0°角入射，人眼以45°角观察试板，反之亦然。观察总色差或按8.2中a)所述的色差分量。

8.3 仲裁法

在有争议的情况下，比色应在符合CIE标准照明体D65的人造光源下进行。如选用其他光源，应由有关双方商定。

9 条件配色的评定

如果标准板和试板含有不同的颜料组成，它们在某一标准光源下可能是等色的，而在另一种光源下可能不等色了，这种现象称为条件配色（见附录C)。

无论是相同颜料还是不同颜料引起的较小程度的条件配色是可以接受的，这取决于具体的情况，因为条件配色的重要性与色漆的用途非常有关。在不同光源下，可接受的条件配色应由有关双方商定。

除了在人造的平均昼光光源(D65)下评定匹配性外，还要在白炽光源(A)下进行比较，评定匹配是否一致。

如果要用数字来表示条件配色，则用 CIE 标准照明体 D65 和 A 按照GB/T 11186.1和GB/T 11186.2进行光谱测定，并按照GB/T 11186.3的规定计算色差。

10 试验报告

试验报告至少应包括下列内容：

a) 识别受试产品所必要的全部细节；

b) 注明本标准编号；

c) 附录A涉及的补充资料的内容；

d) 注明补充上述c)项资料所参照的国际标准、国家标准、产品说明或其他文件；

e) 比色是在自然日光下还是在人造光源下进行的，以及所用人造光源的类型；

f) 如果使用比色箱，注明其细节，如制造商和内部的光源等；

g) 按照附录B(见8.1.3)评定的色差分量等级；

h) 试验结果，比色(包括条件配色)是以新制备的标准板，还是以参照标准板为标准进行的；

i) 与规定的试验方法的任何不同之处；

j) 试验日期和试验人员。

附 录 A
（规范性附录）
需要的补充资料

为使本方法能正常进行，应适当提供本附录中所列条款的补充资料。

所需要的资料最好由有关方商定，可以全部或部分地取自与受试产品有关的国际标准、国家标准或其他文件。

a） 底材的性质、厚度和表面处理。

b） 受试产品施涂于底材的方法。

c） 试验前，涂层干燥（或烘干）和放置（如适用）的时间和条件。

d） 涂层的干膜厚度（以 μm 计）及所采用的 GB/T 13452.2 中规定的测量方法以及是单一涂层还是多涂层体系，以及涂层是否能完全遮盖住底材。

e） 如果采用目视评定，注明试样间的光泽偏差。

附 录 B
（规范性附录）
色差的等级评定

色差的等级评定见表 B.1。

表 B.1 目视法评定色差分量的等级

级 别	色 差 等 级
0	没有可见的差别
1	很轻微，即刚可见的差别
2	轻微，有清晰可见的差别
3	中等差别
4	相当大的差别
5	非常大的差别

色差分量：

a） 色调差

标志：DH（色调差）

评定：0 级到 5 级；偏黄（ye 或 y），偏绿（gr 或 g），偏红（re 或 r），偏蓝（bl 或 b）

举例：DH：5ye（试样色调为 5 级且偏黄）

b） 彩度差

标志：DC（彩度差）

评定：0 级到 5 级；大于（＋）或小于（－）

举例：DC：－2（试样彩度小于 2 级）

c） 明度差

标志：DL（明度差）

评定：0 级到 5 级；偏亮（＋）或偏暗（－）

举例：DL：－2（试样明度为 2 级且偏暗）

附 录 C
（资料性附录）
条 件 配 色

当两个色漆具有相同的光谱反射曲线时，在任何光源下，不管其光谱特征如何，它们在视觉上都是等色的，这称之为“光谱配色”。

当两个色漆具有不同的光谱反射曲线时，在给定的光源下在视觉上可能是等色的，但在光谱特征不同的另一光源下就不等色了，这种等色称为“条件配色”。

对两种色漆进行颜色匹配时，如果所用颜料不同，就不可避免的要进行某种程度的条件配色；在某些情况下，即使使用相同的颜料，有时也可能要进行较小程度的条件配色。

在符合本标准的人造光源条件下，等色的试样确定其是否存在条件配色的最简单的方法就是把样品放在钨丝灯下检查，并建议如果不能确定试样是使用了同种颜料时，这种检验就应该进行。如果在钨丝灯下也保持等色，它就不存在条件配色；如果色漆不再等色，但不等色的程度不明显，那么一般在具有连续光谱的自然日光和人造光源照明条件下，不大可能发生更大程度的不等色。然而在线状发射光谱的光源下，如发荧光的 TL84 和钠汞蒸气灯，就可能不是这样了。

在符合本标准的人造光源条件下存在条件配色，在某些日光条件下（例如北方蓝色天空的光线或早、晚的太阳光）也可能不等色，但在大部分经常遇到的日光条件下是等色的。然而必须注意到，在任何存在条件配色的情况下，在鉴别两个色漆是否等色时，正常观察者的色视觉差别也会有影响的。

ICS 83.160.01
G 41

中华人民共和国国家标准

GB/T 9766.1—2008
部分代替 GB/T 9766—2002

轮胎气门嘴试验方法 第1部分:压紧式内胎气门嘴试验方法

Test method for tyre valves—Part 1: Test method for clamp-in valves

2008-06-04 发布 2008-12-01 实施

中华人民共和国国家质量监督检验检疫总局
中国国家标准化管理委员会 发布

前　言

GB/T 9766《轮胎气门嘴试验方法》分为6个部分：

——第1部分：压紧式内胎气门嘴试验方法；

——第2部分：胶座气门嘴试验方法；

——第3部分：卡扣式气门嘴试验方法；

——第4部分：压紧式无内胎气门嘴试验方法；

——第5部分：大芯腔气门嘴试验方法；

——第6部分：气门芯试验方法。

本部分为GB/T 9766的第1部分。

本部分代替GB/T 9766—2002《轮胎气门嘴试验方法》的压紧式内胎气门嘴试验方法部分。

本部分与GB/T 9766—2002相比主要变化如下：

——增加了“术语和定义”(见第3章)；

——修改了密封性试验的保压时间将120 s改为60 s(2002年版的4.1.1；本版的5.1.1)；

——增加了密封帽的密封性试验(见5.1.2)；

——增加了六角螺母与嘴体的装配扭矩试验(见5.2)。

本部分由中国石油和化学工业协会提出。

本部分由全国轮胎轮辋标准化技术委员会(SAC/TC 19)归口。

本部分负责起草单位：宁波市鄞州曙光机电有限公司、山东高天金属制造有限公司。

本部分参加起草单位：天津自行车二厂二分厂、国家橡胶机械质量监督检验中心。

本部分主要起草人：张浩波、李峰、刘海彦、沈杰。

本部分所部分代替的标准的历次版本发布情况为：

——GB 9766—1988、GB/T 9766—1994、GB/T 9766—2002。

轮胎气门嘴试验方法
第1部分：压紧式内胎气门嘴试验方法

1 范围

GB/T 9766的本部分规定了压紧式内胎气门嘴（以下简称气门嘴）试验的术语和定义、试验设备、仪器仪表以及试验程序。

本部分适应于摩托车、力车等内胎用气门嘴试验。

2 规范性引用文件

下列文件中的条款通过GB/T 9766的本部分的引用而成为本部分的条款。凡是注日期的引用文件，其随后所有的修改单（不包括勘误的内容）或修订版均不适用于本部分，然而，鼓励根据本部分达成协议的各方研究是否可使用这些文件的最新版本。凡是不注日期的引用文件，其最新版本适用于本部分。

GB/T 12839 轮胎气门嘴术语及其定义（GB/T 12839—2005，ISO 3877-2:1997，Tyres，valves and tubes—List of equivalent terms—Part 2:Tyre valves，NEQ）

3 术语和定义

GB/T 12839确立的术语及定义适用于GB/T 9766的本部分。

4 试验设备、仪器仪表

4.1 调压阀：0 kPa～2 500 kPa，精度等级为1.5级。

4.2 专用扭矩扳手：精度等级为5%。

4.3 压力表：示值为0 kPa～2 500 kPa，精度等级为1.5级。

4.4 秒表。

4.5 气门嘴密封性试验装置见图1。

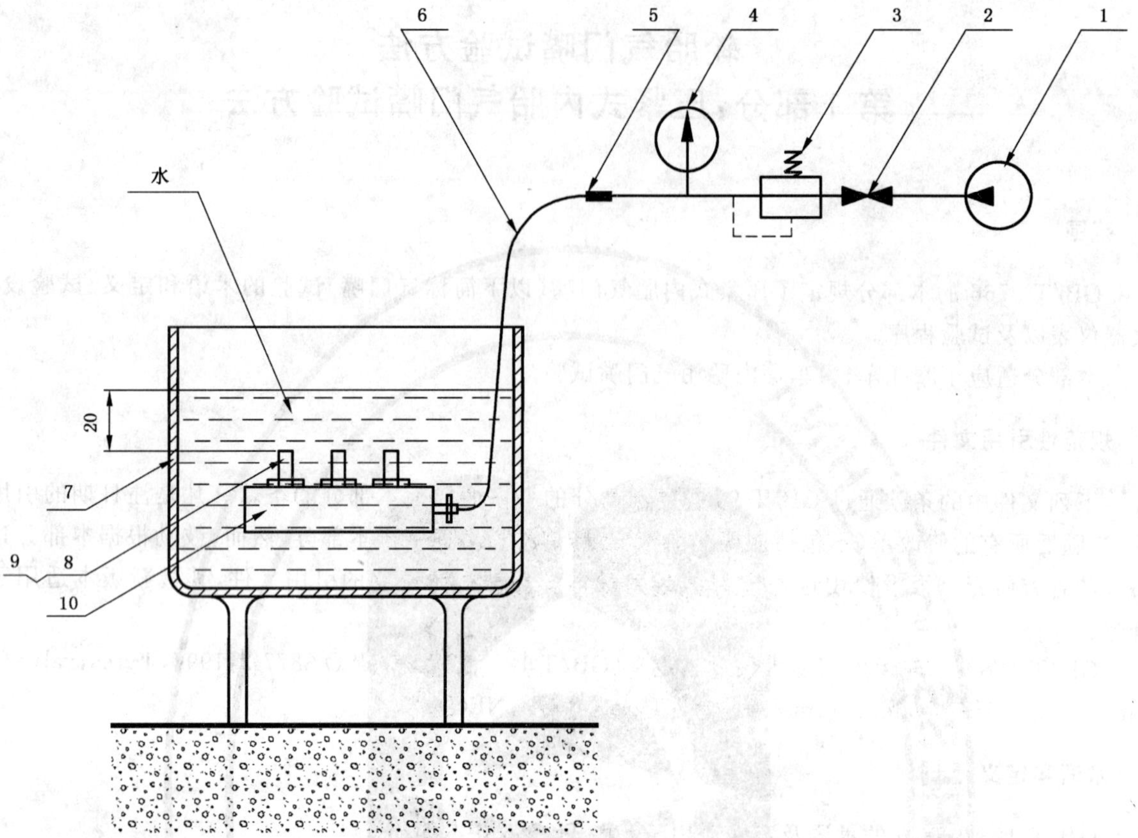

1——气源；

2——截止阀；

3——调压阀；

4——压力表；

5——管接头；

6——高压软管；

7——液槽；

8——气门嘴；

9——气门芯；

10——试气装置。

图 1　气门嘴密封性试验装置示意图

5　试验程序

5.1　密封性试验

5.1.1　气门嘴的密封性试验

在室温下用扭矩扳手将符合相关国家标准的 H01 型气门芯以 0.17 N·m～0.34 N·m 的扭矩安装在 CB 系列的气门嘴芯腔内，AA 系列气门嘴和 AB 系列气门嘴分别用压芯螺帽以 0.15 N·m～0.20 N·m 的扭矩锁紧气门芯。将气门嘴装在图 1 所示的试气装置中。6V1 螺母的装配扭矩为 2 N·m～3.5 N·m；8V1、8CV 六角螺母的装配扭矩为：3 N·m～5 N·m。将试气装置放入水中，使气门嘴的嘴口向上，距水面 20 mm，通入压缩空气，AA 系列气门嘴为 900 kPa，AB、CB 系列气门嘴为 700 kPa。在 60 s 内，观察并记录气门嘴是否有气泡逸出。

安装过程中的夹附气体不视为泄漏。

5.1.2 密封帽的密封性试验

在室温下将不安装气门芯的CB系列气门嘴以3 N·m～5 N·m的装配扭矩，装在图1的试气装置上，以0.15 N·m～0.2 N·m的扭矩将密封帽锁紧。将试气装置放入水中，使气门嘴的嘴口向上，距水面20 mm，通入700 kPa的压缩空气，在60 s内，观察并记录气门嘴与密封帽结合处是否有气泡逸出。

安装过程中的夹附气体不视为泄漏。

5.2 六角螺母与嘴体的装配扭矩试验

6V1六角螺母以4.2 N·m的扭矩；8V1、8CV六角螺母以6 N·m的扭矩装配在相应的嘴体上，在试验过程中观察并记录六角螺母与嘴体是否有打滑、烂牙、开裂、折断等现象。

ICS 83.160.01
G 41

中华人民共和国国家标准

GB/T 9766.2—2008
部分代替 GB/T 9766—2002

轮胎气门嘴试验方法
第2部分:胶座气门嘴试验方法

Test method for tyre valve—Part 2:Rubber base valves test methods

2008-06-04 发布　　　　2008-12-01 实施

中华人民共和国国家质量监督检验检疫总局
中 国 国 家 标 准 化 管 理 委 员 会　发布

前　言

GB/T 9766《轮胎气门嘴试验方法》分为6个部分：

——第1部分：压紧式内胎气门嘴试验方法；

——第2部分：胶座气门嘴试验方法；

——第3部分：卡扣式气门嘴试验方法；

——第4部分：压紧式无内胎气门嘴试验方法；

——第5部分：大芯腔气门嘴试验方法；

——第6部分：气门芯试验方法。

本部分为GB/T 9766的第2部分。

本部分代替GB/T 9766《轮胎气门嘴试验方法》的胶座气门嘴试验方法部分。

本部分与GB/T 9766—2002相比主要变化如下：

——增加了“3 术语和定义”(见第3章)；

——密封性试验的保压时间由120 s改为60 s(2002年版的4.1.1；本版的第5章)；

——增加了AA02～AA06、AA02C～AA04C、AA07、AB02、AB01C、AB02C型气门嘴密封性试验(见第5章)；

——拉力试验速度由(500±25)mm/min改为(50±5)mm/min(2002年版的4.5.1.2；本版的6.2.2)；

——增加了胶垫边缘厚度的测量(见第8章)。

本部分由中国石油和化学工业协会提出。

本部分由全国轮胎轮辋标准化技术委员会(SAC/TC 19)归口。

本部分负责起草单位：江西气门芯厂、江阴博尔汽配工业有限公司。

本部分参加起草单位：东营市宇通气门嘴有限公司、佛山市顺德区安驰实业有限公司、国家橡胶机械质量监督检验中心、杭州万通气门嘴有限公司、山东高天金属制造有限公司。

本部分主要起草人：古伟雄、唐建兰、吴荣之、徐向荣、沈杰、顾一柱、李峰。

本部分所部分代替的标准的历次版本发布情况为：

——GB 9766—1988、GB/T 9766—1994、GB/T 9766—2002。

轮胎气门嘴试验方法
第2部分:胶座气门嘴试验方法

1 范围

GB/T 9766的本部分规定了胶座气门嘴(以下简称气门嘴)试验的术语和定义、试验设备、仪器仪表、密封性试验、橡胶与金属的粘着强度试验、附胶率的测定、胶座边缘厚度的测量。

本部分适用于工业车辆、农业车辆、工程机械、摩托车、电动车和力车等内胎用气门嘴的试验。

本部分不适用于航空轮胎气门嘴的试验。

2 规范性引用文件

下列文件中的条款通过GB/T 9766的本部分的引用而成为本部分的条款。凡是注日期的引用文件,其随后所有的修改单(不包括勘误的内容)或修订版均不适用于本部分,然而,鼓励根据本部分达成协议的各方研究是否可使用这些文件的最新版本。凡是不注日期的引用文件,其最新版本适用于本部分。

GB/T 12839　轮胎气门嘴术语及其定义(GB/T 12839—2005,ISO 3877-2:1997,Tyres,valves and tubes—List of equivalent terms—Part 2:Tyre valves,NEQ)

3 术语和定义

GB/T 12839确立的术语及定义适用于GB/T 9766的本部分。

4 试验设备、仪器仪表

4.1 拉力试验机:负荷0 N～2 000 N,示值相对变动值为1%。

4.2 高温试验箱:箱内温度可达200 ℃以上,温度波动±2 ℃。

4.3 压力表:示值为0 kPa～2 500 kPa,精度等级为1.5级。

4.4 秒表。

4.5 专用扭矩扳手:精度等级为5%。

4.6 气门嘴密封性试验装置(见图1)。

4.7 橡胶测厚仪:分度值0.01 mm。

5 密封性试验

5.1 AA02～AA06,AA02C～AA04C,AA07,AB02,AB01C,AB02C型气门嘴密封性试验

在室温下,将符合相关国家标准的H03C、H04C、H05C型气门芯,以0.15 N·m～0.20 N·m的扭矩安装在图1所示充气装置的AA02～AA06,AA02C～AA04C,AA07,AB02,AB01C,AB02C型气门嘴芯腔内,将充气装置放入水中,使气门嘴的嘴口向上,距水面20 mm,按表1规定的试验压力通入压缩空气,在60 s内,观察并记录气门嘴是否有气泡逸出。

安装过程中的夹附气体不视为泄漏。

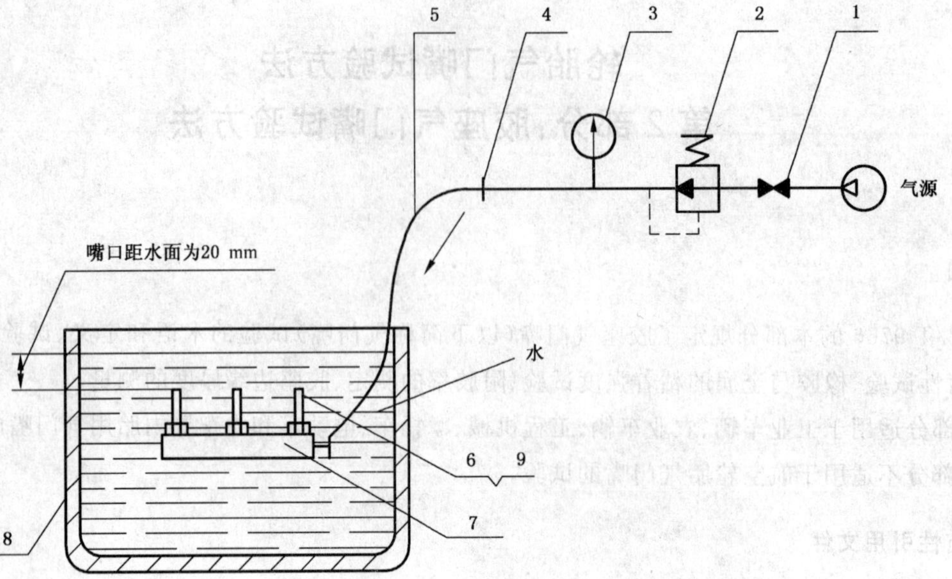

1——截止阀；

2——调压阀；

3——压力表；

4——软管接头；

5——高压软管；

6——气门嘴；

7——充气装置；

8——水槽；

9——气门芯。

图 1

表 1

型　号	试验压力/kPa
AA02～AA06、AA02C～AA04C、AA07	900
AB02、AB01C、AB02C、CJ02、CJ03	700
CB02、CB03C、CB04C、CB08C	450
CF04、CF05、CF06C～CF08C、DF02C～DF05C、CG01～CG06、DG04～DG09、CG08～CG13、DG10～DG15、CG01C～CG12C、DG01C～DG11C、EG01C～EG08C、CG07、DG03、DG12C、CJ06、CF02、DF01、CF03、CJ07、CJ04、CJ05、DZ01～DZ12、EZ01～EZ04、FZ01～FZ05、FZ07C～FZ14C	1 050
CB01、CB05C、CB06C、DB01C～DB03C	800
CF01、CJ01	500
CJ08、CJ09	1 400

5.2 除 AA02～AA06,AA02C～AA04C,AA07,AB02,AB01C,AB02C 型以外的气门嘴密封性试验

在室温下,用专用扭矩扳手将符合相关国家标准的 H01 型气门芯,按 0.17 N·m～0.34 N·m 扭矩安装在图 1 所示充气装置的气门嘴芯腔内,将充气装置放入水中,使气门嘴的嘴口向上,距水面 20 mm,按表 1 规定的试验压力通入压缩空气,在 60 s 内,观察并记录气门嘴是否有气泡逸出。

安装过程中的夹附气体不视为泄漏。

6 橡胶与金属的粘着强度试验

6.1 试样状态调节及制备

将硫化后停放 24 h 以上的丁基胶气门嘴,放在温度为 180 ℃±2 ℃(天然胶温度为 165 ℃±2 ℃)的高温箱内 20 min(天然胶为 10 min)取出在室温下放置 1 h。

6.1.1 CG01～CG06、DG04～DG09、CG08～CG13、DG10～DG15、CG01C～CG12C、DG01C～DG11C、EG01C～EG08C、CG07、DG03、DG12C、CJ06、ZG01 等系列气门嘴按图 2 在气门嘴试样的底座中部留一条宽(15±0.5)mm 的胶条,切掉其余部分,将带嘴体的一面沿底座边沿切开胶与金属界面,不应损伤底座胶,在底座中心切断胶条,制成两个试样。

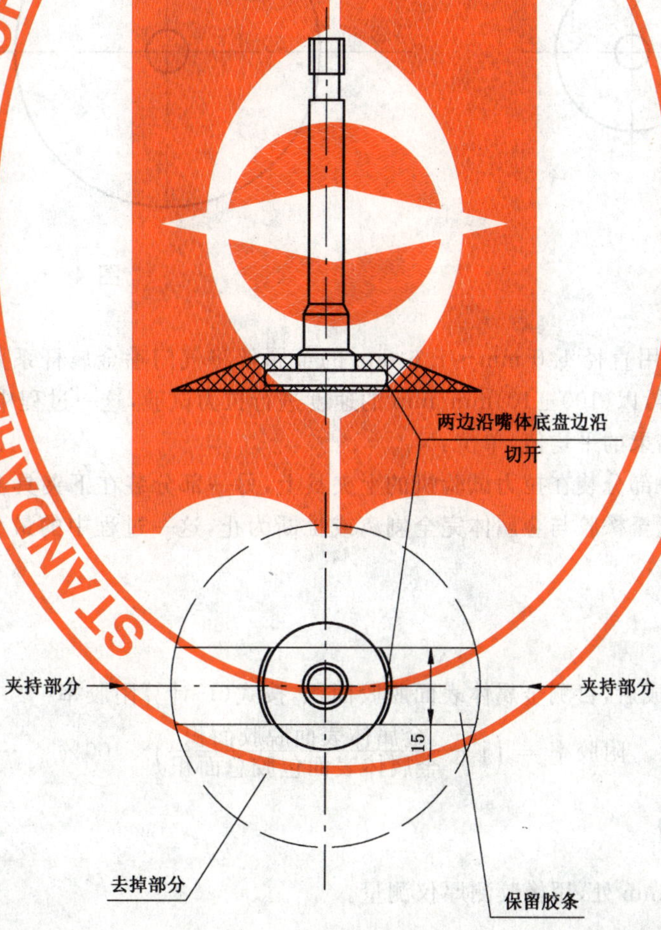

图 2

6.1.2 CB01、CB05C、CB06C、CF01、CJ01～CJ05、CF03、CJ07～CJ09 等系列气门嘴按图 3,AA02～AA06、AA02C～AA04C、AA07、AB02、AB01C、AB02C、CB02、CB03C、CB04C、CB08C、CF04、CF05、DG01、DG02、CF06C～CF08C、DF02C～DF05C、CF02、DF01、DB01C～DB03C 等系列气门嘴按图 4 所示在其两对面切开,切口直至金属体为止,制成试样。

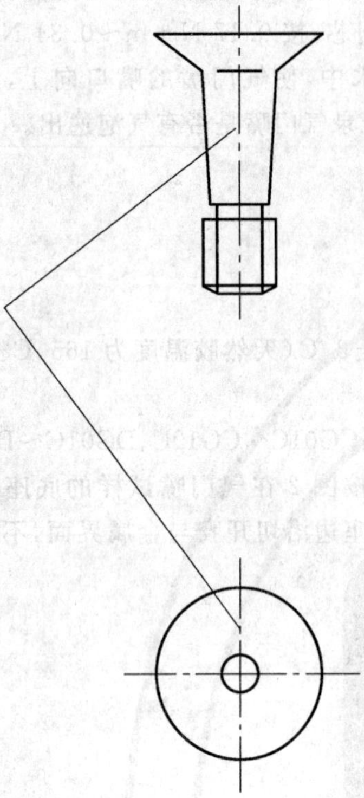

图 3

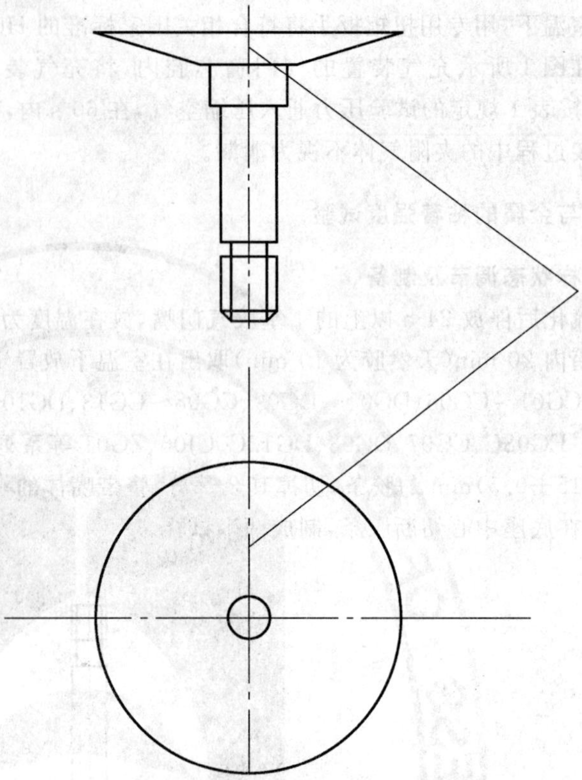

图 4

6.2 试验程序

6.2.1 将 6.1.1 试样，用直径 1.0 mm～1.6 mm 的金属丝将气门嘴金属杆系紧，夹于试验机上夹持器，把胶条夹于下夹持器，以(100±10)mm/min 的速度进行拉力试验，这一过程中的最大负荷即为粘着强度，取两个试样所得结果的平均值，单位：N。

6.2.2 将 6.1.2 试样一部分装在拉力试验机的上夹具上，另一部分装在下夹具上，以(50±5)mm/min 的速度进行拉力试验，直至橡胶与金属体完全剥离或扯断为止，这一过程中的最大负荷即为粘着强度，单位：N。

7 附胶率的测定

在粘着强度试验完成后，目测金属体表面脱胶面积，按式(1)计算附胶率：

$$附胶率 = \left(1-\frac{金属体表面脱胶面积}{金属体表面包胶总面积}\right)\times 100\% \quad \cdots\cdots(1)$$

8 胶垫边缘厚度的测量

从胶座边缘向内 2 mm 处，用橡胶测厚仪测量。

ICS 83.160.01
G 41

中华人民共和国国家标准

GB/T 9766.3—2008
部分代替 GB/T 9766—2002

轮胎气门嘴试验方法
第3部分：卡扣式气门嘴试验方法

Test method for tyre valve—Part 3：Snap-in valves—Test methods

(ISO 14960:2004, Tubeless tyres—
Valves and components—Test methods, MOD)

2008-06-04 发布

2008-12-01 实施

中华人民共和国国家质量监督检验检疫总局
中国国家标准化管理委员会 发布

前　言

GB/T 9766《轮胎气门嘴试验方法》分为6个部分：

——第1部分：压紧式内胎气门嘴试验方法；

——第2部分：胶座气门嘴试验方法；

——第3部分：卡扣式气门嘴试验方法；

——第4部分：压紧式无内胎气门嘴试验方法；

——第5部分：大芯腔气门嘴试验方法；

——第6部分：气门芯试验方法。

本部分为GB/T 9766的第3部分。

本部分修改采用ISO 14960:2004《无内胎气门嘴及其零部件试验方法》(英文版)。

本部分根据ISO 14960:2004重新起草。为了方便比较，在附录A中列出了本部分章条编号与ISO 14960:2004章条编号的对照一览表。

考虑到我国国情，本部分在采用ISO 14960:2004时做了一些修改。这些技术性差异用垂直单线标识在它们所涉及的条款的页边空白处。在附录B中给出了技术性差异及其原因的一览表以供参考。

为便于使用，对于ISO 14960:2004本部分还做了下列编辑性修改：

a)　"本国际标准"一词改为"本部分"；

b)　用小数点"."代替作为小数点的逗号","；

c)　删除国际标准前言。

本部分代替GB/T 9766—2002《轮胎气门嘴试验方法》中的卡扣式气门嘴试验方法部分。

本部分与GB/T 9766—2002相比主要变化如下：

——增加了"3　术语和定义"一章(见第3章)；

——修改了试验装置的要求(2002年版的图4、图5；本版的5.2)，按ISO 14960对试验装置的尺寸和要求进行了修改，原标准气门嘴试验孔径$\phi 11.5\pm 0.02$、$\phi 15.9\pm 0.02$板厚2.75 ± 0.02，现更改为$\phi 11.3^{+0.05}_{0}$、$\phi 15.7^{+0.05}_{0}$板厚3.5 ± 0.05；

——修改了橡胶硬度试验方法(2002年版的4.2；本版的6.1)，2002年版的硬度试验方法不够明确，这次修改进行了详细规定；

——修改了橡胶与金属的结合试验(2002年版的4.5.2；本版的6.2)，按ISO 14960对附胶试验进行了修改，原标准规定用拉力机进行剥离，现修改为用拉力机或手动工具进行剥离；

——增加了防护帽密封试验(见6.4)，按ISO 14960增加了密封帽密封试验；

——修改了低温试验方法(2002年版的4.1.2.1；本版的6.5.2)，按ISO 14960对低温试验进行了修改，原标准低温停放时间4 h，现修改为24 h；

——修改了高温试验方法(2002年版的4.1.2.2；本版的6.5.3)，按ISO 14960对高温试验进行了修改，原标准试验压力为450 kPa时间72 h，现修改为600 kPa时间48 h；

——增加了爆破试验(见6.7)，按ISO 14960增加了爆破试验；

——修改了耐臭氧试验(2002年版的4.4；本版的6.8)，按ISO 14960对耐臭氧试验进行了修改，原标准臭氧浓度为$(50\pm 5)\times 10^{-8}$，现修改为$(100\pm 5)\times 10^{-8}$并需先进行老化试验；

——增加了耐屈挠试验(见6.9)，按ISO 14960增加了耐屈挠试验；

——增加了附录A"本部分章条编号与ISO 14960:2004章条编号对照"；

——增加了附录B"本部分与ISO 14960:2004的技术性差异及其原因"。

本部分的附录 A、附录 B 均为资料性附录。

本部分由中国石油和化学工业协会提出。

本部分由全国轮胎轮辋标准化技术委员会(SAC/TC 19)归口。

本部分负责起草单位:上海中达气门嘴有限公司、杭州万通气门嘴有限公司。

本部分参加起草单位:江阴博尔汽配工业有限公司、江西气门芯厂、国家橡胶机械质量监督检验中心、公主岭中大股份有限公司、宁波豪锋思科汽配有限公司。

本部分主要起草人:俞晓华、顾一柱、唐建兰、郭悟、沈杰、韩发瑞、李云祥。

本部分所部分代替标准的历次版本发布情况为:

——GB 9766—1988、GB/T 9766—1994、GB/T 9766—2002。

轮胎气门嘴试验方法
第3部分：卡扣式气门嘴试验方法

1 范围

GB/T 9766的本部分规定了卡扣式气门嘴（以下简称气门嘴）的术语和定义、试验设备、仪器仪表、试验装置、试验程序。

本部分适用于气门嘴孔直径为11.3 mm及15.7 mm，最大使用压力450 kPa无内胎轮胎用气门嘴的试验。

2 规范性引用文件

下列文件中的条款通过GB/T 9766的本部分的引用而成为本部分的条款。凡是注日期的引用文件，其随后所有的修改单（不包括勘误的内容）或修订版均不适用于本部分，然而，鼓励根据本部分达成协议的各方研究是否可使用这些文件的最新版本。凡是不注日期的引用文件，其最新版本适用于本部分。

GB/T 12839 轮胎气门嘴术语及其定义（GB/T 12839—2005，ISO 3877-2:1997，Tyres，valves and tubes—List of equivalent terms—Part 2:Tyre valves，NEQ）

3 术语和定义

GB/T 12839确立的以及下列术语和定义适用于GB/T 9766的本部分。

3.1

试验气门嘴 unused valve

最终加工完成后至少停放24 h，未使用、未做过任何试验、无曝晒、无腐蚀的室温环境下贮存不超过4个月的气门嘴。

3.2

老化气门嘴 aged valve

经过(100±3)℃、4 h循环热空气处理后再经过20 ℃～26 ℃冷却至少4 h的气门嘴。

4 试验设备、仪器仪表

4.1 拉力试验机：负荷0 N～2 000 N，示值相对变动值为1%。

4.2 高温试验箱：箱内温度可达200 ℃以上，温度波动±2 ℃。

4.3 低温试验箱：箱内温度可达－40 ℃以下，温度波动±2 ℃。

4.4 压力表：示值为0 kPa～2 500 kPa，精度等级为1.5级。

4.5 秒表。

4.6 专用扭矩扳手：精度等级为5%。

4.7 硬度计：邵尔A型硬度计。

5 试验装置

5.1 试验气门嘴要求

试验气门嘴芯腔内无橡胶杂质，金属体第二扣螺纹以上部分应无橡胶和粘合剂，不能有裂纹、气泡、气孔以及缺胶等缺陷，外缘合模线处橡胶高度不超过 1.3 mm，厚度不超过 0.15 mm。

5.2 试验装置

气门嘴孔应加工成(0.3 mm～0.4 mm)×45°倒角或圆角，并建议试验装置使用实际轮辋常用的材料。

试验装置尺寸见表 1。

表 1 试验装置尺寸

单位为毫米

试验项目	气门嘴孔			
	名义尺寸 $\phi 11.3$		名义尺寸 $\phi 15.7$	
	试验孔径 d	板厚 h	试验孔径 d	板厚 h
气门嘴与轮辋密封	$11.7_{-0.05}^{0}$	1.8 ± 0.05	$16.1_{-0.05}^{0}$	1.8 ± 0.05
装配试验	$11.3_{0}^{+0.05}$	3.5 ± 0.05	$15.7_{0}^{+0.05}$	3.5 ± 0.05
耐臭氧	$11.3_{0}^{+0.05}$	3.5 ± 0.05	$15.7_{0}^{+0.05}$	3.5 ± 0.05
爆破 耐屈挠	$11.7_{-0.05}^{0}$	1.8 ± 0.05	$16.1_{-0.05}^{0}$	1.8 ± 0.05

5.3 安装

所有气门嘴用洁净的水做润滑剂浸湿，对气门嘴尾部金属施加推力或对气门嘴口部施加拉力，将气门嘴装入 5.2 规定的试验装置上，这一推力或拉力应垂直于气门嘴安装孔端面，并始终通过气门嘴安装孔中心。

如果在安装过程中造成气门嘴损伤，则不能再进行试验。

当嘴体上的定位环全部通过轮辋孔或气门嘴安装孔夹具时，则认为气门嘴处于合适的安装位置。安装后继续试验前，密封区充分干燥。

6 试验程序

6.1 嘴体橡胶硬度试验

在图 1 所示的测点处测其硬度，然后绕气门嘴中心轴线顺序旋转 120°测第 2、第 3 点硬度，取 3 点硬度的中位数为试验结果。试验应在(23±5)℃下进行。

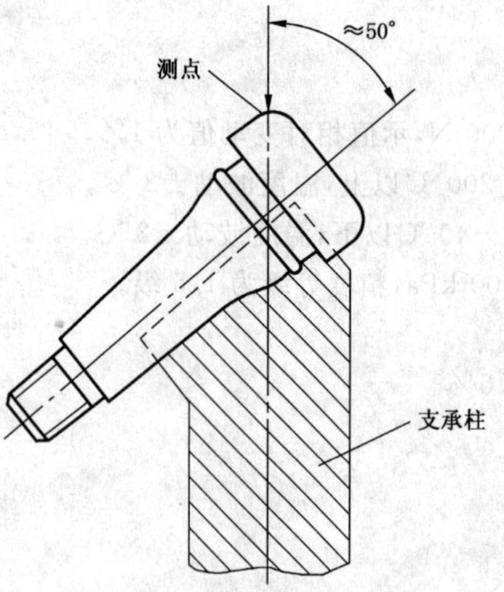

图 1

6.2 橡胶与金属结合试验

6.2.1 试验过程

6.2.1.1 将气门嘴沿轴线方向间隔180°平行地将全部包胶长度切成两部分(见图2)。

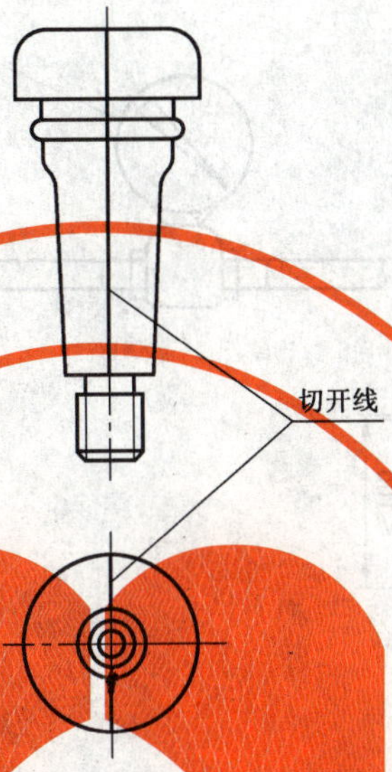

图 2

6.2.1.2 用钳口夹住两面的橡胶,用拉力机以(150±15)mm/min的速度或手动工具朝嘴口方向,将橡胶从金属杆上剥离(图3)。

试验应在(23±5)℃下进行。

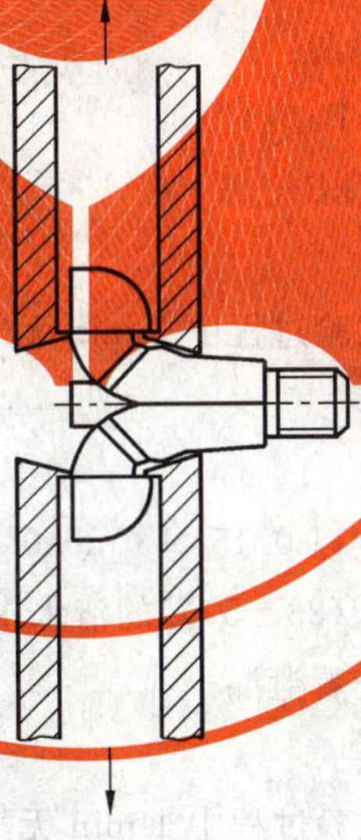

图 3

6.2.2 性能要求

每个剥开的气门嘴露铜量大于41 mm^2 判为不合格。

剥离后沿气门嘴轴线方向形成带状露铜判为不合格。

6.3 气门嘴与气门芯密封试验

6.3.1 气门芯安装说明

在室温下用专用扭矩扳手将符合相关国家标准的H01型气门芯以0.17 N·m～0.34 N·m扭矩安装在气门嘴芯腔内。

6.3.2 试验过程

6.3.2.1 将安装好的气门嘴垂直浸入(23±5)℃的清水中,嘴口距水面不超过 100 mm(见图 4)。

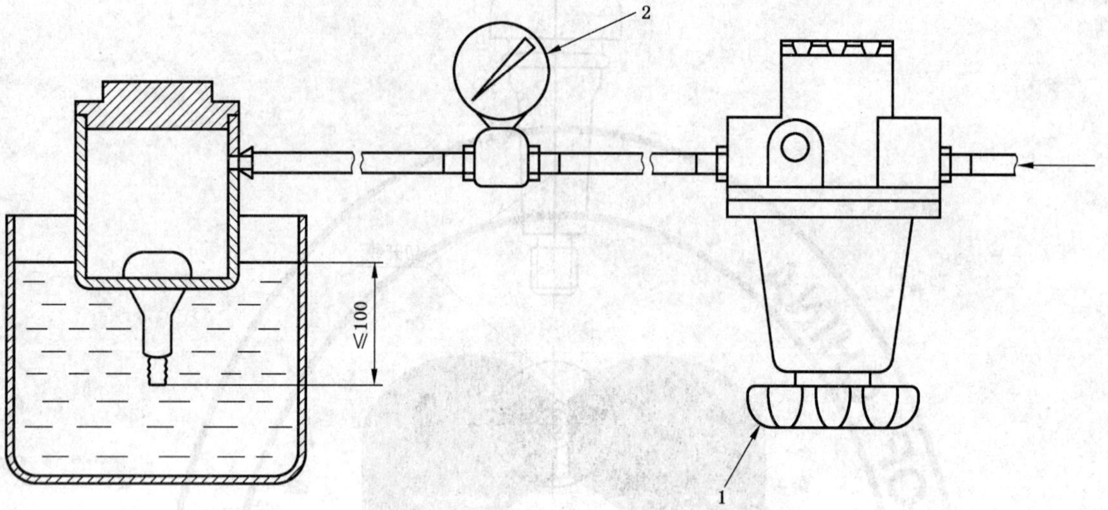

1——调压阀;

2——压力表。

图 4

6.3.2.2 做下列空气压力试验检查泄漏:

——气门芯密封垫试验压力:35 kPa。

——气门芯密封圈试验压力:475 kPa。

6.3.3 性能要求

泄漏速率小于 0.2 cm^3/min,或试验过程中 1 min 无气泡逸出判为合格。

6.4 密封帽密封试验

6.4.1 试验过程

6.4.1.1 在不安装气门芯的气门嘴上以 0.15 N·m~0.2 N·m 的扭矩将密封帽拧紧。

6.4.1.2 将装配好的气门嘴垂直放入(23±5)℃的清水中,嘴口距液面不超过 100 mm(见图 4)。

6.4.1.3 通入 475 kPa 的压缩空气查看泄漏。

6.4.2 性能要求

泄漏速率小于 0.2 cm^3/min,或试验过程中 1 min 无气泡逸出判为合格。

6.5 气门嘴密封试验

6.5.1 试验说明

温度试验使试验用气门嘴处于极限温度下进行,此气门嘴弯曲模拟了使用中可能遇到的情况。同一气门嘴若要进行高、低温试验,应先进行低温试验(见图 5)。

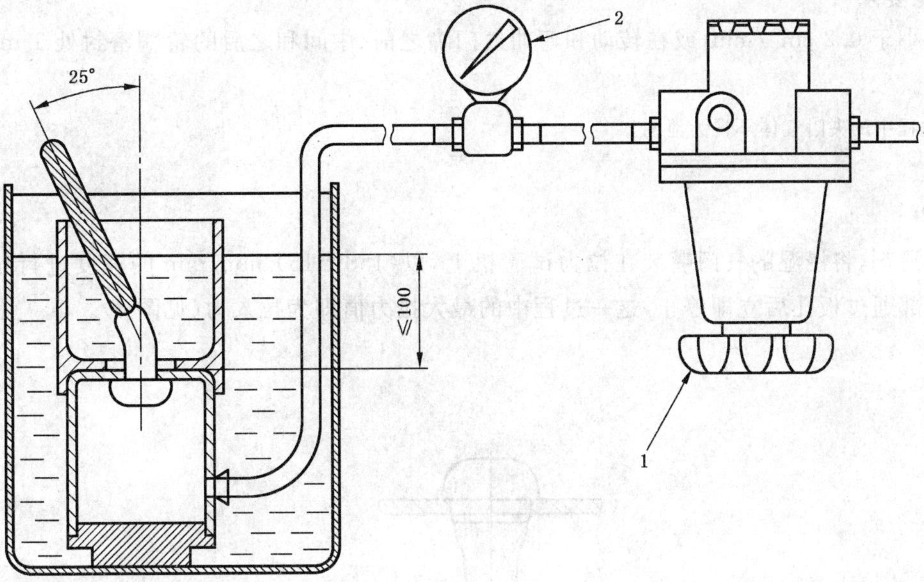

1——调压阀；

2——压力表。

图 5

6.5.2 低温试验

6.5.2.1 试验过程

6.5.2.1.1 按 5.2 和 5.3 将试验气门嘴安装到试验装置上。

6.5.2.1.2 装配好的气门嘴处于(−40±3)℃最少 24 h,以保证密封区域在试验温度中。

6.5.2.1.3 在(180±15) kPa 的恒压下,将装配好的气门嘴浸入(−40±3)℃乙醇或甲醛中,嘴口向上,气门嘴轮辋密封部位距液面不超过 100 mm。

6.5.2.1.4 浸在液体中的气门嘴相对于气门嘴安装孔轴线弯曲 25°±3°,将气门嘴绕安装孔轴线在 15 s～45 s 内匀速转动一周,且不给气门嘴施加扭矩。

6.5.2.1.5 重复 6.5.2.1.3～6.5.2.1.4,最少间隔半小时一次,共 5 次。

6.5.2.2 性能要求

泄漏速率小于 0.2 cm^3/min,或在转动和弯曲气门嘴之前、中间和之后的轮辋密封处 1 min 无气泡逸出判为合格。

注：安装过程中的夹附气体不视为泄漏。

6.5.3 高温试验

6.5.3.1 试验过程

6.5.3.1.1 按 5.2 和 5.3 将试验气门嘴安装到试验装置上。

6.5.3.1.2 将安装好的气门嘴放入(100±3)℃的热循环空气中 48 h 模拟老化。

6.5.3.1.3 在(600±15) kPa 的压力下,将装配好的气门嘴浸入(66±3)℃清水中,嘴口向上,气门嘴轮辋密封部位距液面不超过 100 mm。

6.5.3.1.4 浸在液体中的气门嘴相对于气门嘴安装孔轴线弯曲 25°±3°,将气门嘴绕安装孔轴线在 15 s～45 s 内匀速转动一周,且不给气门嘴施加扭矩。

6.5.3.1.5 将卸压后的气门嘴重新放入热循环空气中。

6.5.3.1.6 重复 6.5.3.1.3～6.5.3.1.5,最少间隔半小时 1 次,共 5 次,最后一次在试验第 72 小时完成。

6.5.3.2 性能要求

泄漏速率小于 0.2 cm^3/min,或在转动和弯曲气门嘴之前、中间和之后的轮辋密封处 1 min 无气泡逸出判为合格。

注:安装过程中的夹附气体不视为泄漏。

6.6 装配试验

6.6.1 拉入力

以水作润滑剂,将浸湿的气门嘴装在拉力试验机上,以(150±15) mm/min 的速度进行拉拔,当嘴体的定位环全部通过板孔后立即停止,这一过程中的最大拉力值即为拉入力(见图 6)。

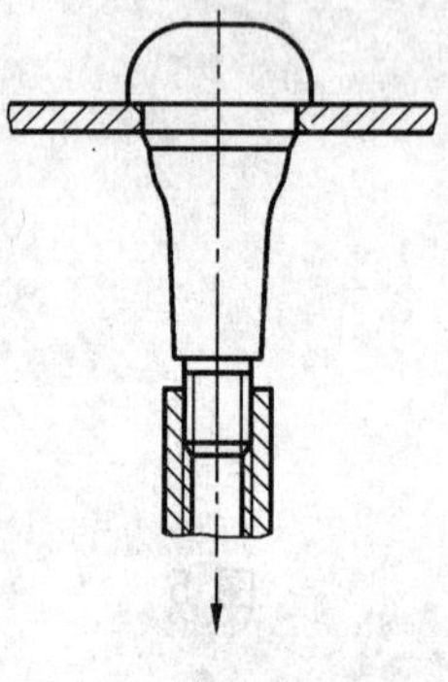

图 6

6.6.2 性能要求

拉入力:180 N～450 N,试验过程中气门嘴不允许出现破损。

6.6.3 拉脱力

对 6.6.1 所试验气门嘴继续施加拉力,直至气门嘴破坏或从安装孔脱出,这一过程中的最大拉力值即为拉脱力。

6.6.4 性能要求

气门嘴橡胶断裂或从安装孔中脱出的最小力应是 560 N。

6.7 爆破试验

6.7.1 试验过程

6.7.1.1 试验在 20 ℃～26 ℃进行,按 5.2 和 5.3 将气门嘴安装到试验装置上。

6.7.1.2 施加于嘴座上的液压在 1 min 内达到 1 400 kPa 的爆破压力,维持 2 min。

6.7.2 性能要求

气门嘴不应爆破。

6.8 耐臭氧试验

6.8.1 试验过程

6.8.1.1 将未安装的气门嘴在(100±3)℃温度下进行 72 h 老化试验。

6.8.1.2 将老化试验后的气门嘴按 5.2 和 5.3 安装到试验装置上。

6.8.1.3 气门嘴轴线相对于安装孔轴线倾斜 10°,且整个试验过程保持这一位置(见图 7)。

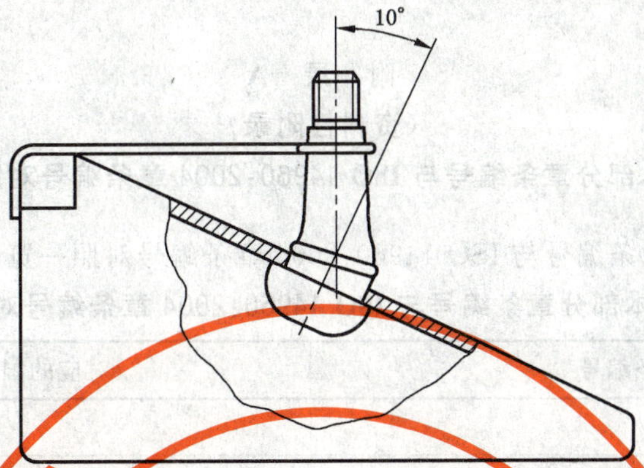

图 7

6.8.1.4 将此试验装置放置在 20 ℃～26 ℃的暗室中至少 24 h。

6.8.1.5 将此气门嘴置于臭氧循环室进行试验，臭氧浓度$(100\pm5)\times10^{-8}$，温度(38 ± 3)℃，时间 72 h。

6.8.2 **性能要求**

放大 5 倍观察气门嘴橡胶不出现裂纹。

6.9 耐屈挠试验

6.9.1 **试验过程**

模拟气门嘴在可能的条件下的耐屈挠性能，见图 8。

6.9.1.1 按 5.2 和 5.3 将气门嘴安装到试验装置上。

6.9.1.2 装配好气门嘴将压力维持在 200 kPa，以 2 Hz 屈挠频率将此气门嘴沿轴线左右摆动 25°±1°。

6.9.2 **性能要求**

循环 40 000 次后若破坏或目测有明显龟裂判为不合格。

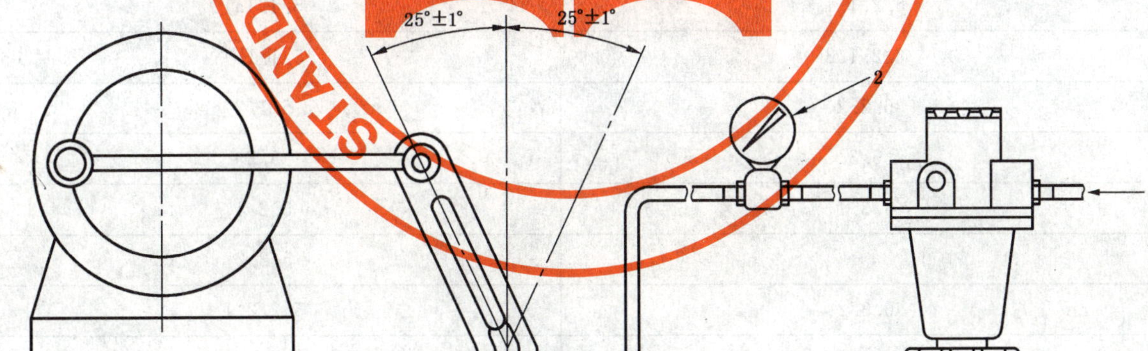

1——调压阀；

2——压力表。

图 8

附　录　A
（资料性附录）
本部分章条编号与 ISO 14960:2004 章条编号对照

表 A.1 给出了本部分章条编号与 ISO 14960:2004 章条编号对照一览表。

表 A.1　本部分章条编号与 ISO 14960:2004 章条编号对照一览表

本部分章条编号	对应的国际标准章条编号
1	1
2	2
3	3
—	3.1
3.1	3.2
3.2	3.3
4	—
5	4
5.1	4.1
5.2	4.2
5.3	4.3
6	5
6.1	—
6.2	5.1
6.2.1	5.1.1
6.2.1.1	5.1.1a)
6.2.1.2	5.1.1b)
6.2.2	5.1.2
6.3	5.2
6.3.1	5.2.1
—	5.2.2
6.3.2	5.2.2.1
6.3.2.1	5.2.2.1a)
6.3.2.2	5.2.2.1b)
6.3.3	5.2.2.2
—	5.2.3
—	5.2.4
6.4	5.3
6.4.1	5.3.1

表 A.1（续）

本部分章条编号	对应的国际标准章条编号
6.4.1.1	5.3.1a)
6.4.1.2	5.3.1b)
6.4.1.3	5.3.1c)
6.4.2	5.3.2
6.5	5.4
6.5.1	5.4.1
6.5.2	5.4.2
—	5.4.2.1
6.5.2.1	5.4.2.2
6.5.2.1.1	5.4.2.2a)
6.5.2.1.2	5.4.2.2b)
6.5.2.1.3	5.4.2.2c)
6.5.2.1.4	5.4.2.2d)
—	5.4.2.2e)
6.5.2.1.5	5.4.2.2f)
6.5.2.2	5.4.2.3
6.5.3	5.4.3
—	5.4.3.1
6.5.3.1	5.4.3.2
6.5.3.1.1	5.4.3.2a)
6.5.3.1.2	5.4.3.2b)
6.5.3.1.3	5.4.3.2c)
6.5.3.1.4	5.4.3.2d)
6.5.3.1.5	5.4.3.2e)
6.5.3.1.6	5.4.3.2f)
6.5.3.2	5.4.3.3
6.6	5.5
—	5.5.1
—	5.5.1.1
6.6.1	5.5.1.2
6.6.2	5.5.1.3
—	5.5.2
—	5.5.2.1
—	5.5.2.2
—	5.5.2.2a)

表 A.1（续）

本部分章条编号	对应的国际标准章条编号
6.6.3	5.5.2.2b)
6.6.4	5.5.2.3
6.7	5.6
—	5.6.1
6.7.1	5.6.2
6.7.1.1	5.6.2a)
6.7.1.2	5.6.2b)、c)
6.7.2	5.6.3
6.8	5.7
—	5.7.1
6.8.1	5.7.2
6.8.1.1	5.7.2a)
6.8.1.2	5.7.2b)
6.8.1.3	5.7.2c)
6.8.1.4	5.7.2d)
6.8.1.5	5.7.2e)
6.8.2	5.7.3
6.9	5.8
—	5.8.1
6.9.1	5.8.2
6.9.1.1	5.8.2a)
6.9.1.2	5.8.2b)
6.9.2	5.8.3
附录 A	—
附录 B	—
注：表中的章条以外的本部分其他章条编号与 ISO:14960:2004 其他章条编号均相同且内容相对应。	

附 录 B
（资料性附录）
本部分与 ISO 14960:2004 技术性差异及其原因

表 B.1 给出了本部分与 ISO 14960:2004 的技术性差异及其原因的一览表。

表 B.1 本部分与 ISO 14960:2004 的技术性差异及其原因的一览表

本部分章条编号	技 术 差 异	原 因
1	增加了适用范围	对适用于本部分试验方法的气门嘴进行了规定
2	ISO 14960:2004 引用 ISO 3911 标准，本部分引用 GB/T 12839 标准	引用我国术语标准
3	删除了 ISO 14960:2004 术语引用的 ISO 3911 标准，本部分引用了 GB/T 12839 标准	引用我国术语标准
3.1	删除了 ISO 14960:2004 3.1 卡扣式气门嘴术语	GB/T 12839 标准已有定义
4	增加了第 4 章试验设备和仪器	为了试验结果的一致性，对试验设备和仪器进行明确规定
6.1	增加了橡胶硬度测试 增加了图 1，硬度测试示意图	根据相关国家标准需要
6.2	将 ISO 14960:2004 5.1 粘着强度改为橡胶与金属结合试验，增加了图 2、图 3 示意图	符合相关国家标准，表达更清楚
6.3	删除了 ISO 14960:2004 5.2.3、5.2.4 气门芯与气门嘴高、低温试验	ISO 14960 包括了气门嘴及其零部件的试验方法，而我国另有气门芯试验方法标准，本部分就不再列入
6.3	删除了 ISO 14960:2004 5.2.1 中金属密封扭矩	目前我国没有金属密封气门芯标准，实际使用中也没有金属密封气门芯
6.5.2	修改了 ISO 14960:2004 5.4.2 气门嘴密封低温试验方法	考虑我国国情，本部分低温处理时不充气压
6.5.3	修改了 ISO 14960:2004 5.4.3 气门嘴密封高温试验方法	考虑我国国情，本部分高温老化时不充气压
6.6	增加了图 6，装配试验示意图	为了方便理解
6.7	增加了图 7，耐臭氧试验示意图	为了方便理解

ICS 83.160.01
G 41

中华人民共和国国家标准

GB/T 9766.6—2008
代替 GB/T 9767—2002

轮胎气门嘴试验方法
第6部分：气门芯试验方法

Test method for tyre valve—Part 6：Test method for core

（ISO 14960：2004，Tubeless tyres—Valves and components—Test methods，NEQ）

2008-09-18 发布　　　　2009-09-01 实施

中华人民共和国国家质量监督检验检疫总局
中国国家标准化管理委员会　发布

前　言

GB/T 9766《轮胎气门嘴试验方法》分为六个部分：

——第1部分：压紧式内胎气门嘴试验方法；

——第2部分：胶座气门嘴试验方法；

——第3部分：卡扣式气门嘴试验方法；

——第4部分：压紧式无内胎气门嘴试验方法；

——第5部分：大芯腔气门嘴试验方法；

——第6部分：气门芯试验方法。

本部分为GB/T 9766的第6部分，对应于ISO 14960:2004《无内胎气门嘴及其零部件的试验方法》（英文版）。本部分与ISO 14960:2004一致性程度为非等效。同时参考了日本工业标准JIS D 4211:1994《汽车轮胎气门芯》。

本部分代替GB/T 9767—2002《轮胎气门芯试验方法》。

本部分与GB/T 9767—2002相比，主要变化如下：

——增加了“术语和定义”（本版的第3章）；

——修改了H01型和H02型气门芯的室温密封性试验的压力（本版的6.1.1）；

——修改了密封试验观察时间（前版的5.1，本版的第6章）；

——增加了试验气门芯产品的系列规格（本版的6.2,6.3）；

——增加了H04C型气门芯试验方法（本版的6.3）；

——增加了H01型、H02型气门芯的芯杆头位置的测量（本版的第9章）；

——增加了H01型、H02型气门芯的芯体密封圈脱落的试验（本版的第10章）。

本部分由中国石油和化学工业协会提出。

本部分由全国轮胎轮辋标准化技术委员会（SAC/TC 19）归口。

本部分主要起草单位：公主岭中大股份有限公司、江阴博尔汽配工业有限公司。

本部分参加起草单位：宁波市鄞州曙光机电有限公司、江阴市港澄汽配有限公司、国家橡胶机械质量监督检验中心、江阴市澄华轮胎气门咀厂。

本部分主要起草人：韩发瑞、唐建兰、张浩波、赵国平、蒙义、殷正元。

本部分代替标准的历次版本发布情况为：

——GB 9767—1988、GB/T 9767—1994、GB/T 9767—2002。

轮胎气门嘴试验方法
第6部分:气门芯试验方法

1 范围

GB /T 9766 的本部分规定了轮胎气门芯(以下简称气门芯)试验的术语和定义、试验设备和仪器仪表、安装、密封性试验、开启压力试验、芯帽与芯体结合强力试验、芯杆头位置测量、芯体密封圈脱落试验。

本部分适用于乘用车、载重汽车、工业车辆、工程机械、拖拉机、农业和林业机械、摩托车、电动车及力车轮胎气门嘴用气门芯试验。

本部分不适用于航空轮胎用气门芯试验。

2 规范性引用文件

下列文件中的条款通过 GB/T 9766 的本部分的引用而成为本部分的条款。凡是注日期的引用文件,其随后所有的修改单(不包括勘误的内容)或修订版均不适用于本部分,然而,鼓励根据本部分达成协议的各方研究是否可使用这些文件的最新版本。凡是不注日期的引用文件,其最新版本适用于本部分。

GB 9764 轮胎气门嘴芯腔(GB 9764—1997,neq ISO 6762:1982;ISO 7442:1982)

GB 1796.6 轮胎气门嘴 第 6 部分:气门芯(GB 1796.6—2008,ISO 9413:1998,Tyre valve—Dimensions and designation,NEQ)

GB/T 12839 轮胎气门嘴术语及其定义(GB/T 12839—2005,ISO 3877-2:1997,Tyres,valves and tubes—List of equivalent terms—Part 2:Tyre valves,NEQ)

3 术语和定义

GB/T 12839 中确定的术语及其定义适用于 GB/T 9766 的本部分。

4 试验设备和仪器仪表

4.1 低温试验箱:箱内温度可达−40 ℃以下,温度波动为±2 ℃。

4.2 高温试验箱:箱内温度可达 200 ℃以上,温度波动为±2 ℃。

4.3 拉力试验机:负荷 0~2 000 N,示值相对变动值为 1%。

4.4 压力表:示值为 0~2 500 kPa,精度等级为 1.5 级。

4.5 秒表。

4.6 专用扭矩扳手:精度等级为 5%。

4.7 调压阀:0~2 500 kPa。

4.8 气门芯密封性试验装置(见图 1)。

4.9 H01 型和 H02 型气门芯开启压力试验装置(见图 2)。

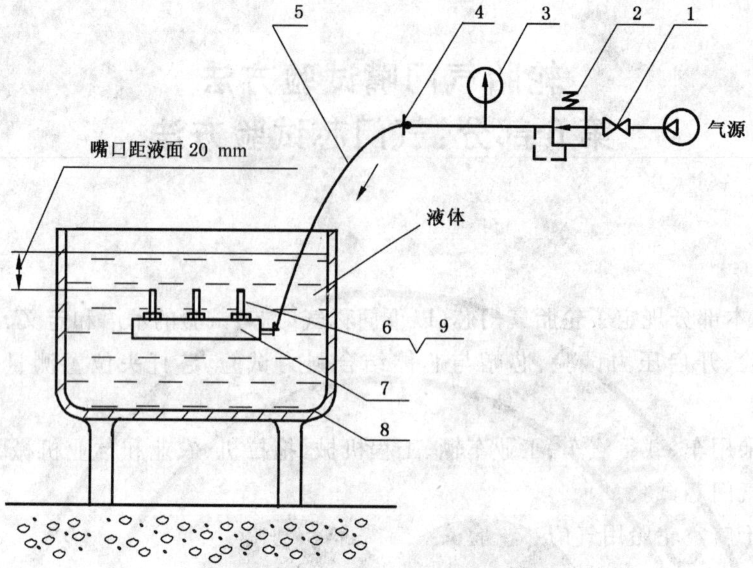

1——截止阀；
2——调压阀；
3——压力表；
4——软管接头；
5——高压软管；
6——气门嘴；
7——充气装置；
8——液槽；
9——气门芯。

图 1 气门芯密封性试验装置示意图

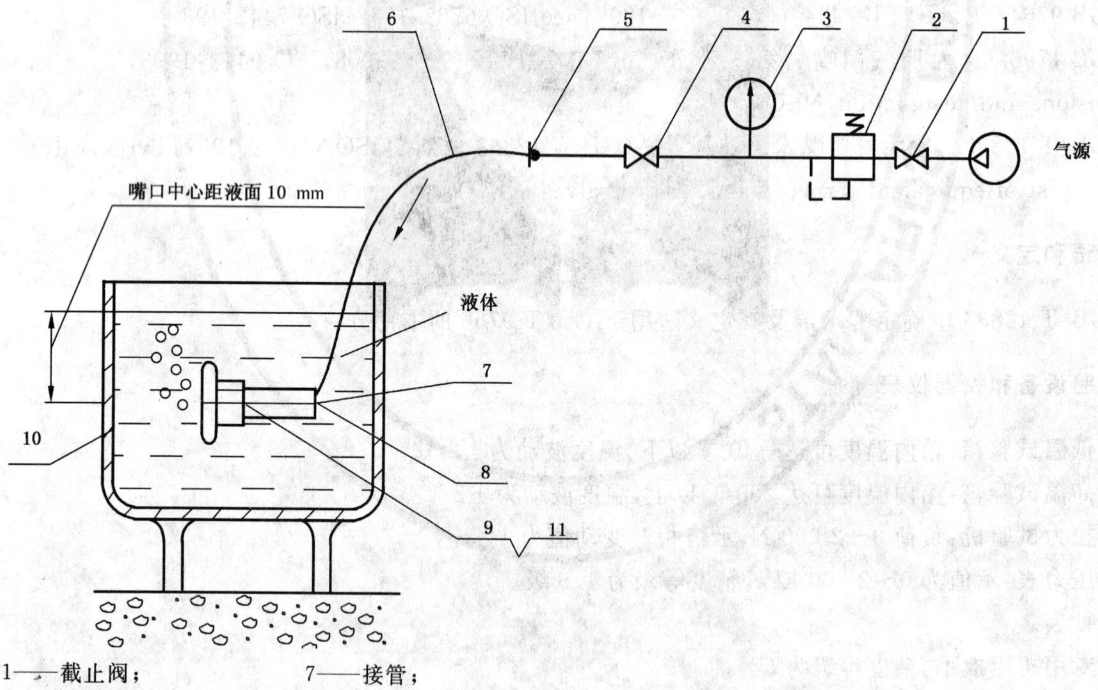

1——截止阀；
2——调压阀；
3——压力表；
4——截止阀；
5——软管接头；
6——高压软管；
7——接管；
8——压帽；
9——气门嘴；
10——液槽；
11——气门芯。

图 2 H01 型和 H02 型气门芯开启压力试验装置示意图

5 安装

在图1规定的充气装置上，将H01型和H02型气门芯按GB 1796.6规定的扭矩安装在符合GB 9764相对应的气门嘴芯腔内。H03C型、H04C型和H05C型气门芯用0.15 N·m～0.20 N·m的扭矩安装在相对应的气门嘴芯腔内。

6 密封性试验

6.1 H01型和H02型气门芯的密封性试验

6.1.1 室温密封性试验

在室温下，将第5章装有H01型或H02型气门芯的充气装置垂直放入水中，使气门嘴的嘴口向上，距水面20 mm，首先通入35 kPa，然后通入1 500 kPa的压缩空气，各在60 s内，观察气门嘴嘴口处是否有气泡逸出。然后从水中取出充气装置，按动芯杆2次～3次，再将充气装置放入水中，在60 s内，观察并记录气门嘴嘴口处是否有气泡逸出。安装过程中夹附气体不视为泄漏。

6.1.2 低温密封性试验

将6.1.1试验合格的气门芯，连同充气装置一起放入-40_{-5}^{0} ℃的低温试验箱内，浸入乙醇中使气门嘴嘴口向上，距液面20 mm，通入850 kPa的压缩空气，保持24h，打开试验箱，在60 s内，观察并记录气门嘴嘴口处是否有气泡逸出。

6.1.3 高温密封性试验

将6.1.2试验合格的气门芯，恢复室温后，连同充气装置一起放入100_{0}^{+5} ℃的高温试验箱内，保持24 h，取出后立即浸入(60±5) ℃水中，使气门嘴的嘴口向上，距水面20 mm，通入850 kPa的压缩空气，在60 s内，观察并记录气门嘴嘴口处是否有气泡逸出。

6.2 H03C型气门芯的密封性试验

在室温下，将第5章装有H03C型气门芯的充气装置一起垂直放入水中，将气门嘴嘴口向上距水面20 mm，通入900 kPa的压缩空气，在60 s内，观察并记录气门嘴嘴口处是否有气泡逸出。安装过程中夹附气体不视为泄漏。

6.3 H04C型和H05C型气门芯的密封性试验

在室温下，将第5章装有H04C型和H05C型气门芯的充气装置一起垂直放入水中，将气门嘴嘴口向上，距水面20 mm，通入700 kPa的压缩空气，在60 s内，观察并记录气门嘴嘴口处是否有气泡逸出。安装过程中夹附气体不视为泄漏。

7 开启压力试验

按图2试验装置。打开气源，调节调压阀H01型气门芯压力调为250 kPa，H02型气门芯压力调为450 kPa。

将气门芯按第5章的规定安装在气门嘴芯腔内，并与汽源的高压软管相连，将气门嘴水平放入水中，距水面10 mm。然后打开截止阀4，观察10 s，气门嘴的后孔如果有气泡逸出水面，判为不合格。安装过程中夹附气体不视为泄漏。

8 芯帽与芯体结合强力试验

将H01型和H02型气门芯的芯帽与芯体分别夹持在拉力试验机的上下夹头上，然后启动拉力试验机，以(100±10)mm/min匀速运行。整个拉伸过程应沿气门芯芯体和芯帽的轴线方向进行，芯帽与芯体脱开过程的最大拉力，即为气门芯芯帽与芯体的结合强力。

9 芯杆头位置测量

将H01型、H02型气门芯按第5章的规定安装在符合GB 9764的1号芯腔、2号芯腔内，用专用量具或通用量具测量芯杆头上端面至气门嘴嘴口端面之间的垂直距离,即为芯杆头位置。

10 芯体密封圈脱落试验

将 H01 型、H02 型气门芯按第 5 章的规定安装在符合 GB 9764 的 1 号芯腔、2 号芯腔内,然后卸下气门芯,重复做三次,观察芯体密封圈是否脱落。

ICS 83.160.01
G 41

GB

中华人民共和国国家标准

GB/T 9768—2008
代替 GB/T 9768—2000

轮胎使用与保养规程

Regulation of application and maintenance of tyre

2008-06-04 发布　　2008-12-01 实施

中华人民共和国国家质量监督检验检疫总局
中国国家标准化管理委员会　发布

前　言

本标准代替 GB/T 9768—2000《轮胎使用与保养规程》。

本标准与 GB/T 9768—2000 的主要差异如下：

——增加了相关规范性文件的引用(本版第 2 章)；

——增加了相关术语和定义的规定(本版第 3 章)；

——细化了轮胎运输方式的相关规定并增加了叉车搬运轮胎专用货叉的规定(本版第 4 章)；

——增加了外胎贮存因周期不同而可采用的不同方式及内胎、垫带的存放规定(本版 5.2,5.3)；

——增加了轮胎使用选择和安全性要求并细化了轮胎装卸规定(本版第 6 章)；

——增加了轮胎气压的规定及检查周期(本版 7.2.1,7.2.5)；

——增加了轮胎使用速度的有关规定(本版 7.3)；

——取消了原标准中轮胎的维修一章内容，将其内容规定在相关章节中(见 2000 版第 10 章，本版 7.4.6,7.4.8,7.4.9)；

——对原标准的章节目录进行了调整。

本标准附录 A 为规范性附录。

本标准由中国石油和化学工业协会提出。

本标准由全国轮胎轮辋标准化技术委员会(SAC/TC 19)归口。

本标准起草单位：双星集团有限责任公司、山东玲珑橡胶有限公司、风神轮胎股份有限公司、贵州轮胎股份有限公司、杭州中策橡胶有限公司、广州市华南橡胶轮胎有限公司、三角轮胎股份有限公司、北京首创轮胎有限责任公司。

本标准主要起草人：戚顺青、于忠政、刘文民、马妙庭、陈国华、卢焜、乔玲玲、赵冬梅。

本标准所代替标准的历次版本发布情况为：

——GB/T 9768—1988、GB/T 9768—2000。

轮胎使用与保养规程

1 范围

本标准规定了轮胎使用保养用术语和定义，轮胎的运输、贮存、选择、装配和拆卸、使用和保养的基本要求。

本标准适用于轿车轮胎、载重汽车轮胎、农业轮胎、工程机械轮胎、工业车辆充气轮胎、压配式实心轮胎、充气轮胎轮辋实心轮胎、摩托车轮胎。

2 规范性引用文件

下列文件中的条款通过本标准的引用而构成为本标准的条款。凡是注日期的引用文件，其随后所有的修改单(不包括勘误的内容)或修订版均不适用于本标准，然而，鼓励根据本标准达成协议的各方研究是否可使用这些文件的最新版本，凡是不注日期的引用文件，其最新版本适用于本标准。

GB/T 521 轮胎外缘尺寸测定方法

GB/T 6326 轮胎术语及其定义(GB/T 6326—2005，ISO 4223-1:2002，NEQ)

3 术语和定义

GB/T 6326 确立的术语和定义适用于本标准。

4 轮胎的运输

4.1 运输轮胎时，要根据不同轮胎的特性要求，科学合理码放，以不影响轮胎使用性能为宜。轮胎不应与油类、易燃物、化学腐蚀品等混装，避免阳光照射和雨淋。

4.2 内胎、垫带不单独包装时，需放在外胎内并充以适量的空气，使其与外胎内腔相接触，垫带覆盖在内胎与外胎胎圈内壁之间，用绳捆绑两处以上或加以外包装，绳索不得损坏轮胎胎圈。

4.3 搬运轮胎时不应用绳索、吊钩或吊叉直接把轮胎吊提，应使用宽度不小于 150 mm 的非金属宽幅带，以免损坏胎圈(见图 1)。

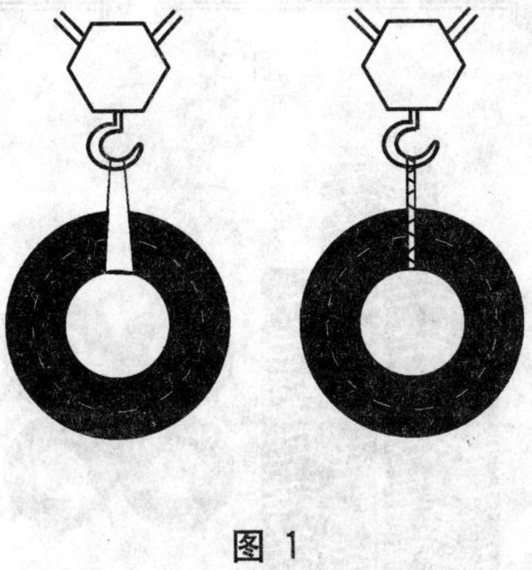

图 1

4.4 使用叉车搬运轮胎时，宜使用抱胎方式的专用货叉，或从轮胎侧面托起，不应用货叉插入胎圈中心提升(见图 2)。

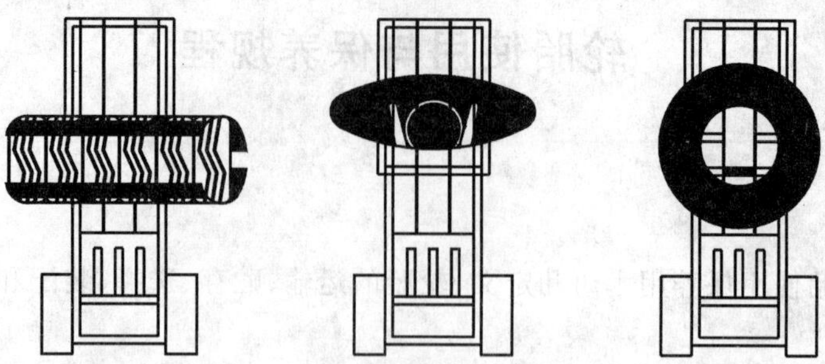

图 2

5 轮胎的贮存

5.1 一般要求

5.1.1 轮胎应在通风、清洁的库房内存放。室温－10℃～＋30℃、相对湿度 50%～80%为宜。库房内避免阳光直接照射。

5.1.2 库房内不应使用可产生臭氧的设备装置。

5.1.3 不应将轮胎与油类、酸类、易燃品及化学腐蚀品存放在一起，或与这些物品接触。

5.1.4 轮胎应远离热源，避免烘烤轮胎。

5.1.5 轮胎在贮存中，应有库存卡片，记录轮胎类型、规格、结构、层级、厂牌、生产日期和入库时间，并按生产时间和入库时间分批分类贮存，按先进先出顺序使用。

5.2 外胎贮存要求

5.2.1 为减少轮胎变形，存放轮胎的方法应离地 10 cm 垂直放在成排托架上，不允许挤压轮胎(见图 3)。

5.2.2 短期(30 天内)存放，轮胎也可以平放在地面上(见图 4)叠放高度以不影响轮胎使用性能为宜。

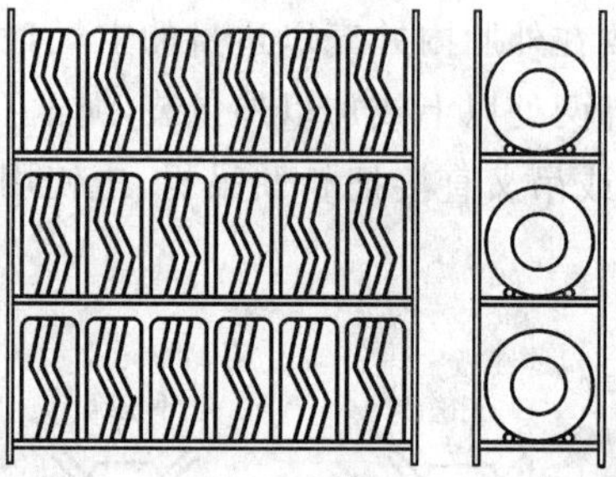

图 3

图 4

5.3 内胎、垫带贮存要求

5.3.1 内胎、垫带放在外胎内存放时，内胎表面应涂抹适量滑石粉，放入外胎内并充适量空气，将垫带覆盖在内胎与外胎两胎圈内壁间，用包装带或绳捆绑包装，与外胎一起存放。

5.3.2 内胎短期单独存放时，在表面涂抹滑石粉，不允许折叠堆置，应展平放置于架子或地面上，且叠放高度不宜超过 50 cm，避免刺伤、划伤和气门嘴压坏内胎表面。也可挂在半圆形的托架上，每两个月转动一次支点。

5.3.3 垫带单独存放应水平放在架子上或套在圆木架上贮存，且要防止灰尘、油脂和湿气侵蚀。

6 轮胎的选择、装配和拆卸

6.1 一般要求

6.1.1 车辆使用的轮胎应与车辆出厂时的原配胎为相同或等效规格。

6.1.2 车辆使用轮胎的花纹类型根据车辆使用条件、前轴、后轴使用要求，可以选择不同的花纹类型，包括普通花纹、牵引花纹、加深花纹等。

6.1.3 同轴应选择同一品牌、规格、结构、使用类型轮胎，且要求轮胎磨耗程度接近相同，以保证外直径相同。

6.1.4 装配定向花纹轮胎时，应使轮胎的旋转方向标志与车辆行驶方向一致。

6.1.5 换装新胎时，应尽量做到整车或同轴同换。

6.1.6 轮胎应安装在符合规定的轮辋上，不允许使用变形、裂纹、磨损、焊缝不平、尺寸超差的轮辋。

6.1.7 斜交轮胎与子午线轮胎、无内胎轮胎与有内胎轮胎不得同车混装。

6.1.8 轮胎安装前应对外胎、垫带、内胎、轮辋进行全面检查。保证各部件表面清洁，无杂物。并使用中性皂液或专用润滑剂涂抹胎圈底部和轮辋圈座等接触部位(见图 5)。但不应使用如润滑脂类等能影响轮胎质量的润滑剂。

图 5

6.1.9 轮胎的装配和拆卸应由经过培训的专业人员进行。

6.1.10 轮胎充气时，应采用慢速充气，缓慢逐渐提高气压，避免气压突然升高，损坏轮胎及轮辋，以致造成人身事故。

6.1.11 拆卸前，轮胎内的空气要排净，以保证拆卸人员的安全。

6.2 有内胎轮胎的装卸

6.2.1 有内胎轮胎的拆装应使用专用工具或器械。

6.2.2 当装用有内胎轮胎时，应使用新的内胎和垫带。

6.2.3 内胎装入外胎时，应在外胎的内壁和内胎表面涂抹滑石粉，以便于内胎的伸展。垫带应平滑的覆盖在内胎与外胎子口内壁之间，内胎气门嘴应放置在轮辋气门嘴孔内并放正，不得折弯或反方向拧气门嘴。

6.2.4 将轮胎安装在轮辋上,并将挡圈、锁圈安装到位后,用橡皮锤周向轻敲轮辋、挡圈、锁圈,使轮胎胎圈正确落在轮辋内(见图6)。

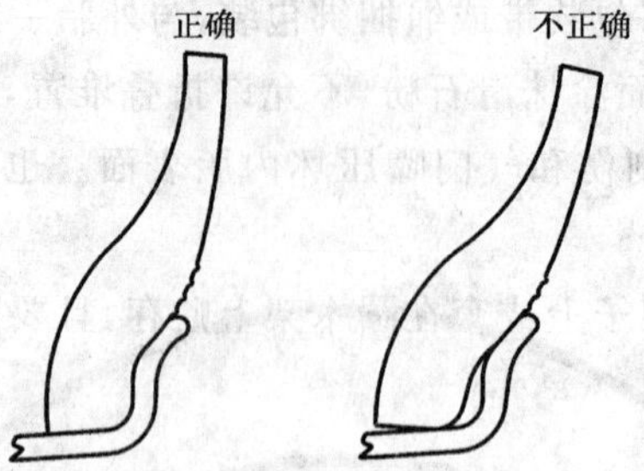

图6

6.2.5 轮胎胎圈、轮辋、挡圈、锁圈正确就位后,慢速向内胎充气,并轻敲以上部位。严禁快速充气,避免锁圈弹出伤人。

6.2.6 轮胎拆卸应用专用工具在安装处周向施压,使轮胎胎圈脱离轮辋后,再取下锁圈与挡圈,卸下轮胎。

6.3 无内胎轮胎的装卸

6.3.1 无内胎轮胎的装卸应使用胎圈脱卸器或轮胎拆装机,不应硬撬、硬砸以免损坏胎里及胎圈的密封层。

6.3.2 装胎时将轮辋与轮胎结合面及轮胎胎圈底座和“O”型圈沟槽部分的铁锈和其他杂物除掉。

6.3.3 凡拆装有“O”型圈轮辋的轮胎,则需换上新的“O”型圈。安装轮胎前要检查“O”型圈是否有缺陷,并涂上润滑剂。

6.3.4 无内胎轮胎更换时,应使用新的无内胎气门嘴。

6.3.5 无内胎轮胎与轮辋为过盈配合,装配充气时应保证胎圈与轮辋紧密正确就位。(见图6)。

6.3.6 轮胎充气后应检查气门嘴、气门芯、轮辋与轮胎接触部及“O”型圈处是否漏气(见图7)。

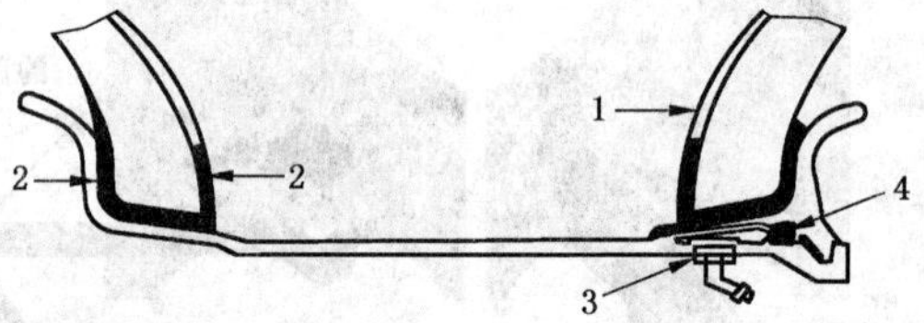

1——胎里密封层;

2——胎圈密封胶;

3——气门嘴;

4——O形圈。

图7

6.4 压配式实心轮胎、充气轮胎轮辋实心轮胎的装卸

6.4.1 压配式实心轮胎、充气轮胎轮辋实心轮胎的装卸只能由具备必要装备和技能的专业人员进行,非专业人员装卸可能导致人员伤害及对轮胎和车轮隐蔽的损伤。

6.4.2 为避免轮胎胎圈底座损伤,应将轮胎同心地安装在轮辋上并与轴平行。

6.4.3 只允许使用轮胎制造商推荐的轮辋。

7 轮胎使用

7.1 轮胎负荷

7.1.1 轮胎负荷应符合现行相关国家标准或轮胎制造商标明的规定。

7.1.2 车辆上轮胎的实际负荷,不得超过轮胎负荷能力,否则将严重影响轮胎使用寿命及车辆和人身安全。

7.1.3 车辆装载货物应分布均匀，避免某一轮胎负荷过重(见图 8～图 9)。

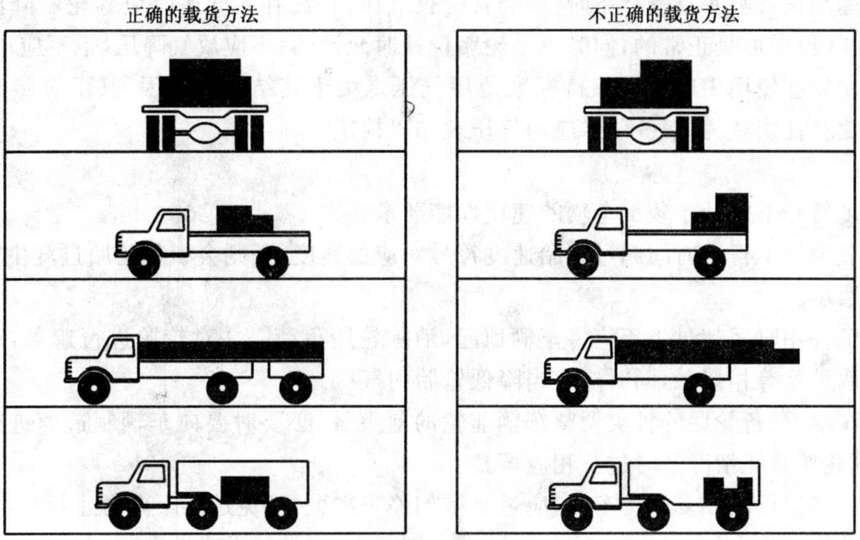

图 8 货车上的物品分布

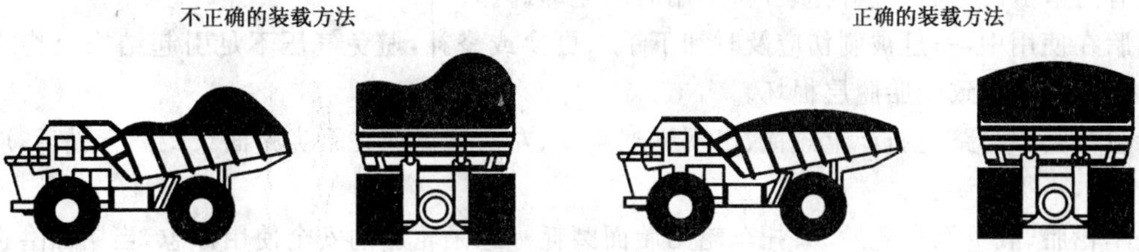

图 9 自卸车装载分布

7.2 轮胎气压

7.2.1 轮胎气压是指轮胎处于常温时所采用的气压，不包括由于车辆行驶增高的气压。

7.2.2 使用气压的公差范围应符合表 1 的规定。

表 1 使用气压的公差范围表

轮 胎 类 型	公差/kPa
轿车轮胎、摩托车轮胎	±10
载重汽车轮胎	±20
工程机械轮胎、农业轮胎、工业车辆充气轮胎	±30

7.2.3 工程机械子午线轮胎的使用气压应按表 2 进行校正。

表 2 工程机械子午线轮胎使用气压校正表

环境温度/℃	内压增加/%
25 以下	0
25～29	4
30～34	6
35～39	8
40～45	10

7.2.4 测量轮胎充气气压，应在轮胎充分冷却后进行。

7.2.5 工程、工地、矿区、长途车辆用轮胎气压每周检查一次，市区和短途车辆用轮胎每两周检查一次，最长不得超过 15 天。

7.2.6 车辆长途高速行驶及夏季行车时，应经常检查气压，若需补充气压时应等轮胎降温后再予以充气。车辆行驶时气压增加是正常的，同时也是轮胎设计时允许的，不应放气降压，也不应用冷水浇泼。

7.2.7 子午线轮胎在使用中应严格保持标准使用气压。由于其结构的原因，其下沉量和接地面积较大，与斜交胎相比往往误认为充气不足，应用气压表加以检定。

7.3 轮胎速度

7.3.1 轮胎速度符号不得低于装配车辆的速度性能要求。

7.3.2 车辆行驶速度不得长时间超过轮胎速度符号对应的速度，否则会引起轮胎过度生热而爆破。

7.4 其他注意事项

7.4.1 如果车辆停用时间超过半年应将车辆顶起，消除轮胎负荷。并对轮胎进行遮盖，避免日光照射及与油类、化学腐蚀品等相接触，同时应适当降低轮胎内气压。

7.4.2 应根据车辆、配备轮胎的种类调整车辆前轮的前束量，必要时要向车辆制造商进行咨询。并在使用过程中根据轮胎磨耗情况及时进行相应调整。

7.4.3 车辆长途高速行驶及夏季行车时，应适当增加停车次数，避免过长距离高速行驶，造成轮胎温度过高。

7.4.4 车辆行驶时尽量避免猛烈加速和紧急制动，避免损伤轮胎。

7.4.5 装有防滑链的轮胎，应对称装用，不用时应立即卸掉。

7.4.6 轮胎在使用中，一旦被刺伤应及时卸下予以更换或修补，避免气压不足引起结构损伤或因水侵入损伤胎体帘线，而导致轮胎脱层损坏。

7.4.7 轮胎行驶中与路边石严重碰撞、出现剧烈震动、左右跑偏或在恶劣路面长距离行驶后，应及时由专业人员检查，不得延误。

7.4.8 轿车轮胎、载重汽车轮胎、摩托车轮胎胎面磨耗标志是轮胎的安全使用标志，当胎面磨损达到磨耗标志时，应停止使用。农业轮胎、工程机械轮胎、工业车辆充气轮胎允许的胎面磨耗程度，应向生产厂家咨询。

7.4.9 为确保行车安全，翻新的轮胎不应做转向轮胎使用。

7.4.10 轮胎生产厂标记出导电轮胎和抗静电实心轮胎，为保持这些性能，使用时应经常保持轮胎的清洁。

8 轮胎的保养

8.1 轮胎结合车辆的一级保养进行一级保养。主要检查轮胎气压、胎面磨耗情况，清除并装轮胎之间、花纹沟内夹石和杂物，以免刺伤轮胎，同时检查轮胎装配有无不当，轮辋、挡圈、锁圈是否正常。

8.2 轮胎结合车辆的二级保养进行二级保养。主要检查外胎有无划伤、变形、裂口、脱层、老化；内胎有无老化，损伤现象；垫带有无开裂等。发现问题作好记录，并及时处理。按 GB/T 521 测量胎面花纹磨损及外周长，断面宽的变化。作好记录，并进行轮胎换位。

8.2.1 轿车轮胎的换位

8.2.1.1 轿车子午线轮胎要按附录 A 的规定，每行驶 12 000 km～15 000 km 进行一次换位并检测平衡。

8.2.1.2 轿车斜交轮胎按附录 A 的规定，每行驶 8 000 km～10 000 km 进行一次换位并检测平衡。

8.2.2 载重汽车轮胎的换位

8.2.2.1 载重汽车子午线轮胎要按附录 A 的规定，每行驶 12 000 km～15 000 km 进行一次换位并检测平衡。

8.2.2.2 载重汽车斜交轮胎要按附录 A 的规定，每行驶 8 000 km～10 000 km 进行一次换位并检测平衡。

8.2.3　工程机械轮胎的换位

8.2.3.1　重型自卸车轮胎应结合车辆二级保养进行交叉换位。

8.2.3.2　名义断面宽度为 18.00～36.00 的工程机械轮胎，当前轮轮胎花纹深度磨去 1/3 时，应换到后轮；当后轮同轴双胎并装轮胎外直径差值在 10 mm～18 mm 时，应将双胎里、外侧轮胎相互换位。

8.2.4　农业轮胎的换位

农业轮胎行驶一个季度，轮胎要左右换位，并作好使用、装卸及损坏记录。

8.2.5　压配式实心轮胎、充气轮胎轮辋实心轮胎和工业车辆充气轮胎的换位

8.2.5.1　压配式实心轮胎、充气轮胎轮辋实心轮胎和工业车辆充气轮胎应根据胎面花纹的磨耗情况进行换位，以保持胎面花纹磨耗均匀。

8.2.5.2　注意避开使用场地的油类及化学物品的污染，防止轮胎过早的老化。

8.2.6　摩托车轮胎的换位

结合摩托车的保养，对摩托车轮胎进行检查维修，使用一定时间，应对轮胎进行换位。

附 录 A
（规范性附录）
轮胎换位图

轮胎换位见图 A.1～图 A.9。

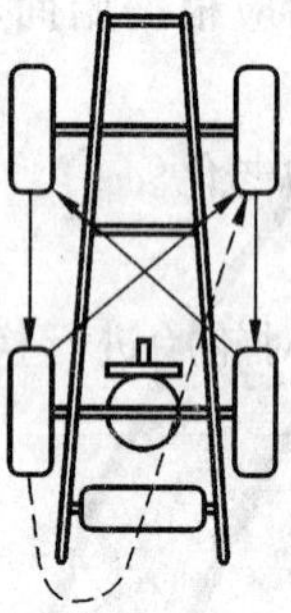

a）轿车，无向胎面花纹

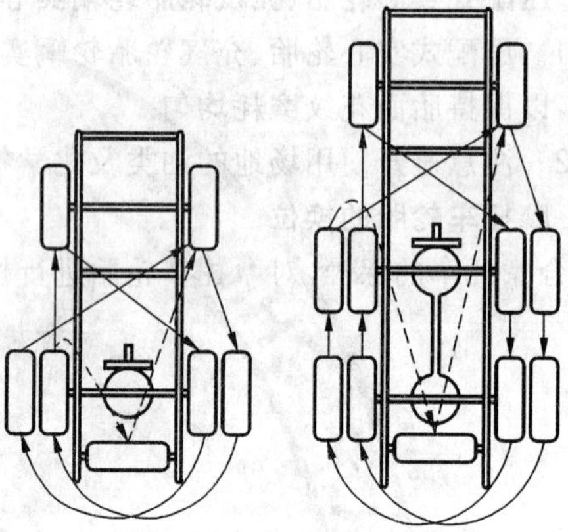

b）载重汽车，无向胎面花纹

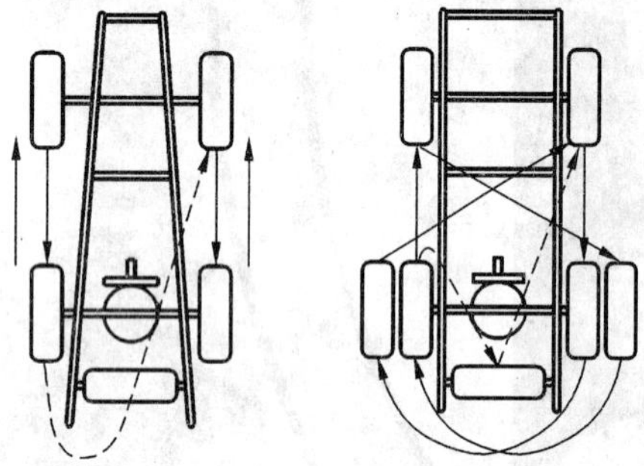

c）轿车，定向胎面花纹

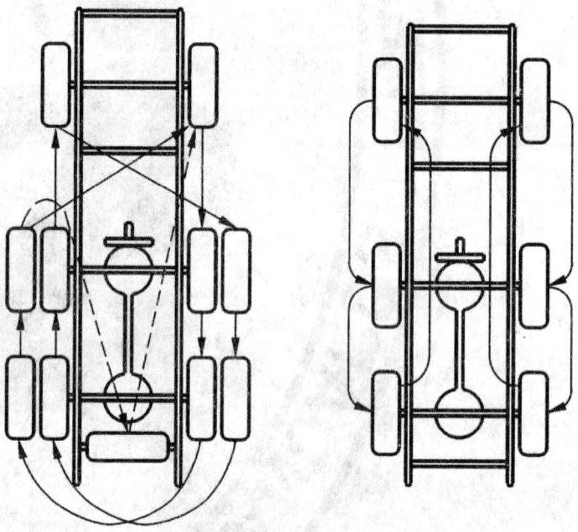

d）载重汽车，定向胎面花纹

图 A.1 交叉换位图

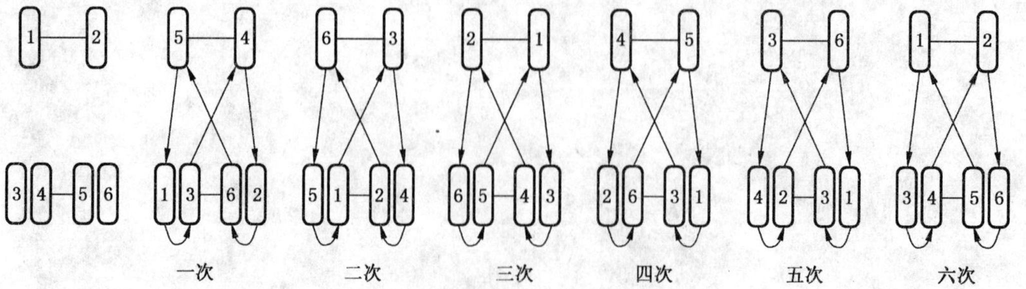

图 A.2 六轮二桥混合换位法

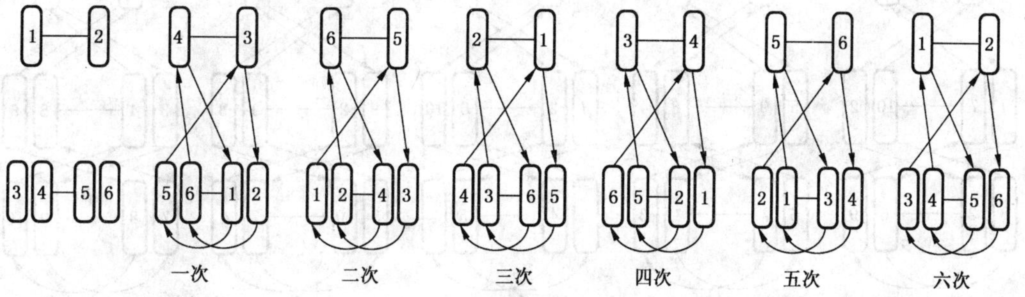

图 A.3　六轮二桥循环换位法

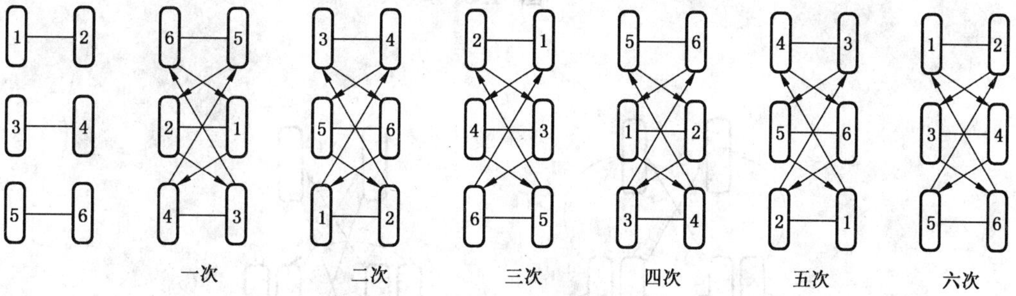

图 A.4　六轮三桥交叉换位法

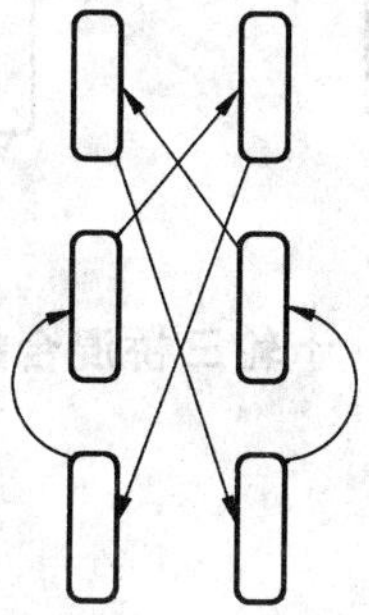

图 A.5　六轮三桥混合换位法

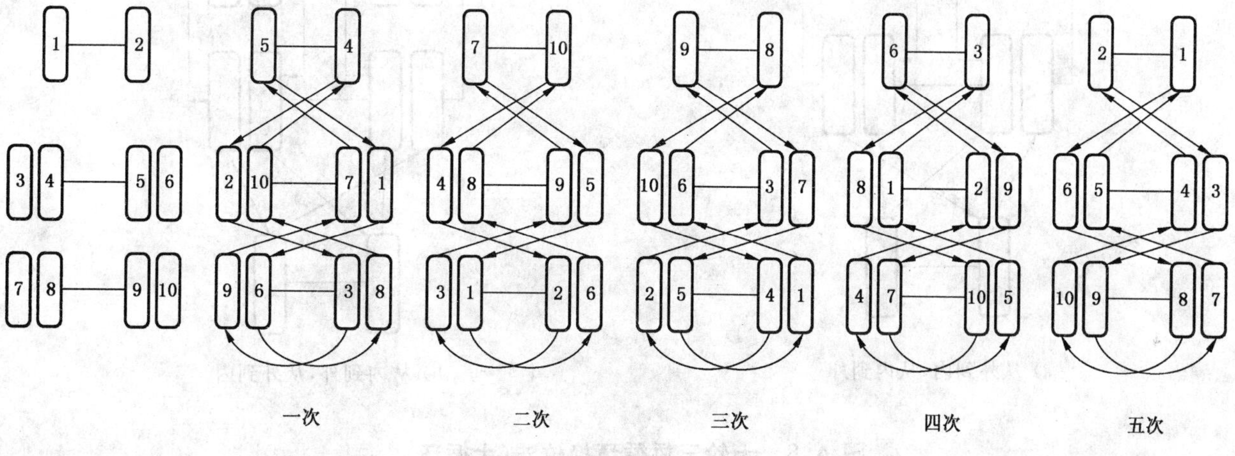

图 A.6　十轮三桥交叉换位法

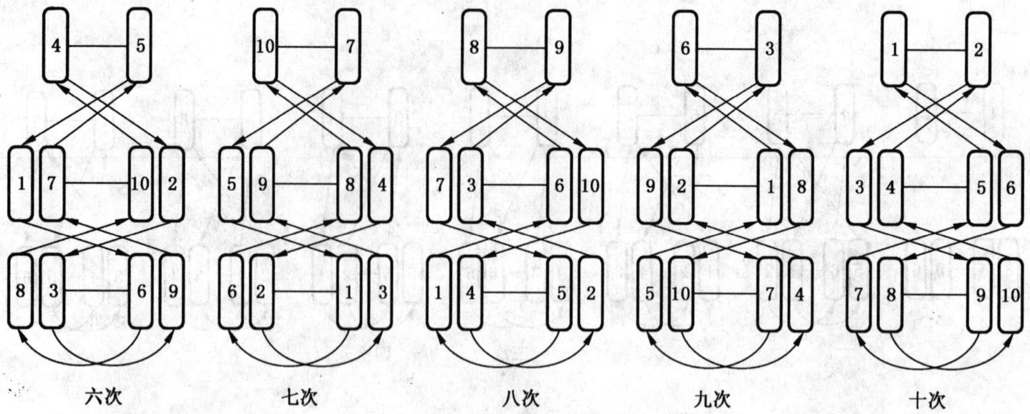

图 A.6(续)

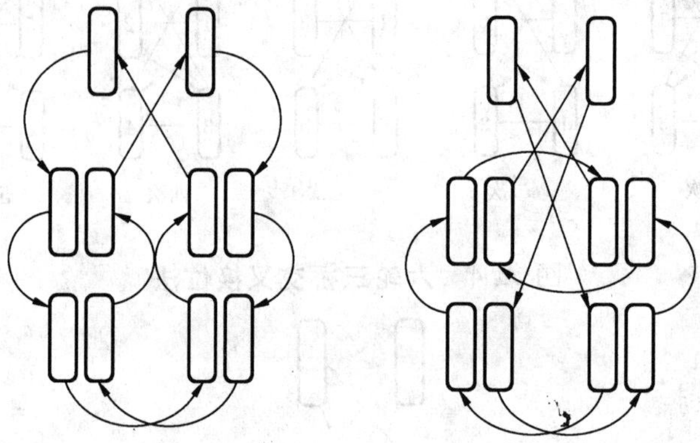

图 A.7　十轮三桥混合换位法

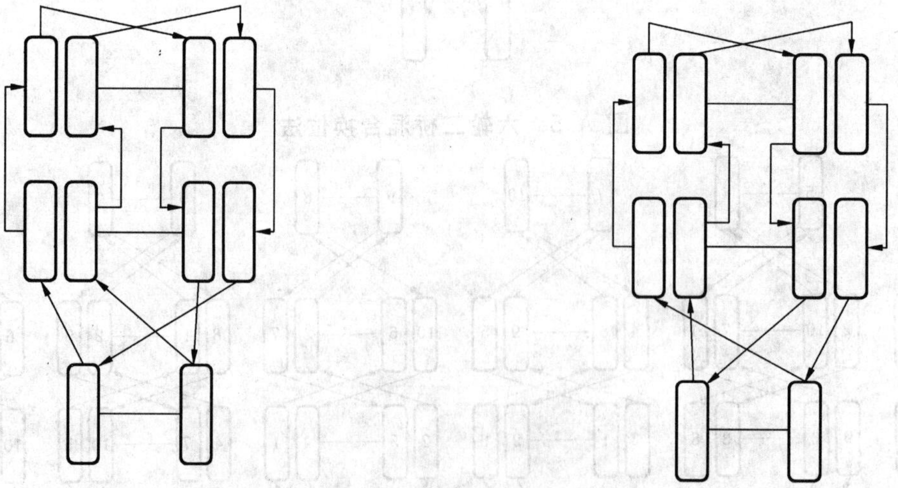

a) 从外到内,从内到外　　　　b) 从内到外,从外到内

图 A.8　十轮三桥循环换位法(大循环)

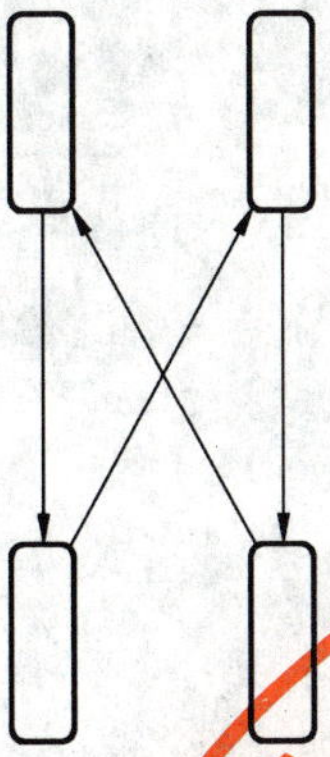

a)

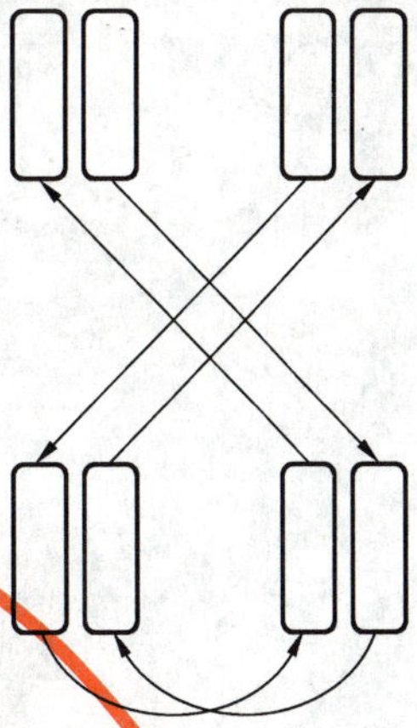

b)

图 A.9 挂车轮胎换位法

ICS 33.180.10
M 33

中华人民共和国国家标准

GB/T 9771.1—2008
代替 GB/T 9771.1—2000

通信用单模光纤
第1部分：非色散位移单模光纤特性

**Single-mode optical fibres for telecommunication—
Part 1: Characteristics of a dispersion unshifted
single-mode optical fibre**

2008-10-07 发布　　　　2009-04-01 实施

中华人民共和国国家质量监督检验检疫总局
中国国家标准化管理委员会　发布

前言

GB/T 9771《通信用单模光纤》分为如下几个部分：

——第 1 部分：非色散位移单模光纤特性；

——第 2 部分：截止波长位移单模光纤特性；

——第 3 部分：波长段扩展的非色散位移单模光纤特性；

——第 4 部分：色散位移单模光纤特性；

——第 5 部分：非零色散位移单模光纤特性；

——第 6 部分：宽波长段光传输用非零色散单模光纤特性；

——第 7 部分：接入网用弯曲损耗不敏感单模光纤特性。

本部分为 GB/T 9771 的第 1 部分。光纤的几何、光学和传输特性参考了 ITU-T G. 652：2005《单模光纤光缆的特性》(英文版)中 G. 652. A、G. 652. B 类光纤的技术指标，光纤的机械、环境性能参考了 IEC 60793-2-50：2007(第 3.0 版 86A/1164/CDV 文稿)《光纤　第 2-50 部分：产品规范　B 类单模光纤特性》(英文版)中 B1. 1 类光纤的规定。

本部分代替 GB/T 9771. 1—2000《通信用单模光纤系列　第 1 部分：非色散位移单模光纤特性》，修订时也参考了国外其他先进标准，并结合了国内的具体情况。

本部分与 GB/T 9771. 1—2000 相比主要变化如下：

——将标准名称由《通信用单模光纤系列　第 1 部分：非色散位移单模光纤特性》改为《通信用单模光纤　第 1 部分：非色散位移单模光纤特性》；

——尺寸参数，对某些技术指标作了较大修改，增加了几何特性测量方法(2000 年版的表 1，本版的表 1、表 2)；

——传输特性，将 5.2 标题“传输特性”改为“光学特性和传输特性”，对某些技术指标作了较大修改，将衰减系数要求由 A、B、C 三级改分为Ⅰ、Ⅱ两级；删除了色散系数限值的规定，增加了在 1 310 nm 波长区域任一波长 λ 下的色散系数 $D(\lambda)$ 和色散系数限值的计算公式；删除了单根光纤 PMD 系数值的要求，增加了未成缆光纤链路 PMD_Q 值的规定，A 类 PMD_Q 值为 0. 5 ps/$\sqrt{km}$，B 类 PMD_Q 值为 0. 20 ps/$\sqrt{km}$；增加了光学特性和传输特性的测量方法(2000 年版的表 2，本版的表 3、表 4、表 5)；

——机械性能，取消了对涂覆光纤筛选试验要求的分级，修改了光纤涂覆层剥离力的要求，增加了相关试验方法(2000 年版的表 3、表 4，本版的表 6、表 7、表 8、表 9)；

——环境性能，环境光衰减变化以表的形式给出，增加了环境机械性能变化要求和相关试验方法(2000 年版的 5. 6. 1、5. 6. 2、5. 6. 3、5. 6. 4，本版的表 10、表 11、表 12)。

本部分由中华人民共和国工业和信息化部提出。

本部分由中国通信标准化协会归口。

本部分起草单位：武汉邮电科学研究院。

本部分主要起草人：陈永诗、程淑玲、雷非、李海清、刘泽恒。

本部分代替标准的历次版本发布情况为：

—— GB/T 9771. 1—2000；

—— GB 9771—1988。

通信用单模光纤
第1部分：非色散位移单模光纤特性

1 范围

GB/T 9771的本部分规定了B1.1类非色散位移单模光纤的几何、光学、传输特性和机械、环境性能的要求，规定了光纤特性的测量方法。该类光纤的零色散波长在1 310 nm附近，它既可以使用在1 310 nm波长区域，也可以使用在1 550 nm波长区域。

本部分适用于通信光缆和其他信息传输设备中使用的B1.1类非色散位移单模光纤。

2 规范性引用文件

下列文件中的条款通过GB/T 9771的本部分的引用而成为本部分的条款。凡是注日期的引用文件，其随后所有的修改单(不包括勘误的内容)或修订版均不适用于本部分，然而，鼓励根据本部分达成协议的各方研究是否可使用这些文件的最新版本。凡是不注日期的引用文件，其最新版本适用于本部分。

GB/T 15972(所有部分) 光纤试验方法规范[IEC 60793-1(all parts),Optical fibres—Part 1:Measurement methods and test procedures,MOD]

GB/T 18900—2002 单模光纤偏振模色散的试验方法

ITU-T G.650.1:2004 单模光纤光缆的具有线性和确定性特性的参数定义和试验方法

ITU-T G.650.2:2007 单模光纤光缆的具有统计和非线性特性的参数定义和试验方法

ITU-T G.652:2005 单模光纤光缆的特性

IEC/TR 61282-3:2006 光纤通信系统设计指南 第3部分：偏振模色散的计算

IEC 62048:2001 光纤可靠性的幂次律理论

3 术语和定义

GB/T 15972和ITU-T G.650.1:2004、ITU-T G.650.2:2007中确立的相关术语和定义适用于本部分。

4 缩略语

下列缩略语适用于本部分：

DWDM 密集波分复用

FWM 四波混频

PMD 偏振模色散

PMD_Q 链路PMD系数统计参数

WDM 波分复用

5 要求

5.1 尺寸参数

5.1.1 尺寸参数技术指标

B1.1类单模光纤的尺寸参数要求应符合表1规定。

表 1　B1.1 类单模光纤的尺寸参数要求

项　　目	单　　位	技术指标
1 310 nm 模场直径	μm	(8.6～9.5)±0.6
包层直径	μm	125±1
芯/包层同心度误差	μm	≤0.6
包层不圆度	%	≤1.0
涂覆层直径[a](未着色)	μm	245±10
涂覆层直径(着色)	μm	250±15
包层/涂覆层同心度误差	μm	≤12.5
注：光纤带中光纤的尺寸参数可有更严格的要求。		
[a] 在某些应用中，可采用其他规格的涂覆层直径和容差(μm)，例如：400±40，700±100，900±100。		

5.1.2　尺寸参数的测量方法

相关尺寸参数的测量方法见表 2。

表 2　相关尺寸参数的测量方法

项　　目	测量方法
模场直径	GB/T 15972.45
包层直径	GB/T 15972.20
包层不圆度	GB/T 15972.20
芯/包层同心度误差	GB/T 15972.20
涂覆层直径	GB/T 15972.21
包层/涂覆层同心度误差	GB/T 15972.21

5.2　光学特性和传输特性

5.2.1　截止波长

B1.1 类单模光纤截止波长分为三种类型：

a)　光缆截止波长：λ_{cc}≤1 260 nm；

b)　光纤截止波长：λ_c 不规定；

c)　跳线缆截止波长：λ_{cj}≤1 250 nm(对长度为 2 m～20 m 的跳线缆而言)。

注 1：λ_c、λ_{cc} 和 λ_{cj} 测量值之间的关系与光纤、光缆的结构和测量条件有关。一般情形下，$\lambda_{cc}<\lambda_{cj}<\lambda_c$。

注 2：对于特别应用场合光缆中所用光纤的截止波长，规定 λ_c 不大于 1 250 nm。特别应用场合是指使用光缆长度最短，弯曲半径最大的情况。例如：长度小于 2 m 的跳线缆中光纤截止波长 λ_c 宜不大于 1 250 nm。

注 3：对某些特定的海底光缆，可以要求其他的 λ_{cc} 值。

5.2.2　宏弯损耗

光纤以 30 mm 半径松绕 100 圈，对表 4 中 A 类光纤在 1 550 nm 测得的宏弯损耗应不超过 0.1 dB，B 类光纤在 1 625 nm 测得的宏弯损耗应不超过 0.1 dB。

注 1：如果由于实际原因，选取少于 100 圈进行 30 mm 弯曲半径的试验，建议不得少于 40 圈，宏弯损耗值应按比例递减。

注 2：为了保证弯曲损耗易于测量和测量准确度，可用一圈或几圈小半径环光纤代替 100 圈光纤进行试验，在此情况下，绕的圈数、环的半径和最大允许的弯曲损耗，都应该选得与 30 mm 半径 100 圈试验的损耗值相适应。

5.2.3　衰减系数和色散特性

B1.1 类单模光纤的衰减系数和色散特性要求应符合表 3 规定。

表 3　B1.1 类单模光纤的衰减系数和色散特性要求

项　　目	单　　位	技术指标	
		Ⅰ级	Ⅱ级
1 310 nm 衰减系数最大值	dB/km	0.35	0.38
1 550 nm 衰减系数最大值	dB/km	0.21	0.24
1 625 nm 衰减系数最大值	dB/km	0.24	0.28
零色散波长范围	nm	1 300～1 324	
零色散斜率最大值	ps/(nm² · km)	0.092	
1 550 nm 色散系数最大值	ps/(nm · km)	18	

注 1：在 1 310 nm 波长区域，任一波长 λ 下的色散系数 $D(\lambda)$ 应按下式计算：

$$D(\lambda)=\frac{\lambda S_0}{4}\left[1-\left(\frac{\lambda_0}{\lambda}\right)^4\right] \quad \cdots\cdots(1)$$

式中：

λ_0——零色散波长的数值，单位为纳米(nm)；

S_0——零色散斜率的数值，单位为皮秒每平方纳米千米(ps/(nm² · km))。

注 2：在 1 310 nm 波长区域内，任一波长 λ 下的色散系数限值 $D(\lambda)$ 应根据下式计算：

$$\frac{\lambda S_{0\max}}{4}\left[1-\left(\frac{\lambda_{0\max}}{\lambda}\right)^4\right]\leqslant D(\lambda)\leqslant\frac{\lambda S_{0\max}}{4}\left[1-\left(\frac{\lambda_{0\min}}{\lambda}\right)^4\right] \quad \cdots\cdots(2)$$

式中：

$\lambda_{0\max}$——零色散波长最大值，单位为纳米(nm)；

$\lambda_{0\mathrm{mim}}$——零色散波长最小值，单位为纳米(nm)；

$S_{0\max}$——零色散斜率最大值，单位为皮秒每平方纳米千米(ps/(nm² · km))。

注 3：在 1 550 nm 波长区域，任一波长 λ 下的色散系数可用一个随波长变化的线性函数公式近似计算出来。

5.2.4　衰减点不连续性

在 1 310 nm 和 1 550 nm 波长上，对一光纤连续长度不应有超过 0.1 dB 的不连续点。

5.2.5　衰减波长特性

在 1 285 nm ～1 330 nm 波长范围内的衰减系数值，相对于 1 310 nm 波长的衰减系数值，应不超过 0.04 dB/km。

在 1 525 nm～1 575 nm 波长范围内的衰减系数值，相对于 1 550 nm 波长的衰减系数值，应不超过 0.03 dB/km。

5.2.6　色散纵向均匀性

待研究。

注：在一特定的波长上，局部光纤段色散系数的绝对值可能偏离对长光纤段测得的数值。如果该数值在接近波分复用(WDM)系统的一个工作波长上减到很小，四波混频(FWM)效应能引起功率在其他波长或其他工作波长上传输。FWM 功率的大小是色散绝对值、色散斜率、工作波长、光功率和 FWM 发生的距离的函数。对在 1 550 nm 波段密集波分复用(DWDM)的应用，该类光纤的色散值足够大，可以避免 FWM 效应，色散纵向均匀性问题不突出。

5.2.7　偏振模色散系数

本部分只规定链路 PMD 系数，其最大 PMD_Q 应符合表 4 规定。

表 4 链路 PMD 系数最大值

项目		单位	技术指标	
			A类	B类
PMD 系数	M	段	20	
	Q(概率)	%	0.01	
	未成缆光纤链路最大 PMD_Q	ps/$\sqrt{km}$	0.5	0.20

注 1：ITU-T G.652:2005 中规定了成缆光纤链路 PMD 要求：M(光缆段数)=20，Q(概率)=0.01%，PMD_Q=0.5 ps/$\sqrt{km}$(G.652.A 光纤)，PMD_Q=0.20 ps/$\sqrt{km}$(G.652.B 光纤)。系统设计时应采用成缆后光纤规定的 M、Q 及最大 PMD_Q 值。

注 2：ITU-T G.652:2005 对未成缆光纤 PMD_Q 的指标没有规定。规定最大未成缆光纤的 PMD_Q 值，是支持成缆后光纤的 PMD_Q 满足系统应用的基本要求。因此，本部分规定未成缆光纤 PMD_Q 值是采用 ITU-T G.652:2005 中等同于对光纤成缆后的 PMD_Q 的要求值。

5.2.8 光学特性和传输特性的测量方法

相关光学特性和传输特性的测量方法见表 5。

表 5 相关光学特性和传输特性的测量方法

项目	测量方法
衰减系数	GB/T 15972.40
色散特性	GB/T 15972.42
截止波长	GB/T 15972.44
光纤衰减点的不连续性	GB/T 15972.40
宏弯损耗	GB/T 15972.47
偏振模色散	GB/T 18900—2002

注：根据对一定数量未成缆光纤测量得到的偏振模色散系数的数据，用 ITU-T G.650.2:2007 附录 IV 或 IEC/TR 61282-3:2006 给出的统计方法可计算出链路偏振模色散 PMD_Q 值。

5.3 机械性能

5.3.1 筛选试验水平

涂覆光纤机械强度筛选试验要求应符合表 6 规定。

表 6 筛选试验要求

筛选应力不低于/GPa	0.69
筛选应变不小于/%	1.0

注：对于 B1.1 类光纤，筛选应力值 0.69 GPa 与 1.0% 的应变或者是 8.5N 的筛选张力值等同。三种不同单位之间的换算见 IEC 62048:2001 的 4.4。

5.3.2 光纤抗拉强度

光纤老化前的最低抗拉强度要求应符合表 7 规定。

表 7 光纤老化前的最低抗拉强度要求

光纤标距长度 m	威布尔概率水平为 15% 时抗拉强度 GPa	威布尔概率水平为 50% 时抗拉强度 GPa
0.5	3.14	3.80
1	3.05	3.72
10	2.76	3.45
20	2.67	3.37

注：试验用短样品进行时，光纤标距长度可选 0.5 m 或 1 m；试验用长样品进行时，光纤标距长度可选 10 m 或 20 m。

5.3.3 光纤翘曲特性参数

光纤翘曲半径 R 应不小于 4 m。

5.3.4 涂覆层剥离力和动态疲劳参数

光纤涂覆层剥离力和动态疲劳参数要求应符合表 8 规定。

表 8 光纤其他机械性能要求

项目	单位	技术指标
涂覆层剥离力(平均值)	N	1.0～5.0
涂覆层剥离力(峰值)	N	1.0～8.9
动态疲劳参数 n_d		≥20
注：涂覆层剥离力平均值或峰值都是在试验过程中定义的，可以由供应商和用户协商规定。		

5.3.5 机械性能的试验方法

相关机械性能的试验方法见表 9。

表 9 相关机械性能的试验方法

项目	试验方法
筛选试验	GB/T 15972.30
抗拉强度	GB/T 15972.31
涂覆层剥离力	GB/T 15972.32
动态疲劳参数	GB/T 15972.33
翘曲特性	GB/T 15972.34

5.4 环境性能

5.4.1 概述

B1.1 类单模光纤的环境性能要求包括环境试验光衰减变化和环境试验后机械性能要求。

5.4.2 环境试验光衰减变化要求

环境试验光衰减变化要求应符合表 10 规定。

表 10 环境试验光衰减变化要求

试验项目	试验条件	波长 nm	允许的衰减变化 dB/km
恒定湿热	温度为 85 ℃±2 ℃，相对湿度不低于 85%，放置 30 天	1 550	≤0.05
干热	温度为 85 ℃±2 ℃(35 ℃下相对湿度不高于 50%)，放置 30 天	1 550	≤0.05
温度特性	温度范围为－60 ℃～＋85 ℃，两个循环周期	1 550	≤0.05
浸水	浸泡在温度为 23 ℃±5 ℃水中 30 天	1 550	≤0.05

5.4.3 环境试验后机械性能要求

环境试验后机械性能要求应符合表 11 规定。

表 11 环境试验后机械性能要求

试验项目	剥离力平均值 N	剥离力峰值 N	50%抗拉强度 GPa	15%抗拉强度 GPa	动态疲劳参数 n_d
恒定湿热	1.0～5.0	≤8.9	≥3.03	≥2.76	≥20
浸水	1.0～5.0	≤8.9	—	—	—
注：表中抗拉强度值是对光纤标距长度为 0.5 m 而言。					

5.4.4 环境性能的试验方法

相关环境性能的试验方法见表 12。

表 12 相关环境性能的试验方法

项　目	试验方法
湿热性能	GB/T 15972.50
干热性能	GB/T 15972.51
温度特性	GB/T 15972.52
浸水性能	GB/T 15972.53

ICS 33.180.10
M 33

中华人民共和国国家标准

GB/T 9771.2—2008
代替 GB/T 9771.2—2000

通信用单模光纤
第2部分:截止波长位移单模光纤特性

Single-mode optical fibres for telecommunication—
Part 2:Characteristics of a cut-off wavelength shifted single-mode optical fibre

2008-10-07 发布　　2009-04-01 实施

中华人民共和国国家质量监督检验检疫总局
中国国家标准化管理委员会　发布

前言

GB/T 9771《通信用单模光纤》分为如下几个部分：

——第1部分：非色散位移单模光纤特性；

——第2部分：截止波长位移单模光纤特性；

——第3部分：波长段扩展的非色散位移单模光纤特性；

——第4部分：色散位移单模光纤特性；

——第5部分：非零色散位移单模光纤特性；

——第6部分：宽波长段光传输用非零色散单模光纤特性；

——第7部分：接入网用弯曲损耗不敏感单模光纤特性。

本部分为GB/T 9771的第2部分。光纤的几何、光学和传输特性要求参考了ITU-T G.654:2006《截止波长位移单模光纤光缆特性》(英文版)中G.654类光纤的规定，光纤的机械、环境性能参考了IEC 60793-2-50:2007(第3.0版86A/1164/CDV文稿)《光纤　第2-50部分：产品规范　B类单模光纤特性》(英文版)中B1.2类光纤规定。

本部分代替GB/T 9771.2—2000《通信用单模光纤系列　第2部分：截止波长位移单模光纤特性》。

本部分与GB/T 9771.2—2000相比主要变化如下：

——将标准名称由《通信用单模光纤系列　第2部分：截止波长位移单模光纤特性》改为《通信用单模光纤　第2部分：截止波长位移单模光纤特性》；

——尺寸参数，对某些技术指标作了较大修改，模场直径取值分为A、B、C三种，增加了几何特性测量方法(2000年版的表1，本版的表1、表2)；

——传输特性，将5.2标题改为“光学特性和传输特性”，对某些技术指标作了较大修改，将衰减系数要求由A级、B级改分为Ⅰ级、Ⅱ级；色散系数取值分为A、B、C三种；删除了单根光纤PMD系数值的要求，增加了未成缆光纤链路PMD_Q值的规定，A类PMD_Q值为0.5 ps/$\sqrt{km}$，B、C类PMD_Q值为0.20 ps/$\sqrt{km}$；增加了光学特性和传输特性的测量方法(2000年版的表2，本版的表3、表4、表5)；

——机械性能，取消了对涂覆光纤筛选试验要求的分级，修改了光纤涂覆层剥离力的要求，增加了相关试验方法(2000年版的表3、表4，本版的表6、表7、表8、表9)；

——环境性能，环境光衰减变化以表的形式给出，增加了环境机械性能变化要求和相关试验方法(2000年版的5.6.1、5.6.2、5.6.3、5.6.4，本版的表10、表11、表12)。

本部分由中华人民共和国工业和信息化部提出。

本部分由中国通信标准化协会归口。

本部分起草单位：武汉邮电科学研究院。

本部分主要起草人：陈永诗、程淑玲、雷非、李海清、刘泽恒。

本部分为第一次修订。

通信用单模光纤
第2部分:截止波长位移单模光纤特性

1 范围

GB/T 9771的本部分规定了B1.2类截止波长位移单模光纤的几何、光学、传输特性和机械、环境性能的要求,规定了光纤特性的测量方法。该类光纤的零色散波长在1 310 nm附近,截止波长移到了较长波长,在1 550 nm波长区域衰减最低,最佳工作波长在1 530 nm～1 625 nm范围。

本部分适用于通信光缆和其他信息传输设备中使用的B1.2类单模光纤,特别适用于海底通信光缆中使用的B1.2类单模光纤。

2 规范性引用文件

下列文件中的条款通过GB/T 9771的本部分的引用而成为本部分的条款。凡是注日期的引用文件,其随后所有的修改单(不包括勘误的内容)或修订版均不适用于本部分,然而,鼓励根据本部分达成协议的各方研究是否可使用这些文件的最新版本。凡是不注日期的引用文件,其最新版本适用于本部分。

GB/T 15972(所有部分)　光纤试验方法规范

GB/T 18900—2002　单模光纤偏振模色散的试验方法

ITU-T G.650.1:2004　单模光纤光缆的具有线性和确定性特性的参数定义和试验方法

ITU-T G.650.2:2007　单模光纤光缆的具有统计和非线性特性的参数定义和试验方法

ITU-T G.654:2006　截止波长位移单模光纤光缆特性

IEC/TR 61282-3:2006　光纤通信系统设计指南　第3部分:偏振模色散的计算

IEC 62048:2001　光纤可靠性的幂次律理论

3 术语和定义

GB/T 15972和ITU-T G.650.1:2004、ITU-T G.650.2:2007中确立的相关术语和定义适用于本部分。

4 缩略语

下列缩略语适用于本部分:

DWDM	密集波分复用
FWM	四波混频
PMD	偏振模色散
PMD_Q	链路PMD系数统计参数
WDM	波分复用

5 要求

5.1 尺寸参数

5.1.1 尺寸参数技术指标

B1.2类单模光纤的尺寸参数要求应符合表1规定。

表 1 B1.2 类单模光纤的尺寸参数要求

项　　目	单　　位	技术指标		
		A类	B类	C类
1 550 nm 模场直径	μm	(9.5～10.5)±0.7	(9.5～13.0)±0.7	(9.5～10.5)±0.7
包层直径	μm	125±1		
芯/包层同心度误差	μm	≤0.8		
包层不圆度	%	≤2.0		
涂覆层直径[a](未着色)	μm	245±10		
涂覆层直径(着色)	μm	250±15		
包层/涂覆层同心度误差	μm	≤12.5		
注：光纤带中光纤的尺寸参数可有更严格的要求。				
[a] 在某些应用中，可采用其他规格的涂覆层直径和容差(μm)，例如：400±40，700±100，900±100。				

5.1.2　尺寸参数的测量方法

相关尺寸参数的测量方法见表 2。

表 2 相关尺寸参数的测量方法

项　　目	测量方法
模场直径	GB/T 15972.45
包层直径	GB/T 15972.20
包层不圆度	GB/T 15972.20
芯/包层同心度误差	GB/T 15972.20
涂覆层直径	GB/T 15972.21
包层/涂覆层同心度误差	GB/T 15972.21

5.2　光学特性和传输特性

5.2.1　截止波长

截止波长分为三种类型：

a)　光缆截止波长：$\lambda_{cc} \leq 1\,530$ nm；

b)　光纤截止波长：$1\,350 \text{ nm} < \lambda_c < 1\,600$ nm；

c)　跳线缆截止波长 λ_{cj}(待定)。

注 1：上面规定值可保证光纤在 1 550 nm 单模工作，对于在(1 550－X)nm 波分复用(WDM)的应用，应从上面规定值中减去 Xnm。

注 2：λ_c、λ_{cc} 和 λ_{cj} 测量值之间的关系与光纤、光缆的结构和测量条件有关。一般情形下，$\lambda_{cc} < \lambda_{cj} < \lambda_c$。

注 3：对某些特定的海底光缆，可以要求其他的 λ_{cc} 值。

5.2.2　宏弯损耗

光纤以 30 mm 半径松绕 100 圈，在 1 625 nm 测得的宏弯损耗应不超过 0.50 dB。

注 1：如果由于实际原因，选取少于 100 圈进行 30 mm 弯曲半径的试验，建议不得少于 40 圈，宏弯损耗值应按比例递减。

注 2：为了保证弯曲损耗易于测量和测量准确度，可用一圈或几圈小半径环光纤代替 100 圈光纤进行试验，在此情况下，绕的圈数、环的半径和最大允许的弯曲损耗，都应该选得与 30 mm 半径 100 圈试验的损耗值相适应。

5.2.3 衰减系数和色散特性

B1.2类单模光纤的衰减系数和色散特性要求应符合表3规定。

表3 B1.2类单模光纤的衰减系数和色散特性要求

项目	单位	技术指标		
衰减系数		Ⅰ级		Ⅱ级
1 550 nm 衰减系数最大值	dB/km	0.19		0.22
1 625 nm 衰减系数最大值	dB/km	待定		待定
色散特性		A类	B类	C类
1 550 nm 色散斜率最大值	ps/(nm^2·km)	0.070		
1 550 nm 色散系数最大值	ps/(nm·km)	20	22	20

5.2.4 衰减点不连续性

在1 550 nm波长上,对一光纤连续长度不应有超过0.1 dB的不连续点。

5.2.5 衰减波长特性

在1 525 nm～1 575 nm波长范围内的衰减系数值,相对于1 550 nm波长的衰减系数值,应不超过0.03 dB/km。

5.2.6 色散纵向均匀性

待研究。

注:在一特定的波长上,局部光纤段色散系数的绝对值可能偏离对长光纤段测得的数值。如果该数值在接近波分复用(WDM)系统的一个工作波长上减到很小,四波混频(FWM)效应能引起功率在其他波长或其他工作波长上传输。FWM功率的大小是色散绝对值、色散斜率、工作波长、光功率和FWM发生的距离的函数。对在1 550 nm波段密集波分复用(DWDM)的应用,该类光纤的色散值足够大,可以避免FWM效应,色散纵向均匀性问题不突出。

5.2.7 偏振模色散系数

本部分只规定链路PMD系数,其最大PMD_Q应符合表4规定。

表4 链路PMD系数最大值

项目		单位	技术指标	
			A类	B类、C类
PMD系数	M	段	20	
	Q(概率)	%	0.01	
	未成缆光纤链路最大PMD_Q	ps/$\sqrt{km}$	0.5	0.20

注1:ITU-T G.654:2006中规定了成缆光纤链路PMD要求:M(光缆段数)=20,Q(概率)=0.01%,PMD_Q=0.5 ps/$\sqrt{km}$(G.654.A光纤),PMD_Q=0.20 ps/$\sqrt{km}$(G.654.B、G.654.C光纤)。系统设计时应采用成缆后光纤规定的M、Q以及最大PMD_Q值。

注2:ITU-T G.654:2006对未成缆光纤PMD_Q的指标没有规定。规定最大未成缆光纤的PMD_Q值,是支持成缆后光纤的PMD_Q满足系统应用的基本要求。因此,本部分规定未成缆光纤PMD_Q值是采用ITU-T G.654:2006中等同于对光纤成缆后的PMD_Q的要求值。

5.2.8 光学特性和传输特性的测量方法

相关光学特性和传输特性的测量方法见表5。

表 5　相关光学特性和传输特性的测量方法

项　　目	测量方法
衰减系数	GB/T 15972.40
色散特性	GB/T 15972.42
截止波长	GB/T 15972.44
光纤衰减点的不连续性	GB/T 15972.40
宏弯损耗	GB/T 15972.47
偏振模色散	GB/T 18900—2002
注：根据对一定数量未成缆光纤测量得到的偏振模色散系数的数据，用 ITU-T G.650.2:2007 附录 IV 或 IEC/TR 61282-3:2006 给出的统计方法可计算出链路偏振模色散 PMD_Q 值。	

5.3　机械性能

5.3.1　筛选试验水平

涂覆光纤机械强度筛选试验要求应符合表 6 规定。

表 6　筛选试验要求

筛选应力不低于/GPa	0.69
筛选应变不小于/%	1.0
注：对于 B1.2 类光纤，筛选应力值 0.69 GPa 与 1%的应变或者是 8.5N 的筛选张力值等同。三种不同单位之间的换算见 IEC 62048:2001 的 4.4。	

5.3.2　光纤抗拉强度

光纤老化前的最低抗拉强度要求应符合表 7 规定。

表 7　光纤老化前的最低抗拉强度要求

光纤标距长度 m	威布尔概率水平为 15%时抗拉强度 GPa	威布尔概率水平为 50%时抗拉强度 GPa
0.5	3.14	3.80
1	3.05	3.72
10	2.76	3.45
20	2.67	3.37
注：试验用短样品进行时，光纤标距长度可选 0.5 m 或 1 m；试验用长样品进行时，光纤标距长度可选 10 m 或 20 m。		

5.3.3　光纤翘曲特性参数

光纤翘曲半径 R 应不小于 4 m。

5.3.4　其他的机械性能

光纤其他的机械性能要求应符合表 8 规定。

表 8　光纤其他机械性能要求

项　　目	单　　位	技术指标
涂覆层剥离力(平均值)	N	1.0～5.0
涂覆层剥离力(峰值)	N	1.0～8.9
动态疲劳参数 n_d		≥20
注：涂覆层剥离力平均值或峰值都是在试验过程中定义的，可以由供应商和用户协商规定。		

5.3.5 机械性能的试验方法

相关机械性能的试验方法见表9。

表9 相关机械性能的试验方法

项　目	试验方法
筛选试验	GB/T 15972.30
抗拉强度	GB/T 15972.31
涂覆层剥离力	GB/T 15972.32
动态疲劳参数	GB/T 15972.33
翘曲特性	GB/T 15972.34

5.4 环境性能

5.4.1 概述

B1.2类单模光纤的环境性能要求包括环境试验光衰减变化和环境试验后机械性能要求。

5.4.2 环境试验光衰减变化要求

环境试验光衰减变化要求应符合表10规定。

表10 环境试验光衰减变化要求

试验项目	试验条件	波长 nm	允许的衰减变化 dB/km
恒定湿热	温度为85 ℃±2 ℃,相对湿度不低于85%,放置30天	1 550	≤0.05
干热	温度为85 ℃±2 ℃(35 ℃下相对湿度不高于50%),放置30天	1 550	≤0.05
温度特性	温度范围为−60 ℃～+85 ℃,两个循环周期	1 550	≤0.05
浸水	浸泡在温度为23 ℃±5 ℃水中30天	1 550	≤0.05

5.4.3 环境试验后机械性能要求

环境试验后机械性能要求应符合表11规定。

表11 环境试验后机械性能要求

试验项目	剥离力平均值 N	剥离力峰值 N	50%抗拉强度 GPa	15%抗拉强度 GPa	动态疲劳参数 n_d
恒定湿热	1.0～5.0	≤8.9	≥3.03	≥2.76	≥20
浸水	1.0～5.0	≤8.9	—	—	—
注：表中抗拉强度值是对光纤标距长度为0.5 m而言。					

5.4.4 环境性能的试验方法

相关环境性能的试验方法见表12。

表12 相关环境性能的试验方法

项　目	试验方法
湿热性能	GB/T 15972.50
干热性能	GB/T 15972.51
温度特性	GB/T 15972.52
浸水性能	GB/T 15972.53

ICS 33.180.10
M 33

中华人民共和国国家标准

GB/T 9771.3—2008
代替 GB/T 9771.3—2000

通信用单模光纤 第3部分：波长段扩展的非色散位移单模光纤特性

Single-mode optical fibres for telecommunication—Part 3: Characteristics of an extended wavelength band dispersion unshifted single-mode optical fibre

2008-10-07 发布 2009-04-01 实施

中华人民共和国国家质量监督检验检疫总局
中国国家标准化管理委员会 发布

前　言

GB/T 9771《通信用单模光纤》分为如下几个部分：

——第1部分：非色散位移单模光纤特性；

——第2部分：截止波长位移单模光纤特性；

——第3部分：波长段扩展的非色散位移单模光纤特性；

——第4部分：色散位移单模光纤特性；

——第5部分：非零色散位移单模光纤特性；

——第6部分：宽波长段光传输用非零色散单模光纤特性；

——第7部分：接入网用弯曲损耗不敏感单模光纤特性。

本部分为GB/T 9771的第3部分。光纤的几何、光学和传输特性参考了ITU-T G.652:2005《单模光纤光缆的特性》(英文版)中G.652.C、G.652.D类光纤特性的技术指标，光纤的机械、环境性能参考了IEC 60793-2-50:2007(第3.0版86A/1164/CDV文稿)《光纤　第2-50部分：产品规范　B类单模光纤特性》(英文版)中B1.3类光纤的规定。

本部分代替GB/T 9771.3—2000《通信用单模光纤系列　第3部分：波长段扩展的非色散位移单模光纤特性》，修订时也参考了国外其他先进标准，并结合了国内的具体情况。

本部分与GB/T 9771.3—2000相比主要变化如下：

——将标准名称由《通信用单模光纤系列　第3部分：波长段扩展的非色散位移单模光纤特性》改为《通信用单模光纤　第3部分：波长段扩展的非色散位移单模光纤特性》；

——尺寸参数，对某些技术指标作了较大修改，增加了几何特性测量方法(2000年版的表1，本版的表1、表2)；

——传输特性，将5.2标题“传输特性”改为“光学特性和传输特性”，对某些技术指标作了较大修改，将衰减系数要求由A级、B级改为Ⅰ级、Ⅱ级；删除了色散系数限值的规定，增加了在1 310 nm波长区域任一波长λ下的色散系数$D(\lambda)$和色散系数限值的计算公式；删除了单根光纤PMD系数值的要求，增加了未成缆光纤链路PMD_Q值的规定，C类PMD_Q值为0.5 ps/$\sqrt{km}$，D类PMD_Q值为0.20 ps/$\sqrt{km}$；增加了光学特性和传输特性的测量方法(2000年版的表2，本版的表3、表4、表5)；

——机械性能，取消了对涂覆光纤筛选试验要求的分级，修改了光纤涂覆层剥离力的要求，增加了相关试验方法(2000年版的表3、表4，本版的表6、表7、表8、表9)；

——环境性能，环境光衰减变化以表的形式给出，增加了环境机械性能变化要求和相关试验方法(2000年版的5.6.1、5.6.2、5.6.3、5.6.4，本版的表10、表11、表12)。

本部分由中华人民共和国工业和信息化部提出。

本部分由中国通信标准化协会归口。

本部分起草单位：武汉邮电科学研究院。

本部分主要起草人：陈永诗、程淑玲、雷非、李海清、刘泽恒。

本部分为第一次修订。

通信用单模光纤 第3部分：波长段扩展的非色散位移单模光纤特性

1 范围

GB/T 9771的本部分规定了B1.3类波长段扩展的非色散位移单模光纤的几何、光学、传输特性和机械、环境性能的要求，规定了光纤特性的测量方法。该类光纤的零色散波长在1 310 nm附近，它除了可以使用在1 310nm和1 550 nm波长区域外，还扩展到了1 360 nm～1 530 nm波长区域。

本部分适用于通信光缆和其他信息传输设备中使用的B1.3类单模光纤。

2 规范性引用文件

下列文件中的条款通过GB/T 9771的本部分的引用而成为本部分的条款。凡是注日期的引用文件，其随后所有的修改单(不包括勘误的内容)或修订版均不适用于本部分，然而，鼓励根据本部分达成协议的各方研究是否可使用这些文件的最新版本。凡是不注日期的引用文件，其最新版本适用于本部分。

GB/T 15972(所有部分) 光纤试验方法规范[IEC 60793-1(all parts),Optical fibres—Part 1: Measurement methods and test procedures,MOD]

GB/T 18900—2002 单模光纤偏振模色散的试验方法

ITU-T G.650.1:2004 单模光纤光缆的具有线性和确定性特性的参数定义和试验方法

ITU-T G.650.2:2007 单模光纤光缆的具有统计和非线性特性的参数定义和试验方法

ITU-T G.652:2005 单模光纤光缆的特性

IEC 60793-2-50 光纤 第2-50部分：产品规范 B类单模光纤分规范

IEC/TR 61282-3:2006 光纤通信系统设计指南 第3部分：偏振模色散的计算

IEC 62048:2001 光纤可靠性的幂次律理论

3 术语和定义

GB/T 15972和ITU-T G.650.1:2004、ITU-T G.650.2:2007中确立的相关术语和定义适用于本部分。

4 缩略语

下列缩略语适用于本部分：

DWDM 密集波分复用

FWM 四波混频

PMD 偏振模色散

PMD_Q 链路PMD系数统计参数

WDM 波分复用

5 要求

5.1 尺寸参数

5.1.1 尺寸参数技术指标

B1.3类单模光纤的尺寸参数要求应符合表1规定。

表1 B1.3类单模光纤的尺寸参数要求

项目	单位	技术指标
1 310 nm模场直径	μm	(8.6～9.5)±0.6
包层直径	μm	125±1
芯/包层同心度误差	μm	≤0.6
包层不圆度	%	≤1.0
涂覆层直径[a](未着色)	μm	245±10
涂覆层直径(着色)	μm	250±15
包层/涂覆层同心度误差	μm	≤12.5
注：光纤带中光纤的尺寸参数可有更严格的要求。		
[a] 在某些应用中，可采用其他规格的涂覆层直径和容差(μm)，例如：400±40，700±100，900±100。		

5.1.2 尺寸参数的测量方法

相关尺寸参数的测量方法见表2。

表2 相关尺寸参数的测量方法

项目	测量方法
模场直径	GB/T 15972.45
包层直径	GB/T 15972.20
包层不圆度	GB/T 15972.20
芯/包层同心度误差	GB/T 15972.20
涂覆层直径	GB/T 15972.21
包层/涂覆层同心度误差	GB/T 15972.21

5.2 光学特性和传输特性

5.2.1 截止波长

截止波长分为三种类型：

a) 光缆截止波长：$\lambda_{cc} \leq 1\ 260$ nm；

b) 光纤截止波长：λ_c 不规定；

c) 跳线缆截止波长：$\lambda_{cj} \leq 1\ 250$ nm(对长度为2 m～20 m的跳线缆而言)。

注1：λ_c、λ_{cc}和λ_{cj}测量值之间的关系与光纤、光缆的结构和测试条件有关。一般情形下，$\lambda_{cc} < \lambda_{cj} < \lambda_c$。

注2：对于特别应用场合光缆中所用光纤的截止波长，规定 λ_c 不大于1 250 nm。特别应用场合是指使用光缆长度最短，弯曲半径最大的情况。例如：长度小于2 m的跳线缆中光纤截止波长 λ_c 宜不大于1 250 nm。

注3：对某些特定的海底光缆，可以要求其他的 λ_{cc} 值。

5.2.2 宏弯损耗

光纤以30 mm半径松绕100圈，在1 625 nm测得的宏弯损耗应不超过0.1 dB。

注1：如果由于实际原因，选取少于100圈进行30 mm弯曲半径的试验，建议不得少于40圈，宏弯损耗值应按比例递减。

注 2：为了保证弯曲损耗易于测量和测量准确度，可用一圈或几圈小半径环光纤代替 100 圈光纤进行试验，在此情况下，绕的圈数、环的半径和最大允许的弯曲损耗，都应该选得与 30 mm 半径 100 圈试验的损耗值相适应。

5.2.3 衰减系数和色散特性

B1.3 类单模光纤的衰减系数和色散特性要求应符合表 3 规定。

表 3 B1.3 类单模光纤的衰减系数和色散特性要求

项目	单位	技术指标	
		Ⅰ级	Ⅱ级
1 310 nm 衰减系数最大值	dB/km	0.35	0.38
(1 383±3)nm 衰减系数最大值[a]	dB/km		
1 550 nm 衰减系数最大值	dB/km	0.21	0.24
1 625 nm 衰减系数最大值	dB/km	0.24	0.28
零色散波长范围	nm	1 300～1 324	
零色散斜率最大值	$ps/(nm^2 \cdot km)$	0.092	
1 550 nm 色散系数最大值	$ps/(nm \cdot km)$	18	

[a] (1 383±3)nm 衰减系数最大值为按照 IEC 60793-2-50 中规定的氢老化试验方法，对 B1.3 类光纤抽检的样品经过氢气老化试验后的衰减平均值。它应小于或等于 1 310 nm～1 625 nm 范围内规定的衰减系数最大值。

注 1：在 1 310 nm 波长区域，任一波长 λ 下的色散系数 $D(\lambda)$ 应按下式计算：

$$D(\lambda)=\frac{\lambda S_0}{4}\left[1-\left(\frac{\lambda_0}{\lambda}\right)^4\right] \qquad \cdots\cdots(1)$$

式中：

λ_0——零色散波长的数值，单位为纳米(nm)；

S_0——零色散斜率的数值，单位为皮秒每平方纳米千米($ps/(nm^2 \cdot km)$)。

注 2：在 1 310 nm 波长区域，任一波长 λ 下的色散系数限值 $D(\lambda)$ 应按下式计算：

$$\frac{\lambda S_{0max}}{4}\left[1-\left(\frac{\lambda_{0max}}{\lambda}\right)^4\right] \leqslant D(\lambda) \leqslant \frac{\lambda S_{0max}}{4}\left[1-\left(\frac{\lambda_{0min}}{\lambda}\right)^4\right] \qquad \cdots\cdots(2)$$

式中：

λ_{0max}——零色散波长最大值，单位为纳米(nm)；

λ_{0mim}——零色散波长最小值，单位为纳米(nm)；

S_{0max}——零色散斜率最大值，单位为皮秒每平方纳米千米($ps/(nm^2 \cdot km)$)。

注 3：在 1 550 nm 波长区域，任一波长 λ 下的色散系数可用一个随波长变化的线性函数公式近似计算出来。

5.2.4 衰减点不连续性

在 1 310 nm 和 1 550 nm 波长上，对一光纤连续长度不应有超过 0.1 dB 的不连续点。

5.2.5 衰减波长特性

在 1 285 nm ～1 330 nm 波长范围内的衰减系数值，相对于 1 310 nm 波长的衰减系数值，应不超过 0.04 dB/km。

在 1 525 nm～1 575 nm 波长范围内的衰减系数值，相对于 1 550 nm 波长的衰减系数值，应不超过 0.03 dB/km。

5.2.6 色散纵向均匀性

待研究。

注：在一特定的波长上，局部光纤段色散系数的绝对值可能偏离对长光纤段测得的数值。如果该数值在接近波分复用(WDM)系统的一个工作波长上减到很小，四波混频(FWM)效应能引起功率在其他波长或其他工作波长上传输。FWM 功率的大小是色散绝对值、色散斜率、工作波长、光功率和 FWM 发生的距离的函数。对在 1 550 nm 波段密集波分复用(DWDM)的应用，该类光纤的色散值足够大，可以避免 FWM 效应，色散纵向均匀

性问题不突出。

5.2.7 偏振模色散系数

本部分只规定链路 PMD 系数，其最大 PMD_Q 应符合表 4 规定。

表 4 链路 PMD 系数最大值

项目		单位	技术指标	
			C类	D类
PMD 系数	M(光纤段数)	段	20	
	Q(概率)	%	0.01	
	未成缆光纤链路最大 PMD_Q	ps/$\sqrt{km}$	0.5	0.20

注 1：ITU-T G.652:2005 中规定了成缆光纤链路 PMD 要求：M(光缆段数)＝20，Q(概率)＝0.01%，PMD_Q＝0.5 ps/$\sqrt{km}$(G.652.C 光纤)，PMD_Q＝0.20 ps/$\sqrt{km}$(G.652.D 光纤)。系统设计时应采用成缆后光纤规定的 M、Q 以及最大 PMD_Q 值。

注 2：ITU-T G.652:2005 对未成缆光纤 PMD_Q 的指标没有规定。规定最大未成缆光纤的 PMD_Q 值，是支持成缆后光纤的 PMD_Q 满足系统应用的基本要求。因此，本部分规定未成缆光纤 PMD_Q 值是采用 ITU-T G.652:2005 中等同于对光纤成缆后的 PMD_Q 的要求值。

5.2.8 光学特性和传输特性的测量方法

相关光学特性和传输特性的测量方法见表 5。

表 5 相关光学特性和传输特性的测量方法

项目	测量方法
衰减系数	GB/T 15972.40
色散特性	GB/T 15972.42
截止波长	GB/T 15972.44
光纤衰减点的不连续性	GB/T 15972.40
宏弯损耗	GB/T 15972.47
偏振模色散	GB/T 18900—2002

注：根据对一定数量未成缆光纤测量得到的偏振模色散系数的数据，用 ITU-T G.650.2:2007 附录 IV 或 IEC/TR 61282-3:2006 给出的统计方法可计算出链路偏振模色散 PMD_Q 值。

5.3 机械性能

5.3.1 筛选试验水平

涂覆光纤机械强度筛选试验要求应符合表 6 规定。

表 6 筛选试验要求

筛选应力不低于/GPa	0.69
筛选应变不小于/%	1.0

注：对于 B1.3 类光纤，筛选应力值 0.69 GPa 与 1.0% 的应变或者是 8.5 N 的筛选张力值等同。三种不同单位之间的换算参见 IEC 62048:2001 的 4.4。

5.3.2 光纤抗拉强度

光纤老化前的最低抗拉强度要求应符合表 7 规定。

表 7　光纤老化前的最低抗拉强度要求

光纤标距长度 m	威布尔概率水平为 15%时抗拉强度 GPa	威布尔概率水平为 50%时抗拉强度 GPa
0.5	3.14	3.80
1	3.05	3.72
10	2.76	3.45
20	2.67	3.37
注：试验用短样品进行时,光纤标距长度可选 0.5 m 或 1 m;试验用长样品进行时,光纤标距长度可选 10 m 或 20 m。		

5.3.3　光纤翘曲特性参数

光纤翘曲半径 R 应不小于 4 m。

5.3.4　其他的机械性能

光纤其他的机械性能要求应符合表 8 规定。

表 8　光纤其他机械性能要求

项　目	单　位	技　术　指　标
涂覆层剥离力(平均值)	N	1.0～5.0
涂覆层剥离力(峰值)	N	1.0～8.9
动态疲劳参数 n_d		≥20
注：涂覆层剥离力平均值或峰值都是在试验过程中定义的,可以由供应商和用户协商规定。		

5.3.5　相关机械性能的试验方法

相关机械性能的试验方法见表 9。

表 9　相关机械性能的试验方法

项　目	试验方法
筛选试验	GB/T 15972.30
抗拉强度	GB/T 15972.31
涂覆层剥离力	GB/T 15972.32
动态疲劳参数	GB/T 15972.33
翘曲特性	GB/T 15972.34

5.4　环境性能

5.4.1　概述

B1.3 类单模光纤的环境性能要求包括环境试验光衰减变化和环境试验后机械性能要求。

5.4.2　环境试验光衰减变化要求

环境试验光衰减变化要求应符合表 10 规定。

表 10　环境试验光衰减变化要求

试验项目	试　验　条　件	波　长 nm	允许的衰减变化 dB/km
恒定湿热	温度为 85 ℃±2 ℃,相对湿度不低于 85%,放置 30 天	1 550	≤0.05
干热	温度为 85 ℃±2 ℃(35 ℃下相对湿度不高于 50%),放置 30 天	1 550	≤0.05
温度特性	温度范围为－60 ℃～＋85 ℃,两个循环周期	1 550	≤0.05
浸水	浸泡在温度为 23 ℃±5 ℃水中 30 天	1 550	≤0.05

5.4.3 环境试验后机械性能要求

环境试验后机械性能要求应符合表 11 规定。

表 11 环境试验后机械性能要求

试验项目	剥离力平均值 N	剥离力峰值 N	50%抗拉强度 GPa	15%抗拉强度 GPa	动态疲劳参数 n_d
恒定湿热	1.0～5.0	≤8.9	≥3.03	≥2.76	≥20
浸水	1.0～5.0	≤8.9	—	—	—
注：表中抗拉强度值是对光纤标距长度为 0.5 m 而言。					

5.4.4 相关环境性能的试验方法

相关环境性能的试验方法见表 12。

表 12 相关环境性能的试验方法

项　目	试验方法
湿热性能	GB/T 15972.50
干热性能	GB/T 15972.51
温度特性	GB/T 15972.52
浸水性能	GB/T 15972.53

ICS 33.180.10
M 33

中华人民共和国国家标准

GB/T 9771.4—2008
代替 GB/T 9771.4—2000

通信用单模光纤 第4部分:色散位移单模光纤特性

Single-mode optical fibres for telecommunication—
Part 4: Characteristics of a dispersion-shifted single-mode optical fibre

2008-10-07 发布 2009-04-01 实施

中华人民共和国国家质量监督检验检疫总局
中国国家标准化管理委员会 发布

前　言

GB/T 9771《通信用单模光纤》分为如下几个部分：

——第1部分：非色散位移单模光纤特性；

——第2部分：截止波长位移单模光纤特性；

——第3部分：波长段扩展的非色散位移单模光纤特性；

——第4部分：色散位移单模光纤特性；

——第5部分：非零色散位移单模光纤特性；

——第6部分：宽波长段光传输用非零色散单模光纤特性；

——第7部分：接入网用弯曲损耗不敏感单模光纤特性。

本部分为GB/T 9771的第4部分。光纤的几何、光学和传输特性参考了ITU-T建议G.653:2006《色散位移单模光纤光缆的特性》(英文版)中光纤特性，光纤的机械、环境性能参考了IEC 60793-2-50:2007(第3.0版86A/1164/CDV文稿)《光纤　第2-50部分：产品规范　B类单模光纤特性》(英文版)中B2类光纤规定。

本部分代替GB/T 9771.4—2000《通信用单模光纤系列　第4部分：色散位移单模光纤特性》。

本部分与GB/T 9771.4—2000相比主要变化如下：

——将标准名称由《通信用单模光纤系列　第4部分：色散位移单模光纤特性》改为《通信用单模光纤　第4部分：色散位移单模光纤特性》；

——尺寸参数，对某些技术指标作了较大修改，模场直径取值分为A、B两种，增加了几何特性测量方法(2000年版的表1，本版的表1、表2)；

——传输特性，将5.2标题改为"光学特性和传输特性"，对某些技术指标作了较大修改，取消了对衰减系数的分级，删除了1 310 nm衰减系数的要求，增加了1 625 nm衰减系数的要求；色散系数取值分为A、B两种；删除了单根光纤PMD系数值的要求，增加了未成缆光纤链路PMD_Q值的规定，A类PMD_Q值为0.5 ps/$\sqrt{km}$，B类PMD_Q值为0.20 ps/$\sqrt{km}$；增加了光学特性和传输特性的测量方法(2000年版的表2，本版的表3、表4、表5)；

——机械性能，取消了对涂覆光纤筛选试验要求的分级，修改了光纤涂覆层剥离力的要求，增加了相关试验方法(2000年版的表3、表4，本版的表6、表7、表8、表9)；

——环境性能，环境光衰减变化以表的形式给出，增加了环境机械性能变化要求和相关试验方法(2000年版的5.6.1、5.6.2、5.6.3、5.6.4，本版的表10、表11、表12)；

——删除了2000年版的附录A。

本部分由中华人民共和国工业和信息化部提出。

本部分由中国通信标准化协会归口。

本部分起草单位：武汉邮电科学研究院。

本部分主要起草人：陈永诗、程淑玲、雷非、李海清、刘泽恒、张艳。

本部分为第一次修订。

通信用单模光纤
第4部分:色散位移单模光纤特性

1 范围

GB/T 9771的本部分规定了B2类色散位移单模光纤的几何、光学、传输特性和机械、环境性能的要求,规定了光纤特性的测量方法。该类光纤的零色散波长一般在1 550 nm附近,最佳工作波长在1 550 nm区域;但某些光纤设计类型也可支持从1 460 nm~1 625 nm波段的粗波分复用的应用。

本部分适用于通信光缆和其他信息传输设备中使用的B2类色散位移单模光纤。

2 规范性引用文件

下列文件中的条款通过GB/T 9771的本部分的引用而成为本部分的条款。凡是注日期的引用文件,其随后所有的修改单(不包括勘误的内容)或修订版均不适用于本部分,然而,鼓励根据本部分达成协议的各方研究是否可使用这些文件的最新版本。凡是不注日期的引用文件,其最新版本适用于本部分。

GB/T 15972(所有部分) 光纤试验方法规范[IEC 60793-1(all parts),Optical fibres—Part 1:Measurement methods and test procedures,MOD]

GB/T 18900—2002 单模光纤偏振模色散的试验方法

ITU-T G.650.1:2004 单模光纤光缆的具有线性和确定性特性的参数定义和试验方法

ITU-T G.650.2:2007 单模光纤光缆的具有统计和非线性特性的参数定义和试验方法

ITU-T G.653:2006 色散位移单模光纤光缆的特性

IEC/TR 61282-3:2006 光纤通信系统设计指南 第3部分:偏振模色散的计算

IEC 62048:2001 光纤可靠性的幂次律理论

3 术语和定义

GB/T 15972和ITU-T G.650.1:2004、ITU-T G.650.2:2007中确立的有关术语和定义适用于本部分。

4 缩略语

下列缩略语适用于本部分:

FWM	四波混频
PMD	偏振模色散
PMD_Q	链路PMD系数统计参数
WDM	波分复用

5 要求

5.1 尺寸参数

5.1.1 尺寸参数技术指标

B2类单模光纤的尺寸参数要求应符合表1规定。

表 1　B2 类单模光纤的尺寸参数要求

项　　目	单　位	技　术　指　标	
		A类	B类
1 550 nm 模场直径	μm	(7.8～8.5)±0.8	(7.8～8.5)±0.6
包层直径	μm	125±1	
芯/包层同心度误差	μm	≤0.8	≤0.6
包层不圆度	%	≤2.0	≤1.0
涂覆层直径[a](未着色)	μm	245±10	
涂覆层直径(着色)	μm	250±15	
包层/涂覆层同心度误差	μm	≤12.5	
注：光纤带中光纤的尺寸参数可有更严格的要求。			
[a] 在某些应用中，可采用其他规格的涂覆层直径和容差(μm)，例如：400±40，700±100，900±100。			

5.1.2　尺寸参数的测量方法

相关尺寸参数的测量方法见表 2。

表 2　相关尺寸参数的测量方法

项　　目	测　量　方　法
模场直径	GB/T 15972.45
包层直径	GB/T 15972.20
包层不圆度	GB/T 15972.20
芯/包层同心度误差	GB/T 15972.20
涂覆层直径	GB/T 15972.21
包层/涂覆层同心度误差	GB/T 15972.21

5.2　光学特性和传输特性

5.2.1　截止波长

截止波长分为三种类型：

a)　光缆截止波长：$\lambda_{cc}\leqslant$1 270 nm；

b)　光纤截止波长：λ_c 不规定；

c)　跳线缆截止波长：$\lambda_{cj}\leqslant$1 270 nm(对长度为 2 m～20 m 的跳线缆而言)。

注 1：λ_c、λ_{cc}和 λ_{cj} 测量值之间的关系与光纤、光缆的结构和测试条件有关。一般情形下，$\lambda_{cc}<\lambda_{cj}<\lambda_c$。

注 2：对于特别应用场合光缆中所用光纤的截止波长，规定 $\lambda_c\leqslant$1 250 nm。特别应用场合是指使用光缆长度最短，弯曲半径最大的情况。例如：长度小于 2 m 的跳线缆中光纤截止波长 λ_c 宜不大于 1 250 nm。

注 3：对某些特定的海底光缆，可以要求其他的 λ_{cc} 值。

5.2.2　宏弯损耗

光纤以 30 mm 半径松绕 100 圈，在 1 550 nm 测得的宏弯损耗，A 类光纤应不超过 0.5 dB，B 类光纤应不超过 0.1 dB。

注 1：如果由于实际原因，选取少于 100 圈进行 30 mm 弯曲半径的试验，建议不得少于 40 圈，宏弯损耗值应按比例递减。

注 2：为了保证弯曲损耗易于测量和测量准确度，可用一圈或几圈小半径环光纤代替 100 圈光纤进行试验，在此情况下，绕的圈数、环的半径和最大允许的弯曲损耗，都应该选得与 30 mm 半径 100 圈试验的损耗值相适应。

5.2.3　衰减系数和色散特性

B2 类单模光纤的衰减系数和色散特性要求应符合表 3 规定。

表 3　B2 类单模光纤的衰减系数和色散特性要求

项　目	单　位	技　术　指　标	
1 550 nm 衰减系数最大值	dB/km	0.22	
1 625 nm 衰减系数最大值	dB/km	0.30	
色散特性		A 类	B 类
零色散斜率最大值 S_{0max}：	ps/(nm^2·km)	0.085	—
1 525 nm～1 575 nm 色散系数最大绝对值	ps/(nm·km)	3.5	—
零色散波长范围	nm	1 500～1 600	—
$D_{min}(\lambda)$：1 460 nm～1 525 nm	ps/(nm·km)	—	0.085×(λ－1 525)－3.5
$D_{min}(\lambda)$：1 525 nm～1 625 nm	ps/(nm·km)	—	(3.5/75)×(λ－1 600)
$D_{max}(\lambda)$：1 460 nm～1 575 nm	ps/(nm·km)	—	(3.5/75)×((λ－1 500)
$D_{max}(\lambda)$：1 575 nm～1 625 nm	ps/(nm·km)	—	0.085×(λ－1 575)＋3.5

5.2.4　衰减点不连续性

在 1 550 nm 波长上，对一光纤连续长度不应有超过 0.1 dB 的不连续点。

5.2.5　衰减波长特性

在 1 525 nm～1 575 nm 波长范围内的衰减系数值，相对于 1 550 nm 波长的衰减系数值，应不超过 0.03 dB/km。

5.2.6　色散纵向均匀性

待研究。

注：在一特定的波长上，局部光纤段色散系数的绝对值可能偏离对长光纤段测得的数值。如果该数值在接近波分复用(WDM)系统的一个工作波长上减到很小，四波混频（FWM）效应能引起功率在其他波长或其他工作波长上传输。FWM 功率的大小是色散绝对值、色散斜率、工作波长、光功率和 FWM 发生的距离的函数。

5.2.7　偏振模色散系数

本部分只规定链路 PMD 系数，其最大 PMD_Q 应符合表 4 规定。

表 4　链路 PMD 系数最大值

项　目		单　位	技　术　指　标	
			A 类	B 类
PMD 系数	M	段	20	
	Q(概率)	%	0.01	
	未成缆光纤链路最大 PMD_Q	ps/$\sqrt{km}$	0.5	0.20

注 1：ITU-T G.653:2006 中规定了成缆光纤链路 PMD 要求：M(光缆段数)＝20，Q(概率)＝0.01%，PMD_Q＝0.5 ps/$\sqrt{km}$(G.653.A 光纤)，PMD_Q＝0.2 0ps/$\sqrt{km}$(G.653.B 光纤)。系统设计时应采用成缆后光纤规定的 M、Q 以及最大 PMD_Q 值。

注 2：ITU-T G.653:2006 对未成缆光纤 PMD_Q 的指标没有规定。规定最大未成缆光纤的 PMD_Q 值，是支持成缆后光纤的 PMD_Q 满足系统应用的基本要求。因此，本部分规定未成缆光纤 PMD_Q 值是采用 ITU-T G.653:2006 中等同于对光纤成缆后的 PMD_Q 的要求值。

5.2.8　光学特性和传输特性的测量方法

相关光学特性和传输特性的测量方法见表 5。

表 5　相关光学特性和传输特性的测量方法

项　　目	测　量　方　法
衰减系数	GB/T 15972.40
色散特性	GB/T 15972.42
截止波长	GB/T 15972.44
光纤衰减点的不连续性	GB/T 15972.40
宏弯损耗	GB/T 15972.47
偏振模色散	GB/T 18900—2002
注：根据对一定数量未成缆光纤测量得到的偏振模色散系数的数据，用 ITU-T G.650.2:2007 附录 IV 或 IEC/TR 61282-3 :2006 给出的统计方法可计算出链路偏振模色散 PMD_Q 值。	

5.3　机械性能

5.3.1　筛选试验水平

涂覆光纤机械强度筛选试验要求应符合表 6 规定。

表 6　筛选试验要求

筛选应力不低于/GPa	0.69
筛选应变不小于/%	1.0
注：对于 B2 类光纤，筛选应力值 0.69 GPa 与 1%的应变或者是 8.5 N 的筛选张力值等同。三种不同单位之间的换算见 IEC 62048:2001 的 4.4。	

5.3.2　光纤抗拉强度

光纤老化前的最低抗拉强度要求应符合表 7 规定。

表 7　光纤老化前的最低抗拉强度要求

光纤标距长度 m	威布尔概率水平为 15%时抗拉强度 GPa	威布尔概率水平为 50%时抗拉强度 GPa
0.5	3.14	3.80
1	3.05	3.72
10	2.76	3.45
20	2.67	3.37
注：试验用短样品进行时，光纤标距长度可选 0.5 m 或 1 m；试验用长样品进行时，光纤标距长度可选 10 m 或 20 m。		

5.3.3　光纤翘曲特性参数

光纤翘曲半径 R 应不小于 4 m。

5.3.4　其他的机械性能

光纤其他的机械性能要求应符合表 8 规定。

表 8　光纤其他机械性能要求

项　　目	单　　位	技　术　指　标
涂覆层剥离力(平均值)	N	1.0～5.0
涂覆层剥离力(峰值)	N	1.0～8.9
动态疲劳参数 n_d		≥20
注：涂覆层剥离力平均值或峰值都是在试验过程中定义的，可以由供应商和用户协商规定。		

5.3.5 相关机械性能的试验方法

相关机械性能的试验方法见表 9。

表 9 相关机械性能的试验方法

项　　目	试　验　方　法
筛选试验	GB/T 15972.30
抗拉强度	GB/T 15972.31
涂覆层剥离力	GB/T 15972.32
动态疲劳参数	GB/T 15972.33
翘曲特性	GB/T 15972.34

5.4 环境性能

5.4.1 概述

B2 类单模光纤的环境性能要求包括环境试验光衰减变化和环境试验后机械性能要求。

5.4.2 环境试验光衰减变化要求

环境试验光衰减变化要求应符合表 10 规定。

表 10 环境试验光衰减变化要求

试验项目	试　验　条　件	波长 nm	允许的衰减变化 dB/km
恒定湿热	温度为 85 ℃±2 ℃，相对湿度不低于 85%，放置 30 天	1 550	≤0.05
干　热	温度为 85 ℃±2 ℃(35 ℃下相对湿度不高于 50%)，放置 30 天	1 550	≤0.05
温度特性	温度范围为−60 ℃～+85 ℃，两个循环周期	1 550	≤0.05
浸　水	浸泡在温度为 23 ℃±5 ℃水中 30 天	1 550	≤0.05

5.4.3 环境试验后机械性能要求

环境试验后机械性能要求应符合表 11 规定。

表 11 环境试验后机械性能要求

试验项目	剥离力平均值 N	剥离力峰值 N	50%抗拉强度 GPa	15%抗拉强度 GPa	动态疲劳参数 n_d
恒定湿热	1.0～5.0	≤8.9	≥3.03	≥2.76	≥20
浸　水	1.0～5.0	≤8.9	—	—	—
注：表中抗拉强度值是对光纤标距长度为 0.5 m 而言。					

5.4.4 环境性能的试验方法

相关环境性能的试验方法见表 12。

表 12 相关环境性能的试验方法

项　　目	试　验　方　法
湿热性能	GB/T 15972.50
干热性能	GB/T 15972.51
温度特性	GB/T 15972.52
浸水性能	GB/T 15972.53

ICS 33.180.10
M 33

中华人民共和国国家标准

GB/T 9771.5—2008
代替 GB/T 9771.5—2000

通信用单模光纤
第5部分:非零色散位移单模光纤特性

Single-mode optical fibres for telecommunication—
Part 5: Characteristics of a non-zero dispersion shifted single-mode optical fibre

2008-10-07 发布　　　　2009-04-01 实施

中华人民共和国国家质量监督检验检疫总局
中国国家标准化管理委员会　发布

前 言

GB/T 9771《通信用单模光纤》分为如下几个部分：

——第1部分：非色散位移单模光纤特性；

——第2部分：截止波长位移单模光纤特性；

——第3部分：波长段扩展的非色散位移单模光纤特性；

——第4部分：色散位移单模光纤特性；

——第5部分：非零色散位移单模光纤特性；

——第6部分：宽波长段光传输用非零色散单模光纤特性；

——第7部分：接入网用弯曲损耗不敏感单模光纤特性。

本部分为GB/T 9771的第5部分。光纤的几何、光学和传输特性参考了ITU-T G.655:2006《非零色散位移单模光纤光缆的特性》(英文版)中G.655.A、G.655.B、G.655.C、G.655.D、G.655.E类光纤特性的规定，光纤的机械、环境性能参考了IEC 60793-2-50:2007(第3.0版86A/1164/CDV文稿)《光纤　第2-50部分：产品规范　B类单模光纤特性》(英文版)中B4类光纤规定。

本部分代替GB/T 9771.5—2000《通信用单模光纤系列　第5部分：非零色散位移单模光纤特性》，修订时也参考了国外其他先进标准，并结合了国内的具体情况。

本部分与GB/T 9771.5—2000相比主要变化如下：

——将标准名称由《通信用单模光纤系列　第5部分：非零色散位移单模光纤特性》改为《通信用单模光纤　第5部分：非零色散位移单模光纤特性》；

——尺寸参数，对某些技术指标作了较大修改，增加了几何特性测量方法(2000年版的表1，本版的表1、表2)；

——传输特性，将5.2标题"传输特性"改为"光学特性和传输特性"，对某些技术指标作了较大修改，将衰减系数要求由A、B、C三级改分为Ⅰ、Ⅱ两级，增加了1 460 nm衰减系数值；色散特性要求按A、B、C、D、E类分别规定；删除了单根光纤PMD系数值的要求，增加了未成缆光纤链路PMD_Q值的规定，A、B类PMD_Q值为0.5 $ps/\sqrt{km}$，C、D、E类PMD_Q值为0.20 $ps/\sqrt{km}$；增加了光学特性和传输特性的测量方法(2000年版的表2，本版的表3、表4、表5、表6)；

——机械性能，取消了对涂覆光纤筛选试验要求的分级，修改了光纤涂覆层剥离力的要求，增加了相关试验方法(2000年版的表3、表4，本版的表6、表7、表8、表9、表10)；

——环境性能，环境光衰减变化以表的形式给出，增加了环境机械性能变化要求和相关试验方法(2000年版的5.6.1、5.6.2、5.6.3、5.6.4，本版的表11、表12、表13)。

本部分由中华人民共和国工业和信息化部提出。

本部分由中国通信标准化协会归口。

本部分起草单位：武汉邮电科学研究院。

本部分主要起草人：陈永诗、程淑玲、雷非、李海清、刘泽恒。

本部分为第一次修订。

通信用单模光纤
第5部分:非零色散位移单模光纤特性

1 范围

GB/T 9771的本部分规定了B4类非零色散位移单模光纤的几何、光学、传输特性和机械、环境性能的要求,规定了光纤特性的测量方法。该类光纤的零色散波长不在1 550 nm附近,在使用波长区域具有一非零的小色散值,以抑制密集波分复用(DWDM)中四波混频(FWM)效应。不同类型的光纤可分别适用于1 530 nm~1 565 nm波长区域和1 460 nm~1 625 nm波长区域。

本部分适用于通信光缆和其他信息传输设备中使用的B4类非零色散位移单模光纤。

2 规范性引用文件

下列文件中的条款通过GB/T 9771的本部分的引用而成为本部分的条款。凡是注日期的引用文件,其随后所有的修改单(不包括勘误的内容)或修订版均不适用于本部分,然而,鼓励根据本部分达成协议的各方研究是否可使用这些文件的最新版本。凡是不注日期的引用文件,其最新版本适用于本部分。

GB/T 15972(所有部分) 光纤试验方法规范[IEC 60793-1(all parts),Optical fibres—Part 1:Measurement methods and test procedures,MOD]

GB/T 18900—2002 单模光纤偏振模色散的试验方法

ITU-T G.650.1:2004 单模光纤光缆的具有线性和确定性特性的参数定义和试验方法

ITU-T G.650.2:2007 单模光纤光缆的具有统计和非线性特性的参数定义和试验方法

ITU-T G.655:2006 非零色散位移单模光纤光缆特性

IEC/TR 61282-3:2006 光纤通信系统设计指南—第3部分:偏振模色散的计算

IEC 62048:2001 光纤可靠性的幂次律理论

3 术语和定义

GB/T 15972和ITU-T G.650.1:2004、ITU-T G.650.2:2007中确立的相关术语和定义适用于本部分。

4 缩略语

下列缩略语适用于本部分:

DWDM	密集波分复用
FWM	四波混频
PMD	偏振模色散
PMD_Q	链路PMD系数统计参数
WDM	波分复用

5 要求

5.1 尺寸参数

5.1.1 尺寸参数技术指标

B4类单模光纤的尺寸参数要求应符合表1规定。

表 1 B4 类单模光纤的尺寸参数要求

项　　目	单　　位	技　术　指　标
1 550 nm 模场直径	μm	(8.0～11.0)±0.6
包层直径	μm	125±1
芯/包层同心度误差	μm	≤0.6
包层不圆度	%	≤1.0
涂覆层直径[a](未着色)	μm	245±10
涂覆层直径(着色)	μm	250±15
包层/涂覆层同心度误差	μm	≤12.5
注：光纤带中光纤的尺寸参数可有更严格的要求。		
[a] 在某些应用中，可采用其他规格的涂覆层直径和容差(μm)，例如：400±40，700±100，900±100。		

5.1.2 尺寸参数的测量方法

相关尺寸参数的测量方法见表 2。

表 2 相关尺寸参数的测量方法

项　　目	测　量　方　法
模场直径	GB/T 15972.45
包层直径	GB/T 15972.20
包层不圆度	GB/T 15972.20
芯/包层同心度误差	GB/T 15972.20
涂覆层直径	GB/T 15972.21
包层/涂覆层同心度误差	GB/T 15972.21

5.2 光学特性和传输特性

5.2.1 截止波长

截止波长分为三种类型：

a) 光缆截止波长：$\lambda_{cc} \leqslant 1\ 450$ nm；

b) 光纤截止波长：λ_c 不规定；

c) 跳线缆截止波长：$\lambda_{cj} \leqslant 1\ 450$ nm(对长度为 2 m～20 m 的跳线缆而言)。

注 1：λ_c、λ_{cc} 和 λ_{cj} 测量值之间的关系与光纤、光缆的结构和测试条件有关。一般情形下，$\lambda_{cc} < \lambda_{cj} < \lambda_c$。

注 2：对于特别应用场合光缆中所用光纤的截止波长，规定 $\lambda_c \leqslant 1\ 440$ nm。特别应用场合是指使用光缆长度最短，弯曲半径最大的情况。例如：长度小于 2 m 的跳线缆中光纤截止波长 λ_c 宜不大于 1 440 nm。

注 3：对某些特定的海底光缆，可以要求其他的 λ_{cc} 值。

5.2.2 宏弯损耗

光纤以 30 mm 半径松绕 100 圈，在 1 625 nm 测得的宏弯损耗，对表 4 中 A、B、C 类光纤应不超过 0.2 dB，D、E 类光纤应不超过 0.1 dB。

注 1：如果由于实际原因，选取少于 100 圈进行 30 mm 弯曲半径的试验，建议不得少于 40 圈，宏弯损耗值应按比例递减。

注 2：为了保证弯曲损耗易于测量和测量准确度，可用一圈或几圈小半径环光纤代替 100 圈光纤进行试验，在此情况下，绕的圈数、环的半径和最大允许的弯曲损耗，都应该选得与 30 mm 半径 100 圈试验的损耗值相适应。

5.2.3 衰减系数

B4 类单模光纤的衰减系数要求应符合表 3 规定。

表 3　B4 类单模光纤的衰减系数要求

项　　目	单　　位	技　术　指　标	
		Ⅰ级	Ⅱ级
1 460 nm 衰减系数最大值(仅对 D 类和 E 类)	dB/km	0.28	0.31
1 550 nm 衰减系数最大值	dB/km	0.22	0.25
1 625 nm 衰减系数最大值	dB/km	0.27	0.30

5.2.4　色散特性

B4 类单模光纤的色散特性要求应符合表 4 规定。

表 4　B4 类单模光纤的色散特性要求

项　　目	单　　位	技　术　指　标			
		A类	B、C类	D类	E类
C 波段色散特性:					
非零色散区:$\lambda_{min}\sim\lambda_{max}$	nm	1 530～1 565			
非零色散区色散系数绝对值:D_{min},D_{max}	ps/(nm·km)	0.1～6.0	1.0～10.0		
色散符号		正或负			
$D_{max}-D_{min}$	ps/(nm·km)		≤5.0		
L 波段色散特性:					
非零色散区:$\lambda_{min}\sim\lambda_{max}$	nm		待定		
非零色散区色散系数绝对值:D_{min},D_{max}	ps/(nm·km)		待定		
色散符号			正或负		
S+C+L 波段色散特性:					
$D_{min}(\lambda)$:1 460 nm～1 550 nm	ps/(nm·km)			$\frac{7.00}{90}(\lambda-1\,460)-4.20$	$\frac{5.42}{90}(\lambda-1\,460)+0.64$
$D_{min}(\lambda)$:1 550 nm～1 625 nm	ps/(nm·km)			$\frac{2.97}{75}(\lambda-1\,550)+2.80$	$\frac{3.30}{75}(\lambda-1\,550)+6.06$
$D_{max}(\lambda)$:1 460 nm～1 550 nm	ps/(nm·km)			$\frac{2.91}{90}(\lambda-1\,460)+3.29$	$\frac{4.65}{90}(\lambda-1\,460)+4.66$
$D_{max}(\lambda)$:1 550 nm～1 625 nm	ps/(nm·km)			$\frac{5.06}{75}(\lambda-1\,550)+6.20$	$\frac{4.12}{75}(\lambda-1\,550)+9.31$

注 1:D_{min}不一定发生在 λ_{min},D_{max}不一定发生在 λ_{max}。

注 2:对同一根光纤,在非零色散区,色散系数符号不应改变。

注 3:根据系统设计和传输的类型,可能需要规定色散系数符号。

5.2.5　衰减点不连续性

在 1 550 nm 波长上,对一光纤连续长度不应有超过 0.1 dB 的不连续点。

5.2.6　衰减波长特性

在 1 525 nm～1 575 nm 波长范围内的衰减系数值,相对于 1 550 nm 波长的衰减系数值应不超过 0.03 dB/km。

5.2.7 色散纵向均匀性

待研究。

注：在一特定的波长上，局部光纤段色散系数的绝对值可能偏离对长光纤段测得的数值。如果该数值在接近波分复用（WDM）系统的一个工作波长上减到很小，四波混频（FWM）效应能引起功率在其他波长或其他工作波长上传输。FWM 功率的大小是色散绝对值、色散斜率、工作波长、光功率和 FWM 发生的距离的函数。

5.2.8 偏振模色散系数

本部分只规定链路 PMD 系数，其最大 PMD_Q 应符合表 5 规定。

表 5 链路 PMD 系数最大值

项目		单位	技术指标	
			A、B 类	C、D、E 类
PMD 系数	M	段	20	
	Q（概率）	%	0.01	
	未成缆光纤链路最大 PMD_Q	ps/$\sqrt{km}$	0.5	0.20

注 1：ITU-T G.655:2006 中规定了成缆光纤链路 PMD 要求：M（光缆段数）=20，Q（概率）=0.01%，PMD_Q=0.5 ps/$\sqrt{km}$（G.655.A、G.655.B 光纤），PMD_Q=0.20 ps/$\sqrt{km}$（G.655.C、G.655.D、G.655.E 光纤）。系统设计时应采用成缆后光纤规定的 M、Q 以及最大 PMD_Q 值。

注 2：ITU-T G.655:2006 对未成缆光纤 PMD_Q 的指标没有规定。规定最大未成缆光纤的 PMD_Q 值，是支持成缆后光纤的 PMD_Q 满足系统应用的基本要求。因此，本部分规定未成缆光纤 PMD_Q 值是采用 ITU-T G.652:2005 中等同于对光纤成缆后的 PMD_Q 的要求值。

注 3：成缆后光纤如果要支持 40 Gbit/s 系统传输 400 km 应用的基本要求，则 PMD_Q 应不大于 0.10 ps/$\sqrt{km}$。

5.2.9 光学特性和传输特性的测量方法

相关光学特性和传输特性的测量方法见表 6。

表 6 相关光学特性和传输特性的测量方法

项目	测量方法
衰减系数	GB/T 15972.40
色散特性	GB/T 15972.42
截止波长	GB/T 15972.44
光纤衰减点的不连续性	GB/T 15972.40
宏弯损耗	GB/T 15972.47
偏振模色散	GB/T 18900—2002

注：根据对一定数量未成缆光纤测量得到的偏振模色散系数的数据，用 ITU-T G.650.2:2007 附录 IV 或 IEC/TR 61282-3:2006 给出的统计方法可计算出链路偏振模色散 PMD_Q 值。

5.3 机械性能

5.3.1 筛选试验水平

涂覆光纤机械强度筛选试验要求应符合表 7 规定。

表 7 筛选试验要求

筛选应力不低于/GPa	0.69
筛选应变不小于/%	1.0

注：对于 B4 类光纤，筛选应力值 0.69 GPa 与 1% 的应变或者是 8.5 N 的筛选张力值等同。三种不同单位之间的换算见 IEC 62048:2001 的 4.4。

5.3.2 光纤抗拉强度

光纤老化前的最低抗拉强度要求应符合表8规定。

表8 光纤老化前的最低抗拉强度要求

光纤标距长度 m	威布尔概率水平为15%时抗拉强度 GPa	威布尔概率水平为50%时抗拉强度 GPa
0.5	3.14	3.80
1	3.05	3.72
10	2.76	3.45
20	2.67	3.37
注：试验用短样品进行时，光纤标距长度可选0.5 m或1 m；试验用长样品进行时，光纤标距长度可选10 m或20 m。		

5.3.3 光纤翘曲特性参数

光纤翘曲半径 R 应不小于4 m。

5.3.4 其他的机械性能

光纤其他的机械性能要求应符合表9规定。

表9 光纤其他机械性能要求

项目	单位	技术指标
涂覆层剥离力(平均值)	N	1.0～5.0
涂覆层剥离力(峰值)	N	1.0～8.9
动态疲劳参数 n_d		≥20
注：涂覆层剥离力平均值或峰值都是在试验过程中定义的，可以由供应商和用户协商规定。		

5.3.5 机械性能的试验方法

相关机械性能的试验方法见表10。

表10 相关机械性能的试验方法

项目	试验方法
筛选试验	GB/T 15972.30
抗拉强度	GB/T 15972.31
涂覆层剥离力	GB/T 15972.32
动态疲劳参数	GB/T 15972.33
翘曲特性	GB/T 15972.34

5.4 环境性能

5.4.1 概述

B4类单模光纤的环境性能要求包括环境试验光衰减变化和环境试验后机械性能要求。

5.4.2 环境试验光衰减变化要求

环境试验光衰减变化要求应符合表11规定。

表 11 环境试验光衰减变化要求

试验项目	试验条件	波长 nm	允许的衰减变化 dB/km
恒定湿热	温度为 85 ℃±2 ℃，相对湿度不低于 85%，放置 30 天	1 550	≤0.05
干热	温度为 85 ℃±2 ℃(35 ℃下相对湿度不高于 50%)，放置 30 天	1 550	≤0.05
温度特性	温度范围为－60 ℃～＋85 ℃，两个循环周期	1 550	≤0.05
浸水	浸泡在温度为 23 ℃±5 ℃水中 30 天	1 550	≤0.05

5.4.3 环境试验后机械性能要求

环境试验后机械性能要求应符合表 12 规定。

表 12 环境试验后机械性能要求

试验项目	剥离力平均值 N	剥离力峰值 N	50%抗拉强度 GPa	15%抗拉强度 GPa	动态疲劳参数 n_d
恒定湿热	1.0～5.0	≤8.9	≥3.03	≥2.76	≥20
浸水	1.0～5.0	≤8.9	—	—	—
注：表中抗拉强度值是对光纤标距长度为 0.5 m 而言。					

5.4.4 相关环境性能的试验方法

相关环境性能的试验方法见表 13。

表 13 相关环境性能的试验方法

项目	试验方法
湿热性能	GB/T 15972.50
干热性能	GB/T 15972.51
温度特性	GB/T 15972.52
浸水性能	GB/T 15972.53

ICS 33.180.10
M 33

中华人民共和国国家标准

GB/T 9771.6—2008

通信用单模光纤 第6部分:宽波长段光传输用非零色散单模光纤特性

Single-mode optical fibres for telecommunication—Part 6:Characteristics of a fibre with non-zero dispersion for wideband optical transport

2008-10-07 发布

2009-04-01 实施

中华人民共和国国家质量监督检验检疫总局
中国国家标准化管理委员会 发布

前　言

GB/T 9771《通信用单模光纤》分为如下几个部分：

——第1部分：非色散位移单模光纤特性；

——第2部分：截止波长位移单模光纤特性；

——第3部分：波长段扩展的非色散位移单模光纤特性；

——第4部分：色散位移单模光纤特性；

——第5部分：非零色散位移单模光纤特性；

——第6部分：宽波长段光传输用非零色散单模光纤特性；

——第7部分：接入网用弯曲损耗不敏感单模光纤特性。

本部分为GB/T 9771的第6部分。本部分光纤的几何、光学和传输特性参考了ITU-T G.656：2006《宽波长段光传输用非零色散单模光纤光缆特性》(英文版)中G.656类光纤规定，光纤的机械、环境性能参考了IEC 60793-2-50：2007(第3.0版86A/1164/CDV文稿)《光纤　第2-50部分：产品规范-B类单模光纤特性》(英文版)中B5类光纤规定。

本部分由中华人民共和国工业和信息化部提出。

本部分由中国通信标准化协会归口。

本部分起草单位：武汉邮电科学研究院。

本部分主要起草人：陈永诗、雷非、程淑玲、李海清、刘骋。

通信用单模光纤 第6部分:宽波长段光传输用非零色散单模光纤特性

1 范围

GB/T 9771的本部分规定了B5类宽波长段光传输用非零色散单模光纤的几何、光学、传输特性和机械、环境性能的要求,规定了光纤特性的测量方法。该类光纤的色散值在1 460 nm~1 625 nm整个波段范围内都保持非零,它适用于在1 460 nm~1 625 nm波段范围内的密集波分复用(DWDM)应用或粗波分复用(CWDM)应用。

本部分适用于通信光缆和其他信息传输设备中使用的B5类宽波长段光传输用非零色散单模光纤。

2 规范性引用文件

下列文件中的条款通过GB/T 9771的本部分的引用而成为本部分的条款。凡是注日期的引用文件,其随后所有的修改单(不包括勘误的内容)或修订版均不适用于本部分,然而,鼓励根据本部分达成协议的各方研究是否可使用这些文件的最新版本。凡是不注日期的引用文件,其最新版本适用于本部分。

GB/T 15972(所有部分) 光纤试验方法规范[IEC 60793-1(all parts),Optical fibres—Part 1:Measurement methods and test procedures,MOD]

GB/T 18900—2002 单模光纤偏振模色散的试验方法

ITU-T G.650.1:2004 单模光纤光缆的具有线性和确定性特性的参数定义和试验方法

ITU-T G.650.2:2007 单模光纤光缆的具有统计和非线性特性的参数定义和试验方法

ITU-T G.656:2006 宽波长段光传输用非零色散单模光纤光缆特性

IEC/TR 61282-3:2006 光纤通信系统设计指南—第3部分:偏振模色散的计算

IEC 62048:2001 光纤可靠性的幂次律理论

3 术语和定义

GB/T 15972和ITU-T G.650.1:2004、ITU-T G.650.2:2007中确立的相关术语和定义适用于本部分。

4 缩略语

下列缩略语适用于本部分:

CWDM 粗波分复用

DWDM 密集波分复用

FWM 四波混频

PMD 偏振模色散

PMD_Q 链路PMD系数统计参数

WDM 波分复用

5 要求

5.1 尺寸参数

5.1.1 尺寸参数技术指标

B5 类单模光纤的尺寸参数要求应符合表 1 规定。

表 1 B5 类单模光纤的尺寸参数要求

项　目	单　位	技 术 指 标
1 550 nm 模场直径	μm	(7.0～11.0)±0.7
包层直径	μm	125±1
芯/包层同心度误差	μm	≤0.6
包层不圆度	%	≤2.0
涂覆层直径[a](未着色)	μm	245±10
涂覆层直径(着色)	μm	250±15
包层/涂覆层同心度误差	μm	≤12.5
注：光纤带中光纤的尺寸参数可有更严格的要求。		
[a] 在某些应用中，可采用其他规格的涂覆层直径和容差(μm)，例如：400±40，700±100，900±100。		

5.1.2 尺寸参数的测量方法

相关尺寸参数的测量方法见表 2。

表 2 相关尺寸参数的测量方法

项　目	测 量 方 法
模场直径	GB/T 15972.45
包层直径	GB/T 15972.20
包层不圆度	GB/T 15972.20
芯/包层同心度误差	GB/T 15972.20
涂覆层直径	GB/T 15972.21
包层/涂覆层同心度误差	GB/T 15972.21

5.2 光学特性和传输特性

5.2.1 截止波长

截止波长分为三种类型：

a) 光缆截止波长：$\lambda_{cc}\leqslant$1 450 nm；

b) 光纤截止波长：λ_c 不规定；

c) 跳线缆截止波长：$\lambda_{cj}\leqslant$1 450 nm(对长度为 2 m～20 m 的跳线缆而言)。

注 1：λ_c、λ_{cc}和 λ_{cj}测量值之间的关系与光纤、光缆的结构和测试条件有关。一般情形下，$\lambda_{cc}<\lambda_{cj}<\lambda_c$。

注 2：对于特别应用场合光缆中所用光纤的截止波长，规定 $\lambda_c\leqslant$1 440 nm。特别应用场合是指使用光缆长度最短，弯曲半径最大的情况。例如：长度小于 2 m 的跳线缆中光纤截止波长 λ_c 宜不大于 1 440 nm。

注 3：对某些特定的海底光缆，可以要求其他的 λ_{cc}值。

5.2.2 宏弯损耗

光纤以 30 mm 半径松绕 100 圈，在 1 625 nm 测得的宏弯损耗应不超过 0.50 dB。

注 1：如果由于实际原因，选取少于 100 圈进行 30 mm 弯曲半径的试验，建议不得少于 40 圈，宏弯损耗值应按比例递减。

注 2：为了保证弯曲损耗易于测量和测量准确度，可用一圈或几圈小半径环光纤代替 100 圈光纤进行试验，在此情况下，绕的圈数、环的半径和最大允许的弯曲损耗，都应该选得与 30 mm 半径 100 圈试验的损耗值相适应。

5.2.3 衰减系数和色散特性

B5 类单模光纤的衰减系数和色散特性要求应符合表 3 规定。

表 3 B5 类单模光纤的衰减系数和色散特性要求

项目		单位	技术指标
1 460 nm 衰减系数最大值		dB/km	0.35
1 550 nm 衰减系数最大值		dB/km	0.25
1 625 nm 衰减系数最大值		dB/km	0.30
色散系数	$D_{min}(\lambda)$：1 460 nm～1 550 nm	ps/(nm·km)	$\frac{2.60}{90}(\lambda-1\,460)+1.00$
	$D_{min}(\lambda)$：1 550 nm～1 625 nm	ps/(nm·km)	$\frac{0.98}{75}(\lambda-1\,550)+3.60$
	$D_{max}(\lambda)$：1 460 nm～1 550 nm	ps/(nm·km)	$\frac{4.68}{90}(\lambda-1\,460)+4.60$
	$D_{max}(\lambda)$：1 550 nm～1 625 nm	ps/(nm·km)	$\frac{4.72}{75}(\lambda-1\,550)+9.28$

5.2.4 衰减点不连续性

在 1 550 nm 和 1 625 nm 波长上，对一光纤连续长度不应有超过 0.1 dB 的不连续点。

5.2.5 衰减波长特性

在 1 525 nm～1 575 nm 波长范围内的衰减系数值，相对于 1 550 nm 波长的衰减系数值，应不超过 0.03 dB/km。

5.2.6 色散纵向均匀性

待研究。

注 1：在一特定的波长上，局部光纤段色散系数的绝对值可能偏离对长光纤段测得的数值。如果该数值在接近波分复用(WDM)系统的一个工作波长上减到很小，四波混频(FWM)效应能引起功率在其他波长或其他工作波长上传输。FWM 功率的大小是色散绝对值、色散斜率、工作波长、光功率和 FWM 发生的距离的函数。

注 2：该类光纤的色散纵向均匀性应与系统的功能保持一致。

5.2.7 偏振模色散系数

本部分只规定链路 PMD 系数，其最大 PMD_Q 应符合表 4 规定。

表 4 链路 PMD 系数最大值

项目		单位	技术指标
PMD 系数	M	段	20
	Q(概率)	%	0.01
	未成缆光纤链路最大 PMD_Q	ps/$\sqrt{km}$	0.20
注 1：ITU-T G.656：2006 中规定了成缆光纤链路 PMD 要求：M(光缆段数)＝20，Q(概率)＝0.01%，PMD_Q＝0.20 ps/$\sqrt{km}$。系统设计时应采用成缆后光纤规定的 M、Q 以及最大 PMD_Q 值。 注 2：ITU-T G.656：2006 对未成缆光纤 PMD_Q 的指标没有规定。规定最大未成缆光纤的 PMD_Q 值，是支持成缆后光纤的 PMD_Q 满足系统应用的基本要求。因此，本部分规定未成缆光纤 PMD_Q 值是采用 ITU-T G.656：2006 中等同于对光纤成缆后的 PMD_Q 的要求值。			

5.2.8 光学特性和传输特性的测量方法

相关光学特性和传输特性的测量方法见表 5。

表5 相关光学特性和传输特性的测量方法

项　目	测 量 方 法
衰减系数	GB/T 15972.40
色散特性	GB/T 15972.42
截止波长	GB/T 15972.44
光纤衰减点的不连续性	GB/T 15972.40
宏弯损耗	GB/T 15972.47
偏振模色散	GB/T 18900—2002
注：根据对一定数量未成缆光纤测量得到的偏振模色散系数的数据，用 ITU-T G.650.2:2007 附录 IV 或 IEC/TR 61282-3 :2006 给出的统计方法可计算出链路偏振模色散 PMD_Q 值。	

5.3 机械性能

5.3.1 筛选试验水平

涂覆光纤机械强度筛选试验要求应符合表6规定。

表6 筛选试验要求

筛选应力不低于/GPa	0.69
筛选应变不小于/%	1.0
注：对于B5类光纤，筛选应力值0.69 GPa与1%的应变或者是8.5 N的筛选张力值等同。三种不同单位之间的换算见 IEC 62048:2001 的4.4。	

5.3.2 光纤抗拉强度

光纤老化前的最低抗拉强度要求应符合表7规定。

表7 光纤老化前的最低抗拉强度要求

光纤标距长度 m	威布尔概率水平为15%时抗拉强度 GPa	威布尔概率水平为50%时抗拉强度 GPa
0.5	3.14	3.80
1	3.05	3.72
10	2.76	3.45
20	2.67	3.37
注：试验用短样品进行时，光纤标距长度可选0.5 m或1 m；试验用长样品进行时，光纤标距长度可选10 m或20 m。		

5.3.3 光纤翘曲特性参数

光纤翘曲半径 R 应不小于 4 m。

5.3.4 其他的机械性能

光纤其他的机械性能要求应符合表8规定。

表8 光纤其他机械性能要求

项　目	单　位	技 术 指 标
涂覆层剥离力(平均值)	N	1.0～5.0
涂覆层剥离力(峰值)	N	1.0～8.9
动态疲劳参数 n_d		≥20
注：涂覆层剥离力平均值或峰值都是在试验过程中定义的，可以由供应商和用户协商规定。		

5.3.5 机械性能的试验方法

相关机械性能的试验方法见表9。

表9 相关机械性能的试验方法

项　　目	试验方法
筛选试验	GB/T 15972.30
抗拉强度	GB/T 15972.31
涂覆层剥离力	GB/T 15972.32
动态疲劳参数	GB/T 15972.33
翘曲特性	GB/T 15972.34

5.4 环境性能

5.4.1 概述

B5类单模光纤的环境性能要求包括环境试验光衰减变化和环境试验后机械性能要求。

5.4.2 环境试验光衰减变化要求

环境试验光衰减变化要求应符合表10规定。

表10 环境试验光衰减变化要求

试验项目	试　验　条　件	波长 nm	允许的衰减变化 dB/km
恒定湿热	温度为85 ℃±2 ℃，相对湿度不低于85%，放置30天	1 550	≤0.05
干　热	温度为85 ℃±2 ℃(35 ℃下相对湿度不高于50%)，放置30天	1 550	≤0.05
温度特性	温度范围为－60 ℃～＋85 ℃，两个循环周期	1 550	≤0.05
浸　水	浸泡在温度为23 ℃±5 ℃水中30天	1 550	≤0.05

5.4.3 环境试验后机械性能要求

环境试验后机械性能要求应符合表11规定。

表11 环境试验后机械性能要求

试验项目	剥离力平均值 N	剥离力峰值 N	50%抗拉强度 GPa	15%抗拉强度 GPa	动态疲劳参数 n_d
恒定湿热	1.0～5.0	≤8.9	≥3.03	≥2.76	≥20
浸水	1.0～5.0	≤8.9	—	—	—
注：表中抗拉强度值是对光纤标距长度为0.5 m而言。					

5.4.4 环境性能的试验方法

相关环境性能的试验方法见表12。

表12 相关环境性能的试验方法

项　　目	试验方法
湿热性能	GB/T 15972.50
干热性能	GB/T 15972.51
温度特性	GB/T 15972.52
浸水性能	GB/T 15972.53

ICS 91.100.10
Q 62

中华人民共和国国家标准

GB/T 9775—2008
代替 GB/T 9775—1999

纸面石膏板

Gypsum plasterboard

(ISO 6308:1980,MOD)

2008-06-30 发布　　　　2009-04-01 实施

中华人民共和国国家质量监督检验检疫总局
中国国家标准化管理委员会　发布

前言

本标准修改采用国际标准 ISO 6308:1980《石膏板规范》(英文版)。

本标准根据 ISO 6308:1980 重新起草。

本标准章条编号与 ISO 6308:1980 章条编号对照一览表参见附录 A。

本标准与 ISO 6308:1980 相比,存在如下技术性差异:

——本标准增加了耐水耐火纸面石膏板的板材种类、要求和试验方法;

——本标准增加了外观质量、对角线长度差、面密度、硬度、抗冲击性、护面纸与芯材粘结性、吸水率、表面吸水量以及遇火稳定性的要求和试验方法;

——本标准增加了多种纸面石膏板的长度规格;

——本标准增加了 18.0 mm、21.0 mm 以及 25.0 mm 的纸面石膏板的厚度规格;

——本标准把纸面石膏板的一种厚度规格由 12.5 mm 调整为 12.0 mm;

——本标准增加了检验规则;

——本标准增加了标志、包装、贮存和运输;

——本标准增加了附录 A、附录 B 和附录 C。

本标准代替 GB/T 9775—1999《纸面石膏板》。

本标准与 GB/T 9775—1999 相比,主要变化如下:

——本标准增加了硬度以及抗冲击性的要求和试验方法(本版的 5.7、5.8 和 6.5.10、6.5.11);

——本标准增加了耐水耐火纸面石膏板的板材种类(1999 年版的 3.1;本版的 4.1.1);

——本标准增加了 1 500 mm、2 440 mm、3 660 mm 的长度规格(1999 年版的 3.2.1;本版的 4.1.3.1);

——本标准增加了 600 mm、1 220 mm 的宽度规格(1999 年版的 3.2.2;本版的 4.1.3.2);

——本标准调整了纸面石膏板各种规格的断裂荷载的要求(1999 年版的 4.5;本版的 5.6);

——本标准将项目名称"单位面积质量"修改成"面密度"(1999 年版的 4.6、5.3.8、6.4.2;本版的 5.5、6.5.8、7.4.3);

——本标准增加了附录 A、附录 B 和附录 C。

本标准的附录 B 和附录 C 为规范性附录,附录 A 为资料性附录。

本标准由中国建筑材料联合会提出。

本标准由全国轻质与装饰装修建筑材料标准化技术委员会(SAC/TC 195)归口。

本标准负责起草单位:中国新型建筑材料工业杭州设计研究院。

本标准参加起草单位:北新集团建材股份有限公司、可耐福石膏板(芜湖)有限公司、上海拉法基石膏建材有限公司、圣戈班石膏建材(上海)有限公司、山东拜尔建材有限公司、杰森石膏板(嘉兴)有限公司、泰安市康亿家建材有限责任公司、临沂华威石膏建材有限公司、山东金信新型建材有限公司、泰山石膏股份有限公司、铜陵市法拉第建材有限公司、晋州市新型建材厂、枣庄华润纸业有限公司。

本标准主要起草人:魏超平、翟跃忠、陈旭晔。

本标准所代替标准的历次版本发布情况为:

——GB 9775—1988、GB/T 9775—1999。

纸 面 石 膏 板

1 范围

本标准规定了纸面石膏板的术语和定义、分类与标记、要求、试验方法、检验规则、标志、包装、贮存和运输。

本标准适用于建筑物中用作非承重内隔墙体和吊顶的纸面石膏板，也适用于需经二次饰面加工的装饰纸面石膏板的基板。

2 规范性引用文件

下列文件中的条款通过本标准的引用而成为本标准的条款。凡是注日期的引用文件，其随后所有的修改单(不包括勘误的内容)或修订版均不适用于本标准，然而，鼓励根据本标准达成协议的各方研究是否可使用这些文件的最新版本。凡是不注日期的引用文件，其最新版本适用于本标准。

GB/T 1250 极限数值的表示方法和判定方法

GB/T 9776 建筑石膏

3 术语和定义

下列术语和定义适用于本标准。

3.1

棱边 edge

有纸覆盖的纵向边。

3.2

端头 end

垂直棱边的切割边。

3.3

正面 face

护面纸在边部无搭接的板面。

3.4

背面 back

护面纸在边部有搭接的板面。

3.5

面纸 face paper

板材正面的护面纸。

3.6

背纸 back paper

板材背面的护面纸。

3.7

芯材 core material

被护面纸覆盖的、以二水石膏为主要成分的材料。

3.8

长度 length

平行于棱边的板材的尺寸。

3.9

宽度 width

垂直于棱边的板材的尺寸。

3.10

厚度 thickness

板材正面与背面间的垂直距离。

3.11

建筑石膏 gypsum plaster

符合 GB/T 9776 的粉状胶凝材料。

4 分类与标记

4.1 分类

4.1.1 板材种类与代号

纸面石膏板按其功能分为:普通纸面石膏板、耐水纸面石膏板、耐火纸面石膏板以及耐水耐火纸面石膏板四种。

4.1.1.1 普通纸面石膏板(代号 P)

以建筑石膏为主要原料,掺入适量纤维增强材料和外加剂等,在与水搅拌后,浇注于护面纸的面纸与背纸之间,并与护面纸牢固地粘结在一起的建筑板材。

4.1.1.2 耐水纸面石膏板(代号 S)

以建筑石膏为主要原料,掺入适量纤维增强材料和耐水外加剂等,在与水搅拌后,浇注于耐水护面纸的面纸与背纸之间,并与耐水护面纸牢固地粘结在一起,旨在改善防水性能的建筑板材。

4.1.1.3 耐火纸面石膏板(代号 H)

以建筑石膏为主要原料,掺入无机耐火纤维增强材料和外加剂等,在与水搅拌后,浇注于护面纸的面纸与背纸之间,并与护面纸牢固地粘结在一起,旨在提高防火性能的建筑板材。

4.1.1.4 耐水耐火纸面石膏板(代号 SH)

以建筑石膏为主要原料,掺入耐水外加剂和无机耐火纤维增强材料等,在与水搅拌后,浇注于耐水护面纸的面纸与背纸之间,并与耐水护面纸牢固地粘结在一起,旨在改善防水性能和提高防火性能的建筑板材。

4.1.2 棱边形状与代号

纸面石膏板按棱边形状分为:矩形(代号 J)、倒角形(代号 D)、楔形(代号 C)和圆形(代号 Y)四种(见图 1~图 4),也可根据用户要求生产其他棱边形状的板材。

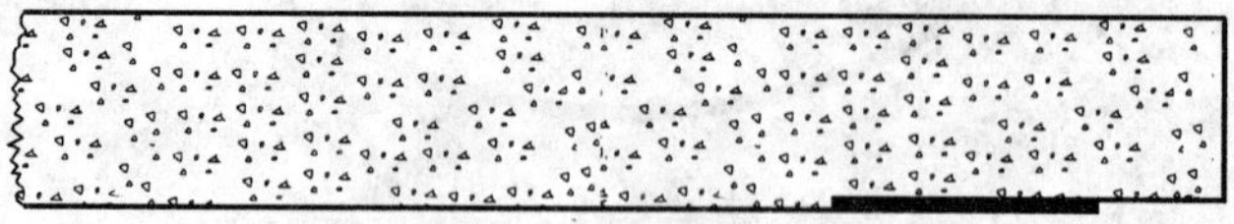

图 1 矩形棱边

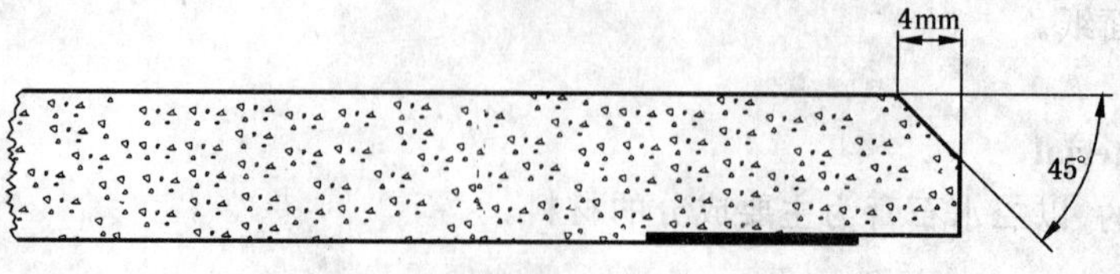

图 2 倒角形棱边

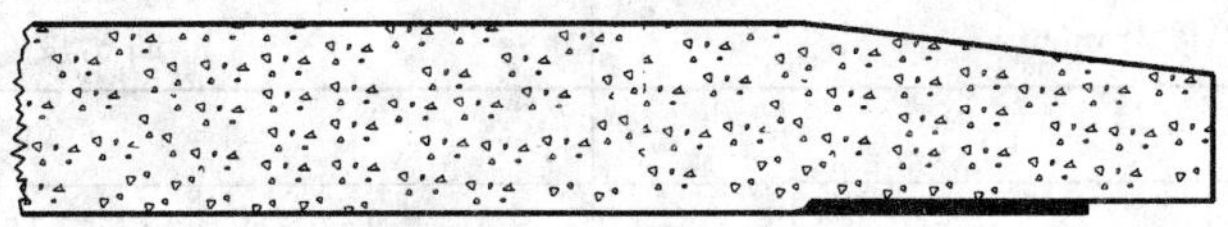

图 3 楔形棱边

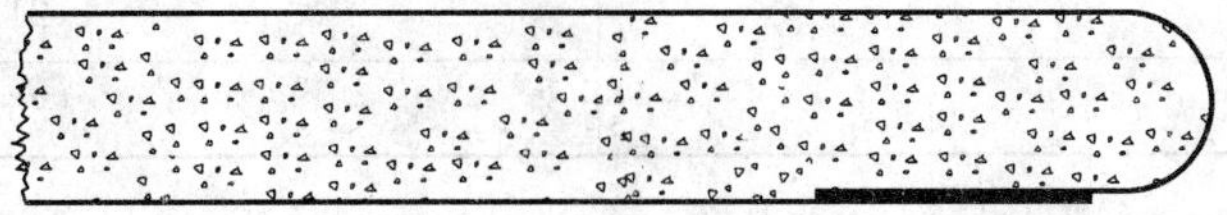

图 4 圆形棱边

4.1.3 规格尺寸

4.1.3.1 板材的公称长度为 1 500 mm、1 800 mm、2 100 mm、2 400 mm、2 440 mm、2 700 mm、3 000 mm、3 300 mm、3 600 mm 和 3 660 mm。

4.1.3.2 板材的公称宽度为 600 mm、900 mm、1 200 mm 和 1 220 mm。

4.1.3.3 板材的公称厚度为 9.5 mm、12.0 mm、15.0 mm、18.0 mm、21.0 mm 和 25.0 mm。

4.2 标记

4.2.1 标记方法

标记的顺序依次为：产品名称、板类代号、棱边形状代号、长度、宽度、厚度以及本标准编号。

4.2.2 标记示例

标记示例如下：

示例：长度为 3 000 mm、宽度为 1 200 mm、厚度为 12.0 mm、具有楔形棱边形状的普通纸面石膏板，标记为：

纸面石膏板 PC 3 000×1 200×12.0 GB/T 9775—2008。

5 要求

5.1 外观质量

纸面石膏板板面平整，不应有影响使用的波纹、沟槽、亏料、漏料和划伤、破损、污痕等缺陷。

5.2 尺寸偏差

板材的尺寸偏差应符合表 1 的规定。

表 1 尺寸偏差

单位为毫米

项目	长度	宽度	厚度	
			9.5	≥12.0
尺寸偏差	−6～0	−5～0	±0.5	±0.6

5.3 对角线长度差

板材应切割成矩形，两对角线长度差应不大于 5 mm。

5.4 楔形棱边断面尺寸

对于棱边形状为楔形的板材，楔形棱边宽度应为 30 mm～80 mm，楔形棱边深度应为 0.6 mm～1.9 mm。

5.5 面密度

板材的面密度应不大于表 2 的规定。

表 2 面密度

板材厚度/mm	面密度/(kg/m²)
9.5	9.5
12.0	12.0
15.0	15.0
18.0	18.0
21.0	21.0
25.0	25.0

5.6 断裂荷载

板材的断裂荷载应不小于表 3 的规定。

表 3 断裂荷载

板材厚度/mm	断裂荷载/N			
	纵向		横向	
	平均值	最小值	平均值	最小值
9.5	400	360	160	140
12.0	520	460	200	180
15.0	650	580	250	220
18.0	770	700	300	270
21.0	900	810	350	320
25.0	1 100	970	420	380

5.7 硬度

板材的棱边硬度和端头硬度应不小于 70 N。

5.8 抗冲击性

经冲击后,板材背面应无径向裂纹。

5.9 护面纸与芯材粘结性

护面纸与芯材应不剥离。

5.10 吸水率(仅适用于耐水纸面石膏板和耐水耐火纸面石膏板)

板材的吸水率应不大于 10 %。

5.11 表面吸水量(仅适用于耐水纸面石膏板和耐水耐火纸面石膏板)

板材的表面吸水量应不大于 160 g/m²。

5.12 遇火稳定性(仅适用于耐火纸面石膏板和耐水耐火纸面石膏板)

板材的遇火稳定性时间应不少于 20 min。

5.13 受潮挠度

由供需双方商定。

5.14 剪切力

由供需双方商定。

6 试验方法

6.1 试验设备及仪器

6.1.1 钢卷尺:最大量程 5 000 mm,分度值 1 mm。

6.1.2　钢直尺：最大量程 1 000 mm，分度值 1 mm。

6.1.3　板厚测定仪：最大量程 30 mm，分度值 0.01 mm。

6.1.4　楔形棱边深度测定仪：最大量程 10 mm，分度值 0.01 mm。

6.1.5　电子秤：感量 1 g。

6.1.6　电子天平：感量 0.01 g。

6.1.7　电热鼓风干燥箱：最高温度 300 ℃，控温器灵敏度 ±1℃。

6.1.8　板材抗折试验机：最大量程 2 000 N，精度 1 级。

6.1.9　压力试验机：最大量程 2 000 N，精度 1 级。

6.1.10　抗冲击性试验仪：钢球直径 50 mm，钢球质量 510 g。

6.1.11　护面纸与芯材粘结性试验仪：荷载质量 3 kg。

6.1.12　纸张表面吸收重量测定仪：圆筒内径 113 mm。

6.1.13　遇火稳定性测定仪：喷火头直径(40±1)mm，喷火孔直径(2.5±0.1)mm，最高温度 900 ℃，精度 1 级。

6.1.14　受潮挠度试验箱：可调至温度(32±2)℃、相对湿度(90±3)%。

6.2　试验条件

对于进行面密度、断裂荷载、硬度、抗冲击性、护面纸与芯材粘结性以及吸水率测定的实验室应满足温度(25±5)℃，相对湿度(50±5)%的试验环境条件。对于进行表面吸水量测定的实验室应满足温度(25±5)℃，相对湿度(50±3)%的试验环境条件。

6.3　试样与试件

以五张板材为一组试样，依次进行外观质量、尺寸偏差、对角线长度差、楔形棱边断面尺寸测定后，在距板材四周大于 100 mm 处(除进行端头硬度、棱边硬度测定的试件外)按表 4 规定的方向、尺寸以及数量切取试件，并予以编号，供其余各项试验用。

对于将进行端头硬度测定的试件，在板材任一端头按表 4 的规定切取试件，但距棱边应大于 100 mm。对于将进行棱边硬度测定的试件，在板材两棱边侧按表 4 的规定各取一个试件，但距端头应大于 100 mm。

表 4　试件规格

试 件 用 途	试件代号	纵向尺寸/mm	横向尺寸/mm	每张板材上切取试件数量/个
纵向断裂荷载(兼做面密度)	Z	400	300	1
横向断裂荷载(兼做面密度)	H	300	400	1
端头硬度	T	75	300	1(两端头任取 1)
棱边硬度	L	300	75	2(两棱边各取 1)
抗冲击性	K	300	300	1
面纸与芯材粘结性	M	120	50	1
背纸与芯材粘结性	D	120	50	1
遇火稳定性	Y	300	50	1
吸水率	S	300	300	1
表面吸水量	B	125	125	1

6.4　试件的处理

用于断裂荷载(兼做面密度)、硬度、抗冲击性、护面纸与芯材粘结性、吸水率以及遇火稳定性测定的试件，应预先放置于电热鼓风干燥箱中，在(40±2)℃ 的温度条件下烘干至恒重(试件在 24 h 的质量变化率应小于 0.5 %)，并在温度(25±5)℃，相对湿度(50±5)% 的实验室条件下冷却至室温，然后进行测定。用于表面吸水量测定的试件，应预先放置于电热鼓风干燥箱中，在(40±2)℃ 的温度条件下烘干至恒重(试件在 24 h 的质量变化率应小于 0.1%)，并在温度(25±5)℃，相对湿度(50±3)% 的实验室环境条件下放置 24 h，然后进行测定。

6.5 试验步骤

6.5.1 外观质量的检查

在光照明亮的条件下，在距试样 0.5 m 处进行检查，记录每张板材上影响使用的外观质量情况，以五张板材中缺陷最严重的那张板材的情况作为该组试样的外观质量。

6.5.2 长度的测定

在每张板材上测定三个长度值。测点分布于距棱边 50 mm 处以及对称轴上(见图 5)。测定时，板材平整放置，钢卷尺与板材棱边平行。

记录每张板材上的三个长度值，分别计算测定长度值与公称长度值的偏差，并以五张板材中的最大偏差值作为该组试样的长度偏差，精确至 1 mm。

单位为毫米

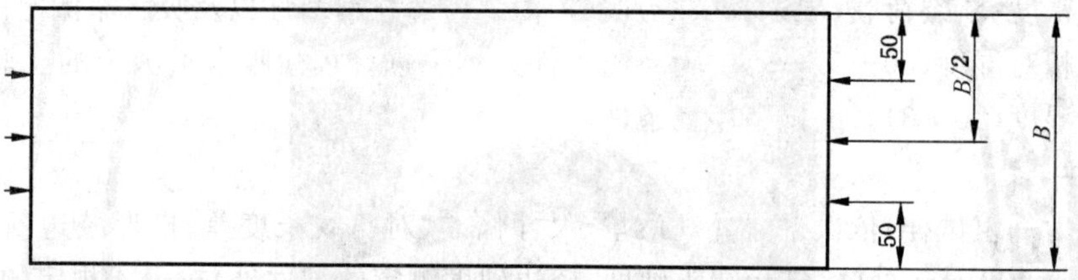

图 5 长度的测定位置图

6.5.3 宽度的测定

在每张板材上测定三个宽度值。测点分布于距端头 30 mm 处和对称轴上(见图 6)。测定时，板材平整放置，钢卷尺与板材棱边相垂直。如果板材为倒角形的棱边形状，则应测定板材背面的宽度。

记录每张板材上三个宽度值，分别计算测定宽度值与公称宽度值的偏差，并以五张板材中的最大偏差值作为该组试样的宽度偏差，精确至 1 mm。

单位为毫米

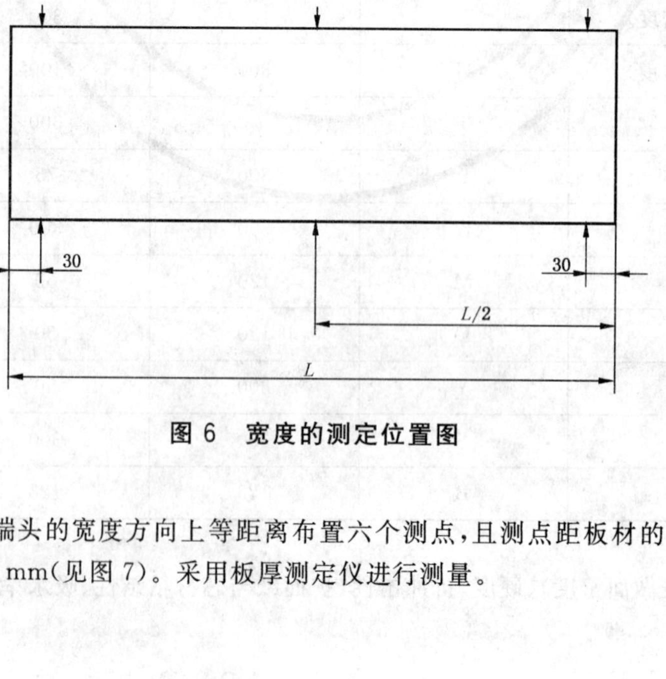

图 6 宽度的测定位置图

6.5.4 厚度的测定

在每张板材的任一端头的宽度方向上等距离布置六个测点，且测点距板材的端头不小于 25 mm，距板材的棱边不小于 80 mm(见图 7)。采用板厚测定仪进行测量。

记录每张板材上六个厚度值，分别计算测定厚度值与公称厚度值的偏差，并以五张板材中的最大偏差值作为该组试样的厚度偏差，精确至 0.1 mm。

单位为毫米

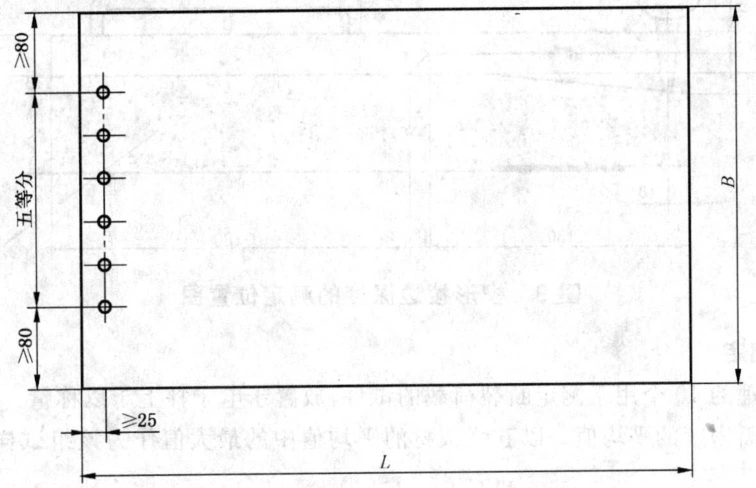

图 7　厚度的测定位置图

6.5.5　对角线长度差的测定

用钢卷尺测量板材上两个对角线的长度，记录每张板材上两个对角线长度值，计算出两个对角线长度的差值，并以五张板材中的最大对角线长度差值作为该组试样的对角线长度差，精确至 1 mm。

6.5.6　楔形棱边宽度的测定

在距板材端头 300 mm 处的棱边侧旁测定四个值。把钢直尺横立，放置于板材的正面，并使其垂直于板材的棱边。钢直尺的端头与板材的棱边对齐。测定板材棱边边缘与钢直尺和板材正面接触点间的距离(见图 8)。

记录每张板材上四个测定值，计算其平均值，并以五张板材中距规定楔形棱边宽度中间值的最大偏离的宽度平均值作为该组试样的楔形棱边宽度。精确至 1 mm。

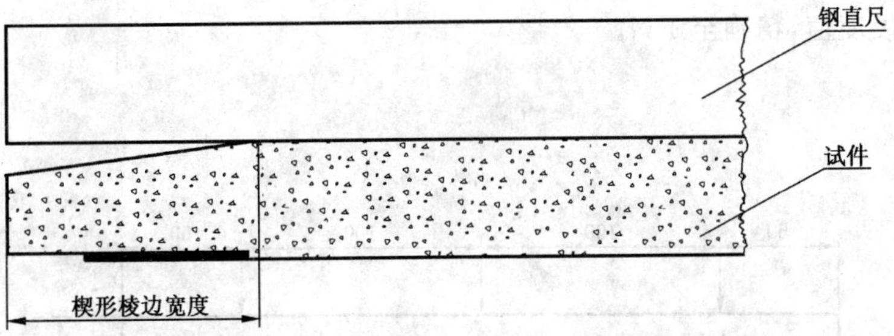

图 8　楔形棱边宽度的测定位置图

6.5.7　楔形棱边深度的测定

在距板材端头 300 mm 处的棱边侧旁测定四个值。把楔形棱边深度测定仪放置于板材正面，当仪器测量头距板材棱边 10 mm 时，即可从仪器上读得数据(见图 9)。

记录每张板材上四个测定值，计算其平均值，并以五张板材中距规定楔形棱边深度中间值的最大偏离的深度平均值作为该组试样的楔形棱边深度。精确至 0.1 mm。

单位为毫米

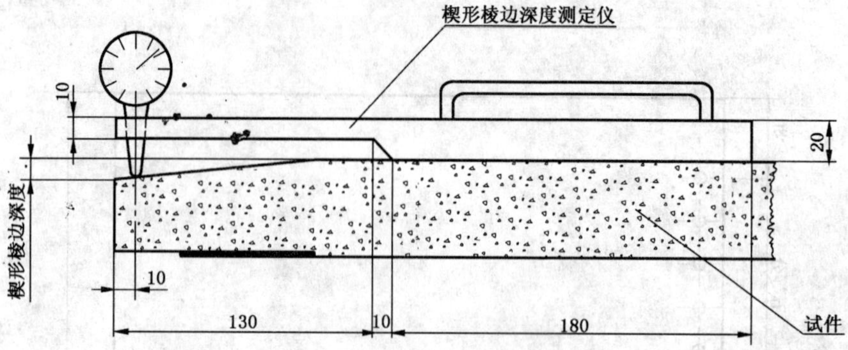

图 9　楔形棱边深度的测定位置图

6.5.8　面密度的测定

把经过 6.4 处理的 10 个用于测定断裂荷载的试件，放置于电子秤上予以称量。根据其面积计算每张板材上两个试件面密度的平均值。以五张板材的平均值中的最大值作为该组试样的面密度，精确至 0.1 kg/m^2。

6.5.9　断裂荷载的测定

将已按 6.5.8 测定后的 10 个试件，随即进行断裂荷载的测定。把试件放置于板材抗折试验机的支座上。其中，纵向断裂荷载试件（试件代号 Z）正面朝下放置；横向断裂荷载试件（试件代号 H）正面朝上放置。支座中心距 350 mm。在跨距中央，通过加荷辊沿平行于下支座的方向施加荷载，加荷速度控制在（4.2±0.8）N/s，直至试件断裂。记录板材荷载最大值，并计算五张板材的断裂荷载平均值。以五张板材的平均值以及最小值作为该组试样的断裂荷载。精确至 1 N。

6.5.10　硬度的测定

6.5.10.1　端头硬度的测定

把经 6.4 处理后的试件横向垂直侧立，然后用夹具夹紧。在试件厚度中心线上按图 10 布置三个测点。由压力试验机以（4.2±0.8）N/s 的加荷速度，通过钢针（见图 11）向试件加荷，直至钢针插入深度达到 13 mm 时。记录每个试件在试验过程中的三个硬度最大值，并以五个试件硬度最大值的平均值作为该组试样的端头硬度值，精确至 1 N。

单位为毫米

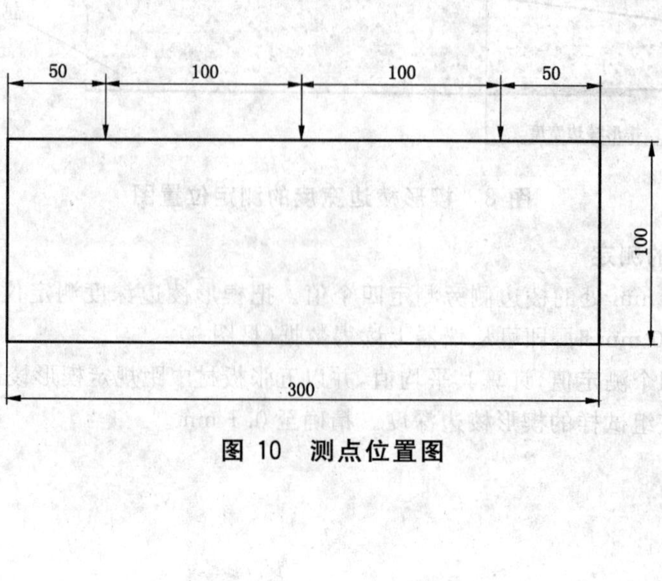

图 10　测点位置图

单位为毫米

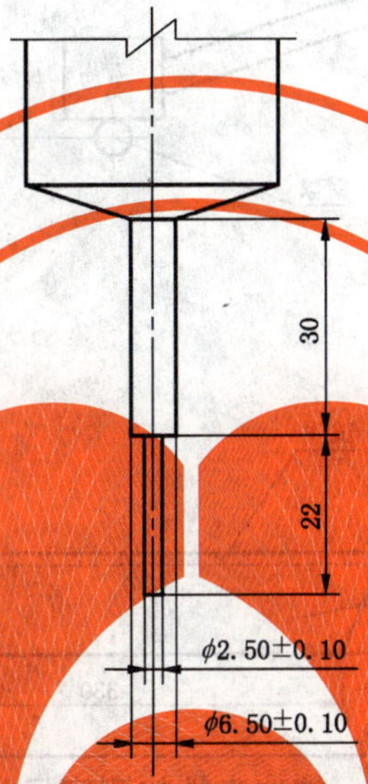

图 11　钢针示意图

6.5.10.2　**棱边硬度的测定**

把经 6.4 处理后的试件在图 10 规定的三个测点上,去除棱边护面纸,使棱边芯材暴露。再按照 6.5.10.1 的方法测定十个试件的棱边硬度最大值。并以十个试件硬度最大值的平均值作为该组试样的棱边硬度值,精确至 1 N。

6.5.11　**抗冲击性的测定**

在抗冲击性试验仪的底盘内装有细度为 0.5 mm 的砂子,并用刮尺刮平。把经 6.4 处理后的试件正面朝上,平放置于砂子表面。使钢球从表 5 所规定的高度自由落在试件的两对角线交叉点上(见图 12)。取出试件,记录试件背面裂纹情况,以五张板材最严重情况作为该组试样的抗冲击性的结果。

表 5　钢球高度

单位为毫米

板材厚度	钢球高度 H
9.5	500
12	600
15	700
18	800
21	900
25	1 000

单位为毫米

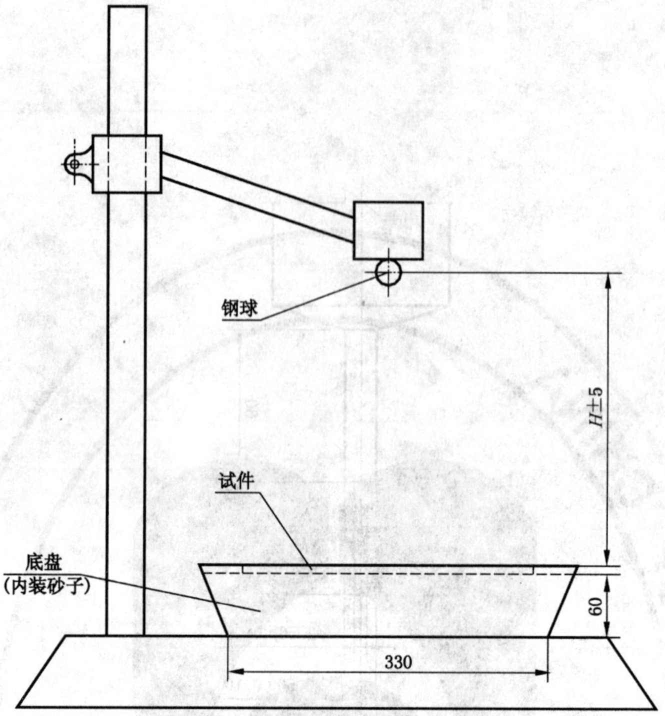

图 12 抗冲击性的测定示意图

6.5.12 护面纸与芯材粘结性的测定

经 6.4 处理后的试件，在纵向距端头 20 mm 处切割一道缝，但不得破坏另一面的护面纸(见图 13)。对于测定面纸与芯材粘结性的试件(代号 M)，切缝在试件的背面；对于测定背纸与芯材粘结性的试件(代号 D)，切缝在试件的正面。然后把试件固定在护面纸与芯材粘结性试验仪的上夹具中(见图 14)。在试件沿切缝弯折的端头处拧上下夹具，逐渐增加荷载，直至护面纸撕离。记录每张板材面纸以及背纸与芯材粘结的状况，以五张板材最严重情况作为该组试样的护面纸与芯材粘结性的结果。

单位为毫米

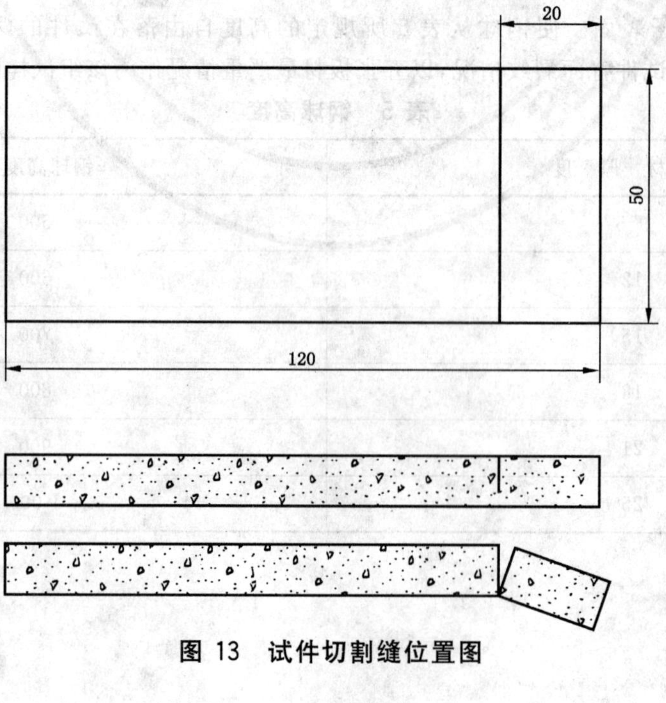

图 13 试件切割缝位置图

单位为毫米

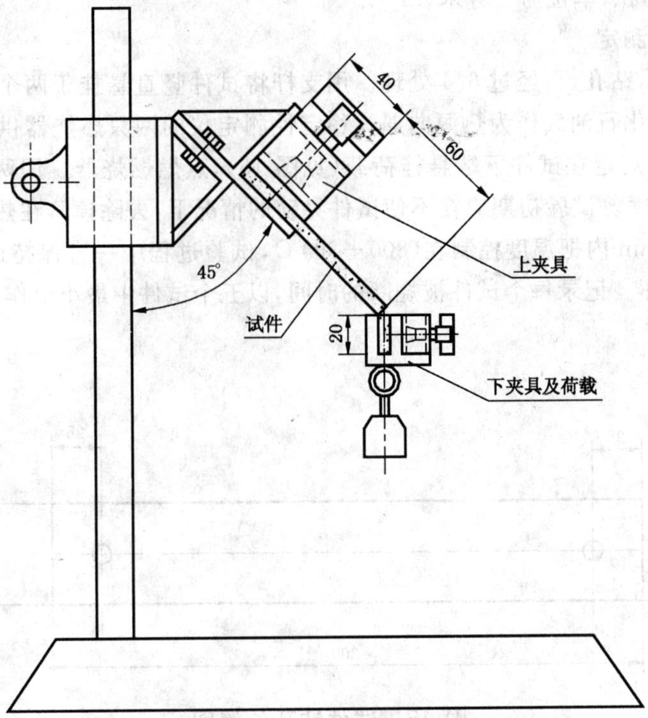

图 14　护面纸与芯材粘结性试验仪示意图

6.5.13　**吸水率的测定**

试件经6.4处理后，用电子秤称量试件质量(G_1)，然后浸入温度为(25±5)℃的水中。试件用支架悬置，不与水槽底部紧贴，试件上表面距水面30 mm。浸水2 h后取出试件，用半湿毛巾吸去试件表面附着水分，称量试件质量(G_2)。记录每个试件在浸水前和浸水后的质量，并按式(1)计算吸水率。以五个试件中最大值作为该组试样的吸水率，精确至1%。

$$W_1 = \frac{G_2 - G_1}{G_1} \times 100 \qquad \cdots\cdots(1)$$

式中：

W_1——吸水率，%；

G_1——试件浸水前的质量，单位为克(g)；

G_2——试件浸水后的质量，单位为克(g)。

6.5.14　**表面吸水量的测定**

试件经6.4处理后，在6.2规定的实验室试验条件下进行测定。测定试件正面的表面吸水量。用电子天平称量试件质量(G_3)，然后把试件固定于纸张表面吸收重量测定仪上。在纸张表面吸收重量测定仪的圆筒内，注入温度为(25±5)℃的水，高度为25 mm。翻转圆筒时开始计时，静置2 h。转正圆筒后，取下试件，用中性滤纸吸去试件表面的附着水分。然后在电子天平上称量试件质量(G_4)，精确至0.01 g。记录每个试件在表面吸水前和吸水后的质量，按式(2)计算表面吸水量。以五个试件中的最大值作为该组试样的表面吸水量，精确至1 g/m²。

$$W_2 = \frac{G_4 - G_3}{S} \qquad \cdots\cdots(2)$$

式中：

W_2——表面吸水量，单位为克每平方米(g/m²)；

G_3——表面吸水前试件的质量，单位为克(g)；

G_4——表面吸水后试件的质量，单位为克(g)；

S——表面吸水面积，单位为平方米(m^2)。

6.5.15 遇火稳定性的测定

试件按照图15所示钻孔，再经过6.4处理。用支杆将试件竖直悬挂于两个喷火口中间，喷火口与试件的表面垂直。用液化石油气作为热源向遇火稳定性测定仪的两只燃烧器供气，燃烧器喷火口距板面为30 mm。按表6的规定在试件下端悬挂荷载(见图16)，点燃燃烧器。用两支镍铬-镍硅热电偶在距板面5 mm处测量温度。试验初期应在不使试件晃动的情况下，去除掉落在热电偶上的、已炭化的护面纸。通过调节，在3 min内把温度控制在(800±30)℃，试验过程中一直保持此温度。从试件遇火开始计时，至试件断裂破坏。记录每个试件被烧断的时间，以五个试件中最小值作为该组试样的遇火稳定性。精确至1 min。

单位为毫米

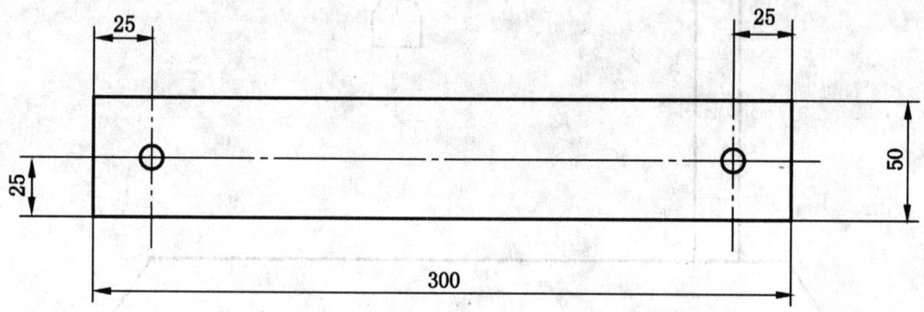

图15 试件钻孔位置图

单位为毫米

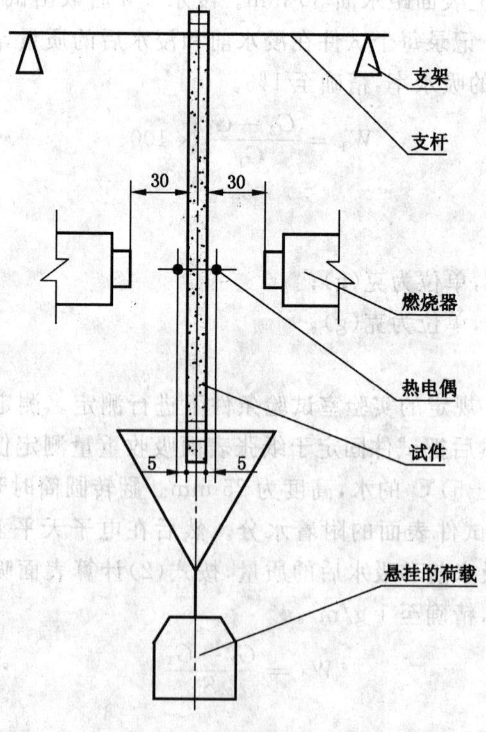

图16 遇火稳定性的测定示意图

表 6 悬挂的荷载

板材厚度/mm	悬挂的荷载/N
9.5	7
12.0	10
15.0	12
18.0	15
21.0	17
25.0	20

6.5.16 受潮挠度的测定

受潮挠度的测定按照附录B的规定进行。

6.5.17 剪切力的测定

剪切力的测定按照附录C的规定进行。

7 检验规则

7.1 出厂检验

7.1.1 产品出厂应进行出厂检验。

7.1.2 出厂检验的项目为:外观质量、尺寸偏差、对角线长度差、楔形棱边断面尺寸、面密度、断裂荷载、护面纸与芯材粘结性、吸水率、表面吸水量、遇火稳定性。

7.2 型式检验

7.2.1 型式检验的项目为除受潮挠度和剪切力之外的所有要求。

7.2.2 有下列情况之一出现,应进行型式检验。

a) 新产品投产或产品定型鉴定时;

b) 产品转厂生产时;

c) 在正常生产情况下,每年进行一次;

d) 正常生产后,产品的设计、工艺、生产设备等方面有较大改变,可能影响产品质量时;

e) 产品停产半年以上,恢复生产时;

f) 出厂检验与上次型式检验有较大差异时;

g) 国家质量监督机构提出型式检验的要求时。

7.3 抽样

7.3.1 以每 2 500 张同型号、同规格的产品为一批,不足 2 500 张时也按一批计。

7.3.2 从每批产品中随机抽取五张板材作为一组试样。

7.4 判定规则

7.4.1 单项检验结果的判定按照 GB/T 1250 中修约值比较法执行。

7.4.2 对于板材的外观质量、尺寸偏差、对角线长度差、楔形棱边断面尺寸、抗冲击性、护面纸与芯材粘结性指标,其中有一项不合格,即为不合格板。五张板材中不合格板多于一张时,则该批产品判定为批不合格。

7.4.3 对于板材的面密度、断裂荷载、硬度、吸水率、表面吸水量、遇火稳定性指标,五张板材需全部合格,否则该批产品判定为批不合格。

7.4.4 对于按照 7.4.2 和 7.4.3 判定为不合格的批,允许重新再抽取二组试样,对不合格的项目进行重检,重检结果的判定规则同 7.4.2 和 7.4.3。若该二组试样均合格,则判定为批合格,如果仍有一组试样不合格,则判定为批不合格。

8 标志、包装、贮存和运输

8.1 标志

产品或包装上应标明以下内容：

a) 生产企业名称、详细地址；

b) 产品的标记、产品的商标以及生产日期；

c) 产品的包装规格、数量。

8.2 包装

8.2.1 产品包装出厂时应有防潮措施；

8.2.2 产品的包装内应附有产品合格证或检验合格章；

8.2.3 外包装材料上标注包装储运图文标志、防潮标志、小心轻放标志等。

8.3 贮存

板材按不同型号、规格在室内分类、水平堆放。堆放场地应坚实、平整、干燥。堆放时用垫条使板材和地面隔开，并不使板材在堆放时变形、受潮。

8.4 运输

产品在运输过程中应避免撞击破损，并防止板材受潮。

附 录 A
（资料性附录）
本标准章条编号与 ISO 6308:1980 章条编号对照

表 A.1 给出了本标准章条编号与 ISO 6308:1980 章条编号对照一览表。

表 A.1 本标准章条编号与 ISO 6308:1980 章条编号对照

本标准章条编号	对应的国际标准章条编号
1	1
2	—
3	2
3.1	2.1
3.2	2.2
3.3	2.4
3.4	2.3
3.5	—
3.6	—
3.7	—
3.8	2.5
3.9	2.6
3.10	2.7
—	3
—	4
4.1.1	4.1
4.1.1.1	4.1.1
4.1.1.2	4.1.2
4.1.1.3	4.1.3
4.1.1.4	—
—	4.1.4
—	4.1.5
4.1.2	4.2
4.1.3	—
4.2	—
5	5
5.1	—
5.2	5.1.1
5.3	—
5.4	5.1.2

表 A.1（续）

本标准章条编号	对应的国际标准章条编号
5.5	—
5.6	5.1.3
5.7	—
5.8	—
5.9	—
5.10	—
5.11	—
5.12	—
5.13	—
5.14	—
6	—
6.1	—
6.2	—
6.3	6
6.4	—
6.5	7
6.5.1	—
6.5.2	7.2
6.5.3	7.1
6.5.4	7.3
6.5.5	—
6.5.6	7.4.1
6.5.7	7.4.2
6.5.8	—
6.5.9	7.5
6.5.10	—
6.5.11	—
6.5.12	—
6.5.13	—
6.5.14	—
6.5.15	—
6.5.16	—
6.5.17	—
7	—
8	—

表 A.1（续）

本标准章条编号	对应的国际标准章条编号
附录 A	—
附录 B	—
附录 C	—
—	附录

附 录 B
（规范性附录）
受潮挠度的测定

B.1 范围

本附录规定了纸面石膏板的受潮挠度的测定方法。

本附录适用于对所有类型纸面石膏板的受潮挠度的测定。

B.2 取样

以五张板材为一组试样，在每张板材上距四周大于 100 mm 处，纵向切取 600 mm×300 mm 试件一个，试件代号 N。

B.3 试件的处理

把试件预先放置于电热鼓风干燥箱中，在(40±2)℃的温度条件下烘干至恒重(试件在 24 h 的质量变化小于 5 g)，并在温度为(25±5)℃，相对湿度为(50±5)% 的实验室试验条件下冷却至室温，然后进行试验。

B.4 受潮挠度的测定

经 B.3 处理的试件，正面朝下放置于试验架的支座上，支座中心距 580 mm。然后将试验架放入温度为(32±2)℃、相对湿度为(90±3)%的受潮挠度试验箱内，经过 48 h，测定并记录试件两对角线交叉点处在试验前后的下垂挠度。计算板材受潮后的挠度值。以五张板材的挠度平均值作为该组试样的受潮挠度。精确至 1 mm。

附 录 C
（规范性附录）
剪切力的测定

C.1 范围

本附录规定了纸面石膏板的剪切力的测定方法。

本附录适用于对所有类型纸面石膏板的剪切力的测定。

C.2 取样

以五张板材为一组试样，在每张板材上距四周大于 100 mm 处，切取 150 mm×150 mm 试件一个，试件代号 J。

C.3 试件的处理

把试件预先放置于电热鼓风干燥箱中，在(40±2)℃ 的温度条件下烘干至恒重(试件在 24 h 的质量变化小于 1 g)，并在温度为(25±5)℃，相对湿度为(50±5)% 的实验室试验条件下冷却至室温，然后在此温度、湿度条件下进行试验。

C.4 剪切力的测定

在试件两对角线交叉点上，钻一个直径 2.8 mm 的贯通导向孔，然后把经 C.3 处理的试件正面朝上放置于刚性测试架上(见图 C.1)。用与压力试验机相连的钢针(见图 C.2)，以(4.2±0.8)N/s 的加荷速度，通过导向孔向试件加荷。记录每个试件在试验过程中的最大剪切力值。并以五个试件最大剪切力的平均值作为该组试样的剪切力。精确至 1 N。

单位为毫米

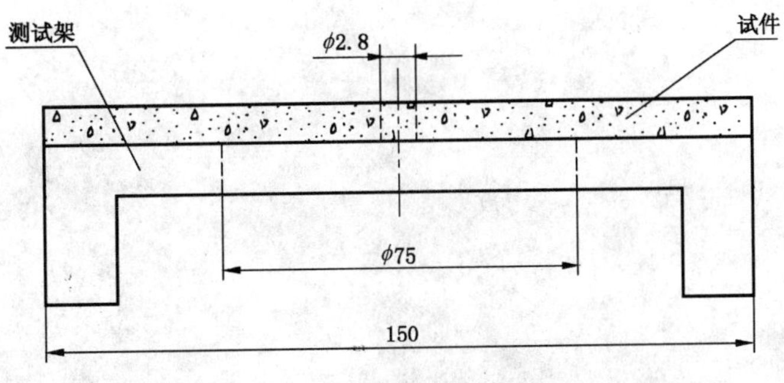

图 C.1 试件放置示意图

单位为毫米

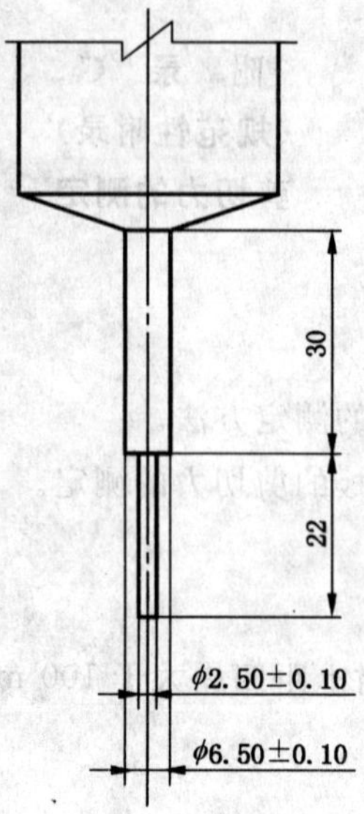

图 C.2 钢针示意图